KB269922

철도공학 입문

철도공학 입문

초판 1쇄 발행일	2010년 4월 7일
초판 2쇄 발행일	2011년 11월 10일
초판 3쇄 발행일	2020년 6월 15일

지 은 이	서사범
펴 낸 이	최길주

펴 낸 곳	도서출판 BG북갤러리
등록일자	2003년 11월 5일(제318-2003-000130호)
주소	서울시 영등포구 국회대로72길 6, 405호(여의도동, 아크로폴리스)
전화	02)761-7005(代)
팩스	02)761-7995
홈페이지	http://www.bookgallery.co.kr
E-mail	cgjpower@hanmail.net

ⓒ 서사범, 2010

ISBN 89-91177-97-0 93530

* 저자와 협의에 의해 인지는 생략합니다.
* 잘못된 책은 바꾸어 드립니다.
* 책값은 뒤표지에 있습니다.

철도기술사 시험 준비서

철도공학 입문

Fundamentals of Railway Engineering

서사범 저

BIG 북갤러리

머리말

이 책은 철도공학의 입문서로서 대학교에서 1~2학기 정도의 과정에 적합하도록 저술하였습니다. 기존의 저서 《철도공학》은 철도공학의 입문과정으로는 내용이 너무 방대하므로 이의 내용을 대폭적으로 축소하였으며, 근래의 새로운 기술을 추가하고 철도와 관련된 법령 등의 제정·개정에 따라 최신의 내용도 포함하였습니다. 이 책은 철도공학을 처음 접하는 학생들 외에, 특히 철도기술사 시험공부를 하는 엔지니어들에게도 도움이 되도록 철도공학 개개의 전문기술에 대하여 상호의 관련을 고려하면서 여러 각도에서 정리하고, 일반철도를 기본 주제로 하여 최근의 고속철도·지하철·모노레일·라이트레일·신 교통 시스템·경량전철·특수철도 등도 다루었습니다. 또한 철도기술자로서 철도에 관한 필요한 기본지식을 습득하도록 하기 위하여 철도 계획, 노선 선정, 철도의 건설과 정비, 선로와 구조물, 정거장과 차량기지, 신호·보안 장치, 전기운전 설비, 차량, 운전, 안전 대책, 속도 향상, 경영 개선, 유지 보수, 철도의 향후 과제 등 철도공학과 관련하여 철도기술의 전반에 관한 내용을 기술하였습니다.

그리고 이 책은 당초에 오송에서 2008년 7월에 저술을 완료하였으나, 철도건설규칙이 전면 개정됨에 따라 이를 반영하느라 발간이 늦어졌습니다.

이 책에서 다루지 않은 철도기술사기출문제 등 철도공학에 관한 좀 더 상세한 사항은 《철도공학》을 참조하시기 바라며, 이 책에서 논의한 내용의 범위를 벗어나는 철도토목공학의 타 분야의 내용, 또는 새로운 철도선로기술에 관하여는 이 책의 각론이라고도 할 수 있는 《개정2판 선로공학》, 《궤도장비와 선로관리》, 《고속선로의 관리》, 《궤도시공학》, 《궤도역학 1·2》, 《세계 주요 고속철도와 기술》 등과 더불어 《최신 철도선로》와 《철도공학 개론》 등을 참조하시기 바랍니다. 상기의 책들은 각각 내용을 상술한 부분과 생략 부분이 있고 겹치는 부분이 있는 등, 나름대로 특색이 있으므로 철도기술자, 컨설팅 엔지니어 및 학생들은 이를 종합적으로 활용하는 것이 좋겠습니다.

내용상 오류, 또는 불충분한 점이나 미비한 사항이 있으면 독자 여러분의 지적이 있기를 바라며, 앞으로 계속 수정·보완토록 노력할 것을 다짐합니다. 또한 지식에 관하여 절대적이고 항구적인 것이 없기 때문에 독자들의 견해와 코멘트를 환영할 것입니다.

자료 제공 등, 이 책의 저술에 여러 가지로 도움을 주신 모든 관계자 여러분, 저의 초등학교 시절부터 평생의 참 스승이신 윤성용 선생님을 비롯한 여러 스승님들, 그리고 강기동 박사님을 비롯하여 평소에 저에게 도움을 주신 사회·학교의 선후배·동료들 및 철도의 발전을 위하여 수고하시는 모든 분들께 깊은 감사를 드립니다. 또한 이 책의 워드 프로세싱 작업과 그림정리 등으로 많은 수고를 하신 김복미 양을 비롯하여 이 책의 발행에 협조하여 주신 최길주 사장님 등 도서출판 〈북갤러리〉 임직원 여러분에게 감사를 드립니다.

2010년 2월

수락산 기슭에서 徐士範

제3장 철도 선로

제4장 선로 구조물

제5장 전기 및 신호보안 설비

제6장 철도 차량

제7장 정거장 및 차량기지 · 차량공장

제8장 운전 · 안전 및 유지관리

제9장 속도 향상 · 고속철도 및 자기부상철도

제10장 도시철도 · 경량전철 및 특수 철도

제1장 철도 전반

1.1 개론

1.1.1 철도의 정의

철도(鐵道, railway, railroad)는 일반적으로 다음과 같이 정의된다. 협의의 철도는 일정한 부지를 점유하고 레일·침목·도상 등으로 구성되는 궤도에서 기계적·전기적 동력을 이용하는 차량을 운전하여 여객이나 화물을 운반하는 "육상의 교통기관(means of transport)"이다. 광의의 철도는 "일정한 가이드 웨이(guide way)에 따라 차량을 운전하여 여객이나 화물을 운반하는 것의 전부"이며, 협의의 철도 외에 미니 지하철·노면 철도·모노 레일·신교통 시스템·케이블 카·로프 웨이·부상식 철도 등이 포함된다. 이 책에서는 가장 일반적인 2줄 레일(dual rail, 雙軌式)의 철도를 주로 기술한다.

1.1.2 철도의 종류(classification of railway)

(1) 궤도의 형태에 따른 분류

철도의 궤도는 영국에서의 창업 시부터 2 세기에 가깝게 걸쳐 2줄의 강 레일로 구성되는 것이 기본 구조로서 답습되어 왔지만, 최근에 몇 가지 새로운 형태의 궤도가 개발·실용화되어 있다.

1) **2줄 레일 방식(dual rail, 雙軌式)** : 강 차륜을 가진 차량을 2줄의 평행한 강 레일로 지지·안내하는 방식이며, 현재도 이 방식의 철도 비율이 압도적으로 많다. 철도의 많은 장점을 갖고 있으며 주행 서항이 직고, 지지와 안내를 2줄의 레일로 수행하므로 분기기의 구조도 간단하다.

2) **모노레일 방식(monorail railway, 單軌式)** : 차량을 1줄의 가이드 보(beam)로 지지·안내하는 방식이며, 차량이 매달리는 현수(懸垂)식과 차량이 걸터탄 과좌(誇座)식의 2 종류가 있다(상세는 제 10.3절 참조).

3) **안내 레일식(guide way system)** : 차량의 지지는 2줄의 콘크리트 노면과 고무 타이어 차륜을 사용하고 안내는 유도 고무 타이어 차륜과 측벽 등을 이용하며, 전기 동력으로 하고 있다(상세는 제10.4절 참조).

4) **부상 방식 철도(magnetic levitation railway)** : 안내 레일 내에서 전자력(電磁力)으로 차량을 부상시켜 전자력으로 견인 추진·안내 제어하는 방식이다(상세는 제9.3절 참조).

5) **철륜(鐵輪) 리니어 모터(linear-motor) 방식 철도** : 부상방식 철도와 마찬가지로 추진력에는 리니어 모터를 이용하지만, 차량의 지지·유도에 대하여는 종래의 2줄 레일 방식과 같이 레일로 행하는 방식이다(상세는 제10.1.8항 참조).

6) **기타** : 이 책에서는 제10.5절에서 간단하게 소개하지만, 광의의 철도에 포함되는 강색(鋼索) 철도의 케이

블카나 가공(架空) 삭도(索道)의 로프 웨이(rope way), 스키 리프트 등이 있다.

(2) 궤간에 따른 분류

2줄 레일의 철도에서는 직통 운전을 위하여 궤간의 통일이 바람직하지만 제각각의 경위로 나라에 따라 여러 가지 크기의 궤간이 채용되고 있다(제2.5.3(3)항 참조).

1) 광궤 철도(broad-gauge railway) : 궤간이 1,435 mm보다 큰 철도를 말한다.

2) 표준 궤간 철도(standard-gauge railway) : 궤간이 영국의 최초 철도에서 채용된 1,435 mm인 철도를 말한다. 우리나라의 철도는 표준 궤간을 채용하고 있다.

3) 협궤 철도(narrow-gauge railway) : 궤간이 1,435 mm보다 작은 철도를 말한다.

4) 광협(廣狹) 병용 철도 : 궤간을 달리하는 2종류의 차량을 주행시킬 수 있도록 3개의 레일을 부설한 철도이다.

(3) 동력 방식에 따른 분류

철도 창업으로부터 제2차 세계대전 직후까지는 세계적으로 증기 방식이 주이었지만 최근에는 전기 방식과 디젤 방식으로 되어 있다. 항공기용의 가스터빈 엔진을 탑재한 터보 트레인이 프랑스, 캐나다 등에서 채용되었지만 소음이나 비용 등의 이유로 보급되지 않았다. 에어러트레인(aerotrain : 프로펠러추진식 공기부상열차)도 프랑스에서 검토하였으나 채택되지 않았다. 그 외에 튜브(tube)방식도 있다.

1) 증기 철도(steam railway) : 1825년 영국에서 첫 선을 보인 산업혁명의 상징인 증기기관차는 180년만에 은퇴하여 현재 관광 등의 철도 외에 장거리 일반 본선에서 운행되는 증기 철도는 없다.

2) 전기 철도(electric railway) : 열차 횟수가 많은 선진국의 주요 철도는 전기운전(electric traction)이 원칙이며, 전 세계의 철도 영업선로 연장의 약 20 %에서 채용되고 있다.

3) 디젤 철도(diesel railway) : 비교적 열차 횟수가 적은 철도에 채용되며 전 세계 철도 영업선로 연장의 약 80 %가 디젤 운전으로 하고 있다.

(4) 구동 방식에 따른 분류

1) 점착 철도(adhesion railway) : 차륜과 레일의 마찰력으로 구동력을 얻는 방식이며 대부분의 철도가 이 방식으로 하고 있다.

2) 래크(rack)식 철도(toothed railway, rack (or Abt system) railway, incline) : 좌우의 중앙에 래크(rack) 레일(齒形 레일)을 부설하고 차량 측의 피니언(pinion, 齒車)을 래크 레일에 맞물리어 구동하는 방식으로 급기울기를 오르는 철도 등에 채용되고 있다.

3) 전자(電磁) 추진 철도(electromagnetic railway) : 리니어 모터(linear-motor)의 전자력을 이용하여 주행하는 방식은 터널단면을 축소하여 건설비를 줄일 수 있기 때문에 최근의 미니 지하철(mini subway)에 채용되고 있다(제10.1.8항 참조). 또한, 500 km/h 이상을 목표로 하는 고속 리니어 모터 부상식 철도도 있다. 이 외에 궤도 측의 고무벨트 회전으로 자석을 견인 주행시키는 자석식 연속수송 시스템(CTM)도 개발되어 박람회 등에서 시용(試用)되고 있지만 실용화되어 있지는 않다.

4) 강색(鋼索) 철도(cable railway) : 고개 위에 설치한 전동기의 회전력을 이용하여 강제의 와이어로 견인하

는 케이블카의 방식이다.

(5) 궤도의 부설 레벨에 따른 분류

1) 지평 철도(ground railway) : 건설비의 이유로 대부분의 철도가 이 방식으로 되어 있다.

2) 고가 철도{overhead railway, elevated (or aerial) railway} : 궤도 용지의 취득이 곤란한 시가지 등에서는 지하철보다 선행하여 도로 위의 고가철도가 시카고와 뉴욕 등에서 최초로 건설되었다.

3) 지하 철도{tube, underground (railway), subway} : 대·중 도시에 채용되며 대·중도시의 기능에서 빠뜨릴 수 없는 교통기관으로서 세계적으로 건설·신장되고 있다.

(6) 수송 기능에 따른 분류

열차(train)의 속도·빈도·수송력·서비스 등에 따라 분류된다.

1) 고속 철도(high-speed (or rapid transit) railway) : 200 km/h 이상으로 운행되는 철도를 말한다.

2) 간선 철도(main-line railway) : 철도 노선망 중에서 수송량이 많고 기간(基幹)적인 철도를 말한다.

3) 지방 철도(local railway) : 지방에서의 생활에 필요한 철도이며 수송량이 적다.

4) 도시 철도{urban (or city, metropolitan) railway} : 도시 기능의 확보에 필요한 지하 철도·고가 철도·근교 철도(suburban railway)·노면 철도(tram, tramway, street railway)·모노레일(monorail)·신교통 시스템(new traffic system) 등이 포함된다.

5) 산업 철도(industrial railway) : 임항 철도{port (or harbour) railway}·임해 철도(harbour railway)·광산 철도(mining railway)·삼림 철도(forestry railway)·공장구내 철도·농장 철도 등이 있다.

6) 보존 철도(preserved railway) : 오래된 시대의 증기 철도(steam railway)를 역사적 문화재로서 남겨 둔 것이며, 철도 선진국에 예가 많다.

(7) 설치 장소에 따른 철도

등산 철도(mountain railway)·산악 철도·삼림 철도·화물 철도·관광 철도·유원지 철도(recreation railway)·도시간 철도(interurban railway)·도시 철도·교외 철도·시가 철도·구내 철도·군용 철도(military railway) 등이 있다.

(8) 철도산업발전기본법 등에 따른 분류(표 8.2.1 참조)

1) 철도(鐵道) : 여객 또는 화물을 운송하는데 필요한 철도시설*과 철도차량** 및 이와 관련된 운영·지원체제가 유기적으로 구성된 운송체계(철도산업발전기본법 제3조 제1호, 철도건설법 제2조 제1호). 고속철도는 열

---

*) 철도선로(선로부대시설 포함), 역 시설(물류시설·환승시설·편의시설 등 포함) 및 철도운영용 건축물·건축설비. 선로보수기지, 차량정비기지·차량유치시설. 철도전철전력설비, 정보통신 설비, 신호·열차제어설비. 철도노선 간이나 다른 교통수단과의 연계운영시설. 철도기술개발·연구시설. 철도경영연수·철도전문 인력 교육훈련시설. 그 밖에 철도건설·유지보수와 운영용 시설로서 대통령령이 정하는 시설.

**) 선로(철도차량을 운행하는 궤도와 이를 받치는 노반이나 공작물로 구성된 시설)를 운행할 목적으로 제작된 동력차·객차 및 특수차

차가 주요구간을 200 km/h 이상으로 주행하는 철도로서 국토해양부장관이 그 노선을 지정 · 고시하는 철도, 광역철도는 대도시권 광역교통관리에 관한 특별법 제2조 제2호 나목에서 규정한 철도(2개 이상의 시 · 도에 걸쳐 운행되는 도시철도 또는 철도), 일반철도는 고속철도와 도시철도법에 따른 도시철도를 제외한 철도(철도건설법 제2조)이다.

2) 사업용 철도 : 철도사업을 목적으로 설치 또는 운영하는 철도(철도사업법 제2조 제4호). '철도사업' 이란 다른 사람의 수요에 응하여 철도차량을 사용하여 유상으로 여객이나 화물을 운송하는 사업을 말한다(철도사업법 제2조 제6호). 철도사업을 경영하고자 하는 자는 국토해양부장관의 면허를 받아야 한다(철도사업법 제5조 제1항).

3) 전용(專用)철도 : 다른 사람의 수요에 따른 영업을 목적으로 하지 아니하고 자신의 수요에 따라 특수목적을 수행하기 위하여 설치 또는 운영하는 철도(철도사업법 제2조 제5호)

4) 도시철도 : 도시교통의 원활한 소통을 위하여 도시교통권역에서 건설 · 운영하는 철도 · 모노레일 · 노면전차 · 선형유도전동기 · 자기부상열차 등, 궤도(軌道)에 의한 교통시설 및 교통수단(도시철도법 제3조 제1호). 도시철도는 국가, 지방자치단체, 법인 등이 건설 · 운영한다.

5) 궤도(軌道) : 사람이나 화물을 운송하는 데에 필요한 궤도시설*)과 궤도차량**) 및 이와 관련된 운영 · 지원 체계가 유기적으로 구성된 운송 체계를 말하며, 삭도(索道)를 포함한다(궤도운송법 제2조 제1호). "궤도사업" 이란 궤도(전용궤도 제외)를 이용하여 사람이나 화물을 운송하고, 그 대가로 수익을 얻는 사업을 말한다(궤도운송법 제2조 제7호). 궤도사업을 경영하려는 자는 특별자치도지사 · 시장 · 군수 또는 자치구의 구청장의 허가를 받아야 한다.

6) 삭도(索道) : 공중에 설치한 와이어로프에 궤도차량을 매달아 운행하여 사람이나 화물을 운송하는 것을 말한다(궤도운송법 제2조 제5호).

7) 전용궤도 : 다른 법령에 따라 면허 · 허가 · 등록 · 승인 · 신고의 대상이 되는 사업 등의 부대시설로 설치된 궤도로서, 해당 사업에 사용하기 위한 것을 말한다(궤도운송법 제2조 제9호).

(9) 경영 주체에 따른 분류

1) 국영 철도(국유 철도, 國鐵, government (or state, national) railway) : 국가에서 건설 · 운영하는 철도이다. 우리나라의 경우에는 정부기관인 철도청에서 건설 · 운영하여 왔으나, 철도산업구조개혁에 따라 철도시설은 국가가 소유하고 투자하며, 철도의 건설과 시설관리는 2004. 1. 1부터 한국철도시설공단이, 철도운영은 2005. 1. 1부터 한국철도공사에서 담당하고 있다.

2) 공영 철도(public railway) : 지방자치 단체(특별시 · 광역시 · 도)나 공적 출자의 공단 등이 경영하는 철도

---

*) 선로(線路), 정거장(환승시설, 편의시설 포함), 그 밖에 궤도운송에 필요한 건축물이나 건축설비, 궤도차량, 선로 및 궤도차량을 보수 · 정비하기 위한 보수기지, 정비기지 및 창고 등, 전력설비, 정보통신설비, 피뢰장치, 신호설비 및 제어설비 등, 동력장치 등 각종 기계장치의 어느 하나에 해당하는 것(부지 포함)을 말한다. "선로"란 와이어로프, 레일 또는 콘크리트 구조물 등으로 이루어진 주행로[선로를 받치는 노반(路盤)이나 지주(支柱), 그 밖의 인공 구조물 등의 부대시설 포함]로서 궤도차량의 독립된 주행로를 말한다.

**) 선로에서 운행할 목적으로 선로의 특성에 맞게 제작된 여러 가지 탈 것을 말한다.

이다.

3) 사영 철도(private railway) : 사기업(주식회사 등)인 전기철도회사 등이 경영하는 철도이다.

4) 제3 섹터 철도(third sector railway) : 공적(제1 섹터)도 사적(제2 섹터)도 아닌 제3의 경영 방식이란 의미로 지방자치 단체 등의 공적 섹터와 사기업 등의 사적 섹터가 합동 출자한 회사가 운영하는 철도이다. 예를 들어, 외국에서 지하철을 운영하는 교통영단(국가, 시청, 사철의 출자)은 그 예이다.

1.1.3 철도의 구성 요소와 기술체계

(1) 철도의 구성 요소

철도를 운영하기 위한 주된 구성 요소로서 다음과 같은 것이 열거된다. 철도 시스템의 운영은 이들 구성 요소의 유기적 연계를 기초로 행하는 것이며, 그러한 점에서 종합기술의 성과로서의 철도시스템의 모습을 볼 수 있다. 아래의 1)~3)은 각각 링크(link), 캐리어(carrier), 노드(node)라고 하는 철도의 3요소를 구성하는 것이며, 4)~6)은 이들 3요소를 효과적으로 운용하기 위한 지원시설이다.

1) 선로(permanent way) : 철도차량의 주행통로로 되는 시설이며, 궤도와 이것을 지지하는 구조물(노반·교량·터널 등)로 구성된다. 차량의 주행이 궤도에 의하여 제어·유도되는 점이 철도의 기본적 특징이며, 이에 따라 장대열차를 이용한 대량·고속 수송이 가능하다.

2) 차량(rolling stock) : 사람이나 화물을 수송하기 위한 이동 공간을 제공하는 것이며, 용도에 따라 각종의 차량이 사용된다. 승객설비(객실, 조명, 공조 설비, 서비스 설비 등)·주행장치(윤축, 대차 등)·동력장치(전동기, 구동장치, 동력제어 장치) 등으로 구성된다.

3) 정거장(station) : 열차(train)를 정거하여 여객을 승하차시키고, 화물을 적재·하화하거나 열차의 운전상 필요한 취급을 하며, 이곳에서 승객을 집산함에 따라 철도와 지역 사회나 다른 교통기관과의 연락 점으로도 된다.

4) 전기운전설비(electric traction equipment)·동력 설비 : 전기운전에서는 차량에 전력(electric power)을 공급하기 위하여 선로를 따라 전차선(trolley wire)을 가설하고, 일정 간격으로 변전소(transforming station)를 설치한다. 또한, 디젤 방식의 철도에서는 주요 역이나 차량기지에 연료의 급유설비를 설치한다.

5) 신호보안(signal protection device)·통신(telecommunication) 설비 : 열차의 안전한 운행을 위하여 열차 상호간에 일정 이상의 거리를 유지할 필요가 있기 때문에 신호보안 설비를 설치한다. 또한, 열차의 원활한 운전을 위해서는 통신연락 설비도 필요하다. 이들의 신호보안 설비를 시스템 공학적으로 재편하여 종합적인 통신 제어 시스템으로 한 것이 새로운 철도 시스템의 특징이다.

6) 차량기지(depot)·철도공장(railway workshop) : 차량을 유치하기 위하여 차량기지를 설치한다. 또한, 차량은 일반 기계와 마찬가지로 주행 사용으로 인하여 각부가 마모·열화(deterioration)·피로되기 때문에 차량의 효율적인 운용을 위하여 예방보전 방식(pre-ventive maintenance)에 의한 차량기지에서의 점검 정비와 철도공장에서의 보전 업무가 행하여진다.

(2) 철도의 기술체계

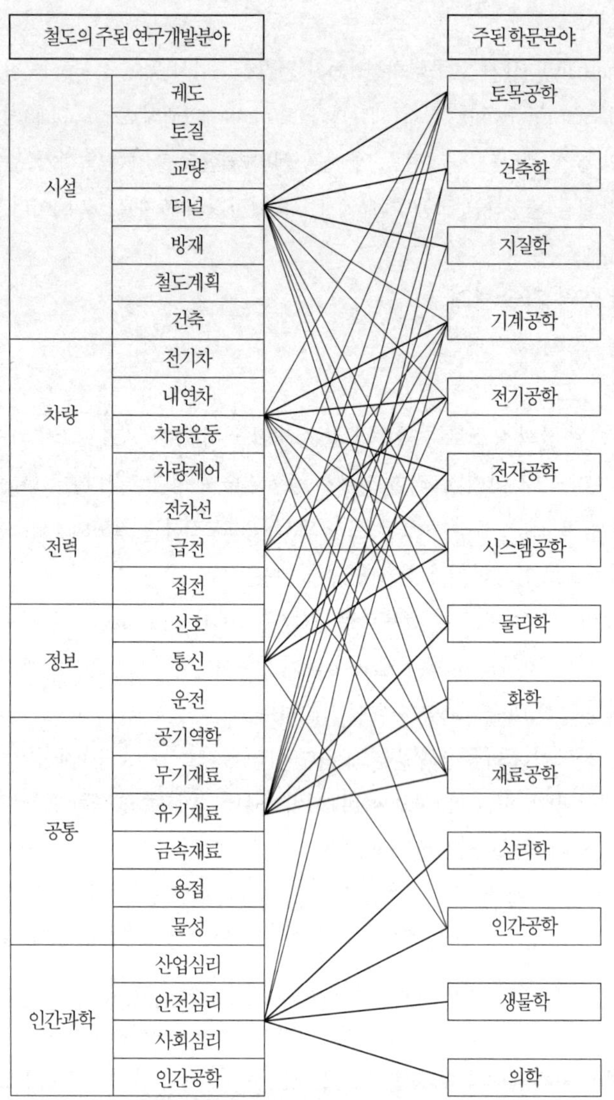

그림 1.1.1 철도의 연구개발 분야와 학문분야

표 1.1.1 철도시스템의 주된 기술 분야와 경계문제의 예

고객과의 관계 열차 · 역 목표 : 안전의 유지, 지구환경 보전, 효율성, 쾌적성 등	철도의 기술 분야	경계문제의 예
	여객 · 화물 서비스계통, 역 설비계통, 운전 · 보안계통, 차량계통, 신호 · 통신계통, 궤도계통, 구조물계통, 가선계통, 전력계통, 연선환경계통, 기상방재계통	유니버설 디자인, 운전정리, 정보전달, 열차제어, 신뢰성, 운전 시 심리, 승차감, 점착, 맨 · 머신 인터페이스, 동역학, 유도장해, 고속통신, 궤도단락, 저항, 마찰, 마모 · 윤활, 강도, 내진, 재질 · 재료, 생(省)에너지, 파동전파, 소음, 진동, 공력(空力) 현상, 피해예측

철도에서 다루는 기술 분야는 다기에 걸치며, 토목, 건축, 기계, 전기, 통신이라고 하는 대부분의 공학 분야를 망라하고 있을 뿐만 아니라 이학, 의학 등의 분야도 포함하고 있다. **그림 1.1.1**은 각 학문분야와 철도 연구 분야와의 상관관계를 도식적으로 나타낸 것으로 여러 학문이 관계되고 있는 것을 이해할 수 있다. 그 중에서도 토목,

기계, 전기의 3 분야는 철도기술의 근간을 이루어 왔으며(제1.1.4항 참조), 그 외에 철도고유의 분야로서 열차의 운용을 다루는 운전분야가 있어 열차 다이어그램의 작성이나 열차 운행의 관리 등과 같은 독자적인 기술을 축적하고 있다.

표 1.1.1은 철도시스템을 11 개의 주된 철도기술 분야로 분류하고 어떠한 문제가 경계영역에 걸쳐있는가를 나타낸 예이다. 경계문제를 해결하기 위해서는 학문영역이나 전문영역에 구애받지 않고 필요한 지식을 얻어 연구하는 노력이 필요하다. 그러나 문제의 레벨이 높게 됨에 따라 다른 학문분야를 같은 정도로 깊게 배우는 것은 곤란하게 될 것이며 또한 효율적이지 않게 된다. 따라서 연구자들 간의 협력이 중요하게 되며, 관련분야 연구자들의 힘을 융합시켜 과제해결의 틀을 만들 필요가 있다.

(3) 신철도 시스템 공학론

여기에서 신철도 시스템이라고 표제를 붙인 것은 대별하여 두 가지 목적이 있다. 첫째는 형태 면에서도 기능 면에서도 최신의 기술을 구사하여 철도가 가진 가능성과 매력을 최고도로 발휘시키는 명일의 철도 시스템을 항상 시야의 중심에 자리 잡도록 유의하는 것이며, 둘째는 이와 같은 명일의 철도 시스템을 실현하기 위하여 그 건설 프로세스에서 기술자가 관계하는 많은 판단·의사 결정이 가진 의미를 중시하여 개개 기술 분야의 종합으로서 성립하는 철도 건설 프로세스의 전체를 시스템론적으로 파악하도록 노력하는 것이다. 전자는 문자대로 신철도, 즉 신 철도 시스템·공학을 목적으로 하고, 후자는 건설 프로세스의 시스템 공학적 측면을 중시한다고 하는 점에서 철도공학에의 새로운 프로세스이며, 신·철도 시스템 공학으로서 이해된다.

"신철도 시스템"에서 시설의 이미지를 요약하면, 다음과 같은 요건이 요구된다. ① "수송로(link)"로서는 다른 교통기관에 대하여 모두 입체 교차화된 선로 시설물과 메인테난스·프리(maintenancefree), 게다가 승차감이 좋은 궤도(철궤도 외에 신 교통 시스템의 가이드 웨이 포함)를 가지고 목적에 따른 폭넓은 수송 수요에 대응할 수 있을 것, ② "탈것(carrier)"으로서는 고속·안전·쾌적하고 매력이 있는 차량일 것, ③ "터미널(node)" 기능으로서는 단순한 통과점이 아니고 그곳에 사람들을 흡인하는 도시 활동의 장이 있을 것. 그를 위해서는 도시 계획과의 정합성만이 아니고 시설 자체가 센스 있고 매력적인 장소일 것, ④ 운행·서비스 시스템은 고도로 제어화되고 이에 따라 정시성과 안전성의 확보, 승객에의 정보 서비스 등 컴퓨터를 활용한 시스템 제어가 비교적 용이한 철도의 특질이 충분히 발휘될 수 있을 것.

특히, 신 교통 시스템(제10장 참조)의 구상과 실용화는 철도공학에 전기(轉機)를 촉구한 중요한 의미를 가지고 있다. 1960년 그 때까지의 도시교통 문제의 막힘이나 등장 중인 전자·제어 기술 등을 배경으로 하여 신 교통 시스템이라 총칭되는 여러 가지 도시교통 시스템이 제안되었다. 그 중에는 궤도수송 시스템인 PRT(personal rapid transit)·GRT(group rapid transit)를 비롯하여 복합수송 시스템인 가이드 웨이 버스 등이 포함되어 있으며, 이 가운데 신 교통 시스템의 주류인 것이 중량 규모의 수송 능력을 가진 GRT이다. 교통 기술의 면에서 보면 신 교통 시스템의 개발은 종래의 철도와 자동차·버스 수송 시스템으로서의 장점을 융합시킴으로써 매력이 풍부하고 다양한 교통 시스템을 산출하고 있다.

1.1.4 새로운 철도 시스템을 떠받치는 공학의 전개

철도시스템을 떠받치는 공학 · 기술적 기반은 다기에 걸쳐 있으며, 철도공학은 이들 개별 공학영역이 유기적으로 결합하는 경우에 성립된다. 이와 같은 종합공학으로서의 성격은 철도공학의 특징이지만, 그 내용은 당연히 시대와 함께 추이(推移)한다. 철도공학은 시대의 사회조건 변동에 유연하게 대응하고 요청되는 기술과제에 적확하게 대응하는 노력을 통하여만 그 사명을 달성하고 장래에 걸쳐 존속 · 성장하여 가는 것이 기대될 것이다.

이하에서는 새로운 철도 시스템의 건설과 운영에 필요한 공학 · 기술을 ① 구조공학적 측면, ② 기계공학적 측면, ③ 전기공학적 측면, ④ 정보 · 제어공학적 측면, ⑤ 시스템 공학적 측면 등 5 개의 측면으로 나누어 고려한다. 이 중에서 ①~③은 철도 시스템에 필요한 시설 · 차량 및 기타의 설비를 물리적으로 실현하기 위하여 필요한 공학 영역이며, 말하자면 철도공학의 하드웨어를 담당하는 부분이라고 한다. 이것에 대하여 ④, ⑤는 철도 시스템의 건설 프로세스에서 종합화와 체계화, 건설된 철도 시스템의 효율적 운용에 관계하는 공학 · 기술로 철도공학의 소프트웨어라고 말한다. 전통적인 철도공학은 ①~③을 중심으로 하여 발달하여 왔지만, 고속철도를 비롯한 새로운 철도 시스템에서는 ④의 비중이 높게 되어 있다. 더욱이, 앞으로 철도 시스템의 건설에서는 ⑤의 비중이 한층 높게 될 것이다.

철도토목 기술자는 본래 ①을 그 전문 영역으로 하지만, ④, ⑤에 관한 실무에 직접 종사하는 경우도 많다. 더욱이, 철도 시스템의 건설과 운용에서는 흔히 ①~⑤ 모두에 걸쳐 기술적 과제의 해결 · 처리를 위한 조정역으로 되는 일이 많다. 따라서, 철도토목 기술자는 ① 이외의 영역에 대하여도 그 기본 사항을 파악하여 철도기술 전체를 통찰하는 관점을 가지는 것이 요청된다.

(1) 구조공학적인 측면

이것은 철도차량의 통로를 확보하기 위한 궤도와 선로 구조물 및 정거장 · 역사 등의 터미널을 구성하는 구조물(즉, 철도 시스템의 링크(link)와 노드(node))의 설계 · 시공을 위한 공학 · 기술 영역이다. 그 내용은 설계기술과 시공기술로 대별되지만 어느 것도 구조역학 · 토질역학 · 콘크리트공학 · 재료학 등을 기초 영역으로 하고, 여기에 하중론 · 설계론에 입각하여 많은 판단 · 평가가 더하여져 필요에 따라 실험적 검증이 행하여지고 설계법이나 시공법으로서 체계화되고 정착되어 왔다. 이 점은 철도 이외의 구조물과 하등 색다른 점이 없지만, 개개의 문제에서는 철도특질에 유래하는 기술적 특색도 있다. 고속철도에서는 설계 단계에서 소음 · 진동 대책을 강구하는 점, 강제 교량에서는 도로교에 비하여 피로파괴에 대한 설계 조건이 엄한 점 등이 선로 구조물 설계의 특색으로 열거된다. 철도는 터널 및 지하 구조물에 관하여 우수한 시공 기술이 많다. 록 볼트와 뿜어 붙이기 콘크리트를 이용하는 NATM 공법, 실드공법, 대규모인 언더 피닝 등은 철도를 중심으로 발달한 시공 기술이다.

철도의 전통적인 궤도 구조는 도상 + 침목 + 레일로 구성되어 있으며, 이 틀 내에서 궤도의 기술적 향상은 궤도구조의 고급화와 보수 기술의 고도화를 2 기등으로 하여 왔다. 또한 콘크리트 궤도 등이 실용화되어 구조적 안정성과 보수 생력화의 2 점에서 궤도구조 기술에 큰 변혁을 가져와 그 영향은 앞으로 더욱 넓어질 것이다.

한편, 모노레일이나 신 교통 시스템 및 자기 구동식 철도와 같이 전혀 새로운 궤도 구조를 가진 시스템도 등장하고 있다. 모노레일이나 신 교통 시스템에서는 선로 구조물(교형 · 고가교 등)의 콘크리트 노면을 이용하는 일이 많아 궤도 구조는 극히 단순하다. 반면에, 철륜 리니어 모터 방식 철도에서는 리액션 플레이트(reaction plate)

를 레일 사이에 설치하는 등, 복잡한 궤도 구조로 되어 있다.

정거장은 승객과 철도의 접점, 다른 교통수단과의 접속점이며, 또한 경우에 따라서는 종합 터미널로서 활발한 도시 활동의 장을 제공하여야 하는 경우도 있다.

(2) 기계공학적인 측면

이것은 차량공학을 중심으로 하는 영역이다. 차량공학은 철도 시스템에서 캐리어(carrier)로서의 차량을 설계·제작하기 위한 공학·기술 체계이다. 그것은 기계공학 분야에서 재료역학·동역학·금속 재료학 등을 기초로 하여 경량이고 고속 성능에 우수하며, 용도에 따라 충분한 수송력을 가진 차량을 목표로 하여 기술의 향상이 도모되어 왔다. 알미늄 합금 차량, 동력 분산 방식에서 스프링하 중량(unsprung mass)의 감소, 진자식 차량의 개발 등은 최근의 성과이다. 한편, 차량외관이나 차내 설비의 양부는 철도를 매력이 있는 탈것으로 하기 위하여 중요한 요소이다. 거주성이 좋은 쾌적한 차량 설비를 실현하기 위하여 인간공학이나 인더스트리얼 디자인(industrial design)의 방법을 이용한 설계법도 널리 도입되고 있다. 차량공학 외에 여러 가지의 기계 설비를 이용하여 철도 시스템의 원활한 운용을 도모하기 위하여 장치공학의 성과가 여러 가지의 형으로 도입되고 있다. 차량기지에서의 차량 정비나 차량 세척기, 차량이나 역에 이용되는 공조 설비 등 그 예가 많다.

(3) 전기공학적인 측면

철도 시스템에 요하는 전력량에서는 그 태반이 차량의 동력원으로서 소비된다. 따라서, 차량에의 전력공급(급전) 기술이 중요하다. 열차상의 안전을 지키기 위하여 여러 가지의 신호·보안 설비가 설치되고 있다. 기본적인 것으로는 열차의 폐색구간 점유상황을 후속 열차에 알리는 신호장치, 정지신호에 대하여 승무원의 정지 제어가 충분하게 행하여지지 않는 경우에 자동적으로 열차를 정지시키는 ATS, 정거장에서 분기기의 조작이 안전상의 모순 없이 행하여지는 것을 보증하는 연동장치 등이 있다.

전기식 철도에서 차량제어 기술은 가속시의 전류 제어와 제동시의 발전 제어가 중요한 과제이다. 최근의 기술 개발에서는 전자에 대하여 초퍼(chopper) 제어를 이용한 기기의 간소화와 승차감의 향상, 후자에 대하여는 회생 브레이크를 이용한 에너지절약화 등이 실용화되고 있다.

(4) 정보·제어 공학적인 측면

열차의 운행이나 여객에의 정보 서비스가 고도의 정보처리 시스템을 기초로 자동 관리하도록 된 것은 최근의 새로운 철도 시스템의 큰 특징이다. 이것은 컴퓨터를 이용한 정보처리 기술 및 그것과 직결된 통신기술 및 시스템 제어기술의 발달에 힘입는 경우가 많다. 이와 같은 시스템 제어의 실현으로 열차운행의 안전성과 정시성의 보증도가 비약적으로 향상되었으며, 고속·고밀도 운전, 도시계 철도에서 2분 헤드(head)의 고빈도 운행, 무인운전 등은 이와 같은 정보·제어공학적 측면의 발달을 철도 시스템에 흡수함에 따라 비로소 가능하게 되었다. 운행관리 시스템(CTC·ATC·ATO 등)은 이러한 분야의 성과이며, 새로운 철도 시스템에서 불가결의 기술 영역을 형성하고 있다. 또한, 승객에의 정보서비스가 비약적으로 향상되었다. 승차권의 예약 발매 시스템, 열차 안내 시스템, 자동발매기나 자동 집·개찰기, 스마트 카드 등의 발달은 철도이용의 편이성을 증대시킴과 동시에 생력화의 면에서도 큰 성과를 가져오고 있다.

(5) 시스템 공학적인 측면

시스템 공학은 어떤 공학 시스템(철도 시스템, 철도의 건설 프로세스 등)을 구성하는 개개 요소간의 관계를 명확하게 하여 각 요소간의 계층 구조, 정보 전달과 피드백 기능을 분석함으로써 시스템 전체로서 종합화·체계화하기 위한 논리적인 도구를 제공하는 것이다. 시스템즈 애널리시스(system' s analysis)가 주요한 분석수단으로서 이용되고 있다. 시스템 공학은 전술한 (1)~(4) 각 분야의 계획·설계·시공의 각 단계에서 일반적으로 이용하기에 이르렀다. 특히, (4)항의 정보·제어 공학적 분야는 시스템 공학의 도움이 없이는 성립될 수 없는 것이다. 더욱이, 철도의 사회화가 진행되면, 그 건설 프로세스도 복잡하고 다층적인 구조를 갖게 되므로 철도건설 전체를 통찰한 적확한 판단이나 그 원활한 실시를 도모하기 위하여 시스템 공학적 방법의 유용성이 중요하게 된다.

1.1.5 철도사업과 기술의 두 성질

(1) 철도가 과거로부터 물려받은 일반적인 약점

철도는 수십 년 동안 국가 보호정책의 결과로서 다음과 같은 심각한 핸디캡을 물려받았다. ① 경영과 조직의 불가변성 : 철도 관리는 수십 년 동안 현행의 상황만을 다루었다. 중요한 문제는 흔히 정치 기준에 기초한 감독 부처가 다루었다. ② 일상의 과업에서 인원의 누적 및 경영, 조직과 기술적 업그레이드 위치에 있는 직원의 부족, ③ 흔히 시대에 뒤진 운영 방법의 결과로써 높은 수송비용, ④ 대다수의 경우에 수송의 요구조건에 적합하지 않은 수준의 서비스를 제공하는 흔히 관리하기 어려운 차량, ⑤ 도로망 유지관리비에서 작은 몫만을 기여하는 도로 운송회사 및 공항 유지관리비에서 아주 작은 몫만을 기여하는 항공 운송회사와는 대조적으로 철도 기반시설의 유지관리 비용은 철도 회사가 대부분 부담하고 있다, ⑥ 흔히 수십 년 동안 진지한 투자가 없었던 결과로서 시대에 뒤진 기반시설. 차량도 마찬가지다, ⑦ 수송 활동이 거의 없는 선로를 운영하여야 하는 의무(흔히 공공사업이라고 한다). 사기업 기준으로 운영하던 철도 기업은 그와 같은 선로의 운영을 유지하지 못할 것이다.

상기 외의 단점으로는 다음과 같은 것이 있다. ① 선로나 정거장 등 전용의 시설에 상당한 투자를 필요로 하기 때문에 상당한 수송량(volume of transportation)이 없으면 채산이 맞지 않는다. ② 강(鋼) 레일 위를 주행하는 강차륜의 마찰이 적기 때문에 제동거리가 길어 열차의 운전에는 보안설비가 불가결하다. ③ 시설이나 차량 일부의 지장이 전체에 영향을 미치므로 시설이나 차량의 정비 보수에 특히 중점을 두어야 한다. ④ 역에서 역까지의 수송이므로 보완 수송을 수반하는 경우가 많다.

(2) 철도의 상대적인 장점

철도는 다음의 사항을 제공하므로 수송과 경제의 발전에 대한 철도의 기여는 결코 무시할 수 없다. ① 날짜와 계절에 개의치 않고 계획된 스케줄에 따라 여객과 화물 수송의 완전한 서비스 시스템을 제공한다. ② 다른 교통 수단과는 현저히 다르게 환경오염을 최소로 한다. ③ 대량의 수송 용량 때문에 집중 방식의 통행에서 피크 주행 기간의 혼잡 완화에 결정적으로 기여한다. ④ 동일 교통량에 대하여 어떠한 다른 수송 수단보다도 에너지를 훨씬 더 적게 소비한다. ⑤ 사회의 큰 부분(예를 들어, 학생, 샐러리맨 등)에게 운임을 할인하며, 따라서 그들이 더 용이하게 여행을 할 수 있게 한다.

미국의 워싱턴 D. C.에 있는 세계적으로 유명한 World-watch 연구소(소장 Broun)의 보고서 "철도로 돌아옴 -

1. 대단히 높은 에너지 효율	6. 사상자수의 감소
2. 석유 의존의 감소	7. 적은 건설 용지
3. 대기 오염의 감소	8. 지역의 경제 개발
4. 온실 효과의 원인인 배출물의 억제	9. 토지의 효율적 이용
5. 도로 · 항공 수송의 혼잡 완화	10. 사회적 공평의 확대

※ World-watch Institute, "Back on Track : The Global Rail Revival", April, 1994.

세계적인 철도의 복권(復權) -"에서는 **표 1.1.2**에 나타낸 것과 같은 철도의 이점을 열거하고 있다.

(3) 철도 재건의 개발 방책과 수단

유럽과 세계의 수송 부문은 여러 수송 모드간의 경쟁에 대한 강조와 함께 현재 점진적인 규제 철폐와 자유화를 지향하고 있다. 정부와 철도 소유자는 철도에 대한 진정한 자율성을 보장하며, (적자를 커버하기 위하여 사용된) 철도 기업에 대한 보조금을 점진적으로 줄이고, 철도 운영에서 투명성의 제도를 확립하며, 그리고 다른 철도 회사가 철도 기반시설을 사용하고 철도 수송 시장에 들어갈 수 있는 틀을 만들 의무가 있다. 철도는 그러한 틀의 범위 내에서 다음을 목표로 삼아야 한다. ① 조직의 보다 큰 유연성과 여러 가지 대안. 예를 들어, 투자에 대한 운영 기준의 개발. ② 특정한 수송 과업의 필요에 기초하여 인원 배치 및 전문화된 인력을 각종 부서의 직원으로 배치. ③ 수송 시장에서 더 경쟁적인 철도 서비스를 수행하기 위하여 비용을 과감히 줄이려는 시도 (현행 인원 레벨의 합리화와 축소 및 정보 과학과 신기술의 적용). ④ 철도가 고객의 요구조건에 적합하게 충족시킬 수 있도록 차량과 기반시설의 체계적인 유지관리와 쇄신, ⑤ 기반시설 유지관리의 비용을 다른 경비에서 분리 {유지관리 비용은 (도로망과 공항처럼) 국가의 책임 또는 철도 운영회사가 아닌 회사의 책임} . ⑥ 중요한 투자로 기반시설의 현대화. ⑦ 기업이 사업적인 이익만을 추구하는 경우에, 같은 범위나 정도로 떠맡지 않을 것들(예를 들어, 교통량이 적은 선로의 개발)로서 이해되고 있는 공공 서비스 의무의 분명한 한정 {위임된 공공사업을 집행하는 대리인(예를 들어, 유년. 학생의 할인 운임에 대하여 교육부)은 철도 기업에게 수입 손실을 보상} . ⑧ 환경을 오염시키지 않고 교통 혼잡을 야기하지 않도록 철도의 석낭한 보상(철도 운행이 중지될 경우에 초래히게 될 오염과 교통 혼잡에 대처하기 위하여 소비하여야만 하는 것에 상당하는 양의 보조금을 철도에 지급). ⑨ 적자의 점진적인 감소.

(4) 철도와 수송의 요건

어떠한 수송 활동도 그 자체가 목적이 아니고, 사람과 물자 수송의 특정한 수요의 이행을 위하여 존재한다. 철도는 더 효과적이고 경쟁적인 서비스를 제공하도록 노력하여야 하며, ① 규제 철폐와 자유화가 증가되면서 경제의 국제화에 따른 수송 시장의 전개, ② 고객 서비스에 기초한 경쟁, ③ 세계적인 철도 서비스를 허용하기 위하여 각종 철도기술(예를 들어, 전철화와 신호 시스템)을 일치시킬 필요성의 증가, ④ 장기의 운영 수익성을 확보할 필요성 등의 사항을 고려하여야 한다.

전개 중인 생존 경쟁 및 크게 경쟁적인 국제 환경은 더 높은 품질의 서비스, 효율적이고, 접근하기 쉬우며, 경쟁적인 철도수송 시스템을 필요로 한다. 이들의 시스템은 더 넓은 환경, 자원의 효율과 안전의 목표를 보장하면서 경제적, 사회적 기대를 충족시켜야 한다. 더욱이, 철도의 발전은 수송과 이동성을 위하여 다른 수송 모드와 최대의 협동작용(시너지)을 허용하여야 하며, 이리하여 현대적 문전 수송(door to door) 요구 조건에 응하여야 한다.

1.1.6 철도의 기원과 발달

(1) 개요

철도(鐵道)의 역사는 레일(rail)의 발달로부터 시작되었다고 한다. 철도(鐵道)는 그 발상지인 영국에서 railway 라고 불리고 있다(미국 : railroad, 프랑스 : Chemins de fer, 독일 : Eisenbahn, 네덜란드 : Spoorweg, 이탈리아 : Ferrovia, 스페인 : Ferrocarril, 중국 : 鐵路). 이것을 직역하면 "레일 길(rail 道)"로 된다. 이 단어가 나타내는 것처럼 간단하게 말하면, 철도란 레일의 위를 달리는 교통기관이며, 레일은 철도에서 가장 중요하고 불가결 · 기본적인 부재이다. 따라서, 레일은 철도의 심벌이라고 할 수 있다.

(2) 탄광에서 생긴 사다리 궤도

고대 로마시대의 도시 도로에는 궤도가 아닌 돌길(石道)이 있고, 거기에는 차의 바퀴자국이 남아 있어 이것을 차륜이 직진하도록 인위적으로 제작한 홈(溝)이라고 해석하는 전문가도 있다. 로마 시대에는 포장도로가 널리 건설되어 차륜에도 철의 테두리가 이용되었다. 로마군은 기원전 50년경 영국에 침입하여 2륜 마차(戰車)를 주행시켜 깊은 자국을 남기고 돌아갔다. 그 당시 전차의 차륜간격은 1,372 mm(4′6″)이고, 이것이 후세의 마차철도에서 철도로 인계되어 표준 궤간의 단서가 되었다고 한다.

한 쌍의 봉상재(棒狀材)의 위를 플랜지(輪緣)가 붙은 차륜으로 주행하는 차량이 기록으로 남아있는 것은 독일의 G.Agricola가 1550년에 저술한 " 금속에 대하여 " 중에 있는 탄차(炭車)의 그림이 처음으로 목재로 만든 사다리 꼴의 궤도와 같은 것을 제작하였다(**그림 1.1.2**). 또한, 일설에는 16세기 초에 독일의 Harz 광산에서 목재를 깔은 것이 최초의 철도 형태라고 한다. 산업혁명에 앞서 16~17세기에 영국에서는 탄갱의 갱구에서 선적장까지는 짐 말이나 짐 마차를 이용하였다.

영국에서는 17세기 초의 경에 뉴캐슬 부근의 탄갱에서 목제의 궤도를 사용하여 말 1두로 8~9 t의 석탄차를 끌었다고 하는 보고도 있다.

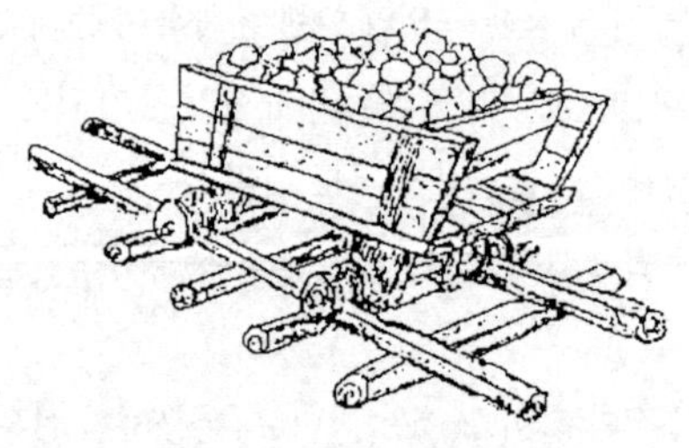

그림 1.1.2 사다리 궤도와 탄차

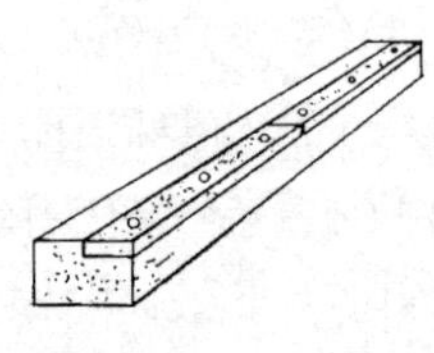

그림 1.1.3 철판레일

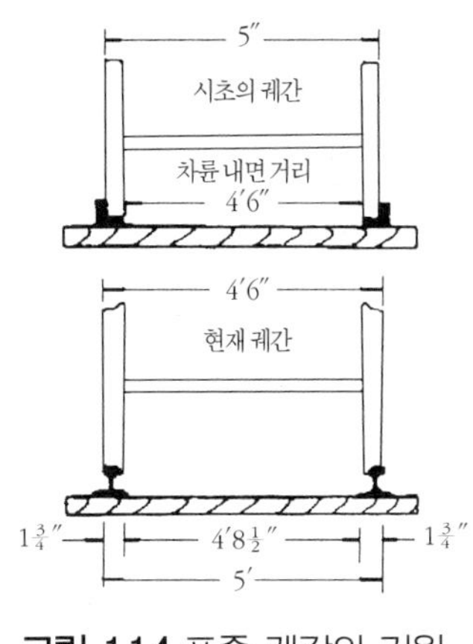

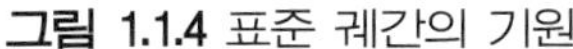

그림 1.1.4 표준 궤간의 기원

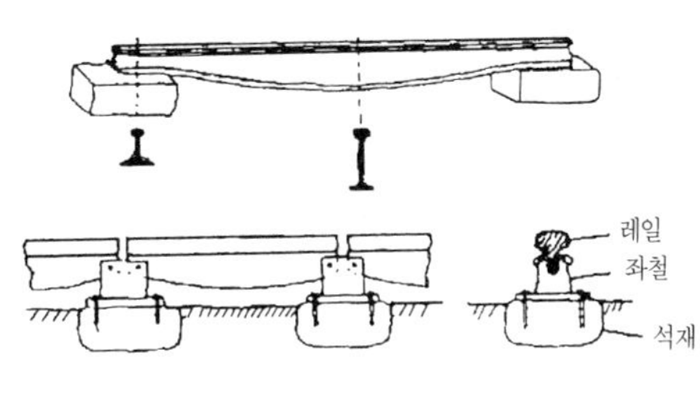

그림 1.1.5 주철 어복레일

(3) 철판레일, L형 레일, 철 레일

목제(木製) 레일 이후의 큰 진보는 200년 후인 18 세기 중반에 이르러 철제(鐵製) 레일의 등장이었다. 영국의 Derby 제철소에서는 구내의 목재 레일이 빈발하게 파손되므로 Reynolds가 봉강을 평판으로 고쳐 이것을 떡갈나무에 못을 박아 붙이는 것을 고안하였다(**그림 1.1.3**). 이 날이 1767년 11월 13일로 철제레일의 등장 기념일이다.

1776년에는 L형 단면의 주철재(鑄鐵材)를 토대에 직접 취부하는 것이 출현하였다. **그림 1.1.4**에 나타낸 것처럼 당시의 마차 견인 차량의 차륜 외면거리는 1,524 mm (5′)이었으므로 좌우 한 쌍의 L형재의 외면거리도 여기에 맞춘 것이다. 또한, 플랜지 붙은 차륜에 대하여는 한 쌍인 레일의 내면거리가 차륜 답면 폭 $44.5 \times 2 = 89$ mm를 빼어 1,435 mm로 된 다. 이것이 오늘날과 같은 표준 궤간의 기원이라는 설이 있다. 철의 봉상재가 레일(rail)이라고 불리게 된 것은 이 시대의 일이다. 나무의 종 각재(縱角材) 위에 설치되었던 레일은 스트랩 레일(strap rail)이라고도 불려졌다. 1789년 Wiliam Gessop는 단면이 변화하는 플랜지가 붙은 레일을 발명하였다. 주철제 엣지 레일(edge rail)은 그 형상 때문에 어복 레일(fish bellied rail, 또는 fish bellied iron edge rail)이라고도 불려진다. **그림 1.1.5**와 같이 레일의 양단하부에 돌 또는 목침목을 부설하고 여기에 볼트를 깊이 끼워 레일을 고정시켰다.

(4) 마차철도와 증기기관차의 탄생

18세기 후반에서 19세기 전반의 공업화에 따른 산업 혁명으로 수송 기능이 우수한 새로운 교통 기관이 요망되어 영국에서는 운하 망이 건설, 정비되어 하천과 함께 수운(水運)이 이용되었다. 또한, 내륙의 광산 등에서 운하까지 운반하는 수단으로서 레일을 이용한 궤도와 마차를 이용한 방식(철도에서 말 한 마리의 견인 능력은 도로에서의 10 마리에 필적)이 채용되었다.

영국의 교통은 1673년에 런던을 기점으로 하는 역마차가 달리기 시작하였으며 탄광의 "전용 철도"였던 궤도도 단순한 각재에서 주철판 붙이, L형 레일, 엣지 레일로 개량 강화되었다. 그래서, 마차와 당시 플레이트 웨이(plate way), 트램 웨이(tram way), 또는 레일 웨이(rail way) 등으로 불리던 궤도가 결합하여 1801년 세계 최초의 공공 마차철도(馬車鐵道)인 샤레이 철도(Surrey Iron Railway) 회사가 발족되어, 1805년 약 17 km의 선로가 개통되었다. 영국의 J. Watt가 1765년에 증기기관을 발명하여 차량의 동력에도 이것을 이용하려는 움직임이 나타났

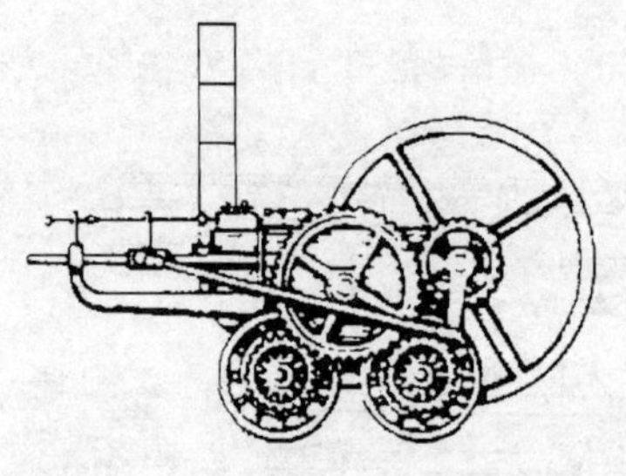

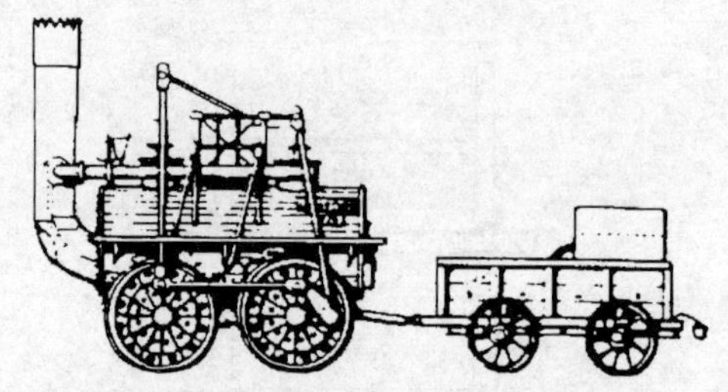

그림 1.1.7 "Locommotion"호 SL
전장약9m, 기관차중량6.5t, 동륜직경1219mm, 보일러압력1.7kgf/cm² (1825년 영국제)

그림 1.1.6 Trevithick의 SL ; 중량4.5t(1804년 영국제)

다. 1769년에 프랑스의 N. J. Cugnot, 또 1786년에 W. Murdock이 증기차를 만들어 도로상을 운전하였다. 또한, 이들의 자동차로 철로 위를 달리게 하였고 J. Blenkinsop는 기관차로 레일 위를 달리게 하였으나 모두 성공하지 못하였다.

증기기관차를 제작하여 레일 위를 주행시킨 최초의 사람은 "기관차의 아버지"라고 불리는 영국의 Richard Trevithick이다. Trevithick이 1804년에 발명한 증기기관차(**그림 1.1.6**)는 10 t의 철광석을 실은 화차를 끌고 8 km/h의 속도로 주행하였다. 1814년에는 영국의 Geroge Stephenson 등이 증기기관차 "Blucher"의 제작에 성공하여 광산의 마차 철도에 널리 이용되었으나 모두 전용 철도였으며, 이들이 동력 상으로 본 철도의 기원이다.

(5) 철도의 탄생

세계에서 최초의 공공용 철도(鐵道)가 개업한 세계적 철도 기념일은 1825년 9월 27일이다. 개업일의 기념 열차는 Stockton-Darlington간 43 km의 선로에서 "철도의 아버지"라고 불려지는 Geroge Stephenson이 만들고 "Locommotion"호 (중량6.5 t, **그림 1.1.7** 참조)라 명명된 증기기관차가 총중량 약 90 t, 33 량의 열차(약 600인의 승객과 약간의 석탄을 적재)를 견인하여 전구간을 약 7~13 km/h 의 속도로 주파하였다. 여기서는 J. Birkenshaw의 연철압연 레일을 채택하였다(**그림 1.1.8**). 이 레일은 1805년에 고안된 어복 레일(fish-belly rail)이라 부르는 형상의 것이었다.

(6) 연철레일의 개발, 동력차의 발달 및 철도의 보급

세계의 철도기념일에 앞서 수년전인 1820년 영국의 J. Birkenshaw는 처음으로 연철을 압연하여 **그림 1.2.8**의 압연레일(길이 3.962~4.572 m(13~15'), 중량 12.9 kg/m(26 lb/yd))을 제작하였다. 이것이 최초의 압연 레일

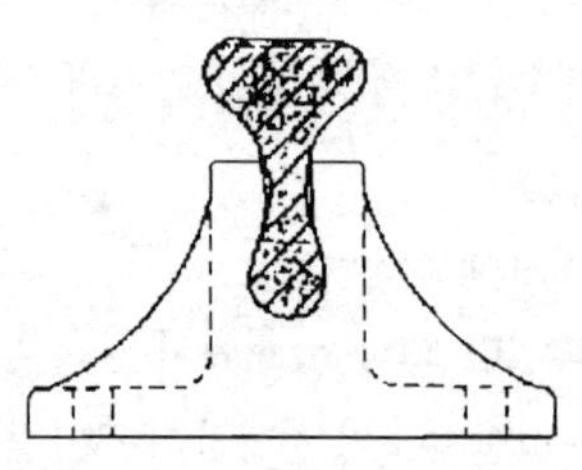

그림 1.1.8 연철 압연레일

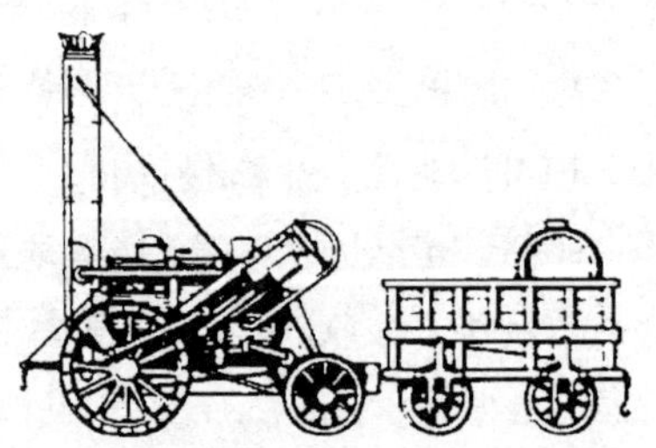

그림 1.1.9 "Rocket"호 SL 전장약6.9m, 기관차 중량4.3t, 동륜 직경 1435 mm, 불꽃 격자 면적 0.5 m², 보일러 압력 3.3 kgf/cm² (1829년 영국제)

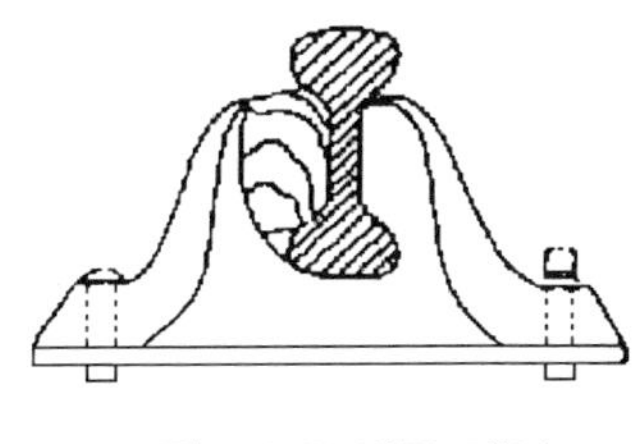

그림 1.1.10 쌍두 레일

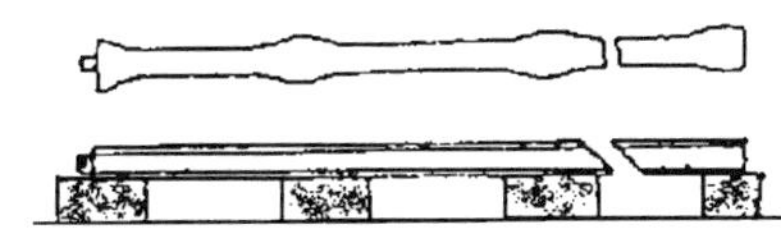

그림 1.1.11 스티븐스의 연철 T형 레일

로서 이음매부에는 체어(chair)라고 부르는 주철제 지지대로 지지하는 구조이다.

증기 동력의 철도가 운하 수송을 능가할 수 있다고 평가된 것은 1830년 9월 15에 개업한 영국의 Liverpool - Manchester간 50 km의 철도이었다. Stephenson이 제작한 "Rocket" 호 기관차(4.3 t, **그림 1.1.9** 참조)는 최고 속도 35 km/h, 평균 속도 22 km/h의 훌륭한 기능을 발휘하여 증기기관차의 기본적 설계로서 최후까지 답습하였다. 이 때 부설된 레일은 1829년 Blenkinsop가 만든 연철제 압연 어복 레일(길이 15′ (4.58 m), 17.4 kg/m)이다.

L&M 철도가 실증한 수송력·속도·비용 등 우수한 증기 동력의 철도는 요원(燎原)의 불꽃처럼 영국의 국내와 해외에 보급되기 시작하였다. 철도는 영국에 이어 미국에서 1830년에는 영업이 개시되고, 1832년에 프랑스, 1835년에 벨기에와 독일에 보급되는 등 구미 각국으로 철도가 급속하게 퍼졌다. 그 이후의 1 세기는 "철도의 세기"라고 하여도 좋을 정도로 철도가 육상 교통의 주요 부분을 독점하고, 증기 열차가 중심적인 운행 형태이었다.

(7) 레일의 발달

1830년에는 영국의 Clarence가 16.4 kg/m 의 압연레일을 제작하였다. 이것은 그 후 영국에서 널리 사용되었던

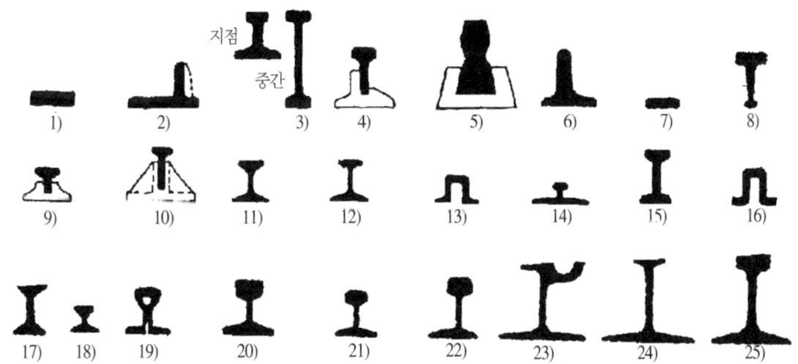

1) 1767년, 주철판레일, 길이 1,524 mm
2) 1776년, 주철 L형레일, 길이 914 mm
3) 1789년, 주철어복레일
4) 1797년, 주철엣지레일
5) 1802년, 주철레일·길이 1,372 m
6) 1808년, 주철레일
7) 1808년, 가단주철판레일
8) 1816년, 주철어복레일
9) 1820년, J.Birkenshaw의 연철압연레일, 12.9kg/m
10) 1830년, Clarence의 연철압연레일, 16.4kg/m(이상 영국)
11) 1831년, G.Stephenson의 평저레일, 17.9kg.m(미국)
12) 1831년, Pennsyivania 철도의 평저레일, 20.3kg/m(미국)
13) 1835년, U형레일, 19.8kg/m(미국)

14) 1836년, C.Vignoles의 평저레일, 17.2kg/m(프랑스)
15) 1837년, J.Locke레일(쌍두 레일), 28.8kg/m(영국)
16) 1844년, Evancse의 U형 레일, 17.8kg/m(미국)
17) 1844년, 우두레일, 28.8kg/m(영국)
18) 1845년, 피아베드레일(미국)
19) 1858년, 중공레일(미국)
20) 1858년, Pennsylvania 철도표준레일, 21.2kg/m(미국)
21) 1864년, 최초 Bessemer 강레일, 24.8kg/m(미국)
22) 1885년, 할레 망레일, 31.6kg/m(독일)
23) 홈붙이 휘닉스레일, 66.8kg/m(독일)
24) HT형, 할규레스 레일, 54.7kg/m(독일)
25) 1947년, 76.9kg/m 레일(미국)

그림 1.1.12 레일의 발달

우두(牛頭)레일(bull-head rail)이라 부르는 형의 원조라고도 한다. 1837년에는 영국의 J. Locke가 쌍두(雙頭) 레일(double head rail)을 고안하였다(**그림 1.1.10**). 영국에서는 제2차 세계대전 후까지의 사이에 오로지 쌍두 레일이 사용되었다.

미국인 R. L. Stevens는 1831년에 오늘 날 일반적으로 사용되고 있는 평저(平底)레일(flat-bottom rail)의 원조라고 하는 **그림 1.1.11**과 같은 17.9 kg/m(36 lb/yd), 5.484 m(6 yd)의 연철 T형 레일을 설계하여 뉴저지 주의 캄딘 · 앤드 · 암보이 철도에 부설하였다. 1836년 영국에서 C. Vignloes이 복부가 낮은 T레일을 발명하여 이것이 파리 지중 철도에 이용되었다. 이것은 나중에 유럽 각국에서 레일 단면형상의 기본형식으로 되었으며 유럽에서는 비그놀 레일(Vignoles rail)이라고도 한다. 최종적으로는 두부 마모, 체결 성능 등을 고려하여 현재의 주요한 레일의 대부분은 I형 평저레일의 단면형상으로 되어 있다(**그림 1.1.12**). 즉, 1855년에는 레일의 길이와 형상이 오늘날과 유사한 강제(鋼製) 레일이 제작됨으로써 철도의 발전에 크게 기여하였다.

(8) 철도의 중흥과 발전

철도가 탄생하고부터 약 1백 년 동안의 철도는 육상교통 수송에서 압도적인 시장 점유율을 갖고 있었지만, 20세기에 들면서 자동차가 보급되기 시작하고, 특히 제2차 세계대전 후는 도로 정비도 진행되어 단거리 수송에서는 모터라이제이션(motorization)이, 중 · 단거리 수송에서는 항공기의 발달이, 또한 중거리 버스의 발달 등이 철도의 존립 기반을 위협하여 그 결과 세계 각국에서 철도의 사양화를 부르짖게 되었다.

이와 같은 철도 경영의 위기 중에 대량 · 고속 수송의 특성을 최대한으로 발휘하여 철도의 소생과 차세대의 교통기관으로 거듭나기 위하여 많은 노력이 계속되어 왔다. 그 중에서도 영업 운전의 최고 속도가 200 km/h 대를 넘는 일본 東海道 신칸센의 개업은 철도의 고속 수송성을 재평가시키고 철도의 기술 발달사에서도 획기적인 사건이었으며, 이는 국제적으로 큰 영향을 주었고, 특히 이에 자극을 받은 서구에서도 200 km/h 이상의 속도 향상을 목표로 하는 기술 개발이 채택되어 왔다.

프랑스에서는 파리-리용간 동남(東南) 신선(新線)의 1981년 부분 개업 시에 전기열차로 최고 속도 260 km/h의 운전을 시작하여 전구간을 개업한 1983년에 270 km/h로 향상하였다. 계속하여 1989년 개업의 대서양 신선 TGV-A, 더욱이 1993년 개업의 북부 신선 TGV-R, 1994년 개업의 영불 해협 터널선 통과의 유로스타 등으로 최고 속도 300 km/h의 운전을 하고 있다. 프랑스 TGV-EST(동선)는 근래에 기존 객차에 신형동력차 POS를 연결하여 30년인 수명을 10년 이상 늘렸으며, 듀플렉스(Duplex)는 2층 고속열차로 좌석이 기존 TGV의 2배에 이른다. 2007.4월에 GV-V150으로 시험 주행한 574.8 km/h는 현재 세계 최고속 기록이다.

독일에서는 재래의 간선을 개량하여 1977년부터 전기기관차 견인으로 200 km/h 운전을 개시하였다. 그 후에 고속 신선에서 1991년부터 전기열차 ICE(intercity express)로 280 km/h(기본 최고속도는 250 km/h)의 운전이 이루어지고 있다.

고속 철도는 육상 수송에서는 대신할 기관이 없는 것으로 되어 있다. 여객 · 화물의 수송량당 소요 에너지나 용지 면적은 도로 수송에 비하여 수(數) 분의 1인 것 등에서도 높게 평가되어야 할 것이다. 앞으로도 우리들의 생활을 유지 개선하여 가기 위하여도 철도는 변함없이 중요시되어 갈 것이다.

(9) 한국의 철도

(가) 한국 철도의 기원

1896년 3월 29일 한국정부는 미국인 제임스 모르스(James R.Morse)에게 경인선 철도부설권을 특허하여 1897년 3월 22일에 그 기공식을 거행하였다. 그 후 자본난으로 1898년 5월 10일에 일본인에 의한 경인철도 합자 회사에 인계되어 1899년 9월 18일 제물포～노량진간 33.2 km의 경인선이 개통되었다. 이것은 1825년 영국 런던에서 세계 최초의 철도가 개통된 후 74년만의 일이다. 그 후 1905년 5월에 경부선의 전구간이 개통되었고 이어서 1906년 4월에 경의선, 1914년 1월에 호남선, 동년 8월에 경원선이 각각 개통하여 'X'자망을 구성하였으며, 1927년 9월에는 함경선, 1936년 12월에는 전라선, 1942년에는 중앙선이 개통됨으로서 대체로 국내 주요 간선망이 형성되었다.

광복 이후의 철도는 1945. 9. 11부터 남북한 운행이 중지되었으나 1946년에는 서울-부산 간에 특별급행 조선해방자호가 운행되기도 하였다. 이후 1950년대에 영동선, 충북선 등이 건설되고, 1968년에 진주-순천 간이 개통되어 경전선이 완공되었고 1960년대와 70년대에 경북선, 정선선, 문경선 등의 산업철도가 건설되었다.

1970년대 경제성장에 따른 교통수요에 대처하기 위하여 중앙선, 태백선, 영동선 등의 산업선이 1973~1975년에 교류 25 kV 방식으로 전철화되었으며, 수도권 인구집중에 따른 교통대책으로 1974년 서울~수원, 인천 등의 수도권구간의 철도가 전철화되었다. 이후 과천선, 분당선, 안산선, 일산선 등의 수도권 전철이 개통되었다.

(나) 고속철도

1980년 중반 이후 급증하는 물류비를 철도로 해결하고 국가경쟁력을 향상시키기 위하여 경부고속철도 신설계획에 관한 논의가 시작되어 1990년 서울~천안~대전~대구~경주~부산 노선을 확정하고 1992. 6월에 천안역 예정지에서 착공하여 1단계로 2004년 4월에 광명~대구 간을 개통하였으며, 대구~부산 간과 호남선은 기존의 선로를 전철로 개량하여 KTX를 운행시키고 있다. 또한 경부고속철도 2단계 구간인 대구~경주~부산 간을 2010년 개통을 목표로 건설 중이며 대전, 대구 도심구간도 건설 중이다. 호남고속철도의 건설은 2006년 8월에 기본계획을 확정하고 2009년 12월 4일에 1단계인 오송~광주송정 구간을 착공하였으며, 1단계구간은 2014년에 완공예정이고, 2단계구간(송정~목포)은 2017년 완공목표이다.

(디) 도시철도(지하철)

우리나라의 지하철은 직류 1.500V로 서울에서 1974년 8월 15일 1호선(서울역～정량리)이 최초로 개통되었으며 이를 시작으로 6 대도시에서 도시 철도를 건설하였다. 서울의 1기 지하철(서울메트로)과 부산의 1기 지하철의 정거장(station)에는 콘크리트 도상, 기타 구간은 자갈 도상을 채택하였으며, 서울 2기 지하철(도시철도공사)과 부산의 2기 지하철 및 대구, 대전 등의 도시철도는 콘크리트궤도(concrete bed track)의 일종인 Stedef 궤도, 인천 도시철도는 Sonneville 궤도를 개량한 L.V.T. 시스템, 광주 도시철도는 영단형 콘크리트궤도로 건설하였다.

1.2 국토에서의 교통과 철도의 역할

1.2.1 각종 교통기관의 특징과 종합 교통체계

(1) 각종 교통기관의 특징

각종 교통기관(means of transport)의 기능이나 서비스의 질 등을 비교하면 다음과 같다. ① 자동차는 편이성과 쾌적성이 우수하며, 특히 자신이 운전하는 자체를 즐길 수가 있다. 그러나, 교통사고(traffic accident)의 위험성이 높고, 또한 도로 체증에 기인하여 도달 시간의 안정성이 부족한 외에 수송효율이나 에너지, 외부 조건에서도 다른 교통기관보다 뒤떨어진다. ② 선박은 수송비용이 싸고 또한 외부 조건도 우수하지만, 느리고 기동성이 없다. 이 때문에 부피가 큰(bulky) 화물 수송에 적합하며 이 분야에서 큰 비중을 점하고 있다. ③ 항공기는 선박과는 역으로 빠른 점에서 우수하지만, 경제 효율에서는 불리하다. ④ 철도는 상기의 교통기관과 비교하여 안전성·정시성이 특히 우수한 외에 대량성이 있어 수송비용도 낮다. 일반적으로 보아 상기 4종의 교통기관에 대한 이해득실의 중간적인 성질을 갖고 있다고 생각할 수 있다.

(2) 종합 교통체계

종합 교통체계에는 다음과 같이 두 가지의 정의가 있다.

1) 협의 : 각종 교통기관이 각각 갖는 안정성·정시성·대량성·고속성·쾌적성 등, 고유의 특성을 살려 가장 효율적으로, 그리고 요구에 부응한 수송이 가능하도록 적절하게 조합된 교통 시스템.

2) 광의 : 단지 수송의 양적·질적 요청이라고 하는 직접적인 목적으로 그치지 않고, 연선(wayside)에 대한 산업 입지, 정주화의 진행 등과 같은 임팩트나 국민 경제적 효과, 에너지절약 효과 등의 간접 효과·파급 효과를 포함하여 종합적·장기적으로 보아 마음에 드는 교통기관의 조합.

한편, '국가통합교통체계효율화법' 에서는 "국가기간교통시설" 이란 지역 간 간선교통 기능을 수행하는 고속국도 및 일반국도(도로법), 고속철도, 광역철도 및 일반철도(철도건설법), 공항(항공법), 무역항(항만법), 기타 대통령령으로 정하는 교통시설의 어느 하나에 해당하는 교통시설을 말하며, "국가기간교통망" 이란 국가기간교통시설이 서로 유기적인 기능을 발휘할 수 있도록 하고, 이를 이용하는 교통수단이 신속·안전·편리하게 운행할 수 있도록 하기 위하여 체계적으로 구성한 교통망을 말한다고 규정하고 있다.

앞으로의 교통기관에 대한 이용자의 요구에는 다음과 같은 변화가 예상된다. 즉, 개성화·고령화·가치관의 다양화 등의 진전에 따라 양에서 질로, 하드에서 소프트로, 사물에서 서비스로의 국민 생활과 사회 전체의 기호가 변화하며, 이에 따라 교통기관에 대해 쾌적화와 개성화 등을 요구하는 사회의 요구가 앞으로 더욱 높아져 갈 것이다.

이와 같은 향후 교통기관에 기대되는 요구의 변화에 착안하면서 자동차·선박·항공기 등 다른 교통기관의 특성과의 밸런스를 기초로 철도의 위치와 역할이 올바르게 인식될 필요가 있다.

과거 혹은 현재에도 도로·철도·해운·항공의 계획이 각각의 시야만으로 입안되어 사업화되고 있는 예가 많지만, 향후에는 친환경적이고 에너지 절약형인 철도를 중심으로 한 종합 교통체계의 구축이 필요하다.

한편, 교통산업서비스지수(TSI)는 철도, 지하철, 항공, 해운 등 교통산업부문의 수송서비스실적을 정기적으로 산정·지수화한 경제지표이며, 2000년 1월을 기준(100)으로 한다.

(3) 철도의 협동수송 서비스(복합일관 수송 시스템)

각종의 교통기관에는 각각의 득실이 있어 이들을 잘 조합한 협동(합동)수송 시스템으로 합리적·효율적인 종합 교통체계를 만들어낼 수가 있다. 결국, 철도인가 도로인가의 2자 택일이 아니고 철도와 선박·자동차·항공기 등을 부분적으로 조합하여 이용함으로써 빠르고, 안전하며, 쾌적하게 여객이나 화물을 목적지에 도달시키는 방책이다. 예를 들면, 양 단말에서는 기동성이 있는 트럭으로 화물을 집배하고 중간에서는 수송비용이 싼 선박으로 운반하여 운전사의 노무비를 절감할 수 있는 장거리 페리(ferry)나 외국으로부터의 컨테이너선 등도 그 일례이다.

합동수송은 적어도 두 개의 일관된 수송방식을 포함하는 혼성수송 프로세스로 정의된다(예를 들어, 트럭-선박, 열차-선박, 트럭-열차). 합동수송을 위하여 컨테이너 외에 Ro-Ro(Roll On - Roll Off) 기술이 개발되었다. Ro-Ro 기술을 이용하여 화물을 적재한 전체트럭 또는 트럭몸체를 열차 또는 선박에 적재하며, 운송의 작은 몫만이 도로를 이용한다.

(4) 지속가능 교통물류 발전법과 국가통합 교통체계효율화법

독일 라이프치히에서 열린 2008 국제교통포럼(ITF) 각료회의에서는 기후변화와 고유가 시대에 대비한 각료 선언문을 채택하고, 철도 · 연안해운 등 저탄소 교통체계의 정책이 시급히 추진되어야 한다고 제기하였다. 우리나라는 2013년부터 모든 국가에 적용되는 온실가스감축의무협약에 대비하기 위해 환경친화적인 물류수송체계를 구축해나갈 계획이며, 수송부문에서 CO_2 배출양이 가장 많은 도로화물을 철도 등의 대량수송으로 전환하기 위해 보조금지급이나 가격인센티브를 적용하여 전환을 유도할 방침이다. 이를 위해 2009년 6월에 '지속가능 교통물류 발전법'을 제정하였다. 한편, '국가통합교통체계효율화법'은 교통체계의 효율성 · 통합성 및 연계성을 향상하기 위하여 육상교통 · 해상교통 · 항공교통정책에 대한 종합적인 조정과 각종 교통시설 및 교통수단 등 국가교통체계의 효율적인 개발 · 운영 및 관리 등에 필요한 사항을 정함으로써 국민생활의 편의를 증진하고 국가경제 발전에 이바지함을 목적으로 하고 있다. 또한, '교통체계효율화법시행령'에서는 항만 · 공항 · 복합물류터미널, 물류단지 · 산업단지 등 주요 교통거점의 반경 40 km(대규모 개발 사업은 30 km) 내에서는 연계교통망을 의무적으로 구축하도록 하고 있다. 기후변화협약 등 새로운 교통 환경을 반영한 신교통기술로 지정될 경우에 공공시설에 우선 적용되는 등 정부지원이 강화되고 있다.

(5) 철도 · 해상 복합운송 서비스(RSR)의 예

우리나라는 2008. 7월부터 부산~시모노세키 간의 철도 · 해상 복합운송 서비스를 시작하여 철도와 항만의 연계운송으로 친환경적이고 경쟁력이 있는 물류서비스 체계를 구축하였다. 이 서비스는 의왕내륙컨테이너기지에서 부산컨테이너 야드까지 고속화물열차로 컨테이너를 운송하고, 이어 부산항에서 일본 시모노세키 항까지 고속페리로 이어지는 해상운송 후에 일본 내에서는 철도로 운송한다. 이 서비스를 Rail Sea Rail(RSR)이라 부른다. 한편, 부산~하카다 항로 수출입화물컨테이너 운송서비스도 시행하고 있다.

1.2.2 철도에 적합한 분야

(1) 향후 철도의 기본적인 3 가지 역할

(가) 장 · 중거리의 여객 수송(passenger transport)

장거리(예를 들어, 400 · 500 km 이상)에서는 항공기와 경합하고 또한 근거리로 됨에 따라서 승용차의 우위성

표 1.2.1 여행 거리 및 여객 밀도와 주요 교통기관의 관계의 예

여행 거리 여객 밀도	단거리 (예: 100~300 km)	중거리 (예: 300~750 km)	장거리 (예: 750 km)
고 밀도 지역	자동차 중량 철도 대량 고속철도	대량 고속철도	대량 고속철도
중 밀도 지역	자동차 중량 철도 중량 고속철도	중량 고속철도 중량 철도 항공	항공
저 밀도 지역	자동차 중량 철도	항공	항공

이 증가된다. 특히, 관광에 대하여는 대여 버스를 이용하는 한, 단체 여객이 많고 또한 중거리(예를 들어, 80 · 100~400 · 500 km)에서는 도로 정비의 진전에 따라 자가용차를 이용한 관광 수요가 증가된다. 이와 같이 이 영역의 철도 수송은 도로 · 항공 등의 정비 템포에 크게 영향을 받으므로 안전성 · 대량성 · 고속성 · 에너지 효율 등 철도의 이점을 살린 서비스의 향상으로 시장을 확보하여 더욱 철도의 역할을 수행하여 갈 필요가 있다.

새로운 철도 시스템의 실현은 새로운 시설의 건설로서도 행하여지지만, 기존 철도 시스템의 개량으로도 행하여진다. 철도 시스템의 신설은 거액의 초기 투자를 필요로 한다. 또한, 긴 역사를 가지고 있기 때문에 기존의 시설이 많이 존재하고 있다. 따라서 기존 시스템의 개량은 종종 새로운 시설의 건설에 비하여 싸고 빠르게 새로운 철도 시스템을 얻는 수단으로 될 수 있다. 그러므로 기존의 철도 시스템이 있는 경우에는 먼저 그 개량의 가능성을 검토하여 새로운 철도 시스템에 따른 대응을 고려하여야 한다. 개량의 경우에 그 구체적인 방법은 기존 철도 시스템의 주어진 상황에 따라 다르며, 일반적인 논의의 전개는 곤란하다.

표 1.2.1에서는 여행거리와 연선의 여객밀도로 국토간선교통을 분류하여 각각의 경우에 대응한 교통기관의 예를 나타낸다.

(나) 도시의 대량 · 중량(中量) 수송

도시권(수도권 등) 교통과 대도시(인구 80 · 100만 이상) 교통에서는 수송 수요의 크기와 도시 구조의 확대에서 보아 대량형 철도(重量전철)가 장래에 걸쳐 없어서는 아니 되는 대동맥이다. 중도시(인구 10~70만 정도)에서는 대량형 철도의 비중이 적게 되는 대신에 중량형 철도(輕量전철)가 상대적으로 비중이 커진다.

(다) 장 · 중거리의 화물 수송(goods(or freight) transport)

철도를 이용한 화물 수송은 장 · 중거리에 한하며, 앞으로의 중점은 도시나 항만 · 대규모 공업단지 등 대량의 물자가 집산하는 거점 상호간의 직행 수송으로 될 것이다. 장 · 중거리의 화물 수송에서 철도가 그 이점을 가장 발휘하기 쉽고, 그것도 채산성을 유지하는 면에서 가장 유리한 방책은 화물 야드(yard)를 경유하는 종래의 야드계 수송방식에서 거점 도시간을 직행하는 급행 화물열차의 방식으로 바꾸는 것이다. 양 단말의 집배 수송에 대하여는 트럭을 이용하는 컨테이너 방식과 품목별 전용 화차를 이용한 피스톤(piston) 수송 등으로 철도 화물의 특징을 활용하면 더욱 시장 점유를 유지할 수 있을 뿐만 아니라 적극적인 역할을 수행하여 가는 것도 기대된다.

(2) 장 · 중거리 여객 수송의 서비스 향상

장·중거리 여객 수송은 철도에 적합하다고 하여도 이미 항공기·버스·승용차 등의 대체 교통기관과 경합하는 분야이다. 여행자에게는 각종 교통기관을 호감에 따라 선택하는 자유도가 높으므로 속도·쾌적성·편리도·안전도 등의 질적 서비스의 경쟁에 견디도록 가능한 한의 노력이 필요하다. 철도의 차량·시설·기타의 서비스에 대하여 앞으로 더욱 고려되는 시책의 일례를 **표 1.2.2**에 나타낸다.

표 1.2.2 장·중거리 여객 서비스 향상 시책의 일례

	고속성	쾌적성의 향상	각종 서비스의 개선
차량	· 보다 고속성을 목표로 한 차량의 개발 (전자식 전차 등) · 차량의 경량화	· 승차감의 개선(공기 스프링 등) · 2층 차량(vista car) · 컴파트먼트(compartment) 차량 · 살롱카(salon car) · 리클라이닝 시트(reclining seat) · 실내의 미화 · 매력적인 디자인·도장	· 열차 내 인터넷의 보급 · 차내 정비의 철저 · 열차 내 TV의 양질화
시설·설비	· 궤도의 강화 · 곡선·구배의 개량 · 신호·제어 방식의 개량(CTC, ATC 등) · 전철화 · 복선화 · 환경대책 설비의 개량	· 레일의 장대화 · 곡선 개량(급곡선, 완화곡선의 개량) · 역콩코스·통로의 여유 · 역콩코스·통로의 미화 · 에스컬레이터, 움직이는 보도의 설치	· 좌석예약 시스템의 질적·양적 개선 · 알기 쉬운 발매기 · 알기 쉬운 안내 표지 · 기능적·근대적 역 설비
서비스	· 접속 다이어그램의 개선 · 항공기와의 연결 수송	· 차내 안내·아나운스의 질적 향상 · 차내 서비스의 개선	· 접객 서비스의 개선 · 식당차·매점의 매력 향상 · 이상시 등에 대한 상세한 정보 연락 · 좌석지정의 인터넷 예약, SMS 티켓 · 시민의 요구에 맞는 각종 할인 제도

(3) 화물 수송의 거점 직행 계 시스템

거점 도시에는 대량의 화물 집산이 있으므로 거점 도시 상호간에 대하여 충분한 화물 수요량을 확보할 수 있으면 직행 화물열차를 설정할 수 있다. 이 경우에 거점의 야드군에 모을 필요가 없기 때문에 철도 수송에서 다음과 같은 점이 발휘된다. ① 목적 도시까지의 도착시각을 명확히 알 수 있고 지연의 염려가 적다. ② 먼 도시간에는 트럭 수송보다 빨리 도착한다. ③ 트럭의 운전사가 불필요하며 수송비용이 싸다. ④ 트럭 교통량이 줄게 되므로 간선 도로의 체증이 완화될 수 있다.

철도를 이용한 화물 수송의 경우에 양단 거점 도시의 화물 역까지는 트레일러를 이용한 단말 수송이 필요하지만, 싣고 내리기 작업을 간이하게 하는 것이 컨테이너화이며, 또한 트럭의 차체째 화차(goods waggon)에 싣는 것이 피기 백 방식(piggy back system)이다.

(4) 철도에서 전망이 좋은 기타 수송서비스

고속은 철도가 다른 수송 수단에 비하여 상대적인 장점을 갖고 있는 한 분야이다. 기타의 그러한 분야는 도시 철도 서비스, 합동(협동) 수송뿐만 아니라 벌크 적재의 수송 및 통합 서비스를 포함하며, 여기서 통합 서비스는 수송에 더하여 물품의 수집, 저장 및 인도(물류 관리)를 수반한다.

1) **도시철도 서비스** : 폭발하는 교통문제를 가진 시대에서는 철도가 큰 수송 용량을 이용하여 교통 문제의 경감에 결정적으로 기여할 수 있다. 그러므로 도심에서 교외까지 연결되어 있으나 그동안 경시되어왔던 대

다수의 철도선로가 현대화되어 도시철도 서비스에 사용되고 있으며, 따라서 도시의 교통 문제를 경감하고 있다.

2) 벌크 적재 : 철도는 합동수송에 더하여 벌크 적재 수송(원재료, 석탄, 곡물 및 기타 농업 생산물 등)을 더욱 개발할 수 있다. 벌크 적재 수송에 대한 철도의 적합성은 여러 문제 중에서 화물 열차를 분해하고 재편성하며 길고 (흔히) 정당하지 않은 대기가 발생되는 조차장 시설에 좌우된다.

3) 철도의 화물 수송과 물류 관리 : 철도를 이용한 화물 수송은 근래까지 물자를 운송하는 것으로 제한되어 왔으나, 현대적 수송의 역동성은 수송 프로세스의 범위를 넓히었다. 신뢰와 신속한 운송만으로는 더 이상 충분하지 않고, 소정 양의 물품을 요구된 장소와 시간에 이용할 수 있도록 보장하면서 가장 싼 비용으로 완수하여야 한다. 이에 대하여는 소위 화물수송 물류관리로 성취하고 있으며, 그것은 특정한 장소와 시간에 특정한 항목을 이용할 수 있게 하며, 신뢰할 수 있고 신속한 수송, 가능한 저장 및 수령인에게 최종 인도에 대한 시기적절한 정보를 확보하는 전체의 프로세스를 포함한다(즉, 단순한 철도수송에서 물류관리까지 포함). 그러므로 이러한 센스에서 수송 프로세스가 훨씬 더 넓은 의미를 갖는 것이 분명하다.

1.2.3 철도 주위의 환경 변화

(1) 자동차 보유의 증가와 항공 수송의 대중화

경제의 발전과 함께 자동차의 보유 대수는 급격하게 증가하였다. 거의 같은 무렵에 항공 수송의 대중화가 시작되었다. 유일한 근대적 교통기관으로서 부동의 위치를 점하고 있던 철도는 이들 다른 교통기관과 심하게 경쟁하여야 하는 것으로 되었다.

(2) 생활수준의 향상에 따른 이용자 요구의 변화

이용자는 생활수준의 향상에 따라 안전 · 확실하게 수송하는 것을 당연한 것이라고 생각하고 고속성 · 편이성 · 쾌적성 · 액션성 등을 중시하게 되어 왔다. 다른 교통기관과의 경합 중에서 현재의 철도는 고도로 다양한 이용자의 요구에 대응할 것을 강요받고 있다.

(3) 환경 · 에너지 문제와 주민 운동

철도 공해의 전형이라고 말하여지는 소음 · 진동을 중심으로 하여 공해 방지 기술에 대한 요청이 높아지고 종합적인 대책도 취하여지기 시작하였다. 한편, 주민이나 지방자치 단체 등의 절충을 통하여 계획 결정 제도의 개선, 법 규제의 개선 등 폭넓은 대책이 필요하게 되고 있다. 한편, 국제적으로도 기후변화와 고유가시대에 대비한 저탄소 교통체계의 정착이 요구되고 있다.

(4) 지역 · 도시 계획의 정합

도시권으로의 인구 · 산업의 집중에 따른 도시권의 확대에 대응하여 철도 · 도로 등 도시교통 시스템의 정비가 요청되고 있다. 도시교통 시설은 도시의 불가결한 기반시설이라는 인식이 깊어지고 있으며, 근년에는 지역 · 도시 계획의 장래 모양에 기초하여 효율적인 종합 도시교통 체계의 확립을 목표로 한 노력이 진행되고 있다. 이 때문에 철도시설 건설에서도 도로 등과의 적정한 기능 분담이나 우수한 시가지 형성을 도모하기 위한 지역 · 도시 계획과의 정합성이 중요하게 되고 있다.

(5) 경부축의 교통 혼잡

국가 경제규모가 늘어남에 따라 사회, 경제 활동영역의 확대로 수송 수요가 지속적으로 증가되고 있다. 특히, 경부 축은 우리나라 인구의 64 %, 국민 총생산의 69 %가 집결되어 있는 간선 축으로서 철도, 고속 도로 등 주요 교통 시설은 이미 포화 상태이다. 따라서, 경부축의 교통 혼잡으로 인한 사회, 경제적인 손실은 막대하다. 또한, 국민 소득 향상에 따라 쾌적 및 고급화를 선호하는 등 의식 구조가 변화되고 있다. 이에 따른 대책으로서 경부 고속철도의 건설을 추진하였다.

(6) 철도산업의 구조개혁

다른 교통수단과 같이 국가와 민간의 책임과 역할을 명확히 구분하여 철도발전기반을 조성하기 위하여 도로, 항만, 공항과 같이 기반시설은 국가가 건설 · 관리하고, 운수사업은 민간이 운영하는 것과 동일한 방법을 철도 산업에도 적용하기 위하여 철도산업발전기본법(법률 제6955호, 2003. 7. 29)에 의거하여 철도시설 부문과 철도 운영 부문을 분리하였다. 한편, EC(유럽연합)는 소위 상하 분리를 1991년부터 추진하였다.

  1) 철도시설부문 : 국가 소유 · 투자, ① 공공성이 있는 선로 등 철도시설은 SOC 차원에서 국가가 소유하고 투자를 확대, ② 철도시설의 건설 및 관리 등 집행업무의 효율적인 추진을 위해 전담기관으로 "한국철도시설공단" 설립(2004. 1. 1)

  2) 철도운영부문 : 공사화, ① 고객유치, 매표, 열차운전, 차량정비 등 영리활동은 국가기관인 철도청의 공무원체제가 비효율적이므로 ② 수송, 차량 등 영업 관련 운영부문은 정부가 전액 출자하는 "한국철도공사"를 설립(2005. 1. 1)하여 공기업형태로 운영 후 에 점진적으로 민영화(시설 유지보수는 철도공사에서 수탁 수행)

(7) 기타의 환경 변화

철도경영의 효율화를 진행하기 위하여 생력화 · 에너지절약화가 끊임없이 요청되고 있으며, 궤도 · 차량 등에서 기술개선이 행하여지고 있다. 안정성에 대하여도 보다 고도의 안전 운행이 요망되고 있으며, 여러 가지의 운행관리 시스템이 개발되고 있다.

1.2.4 철도에 대한 요구

교통에 대하여 국민이 바라는 기본적인 요구는 변하지 않는다. 언제의 시대에서나 "보다 빨리", "보다 안전하게" 라고 하는 것이 중시된다. 그러나, 그 내용 또는 중점을 취하는 경우는 시대의 추이와 함께 크게 변화하고 있다. 교통시설 정비에 대한 여객의 요구는 "대량성", "저렴성" 보다는 "고속성". "쾌적성", "수시성, 빈발성", "정시성, 확실성" 이라고 하는 "교통의 질" 에 관련되는 면이 중시된다. 철도에서도 지금까지 양에만 대응하여 초점을 맞추어 왔지만, 시대의 요청에 대응하기 위하여 양만이 아니고 질에 대한 대응도 충분히 고려하여 다른 교통

기관과의 경쟁 조건을 준비할 필요가 있다.

(1) 고속성의 향상

교통체계를 고속화하는 것은 당일치기 교통 가능권을 확대시켜 사람이나 물자 교류를 증대시킬 뿐만 아니라 지방의 경우에 산업, 업소의 입지 가능성을 증대시키게 되며, 대도시 집중의 억제를 기대할 수 있다고 하는 부차적인 효과도 나타나고 있다. 고속성의 향상에는 먼저 개개 교통기관의 고속화를 도모하는 것이 필요하다. 이것은 기존 고속 교통기관의 기술개량, 새로운 발상으로 신기술의 개발도 확보할 수 있다. 이에 맞추어 중요한 것은 교통체계 연속성의 확보이다. 출발지에서 목적지까지의 일관된 교통 시스템이 확보되면 전체의 이동시간이 단축되며, 그 결과 고속화가 도모된다.

1) 스피드 향상에의 근대화 투자
2) 갈아타는 부담의 경감 : ① 역과 역, 역과 버스 터미널의 직결, ② 역전 광장, 주차장의 정비에 의한 파크 앤 드 라이드(park and ride) 방식, ③ 철도 상호, 철도와 버스의 공동 운임제 채용

(2) 쾌적성의 향상

이동 중을 쾌적하게 지내고 싶다는 욕구는 배에 가까운 요금을 지불하여도 고급 열차의 이용이 있다고 하는 사실이 증명하고 있으며, 소득 수준의 향상에 따라 더욱 보편화되고 있다. 이동의 쾌적화 외에 교통을 둘러싼 쾌적한 환경(amenity)의 확보도 중요하다. 특히, 고령화 사회를 맞이하여 고령자가 이용하기 쉽도록 계단을 낮추거나 걸어가는 시간을 짧게 하는 등의 배려가 필요하게 되어 간다.

1) 대도시 주변의 혼잡 완화 : 신선 건설, 복복선화 등의 수송력 증강, 직통 진입에 의한 갈아타기의 경감 등
2) 이동 중의 편안함 : 이벤트 열차, 차내 서비스 향상
3) 기다리는 시간의 편안함 : 역 시설 이용의 다양화(쇼핑, 정보 제공, 공공 이용), 이벤트 개최(전시회, 콘서트)

(3) 안전성의 확보

안전성은 교통기관에서 가장 기본적인 요건의 하나이다. 특히, 새로운 교통기관의 도입, 기존 교통기관의 새로운 분야에서의 활용시에는 안전성에 대하여 충분히 고려하는 것이 불가결의 요건이다. 오늘날 교통체계의 고속화를 바라는 사람들의 요구가 높으므로, 이것에 대응하는 움직임도 급하지만, 고속성과 안전성은 항상 상반되는 관계에 있는 점을 잊어서는 아니 된다.

(4) 수시성 · 빈발성의 확보

사람들이 이동하는 목적은 비즈니스, 여가 여행 등 다양화되고 있다. 또한, 도시 활동의 24시간화나 주5일 근무제와 같이 자유시간의 증가는 사람들이 교통 시설을 이용하는 시간에 대하여도 다양화시키고 있다. 이러한 교통의 목적이나 시간 분포의 다양화에 더하여 시간가치 자체의 향상은 타고 싶을 때에 "언제라도" 이용할 수 있는 교통기관의 확보, 즉 수시성 · 빈발성의 향상이 요구되고 있다.

(5) 정시성 · 확실성

사회의 국제화·정보화가 진전되어 성숙 사회로 됨에 따라 시간 가치가 높게 되고 신용이 중시된다. 체증이 심한 도심부의 이동에는 자동차의 편이성·쾌적성보다는 철도의 정시성·확실성을 중시하는 사람이 많다. 교통기관의 기본적인 요구의 하나가 정시성·확실성인 점을 잊어서는 아니 된다.

(6) 저렴성·효율성의 향상

교통기관의 이용에 거액의 비용이 드는 것은 지역간 교류의 확대를 유지하기에 곤란하다. 업무 여행은 별도로 하고 지금부터의 지역간 교류의 주류로 된다고 생각되는 리조트 체험이나 이벤트 참가를 일상화시키기 위해서는 숙박비 등을 포함한 비용이 저렴하여야 한다.

1.2.5 철도의 경영개선

(1) 경영 분석(business analysis)

철도의 영업비는 기업에 따라 분류의 방식이 다르며 비목의 효율이 상당히 다르지만 대체의 경향은 비슷하다. 원가는 여기에 차입금의 이자 등 영업외 비용이 가해진다. 영업비에 점하는 인건비의 비율이 높은 것은 철도 산업이 여전히 노동 집약형 산업(labor intensive industry)인 것을 나타낸다. 즉, 영업비를 억제하기 위하여 가장 효과적인 시책은 인건비의 삭감이며, 또한 수송의 신장, 즉 수입의 증가를 도모하면서 각종의 근대화 등으로 인건비 등 경비의 증가를 억제하는 노력을 계속하고 있다.

건설 투자에 따른 자본 경비{capital cost, 자본이자와 감가상각(depreciation)}은 고정적인 것으로 전경비에 점하는 비율은 이용의 증가에 따라 감소된다. 경영 성적(operation result, 전경비/영업 수입)의 개선은 열차의 증발·증가에 따른 수입의 증가가 직접 경비(direct cost, 동력비 등의 영업비)의 증가를 상회하여야 한다. 즉, 일반적으로 이용을 증가시켜 수입의 증가를 도모하면서 경비의 증가를 어떻게 하여 억제하는가가 경영 개선의 열쇠를 쥐고 있다고도 한다. 따라서, 철도의 경영에는 시설과 차량을 효율적으로 사용하면서 경비의 절감은 그 효과를 종합하여 모든 것에 대하여 추진하여야 한다. 경비의 절감을 도모함에 있어서 충분히 고려하여야 하는 것은 그 시책에 따라 ① 보안도를 저하시키지 않을 것, ② 서비스의 후퇴를 적극 방지할 것, ③ 설비의 재해(disaster) 복구에도 신속하게 대응할 수 있을 것, ④ 종업원의 노동 조건 등을 충분히 감안할 것, 등이 열거된다. 상기에서 ①의 보안도 저하에 대하여는 절대 피하여야 할 것이며, ②의 서비스 후퇴도 좋지 않으므로 피하여야 한다. 철도의 장치 산업화 추진으로 설비가 점점 증가하지만, ③의 설비 등의 지장이 없도록 노력하여도 근절은 극히 어렵기 때문에 지장 시에 대한 대응도 고려하여야 한다. 또한, 경비의 절감을 추진하기 위하여 종사원의 적극적인 사명과 참여 의식에 맡기는 경우가 많아 합리화에 수반하는 상응의 되돌아봄도 고려하여야 할 것이며, ④를 소홀히 하면 원활히 이루어지지 않는다.

(2) 경영의 다각화

철도는 팽대한 설비 투자를 수반하는 장치 산업이지만, 동시에 그 운영에서는 인력에 대부분을 의존하는 노동 집약형 산업이기도 하다. 또한, 항공, 버스, 택시 등에 비하면 에너지절약형이지만, 다른 산업에서 보면 전력, 석유에 그 동력원을 의존하는 에너지 다소비형 산업이다. 이 때문에 철도는 가격 인상에 약하고 노임이나 원유 가격의 상승은 경영 수지에 항상 큰 압박 요인으로 된다.

철도 이용자는 고속철도 등의 유발 효과나 급격한 인구 증가가 없는 한 전체로서의 큰 신장을 기대할 수 없다. 지역적으로는 대도시나 그 근교 및 경부 축에서는 인구의 사회 증가가 있기 때문에 신장하고 있지만 다른 지역에서는 인구 감소와 항공, 도로 교통의 진출에 따라 수송량이 감소되고 있다. 이와 같이 인구의 동향, 다른 교통 기관과의 시장점유 경쟁이 있으므로 철도 이용자의 증가를 보통은 바랄 수 없다. 따라서, 이에 따른 수입 증가도 낮은 율밖에 기대할 수 없다. 한편, 임금, 물가의 상승을 생산성이나 효율의 상승으로 흡수하기 어려운 체질이다. 이 때문에 외국의 철도 기업은 철도 수입에 크게 기대하지 않고 효율의 상승을 도모하여 코스트의 가격 인상에 대처하는 한편으로 철도 이외의 수익 증대가 기대되는 사업에 참여하여 여기서의 수익과 철도사업 수익을 합하여 경영의 안정을 도모하고 있다.

철도는 자기의 설비 투자나 영업으로 미치는 외부 경제효과가 극히 큰 사업임에도 불구하고 그 효과를 흡수하기 어려운 사업이다. 철도 이용자가 지불하는 것보다 훨씬 많은 수익을 역 주변 입지의 다른 사업에도 가져다준다. 새로운 노선(route)에서 철도 측은 설비 투자의 비용조차 조달하지 못하고 기존 노선의 수익으로 부담하여 전체에 대한 수지를 맞추고 있는 상태이다. 그러므로, 철도는 적극적으로 자기 역 주변의 사업에 진출할 필요가 있다. 이것이 다각화의 근원적인 이유이다.

1.3 21세기 교통의 전망 및 철도 기술개발

1.3.1 21세기 교통의 전망 및 교통정책의 비전과 목표

(1) 교통의 흐름

교통은 문명과 함께 발생하여 사회의 변화에 따라 그 내용을 변화시켜 왔다. 다시 말하여, 교통은 인간 활동의 행위를 완결시키기 위한 사람이나 물건의 이동이며, 그 때문에 원인으로 되어 있는 활동에 변화가 생기기도 하며, 사회 상황이나 기술 수준이 변하면 교통 현상에도 변화가 나타난다. 철도가 개통된 이후의 교통기관의 개선 정비는 에너지와 동력의 혁신이었다. 여기에서 빠뜨릴 수 없는 것은 운전의 용이(容易)화와 반자동화이다. 컴퓨터나 통신 관계의 기술이 고속 운전이나 안전 관리에서 이룩하는 역할도 크다. 철도에서 컴퓨터의 제어가 없이는 기능을 할 수 없는 정도까지 와 있다. 또한 차표의 발매나 좌석의 지정도 오늘날에는 컴퓨터를 통하여 행하는 것이 세계적으로 상식화되어 있다. 과거의 흐름을 총괄하면 큰 흐름은 교통 수송의 효율화, 고속화이며, 안전성의 향상이었다. 앞으로는 이 효율화, 고속화를 계속하면서 사회, 자연 환경과의 조화를 어떻게 취하여 가는가가 큰 과제로 되어 갈 것이다.

(2) 사회 자본에 대한 정비의 흐름

사회자본의 정비 흐름을 보면, 일반적으로 사회자본이 대도시에서 정비되기 시작하여 지방으로, 그리고 전국의 정비가 이루어져 왔다. 제1의 사회자본 정비 흐름은 재래 철도, 제2의 사회자본 정비 흐름은 상수도, 국도 등, 그리고 제3의 사회자본 정비 흐름에 포함되는 것이 하수도, 치수, 토지 개량, 공항, 쓰레기 처리 시설 등으로 현재도 그 수준은 발전 도상에 있다고 생각된다. 그리고 현재부터 장래에 걸쳐 새로운 제4의 사회자본 정비 흐름에 상당하는 사회자본의 구축에 노력하여야 한다고 생각된다. 제4의 사회자본 정비 흐름에는 산업 기반의 재구축으로서의 광파이버 등의 통신망, 대도시의 환경 정비, 특히 고령화, 사회 복지에 관련된 시설과 창조적인 기술 개발, 그 중에는 국·공·사립의 연구소나 대학교의 정비 등도 포함되어 있다. 한편, 현재의 사회 상황 중에서 국제화, 정보화, 고령화, 고기술화, 게다가 가치관의 다양화와 사람이나 자연에 온순하다고 하는 환경으로의 배려가 앞으로의 사회자본 정비에 미묘한 영향을 주게 될 것이라고 생각된다.

(3) 국제화에 대응

교통의 면에 대하여 말하면 현재는 지구 규모에서의 대교류(大交流) 시대이며, 국제화의 키워드에 대하여는 국제공항의 정비 문제와 새로운 항공기나 신시대 선박의 출현 가능성 등이 열거된다. 국제공항이 잘 말하여주고 있는 것처럼 세계의 거점 공항이 복수 활주로를 가진 대형의 거점 공항으로 변화하고 허브와 스포크(spoke)화의 네트워크로 향하고 있음에 틀림없다. 철도의 경우에 경제의 국제화에 따른 수송 시장의 전개와 세계적인 철도서비스를 실현하기 위하여 각종 철도기술과 운영체계를 국제적으로 일치시킬 필요성이 증가되고 있다. 예를 들어, 유럽에서는 다수의 고속철도 연합체가 구성되어 있으며, 국가 간의 열차운행을 위하여 통합된 유럽열차 제어시스템을 개발하고 있다.

(4) 고령화와 환경 · 에너지 문제에 대응

우리나라도 고령화(65세 이상의 인구 비율)가 높아지고 있다. 이러한 고령자들의 모빌리티(mobility)를 어떻게 커버하는가가 가까운 장래에 중요한 과제로 될 것이다. 지금까지 우리나라에서는 철도·버스를 중심으로 공공 교통이 여객 유동의 상당한 부분을 지탱하여 왔다. 앞으로의 고령화 사회에 계속하여 공공 교통의 면에서 지탱하여가는 것이 필요할 것이다. 철도역에서는 계단 등도 많아 그 대응으로서 시설 정비도 주요하지만 복지 사업의 일환으로서도 정비를 진행하여야 할 것이다.

환경 대책도 해마다 엄하여질 것이다. 자동차 업계가 배기가스, 폐기물, 소음 등의 환경 대책에 몰두하고 있는 것도 주지의 일이지만, 오염 부하가 적은 것은 철도 계의 교통수단이다. 이 점에서도 철도를 이용하기 쉽도록 정비하고 개선하여야 한다. 또한, 철도자체의 환경부하를 더욱 저감하고 에너지절약의 기술을 개발하여야 한다.

(5) 정보화와 고기술화

교통의 면에 대한 정보기술(IT)의 도입은 상당히 빠르고 보편적이었다. 고속철도의 운행, 공항의 관제 등은 정보 기술의 진보와 그것의 적극적인 도입이 없었다면 불가능하였을 것이다.

외국에서는 정보통신기술로 주도되는 차세대 철도의 개념을 만드는 검토 작업이 진행되고 있다 : (제 1.3.2(3)항 참조). 이 개념을 사이버철도(cyvernetics rail)라고 칭하며, 그 검토에서는 "복수의 모드(mode)가 유기적으로 제휴한 인터-모들(inter-modal)의 중핵을 철도가 담당하기 위해서는 무엇이 필요한가"를 중심 명제로 한다. ITS(Inteligent Transport System, 지능형 교통정보시스템)를 체계화, 조직화, 하여가며, 정보통신기술을 이용한 서비스 향상, 수송의 효율화, 안전성의 향상이 이루어지고 있다. 또한 정보서비스의 개별화, 멀티모드(multi-mode)안내, 디맨드지향의 수송 서비스, 수송 계획의 플렉시블화가 이루어지고 있다.

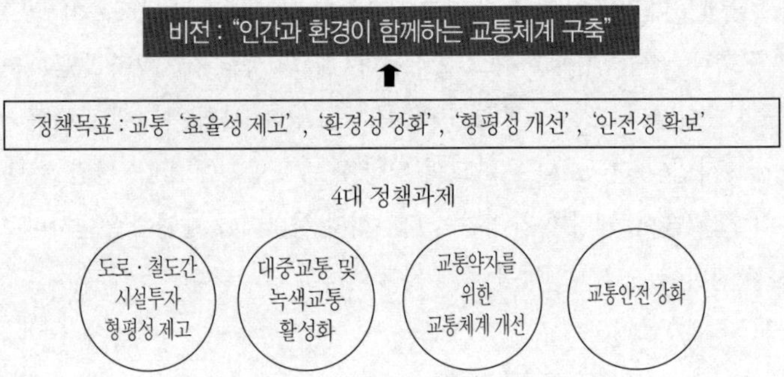

그림 1.3.1 교통정책의 비전과 목표

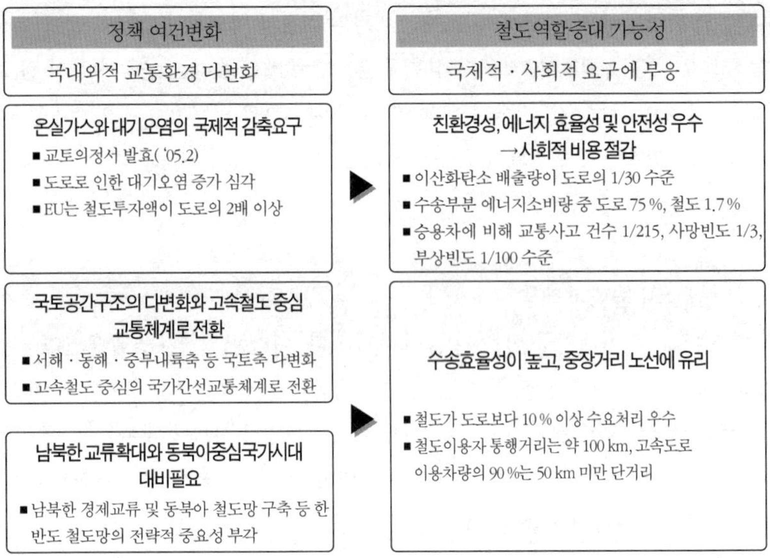

그림 1.3.2 교통정책의 여건변화와 철도역할 증대의 가능성

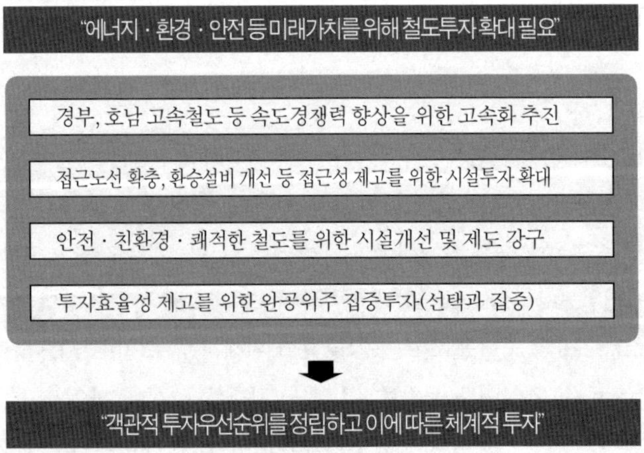

그림 1.3.3 철도투자정책 방향

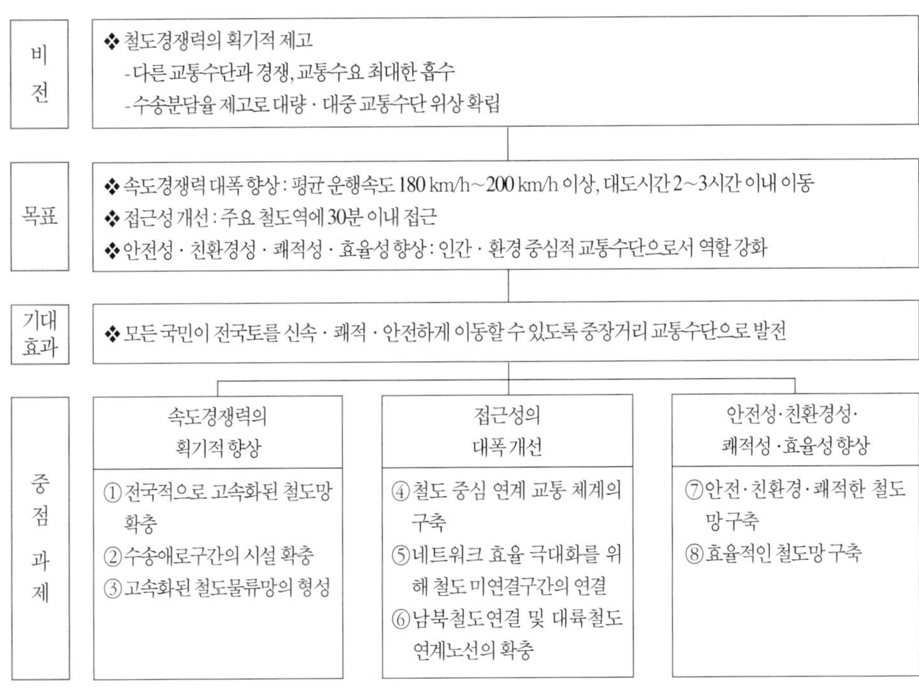

그림 1.3.4 국가 철도망 구축계획의 비전과 목표

(6) 21세기 교통정책의 비전과 목표

21세기 교통정책의 비전과 목표는 **그림 1.3.1**과 같이 제시할 수 있다.

21세기를 맞이하여 교통정책의 여건 변화와 철도역할 증대의 가능성은 '저탄소 녹색 성장'의 화두와 함께 **그림 1.3.2**, 철도투자(제2.2절 참조)정책 방향은 **그림 1.3.3**과 같이 고려할 수 있다[239]. **그림 1.3.4**는 철도망 구축 계획(2006~2015)의 비전과 목표를 나타낸다[250(계획의 상세는 제2.2.2항 참조)].

1.3.2 철도의 향후 과제

(1) 철도기술의 장래

철도기술은 지금까지 약 180년에 걸친 역사를 통하여 배양되어 왔지만, 어느 지점에서 목적지까지 여객, 또는 화물을 안전하게 수송한다고 하는 교통기관 본래의 목적에 비추어 본다면 실용적으로는 거의 성숙의 경지에 도달한 수송수단이라고 할 수 있다. 그러나 철도를 둘러싼 환경은 끊임없이 변화되고 있으며 180년 전에는 예상할 수 없었던 자동차나 항공기라고 하는 대체 교통기관의 급속한 발전과 함께 철도수송이 수행하여야 할 역할도 크게 변하고 있는 중이다. 철도는 그 기능을 유지하기 위하여 다종다양한 시설과 복잡한 시스템을 포함하고 있으며 전형적인 중후장대형의 산업으로서 걸어왔다. 이 때문에 시대의 변화에 대하여 유연(flexible)하게 대응할 수 없고 결과적으로 철도사업 자체도 쇠퇴를 초래하는 것으로 되어버렸다. 그러나 고속철도의 성공은 철도의 특징을 살린 대담한 시스템 체인지를 도모함으로써 철도의 활성화가 충분히 가능하다는 점을 증명하고 있으며 금후도 시대의 요구에 맞는 기술개발을 적극적으로 계속하여 전개할 필요가 있다. 특히, 고도의 정보사회에서는 하드 면의 기술개발뿐만 아니라 소프트 면에서의 기술개발이 중시되어가는 중이며 기존의 기반시설(infrastructure)을 최대한 활용하여 어떤 사업전개가 가능한가, 다른 교통기관이나 산업분야와 제휴를 도모하면서 어떻게 철도를 활성화시켜야 하는가, 라는 관점도 중요하다.

(2) 안전성의 향상

철도는 일반적으로 다른 교통기관에 비하여 안전성이 높으며, 또한 사고건수, 사망자수도 해마다 감소의 추세에 있다. 그러나 일단 사고가 발생되면 많은 사상자가 나는 경우도 있고 또한 후속 열차가 큰 영향을 받아 운휴나 지연이 다른 선구에도 미쳐 다이어그램이 혼란해지는 등 사회적 영향도 크다. 이 때문에 수송안전의 확보는 철도수송을 수행하기 위하여 가장 우선하여야 할 목표로서의 위치를 갖고 있으며, 지금까지도 ATS의 설치나 방재설비의 강화 등 많은 노력을 하여 왔다. 철도 운전사고의 발생건수를 사고종별로 분류하여 보면 건널목 장해가 약 반수를 점하고 있다. 이 때문에 입체교차 사업의 추진에 따른 건널목의 제거나 장해물 검지장치의 설치라고 하는 종래의 대책에 더하여 운전자 측에서의 가시 성능을 보다 향상시킨 건널목의 정비 등을 행하고 있다. 또한, 중대 사고로 이어질 가능성이 높은 열차 사고에 대하여도 CTC의 설치나 열차 무선의 정비라고 하는 열차 운행관리체제의 강화, 종래의 ATS 기능을 보다 강화한 새로운 ATS의 도입으로 운전 보안도 향상 등의 대책이 행하여지고 있다. 또한, 자연재해에 대한 안전성의 향상도 중요한 문제의 하나이며 지진, 강우, 낙석, 태풍, 눈 등에 강한 철도의 실현을 향하여 기술이 개발되고 있다. 특히, 지진대책으로서는 철도구조물에 대한 내진성의 강화나 새로운 설계기준의 작성, 지진 조기검지 시스템의 정비 등이 실시되고 있다. 이러한 사고를 미연에 방지하기 위해서는 상기와 같은 하드 면에서의 대책 외에 인간자신의 착오로 생기는 휴먼 에러를 미연에 방지하는 것도 중요하며, 주로 인간공학적 관점에서 여러 가지의 분석 · 연구가 진행되고 있다. 휴먼 에러의 배경요인에는 판단의 무름, 습관적인 조작, 주의환기의 늦음, 맹신이나 생략, 정보수집의 오류 등과 같은 5 점이 있으며, 사고방지를 위하여 계몽활동이나 안전교육의 추진, 휴먼 에러가 생기지 않도록 작업순서나 기기배치의 검토, 보안장치 기능향상 등의 대책이 시행되고 있다.

(3) 수송 서비스의 향상

철도수송에서 쾌적성이나 편리성, 속달성이라고 하는 수송 서비스의 향상은 철도의 시장점유율(share)을 확보하기 위하여 중요한 수단이다. 특히, 근년에는 고객제일의 입장에 세운 평가지표로서 고객만족도(CS, Customer's Satisfaction)가 중시되고 있으며, 끊임없이 변화하는 이용자의 요구를 적확하게 파악하면서 보다 상품가치가 높은 철도수송을 계속하여 제공하는 노력이 필요하다. 철도수송의 큰 결점은 목적지에서 목적지까지의 모든 행정(行程)을 철도로만 연결할 수가 거의 없고, 부득이 말단을 다른 교통수단에 의지할 수밖에 없는 점이다. 철도의 여객이나 화물은 무엇인가의 수단으로 철도역까지 가든지 운반하든지 하여야 하며, 갈아타기나 갈아 싣기를 위한 로스타임도 무시할 수 없다. 이러한 철도의 결점을 극복하기 위하여 인터모들(inter-modal) 수송이라 부르는 이종 교통기관과의 공동 일관수송이 전개되고 있다. 그 구체적인 수송이 컨테이너 수송이며, 컨테이너를 1 단위로 하여 자동차에서 화차로의 갈아 싣기를 포크리프트나 크레인 등의 하역기계로 간단하게 행할 수가 있기 때문에 현재 화물수송의 주력으로 되어 있다. 또한, **그림 1.3.5**와 같이 트럭이나 트레일러를 직접 화차에 실어 수송하는 피기 백(piggyback) 수송이나 **그림 1.3.6**에 나타낸 슬라이드 밴 시스템(slide van system),

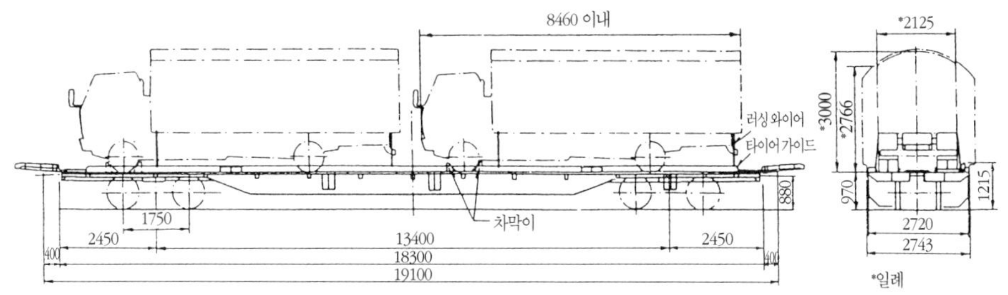

그림 1.3.5 피기 백용 화차의 예

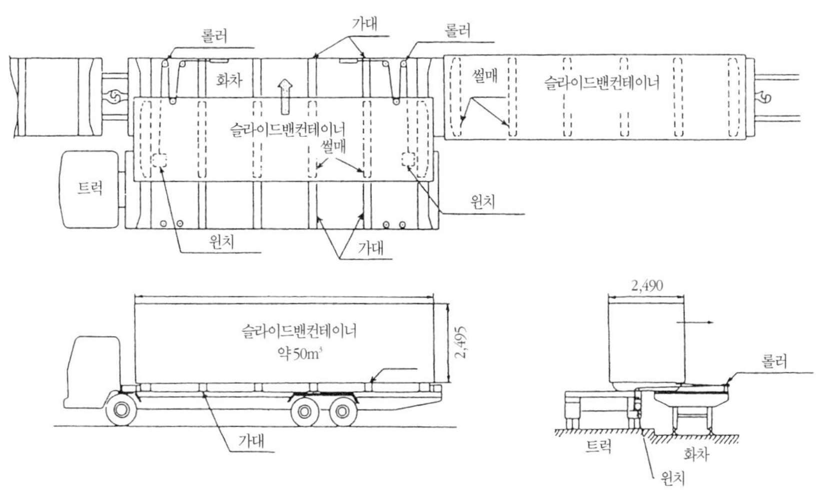

그림 1.3.6 슬라이드 밴 시스템

자동차와 운전자를 같은 열차로 수송하는 카 트레인(car train) 등도 그것의 전형적인 예이다.

이러한 인터모들 수송의 한 형태로서 자가용이나 자전거 등의 개인 수송기관을 터미널 부근에 주차시키고 철도 등의 공공 교통기관을 이용하여 목적지까지 가는 파크 앤드 라이드(park and ride)가 근년에 주목되고 있다. 파크 앤드 라이드에는 철도로 갈아타는 파크 앤드 레일 라이드, 버스로 갈아타는 파크 앤드 버스 라이드, 가족이 운전하여 접근(access)하는 키스 앤드 라이드(kiss and ride), 자전거로 접근하는 사이클 앤드 라이드(cycle and ride) 등의 종류가 있지만, 키스 앤드 라이드를 제외하고 교통 결절점에서 주차장·주륜장의 정비가 필요하며 또한 갈아타기를 어떻게 원활하게 하는가라고 하는 점도 중요하다. 이와 같은 파크 앤드 라이드의 실현으로 도심으로의 자동차 진입이 억제되어 교통체증의 해소나 환경문제의 해결, 도시 내에서 보행자 공간의 확보 등이 가능하게 된다.

또한, 도시수송에서 혼잡의 완화도 철도의 서비스 향상에서 큰 과제이며, 운전간격(frequency)의 향상이나 편성의 장대화, 윈도보디(window body) 차나 문이 많고 좌석이 없는 차의 도입, 복복선화 등의 수송력 증강에 따라서 **그림 1.3.7**에 나타낸 혼잡도를 완화시킬 수가 있다. 더욱이, 연락통로의 증설 등 터미널에서 갈아타는 설비의 충실이나 상호 진입에 따른 편리성의 향상도 갈아탈 때의 불편이나 로스타임을 해소하는 수단으로서 유효하다. 특히, 지하철과 지상을 주행하는 일반철도의 상호 진입이 필요하다. 더욱이, 플렉스타임(flex time) 제도 등의 활용에 따른 오프피크(off-peak) 통근의 보급도 혼잡의 해소로 이어지는 소프트 면에서의 수단으로서 기대되

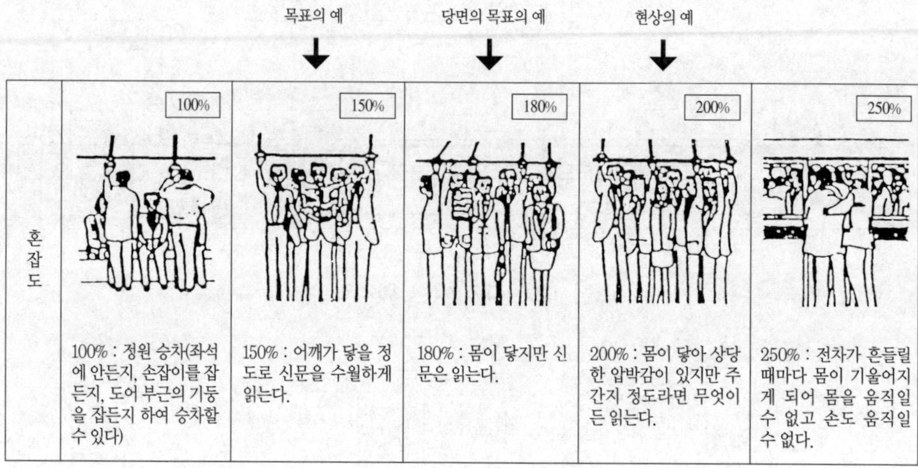

그림 1.3.7 혼잡도의 예

고 있다.

이 외에 프리페이드 카드(pre-payed card)를 이용하여 개찰구에서 자동적으로 운임을 정산하는 스토어드 페어 카드시스템(stored fare card system)이나 복수의 사업자에 걸쳐 공동으로 사용할 수 있는 프리페이드 카드도 운임 수수의 수고를 줄여 서비스 향상수단으로서 급속히 보급되었다. 또한 비접촉 IC카드를 이용한 차세대 출 · 개찰 시스템도 개발되어 있으며 전자 머니(money) 시대의 새로운 운임수수 방식으로서 기대되고 있다.

우리나라도 이미 2008년부터 휴대폰으로 예약하여 고속철도를 종이승차권이 없이 카드 한 장으로 탈 수 있는 티켓리스(Ticketless) 시스템인 X-Ticket 서비스(철도 무발권 서비스)를 도입하고 있다. 이 X-Ticket은 멤버십 · 로열티 · 신용카드 · 전차화폐 등을 통합 제공하는 첨단 비즈니스 모델이며, 카드 한 장으로 KTX를 이용할 수 있고, 고속도로 통행료 지불 등 다양한 기능의 전자화폐 서비스를 갖춘 스마트카드(일명 IC카드) 시대로 되고 있다.

(4) 정보통신 기술(IT)의 활용

근년에 도로교통의 분야에서 최신의 정보 · 통신기술을 도입하여 교통체증의 해소나 안전성의 향상을 도모하고 있는 ITS(高度 도로교통 시스템, Intelligent transport System)가 주목되고 있지만 이것이 실현되면 정시성, 안전성, 속달성이라고 하는 점에서 유리하였던 철도로서는 큰 위협으로 될 가능성이 있다고 한다. 이 때문에 금후의 과제로서는 ITS와의 협조 · 제휴를 깊게 함으로서 인터모들 수송의 중핵으로서 철도가 기능을 하는 것이나 ITS에서 개발된 기술을 철도분야에도 응용함에 따라서 보다 효율적이고 편리성이 높은 철도수송을 목표로 하는 것이 필요하다.

또한, 유비쿼터스(ubiquitous) 네트워크 시대에서 최신의 정보기술(IT)을 유효하게 활용함으로서 철도비즈니스의 경쟁력이 한층 높아지는 것이 기대된다. 한편, **그림 1.3.8**은 정보기술(IT)의 진보에 따른 새로운 고객 서비스의 개념도로서 세틀라이트와 WiFi 링크를 통해 운행 중인 유럽 각국의 열차에서 인터넷 접근이 가능하고 열차 내에서 실시간 정보를 얻을 수 있다. **그림 1.3.9**는 프랑스의 화물정보시스템(Tr@in-MD)에 대한 개념도이다.

21세기의 철도는 "사이버레일"이라고 한다. 21세기는 사이버레일의 기본모델에 따라서 출발지에서 목적지

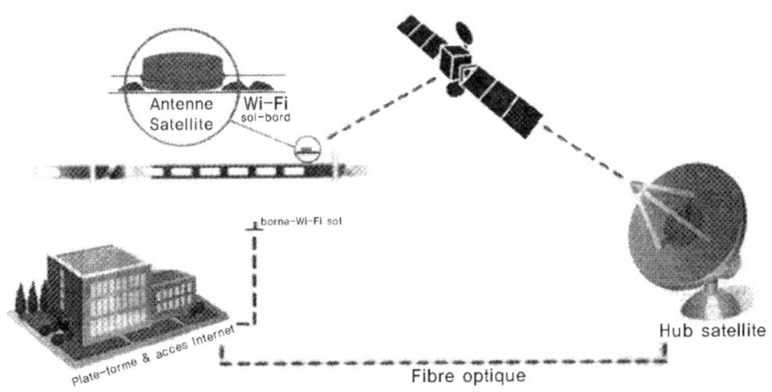

그림 1.3.8 IT를 이용한 차상 인터넷 접속의 개념도

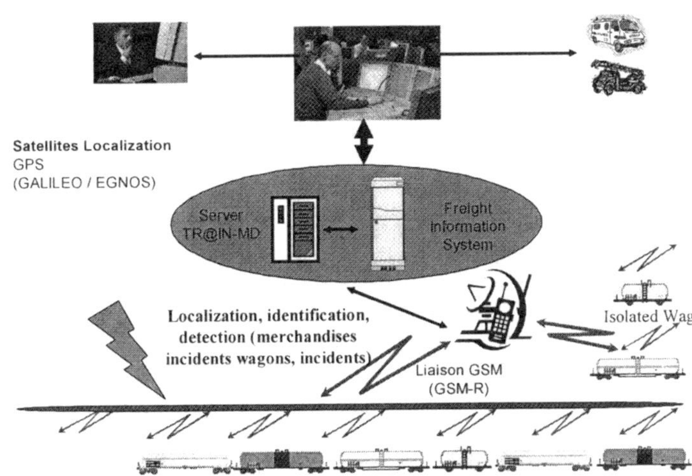

그림 1.3.9 화물정보 시스템의 개념도

까지 심리스(seamless)이고 배리어프리(berrier-free)한 트래벌 체인(trevel chain)이 구성될 것이다. 향후에는 구체적인 이용자 서비스의 확정이나 기능외 요소인 고객위치를 판정하기 위한 하드웨어의 검토가 필요하다. 사이버레일의 사상(思想)으로 하여도 이를 성공시키기 위해서는 철도뿐만 아니라 자동차, 도로, 공공교통이리고 하는 분야가 검토에 참가할 수 있는 구조를 만들 필요가 있다. 사이버레일의 이용자 서비스는 상호 의존하면서 존재하는 것이다. 철도여객의 디맨드 정보와 철도운행 정보의 유통을 축으로 각각의 서비스가 상호 제휴하는 구조를 확고히 하는 것이 중요하게 될 것이다.

그림 1.3.10은 사이버레일(cyber rail)의 개념모델이다. 사이버레일의 세계에서는 철도역이 종래와 같이 차표를 팔거나 개찰하는 역이 아니다. 사이버공간과 실제공간의 접점으로서의 역할을 하게 될 것이며, 이와 같은 의미에서 사이버레일의 역을 '사이버레일 공간' 이라 한다. 정보제공이나 'e상업' 등의 사이버활동이 새로운 역에서 행하여진다. 여객을 안내하거나 예약을 하는 e상업기능은 사이버레일기능의 일면에 지나지 않으며, 중대한 기능은 수면 하에 숨어있는 수송의 사이버공간화에서 생기는 기능이다(**그림 1.3.11**). 수송에 필요한 '실제오브젝트(여객, 차량, 선로)' 에 대해 사이버공간상에서 대응하는 '사이버오브젝트' 를 만들어 실제오브젝트의 움직임을 사이버공간에서 추적함으로써 실제공간을 사이버공간으로 파악할 수 있게 하며, 그를 위해서는 실제오브젝트와 사이버오브젝트 간의 양방향통신이 필요하게 된다.

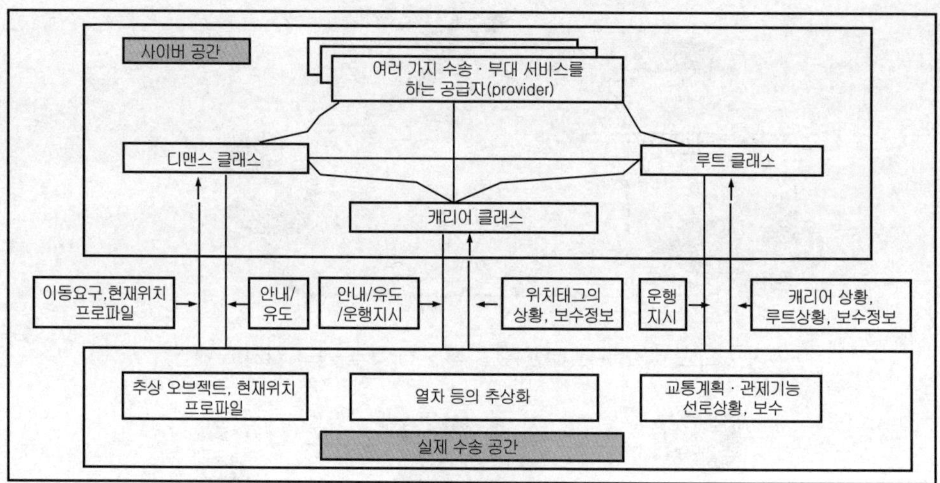

그림 1.3.10 사이버레일의 개념모델

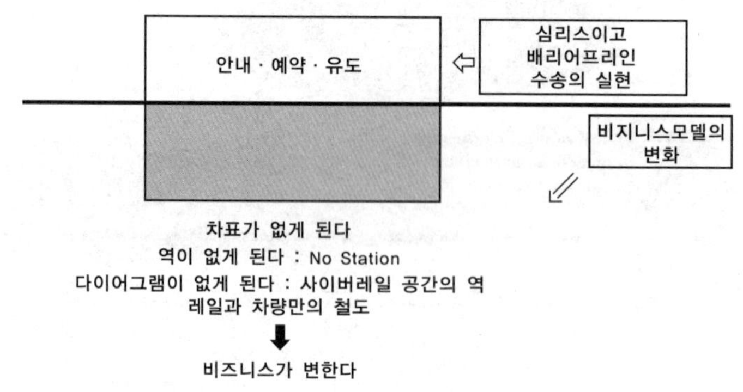

그림 1.3.11 사이버레일에서 각종 기능의 가능성

(5) 생력화

철도는 많은 시설을 보수 관리하면서 그 기능을 유지하고 있지만, 숙련 노동자의 고령화가 진행되는 한편으로 저출산에 따라 노동인구가 감소되고 있으며, 보수 관리에 종사하는 인재의 확보가 점차 어렵게 되어가고 있다. 또한, 경영적으로도 보수 관리에 요하는 팽대한 비용을 절감하고 경영의 효율화를 도모할 필요가 있다. 이를 위하여 보수 관리에 비용이나 수고가 들지 않고 보다 장기간에 걸쳐 그 기능을 유지할 수 있는 철도시설의 실현이 급무로 되어 있다. 이와 같은 보수 관리의 경감을 도모하는 것을 메인테난스 프리(maintenance-free)라고 부르지만 그를 위해서는 시설자체의 장(長)수명화를 도모하고 이들을 보다 효율적이고 적확하게 검사 · 진단함과 동시에 시설의 내구성을 저해하는 요인을 경감하는 것이 중요하다. 시설의 장수명화 방법으로서는 당초보다 보수 관리에 수고가 들지 않는 설비를 설치하는 방법과 기존의 설비를 보강 · 보수하면서 연명(延命)을 도모하는 방법이 있으며 새로운 신설 · 개량공사를 하는 경우는 당초보다 내구성이 뛰어난 설비를 도입하는 경우가 많다.

한편, 검사 · 진단 방법으로서는 종래의 육안검사나 도보순회에 대신하는 수단으로서 궤도 검측차와 같이 주행상태에서 설비를 검사 · 진단하는 방법이 개발되어 있으며, **그림 1.3.12**에 나타낸 것처럼 터널검사 등에 실

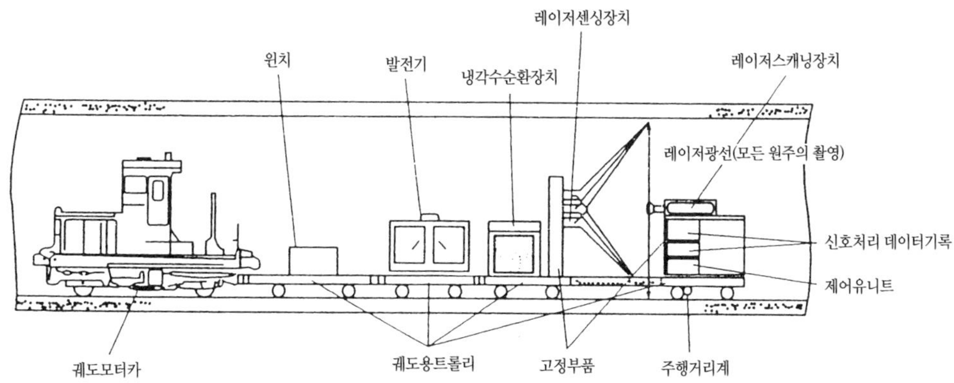

그림 1.3.12 레이저 광선을 이용한 터널검사의 예

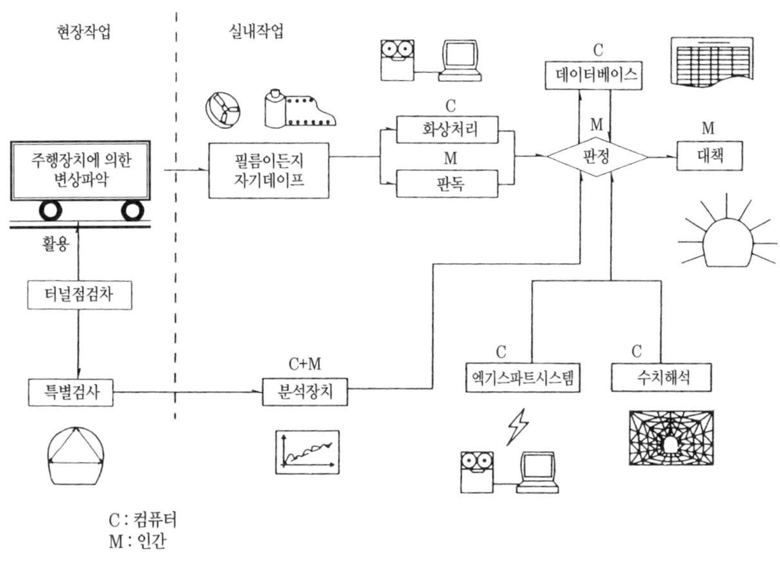

그림 1.3.13 터널검사를 대상으로 한 메인테넌스의 장래 이미지

용화되어 있는 외에 비파괴 검사기술이나 모트 센싱(mort sensing) 기술을 도입함에 따라서 적확하고 정량적인 검사가 가능하게 되고 있다. 또한, **그림** 1.3.13에 나타낸 것처럼 검사·진단 기록을 데이터베이스로 하여 축적하고 AI(인공지능)을 이용한 전문가 시스템(expert system)과 링크시킴으로써 전문가와 동등한 판단을 할 수 있는 시스템 등도 개발되어 있다. 이러한 검사·진단 기술의 진보에 따라 이것에 요하는 작업을 경감할 수 있을 뿐만 아니라 조기에 이상이나 변상을 파악하여 적확한 대책을 실시함으로써 설비의 연신을 도모할 수 있다. 향후 보수 관리계획의 책정에서는 초기투자의 비용뿐만이 아니고 각 설비의 수명이나 보수 관리에 요하는 비용을 고려하여 가장 합리적으로 투자하는 라이프사이클코스트(life cycle cost)의 고려방법이 중요하며, 특히 수10 년 이상에 걸치는 사용을 전제로 하여 건설되는 토목구조물에서는 장기적인 시야에 선 사전의 평가를 충분히 하여 둘 필요가 있다.

(6) 철도의 장벽제거

우리나라의 인구구성은 장수명화와 저출산의 영향을 받아 급속하게 고령화가 진행 중이며 65세 이상 고령자의 비율이 늘어나고 있다. 또한, 신체장애자나 고령자의 사회참가를 촉진하기 위해서도 이동에 제약을 받는 사람들에 대한 교통시설의 설비가 급무로 되어 있다. 이와 같은 핸디캡을 가진 사람들(고령자, 신체장애자 이외에도 임산부, 유아와 동행하는 이용자, 외국인 등을 포함한다)의 이동 시에 여러 가지 장해를 제거하여 건강한 보통 사람들과 동등한 교통서비스를 향수(享受)할 수 있는 환경을 갖추기 위하여 역시설이나 열차를 중심으로 하여 장애물의 제거(barrier-free)가 적극적으로 추진되고 있다. 교통기관을 대상으로 한 장벽제거로서는 교통기관 상호의 원활한 이동을 확보하도록 공공교통 터미널에서 고령자·신체장애자 등을 위한 시설정비가 필요하며, 전락 검지 매트나 육성안내 시스템 등 최신의 기술개발 성과도 도입되고 있다. 철도의 경우에 철도역의 엘리베이터나 에스컬레이터의 설치가 진행되고 있다. 장벽제거를 위한 시책으로서는 보도의 정비 등에 따른 터미널로의 접근의 개선, 외국인이나 고령자라도 알기 쉬운 정보안내 시스템이나 사인의 정비, 계단이나 차량의 스텝 등 단차의 해소나 슬로프화, 경고·안내 블록의 부설, 휠체어 스페이스나 휠체어용 화장실 등의 설치, 개찰구나 차량 도어의 확폭, 촉지 안내판이나 음성안내 시스템의 설치, 구호·구급체제의 정비, 이동에 제약을 받는 사람을 상시 지지(support)할 수 있는 체제 만들기 등이 있으며, 이동에 제약을 받는 사람의 이용을 전제로 한 역설비나 차량설비의 확충이 요구되고 있다. 이러한 상황에 따라 플랫폼의 면과 차량의 바닥 면 높이가 수 cm 밖에 안 되는 초저상식이라고 부르는 노면전차의 도입이나 흰 지팡이에 송수신 기능을 갖게 하고 유도블록을 따라서 음성정보를 알리는 안내 시스템의 개발 등이 행하여지고 있다.

(7) 환경과 철도

지금까지 철도의 환경문제는 소음이나 진동이라는 공해문제로 한정되어 왔지만 근년에 지구온난화나 이온층 파괴 등이 클로즈업되는 중으로 장래의 철도수송이 지구환경 문제에서 완수하여야 할 역할이 중요하게 되고 있다.

예를 들어, 전(全)에너지 소비량 중에서 약 1/4이 운수관계에서 소비되고 그 중에서 약 87 %를 자동차가 점하고 해운과 철도가 각각 5 %, 항공이 3 %라고 하는 예가 있다. 이 중에서 여객부문에 대하여 한 사람을 1 km 수송하는데 필요한 에너지 소비량을 비교하면 영업버스는 철도의 약 1.8 배, 자가용 자동차는 약 6 배에 달하고 있다. 또한, 화물부문에서도 1 톤의 화물을 1 km 운반하는데 필요한 에너지 소비량은 예를 들어 영업용 트럭은 철도의 약 6 배, 자가용 트럭에서는 약 20 배에 달하고 있어 철도의 에너지 소비량은 다른 교통기관에 비하여 대단히 적다. 교통기관별 2산화탄소 배출비율에서도 마찬가지로 그 약 90 %를 자동차 교통(자가용 승용차 54.1 %, 자가용 화물차 13.2 %, 영업용 화물차 16.9 %, 택시 1.9 %, 버스 1.9 %)이 점하고 철도는 겨우 3 %에 지나지 않는다(항공 3.5 %, 내항 해운 5.5 %)는 예도 있다. 이 때문에 자동차 자체의 2산화탄소 배출량을 억제하기 위하여 저공해차나 저연비 차가 개발되는 한편, 철도나 해운과 같이 환경 부하가 적은 교통기관으로 수송을 전이(轉移)시키는 모들 시프트(modal shift)도 진행되고 있으며 화물열차 편성의 장대화나 자동차를 직접 화물로 적재하는 피기 백 수송의 추진 등과 같은 시책이 추진되고 있다. 또한, 여객 수송에서도 될 수 있는 한 공공 교통기관으로 이용자를 전이시키기 위하여 철도수송의 정비나 서비스 향상은 물론 파크 앤드 라이드 등에 따른 수송의 원활화, 운임의 할인제도 등에 따른 공공 교통기관의 이용촉진을 도모하고 있다. 더욱이, 근년에는 관광지에서 자연환경에의 부하를 될 수 있는 한 적게 하고 환경이나 문화의 보호와 관광산업의 발전을 양립시키도록 하는 에코투어리즘

(eco-tourism)의 수단으로서 철도수송이 주목을 받고 있으며 트럭 열차의 운행이나 열차 내로의 자전거 반입 등의 검토가 행하여지고 있다.

환경에의 부하를 경감하기 위한 검토로서는 이외에 환경에의 부하가 적고 리사이클(recycle) 비율이 높은 에코머티어리얼(eco-material) 재료를 적극적으로 채용하는 것도 중요하며 용도 폐지된 구조물이나 차량의 해체 시에 발생되는 잔재나 부품을 재이용하고 있다. 또한, 역이나 열차, 공장, 사무소 등에서 배출되는 쓰레기 처리의 문제, 내연 동차(특히 디젤동차)에서 나오는 배기가스 대책 등도 금후 검토하여야 할 과제로 되어 있다. 이러한 환경문제에 대한 사업자의 검토상황을 평가·인정하기 위한 지표로서 ISO 14001 시리즈라고 부르는 환경 매니지먼트(management) 규격이 있으며 ISO(국제표준화기구)에서 1996년에 제정하였다. ISO 14001 시리즈 중에는 환경문제에의 목표설정, 환경영향 평가, 사내 계발, 추진체제 등에 대하여 상세히 규정되어 있다. 금후 자동차의 저공해화, 저연비화가 진행되면 환경에 대한 철도의 우위성도 잃게 되므로 보다 가일층의 노력이 필요하다고 생각된다.

그 외에 철도사업자가 검토하여야 할 과제로서는 주변 환경과 구조물 경관의 조화가 주목을 받고 있으며 철도건설에서는 기능면뿐만 아니라 디자인적으로도 우수한 구조물의 실현이 요구되고 있다. 특히, 철도구조물은 자연경관이나 도시경관의 중간을 양쪽으로 가르면서 선 모양으로 관통하여 구축되는 것이 많고 또한 완성 후에도 수10 년 이상 장기간에 걸쳐 존치하게 되므로 특히 주변 환경과의 경관을 충분히 배려하여 설계할 필요가 있다. 이를 위하여 컴퓨터 그래픽스를 이용한 경관 시뮬레이션 등을 활용함으로서 주변의 환경에 보다 조화된 디자인의 구조물을 채용하기도 하고 모든 지역에서 경관의 일부로서 익숙해져 있는 역사적·문화적으로 중요한 구조물의 보존·재생을 도모하면서 철도시설을 리뉴얼(renewal)하는 시도 등이 실시되고 있다. 예를 들어, 철도교의 경우에 용(用, 사용목적), 강(强, 강도), 미(美, 미관)의 3요소를 완전하게 조화시키는 것이 필요하다.

1.3.3 21세기 철도발전을 위한 기술개발

(1) 철도경영의 비전

21세기를 개척하여 철도를 중심으로 한 종합생활 서비스를 실현하기 위하여 철도경영의 비전을 나음과 같이 고려할 수 있다.

1) 고객·지역 사회에 공헌한다(생활 창조의 철도) : ① 신뢰성이 높은 교통 서비스의 제공, ② 종합 생활 서비스의 제공

2) 최신 기술을 개발·활용한다(미래 지향의 철도) : ① 기술 혁신 시대에 어울리는 서비스의 제공, ② 하드·소프트 양면에서의 창조적인 기술 개발

3) 직원·가족의 행복을 실현한다(인간 존중의 철도) : ① 작업이나 환경의 개선, ② 근무 보람이 있는 직장 만들기 이 경영 비전을 실현하기 위하여 새로운 기술의 도입이나 기술의 개발은 중요한 요소(factor)이며, 기술개발 체제를 정비하여 새로운 철도 만들기에 노력하여야 한다. 장래의 과제로서 기술 분야의 계통을 초월한 토털로서의 철도 시스템과 코스트 퍼포먼스(cost performance)를 철저하게 추구하여 "21세기에 어울리는 철도 시스템의 구축"을 목표로 여러 각도에서 기술 개발을 추진할 필요가 있다. 안전도의 향상, 수입의 증대, 코스트다운을 기술 개발의 기본적 방향으로 잡을 수 있다.

(2) 기술개발의 방향과 목표

21세기의 급속하게 진행되는 환경변화에 대응하기 위하여 추진하여야 할 과제를 다음과 같이 고려할 수 있다. 제1의 과제는 철도의 경쟁력 강화에 불가결한 "안전성의 향상이나 열차의 고속화" 등 철도 기반기술의 개발이다. 장래를 향한 명확한 비전에 기초하여 착실한 시책의 추진이 필요하다. 제2의 과제는 장래의 노동력 부족 시대에 대비하여 3D적 업무에서 탈피하여 발본적인 생인화(省人化)를 가능하게 하는 "새로운 보전(保全) 시스템"을 구축하는 것이다. 단지 인력을 기계로 치환하는 것이 아니고 현행의 노동 집약적 작업을 업무구조의 원점으로 되돌아가 다시 구축하는 것이 중요하다. 제3의 과제는 하이테크 기술이나 VE 기법을 활용한 "자동개찰 등 철도고유의 기기·장치류의 기술혁신"으로 기능 향상과 비용의 저감을 추진하는 것이다. 기술 혁신을 착실히 추진하는 것은 철도 운영비의 저감이라고 하는 의미에서도 중요한 과제이다.

철도기술에 관한 연구개발의 목표는 철도장래를 위한 연구개발, 실용적인 기술의 개발, 철도의 기초연구, 부상철도의 기술개발을 기본으로 하여 ① 신뢰성이 높은 철도(안전성, 안정성), ② 저비용의 철도(경제성), ③ 매력적인 철도(속달성, 편의성, 쾌적성), ④ 환경과 조화를 이룬 철도(환경 친화성, 에너지절약)로 설정할 수 있다. 이들의 4 항목은 서로 밀접한 관계에 있다.

(3) 기술개발의 기본 방침

이와 같은 철도의 기술개발을 구체적으로 추진하기 위한 기본 방침을 다음과 같이 고려할 수 있다.

1) 안전·안정 수송의 유지·향상 : 안전·안정 수송의 확보는 수송기관이 수행하여야 할 기본적인 사명이며 이용자와의 신뢰 관계를 구축하여 철도 사업을 유지·발전시켜 가기 위한 기반이므로 항상 새로운 기술의 도입을 도모하고 가일층의 안전·안정성 향상을 위한 연구 개발을 추진한다. 경영을 좌우하는 중대한 사고를 방지하기 위한 기술을 개발한다.

2) 철도 운영업무의 효율화 : 철도 사업은 노동 집약적 산업이며 장래에 걸쳐 항상 안정된 수송 서비스를 제공하여 가기 위해서는 업무의 기계화·시스템화에 의한 보수·운영비용의 저감뿐만 아니라 노동력의 부족에 대응하는 관점에서 업무의 질적 향상·효율화에 노력하여 근무 보람이 있는 직장 환경 만들기를 목표로 한 기술 개발을 추진한다.

3) 경쟁력의 강화 : 시간 가치의 증대, 통근권의 확대 등에 따라 교통기관으로서의 도달 시간 단축이 요구되고 있지만 환경과 조화가 된 최신·최량의 고속수송 시스템의 구축을 목표로 한 속도향상을 비롯한 경쟁력의 강화를 위한 새로운 기술의 개발·전개를 추진한다.

4) 환경에 적합한 철도 시스템의 구축 : 근년의 지구환경 문제나 자원의 유한성에 대한 관심이 높아지고 있으므로 에너지 효율이 뛰어난 철도 시스템의 우위성을 살리기 위하여 연선 환경과의 조화를 유지하면서 지역사회의 편리성을 향상시키기 위한 기술면에서의 개발을 추진한다.

5) 요소형에서 시스템형으로 : 가까운 장래에 예측되는 노동력 부족, 고령화·대량 퇴직에 대응하여 21세기에 살아남는 철도로 되기 위해서는 적극적으로 시스템화, 효율화를 추진하여 가야 한다. 철도를 노동집약 산업에서 지적 산업형으로 변화시켜 가기 위한 기계화, 장치화의 추진에 있어서는 기술혁신 등을 확인하면서 요소 기술형에서 시스템공학 기술형으로 변화시켜 가는 것이 필요하다. 또한, 그를 위한 인재의 육성이나 관리기술의 향상도 중요하다.

(4) 기술 개발의 주된 과제

(가) 중점 사항

국토의 균형 있는 발전과 풍요를 실현할 수 있는 사회의 구축에 철도기술이 공헌하기 위해서는 다음의 사항에 중점을 두어야 할 것으로 생각된다. ① 이용자 측으로부터의 시점을 중시하여 다용(多用)화, 고도화하라는 국민의 요구에 대응한 시설 정비나 수송 서비스의 충실을 도모한다. ② 환경 문제나 장래의 노동력 문제 등, 철도를 둘러싼 사회 환경의 변화에 적절히 대응한다. ③ 수송의 안전 확보가 공공 교통기관의 최대의 사명인 것을 강하게 인식하여 안전성의 도모에 항상 노력한다. 그 외에 전략적 영업 시책의 전개에 불가결한 기술과 토털코스트의 삭감을 충실하게 실현하기 위한 기술을 개발한다.

(나) 목표와 주된 과제의 예

상기의 상황을 감안한 기술 개발의 목표와 그 과제는 다음과 같이 고려할 수 있다.

1) 교통 네트워크의 충실 · 강화 : 국민 생활의 기반을 구성하는 교통 네트워크의 충실 · 강화를 위하여 철도에 대하여도 사회적 · 경제적, 또는 물리적인 엄한 조건하에서 그 특성을 발휘할 수 있는 분야에서 정비를 도모하여 간다고 하는 관점에서 ① 계획 기술의 고도화, ② 설계 · 시공 기술의 고도화, ③ 새로운 수송 시스템의 개발 등을 통하여 보다 이용하기 쉬운 네트워크를 구축할 필요가 있다.

2) 철도 서비스 수준의 향상 : 사람들의 요구가 "양" 에서 "질" 로 변화하고 사회적 서비스 시스템인 철도에 대하여도 "고속성", "쾌적성" 이라고 하는 "교통의 질" 에 관련되는 요구가 한층 높아지기 때문에 서비스 수준을 향상시킨다는 관점에서 ① 간선 철도의 고속화, ② 도시 철도의 혼잡 완화 · 도달 시간(schedule time)의 단축, ③ 이동의 원활화 · 연속성의 확보, ④ 쾌적성의 향상, ⑤ 화물 철도의 고도화, ⑥ 비용의 저감 등을 통

표 1.3.1 중점 기술개발 과제의 예

❖ 철도의 고속화 (speed up) 환경을 보전하면서 간선 철도를 중심으로 한 철도의 고속화로 달성하는 역할이 큰 과제	-자기부상 철도의 개발 -곡선을 고속으로 주행 가능한 차량의 개발 -소형의 대출력 모터의 개발 -소음 · 진동의 저감화를 고려한 선로 구조의 개발 -고속 영역에 대응한 고성능 브레이크의 개발	-공기 역학적으로 최적인 차체 형상의 개발 -경량차체 · 경량대차의 개발 -승차감을 고려한 최적인 궤도관리 기법의 개발 -터널 미기압파 저감법의 개발
❖ 철도의 쾌적화 (comfort & convenience) 도시철도의 혼잡 완화, 이동의 원활화, 편이성의 향상등 철도의 쾌적화로 달성하는 역할이 큰 과제	-고밀도 운전을 가능하게 하는 신호 보안 시스템의 개발 -수송력 증강을 위한 심층 지하공간 및 선로 위를 이용한 철도의 설계 · 시공법의 개발 -혼잡 역에서의 설비의 적정화를 위한 여객유동 예측방법의 개발 -이동의 원활화를 위한 계단 등의 개선 시스템의 개발 -승객과 역 이용자에 대한 고도정보 제공 시스템의 개발 -편이성 향상을 위한 역무 서비스 시스템의 개발 -차세대 통근 차량의 개발 -갈아타기 저항의 해소를 위한 역무 서비스 시스템의 개발 -승차감 평가법의 개발 -차내 환경의 개선 대책	
❖ 철도의 안전성 향상 (ensuring safety) 첨단 기술의 활용 및 기초적인 철도 고유 기술의 충실 등에 의한 철도안전성의 향상으로 달성하는 역할이 큰 과제	-재해 예측, 복구 지원 시스템의 개발 -사고 시 승객의 피해 경감기술의 개발 -지능화한 건널목 보안설비의 개발 -지방 철도에 적합한 간이한 운전보안 시스템의 개발	-탈선 메커니즘의 해명 -휴먼 에러 방지 기술의 개발 -선로내 작업을 위한 보안 시스템의 개발
❖ 철도의 효율화 (saving & efficiency) 보수 운영의 자동화, 생력화, 비용의 저감화 등, 효율적인 철도 시스템의 구축으로 달성하는 역할이 큰 과제	-검사 · 공사의 자동화 · 로봇 기술의 개발 -화상 처리 기술, 모니터링 기술의 활용에 의한 보수관리 기법의 개발 -선로 · 시설 계획의 최적화 기법의 개발 -차량등의 비용 저감을 위한 설계 · 생산 기술의 개발 -철도구조물의 비용저감을 위한 설계 · 시공 기술의 개발	-메인터넌스 미니멈 기술의 개발 -저렴 · 간이한 보수검사 시스템의 개발

하여 보다 좋은 서비스를 제공할 필요가 있다.

3) 사회 환경 변화에의 대응 : 지구환경 문제에의 관심이 높아지고 생활환경에 대한 요청의 질이 높아지고 예측되는 노동력 부족 등의 사회 환경의 변화에 적절하게 대응하여 철도가 건전하게 발전하여 간다고 하는 관점에서 ① 쾌적한 환경의 형성, ② 효율적인 보수 · 운영 체제로의 시스템 변경 등을 통하여 환경에 순응한 시스템으로 할 필요가 있다.

4) 수송의 안전성과 안정성의 향상 : 공공 수송 기관으로서 구비하여야 할 기본 요건인 안전 · 안정 수송의 유지 · 향상을 위하여 과학 기술의 발달 성과를 최대한으로 활용하여 이것을 추구하는 것이 사명이며, ① 안전성의 향상, ② 신뢰성의 향상, ③ 방재 기술의 향상을 염두에 두어 철도에 대한 평가를 한층 높이도록 노력하여야 한다.

(다) 기술개발 진행시의 배려 사항

이상의 기술개발 과제를 추진함에 있어서는 안전 · 환경 · 비용의 면을 항상 의식함과 함께 ① 각 분야의 기술이 균형이 되게 시스템 전체로서의 평가에 기초한 종합적인 기술 개발의 추진, ② 철도에 대한 첨단 기술의 응용에 관련되는 기술 개발의 강화, ③ 사회 현상의 분석, 예측, 계획 방법 등 소프트 면에 대한 연구 개발의 추진, ④ 정보 과학, 행동 과학 등, 시스템 과학의 활용 등을 충분히 배려할 필요가 있다.

(5) 중점을 두어야 할 기술 개발의 과제

앞으로 특히 중점을 두고 추진하여야 할 과제를 사회적 요청의 강도, 파급효과의 크기, 긴급성의 정도 등을 종합적으로 감안하여 4 가지로 집약한 중점 기술 개발의 과제를 **표 1.3.1**에 나타낸다.

(6) 각 개발 주체에 기대되는 역할

다음과 같이 각각의 입장에 따라 적극적으로 기술 개발에 노력하고 상호의 제휴를 강화하여 기술 개발을 효율적으로 진행할 필요가 있다.

1) 철도 사업자 : 각종 전문 분야의 기술 개발의 종합화를 도모함과 동시에, 사업자 상호간의 정보 교환이나 공동 개발의 노력이 기대된다. 그리고 단독으로 기술 개발에 몰두하는 체제가 정비되어 있지 않은 사업자에 대하여는 사업 규모에 적합한 기술 개발을 촉구하는 활동을 추진할 필요가 있다.

2) 제조업, 건설업 등 민간 기업 : 차량, 철도 시설 등의 고성능화 · 고품질화를 도모하기 위하여 보다 한층 경제성의 추구와 함께 생산 기술이나 설계 · 시공법 등으로의 적극적인 노력이 기대된다. 앞으로는 특히 철도 사업자 등과의 제휴의 강화, 철도 이외 분야의 기술의 도입, 리사이클링을 촉진하기 위한 기술 개발이 필요하다.

3) 철도기술연구원 : 철도 기술개발에서 선도적인 역할이 기대된다. 앞으로는 특히 철도고유기술 분야의 기초적 연구개발이나 철도에의 첨단기술의 응용에 관련되는 연구개발의 강화가 필요하다.

4) 대학교 : 철도의 정비 · 발전에 기여하는 정책, 계획 기술, 정보 과학, 행동 과학 등의 소프트 사이언스로의 노력이나 철도기술에 관련되는 다양한 인재를 육성하는 역할이 기대된다.

5) 철도기술 관계 협회 등 : 조직의 특성을 살린 연구 · 개발, 강습 · 발표 · 자격 인증 등 업계 기술력의 유지 · 향상에 이바지하는 활동, 규격의 표준화, 해외 기술 협력 등 공익적인 활동이나 기술 정보를 수집하여 전달

하는 미디어로서의 역할이 기대된다.

  6) 철도시설공단 : 철도건설 기술의 개발을 위하여 중추적인 역할을 하는 기관으로서 한정된 비용에 의한 효율적 · 효과적인 철도정비에 이바지하기 위한 계획, 조사, 설계, 시공에 이르는 일련의 기술개발에 대한 노력이 기대된다.

  7) 국토해양부 및 건설교통기술 평가원 : 철도기술개발에 관련된 예산 등을 적극적으로 지원한다.

(7) 철도산업정보센터의 구축

한국철도시설공단에서는 철도산업에 관한 정보를 효율적으로 수집 · 관리 및 제공하기 위하여 2006~2008년에 철도산업정보센터를 구축하였다.

1.3.4 쾌적한 환경과 에너지 절약을 위한 철도기술

(1) 쾌적한 환경의 창조

지구환경(環境)의 문제는 피하여 지나갈 수 없기 때문에 이것을 네거티브(negative)한 문제로서 포착하는 경향이 있다. 그러나, 역으로 액티브(active)로 생각하여 기업이 "쾌적한 환경을 만든다"고 하는 적극적인 철학을 가지는 것도 가능하다. 이 철학을 "쾌적한 환경의 창조"라고 이름을 붙여 보자. 쾌적한 환경에는 조용한 것, 온도나 습도가 적당한 것, 색채나 디자인이 좋은 것, 진동이 없는 것, 싫거나 혐오가 없는 것, 마음이 드는 것이 있으며, 창조에는 지혜와 궁리를 활동시켜 완성시켜 가는 것으로 정의된다.

(2) 철도에서의 "쾌적한 환경의 창조"

철도 서비스는 보다 빠르고 편리하면서 저렴한 교통수단을 구축하기 위하여 에너지와 자원을 이용하여 높은 이익을 실현하는 유기적인 순환 과정을 반복한다. 이 과정을 동맥과 정맥의 순환 과정으로 분류할 수 있으며, 동맥 과정 중에는 부수적으로 다양한 오염 물질이 발생된다. 환경 친화적인 철도 시스템을 구축하기 위해서는 이러한 오염 물질의 발생량을 감소시키는 한편, 오염된 환경을 복원시키기 위한 정맥 과정을 복 원시켜야 한다. 정맥 과정은 ① 오염 물질의 분석, ② 오염 물질의 환경영향 평가, ③ 오염 물질의 제거, ④ 환경 보전과 조화, ⑤ 환경 개선의 다섯 단계로 구성되며, 이것은 ① 화학 오염 물질의 분석과 제거, ② 수명주기 평가, ③ 재활용, ④ 환경 친화적인 재료, ⑤ 에너지 절약, ⑥ 소음과 진동 대책, ⑦ 환경관리 시스템 등 7가지 구체적인 기술 분야와 밀접한 관계가 있다. 대증요법(對症療法)적으로 자동차의 사용 제한이라든가 배기가스의 총량 규제가 말하여지고 있기는 하나, 발본적인 대책이 취하여지고 있지 않은 현재에는 "채산성"이라고 하는 단순한 표면적인 경제효과만이 아니고, 널리 인간의 생활환경에 주는 악영향("외부 불경제/사회적 비용")도 포함하는 형태로 교통기관을 평가 · 선택하는 시대로 되고 있다.

(3) 철도에 의한 "쾌적한 환경의 창조"
(가) 도시 내의 여객 수송과 환경

상기와 같이 자동차로 인한 생활환경의 악화를 막아내기 위하여 유럽을 중심으로 자동차 대국인 미국에서도 노면전차나 경쾌전차(LRT=Right Rail Transit)의 개량/정비라든가 도시철도나 지하철이 건설되고 있다("철도의 복권"). 또한, "파크 앤드 라이드(park and ride)" 시설도 정비되고 있으며, "키스 앤드 라이드(kiss and ride)"가 늘어나고 있다.

환경 보호나 자원에 대한 관심이 높은 독일에서는 그 교통 정책에도 반영되어 있으며, 자가용차 대신에 노면전차나 버스 등의 공공 교통 기관의 이용을 도모하기 위하여 "환경 티켓"이 도입되기도 하고(1984년 프라이불르그 시), 시의 중심인 구 시가지는 일찍부터 보행자 전용 존(zone)으로 되고, 주변 자전거 길의 정비도 진행되고 있다. 또한, 자동차의 배기가스 등에 기인하는 산성비로 인한 삼림 황폐도 심하여 앞으로 자가용차의 규제를 포함하여 보다 강력한 방지책이 검토되고 있다.

싱가포르에서는 1975년에 지역 승차진입 허가증 제도(ALS=Area Licensing Scheme, 자동차 승차진입 요금제도)를 세계에서 처음으로 도입하였다. 이 제도는 자동차가 어떤 시간대에 도심부에 들어가기 위해서는 일정액의 요금을 지불할 필요가 있으며, 이에 따라 도심부의 자동차 교통량을 제한하도록 하는 것이다. 동시에 이 자동차 승차 진입 요금 수입을 재원의 일부로 하여 정부 전액부담의 도시철도(MRT=Mass Rapid Transit)를 건설하여 시민의 편리한 발로서 친하게 되고 있다. 이 때문에, 시내의 도로 교통은 원활하고 대기 오염도 적다.

(나) 교통과 환경정책의 예

영국은 "Clean UK"를 추진 한 바 있다. 유럽 연합(EU)은 1990년부터 2005년까지 각 5년 단위로 강력한 배출가스 4단계의 저감기준을 추진하였다. 선진국에서는 철도와 같은 녹색교통수단의 이용을 증대시키기 위한 정책적 방향으로 '보다 나은 대중교통 시스템', 'traffic calming', 'urban village' 등의 세부 운영 방안을 제시하기도 하였다. 또한 도로교통 혼잡 문제를 해결하기 위하여 교통과 토지 이용을 위한 통합계획의 일환으로 도시정비 및 공간개발에 있어서 도시철도 중심의 대중 교통망을 필수적으로 확충토록 하는 TOD(Transit Oriented Development)가 이루어지고 있기도 하다. 한편, 일본의 그린물류파트너십회의는 2004. 12. 경제산업성, 국토교통성 등의 협력으로 발족되어 CO2 삭감사례에 대하여 '모델사업보조금', '보급·사업보조금' 등을 지원하고 있다[272]. 또한, 일본의 '에코레일마크 제도'는 2005. 3. 국토교통성의 '친환경적인 철도화물수송의 인지도향상에 관한 검토위원회'에서 도입되어 지구환경 문제에 대해 적극적으로 대처하고 있는 상품 등에 이 마크를 붙이고 있다. 프랑스내각은 2008년도에 2020년까지 철도를 확장하여 환경문제를 개선하는 내용의 그르넬(Grenelle) 환경법안을 채택했다.

(다) 산악철도와 화물열차

스키장, 산악, 호반, 온천 등의 관광지와 도시를 연결하는 교통은 도로교통의 경우에 배기가스나 소음의 환경파괴, 체증으로 인한 교통마비는 관광지의 매력을 저하시키고 있으며, 이와 같은 지역에서는 철도에 의한 "쾌적한 환경의 창조"로서 산악 철도가 고려되고 있다.

물류에서 큰 비중을 차지하는 트럭의 화물 수송은 CO2 배출에 수반하는 환경 문제가 크며, 철도나 해운에의 모들 시프트(modal shift)가 중요한 과제이다. 또한, 항만의 외항 터미널에서의 컨테이너 취급이 혼잡하여 항만과 그 주변 도로의 트럭으로 인한 환경 문제가 발생되고 있다. 철도를 항만에 연결하여 여기에서 해운과 철도 사이에 스무스하게 컨테이너를 주고받을 수 있다면 트럭이 불필요하게 되어 환경 문제의 해결에 유용할 것이다. 우리나라도 제1.2.1(4)항처럼 도로화물을 철도로 전환하기 위해 "지속가능 교통물류 발전법"을 제정하였다.

(4) 보다 좋은 교통환경의 정비 방향

(가) 안전하고 편리한 교통망의 구성

에너지 절약, 환경 문제는 교통 기관의 중대한 과제이며, 그 중에서 철도의 우위성은 높다. 더욱이 사고율이 적은 점을 더하면 "철도가 지구를 구한다!"고 총론적 백업(backup)의 소리가 높다. 그러나, 이것을 현실의 것으로 하기에는 코스트 앤드 베너핏(cost and benefit)에서 보다 양질의 서비스를 제공할 필요가 있다.

철도와 항공의 교통간선망 정비와 함께 말단의 교통 기관을 정비하는 것이 중요하다. 경쟁과 도태의 사이클에서 협조와 공생의 사이클로 전환하여 갈아타고 목적지로 가기가 편리한 교통망의 재구축이 요망된다. 제2는 다른 교통기관과의 네트워크의 형성은 철도가 리더십을 발휘하는 것이 바람직하다고 생각된다. 제3은 편리하고 안전한 교통 네트워크를 지원하는 기술로서 정보 네트워크에 맡겨지는 경우가 크다고 생각된다. 교통 네트워크가 좋게 기능을 발휘하기 위해서는 교통 네트워크 정보가 이용자에게 효과적으로 전하여지는 것이 중요하다. 고도의 정보사회를 맞이한 때에는 편리하고 우수한 교통 네트워크가 실현될 것이라고 기대된다.

(나) 교통 환경 문제에 대한 개인 의식(민도, 民度)의 향상

일반적으로 개인의 편리와 "자유"의 추구, 생활환경 파괴를 고려하지 않은 교통 프로젝트의 추진이 계속되어 (결국, 반자연 행위), "편리한" 자동차 사회의 확대를 묵인하고 있는 것이야말로 심각한 교통환경 문제를 야기하게 된다. 대도시에서는 정도의 차이는 있을지언정 공공 교통 기관이 정비되어 있으므로 생활환경 파괴가 적은 공공 교통 기관(철도이든지 버스 등)을 적극 이용하도록 유도 되어야 한다. 결국, 개인행동이 교통 환경 문제를 고려하도록 요구되고, 개인의 의식(민도)에 따라 자동차(교통 환경) 문제는 크게 달라져갈 것이다.

(다) 철도 정비의 합의 형성

미국의 로스앤젤레스에서 도시철도를 정비하기 위하여 매상세(賣上稅)나 가솔린세를 증징(增徵)하는 등의 제안에 대하여 주민 투표가 실시되어 가결된 것은 1990년대 전반의 일이다. 이와 같은 철도정비의 합의에는 그에 상응하는 의식(민도)이 필요할 것이며, 그를 위해서는 사용하기 쉬운 철도를 계획·건설할 필요가 있을 것이다.

(라) 철도의 정비 제도와 재원

독일 정부는 1992년의 독일연방 교통로(交通路) 정비계획을 실시하여 오고 있으며, 종래에 일관하여 도로에 대한 투자를 최우선하여 왔지만, 철도 우선으로 방침을 전환하였다. 그 때까시도 자동차로부터외 광유(鑛油)세를 일반 재원에 도입하여 왔던 독일 정부이었지만 더욱 공공교통 중시의 정책을 펴오고 있다. 그 때문에 현재는 계획 투자액에서 철도가 도로를 상회하고 있다. 지구 온난화·대기 오염 방지를 위하여 OECD(경제 협력 개발 기구)에서는 연료중의 탄소 함유량에 따라 과세하는 "탄소세(환경세)"를 도입할 것을 각국에 권고하고 있다. 이것을 재원으로 하여 공공 교통기관의 정비나 저공해 자동차의 개발, 도로 교통의 개선, 교통 정책의 연구 등을 하면 좋은 교통 환경으로 될 것이다.

(마) 그러나, 철도가 만능은 아니다.

여기에서 "자동차를 사용하면 아니 된다"고 말하고 있는 것은 아니다. 필요한 경우는 당연히 사용하여야 할 것이고, 자동차가 없이는 현대 사회가 성립할 수 없다고도 말하지만, "편리"를 추구하는 나머지, 종래와 같이 "무감각적으로 사용하는 방법은 반성되어야 할 것이며, 개인 개인이 인간의 생활환경을 고려한 뒤에 교통 기관을 선택하여야 할 시대로 되어 있다"고 한다. 결국, 자동차가 나쁘다는 것이 아니고 그 사용방법이 나쁘다는 것이며, "종합 교통 정책/체계"를 기초로 자동차나 철도와 인간이 공존할 수 있는 사회를 구축할 필요에 다가가고 있는 것이다.

(5) 종합 교통체계와 모들 시프트의 기대

상기에 설명한 것처럼 여객 · 화물 모두 자가용 자동차나 트럭의 수송을 철도로 대체할 경우에는 막대한 에너지가 절약될 것으로 예상된다. 그 때문에 여객 수송의 분야에서는 대도시를 중심으로 철도, 버스 등으로의 공공 교통기관 이용을 촉진함과 동시에 화물수송의 분야에서도 트럭으로부터 철도로의 모들 시프트(modal shift)를 도모하여 갈 필요가 있으며, 더욱이 이른바 종합 교통체계(제1.2.1(2)항, 제1.2.2(4)항 참조)의 구축이 기대되고 있다.

그러나, 종합 교통체계의 정비에는 막대한 비용과 시간이 걸린다. 또한, 오늘날의 경쟁원리 사회 아래에서는 에너지 소비와 환경에 대응하는 조건만으로는 철도로의 시프트도 곤란한 일이라고 생각된다.

(6) 철도의 에너지절약 기술과 그 효과

(가) 고속화

예를 들어, 일본 신칸센의 경우에 220 km/h에서 270 km/h의 고속화가 실현되어 900 km에서 약 40 분의 소요 시간 단축이 가능하였다고 한다. 이 때문에 철도와 항공기의 시장 점유율이 변화하고 에너지 수지도 변화하여 종합적으로 약 5 %의 에너지를 절약하고 있다고 한다.

(나) 경량화

차량 중량을 현재의 중량에서 1톤 가볍게 할 때의 에너지 경감에 대하여 일본에서 시산한 결과를 보면, 1량당의 전력 절약량은 약 9,000 kW이었다. 통근 전차에서 보통 강제의 차량 1 편성(363 톤)과 스테인레스 차체 등을 채용한 차량 1 편성(299 톤, 전자에 비하여 64 톤의 경량화)의 역행(力行)에 요하는 전력 소비량을 주행 단위 km 당으로 비교한 결과를 보면, 1 편성당 23 kWh/km와 20 kWh/km로 경량화의 효과가 보여진다. 차량 기기 중에서도 중량 비율이 높은 모터와 치차 장치 및 차축을 일체화한 차륜 일체형 주전동기를 통근 차량에 적용할 경우에는 1 축당 800 kg의 경량화가 예상된다는 예도 있다.

(다) 전력 회생

파워 일렉트로닉스(power electronics) 기술의 진전에 따라 초퍼(chopper) 제어나 VVVF 제어에 의한 전력 회생의 차량이 등장하여 에너지의 유효 이용을 도모하고 있다. 근년에는 교류 전기 차에도 전력 회생이 도입되어 있으며, 전력 회생 차에 대응한 급전 시스템이 개발되고 있다. 차량에서 보아 회생률은 20~40 %로 되어 있지만, 회생으로 발생된 전력이 유효하게 사용되지 않는 점도 있어 변전소로부터 송출한 전력으로서는 5~10 % 정도의 절감으로밖에 되지 않으므로 변전소로부터 송출 전압이 기준치 이상으로 되지 않도록 조정을 하는 등의 기법을 도입하여 회생 전력의 유효 이용을 도모하고 있다. 한편, 회생 전력의 저장 방법으로서 배터리 박스나 플라이 휠(flywheel) 또는 급탕(給湯) 축열(蓄熱) 등의 각종 기술이 연구 · 개발되고 있다. 또한, 차상 탑재형의 재생형 연료 전지로 회생 전력을 수소로 변환하여 전력을 저장하는 방식 등에 대하여도 연구되고 있다.

(라) 고전압화

국내의 지하철은 1,500 V가 채용되고 있지만, 해외에서는 3,000 V를 채용하고 있는 나라의 쪽이 많아 직류 전철화 방식의 약 75 %에 달한다고 한다. 1,500 V를 3,000 V화하면 회생률에서 약간의 향상이 도모되는 점, 급전 손실이 대략 반감되는 점의 효과에 따라 변전소로부터의 공급 전력을 약 10 % 절감할 수 있는 점을 나타내고 있다고 한다.

(마) 전력 저장과 피크 전력의 평준화

전기 철도의 운전용 전력으로서 에너지가 저장되는 예로서는 플라이휠(flywheel)과 배터리 박스가 있다. 최근의 각종 축전지나 연료 전지의 개량·개발에 따른 저렴화 및 전력 변환 장치의 고성능화에 따라 전지를 이용하는 전철용 전력 저장 시스템을 개발하여 회생 전력의 저장, 수요 초과(demand over) 시의 피크 대책 전원용, 또한 변전소 간격이 긴 구간의 전압강하 대책용으로 이용되는 것이 고려되고 있다.

(바) 기타

전력기기나 급전회로에서 변압기 손실(loss), 변환기 손실, 급전 손실의 하드 면에서의 대책은 물론이고, 열차와 변전소간의 연락에 의한 소프트 면에서의 운전전력절약 시스템의 구축에 대하여도 검토되고 있다. 또한, 차량 탑재용 전력 기기의 경량화가 에너지절약 대책으로서 효과가 큰 점에서 이 분야에 대하여도 검토와 개발이 필요하다고 생각된다.

제2장 철도의 계획과 건설 및 정비

2.1 수송 계획

2.1.1 수송 계획 전반

철도를 운영하는 계획의 제1보는 수송 계획(traffic plan)이다. 철도 수송의 사명은 상정되는 수송 수요를 효율적으로 고속, 대량, 안전하고 확실하게 수행하는 것이다. 수송 계획은 이를 위하여 열차 종별, 운전 계통 등과 같은 기본적인 조건을 정하고, 이들의 열차를 각각의 선로 조건, 역 배치, 차량 성능 등에 따라 운전 계획을 세워 철도가 가장 신뢰성이 높은 수송 기관으로서 그 능력을 발휘될 수 있도록 한다. 새로운 철도를 건설하는 경우, 또는 기존의 철도를 개량(improvement)하는 경우에도 ① 무엇을 운반하는가, 무엇을 늘리는가?(여객ㆍ화물이나 그 질ㆍ내용), ② 어느 정도의 양(여객 인km, 화물 톤km)인가? ③ 열차(train)의 속도(km/h)ㆍ서비스는? ④ 열차의 빈도{열차 단위(train unit)와 열차 횟수(train frequency)}는? ⑤ 채산(운임, 경영 수지, 투자 효율)은? 등을 상정하는 것에서 시작된다. ⑤는 결과이지만, 수송 계획 시에도 적어도 대강의 예측은 하여야 한다.

2.1.2 수송 수요(수송량)의 예측

(1) 수송량 상정 방법의 전반

수송 계획의 기본으로 되는 것은 상기와 같이 노선(route)에 대한 장래의 수송 수요를 예측하는 것이다. 즉, 열차가 주행하는 선로(permanent way)와 각 역의 필요 용량을 성하여 필요 차량을 확보하고 열차 다이어그램에 기초하여 열차 운행계획을 작성하며, 거기에 필요한 요원 조치, 차량 수용설비, 변전소 용량의 확보 등을 계획한다. 이들의 기본 시설은 한 번 건설되면 내용 연수가 길기 때문에 특히 신선 건설이나 선로증설(track addition)과 같은 거액의 설비투자를 필요로 하는 계획에 대하여는 다른 교통기관과의 관계를 고려한 뒤에 장래의 수송 수요를 적확하게 예측하는 것이 필요하다.

교통수요의 예측 방법은 필요로 하는 정밀도에 따라 일정하지 않지만 하나의 방법으로서 ① 예측하는 지역의 설정과 지역의 분할, ② 기준 년도에 대한 교통 유동의 실태, 사회경제 활동 및 교통 시설에 관한 조사, ③ 교통기관의 교통 수요를 표현하기 위한 모델의 구축과 파라미터의 설정, ④ 목표 년도에 대한 사회경제 활동, 교통 시설 등 조건의 설정, ⑤ 목표 년도에 대한 교통수요의 예측, 등 프로세스로 행하여진다.

(2) 수송 수요의 요인과 기본 가정

1) 자연요인 : 인구의 증가, 사회 경제의 발전 등으로 생기며, 어떤 교통수단에서나 일정한 흐름에서 크게 벗어

나지 않는다[245]. 즉 인구, 생산, 소득, 소비 등의 사회적, 경제적 요인이다. ① 인구 : 전국인구, 지역 또는 세력권 인구, 취업 및 취락인구 등, ② 생산 : 국민총생산(GNP), 국민1인당 GNP, 주민총생산(GDP), 주민 1인당 GDP.

2) 유발유인 : 열차속도, 열차횟수, 차량 수, 운임 등과 같은 철도자체의 서비스로 유발된다.

3) 전가요인 : 자동차, 항공기, 선박 등과 같은 타교통기관의 서비스로 전가된다.

4) 기타요인 : 시간적 요인(출퇴근, 등교 등)과 계절적 요인(하계휴가, 방학, 단풍철, 연휴 등)이 있으며, 이러한 수송 수요는 다음과 같이 구분된다. ① 여객 : 정기여객, 비정기여객(업무, 여행, 군용, 관광 등), ② 화물 : 품목별로 구분하며 시간상으로는 연간, 월간, 일간, 때로는 도시교통에서는 시간대에 따른 일일변동 수송 수요

5) 예측의 기본적 가정 : ① 과거의 경향과 장래의 예측에 관한 기본적 사실의 규명, ② 과거 수요변동요인의 분석, ③ 이전에 행한 예측과 현재의 수요가 다른 원인의 규명, ④ 장래의 수송에 영향을 줄 것으로 생각되는 인자의 탐색, ⑤ 장래수요의 예측, ⑥ 필요에 따라 가까운 장래예측의 수정

(3) 수송 수요 예측기법

1) 시계열분석법 : 통계량의 시간적 경과에 따른 과거의 변동을 통계적으로 여러 구성 요소로 분석하고 이들 정보로부터 장래의 수송 수요를 예측하는 방법이다[245].

2) 요인분석법 : 어떤 현상(수송량)과 몇 개의 요인변수(설명변수) 관계를 분석하고 그 관계로부터 장래의 수송 수요를 예측하는 방법으로 회귀분석과 탄력성 분석법이 있다.

3) 원단위법 : 대상 지역을 여러 곳의 교통존(zone)으로 분할하여 원단위를 결정해서 장래 수송 수요를 예측하는 방법이다

4) 중력모델법 : 뉴턴(Newton)의 중력법칙을 수송에서 교통의 유동에 유사 응용한 것으로 그 지역 상호간의 교통량이 양 지역의 수송 수요 인원 크기의 상승세에 비례하고 양 지역간 거리에 반비례한다는 원리에서 장래의 수송 수요를 예측하는 방법이다.

5) OD표 작성법(origin destination tabulation method) : 대상으로 하는 지역을 몇 개의 존(zone)으로 분할하고, 각 존 상호간의 교통 흐름을, 즉 어디에서 출발하여 어느 곳을 경유하고 어느 곳에 도착하는지를 파악하여 OD(origin : 출발지, Destination : 도착지)표를 만들고 이 OD표를 작성하여 장래의 수송 수요를 예측하는 방법이다.

6) 기타 : 구조분석 예측법과 직접예측법이 있다.

(4) 기존선 개량의 경우

이 경우에는 당해 선구(railway division)의 실적을 알 수 있으므로 이것을 이용하여 계획 년도의 수송량, 역간 교통량 혹은 역의 승차 인원 등을 직접 산출할 수 있다. 여기에는 경향선(회석분석)과 요인분석(다중 회귀분석)이 있다.

(5) 신선이지만 유사 선구를 선정하여 유추할 수 있는 경우(역세권법)

기왕의 실적이 풍부한 지방 개발 선로나 동일 도시 내의 지하철에 적용할 수 있다. ① 유사 선로의 실적 표를 작성한다. ② 당해 예정 선구 각 역의 역세 인구를 구한다. ③ 보통 여객은 유사 선로의 보통여객 승차횟수 실적

에 역세 인구를 곱하여 산출한다. 정기 여객은 상기의 승차 인원에 유사 선로의 보통 대 정기 비율을 곱하여 구한다. ④ 상기의 ③으로 산출된 각 역 승차인원에 대하여 예를 들어 중력 모델을 이용하여 각 역에 대한 승차 인원을 배분한다. ⑤ 상기의 ④를 이용하여 역간 교통량을 구한다.

(6) 신선이지만 유사 선구가 없어 유추할 수 없는 경우(총수요법)

이 항목은 어떤 도시에 대하여 종합 교통체계를 세울 경우, 혹은 새로운 지하철을 건설하는 경우에 해당될 것이다. 대도시권은 다종다양한 교통기관이 있으므로 적정한 교통기관별 분담을 전제로 하여야 한다. 이 때문에 먼저 퍼슨 트립(person trip)을 조사하여 현재의 각 트립의 목적, 방향, 이용 교통수단 등을 명확히 한다. 이에 따라 현재 상태의 존(zone)간 OD표가 구하여진다.

교통 수요량의 예측에는 지금까지의 전체 교통량의 추이와 경제지표 추이의 상관을 구하고, 먼저 총 교통 수요량(생성 교통량이라고 하며, 전 트립 수를 말한다)을 대상 지역의 계획 년도의 총인구(야간 인구, 산업별 인구 등) 및 소득 수준 등에 연립시켜 구한다. 이 생성 교통량을 기초로 각 구간의 OD표를 작성하지만, 그 표준적 방법으로서 4단계 추계법이 있다. 즉, 최초에 존(zone)을 설정하여 그 중에서 발생하는 퍼슨 트립(person trip, 한 사람이 출발점에서 목적지까지 이동하는 일련의 움직임)을 집계하여 교통량으로서 이용한다. 다음에 각 존의 교통수요를 발생·집중, 분포, 분담, 배분이라고 하는 4개의 구성요소로 분할하여 예측하는 방법이다.

2.1.3 수송 계획(traffic plan)

본 계획은 전 항에서 예측한 수송량(volume of transportation)을 이용자의 희망에 따르도록 효율적으로 수송하는 구체적인 계획이다. 수송력(transportation capacity)을 어느 정도로 설정하는가, 열차 방식을 어떻게 하는가, 열차의 단위 편성을 어느 정도로 하는가, 열차의 횟수 빈도를 어느 정도로 하는가, 급행이나 각 역 정거 열차 등의 열차 종별을 어떻게 하는가, 열차의 속도는 어느 정도로 하는가 등이며 당연하지만 채산성도 종합하여 책정한다.

(1) 수송력의 설정

수송에는 계절 파동(seasonal variation)·주일 파동(weekly variation)·시간 파동(daily variation) 등의 파동을 피할 수 없다. 즉, 여객 수송(passenger transport)에서는 시간 파동(통근·통학 수송), 주간 파동과 계절 파동(행락·귀성 수송)이, 화물 수송(goods(or freight) transport)에는 주간 파동과 계절 파동이 있다. 어느 것으로 하여도 파동 피크시의 1 시간 또는 1 일당의 수송 인수·톤수를 산정하고, 평균 승차 효율(예를 들어, 고속 열차에서는 70 %, 통근 열차에서는 150 %)과 차량 정원 또는 적재 톤수로부터 수송 차량 수를, 그 다음에 열차 편성(train consist)과 열차 횟수(train frequency)를 산출한다.

(2) 열차 방식의 선정

대도시 근교의 열차는 고밀도 다이어그램(diagram)의 운전이 가능한 높은 가감속의 전차(electric car)가 세계적으로 채용되고 있다. 우리나라·프랑스·독일에서는 고속 선로에 동력집중의 기관차 견인 여객 열차를 채용하고 있으며, 일본에서는 대부분의 본선 열차에도 전차·디젤동차의 분산 열차가 보급되어 있다.

(3) 열차 단위와 횟수의 결정

1 열차의 수송 능력을 열차 단위(train unit)라 하며, 여객 열차에서는 편성량 수로, 화물 열차에서는 견인 톤수로 나타낸다. 전(全)열차의 열차 단위의 합이 그 선구의 수송 능력이기 때문에 수송 능력을 높이기 위해서는 열차 단위를 크게 하든지 열차 횟수를 늘려야 하며, 열차 단위의 결정은 동력차의 견인정수(nominal tractive capacity)나 정거장의 유효장에 따라 좌우된다.

(4) 열차 종별의 책정

운전 기간에 따라 정기·계절·임시 등의 열차와, 수송 사명에 따라 고속열차(KTX)·새마을호·무궁화호·특수(단체)·회송 등의 열차가 있으며, 화물 열차(freight train)에는 급행·컨테이너·전용·일반 등의 열차가 있다. 운전 기간에 의거한 열차는 수송의 파동에 대응하고 수송 사명에 의거한 열차는 이용의 종별에 따른다.

(5) 열차 속도의 책정

교통기관에서는 속도가 생명이라고도 하며, 속도가 뒤떨어지는 교통기관은 도태의 운명에 있다는 것은 교통의 역사가 말하여주고 있다. 속도는 차량 성능·선로 규격·전차선 설비·보안 설비 등에 관련되며, 또한 비용에도 관계되므로 대항 교통기관의 동향과도 아울러 종합적으로 사정할 필요가 있다. 또한, 실질의 도달 시간 단축은 열차 빈도나 직행할 수 없는 경우의 갈아타는 접속 시간 등과도 관련되므로 다이어그램의 구성도 고려하여야 한다.

2.1.4 선로 용량(track capacity)

수송력(transportation capacity)의 열차 설정에서 1일에 열차를 몇 회 주행시킬 수 있는가 라는 선구(railway division)의 열차설정 능력을 나타내는 수치 척도가 선로용량(track capacity)이다. 이 경우에 대도시의 전차 선구 등에서는 러시아워의 열차설정 능력이 문제로 되기 때문에 이 선로용량은 피크 1시간당의 몇 회로 표시된다.

(1) 단선 구간의 선로용량

단선(single line) 구간에 대한 선로용량의 간이 산정식은 다음과 같다(**그림 2.1.1** 참조).

$$N = [1440/(t+s)] \times f \tag{2.1.1}$$

여기서, t : 역간 평균 운전 시간(running time)

s : 열차 취급 시간. 대향 열차가 통과하고부터 분기기·신호기를 전환하여 발차할 수 있기까지의 소요 시간(자동신호 구간에서는 1분, 비자동 구간에서는 2.5 분으로 하고 있다)

f : 선로 이용률(track utilization efficiency). 1일 24시간 중 열차를 운행시키는 시간대의 비율로 설정 열차의 사명이나 선로보수 등에서 55~ 75 %를 취하며 표준은 60 %로 한다. 기다리는 시간의 증가가 바람직하지 않은 열차의 설정이 많은 경우는 이용률이 내려간다.

이 식에서 알 수 있는 것처럼 역간 거리가 길면, t의 시간이 증가하여 선로용량 N이 감소되며, 신호자동화 · CTC(central traffic control device) 등으로 s의 열차 취급 시간을 줄이면 선로용량이 증가한다. 또한, 전철화나 차량성능의 향상 등으로 열차 속도를 올려 구간의 시간 t를 짧게 하면 N이 늘어난다. 선로 이용률 f는 전술의 조건이나 열차 설정의 유효 시간대(effective time, available time) 등에 영향을 받는다. 이상과 같이 단선 선로용량의 대소는 ① 열차 속도, ② 역간 거리, ③ 구내 배선과 신호 폐색방식, ④ 선로 이용률의 요소가 영향을 준다.

(2) 복선구간의 선로용량

통근 선구 등 동일 속도 열차 설정의 평행 다이어그램(parallel train diagram)인 경우에는 열차 최소 시격(minimum train headway)의 t분과 선로 이용률 f에서

$$N = 2 \times (1{,}440 \,/\, t) \times f \tag{2.1.2}$$

로 산정되어 가장 많게 된다. 최소 시격은 본선(main line) 주행에서는 폐색 신호기(block signal)의 간격을 좁혀 1분 이하로 단축 가능하지만, 승하차가 특히 많은 역(착발선 1개의 경우)에서의 정거 시간, 반복 역에서의 분기기(turnout) 지장 시간 등에 좌우되며, 10량 편성의 통근 전차 선구에서는 여유를 포함하여 2분 정도로 하고 있다.

고속열차와 저속열차가 설정되어 있는 일반 선구의 경우에는 속행하는 고속열차 상호간의 시격 h와 추월 · 대피의 소요 시간 r, u에서 결정되는 1열차의 역간 선로 점유 시간에 주목된다. 그 점유 시간이 1일 24시간의 중에 몇 회 들어가는가를 근사적으로 다음과 같이 선로용량의 간이 산정식으로 계산한다(**그림 2.1.2** 참조).

$$N = 2 \times [1{,}440 \,/\, \{hv + (r + u + 1)\, v'\}] \times f \tag{2.1.3}$$

여기서, h : 속행하는 고속열차 상호의 시격(통상적으로 6분을 원칙으로 함)

$\quad\quad r$: 정거장에 선착하는 저속열차와 후착하는 고속열차와의 필요한 최소 시격(통례에서 4분)

$\quad\quad u$: 고속열차 통과 후에 저속열차 발차 시까지에 필요한 최소 시격(통례에서 2.5분)

$\quad\quad v$: 전(全)열차에 대한 고속열차의 비율(고속열차비), 따라서 hv는 고속열차가 점유하는 시분

$\quad\quad v'$: 전열차에 대한 저속열차의 비율, $(r+u+1)v'$는 저속열차가 점유하는 시분

상식에 $h = 6$ 분, $r = 4$ 분, $u = 2.5$ 분을 대입하면, $v = 0$일 때 N(편도) = 115 회, $v = 1$일 때 N(편도) = 144 회로

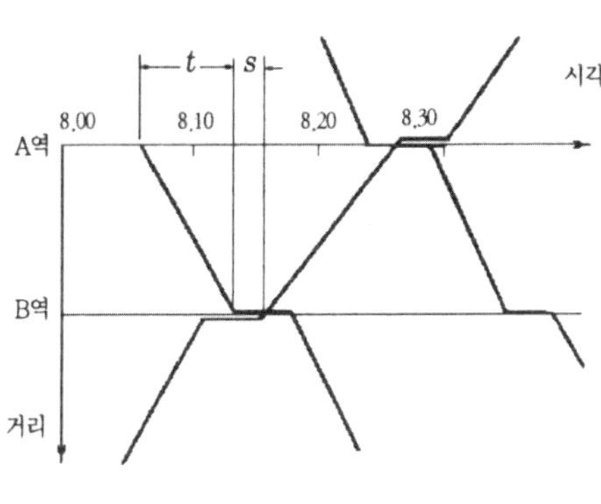

그림 2.1.1 단선 구간의 다이어그램

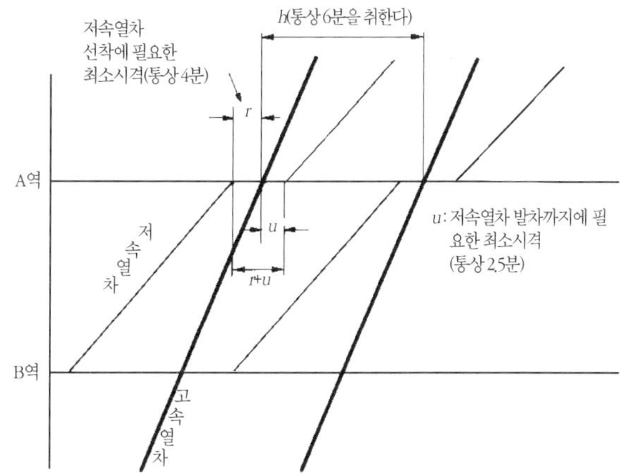

그림 2.1.2 복선 구간의 다이어그램

되며, 일반적으로 속도 종별이 다른 열차가 운전되고 있는 복선(double line) 구간의 선로 용량은 왕복 230~290으로 된다. 재래선에서는 h = 6 분, r = 4 분, u = 2.5 분 정도이지만, 폐색 신호기의 증설 개량으로 h = 3 분, r, u = 2 분 정도로 압축할 수 있다. 고속철도의 선로에서는 h를 약 3 분, r, u를 각각 2 분으로 하면 1 시간 편도 최대 15회가 가능하다. 더욱이, 고속철도의 선로는 야간의 시설보수 시간을 약 6 시간으로 취하면, 선로 이용률 f는 약 75 %로 된다. 재래선의 경우에는 복선의 선로용량이 단선의 약 2배 정도이지만, 차량성능의 개선, 신호방식의 개량 등에 따라서 약 3 배가 가능하다. 그 외에 터미널 역ㆍ중간 역에서의 열차 착발선(departure and arrival track)의 다소나 역 출입 분기기의 배치ㆍ제한 속도(restricted speed) 등에 따라서도 선로용량이 변한다.

(3) 복복선의 선로용량

대도시 전철에서는 수송력(transportation capacity)을 증강시키기 위하여 복복선화가 진행되고 있다. 방향별(direction working system) 복복선(quadruple line)에서 고속 선로와 저속 선로로 나눈 경우에 선로용량은 복선의 2배 이상으로 되며, 이용자의 편에서도 좋다. 선로별(line working system)의 복복선화는 선로용량이 복선의 2배로 되지만, 같은 방향에 대한 이용자의 편에서는 바람직하지 않다. 전자의 경우는 동일 방향의 선이 2개 병행하여 있으므로 운전상 탄력적인 운용이 가능하며, 후자는 서로 타선과의 관계가 적어 독립한 운전을 할 수 있다.

2.2 철도 계획과 철도건설

2.2.1 철도 계획

(1) 철도 계획의 중요성

철도 계획은 먼 장래를 보고 수립하여 철도를ㆍ건설하여야 한다[221]. 또한, 철도는 그 효과와 영향이 사회경제적으로 광범위하게 미치고, 많은 사람들과 직간접적으로 이해관계를 맺고 있으며, 대규모의 투자비용이 소요되므로 장기간의 대규모 사업인 동시에 라이프 사이클이 긴 특징이 있다. 그러므로, 계획 수립도 국가 전체의 교통시스템을 충분히 반영하여 공공의 편리와 국토의 균형적 개발 및 산업발전을 도모하여야 하며, 특히 각종 교통기관과 비교하여 대량성, 안정성, 저렴성, 친환경성 등의 장점을 최대한 발휘할 수 있도록 계획하여야 한다.

(2) 철도 계획의 내용
(가) 철도건설 계획의 단계

철도건설 계획은 자연조건, 경제조건, 행정구역, 사회조건, 교통조건, 인위조건 등에 따라 철도 계획의 단계 이전에 장래 철도건설의 필요가 있다고 인정되는 철도예정선의 단계와 타당성 분석 등을 완료하여 기본계획을 완료한 철도조사선의 단계가 있다[221]. 철도예정선이란 "국가철도망구축계획", "국가기간교통망계획" 등 장기 계획에 의거하여 시종점 축으로 제시된 노선을 말한다. "철도건설사업" 이란 새로운 철도의 건설, 기존 철도노선의 직선화ㆍ전철화 및 복선화, 철도차량기지의 건설과 철도역 시설의 신설ㆍ개량 등을 위한 사업을 말한다(철도건설법 제2조 제4호).

(나) 철도망 계획 및 사업별 기본계획

철도 계획은 철도건설법과 건설기술관리법(시행령 제38조의 7)에 제시된 기본계획 내용을 반영하여 계획한다. 철도건설법 제4조 등에서는 다음과 같이 규정하고 있다. 국토해양부장관은 국가의 효율적인 철도망구축을 위해 10년 단위로 국가철도망구축계획(이하 "철도망계획"이라 한다)을 수립·시행하여야 한다. 철도망 계획은 국가통합 교통체계효율화법 제3조의 규정에 따른 국가기간교통망계획, 동법 제5조의 규정에 따른 교통시설투자계획 및 대도시권광역교통관리에 관한 특별법 제3조에 따른 대도시권광역교통기본계획, 동법 제3조에 의거한 대도시권광역교통시행계획과 조화를 이루도록 수립하여야 한다. 국토해양부장관은 철도망 계획을 수립하려는 경우에 관계 중앙행정기관의 장 및 관계 시·도지사와 협의한 후 '철도산업발전 기본법' 제6조에 따른 철도산업위원회의 심의를 거쳐야 한다(변경시도 동일, 단 대통령령으로 정하는 경미한 사항의 변경은 그러하지 아니함). 국토해양부장관은 철도망 계획이 수립된 날부터 5년마다 그 타당성 여부를 검토하여 필요한 경우에는 변경하여야 한다. 국토해양부장관은 철도망 계획을 수립 또는 변경한 때에는 국토해양부령이 정하는 바에 따라 이를 고시하여야 한다. 철도망 계획에는 ① 철도의 중장기 건설계획, ② 다른 교통수단과의 연계교통체계 구축, ③ 소요재원의 조달방안, ④ 환경 친화적인 철도의 건설방안, ⑤ 그밖에 국토해양부장관이 체계적인 철도건설사업을 위하여 필요하다고 인정하는 사항 등의 사항이 포함되어야 한다. 상기의 규정에 의거한 철도망 계획에는 대도시권광역교통관리에 관한 특별법 제3조 및 제3조의 2에 따라 수립된 대도시권광역교통기본계획 및 대도시권광역교통시행계획에 포함되어 있는 광역철도계획(도시철도법에 의한 도시철도 제외)을 반영하여야 한다.

국토해양부장관은 철도건설사업의 체계적인 수행을 위하여 사업별 철도건설기본계획을 수립하여야 하며, 이 기본계획에는 ① 장래의 철도교통수요 예측, ② 철도건설의 경제성·타당성 그밖의 관련사항의 평가, ③ 개략적인 노선 및 차량기지 등의 배치계획, ④ 공사내용·공사기간 및 사업시행자, ⑤ 개략적인 공사비 및 재원조달계획, ⑥ 연차별 공사시행계획, ⑦ 환경보전·관리에 관한 사항, ⑧ 지진대책, ⑨ 그밖에 대통령령이 정하는 사항 등의 사항이 포함되어야 한다. 국토해양부장관은 기본계획을 수립하려는 경우에는 미리 관계 중앙행정기관의 장 및 특별시장·광역시장 또는 도지사와 협의하여야 한다. 다만, 고속철도건설기본계획은 협의한 후 철도산업위원회의 심의를 거쳐야 한다. 기본계획을 수립하면 대통령령에 따라 이를 고시하여야 한다. 수립된 기본계획을 변경하려는 경우에는 상기의 사항을 준용한다.

(3) 철도건설 계획의 흐름

철도의 건설은 투자액도 크고 지역의 발전에 직접 관계된다. 건설계획은 여러 해를 요하는 것이 일반적이지만 숙성하여가는 단계에서는 계획방법이나 정밀도가 다르다(상세는 제2.2.3항 참조).

 1) 구상 계획 : 전국종합개발계획이나 도시기본구상 등에서 지역계획이 책정되어 그 일부로서 철도계획이 검토된다. 대상은 장기에 걸쳐 책정되어야 하는 목표나 필요로 하는 기능 등의 설정이 중심으로 된다.

 2) 기본계획 : 수송량 조사 등에 따라 노선의 선정 안이나 역, 차량기지 등의 위치나 규모가 대상으로 된다. 계획은 목표 연차까지 정비되어야 하는 시설에 대하여 나타내며, 필요에 따라서 개별의 시설에 대한 정비의 우선순위를 결정한다. 또한, 타 교통수단과의 네트워크상의 정합성에 대하여 검토한다.

 3) 실시계획 : 실시계획이란 기본계획에 따라서 각 시설을 순차 사업화하여가기 위한 계획이다. 기술, 환경, 재원 등의 면에서 실현 가능성을 검토한다. 실시 연차, 구조물의 구조, 형상, 위치 등을 결정한다.

(4) 건설계획과 도시계획과의 조정

(가) 도시 계획과의 관련

도시 내의 신선 계획은 도시의 발전과 도시 구조에 큰 영향을 주기 때문에 도시 계획과의 정합을 도모할 필요가 있다. 도시 철도는 도시 계획에 포함되며, 다음과 같은 점에 밀접한 관계를 갖는다. ① 도시철도 계획과 토지 이용 계획과의 정합을 도모한다. ② 철도 계획과 동시에 역전 광장 및 주변 도로계획을 책정한다. ③ 신선의 공사 계획과 공공시설의 준비 과정간의 조정을 도모한다. 도시철도(urban railway)의 도시계획 책정은 지하철, 중량(中量)궤도 시스템의 정비, 연속 입체 교차화 사업에 대하여 행하여지고 있다.

(나) 도시 계획과의 조정

신선 건설을 단독으로 시행하려고 할 때에는 다음과 같은 문제가 발생한다. ① 건설계획 발표에 따라 지가가 상승한다. ② 역은 어느 가로에서도 그 핵으로 되어 있지만, 새 역은 그 주변 공공시설의 정비 없이는 사용할 수 없다. 도시 측의 협력을 얻지 않으면, 철도 단독으로 시공하게 되어 빈약한 도로, 광장으로밖에 될 수 없고 이용자에게도 좋지 않은 상황으로 된다. ③ 새 역에 의지한 소규모 개발로 인하여 도시 시설이 정비되지 않은 채로 시가지화가 진행된다. 이상의 여러 문제를 해결하기 위하여 착수 이전에 도시계획을 책정하여 토지의 사용에 제한을 가하고 개업 시점까지는 도시 시설이 정비되도록 소재지의 협력을 얻어 협의를 진행할 필요가 있다.

(다) 연속 입체교차와 철도 계획

연속 입체 교차화 계획은 도시 교통의 안전과 원활화를 도모하며, 철도로 인하여 분단되어 있는 시가지를 일체적으로 정비하는 데에 목적이 있다. 착공에 이르기까지에는 도시계획 사업자로서의 지방 자치단체와 공동으로 사업을 시행하기 위한 설계 협의가 성립되어 있어야 한다.

(라) 입체교차의 실시

노선의 신설 개량시의 입체 교차화 비용은 기존 도로를 횡단하여 철도를 신설·개량하는 경우는 철도 시설관리자가, 기존 철도를 횡단하여 도로를 신설·개량하는 경우는 당해 도로 관리청이 부담한다. 기존 건널목의 입체교차화는 "건널목개량촉진법"에 의거하여 국도·특별시도 및 광역시도 등은 당해 도로 관리청에서 비용을 전액 부담하여 시행하며, 그 외의 도로인 경우는 철도 시설관리자와 당해 도로 관리청이 협의하여 시행하되, "건널목 입체교차화 비용부담에 관한 규칙"에 의거하여 지방도는 공사비 및 보상비 등 일체의 비용을 각각 5할씩 부담하고 시도·군도 및 구도인 경우는 도로관리청이 25 %를, 철도시설관리자가 75 %를 부담한다. 기존 건널목의 구조를 개량하는 경우에 접속철도의 구조 개량시는 철도시설관리자가, 접속도로의 구조를 개량할 때는 당해 도로관리청이 각각 이를 부담한다.

(5) 지능형 철도건설지원시스템

한국철도시설공단에서 개발한 지능형 철도건설지원시스템은 데이터의 관리, 열차운전특성곡선의 작성, 철도건설업무의 지원 등을 수행한다. 데이터의 관리는 기존선을 비롯하여 신설 및 개량선의 데이터를 구분하여 관리함으로써 철도건설을 위한 타당성 조사, 기본 및 실시 설계시에 관련 부서와 온라인(on-line)으로 연결하여 사업 분야별건설업무 지원에 효율적으로 활용할 수 있도록 한다. 열차운전 특성곡선의 작성은 기존선의 개량이나 새로운 선을 신설할 때, 관련 데이터를 이용하여 미리 열차의 운전특성을 분석할 수 있는 자료를 제공하며, 철도건설업무의 지원은 열차운전 특성곡선을 기초로 정거장 구내배선의 검토, 신호설비의 검토, 전철설비의 검토,

견인능력의 검토, 선로형태의 검토 및 조정, 개량관련 건설노선의 제시, 최적 정거장 위치의 선정, 동력차별 에너지 소비량의 산출 등과 같은 건설 업무를 지원하기 위한 각종 자료를 제공하는 것이다.

2.2.2 국가 철도망 구축 계획

(1) 전국적으로 고속화된 철도망 확충

(가) 국가 철도망 구축계획(2006~2015)의 비전과 목표(**그림1.3.4**)

(나) 전국을 X자형으로 연결하는 국가철도망 구축

1) 통일이전 : 호남 고속철도 분기역인 오송을 중심으로 경부축과 호남선 · 중앙선 및 원주~강릉 축을 연계하는 X자형을 주축으로 하여 2+6×6 철도망 구축

　① 고속철도 2개 노선(경부고속철도 및 호남고속철도)은 국가 철도망의 대골격 구성

　② 남북 6개축 및 동서 6개축은 고속철도와 연계하여 고속화(최고속도 180 km/h~200 km/h 이상)된 간선 철도망을 구성(**표 2.2.1**)하고, 지선은 고속철도 및 간선 철도에의 접근 노선으로서 역할

2) 통일 이후 : 부산~대구~서울~개성~평양~신의주축과 목포~서울~원산~함흥~나진축을 연결하는 X자형 한반도 고속 철도망 구축(**그림 2.2.1**)

　→ 신속한 철도 서비스 제공으로 국민들의 교통 편의 제공

표 2.2.1 남북 6개축과 동서 6개축

남북 6개축		동서 6개축	
호남축	: 서울~천안~익산~목포	동서1축 : 서울~춘천~인제~속초	
서해 · 전라축	: 서울~예산~익산~여수	동서2축 : 평택~여주~원주~강릉	
경부축	: 서울~대전~대구~부산	동서3축 : 보령~조치원~제천~동해	
중부내륙축	: 수서~여주~충주~진주	동서4축 : 익산~무주~김천~영덕	
중앙축	: 청량리~제천~경주	동서5축 : 광주~남원~대구~포항	
동해축	: 저진~상릉~포항~부산	남해축 : 목포~순천~진주~부산	

(2) 수송애로 구간 시설 확충

1) 수송 수요 급증에 따라 용량이 한계에 도달한 노선에 대한 시설 확충으로 네트워크 병목현상 해소

　① 우회수송 및 열차 운행 지연으로 인한 시간 및 비용 절감

　② 철도 서비스 공급 능력의 확대로 철도 서비스 수요증가에 적기 대응하고 철도 서비스 수요의 창출

　→ 철도 네트워크 효율 증대로 선진국형 교통체제 정착에 기여

2) 대도시 교통난 해소를 위해 광역교통서비스 공급 확대

　→ 신속한 철도 서비스 제공으로 교통난 해소 및 철도 중심 대중교통체계의 구성

(3) 고속화된 철도물류망 형성

1) 주요 노선의 고속화 및 수송애로구간의 해소와 동시에 주요 산업단지 · 항만 등과 연계한 확충으로 고속화

된 철도 화물 운송체계의 구축

2) 철도의 확충 등 H/W와 화물역개선 · 차량개발 등 S/W 측면 개선을 병행 추진

→ 도로 위주의 수송구조를 철도로 전환하여 대량 수송에 따른 국가 물류비 절감에 기여

(4) 철도 중심의 연계교통체계 구축

1) 고속철도에 대한 접근성을 높이하고, 고속철도 서비스 수혜지역의 확대를 위해 고속철도역 중심의 연계교통체계 확충

2) 일반 철도역도 지역 교통의 중심이 될 수 있도록 철도역과 연계한 교통체계의 구축

→ 교속철도 이용 확대로 철도를 중장거리 이동의 중추 교통수단화

→ 철도역을 중심으로 한 지역 교통체계 개선

(5) 네트워크 효율 제고를 위해 미연결 구간의 확충

1) 철도 미연결 구간을 연결하여 지역간 교통시설 확보수준 및 접근시간 차이의 해소

2) 남북 6개축과 동서 6개축에 대해 수송 수요 및 투자재원 등을 감안하여 단계적으로 연결 사업의 추진

→ 주요 도시에서 고속철도 및 주요 간선철도로의 접근성 제고 및 지역 균형개발에 기여

→ 전국적인 철도 네트워크가 확보되어 도로 등 다른 교통수단을 이용하지 않고도 지역간 이동이 가능

(6) 남북철도 연결 및 대륙철도 연계노선 확충

1) 남북간 장거리 대량화물을 수송하기 위해 단절 철도망 연결 및 수도권 우회노선 확충(**그림 2.2.1**)

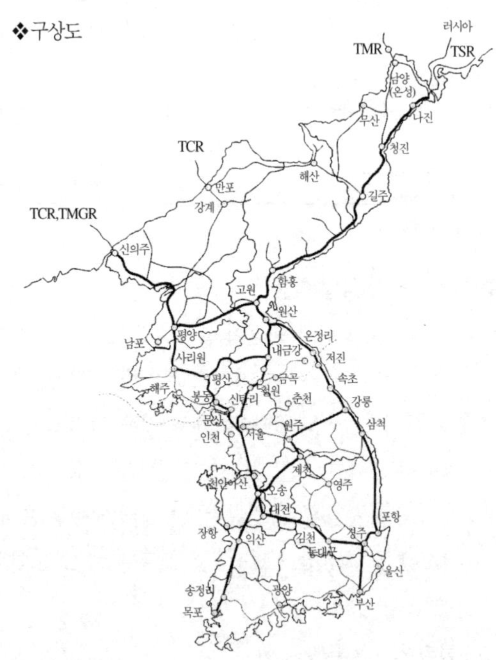

그림 2.2.1 한반도 X형 철도네트워크 구상

표 2.2.2 대륙 철도 연결 구상

❖ 중국 연계　　: 부산/광양～서울～평양～신의주～단동(중국)～TCR～TSR
❖ 러시아 연계 : 부산/ 광양～서울～평양/원산～두만강～핫산(러시아)～TSR
❖ 만주 연계　　: 부산/광양～서울～평양/원산～남양～도문(중국)～TMR～TSR
❖ 몽골 연계　　: 부산/광양～서울～평양～신의주～단동(중국)～북경(중국)～TMGR～TSR

→ 남북관계 개선에 따른 물동량 증가에 적절히 대처
2) 국제 철도 수송체계를 구축하여 남북한～중국～러시아～유럽을 연결하는 철의 실크로드 구축(**표 2.2.2**)
→ 아시아 · 유럽대륙의 Gateway로서의 역할 수행 및 동북아 물류중심 국가화의 달성

(7) 안전 · 친환경 · 쾌적한 철도망 구축

1) 안전성 향상을 위해 시설물의 단계적 개량 및 설비 확충
2) 친환경성 향상을 위해 설계부터 환경 피해를 최소화하는 제도적 장치를 강구하고 쾌적성 확보 방안의 수립
→ 고급화된 철도 서비스에 대한 국민들의 요구에 부합

(8) 비용절감형 철도망 구축

1) 철도 건설 기간을 대폭 단축하여, 사업비 절감 및 수요 증가에 효율적으로 대처
2) 철도 건설시 유지보수 비용을 절감할 수 있는 운영 효율화 도모

2.2.3 철도건설의 절차

(1) 건설사업구상

사업주관부서에서 국가기간교통망계획, 중기교통시설투자계획, 국가철도망구축계획, 및 민원해소 등을 위한 정책대안에 따라 현황과 문제점을 파악하고 건설사업의 필요성을 인식하여 철도건설 예정선을 계획하며, 투자계획을 수립하여 예비타당성조사 예산을 요구 · 확보하는 단계이다[221]. 이때에는 사업의 필요성, 타 법령에 의거한 계획과의 연계성, 공사규모 등 개괄적인 사항인 기본적인 개요를 마련한다. ① 사업의 필요성, ② 도시관리계획 등 다른 법령에 의거한 계획과의 연계성, ③ 사업의 시행에 따른 위험요소의 예측, ④ 사업 예정지의 입지조건, ⑤ 사업의 규모 및 공사비, ⑥ 사업의 시행이 환경에 미치는 영향, ⑦ 기대효과 및 기타 발주청이 필요하다고 인정하는 사항.

(2) 예비타당성조사

예비타당성조사는 국가재정법시행령에 근거하여 총사업비가 500억 원 이상이고 국가의 재정 지원 규모가 300억 원 이상인 신규의 대규모 사업에 대한 예산을 편성하기 위하여 기획재정부에서 시행하는 제도로서 1999. 4부터 시행하고 있으며 2000년도부터 한국개발연구원(KDI) 공공투자관리센터(PIMAC)에서 총괄하여 시행하

고, 조사결과를 기획재정부로 보고하는 체제로 운영되고 있다. 이것은 부처별 신규투자사업에 대한 사업우선순위를 공정하게 결정하고자 하는 개략적인 조사단계이며 매년 상하반기에 시행한다.

(3) 타당성평가

공공기관의 장 및 '사회기반시설에 대한 민간투자법'에 따른 사업시행자("교통시설개발사업 시행자"라 한다)는 공공교통시설의 신설·확장 또는 정비사업(이하 "공공교통시설 개발사업")이 포함된 국가기간교통망계획, 중기투자계획 등을 수립하거나 공공교통시설 개발사업을 시작하기 전에 투자평가지침에 따라 해당 계획 또는 사업의 타당성을 평가하여야 한다(국가통합교통체계효율화법 제18조). 국토해양부장관은 공공교통시설 개발사업의 교통 수요, 비용 및 편익 등에 대한 합리적·객관적인 투자 분석 및 평가를 위하여 대통령령에 따라 공공교통시설 개발사업에 관한 투자평가지침(이하 "투자평가지침")을 작성하여 고시하며, 투자평가지침을 작성하기 전에 미리 관계 행정기관의 장과 협의하여야 한다.

(가) 철도의 시설계획과 타당성 조사

신선 건설에서는 작업 순서, 공사 공정에 대해 노반 이하의 부분과 그 이상의 부분(개업 설비라고 한다)으로 나눈다. 전자의 비율은 공사비의 과반수를 점하며, 게다가 후자는 그 내용이 비교 노선에 따라 크게 변동하지 않으므로 노선 선정에서의 검토는 주로 전자에 대하여 행하여진다. 개업 설비의 내용은 건축물, 전기(신호·통신, 전력·전차선) 계통과 기존선과의 연락 설비, 궤도가 대종을 점하며, 노선의 최종안에 대하여 검토한다. 개업 설비는 그 소요 설비용량에 따라 규모를 다르게 하므로 운영 계획(운전, 영업, 보수의 각 계획)을 미리 분명하게 하여야 한다. 각종 공공 프로젝트에서는 그 계획의 실행에 필요한 투자액에 대응하는 편익이 생기고 게다가 재무적, 기술적, 사회적으로도 실행 가능한 것이 실증되어야 한다. 이것을 타당성 조사(feasibility study)라 한다. 철도계획은 기업적으로 보아 채산성에 문제가 있는 것이 많다. 그러나, 사회적으로 보면 다른 추수(追隨)를 허용하지 않는 이점도 있다. 예를 들어, 대도시에서 도로 교통의 체증에 대하여는 도시 철도를 이용한 통근 수송이 있다. 이 때문에 국가로서도 거액의 보조금을 지출하며, 이들의 분석 방법으로서 경제 분석이 있다. 그 고려 방법은 만일 그 철도가 만들어지지 않으면 사회적으로 어느 정도의 손실을 입는가(with/without 분석)에 있다. 그 척도로서 투자 효율을 나타내는 경제 내부 수익률(EIRR = Economic Internal Rate of Return)이 있다.

(나) 경제성 분석

철도사업과 같은 대규모 공공투자는 국가경제정책 전반에 걸쳐 매우 중요하다. 제한된 예산을 효율적으로 집행하기 위해서는 경제성이 검증된 사업에 대한 투자우선순위를 결정하는 것도 매우 중요한 문제이다[245]. 사업의 우선순위를 선정하기 위해서는 객관적인 평가가 수행되어야 하는데 그 기법으로 경제성 분석을 사용한다. 철도의 경제성 분석은 철도건설사업에 대한 총편익과 총비용을 비교·분석하여 사업의 경제적 효율성 및 투자의 타당성을 가늠해보기 위한 과정이다. 경제성 분석의 목적은 ① 사업의 경제적 타당성 분석, ② 사업의 투자우선순위 결정, ③ 사업의 최적 투자시기 결정 등이다. 경제성분석이란 프로젝트의 수행과 운영의 전 기간에 걸쳐 매년의 현금유입과 현금유출을 예측하고, 금리를 현재가치로 환산하여 양의 순현재가치를 보이는가를 분석하는 것으로 이를 위해서 현금흐름 모델을 설정해야 하고 물가 상승률을 고려해야 하며, 현금흐름을 현재가치화하기 위한 적정할인율(Discount Rate)을 산출해야 한다. 현금흐름 분석을 위한 경제성 분석기법으로는 순현재가치법, 내부수익률법, 부채상환가능비율법 등을 사용한다.

경제성 평가절차는 다음과 같다. ① 타당성 분석을 위한 사전조사, ② 위험 분석, ③ 현금흐름 분석, ④ 경제성 분석, ⑤ 민감도 분석 등의 순서로 행한다. 경제성 평가방법에는 ① 현재가치법, ② 내부수익률법, ③ 회수기간법, ④ 편익/비용분석, ⑤ 부채상환 가능비율법, ⑥ 투자자본 수익률법 등이 있다. 이 중에서 편익/비용분석(B/C ratio)은 주로 공공사업의 경제성, 타당성을 분석하기 위하여 사용한다(B/C = 공공에 대한 혜택/정부에 대한 비용 ≥ 1.0).

(다) 민감도 분석

투자사업의 경제성 분석은 미래에 대한 예측을 근거로 하기 때문에 비용과 편익의 추정은 불가피하게 어느 정도의 오차를 내포하고 있다. 즉, 공사비가 당초 예상했던 것보다 높아질 수도 있고, 사업의 기간이 연장될 수도 있으며, 예측했던 교통량이 발생되지 않을 수도 있다. 이 때, 현재 또는 미래의 상황을 적절한 확률 분포로 표현할 수 있을 경우를 위험도(Risk)라 하며, 확률로 나타낼 수 없는 경우를 불확실성이라고 한다[245]. 경제성 분석에서 이와 같은 주요변수의 불확실한 여건변동이 분석결과에 어떠한 영향을 미치는가를 검토하는 것을 민감도 분석(Sensitivity Analysis)이라 하고 여건변동을 확률적 분포로 표현하여 기대치 분석을 하는 것을 위험도 분석(Risk Analysis)이라 한다. 민감도 및 위험도 분석의 주요 대상은 ① 공사비, ② 유지관리비, ③ 차량운행비(VOC), ④ 교통량, ⑤ 공사시기 등이다.

(4) 공사수행방식과 사회기반시설 민간투자제도

(가) 공사수행방식

1) 일괄입찰(Turn key Base, 설계ㆍ시공일괄계약방식) : 발주기관이 제시하는 기본계획과 입찰공고사항(입찰안내서)에 따라 건설업체(설계업체와 공동입찰 가능)가 기본설계도면과 공사가격 등의 서류를 작성하여 입찰서와 함께 제출하는 방법으로서 일반적인 설계ㆍ시공일괄 계약방식을 말한다.

2) 대안입찰(기본설계대안, 실시설계대안) : 발주기관이 제시하는 원안의 공사입찰 기본설계 또는 실시설계에 대하여 기본방침의 변경이 없이 원안과 동등 이상의 기능과 효과를 가진 신공법ㆍ신기술ㆍ공기단축 등이 반영된 설계로서 원안의 가격보다 낮은 공사로 입찰하는 것을 말하며, 민간의 기술력을 활용한다는 측면에서 턴키와 유사하다.

3) 기타공사 : 일괄입찰 및 대안입찰 이외의 공사

(나) 사회기반시설 민간 투자제도

사회기반시설 민간투자사업(민자사업)이란 민간사업자가 자기자금과 경영기법을 투입해 시설을 건설 또는 운영한 후에 정부와 약정한 기간 동안 시설사용료 징수 등을 통해 투자비를 회수하는 사업을 말한다. 민자사업에 참여하는 투자자는 먼저 자금을 대는 대신 일정기간 동안 그 운영(고속도로의 경우 통행료 등)을 통해 투자를 회수하고 이윤을 남길 수 있도록 하는데, 시설 귀속여부에 따라 여러 종류로 분류된다.

1) BTO(Build Transfer Operate) 방식 : 시설이 준공되면 그 소유권이 국가(또는 지자체)에 귀속되고 사업시행자(민간 투자자)에게는 일정기간의 시설관리운영권만을 인정하며 가장 소극적이다.

2) BOT(Build Own Transfer) 방식 : 시설 준공 후 일정 기간 동안 사업시행자에게 소유권이 인정되며 그 후 시설소유권이 국가ㆍ지자체에 귀속된다.

3) BOO(Build Own Operate) 방식 : 사업시행자에게 소유권이 인정되며 가장 적극적인 형태의 민자유치이다.

4) BTL(Build-Transfer-Lease) 방식 : 민간이 공공시설을 건설하고 이를 정부에 임대하여 투자금을 회수하는 새로운 민자유치제도로서 2005. 1. 신규로 도입하였다. 이 방식은 민간이 시설 소유권을 갖는 BOO와 달리 민간이 건설한 시설은 정부 소유로 이전(기부채납)되며, 시민들에게 시설이용료를 징수하여 투자자금을 회수하는 BTO와는 달리, 정부가 직접 시설이용료를 지급해 민간의 투자자금을 회수시켜주며, 시민 이용료 수입이 부족할 경우에 정부 재정에서 보조금을 지급해 사후적으로 적정 수익률을 보장하는 BTO와 달리 정부가 적정수익률을 반영하여 임대료를 산정·지급함으로써 사전에 목표수익률의 실현을 보장하게 된다.

5) 주무관청이 불가피하다고 인정하여 채택한 방식

6) 주무관청이 민간투자사업기본계획에서 제시한 방식

컨소시엄 구성에는 다음과 같은 방식이 있다.

1) 민간위탁운영 : 모든 건설은 공공이 수행하고, 민간은 운영만을 담당하는 방식이다.

2) 민간 자본유치 방식 : ① 부분적 민자유치(건설과 운영에 민간이 일부 참여하는 방식으로 범위에 따라 다양한 대안으로 구분된다), ② 완전 민자유치(모든 건설과 운영을 민간이 수행하는 방식)

(5) 환경영향 평가

환경영향 평가법은 철도(도시철도 포함)의 건설 사업 등 환경영향 평가 대상 사업의 사업 계획을 수립, 시행할 때에 그 사업의 시행이 환경에 미치는 영향을 미리 평가·검토하여 친환경적이고 지속가능한 개발이 되도록 함으로써 쾌적하고 안전한 국민생활을 도모함을 목적으로 한다.

(6) 철도시설의 안전성분석

"안전성분석"은 철도시설을 설치하는 경우에 당해시설이 가질 수 있는 위험을 식별하고 그 원인과 영향을 분석하여 정량화한 결과를 설계와 시공 등에 반영함으로써 시설의 결함이나 고장 등으로 인한 사고의 발생가능성을 최소화시키는 과학적인 기법으로서, "철도시설 안전기준에 관한 규칙(국토해양부령)"에서는 다음과 같이 규정하고 있다. 터널·교량·역시설·전차선·신호·궤도 등의 철도시설을 신설하거나 개량하기 위하여 당해시설을 설계할 때는 공사·유지보수와 운영환경 등에 대하여 안전성을 분석한다. 터널·교량·역시설 대하여 안전성을 분석할 때는 비상상황이 발생된 경우에 있어 승객이나 승무원의 대피와 긴급구조에 관한 사항을 포함한다.

(7) 선로 설계 시 유의사항

철도건설규칙에서는 다음과 같이 정하고 있다. ① 선로구조물은 표준 열차하중을 고려하는 등 열차운행의 안전성이 확보되도록 설계한다. ② 도상종류와 두께 및 레일중량 등 궤도구조는 해당 선로의 설계속도와 열차의 통과 톤수에 따라 정한다. ③ 선로구조물을 설계할 때에는 생애주기(生涯週期) 비용을 고려한다. ④ 교량, 터널 등의 선로구조물에는 안전설비 및 재난대비설비를 설치하고, 열차 안전에 지장을 줄 우려가 있는 장소에는 방호설비를 설치한다. ⑤ 선로를 설계할 때에는 향후 인접선로(계획 중인 선로 포함)와 원활한 열차운행이 가능하도록 인접선로와 연결되는 구조, 차량의 동력방식, 승강장의 형식 및 신호방식 등을 고려한다.

(8) 종합시험운행

철도안전법 제38조는 노선을 새로 건설하거나 기존노선을 개량하여 운영하고자 할 때는 정상운행을 하기 전에 종합시험운행을 실시하도록 규정하고 있으며, 동법 시행규칙 제75조에서는 다음과 같이 규정하고 있다. 종합시험운행은 철도시설관리자가 철도운영자와 상호 협의하여 계획을 수립하여 당해노선의 영업개시 전에 합동으로 시설물검증시험(당해노선의 허용최고속도까지 단계적으로 속도를 증가시키면서 시설의 안전상태, 차량의 운행적합성이나 시설물과의 인터페이스, 시설물의 정상작동여부 등을 확인·점검)과 영업시운전(시설물검증시험 후 영업개시에 대비하기 열차운행계획에 의한 실제영업 상태를 가정하여 열차운행체계와 철도종사자의 업무숙달 등을 점검)을 실시하며, 종합시험운행 실시 전에 합동으로 당해노선 시설물기능과 성능점검결과의 검토 등 사전검토를 한다. 철도시설관리자는 종합시험운행결과, 시설의 개선과 보완이 필요한 경우에는 철도운영자와 협의하여 이를 개선하거나 보완하고 종합시험운행을 재실시하며, 이 경우에 절차 중 일부를 생략할 수 있다.

2.2.4 노선의 선정

(1) 노선 선정의 내용

노선의 선정에서는 기점, 종점 외에 그 노선의 사명에 따라 통과하는 주된 지점을 미리 결정한다. 이들의 지점을 지나가는 노선은 여러 가지로 고려된다. 이들 노선의 수요예측으로서는 수송조건, 경제성을 고려하여 일반적으로 이용되는 방법으로서 4단계 추정법 등의 모델을 이용한다.

다음에 실제의 시공을 고려하여 다음의 점을 검토한다. ① 지형도 위에 대상으로 된 노선 안에 대하여 선로 종단도를 작성한다. ② 각 노선 안에 대하여 1/2,500의 도면 위에 선로 횡단도를 작성하여 흙 쌓기, 교량, 터널, 기타 구조물의 수량, 용지, 지장물 등을 검토한다. 또한, 필요에 따라서 현지를 조사한다.

이상과 같은 안의 평가로서는 일반적으로 교통 서비스 수준, 경제적 평가, 환경평가의 면에서 검토한다.

(2) 노선 선정의 요령

노선 선정의 기본 방침은 노선의 사명에 따라 주요 경과지와 선로 규격의 고려 방법이 다르므로 큰 차이가 있다. 노선을 선정할 때는 선로의 위치, 즉 기점·종점·주요 경과지가 주어져야 한다. 그 다음에 하기의 요령에 기초하여 선정한다.

1) 선로(permanent way)의 규격을 선로의 사명, 여객·화물의 수송량 및 열차의 속도에 따라 결정한다.

철도의 건설기준은 설계속도에 따라 제2.5절과 같이 정하고 있다.

2) 루트 선정은 기점, 주요 경과지, 종점을 직선(straight), 평탄의 원칙으로 연결하는 것에 있다.

물론, 이것의 실현은 곤란하고, 기울기·곡선이 들어가지만, 속도 향상의 요청에 응하는 루트이어야 한다. 더욱이, 선정에서는 하기의 사항에 주의한다. ① 연약 지반(soft bed)을 피한다. 지질 조사를 충분히 하여야 한다. 대수층 혹은 팽창성 원지반을 통과하는 터널 공사에서는 예측하지 못한 큰 비용을 초래하는 예가 많다. ② 문화재, 천연 기념물 등은 피한다. 공정상의 애로가 되기 때문이다. ③ 인가 밀집지는 피한다. ④ 절, 묘지 등은 피한다. 아무래도 용지 취득이 난이하다. ⑤ 주택지, 학교, 병원 등 특히 정온을 유지할 필요가 있는 구역은 적극 피한다. 환경 대책상 비용이 크다.

이상은 평면형에 대한 것이지만, 종단형에 대하여도 도로와의 입체 교차로 인하여 높이가 높은 고가교가 증가하고 있으나, 공사비 절약의 면에서 지장이 없는 기울기를 이용하여 시공기면의 저하에 노력하여야 한다.

3) 역의 위치는 이용자에게 편리하여야 한다.

주요 경과지란 말하자면 역의 위치를 의미하며, 선정의 조건으로서 여객·화물의 집산지에 가깝고 다른 교통 기관과의 연락이 용이한 장소이어야 한다(제7.1.3항 참조). 역간 거리가 너무 크면 단선 구간에서는 선로 용량을 대폭으로 저하시키고, 교행의 대기 시간 때문에 표정속도(schedule speed)도 저하한다.

4) 역, 루트 모두 도시계획 사업과 정합시킨다(제2.2.1(4) 참조).

(3) 노선 선정의 순서

노선의 선정(location of route)에서는 발착 지점 외에 주된 통과 지점 등을 미리 결정하여 되도록 완만한 곡선과 구배로 직선적으로 연결하는 것이 원칙이다. 그러나, 실제로는 지형 등에 따라 평면적으로도 입체적으로도 지장을 주는 것이 있어 그 사이의 노선에 대하여는 다수의 후보 노선을 고려하여 이들 중에서 수송 조건, 자연 조건, 건설비, 공기, 운영비, 환경과의 조화 등을 종합하여 결정한다. 노선의 선정은 궁극적으로 그 노선의 사명에 합치하고 철도의 특징인 안전, 고속, 고효율, 저비용 등을 만족시키는 것이 조건으로 된다.

설계 관련 자료로서는 ① 통과 지역의 지질도·지질 자료(산사태, 연약 지반), ② 통과 근접 하천의 고수위(홍수 통계, 하천 개수계획), ③ 교차 도로의 종별과 교통량, ④ 지장 물건(고적·문화재·학교·절·묘지 등), ⑤ 건설자재 운반 도로의 상황 등을 수집한다.

1) 도상 선정(paper location) : 도상 선정이란 먼저 도면상에 계획 노선을 몇 개 삽입하여 도상에서 예상한대로 건설할 수 있는가, 어느 노선(route)이 경제적인가를 개략 조사함과 동시에 당해 노선의 경과지가 그 노선이 가진 사명을 만족하고 있는지의 여부 등을 검토하는 것이 목적이다. 먼저, 1/25,000의 지형도상에 주요 경과지를 삽입하여 결정된 노선 규격(최급 기울기, 최소 곡선반경)으로 루트를 선정한다. 이 경우에 될 수 있는 한, 선로 규격보다 완만한 기울기(slight gradient)를, 곡선반경(curve radius)에 대하여는 큰 반경을 사용하는 것이 바람직하다. 다음에 하는 일은 삽입된 노선의 종단면도를 그리고, 이 경우에 수많은 비교 노선을 검토하여 경제적이라고 생각되는 비교 노선을 채택한다. 더욱이, 선로 종단도는 횡 1/25,000, 종 1/2,000 이상을 마찬가지로 구한다.

2) 답사(reconnaissance) : 도상 선정에서 선택한 비교 노선 등의 현지를 조사하여 경과 지점의 양부, 도하점의 위치, 터널의 위치 등에 관한 현지의 지형 상황, 지질 조사 등을 하는 것이 답사의 목적이다. 답사에서 얻은 기록을 기초로 하여 두 번째로 도상 선정한 노선의 경과지, 기타를 검토한다.

3) 예측(豫測) : 선택된 비교 노선에 대하여 대략의 노선 중심을 따라 1/5,000 또는 1/2,500의 지형도를 만든다. 얻어진 지형도상에서 세부에 걸친 비교 노선을 구하여 노선 종단도, 필요에 따라 선로 횡단도면을 만들어 공사 수량, 지장 물건, 건설비 및 개업 후의 열차 운전비 등을 산출하여 도상 노선을 결정한다.

4) 실측(實測) : 도상에서 결정된 노선을 현지로 옮기고 선로 중심선의 종단도, 20 m마다의 횡단도 및 1/500 평면도를 만들어 세부에 이르기까지 다시 비교 검토한 후에 최종적으로 노선의 위치, 시공기면고, 정거장의 위치를 결정한다.

(4) 노선 선정의 요점

노선 선정에서는 다음과 같은 점을 특히 고려하며, 해당 선로의 설계속도에 따른 각종 조건을 만족시킨다. ① 직선 또는 반경이 큰 곡선이 바람직하고, 작은 반경의 S곡선이나 이전하기 어려운 지장물은 피한다. ② 지형에 따라 공사비가 특히 비싸지 않는 한 완만한 기울기를 채용한다. ③ 재해(disaster)가 발생되기 쉽고 선로 보수상 문제로 되는 산사태 등의 지대는 피한다. ④ 하천을 횡단하는 교량은 되도록 직선으로 직각이 바람직하지만, 전후의 선형과 종합하여 결정한다. ⑤ 터널은 짧은 것이 바람직하지만, 운영비 등도 감안하여 종합적으로 결정한다. 터널의 노선은 특히 지질을 조사하여 굴착에 곤란을 수반하는 파쇄대는 피한다. ⑥ 도로와의 교차는 입체 교차(fly over)를 원칙으로 한다. ⑦ 정거장은 도로와의 연결을 고려한다(제7.1.3항 참조). ⑧ 단선의 교행 역·신호장의 간격은 기다리는 시간을 최소한으로 하기 위하여도 소요 운전 시간(running time)이 가지런한 것이 바람직하다.

(5) 환경 친화적인 철도노선 선정

철도노선의 선정은 "환경 친화적 철도건설지침"을 따라야 한다. 철도건설사업의 환경성평가는 "환경정책기본법"에 의한 환경성 사전검토와 "환경영향평가법"에 의한 환경영향 평가(제2.2.3(5)항 참조)로 구분되며, 철도

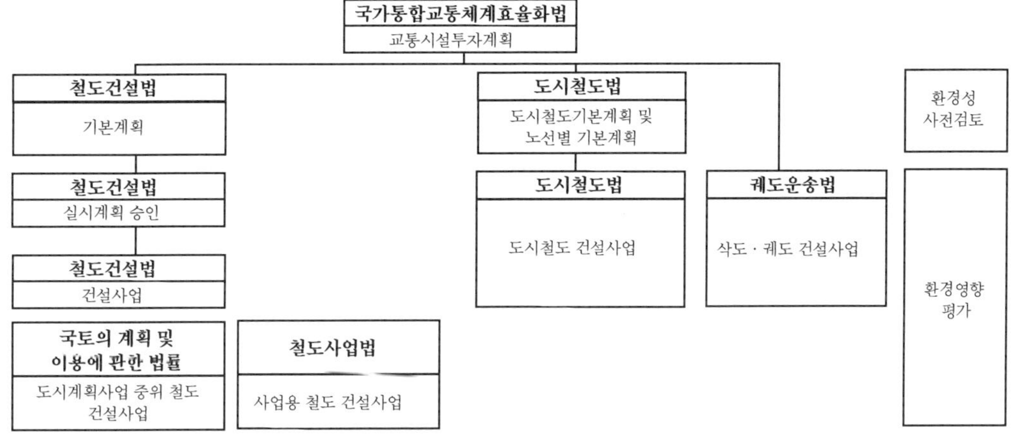

그림 2.2.2 철도건설사업의 환경성 평가체계

표 2.2.3 철도건설사업 기본설계 수행절차

구 분	수행 항목	수행 계획
1단계 (착수단계)	· 과업수행계획 수립 · 관련계획 검토 및 설계기준 선정	· 과업수행의 기본방향 설정, · 과업수행계획서 작성 · 각종 관련계획을 종합·정리하고 이를 근거로 과업시행 · 기본계획자료 재검토 후, 조사시행
2단계 (검토단계)	· 기본계획 노선 재검토 · 각종 반영사항 검토	· 기본계획 노선 재검토 후, 최적 평면 및 종단선형 확정 · 환경 및 교통영향 검토 후, 설계 반영
3단계 (시행단계)	· 기본설계 수행 · 구조물 및 정거장 계획	· 구간별 공사검토와 설계도면 작성, · 총사업비와 단계별 시행공정 검토 · 지역 환경을 고려한 구조물과 정거장 계획 · 주변 환경과 지역주민 피해 최소화 방안 검토
4단계(완성단계)	· 기본설계 성과물 작성 및 보완	· 발주처 검토 후, 최종 성과품 보완 및 제출

사업의 운영체계와 환경성평가의 관계는 **그림 2.2.2**와 같다. 철도건설 사업에 관한 기본설계는 **표 2.2.3**과 같이 관련계획 검토와 설계기준 선정, 기본계획 노선 재검토, 각종 반영사항 검토, 기본설계 수행, 구조물 및 정거장 계획, 기본설계 성과물 작성 및 보완 등의 절차로 이루어진다.

철도건설사업 시행 시에 검토할 주요 평가항목은 대기질, 수질, 지형ㆍ지질, 동ㆍ식물, 자연환경 자산, 소음ㆍ진동, 위락ㆍ경관 항목 등이며, 지역특성과 철도유형에 따라 주요 검토항목을 탄력적으로 반영한다.

(6) 열차성능 모의시험(TPS)

열차성능 모의시험(Train Performance Simulation)은 여러 가지 조건에 따라 열차성능을 해석해 볼 수 있도록 개발된 프로그램이다[245]. 프로그램을 이용하여 철도노선의 계획시에 곡선, 기울기, 정거장, 열차(기관차)의 성능 및 제동능력, 동력공급체계 특성 등의 데이터를 입력하여 가상으로 열차를 운전함으로써 각 구간의 열차 속도 등을 출력데이터(Output Data)로 얻을 수 있으므로 가장 적합한 선로를 설계할 수 있다. TPS는 ENS(Electric Network Simulation)와 함께 EMM(Energy Management Model)에 포함된 프로그램이다. 즉 EMM에 포함된 TPS와 ENS는 차량의 정상, 비정상 운전 또는 에너지 보존전략 수행상의 운전 상태에서 소요 예정시간 및 에너지 소모량 등의 모의실험을 위해 함께 실행하여야 한다.

(7) 참고사항 : 파정

선로의 일부가 중간에서 변경되어 선로거리(chainage)의 변경요소가 생길 경우에 전체노선의 선로거리를 변경하게 되면, 선로의 일부가 변경될 때마다 각 지점의 기준 선로거리를 조정하여야 하는데 이것은 공사 관리와 선로거리(chainage) 관리가 어렵기 때문에 변경지점에 파정(broken chainage)을 두어 변경구간 전후의 선로거리가 변경되지 않도록 함으로써 공사와 유지관리가 용이토록 하기 위한 것으로 곡선구간에 파정을 두지 않아야 하며 선로기울기의 산정시에 고려하여야 한다.

2.3 철도의 정비와 수송력 증강

2.3.1 개론

(1) 철도의 근대화

철도 수송은 대량, 고속, 안전, 정확의 여러 점에서 도로 수송보다 우수하지만, 기동성이 부족한 점과 과거의 경영에 기인하여 화물수송이 낮게 맴돌고 있고 도시간 수송도 고속 도로망과 지방 공항의 정비, 발전과 함께 반드시 유리하다고 할 수 없게 되고 있다. 철도 내부에서는 시설의 노후화도 진행되고 있으며, 심한 사회 변동도 경영의 합리화를 요구하고 있다. 이 경우, 철도의 부침에 유의하여 근대화를 진행하여 갈 필요가 있다.

근대화의 방책으로서 시행하여야 하는 것에는 ① 수송 방식의 근대화 : 예를 들어 고속 철도, ② 동력의 근대화(modernization of motive power) : 예를 들어 자기부상 철도, 전철화(electrification), ③ 시설의 정비, 개량(improvement) : 예를 들어 선로 증설(track addition) 등이 있다.

그 성과로서 구해지는 것은 객화의 이용 증가이며, 또한 요망이 다양한 여객, 화주가 편리하게 이용하게 하는 일이 가장 중요하며, 그를 위하여 다음이 필요하다. ① 여객에게는 쾌적, 빈도, 속도에 대하여 만족시키도록 한다. ② 화주에게는 도착 일시의 명확화, 속달화, 문전에서 문전까지의 일관 수송 등의 서비스를 한다.

(2) 철도 시스템의 신설과 개량

새로운 철도 시스템의 실현은 새로운 시설의 건설로서도 행하여지지만, 기존 철도 시스템의 개량으로도 행하여진다. 철도 시스템의 신설은 거액의 초기 투자를 필요로 한다. 또한, 긴 역사를 가지고 있기 때문에 기존의 시설이 많이 존재하고 있다. 따라서, 기존 시스템의 개량은 종종 새로운 시설의 건설에 비하여 싸고 빠르게 새로운 철도 시스템을 얻는 수단으로 될 수 있다. 따라서, 기존의 철도 시스템이 있는 경우에는 먼저 그 개량의 가능성을 검토하여 새로운 철도 시스템에 따른 대응을 고려하여야 한다. 개량의 경우에 그 구체적인 방법은 기존 철도 시스템의 주어진 상황에 따라 다르며, 일반적인 논의의 전개는 곤란하다.

국토의 간선(trunk line)은 물론, 모든 지역에 철도망을 확대하기 위하여 신선을 만드는 것이 철도의 "건설"(construction)이다. 이에 대하여 이미 건설된 철도를 강화하여 양적·질적으로 개선하는 시책을 총칭하여 "개량"(improvement)이라고 한다. **표 2.3.1**에서는 철도 개량사업의 종류를 나타낸다. 노선 개량(reconstruction of railway)에는 구배·곡선 개량 등의 노선 변경이나, 복선화·복복선화, 방향별 개량, 전철화, 궤도 강화(track strengthening), 신호의 자동화, CTC화, 역 유효장의 연신, 신호장의 설치 등, 각종의 증강·근대화의 넓은 범위가 있다. 정거장의 개량에 관하여는 제7.2.5항을 참조하기 바란다.

표 2.3.1 철도 개량사업의 종류

철도 개량의 종류		내용
선로 개량	구배·곡선의 개량	선로의 개량
	선로 증설	복선화·복복선화 등
	건널목의 개량	건널목의 통폐합, 도로의 입체화, 철도의 고가화 등
	궤도 강화	레일의 장대화, 침목의 PC화 등
	신호 방식의 개량	신호의 자동화, CTC화 등
정거장 개량	정거장의 신설	조차장·차량기지·신호장 등의 신설
	각종 구내배선의 증강	플랫폼 신설, 대피선·유치선 등의 신설
	각종 구내배선의 개량	평면 교차의 제거, 곡선·전망의 개량 등
	유효장 연신	플랫폼 유효장, 선로 유효장 등의 연신
차량·동력 방식의 개량	차량 성능의 향상	기관차 견인력의 강화, 속도 향상
	동력의 근대화	전철화 등

(3) 서비스 수준의 향상

종래의 투자 설비는 기업으로서 자위(自衛) 상의 입장에서 수송의 효율화, 고속화, 안전성의 향상에 있었다고 하여도 과언이 아니다. 그러나, 경제적으로 풍족하게 되고 고령화 시대를 맞게 되어 편이성, 쾌적성의 향상이라고 하는 여객 서비스 수준의 향상도 시대의 요청이다.

1) 편이성에는 수송을 중심으로 한 ① 프리켄트 서비스(frequent service)(다이어그램을 유의하지 않아도 된다. 혹은, 기다리지 않고 바로 탄다), ② 속도 향상(speed up), ③ 여객의 요구에 맞춘 행선지별 네트워크의 구

성 등에 있다.

2) 쾌적성을 대표하는 것은 역·차량 등의 설비 수준의 향상에 있다. ① 역에서는 출찰에서 승차까지의 원활한 여객 유도 시스템(자동 차표 발매, 행선지 안내 표시, 안내 방송, 역 안내소, 에스컬레이터)이 그 중심이며, 자동화 기기가 그 새로운 정보 서비스 기기의 중심으로 된다. ②차량에서는 냉방화, 좌석의 확보, 승차감의 향상 외에 차량에 대한 거주성의 향상으로 대표된다. 특히, 도시 철도에서는 혼잡의 완화(승차 효율의 저하)가 필요하다.

2.3.2 철도의 정비

(1) 철도 정비의 방향

앞으로의 철도 정비에서는 경제 사회의 변화, 생활수준의 향상 등에 입각한다. ① 교류 네트워크의 추진으로 다극 분산형 국토의 형성에 이바지한다. ② 대도시권으로의 인구, 여러 기능의 집적에 따른 생활환경의 악화나 도시 기능의 저하에 대처하여 개선을 도모한다. ③ 21세기의 사회자본 정비의 충실을 위해서는 "국민 생활의 풍족을 실감할 수 있는 경제 사회의 실현"을 중시한다. ④ 온실가스와 대기오염의 국제적 감축 요구에 부응하고, 고유가 시대에 대비한다,

(2) 간선 철도의 정비

풍족을 실감할 수 있는 다극 분산형 국토의 형성을 도모하고 균형 있는 발전을 도모하기 위하여 ① 고속 철도의 건설, ② 간선 철도의 활성화(재래선과 고속선로의 직통 운전, 재래선의 고규격화, 간선 철도의 수송력 증강), ③ 재래선의 고속화 등과 같은 전국적인 교통 체계의 정비를 추진할 필요가 있다.

(3) 도시 철도의 정비

철도의 특성은 대량의 수송력과 높은 정시성을 가진 것이다. 따라서, 인구 밀도가 높고 공간이나 환경 보전(environmental preservation)의 제약이 엄한 대도시에서 그 특성을 가장 잘 발휘할 수 있으므로 고능률의 네트워크를 형성할 필요가 있다. ① 지하철 정비 사업비(project cost)에 대한 국가와 지방자치단체의 보조 및 무이자 대부, ② 신도시 철도의 정비 촉진, ③ 특정 도시철도 정비 촉진사업에 기초한 수송력 증강 공사의 촉진, ④ 택지 개발과 일체로 한 철도의 정비, ⑤ 모노레일·신교통 시스템의 촉진.

한편, 우리나라는 신도시가 늘어나고 있지만 '선(先)교통 후(後)입주'가 지켜지지 않으면서도 도로에 초점이 맞춰져 있는 실정이므로 환경보호와 에너지절감을 위해 전철망 등의 대중교통 위주로 교통정책이 전환되어야 한다. 일본은 전철을 미리 만들고 역사 주변에 주택단지를 건설하며, 전철도 급행·완행 등 다양한 방식으로 운행하고 있다. 홍콩도 전철망을 갖춘 신도시 부지를 조성한 후에 아파트를 공급한다. 브라질 쿠리티바와 콜롬비아 보고타는 BRT(간선급행버스체계)로 교통문제를 해결하고 있다.

(4) 지방 철도의 정비

지방 철도(local railway)는 자가용 자동차의 증가와 인구의 감소에 따라 이용자가 감소되고 있지만 지역의 발

전과 공공 교통기관을 이용할 수밖에 없는 주민의 발을 확보하기 위하여 지방 철도의 유지 정비가 중요한 과제로 되어 있다. 인원 삭감 등의 경영 합리화 등을 통한 경영합리화의 노력을 하고 있지만 대부분의 노선은 적자 경영이므로 국가와 지방 자치단체 등의 보조가 필요하다.

(5) 철도 화물수송의 개선과 설비의 정비

(가) 철도 화물수송(goods transport)의 개선

화물수송 전체에서 점하는 트럭 수송의 시장 점유율은 일관되게 상승되고 있지만 도로 혼잡으로 인하여 정시성의 확보가 어렵게 되어 왔으며 수송 시간 연장 등의 문제도 나타나고 있다. 또한, 교통 안전이나 교통 공해, 에너지 절약 문제 등은 사회의 큰 문제, 경제의 큰 문제로 되어 있으며 이들에의 대응도 큰 과제로 되어 있다. 이들의 과제에 대처하기 위해서는 트럭 수송의 간선수송 부분을 될 수 있는 한 대량 수송기관인 철도나 선박으로 전환하여 트럭과의 협동 일관수송을 추진할 필요가 있다. 그를 위한 유도 대책으로서 철도 컨테이너, 피기 백(piggy back) 전용 트럭의 보급 추진, 제약의 완화에 따른 이용 운송업의 활성화, 화주 등 산업계에 대한 협조 제의 등을 추진할 필요가 있다.

(나) 수송력(transport capacity)의 증강과 화주의 요구에 대한 대응

운전사 부족, 배기가스 등의 환경 문제, 교통 체증으로 인한 지연, 생에너지 대책의 관점에서 트럭 수송으로부터의 전이에 대응하기 위하여 앞으로의 철도 화물로서는 적극적으로 열차 횟수의 증가, 1 열차당의 견인 톤수의 증가에 노력할 필요가 있다. 그를 위하여 ① 열차 편성(train consist)설비의 증대(기관차, 화차, 컨테이너의 증량), ② 터미널의 착발선·유치선·하역선의 증강, ③ 요원의 증원, ④ 강력한 기관차의 개발(견인력(tractive force)이 크고 고속 운전이 가능), ⑤ 고속 주행이 가능한 화차의 개발(속도가 낮은 최고 속도의 향상), ⑥ 도중 역 대피 설비 등의 개량(유효장의 연신, 대피 설비의 증강), ⑦ 곡선·분기기 통과 속도의 향상 등의 적극적인 기술 개발과 투자 부족으로 인한 노후 설비의 교체를 포함하여 대대적인 설비 투자에 노력하여야 한다.

한편, 고객의 요구에 대응하기 위하여 ① 속도 향상(speedup)과 정시성의 확보(트럭과의 연계 강화, 문형 크레인의 설치, 착발선 하역의 추진), ② 비용 절감(차량, 컨테이너, 하역기계, 트럭 회전율의 향상), ③ 신규 서비스의 개발 등의 시책에 노력하고 컴퓨터의 활용, 신기술의 채용 등으로 '노농 집약형 산업'에서 '징치 신업'으로 탈피하여야 한다.

(다) 물류수송체계 개편

정부는 '지속가능 교통물류 발전법'을 제정하였으며, 수송·보관·하역·포장 등의 물류기능과 정보화·표준화 등의 전(全)단계에서 에너지효율성을 높이기 위해 다양한 시책을 펼쳐나가고 있다. 화물차의 적재 효율을 높이는 공동 수·배송을 확대하고, 물류시설개발 종합계획을 수립해 내륙물류기지와 물류단지도 확대할 계획이다. 철도화물운송에서 민간업체가 철도공사로부터 일정기간 화물열차사용권을 구입해 운행하는 블록트레인(BT, Block Train)을 확대하고, 경쟁력 있는 다양한 철도운송상품을 활성화하며, 도로교통량을 감축하기 위해 혼잡통행료 기준의 개선, 교통-유발부담금 실효성 제고, 에너지절약 운전습관 등 에코드라이브(Eco-Drive) 운동 등을 추진할 계획이다.

한편, 일본에서는 신속한 컨테이너적하를 위하여 발착선에서 직접 상하차 작업을 하는 E & S(Effective and Speedy Container Handling system) 방식의 화물역정비를 추진하여 수송효율을 높이고 있다[272]. 전차형 특급

컨테이너열차(슈퍼 레일 카고)의 운행, IT를 활용한 컨테이너 수송에 IT-FRENS & TRACE 시스템의 도입으로 수송력증강, 수송시간단축, 리얼타임의 정확한 수송을 도모하고 있으며, 네트워크 확충을 도모하는 오프레일 스테이션, 역 구내 물류시설 임대사업 등의 서비스 외에 외항해운과 철도의 연계강화를 위한 복합일관수송시스템을 구축하고 있다.

(6) 철도 정비의 재원

대도시 집중이 과도하게 진행되고 있어 사회간접 자본을 위한 공간의 확보는 해마다 곤란하여지고 있다. 특히, 대도시권 등에서 지가가 대단히 높다. 이에 따라 사회간접 자본의 정비에서 용지비의 비율이 사업비 상승의 큰 요인으로 되어 있다. 또한, 이와 같은 지가 상승은 원활한 용지 취득을 어렵게 하고 시설 정비의 장기화와 이에 따른 비용의 증가를 초래하며 효율적인 투자를 어렵게 하고 있다. 이 때문에 사회간접 자본을 계획적 · 효율적으로 정비하기 위해서는 지가의 안정, 용지 취득의 원활화가 불가결하며, 아울러 국토의 다극 분산화를 추진하는 것이 필요하다. 철도정비의 재원과 관련하여 ① 택지 개발과 철도 정비의 일체화, ② 가로 사업, 항만 정비사업 등의 다른 사업과 일체화한 철도 정비, ③ 미니 지하철의 도입, ④ 대심도 지하의 이용 등을 고려할 필요가 있다.

(7) 대도시 철도 시설의 상공 이용

철도 시설의 상공 이용이 요구되는 까닭은 토지 가격의 앙등과 용지 취득난, 역 부근에 입지한 경우의 편이성에 있다. 이용 면에서 고려되는 것은 ① 역 플랫폼 위의 역사, 역 빌딩(최근의 민자역사 등), ② 중간의 선로 부지는 직상 고가로 하여 선로 용지 또는 도로 용지로 이용, ③ 차량기지(depot) 용지 상공의 빌딩(예 : 신청차량기지) 등이 고려되지만, 어느 것도 깎기, 성토 등의 특수한 지형, 혹은 과선 도로교 등 지물의 요건에 구속된다. 선로 상공의 활용에서 공사비가 싸고 이용하기 쉬운 것은 기존의 역 구간 혹은 차량기지(depot) 신설시의 경우이다. 그 외로서는 지형, 지물에 따라 케이스 바이 케이스라고 하는 것으로 이용이 한정될 것이다.

(8) 철도시설의 현대화 방향

철도시설의 현대화는 고객서비스 측면과 경영 측면을 모두 고려하여야 한다. 고객서비스를 위한 현대화 방향에는 고속화와 쾌적화, 안전성의 증대 등이 있고, 경영적 측면에서는 운영효율화가 있다. 철도시설의 현대화 방향으로 ① 고속화 : 차량의 고속화 및 선로 · 구조물 · 전철 · 신호 · 통신 · 차량 시설의 개선, ② 용량개선 : 복선화, 고속화, 신호설비의 개선 등, ③ 운영효율화 : 복합운송차량의 개발, 열차 및 시설 운영의 효율화, 유지보수의 효율화 등, ④ 안전성 및 환경친화성 향상 : 과학적인 안전관리 체계구축, 자원 재활용, 환경 소음 · 진동 저감 등, ⑤ 차량쾌적성 향상 : 차내 소음 · 진동 저감 등과 같은 항목의 선정을 고려할 수 있다[220].

2.3.3 수송력 증강 대책

(1) 개요
(가) 수송력

1개 열차의 수송력은 연결되는 차량의 수량에 좌우된다. 최대 연결가능 차량 수는 동력차의 견인력에 관계되며 최대 견인력, 운전속도, 선구의 기울기에 따라 제한을 받는다. 또한, 선구의 수송력은 선로용량에 따라 제한을 받는다. 이 선로용량을 정하는 요인에는 선로의 수나 열차 속도, 역 간격이나 대피 루트의 위치와 수, 신호 폐색방식, 열차 속도 차이 등이 있다. 여객 수송력을 나타내는 예로서 [러시아워 1 시간당의 최대 가능 열차횟수]×[1 열차당의 정원]으로 나타내는 일이 있다.

(나) 열차 설정방법

수요 예측을 기초로 차량형식, 열차 종별, 열차횟수 및 열차 다이어그램을 설정한다. 어느 선구의 소요 열차횟수는 1일당의 통과 수송량을 1개 열차의 평균 수송량에서 구한다. 여객 열차에 대하여는 다음 식으로 나타낸다.

$$n = \frac{M}{\alpha ab} \tag{2.3.1}$$

여기서, n: 여객 열차 횟수, M: 역간 통과인수, α: 승차효율, a: 1 차량 평균 승차정원, b: 편성차량 수량

화물열차는 다음 식으로 나타낸다.

$$m = \frac{G}{f} \tag{2.3.2}$$

여기서, m: 화물열차횟수, G: 통과 톤수, f: 1개 열차 수송 톤수

(2) 수송력 증강의 방법

선로를 증설하고 열차 속도를 향상(speed up)하면 수송력이 비약적으로 증가된다. 또한, 열차편성 길이의 증대나 대피선의 신설 등도 수송력의 증강에 유용하다. **표 2.3.2**는 수송력 증강의 방법을 나타내며, **표 2.3.3**은 속도향상에 이용되는 방법(제9.1절 참조)을 나타낸다.

표 2.3.2 수송력 증강의 방법	표 2.3.3 속도향상에 이용하는 방법
① 열차의 증발	① 곡선 통과속도의 향상
② 열차편성길이의 증대	② 분기기 통과속도의 향상
③ 대피선 신설, 증설	③ 진자차량 등 고성능 차량의 도입
④ 신호소 신설	④ 제동력의 향상
⑤ 선로 증설(완전, 부분)	⑤ 궤도구조의 강화
⑥ 자동 신호화	⑥ 가선의 강화
⑦ 동력방식의 개선	⑦ 팬터그래프의 강화

수송력의 강화에는 대별하여 다음의 두 가지가 있다. 그 하나는 차량의 편성 길이를 길게 하여 1 열차당의 수송량을 크게 하는 방법(증결)이며, 또 하나는 단위 시간당의 열차 횟수(train frequency)를 늘리는 방법(증발)이다.

(가) 증결의 경우

예를 들어 8량 편성의 열차를 10량으로 증결하면, **그림 2.3.1**과 같이 선로 유효장과 플랫폼 유효장의 연신이라고 하는 시설 개량공사가 필요하게 되지만, 이것이 상당한 곤란을 수반하는 경우가 많다. 도시 근교 역에서는 과거의 플랫폼 연장으로 인하여 **그림 2.3.1**과 같이 이미 횡단 도로의 한계까지 분기기가 이동된 예도 있지만 이와 같은 경우에는 역의 고가화 등으로 하지 않는 한은 더 이상 증결할 수 없다. 또한, 증결하기 위해서는 기관

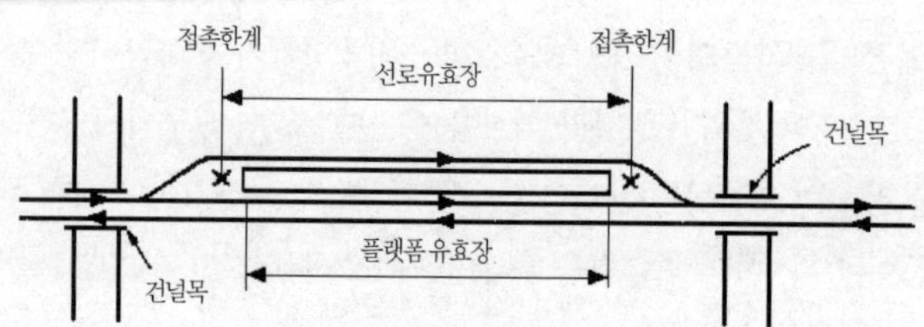

그림 2.3.1 플랫폼 연신과 그 과제

차의 견인력(tractive force)에서 보아 기울기 개량이 필요하게 되는 선구도 고려되며, 변전소 용량의 강화도 필요하게 되는 예가 많다. 더욱이, 증결에 의한 수송력 강화라고 하는 양적 개선은 실현할 수 있어도 열차 횟수가 적은 한산한 선구에서는 프리켄트 서비스(frequent service)의 개선을 기대할 수 없다.

(나) 증발의 경우

1) 단선(single line)의 경우

가) 폐색 구간 길이의 단축 : ① 대피선(relief track)의 신설(종래 대피선이 없었던 중간 역의 개량), ② 신호장의 신설, ③ 역간 부분 선로증설의 실시

나) 폐색구간 통과 소요 시간의 단축 : ④ 열차 속도의 향상(디젤화 · 전철화, 선형개량 · 궤도개량, 신호 자동화 등)

다) 신호 취급시간의 단축 : ⑤ 자동화 등의 신호 개량

라) 발본적 대책 : ⑥ 복선화(doubling of track)

2) 복선(double line)의 경우

가) 정거에 따른 시간 손실의 단축 : ① 도어 개폐시간의 단축(편개식을 양개식으로 하는 등), ② 차량 가감속 성능의 향상, ③ 문을 증설, ④ 플랫폼의 교호 정차(큰 승환 역 등)

나) 후속 열차(following train) 간격의 단축 : ⑤ 폐색 신호기의 증설, ⑥ 신호현시 시스템의 고도화

다) 신호 취급 시간의 단축 : ⑦ 분기기 · 신호의 개량(특히 반복 종단역의 포인트 고성능화)

라) 추월 대기 시간의 단축 : ⑧ 대피선이 있는 역의 증가

마) 발본적인 대책 : ⑨ 복복선(quadruple line)화

(다) 정거장 개량

1) 선로 유효장(effective length of track)의 연신, 승강장의 연신

2) 교행 설비, 대피선 신설(new construction)

(라) 기타

1) 선로 증설(복선화의 경우)

2) 선로 증설(복복선화의 경우)

3) 구배 개량(gradient improvement)

4) 자동 신호화

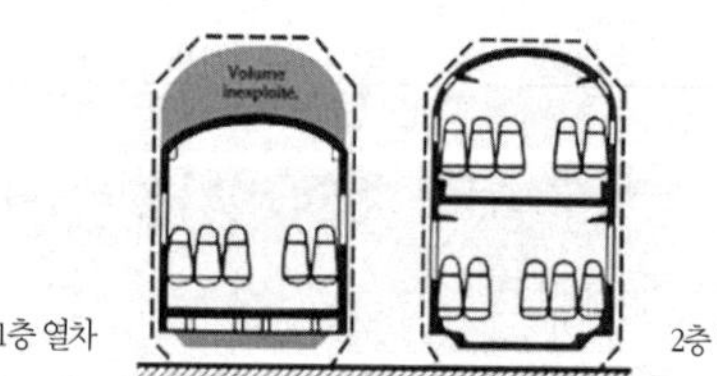

그림 2.3.2 2층 열차에 의한 수송력 증강

(3) 수송력 증강기술의 개선

수송력을 증강시키는 방법에는 '고속철도' 나 '속도향상' 에 의한 방법과 상기의 ① 열차길이 연신(증결), ② 열

차 횟수 증가(증발) : 새로운 신호시스템, ③ 선로 증설 등과 같은 재래의 해법이 있다. 그 외에 **그림 2.3.2**와 같이 1층(Single decker) 열차에 비해 열차의 단면적을 최대한 활용하는 2층(Double decker) 열차를 이용한 해법이 있으며, 이 해법의 장점에는 수송력 향상, 승차감 향상, 경제적 이점 등이 있다[279, 299].

2.4 환경 대책 및 건설관리

2.4.1 환경 대책

(1) 철도와 환경 문제 및 LCA

공공 프로젝트에 환경영향 평가(environmental assessment) 실시의 의무를 두는 등 환경 문제를 빼고서 철도의 건설(construction)이나 운영을 논하는 것이 불가능하게 되고 있다(제2.2.3(5)항 및 제2.2.4(5)항 참조). 소음·진동규제법시행규칙에서는 철도에 대한 교통 소음·진동의 한도를 **표 2.4.1**에 나타낸 것처럼 정하고 있다. 고속철도에서의 소음 한도 기준은 **표 2.4.2**에 나타낸 것과 같다.

한편, OECD에서는 지속가능한 교통(EST, Environmental Sustainable Transport)체계 구축을 위한 조건과 목표 설정을 요구하고 있다. 또한 2030년까지 도달하여야 할 교통부문의 목표를 1990년 기준으로 설정하였다(2001년 환경장관 협의회의). 그 기준의 대상으로는 소음, 대기질, 산성화, 호수의 부영향화, 지표면 오존함유량, 기후변화 및 토지이용 등이 있다. 예를 들어, 미세먼지는 1990년도 수준의 55~99 % 수준으로 낮추어야 한다. 이와 같은 외국의 환경 친화적 철도건설정책은 국제협약 등 교통정책에 적합한 지속가능한 교통체계의 구축, 환경 친화적인 교통수단으로서 철도의 역할과 기능 강화, 환경보전을 위한 지속가능한 철도건설기술의 확립 등이 필요하다

표 2.4.1 철도의 교통 소음·진동의 한도

대상 지역	구분	한도			
		2000. 1~2009. 12		2010. 1. 1 부터	
		주간	야간	주간	야간
주거지역, 녹지지역, 준도시지역중 취락지구 및 운동·휴양지구, 자연환경 보전지역, 학교·병원·공공 도서관의 부지경계선에서 50 m 이내 지역	소음 (LeqdB(A))	70	65	70	60
	진동(dB(V))	65	60	65	60
상업지역, 공업지역, 농림지역, 준농림지역 및 준도시지역 중 취락지구 및 운동·휴양지구 외 지역, 미고시 지역	소음(LeqdB(A))	75	70	75	65
	진동(dB(V))	70	65	70	65

※ 주간 06 : 00 ~ 22 : 00, 야간 22 : 00 ~ 06 : 00

표 2.4.2 고속철도의 소음 한도(단위 : Leq dB(A))

구분	시험선 구간	시험선 이외 구간	개통 15년 후
주거 지역	65	63	60
상공업 지역	70	68	65

는 시사점을 제시한다.

철도분야에서 각종 환경부하를 정량적으로 파악하는 라이프사이클 어세스먼트(Life Cycle Assessment, LCA)의 적용목적은 철도의 환경부하현상을 파악하여 다른 수송기관과의 비교에서 우위성을 정량적으로 나타내며, 철도자체의 가일층의 환경부하저감을 향하여 몰두할 대상을 명확히 하여 개선책을 제시하고 그 성과를 정량적으로 평가하는 것이다. 또한 모들 시프트의 정량적인 효과를 사전에 평가하는 용도도 고려된다. LCA의 방법에는 개개의 제품·서비스의 비교, 평가에서 재료량과 에너지양을 검토하는 미크로(micro)한 누적법과 평가하려는 것을 세분하지 않고 전체로서 평가하여 비용으로 환경부하를 산출하는 매크로(macro)한 산업관련 분석법이 있다.

(2) 철도 공해의 종별과 처리

철도 공해의 내용으로서는 고속 선로의 소음·진동이 가장 심각하며, 여기에 고가교(viaduct) 또는 성토 등으로 인한 일조(sunshine)·통풍의 저해나 텔레비전 수신 등의 전파 장해, 야간의 공사로 인한 수면 방해 등이 있다. 소음·진동에 대한 기준의 원활한 달성을 위하여 음원(sound source) 대책 및 장해(interruption) 방지대책 등과 유기적으로 연계하여 실시하여야 한다. 음원 대책으로는 분명하지 않고 장해 방지대책이 필요하게 되는 구역에서는 호별로 소음을 측정하여 저촉되는 가옥의 방지 공사를 중심으로 실시하고 있는 예도 있다. 진동에 대하여는 진동원 대책 및 가옥 방지공에 대한 기술 개발의 성과를 적용하며, 선로에 근접하여 진동이 현저한 곳에 한하여 이전 보상으로 대처한다. 텔레비전의 수신 장해, 일조의 저해는 비용 부담으로 해결한다. 화장실의 오물 처리는 차량의 차상 저장 방식으로의 개조와 차량기지 내에서의 취급 처리 방식을 이용한다. 기타로서 자연환경 파괴로서 경관 파괴, 수원의 파괴도 큰 문제로 된다.

(3) 철도 소음의 실태와 특징

(가) 소음의 특징

소음이란 다른 수준으로 발생되는 수많은 진동수들로 구성되는 복잡한 소리이다. 스펙트럼 분석으로 결정되는 소리의 특징은 강약으로 구분된다. 소음 레벨은 에너지 표시의 dB이다. 열차 속도와 소음 레벨에 대한 측정의 결과에서는 속도 100~250 km/h의 영역에서는 속도의 제곱 법칙에 근사하고 있다.

$$\varDelta L = 20 \log_{10}(V_2 / V_1) \tag{2.4.1}$$

여기서, $\varDelta L$: 열차 속도가 V_2와 V_1인 때의 소음 레벨의 차

등가소음레벨이란 소음레벨이 기간과 함께 변화되는 경우에 측정시간 내에서 이것과 같은 평균제곱 음압을 주는 연속 정상 음의 소음레벨을 말한다. 등가소음레벨 L_{eq}는 관측시간을 T, 소음레벨의 시간변화를 $L(t)$라고 하면, 다음의 식으로 정의된다.

$$L_{eq} = 10\log \frac{1}{T} \int_0^T 10^{\frac{L(t)}{10}} dt \tag{2.4.2}$$

소리의 음조가 높을수록 그 진동수도 높아지며, 사람의 청각 민감도는 그 진동수에 따라 다양하다. 500~2,000 Hz 중간 정도에서 가장 민감하게 반응하며, 20~50 Hz로 진동수가 낮아지거나 2,000~20,000 Hz로 높아질수록 소리에 대한 민감도가 낮아진다. 열차 운행시의 소음은 3단계로 감소시킬 수 있는 특성이 있다. ① 속도에 따라 증가되는 소음 현상은 궤도에서 멀어진 거리만큼 줄어든다. ② 음원에서 거리가 멀어질수록 소음이 희

미해진다. ③ 열차가 지나간 후의 소음 현상은 소멸된다.

(나) 고속 선로의 소음

열차 주행에 수반하여 발생되는 소음은 대별하여 다음과 같이 분류된다.

1) 집전음(current collecting noise) : 팬터그래프, 가선(overhead line)에서 발생되는 음(집전계 소음)

2) 공력음(aerodynamic noise) : 차체가 공기를 가르는 음(차량공력소음)

3) 전동음(wheel/rail noise, rolling noise) : 차륜과 레일의 접촉 음(차량하부소음)

4) 구조물 음(structure-borne sound) : 구조물이 진동하면서 내는 음(구조물 소음)

고가 구간에 대한 소음 레벨의 측정 지점은 일반적으로 상하 중심선으로부터의 거리 25 m의 지점에서 거의 피크로 되므로 이것과 옥외에서의 높이 1.2 m로 대표되고 있다.

(다) 일반 선로의 소음

일반 철도의 열차 속도는 고속 선로에 비하여 약 반분이지만, 소음 레벨은 고속 선로에 필적하는 크기로 된다. 이것은 장대레일을 사용하지 않는 궤도의 구간이 많고, 차량의 보수도 고속 선로만큼 엄격하지 않는 점에 기인하지만, 고속 선로와는 음질의 느낌에서 큰 차이가 있다고 생각된다. 일반철도의 경우는 공력적인 소음보다도 레일과 차륜 간의 전동음이나 모터로부터의 구동 음 등이 현저한 소음 원으로 된다. 이 경우는 레일과 차륜간의 충격을 억제하고 차체의 동력인 모터 부근에 커버를 덮는 것 등이 필요하게 된다. 최대로 되는 구조물 음은 무도 상형 강형 구간이며, 방음벽(soundproof wall)과 방진 고무매트를 깔아 감소시킬 수 있다.

(4) 철도 진동의 실태와 특징

열차의 주행으로 인하여 지반이 진동하여 주변의 환경에 영향을 미치는 일이 많다. 진동의 크기나 강도를 나타내기 위하여 변위(mm), 속도(cm/s), 가속도{cm/s², 또는 g(1 g = 9.8 m/s²)} 등을 이용한다. 진동 레벨을 나타내는 dB(데시벨)은 진동 가속도를 대수로 표시한 것이다.

$$\text{가속도 레벨} \quad L = 20 \log_{10} \frac{A}{A_0} \text{ [dB]} \tag{2.4.3}$$

여기서, A : 측정치의 가속도 실효값 [m/s²], A_0 : 기준치 [10^{-5} m/s²]

신동의 내책으로서는 구조물 기초의 강회나 지반 강화, 진동차단 지붕 벽이나 차단구 등이 있다. 또한, 진동은 소음과 밀접한 관계가 있기 때문에 소음 대책과 아울러 시행하는 것이 필요하다. 이하는 외국의 예이다. 일반적으로 깎기 구간이나 터널 구간의 쪽의 진동레벨이 성토 구간이나 교량 구간보다도 높은 경향이 있고, 교량 구간에서는 라멘 고가교의 쪽이 거더 교량보다 높다. 또한, 열차 속도에 따른 차이를 보면, 160 km/h를 넘는 속도 영역에서는 그 차이가 적다. 일반적으로 연약 지반 이외에서는 선로 중심에서 10 m 떨어지면 70 dB 이하로 낮아진다. 옆길을 설치하여 해결하는 예도 있다.

대부분이 50∼65 dB의 범위에 있으며, 고속 선로와 거의 동등하게 가까운 레벨에 있다. 선구에 의한 레벨의 차이, 구조에 따른 레벨 차이 모두 이 범위에서는 그만큼 명료하게 보여지지 않는다.

(5) 기타의 환경 문제

(가) 기타의 환경 문제와 대책

철도에 기인하는 기타의 환경 문제와 그 대책에는 ① 전파 장해 : 텔레비전의 안테나를 높게 하거나 집중 안테나를 설치, ② 일조ㆍ통풍의 저해 : 옆길의 설치 등 도시계획상의 배려, ③ 전식(電蝕, electrolytic corrosion) : 배류기의 설치, 마이너스 귀선의 설치 등(다음의 (나)항 참조), ④ 황해(黃害) : 차량에 오물 탱크 설치, 등이 열거된다. 또한, 자연 환경으로서 지형ㆍ지질, 생태계, 생활환경으로서 대기질, 토양, 폐기물, 위락ㆍ경관, 사회ㆍ경제 환경으로서 주거ㆍ교통, 문화재 등의 항목이 있다. 그 외에 철도선로의 야간 보수작업으로 인한 안면방해의 대책으로서 ① 보선작업 기계의 저소음화, ② 궤도 강화에 의한 보수 주기의 연신, ③ 궤도 구조의 개량(예 : 슬래브 궤도)에 의한 보수 작업량의 대폭 삭감, ④ 주간 보수작업 시간의 확보(예 : 복복선의 복선 사용, 복선의 단선 사용, 버스 대행 수송 등)가 열거된다.

(나) 전식(電蝕)

전식은 주로 직류 급전방식에서 발생된다. 전기철도에서 팬터그래프(Pantagraph)를 통하여 차량에 공급되는 전류는 레일을 통하여 변전소로 되돌아간다. 그러나 레일은 대지와 완전히 절연되는 것이 곤란하기 때문에 그 전류의 일부가 대지로 누설된다. 이 누설전류로 인하여 출구쪽(변전소로 귀환하는 곳)의 금속이 부식을 일으키게 되는데 이를 전식이라고 한다[245]. 주된 발생개소는 ① 레일로부터 전류가 유출되는 개소, ② 레일전압이 높고 레일의 접지저항이 낮은 개소, ③ 다습한 장대레일구간이다. 전식의 특징은 다음과 같다. ① 부식량은 흐르는 전기량에 비례한다, ② 전식은 국부적으로 침목 또는 타이 플레이트와 닿은 부분 등과 같이 국부적으로 발생된다, ③ 전식 생성물이 발생된다. 전식방지 대책에는 ① 레일의 대지전압을 저하하는 방법, ② 누설저항을 크게 하는 방법, ③ 절연제를 사용하는 방법, ④ 강재 배류기를 설치하는 방법, ⑤ 누설전류 차단방법, ⑥ 지하금속체 보호방법이 있다. 선로의 누설저항은 궤도의 체결상태, 열차운행상태, 주위환경 상태, 지질조건, 배수상태 등에 따라 변화되므로 누설전류를 정확하게 파악하는 것은 어렵다. 따라서 누설 전류에 따른 전식으로 인한 사고발생을 방지하기 위해서는 직류전기 철도 건설 시에 충분한 전식방지시설을 하는 것이 중요하다.

(6) 철도 계획으로서의 대책

1) 설계 협의상 : ① 계획 책정 단계에서 소재지(지방자치 단체)와 협의를 거듭하여 환경영향 조사의 내용에 따라 양해를 얻는다, ② 도시 계획으로서의 철도 선로에 따른 도로, 공원 등의 계획을 협의한다. 용도 지역 으로서의 주택 지역에 들어가지 않도록 한다.

2) 루트 선정상 : ① 소음 대책상 인가를 피하여 지나간다, ② 공사에 따라 지형, 지물의 변경은 부득이하지만, 조경ㆍ녹화에 대하여 항상 유의한다, ③ 터널의 계획에서는 갈수 문제에 대하여 주의한다. 인가에 가까운 터널에서는 진동 대책상 직결 도상(solid track-bed)을 이용하지 않는다.

3) 설비 계획상 : ① 옆길을 설치한다. 폭에 대하여는 협의하여 정하지만, 도로와 동시 시공이 바람직하다.② 차량 기지에 대하여는 정화 설비, 혹은 하수도 설비를 고려한다.

(7) 소음과 진동 대책

음원(sound source) 대책은 또한 진동 대책으로도 된다. 소음은 단독 요인으로 인한 것이 거의 없고 복수의 요인으로 인한 복잡한 소음 구성으로 되어 있으므로 각종 대책의 종합적인 적용이 필요하다.

1) 구조물(structure) 대책 : ① 방음벽(soundproof wall) : 레일 면에서 높이 2 m까지 직립 방음벽을 설치하여 고음 영역의 소음 대책으로 한다(약 7 dB(A) 감소). 가옥 밀집구간 등에서는 소음 저감 효과를 보다 높이기

위한 역L형 방음벽을 설치한다(직립 방음벽에 비하여 2~3 dB(A) 감소), ② 콘크리트 빔의 채용 : 강형의 채용을 피한다, ③ 구조물의 중량화 : 그러나, 건설비 증가의 한 요인이며 문제가 있다.

2) 궤도(track) 대책 : ① 레일의 중량화(use of heavier rails)·장대화를 채용한다. ② 슬래브 궤도의 슬래브 하면에 슬래브 매트, 자갈 궤도의 자갈 아래에 고무 매트를 부설한다(고가교 직하에 대하여 7 dB(A) 감소). ③ 레일을 연마하여 파상 마모를 삭정한다. ④ 탄성 침목을 이용한다(고가교 직하에 대하여 7 dB(A) 감소).

3) 가선(overhead line) 대책 : 가선 행거의 간격을 축소시킨다(예를 들어, 5 → 3.5 m). 이에 따라 스파크 음을 감소시킨다.

4) 차량(rolling stock) 대책 : ① 차량 바닥 아래의 기기류를 완전히 덮는 바디 마운트(body mount) 구조로 한다, ② 팬터그래프의 밀어 올리는 힘을 향상시킨다, ③ 타이어 플랫(flat)을 방지하는 설비를 한다.

(8) 단계별 환경 관리

1) 환경영향 검토 : 철도 계획의 타당성 조사와 관련하여 시행하며, 계획 노선의 환경적 평가, 즉 총괄적인 평가, 대안(alternative plan) 노선의 환경적 검토, 기타 환경적 측면에서의 고려 사항을 철도계획 입안자에게 제공하여 환경적 측면이 고려된 철도 계획이 이루어지도록 한다. 주된 내용은 환경현황 조사, 주요 환경에 대한 영향, 악영향의 저감 대책, 대안 노선별 평가 등이 포함된다.

2) 환경영향 평가(environmental assessment) : 철도 계획의 기본, 또는 실시 계획 시에 시행하며, 계획 노선, 시공 방법 등 일련의 철도계획 수립 시에 병행하여 시행하고, 환경적 대책 등이 계획에 반영되도록 한다. 평가의 주된 내용은 현황 조사에서 종합 평가까지의 환경영향 평가 작성에 필요한 모든 내용이 포함되며, 관련된 환경부서 등의 대정부 협의도 함께 이루어진다. 환경영향 평가의 협의 내용 및 결론 내용 등은 철도 운영 시에 환경보존 대책의 기본 방침으로 활용한다.

3) 환경보존(environmental preservation) 대책 : 철도 건설 시에 수립·시행하여야 할 내용으로 환경오염 방지시설의 시공 등, 실질적인 이행의 과정이다. 시공 여건의 변화에 대하여 환경적 검토가 계속적으로 이루어진다. 환경보전 이행계획으로 명명할 수 있으며, 환경영향 평가에서의 협의 내용 등을 이행하여야 한다.

4) 환경 감시 : 환경 모니터링(monitoring)이라 하며, 환경영향 평가 시에 예측된 내용의 검증 및 정상적인 내용의 측정 업무 등으로서, 다양한 환경 변화에 대처하기 위한 기초적인 작업으로 환경보존 대책의 효과분석, 계획의 변경 등에 대한 주요한 자료로서 활용될 수 있다. 또한, 추후의 철도 계획에 대한 가시적인 평가 자료로서도 중요한 업무이다.

(9) 철도유형별 환경영향 저감방안

환경 친화적 철도건설지침에 따른 철도유형별 환경영향 저감방안은 **표 2.4.3**과 같다.

2.4.2 경영시스템 및 PM, QC, CM, VE, LCC, SE, RAMS 등

(1) 경영시스템

경영시스템의 종류는 **표 2.4.4**와 같다.

표 2.4.3 철도유형별 환경영향 저감방안

유형		항목	중점 평가사항	저감 방안
일반철도	공사시	지형지질	- 절토사면의 발생 - 터널공사 시의 지하수	- 사면식생 보호공 - 대체관정 개발 및 모니터링
		동식물상	- 절토공사 시의 수목 및 서식지 훼손 - 야생동물 이동로 단절	- 식생 보호공, 훼손수목 이식, 우회노선 검토 - 이식대상 수목선정(년생, 임상상태, 수종 등) - 터널 및 동물이동통로
		대기질	- 절토 및 터널공사 시의 먼지영향	- 세륜 세차, 살수, 방진망 설치, 터널 내 집진 및 환기시설 설치
고속철도	공사시	수질	- 터널폐수발생 - 하천교량 및 토공사시 토사 유출 - 현장사무실 오수 발생	- 중화처리시설 설치 및 재활용 - 오탁방지막 설치, 차수공법 적용, 침사지 설치 - 오수처리시설 설치
		소음, 진동	- 교량 항타 소음 - 터널발파 소음 · 진동	- 가설방음벽 설치, 저소음·진동 항타 공법 적용 - 방음문 설치, 장약량 조정(제어발파)
	운영시	수질	- 정거장 및 차량기지 오폐수발생	- 공공하수도 연계처리 및 처리장 설치
		소음, 진동	- 철도 소음 · 진동영향	- 방음벽 설치, 장대레일, 방진패드 설치 등
도시철도	공사시	지형지질	- 터널의 지반 안정성	- 지반보강공법 채택
		대기질	- 개착구간 및 차량기지 토공사시 먼지영향	- 방진망 설치, 살수실시, 세륜 세차
		수질	- 지하 터널공사 시 폐수발생	- 중화처리시설 설치 및 재활용
		소음, 진동	- 개착구간 H-파일 항타 소음 - 터널 발파 소음 · 진동	- 가설방음벽, H-파일 진동 압입방법 채택 등 - 장약량 조정(제어발파), 기계굴착
	운영시	대기질	- 실내 대기질 오염	- 집진 및 환기시설 설치
		수질	- 정거장 및 차량기지 오폐수발생	- 공공하수도 연계처리 및 처리장 설치
		소음, 진동	- 도시철도 운행에 따른 진동	- 방진패드, 저진동 궤도구조, 장대레일 등
공통			대기, 소음 등 환경기준	- 지역 환경기준 및 국가 환경기준 적용여부
			동식물상	- 생태통로 유도펜스 적정형식 등
			수질	- 비점오염원, 수질오염총량 관리계획 반영
			소음	- 방음벽 설치형식 다양화(예산반영) 적용가능 여부 검토

표 2.4.4 경영시스템의 종류

구분	품질 경영시스템	환경 경영시스템	안전 보건 경영시스템
규격	ISO 9001	ISO 14001	KOSHA / OHSAS 18001
목표	고객만족	이해관계자 만족 (주로 외부)	이해관계자 만족 (주로 내부 / 종업원)
규격구조	PDCA(plan, 계획 → Do, 실행 → check, 확인 → Action, 수정) 사이클		
관리대상	제품 또는 서비스	제품 또는 서비스 부산물	제품 / 서비스 / 설비 작업자 상태 작업자 행동

(2) 사업관리(PM)

사업관리 (PM : project Management)조직의 분야는 외부 회사에 의해 수행되든지, 사업주에 의해 수행되든지 간에, ① 작업 요구사항에 대한 정의, ② 작업범위에 대한 정의, ③ 자재 요구사항에 대한 정의와 같은 사업계획과 ① 진도율 추적, ② 계획과 실적에 대한 비교, ③ 영향 분석, ④ 조정과 같은 사업 사후관리 업무를 포함한다. 최종적으로 이러한 기능들에는 사업관리의 전통적인 정의에 포함되어 있는 ① 계획, ② 통제, ③ 조직, ④ 지도, ⑤ 인원배치 등과 같은 기본 사항들이 포함된다. 광범위하고 복합적인 사업을 수행하기 위해서는, 전체 작업을 실질적인 단위작업으로 세분화할 필요가 있다. 많은 회사가 참여함으로써 사업은 복잡해지며, 따라서 강력한 사업관리가 필요하게 된다. 사업을 단위 작업별로 세분화해야 될 필요성과 내부적인 관리의 어려움이 사업관리 접근방식이 왜 필요한지를 말해주는 두 가지 중요한 이유이다. 사업관리의 기본 요소에는 ① 사업 운영, ② 설계 계획과 관리, ③ 구매와 계획, ④ 시공 계획과 관리, ⑤ 품질관리가 있고, 사업관리의 성공 요건은 ① 사업관리 교육, ② 명확한 규정과 절차, ③ 효과적인 의사소통, ④ 품질계획 수립, ⑤ 일정, 공사비, 품질의 제약 요건하의 사업 완료 등이다.

(3) 품질관리(QC)

품질관리(QC : Quality control)란 계약 내용을 준수하여 수립된 계획에 따라 기대되는 품질을 달성할 수 있도록 확인하기 위한 계획을 수립하고 조직을 운영하는 것을 말한다. 품질관리 계획의 목적은 품질을 확보하기 위해서 계획을 수립하고 작업을 통제하는 것을 의미한다. 품질관리 계획은 공정, 공사비와 연계하여 체계적인 접근방식으로 품질을 확보하는데 있다. 품질관리 방침은 모든 작업에 적용되며, 기본적인 원리를 제시하고 조직상의 책임사항을 명시해야 한다. 품질관리 계획의 실행 주체는 사업에 참여하는 모든 참여자들일 것이다. 프로젝트 품질관리 방침의 목적은 다음과 같다. ① 계약 요건에 따른 사업주의 요구 사항과 기대를 충족시켜야 한다. ② 모든 작업은 도면, 시방서, 절차서에 따라 수행되어야 한다. ③ 품질관리 계획을 효율적으로 이행하도록 한다.

(4) 건설사업관리(CM)

건설사업관리(CM : Construction Management)란 발주자를 대신하여 건설사업의 관리를 대행하여 주는 것[237]으로 건설산업기본법에 의거하면 " '건설사업관리' 라 함은 건설공사에 관한 기획 · 타당성 조사 · 분석 · 설계 · 조달 · 계약 · 시공관리 · 평가 · 사후관리 등에 관한 관리업무의 전부 또는 일부를 수행하는 것을 말한다" 라고 규정하고 있다. 즉, 건설사업관리는 공기단축 · 원가절감 및 품질확보를 위하여 건설공사의 기획 단계에서부터 설계 · 시공 및 시공 후 사후관리 단계까지의 전 과정의 건설물 수명주기(LC : Life Cycle) 동안에 발주자가 필요로 하는 모든 프로젝트(Project) 관리업무에 대하여 전문적인 기술과 경영으로 조건 · 통제 · 조종하여 CM 업무를 일관성이 있게 관리하는 서비스 제공이다.

(5) 설계 가치공학(VE)

VE(Value Engineering)는 창조를 통한 최저의 생애비용(LCC)으로 사용자의 요구(User Oriented), 기능(Function)을 확실히 달성하기 위해 제품이나 서비스에 대한 기능분석(Function Analysis)과 설계에 관한 작업계획(Job Plan)에 의거한 조직적인 개선 노력과 연구 활동이다. 가치의 형태는 사용가치(use value), 귀중가치

(esteem value), 비용가치(cost value), 교환가치(exchange value), 희소가치(scarcity value)가 있으나 VE에서 사용하는 가치는 사용가치와 비용가치이다. 사용가치는 수행능력에 기여하는 제품이나 서비스에 필요한 기능적 특성의 화폐가치 척도이고 비용가치는 어떤 제품들을 생산, 또는 서비스를 제공하는데 필요로 하는 모든 비용의 합계를 의미한다. 즉 '가치 (V) = 기능(F) / 비용(C) = 사용자 요구기능을 위한 최저비용 / 총생애주기비용(LCC) = 기능비용 / 현장비용' 으로 나타낸다. VE의 목적은 가치를 향상시키는 데 있다[237].

가치(V)를 향상시키는 방법은 4가지로 분류할 수 있다. ① 모든 기능을 일정하게 유지하면서 비용을 줄인다(고유의 VE, 비용절감형). ② 기능수준을 향상시키면서 비용을 줄인다(기능혁신형). ③ 기능수준을 향상시키고 비용을 그대로 유지한다(기능향상형). ④ 가능수준도 향상시키고 비용도 증가시킨다(기능강조형). ⑤ 기능수준도 낮추고 비용도 줄인다(spec down). 여기서, 원가절감을 위한 ①의 VE 고유의 목적을 고려하면 ②~④를 가치향상법으로 볼 수 있다. ⑤는 VE의 수준에 못 미치는 가치를 나타내고 있다.

(6) 생애주기비용(LCC) 분석

생애주기비용(Life Cycle Cost)이란 건설물의 탄생에서 종말에 이르는 전 과정에 소요되는 전체비용의 종합을 의미한다. 즉, 설계 전 단계(기획 및 타당성 조사 단계), 설계단계, 조달(구매)단계, 시공단계, 시공 후 단계(사용 및 유지관리 단계), 폐기처분단계까지 건설물의 수명주기 동안에 발생되는 전체 비용의 총합이다. LCC분석(LCC Analysis)이란 건축물 또는 시설 구조물의 건설에서 하나의 대안 또는 복수의 대안에 대하여 경제적 주기에 걸쳐서 발생하는 비용을 체계적으로 결정하기 위해서 구조물의 경제수명 범위 내에서 각 대안의 경제성에 대하여 일정한 기준을 적용하여 등가 환산한 값으로 평가하는 방법이다.

(7) 선로구축물에 대한 유럽의 LCC 연구동향

LCC는 적용시기에 따라 LCCP(Life Cycle Cost Planing)와 LCCM(Life Cycle Cost Managing)으로 나눌 수 있으며, 전자는 계획·설계 단계에서 후자는 운영·유지관리 단계에서 주로 적용된다[268]. 유럽의 철도의 LCC 연구초기에는 RAMS의 용어를 차용하였으나 문제가 제기되어 CEN 기준으로 개발하기 시작하였으며, 나중에 선로구축물의 유지보수 효율화를 목적으로 IMPROVERAIL, REMAIN, ProM@in, INFRACOST 등의 프로젝트가 진행되었다.

(8) 시스템 엔지니어링(SE)

시스템 엔지니어링(SE ; System Engineering)은 성공적인 시스템을 개발하기 위한 다분야의 종합적인 접근방법과 수단이라고 정의되며, 처음으로 필요성이 식별된 시기로부터 건설완료 후 고객이 사용할 때까지 시스템을 형성하는 전반적인 설계와 개발 프로세스에 포함된 모든 노력을 의미한다[265]. SE의 적용원칙은 ① 시스템에 대해 전체적인 관점에서 하향식 접근(top-down 어프로치), ② 전체 수명주기 관점(타당성 조사, 설계, 제작과 시공, 운용, 유지와 지원, 폐기)에서 초기단계에 시작, ③ 다분야 학문을 적용하여 효과적인 방법으로 설계목적을 달성, ④ 시스템 요구사항(고객 요구사항)을 초기단계에서 완전하게 식별 등이다. 한편, PM과 SE를 비교하면, SE는 시스템적 사고(思考)를 근간으로 프로젝트의 기술적 성과를 지향하며, PM은 프로젝트의 비용 및 일정관리와 같은 비즈니스적 성과를 지향한다. 두 분야에서 전문영역의 장점은 살리고, 공통영역은 함께 수행하여 상호 보완적으로 통합하는 것이 바람직하다.

(9) RAMS

RAMS(Reliability (신뢰성), Availability (가용성), Maintainability (보존성) 및 Safety (안전성))를 철도시스템에 대대적으로 가져와서 발전시킨 것은 영국이며, 민영화 이후에 철도사고의 다발에 대하여 관계하는 철도 각 회사 간에서 공통의 철도안전 근거서류 작성의 관리방법으로서 RAMS를 BS규격화하고 더욱이 유럽 각국 간을 가로지르는 철도의 상호 승차진입 운용에 있어 시스템 보증의 통일 규격으로 BS규격을 인증할 때의 공통 관리 방법으로서 규격을 베이스로 EN규격화가 도모되었다. 더욱이, 유럽 그룹은 세계로의 철도시스템 판로를 넓힐 때에 우위에 서기 위하여 이 EN규격을 국제 규격화하도록 도모하여 국제 전기표준 협회에서 IEC 62278을 제정하였다.

2.4.3 갈등관리와 상생협력

급속한 사회 환경변화에 따라 지역 주민, 시민단체 등 이해관계자의 참여 욕구 증대로 갈등 발생요인이 증가되고 있다. 갈등이 발생하면 막대한 경제적 손실은 물론 철도건설사업에 대한 불신을 초래하므로 이러한 갈등 예방과 해결을 위한 갈등관리체계가 필요하다.

2.5 노선의 규격과 구조기준

2.5.1 노선 규격(route standard)의 선정

선로의 평면선형은 지형이나 철도용지에 따라 직선과 곡선이 조합되어 있다. 일반적으로 이용되는 평면곡선은 원(圓)곡선이지만 선형에 따라 복심곡선, 반향 곡선 등이 사용된다(**그림 2.5.1**).

상기의 수송 계획(traffic plan)에 기초하여 철도의 건설기준을 선정한다. 철도의 건설기준은 철도건설규칙[*]과 철도의 건설기준에 관한 규정, 도시철도건설규칙(일부의 상세는 특별시장 · 광역시장 또는 도지사가 정함)에 정

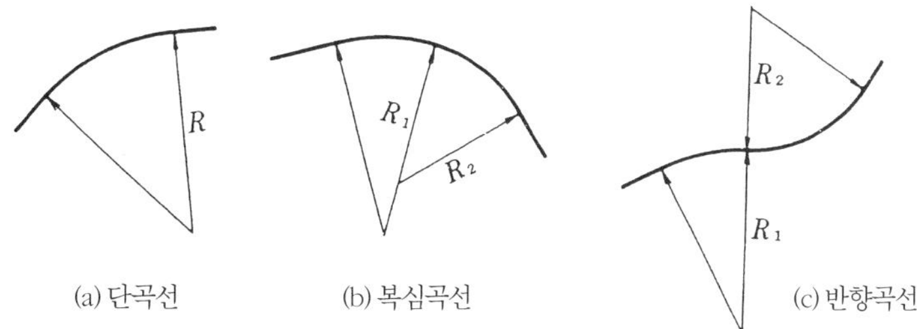

그림 2.5.1 평면곡선의 종류

---

[*] 2005. 7월에 기존의 국유철도 건설규칙과 고속철도 건설규칙을 통합하여 건설교통부령 제453호로 새로 제정. 2009년 9월 1일에 전부 개정한 '철도건설규칙(국토해양부령 제163호)' 은 필요사항만 규정하고 세부기준은 '철도의 건설기준에 관한 규정(국토해양부 고시 제2009-832호, 2009. 9. 1)' 에서 정하도록 개정

하여져 있다. 선로의 설계속도는 해당 선로의 경제 사회적 여건, 건설비, 선로의 기능 및 앞으로의 교통수요 등을 고려하여 정하며, 설계속도에 따라 철도의 건설기준을 정한다(**표 2.5.1**). 다만, 철도운행의 안정성 등이 확보된다고 인정되는 경우에는 철도건설의 경제성 또는 지형적 여건을 고려하여 해당 선로의 구간별로 설계속도를 달리

표 2.5.1 철도건설 기준

※ 당해 사항에 속도표시가 없는 것(실선으로 구분)은 표 상단의 속도범위 적용, 속도가 표 상단의 속도와 다른 것(점선으로 구분)은 당해 사항에 표시

구분	설계속도V (km/h)	200<V≤350	150<V≤200	120<V≤150	70<V≤120	V≤70
[1]① 신설 및 개량노선의 설계속도(km/h) : 우측 난을 고려하여 속도별 비용 및 효과분석을 실시		1. 초기 건설비, 운영비, 유지보수비용 및 차량구입비 등의 총비용 대비 효과 분석, 2. 역간 거리, 3. 해당 노선의 기능, 4. 장래 교통수요 등				
② 도심지 통과구간, 시·종점부, 정거장 전후 및 시가화 구간 등 노선 내 타 구간과 동일한 설계속도를 유지하기 어렵거나, 동일한 설계속도 유지에 따르는 경제적 효용성이 낮은 경우에는 구간별로 설계속도를 다르게 정할 수 있음						
[2] 궤간의 표준치수 : 1,435 mm						
[3] 곡선반경,	설계속도V (km/h)	350	200	150	120	V ≤ 70
① 본선의 곡선반경(m) : 우측 난의 값 크기 이상	자갈궤도	6,100	1,900	1,100	700	400
	콘크리트궤도	5,000	1,700	1,000	600	400
− 상기 이외의 값은 설정캔트와 부족캔트를 고려하여 우측 난의 공식으로 산출	$R \geq \dfrac{11.8V^2}{C_{max} + C_{d,\,min}}$, 여기서 R : 곡선반경(m), V : 설계속도(km/h), C : 설정캔트(mm), $C_{d,\,mm}$: 부족캔트(mm)					
② 정거장 전후 등 부득이한 경우, 곡선반경(m)을 우측 값까지 축소가능	운영속도 고려 조정	600	400	300	250	
− 전기 동차 전용선 : 설계속도에 관계없이 250 m까지 축소가능						
③ 부본선, 측선 및 분기기에 연속되는 경우에는 곡선반경을 200 m까지 축소가능						
− 다만, 고속철도전용선은 우측 난과 같이 축소가능	주본선 및 부본선	1,000 [부득이 한 경우 500]				
	회송선 및 착발선	500 [부득이 한 경우 200]				
[4]① 캔트(mm) : 우측 난의 공식으로 산출된 캔트 이하	$C = 11.8\dfrac{V^2}{R} - C_d$, 여기서 C : 설정캔트(mm), V : 설계속도(km/h), R : 곡선반경(m), C_d : 부족캔트(mm)					
− 설정캔트와 부족캔트는 우측 난의 값 이하	최대 설정캔트	자궤 160/콘궤 180	자갈궤도 160 / 콘크리트궤도 180			
	최대 부족캔트[1]	자궤 80/콘궤 110	자갈궤도 100(2) / 콘크리트궤도 110[2]			

[1] 최대부족캔트는 완화곡선이 있는 경우, 즉 부족캔트가 점진적으로 증가하는 경우에 한함,

[2] 선로를 고속화하는 경우에는 최대 부족캔트를 120mm까지 할 수 있음

구분	내용					
② 초과캔트 : 실제 운행속도와 설계속도 차이가 클 경우 우측 난의 공식으로 검토(초과캔트는 110 mm를 초과할 수 없음) ③ 분기기내 곡선, 그 전후 곡선, 측선과 캔트를 부설하기 곤란한 개소에서 열차주행안전성을 확보한 경우는 캔트를 두지않을 수 있음	$C_e = C - 11.8\dfrac{V_o^2}{R}$, 여기서 C_e : 초과캔트(mm), C : 설정캔트(mm), V_o : 열차의 운행속도(km/h), R : 곡선반경(m)					

④ 캔트체감	구분	체감위치	최소체감길이(m)
1. 완화곡선이 있는 경우 : 완화곡선 전체길이	곡선과 직선	곡선 시·종점에서 직선구간으로 체감 (선로개량 등 부득이한 경우에 곡선구간에서 체감)	$0.6\Delta C$ ΔC : 캔트 변화량(mm)
2. 완화곡선이 없는 경우 : 우측 난에 의함	복심곡선	곡선반경이 큰 곡선에서 체감	

[5]① 완화곡선삽입 : 우측 난의 크기 이하의 반경(m)을 가진 곡선과 직선이 접속하는 곳 (분기기에 연속되는 경우나 그밖에 완화곡선을 두기 곤란한 구간에서 운전속도를 제한하는 등의 조치를 마련하는 경우에 한해 예외)	V(km/h)	200	150	120	100	≤ 70
	곡선반경(m)	12,000	5,000	2,500	1,500	600

− 상기 이외의 값은 우측 난의 공식으로 산출	$R = \dfrac{11.8V^2}{\varDelta C_{d,lim}}$, 여기서 R : 곡선반경(m), V : 설계속도(km/h), $\varDelta C_{d,lim}$: 부족캔트 변화량 한계치(mm)								
− 부족캔트 변화량(인접선형 간 균형캔트차이) 한계치(이외는 선형 보간으로 산출)	V (km/h)	350	300	250	200	150	120	100	≤ 70
	$\varDelta C_{d,lim}$ (mm)	25	27	32	40	57	69	83	100

②본선의 경우, 두 원곡선이 접속하는 곳은 완화곡선 설치(양쪽의 완화곡선을 직접 연결할 수 있음). 다만, 부득이한 경우에는 완화곡선을 두지 않고 두 원곡선을 직접 연결하거나 중간직선을 두어 연결할 수 있으며, 이때 다음에 따라 산정된 부족캔트 변화량은 ①항의 값 이하로 함

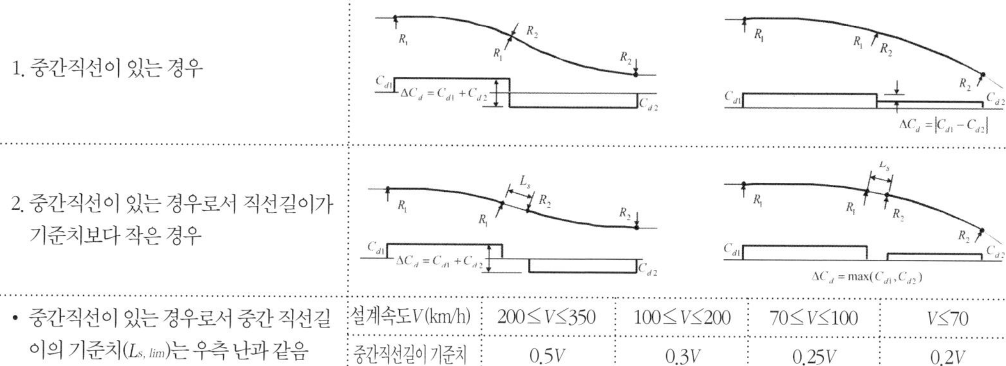

1. 중간직선이 있는 경우				
2. 중간직선이 있는 경우로서 직선길이가 기준치보다 작은 경우				
• 중간직선이 있는 경우로서 중간 직선길이의 기준치($L_{s,lim}$)는 우측 난과 같음	설계속도 V (km/h)	$200 \leq V \leq 350$	$100 \leq V \leq 200$	$70 \leq V \leq 100$	$V \leq 70$
	중간직선길이 기준치	$0.5V$	$0.3V$	$0.25V$	$0.2V$

3. 중간직선이 있는 경우로서 중간 직선의 길이가 제2호에서 규정한 기준치보다 크거나 같은 경우($L_s \geq L_{s,lim}$)는 직선과 원곡선이 접하는 경우로 보아 제①항에 따른 기준에 따름

③완화곡선의 길이 : 다음의 공식에 의한 값 중 큰 값, 다만, [3]②의 부득이한 경우에는 곡선반경에 따라 축소가능

$L_{T1} \geq C_1 \varDelta C$, $L_{T2} \geq C_2 \varDelta C_f$ 여기서, L_{T1} : 캔트 변화량에 대한 완화곡선 길이(m), L_{T2} : 부족캔트 변화량에 대한 완화곡선 길이(m), C_1 : 캔트 변화량에 대한 배수, C_2 : 부족캔트 변화량에 대한 배수, $\varDelta C$: 캔트 변화량(밀리미터), $\varDelta C_d$: 부족캔트 변화량(밀리미터)

− 캔트 변화량에 대한 배수(C_1) 및 부족캔트 변화량에 대한 배수(C_2)	설계속도 V (km/h)	350	200	150	120	$V \leq 70$
	C_1	2.50	1.50	1.10	0.90	0.60
	C_2	2.20	1.30	1.00	0.75	0.45

(주) 이외의 값은 다음의 공식으로 산출

캔트 변화량에 대한 배수 : $C_1 = \dfrac{7.31V}{1000}$, 부족캔트 변화량에 대한 배수 : $C_2 = \dfrac{6.18V}{1000}$, 여기서 V : 설계속도(km/h)

④완화곡선의 형상	3차 포물선				

[6]본선에서 직선과 원곡선의 최소길이(m) : 우측 난의 값 크기 이상, 다만 부본선, 측선 및 분기기에 연속한 경우는 직선, 원곡선의 최소 길이를 다르게 정할 수 있음	실계속도 V (km/h)	350	200	150	120	$V \leq 70$
	최소길이(m)	180	100	80	60	40

(주) 이외의 값은 $L = 0.5V$으로 산출. 여기서 L : 직선 및 원곡선의 최소 길이(m), V : 설계속도(km/h)

[7]① 선로의 기울기(‰) : 본선에서는 우측 난의 크기 이하	25	10	12.5	15	25
다만, 선로를 고속화하는 경우, 운행차량의 특성 등을 고려하여 열차운행의 안전성이 확보되는 경우에는 그에 상응하는 기울기 적용 가능					
② 정거장 전후구간 등 부득이한 경우(‰)	30	15		20	30

(주) 다만, 선로를 고속화하는 경우, 운행차량의 특성을 고려하여 그에 상응하는 기울기 적용 가능

− 전기 동차 전용선 : 설계속도에 관계없이 35‰

③본선의 기울기 중에 곡선이 있을 경우 : ①, ②의 기울기에서 우측 난의 환산기울기를 뺀 값 이하 $G_c = \dfrac{700}{R}$, 여기서 G_c : 환산기울기(‰), R : 곡선반경(m)

④정거장 안에서의 선로기울기(‰) : 2 이하 (차량해결 않는 전동차 전용선 본선 10까지, 그 외 8까지, 차량을 유치 않는 측선 35까지)

⑤같은 기울기의 선로길이 : 1개 여객열차 길이 이상

(**표 2.5.1**의 계속 ③)

⑥ 운행할 열차의 특성을 고려하여 정지 후 재기동 및 설계속도로의 연속주행 가능성과 비상 제동 시의 제동거리 확보 등 열차운행의 안전성이 확보되는 경우에는 본선의 기울기를 다르게 적용할 수 있음

[8] ① 종곡선 삽입 : 기울기(‰) 차이가 우측 난의 크기 이상일 때 설치		1	4			5
② 최소 종곡선 반경(m) : 우측 난의 값 이상	설계속도 V(km/h)	$265 \leq V$	200	150	120	70
	최소종곡선반경	25,000	14,000	8,000	5,000	1,800

(주) 이외의 값은 $R_V = 0.35\,V^2$으로 산출. 여기서 R_V : 최소 종곡선 반경(m), V : 설계속도(km/h)
　　200 〈 $V \leq 350$의 경우, 종곡선 연장이 $1.5\,V/3.6$ (m)미만이면 종곡선 반경을 최대 4만 m까지 할 수 있음

③ 도심지 통과구간, 시가화 구간 등 부득이 한 경우, 최소 종곡선 반경(m) : 우측 난의 값 같이 축소가능	V(km/h)	200	150	120	70
	최소종곡선반경	10,000	6,000	4,000	1,300

(주) 이외의 값은 $R_V = 0.35\,V^2$으로 산출. 여기서 R_V : 최소 종곡선 반경(m), V : 설계속도(km/h)

④ 상기의 종곡선은 직선구간에 부설하는 것이 원칙. 다만, 부득이한 경우에는 원의 중심이 1개인 곡선구간에 둘 수 있음

[9] ① 슬랙 : 반경 300 m 이하인 곡선에서 $S = \dfrac{2,400}{R}\,S'$ 으로 산출된 슬랙을 둠. 여기서 S : 슬랙(mm), R : 곡선반경(m), S' : 조정치(0~15 mm) 다만, 슬랙은 30 mm 이하

② 슬랙은 [4]④의 캔트체감과 같은 길이 내에서 체감

[10] ① 직선구간의 건축한계(mm) : **그림 2.5.6**에 의함

② 건축한계 내는 건물이나 그 밖의 구조물을 설치해서는 안 됨. 다만, 가공전차선 및 그 현수장치와 선로 보수 등의 작업에 필요한 일시적인 시설로서 열차 및 차량운행에 지장이 없는 경우에는 그러하지 아니함

③ 곡선구간 : 직선구간의 건축한계에 우측 난의 공식으로 산출된 양과 캔트와 슬랙에 따른 편의 량을 더하여 확대(다만, 가공전차선 및 그 현수장치를 제외한 상부에 대한 건축한계는 이에 의하지 아니 함)	1. 곡선에 따른 확대량	$W = \dfrac{50,000}{R}$ (전동차전용선 $W = \dfrac{24,000}{R}$), 여기서, W : 선로중심에서 좌우측으로의 확대량(mm), R : 곡선반경(m)
	2. 캔트 및 슬랙에 따른 편의 량	곡선내측 편의량 $A = 2.4C + S$, 곡선외측 편의량 $B = 0.8C$ 여기서, A : 곡선 내측 편의량(mm), B : 곡선 외측 편의량 (mm), C : 설정캔트(mm), S : 슬랙(mm)

④ 체감길이	1. 완화곡선의 길이가 26 m 이상인 경우	완화곡선 전체의 길이
	2. 완화곡선의 길이가 26 m 미만인 경우	완화곡선구간 및 직선구간을 포함하여 26 m 이상의 길이
	3. 완화곡선이 없는 경우	곡선의 시점 · 종점으로부터 직선구간으로 26 m 이상의 길이
	4. 복심곡선의 경우	26 m 이상의 길이. 체감은 곡선반경이 큰 곡선에서 행함

[11] ① 궤도의 중심 간격(m) : 정거장 외 직선구간에서 2선 병렬 시 우측 난의 크기 이상	4.8	4.3	4.0

고속철도는 교행시 압력, 열차풍 안전, 궤도부설 오차, 탈선안전도, 유지보수 편의성 등을 고려하여 신축적으로 조정가능

다만, 궤도중심 간격이 4.3 m 미만인 구간에 3선 이상 병렬 시 : 서로 인접하는 궤도중심 간격의 하나는 4.3 m 이상

② 정거장(기지 포함)에서는 4.3 m 이상, 6개 이상의 선로 병설시 5개 선로마다 중심 간격 6 m 이상 확보. 고속선의 경우 통과 선과 부본선간 중심 간격 6.5 m로 하되 방풍벽 설치시는 이를 축소가능

③ 선로 사이에 전차선로 지지주 및 신호기 등을 설치하여야 하는 때에는 ①, ②의 궤도 중심 간격을 그 부분만큼 확대

④ 곡선부의 경우에는 ①③의 궤도중심 간격에 [10]⑨의 곡선에서의 건축한계 확대량의 2배에 해당하는 값을 더하여 확대. 다만, 궤도의 중심 간격이 4.3 m 이상인 경우에는 그러하지 아니함

⑤ 선로를 고속화하는 경우의 궤도중심 간격은 ①항을 고려하여 다르게 적용할 수 있음

[12] ① 시공기면 폭(m) : 직선구간은 우측 난 크기 이상(전철화 선로 : 4.0 m 이상)	자갈 4.5, 콘크리트 4.25	4.0	3.5	3.0

　- 곡선구간은 도상 경사면이 캔트에 의해 늘어난 폭만큼 확대. 다만, 콘크리트궤도는 확대하지 않음

② 선로를 고속화한 경우는 유지보수요원의 안전 및 연차안전운행이 확보되는 범위 내에서 시공기면 폭을 다르게 적용할 수 있음

[13] 선로 설계 시 유의사항, ① 선로구조물 설계 시 적용하는 하중 : 객화혼용 일반철도 L-22 표준활하중, 전기 동차 전용선 EL 표준활하중, 고속철도 전용선 HL-25 표준활하중, 또는 HL-25 여객전용 표준활하중				
② 궤도구조는 구조적 안전성 및 열차운행의 안전성이 확보되도록 설계				
1. 도상의 종류는 해당 선로의 설계속도, 열차의 통과 톤수, 열차운행의 안전성 및 경제성을 고려하여 결정				
2. 자갈도상 두께(mm) : 우측 난의 크기 이상(* 장대레일구간 300)자갈도상이 아닌 경우 도상특성을 고려하여 다르게 적용	350 (도상매트 포함)	300	270 *	250
3. 레일중량(kg/m) : 우측 난의 크기 이상을 원칙(열차 통과톤수, 축중 및 운행속도 고려하여 다르게 조정가능)	본선 60, 측선 50		본선 · 측선 50	
③ 선로구조물을 설계할 때에는 건설비 및 유지보수비 등을 포함한 생애주기 비용을 고려				
④ 교량, 터널 등에는 안전, 재난 등에 대비할 수 있는 설비를 설치. • 열차운행안전에 지장 우려 장소에는 방호설비를 설치				
⑤ 선로를 설계 시는 향후 인접선로(계획 중인 선로 포함)와 원활한 열차운행이 가능하도록 인접선로와 연결되는 구조, 차량 동력방식, 승강의 형식 및 신호방식 등을 고려				

정할 수 있다. **표 2.5.1**은 2009년 9월 1일에 고시된 철도의 건설기준에 관한 규정의 기준을 요약한 것이다.

(1) 곡선(curve)

곡선은 열차의 속도 향상에 가장 관련이 깊으며, 원곡선(circular curve)과 완화 곡선(transition curve)으로 구성된다. 선로는 고속 운전, 곡선 저항(curve resistance), 전망, 선로보수(maintenance of track) 등에서 보면 직선이 바람직하다. 그러나, 지형의 변화 등으로 곡선을 피할 수 없으며, 또한 운전 속도(operating speed)의 향상이나 선로보수의 난이에서 보면 곡선반경이 큰 것이 바람직하지만 건설비나 개량비에 크게 영향을 주기 때문에 열차 속도나 선로 사명에 따라서 **표 2.5.1**의 [3]에 나타낸 것처럼 규정하고 있다. 철도를 잘 활용하기 위해서는 열차의 속도 향상(speed up)이 필수 조건이며, 여기에는 곡선 대책이 첫 번째 과제이다(제9.1.2(3)항 참조).

곡선에 따른 속도 제한(speed restriction)은 다음을 고려한 것이다. ① 전복(overturning)의 위험 : 차량에 가해지는 원심력과 중력의 합력이 외궤의 외측으로 지난다. ② 탈선(derailment)의 위험 : 차량에 가해지는 원심력에 기인하는 레일에 대한 횡압이 수직 윤하중에 비하여 증대하여 탈선에 이른다. ③ 승차감(riding quality)의 악하 : 원심력과 기타로 인하여 속도의 상승과 함께 승차감이 점점 나빠진다. 원심 가속도의 허용치는 $a_{lla} = 0.08$ g로 되어 있다. ④ 궤도 틀림의 진행(track deterioration) : 수직 윤하중에 대한 횡압의 비가 속도와 함께 크게 되어 궤도 틀림의 진행이 촉진된다.

또한, 차륜 플랜지로 인하여 레일의 두부, 측부에 편 마찰을 촉진한다. 한편, 차량의 경량화와 함께 중심 높이(hight of gravity center)를 낮춤으로써 레일에 대한 횡압을 작게 할 수가 있으며, 따라서 통과하는 열차의 제한 속도(restricted speed)를 완화시킬 수 있다.

완화곡선 부분은 궤도의 평면성이 나쁘고 차량의 3점 지지(three-point support)로 인한 탈선의 위험성이 있다. 한편, 구배 변경점(changing point of gradients)에서 종곡선이 볼록형인 경우는 원심력으로 인하여 차량을 부상시키는 힘이 작용하여 윤하중(wheel load)이 감소되며, 여기에 큰 횡압이 걸리면 탈선의 위험성이 크게 된다. 오목형의 경우도 전부 차량에 구배 저항이 걸리므로 중간의 차량에는 부상 현상이 생긴다. 이와 같은 불리한 조건을 가지는 양자의 경합으로 인한 주행 불안정성은 궤도의 정비 상태가 악화할수록 현저하므로 적어도 완화 곡선에 종곡선이 들어가는 것은 피할 필요가 있다.

(2) 기울기(句配, gradient)

철도 선로에는 곡선과 마찬가지 모양으로 기울기가 들어가는 것은 피할 수가 없지만, 기울기가 크게 되면 기관차의 견인 중량으로 인한 열차의 제약, 열차의 주행 성능(running quality) 등 수송효율에 대하여 큰 영향을 미치고, 그로 인한 여객 · 화물 수송의 양적, 질적 서비스에 큰 영향을 미치기 때문에 노선의 선정에서는 될 수 있는 한 기울기가 완만하도록 고려하여야 한다. 기울기는 고저 차이와 수평 거리와의 비율로 나타내며, 예를 들어 기울기 1 : 50은 20/1000, 즉 20 ‰(퍼밀리, permillage)로 나타낸다. 선로의 기울기는 열차의 견인력(tractive force)으로부터 최급 기울기(steep gradient)가 결정된다. 국철에서는 2000. 8. 22에 "구배"의 명칭을 "기울기"로 바꾸었다.

철도의 건설기준에 관한 규정에서는 **표 2.5.1**의 [7]과 같이 규정하고 있다. 어느 선구에서 열차의 견인정수가 최소로 되어 있는 기울기를 사정 기울기(제한 기울기)라고 하지만 이 사정 기울기는 다음에 기술한 조건 중에서 최악의 것으로 결정한다. ① 통상의 발차 시에 출발할 수 있다, ② 무엇인가의 사고에 기인하여 기울기의 도중에서 비상 정거하여도 기동할 수 있다, ③ 급기울기 구간 중에서도 속도가 현저히 저하되거나, 혹은 온도 상승에 기인하는 기기 용량의 한도를 넘지 않는다.

고가구간과 같이 기존의 선로개량에 따라서 새로운 구조물이 생기는 경우에 설치 기울기 등이 너무 급하면, 열차가 그 곳을 올라가지 못하여 그 선구전체의 열차운행에 지장이 생기므로 주의를 요한다. 기관차 견인에서는 상기 ②의 조건이 가장 엄하고 따라서 1 열차 이상에 걸쳐 최급 기울기가 계속되는 구간에서는 최급 기울기 = 사정 기울기이므로 열차 길이의 장단에 따라 각 열차의 사정 기울기가 다르게 된다. 전차는 ②에는 강하지만 긴 기울기 구간에서는 ③에 따라 속도의 제한을 받는 점은 같다.

이 기울기(1 ‰ = 1 kg/t)에는 터널 저항, 곡선 저항을 포함하고 있으며 어디까지나 환산 기울기(virtual gradient)이므로 실제의 선로 기울기는 더 작게 된다. 터널에서의 환산 기울기는 다음 식으로 구한다.

$$N_{(‰)} = \frac{IV^2}{127W} \tag{2.5.1}$$

여기서, N : 환산 기울기(‰), I : 터널연장(km), V : 열차속도(km/h), W : 차량중량(kN)

곡선에서는 주행 저항(running resistance)이 증가하기 때문에 기울기 구간에 곡선이 들어 있는 경우에는 상향 기울기(uphill gradient)에 곡선 저항을 가산한 환산 기울기를 채용한다. 곡선반경을 R(m), 환산 구배율을 G_e(‰)으로 하면, 일반적으로

$$G_e = 700 / R \tag{2.5.2}$$

로 산정되어 급곡선(sharp curve)의 영향은 적지 않다(제6.1.4(4)항 참조).

철도의 건설기준에 관한 규정에서는 본선기울기 중에 곡선이 있을 경우에 본선기울기를 **표 2.5.1**의 기울기에서 상기의 공식으로 산출한 환산 기울기의 값을 뺀 기울기 이하로 하도록 규정하고 있다.

에너지 소비 면에서는 하향 기울기(downhill gradient) 구간에 대하여 제동을 걸 필요가 없는 경우에는 에너지 소비의 손실이 없으므로 타력 기울기(momentum gradient)라고 하고 있다. 하향 기울기 = 터널 저항 + 곡선 저항 + 주행 저항이라면, 등속도 운전으로 되므로 이것을 균형 기울기라고 한다. 즉, 다음 식의 i_g이다.

$$r_d + r_c + r_t = i_g \qquad\qquad (2.5.3)$$

여기서, r_d : 주행 저항 $3{\sim}8\,\mathrm{kg}/\mathrm{t}$, r_c : 곡선 저항 $0{\sim}2\,\mathrm{kg}/\mathrm{t}$, r_t : 터널 저항 $0{\sim}4\,\mathrm{kg}/\mathrm{t}$, i_g : 하향 기울기 $3{\sim}14\,\mathrm{kg}$ $/\mathrm{t}(\text{=}\text{‰})$

이상과 같이 최급 기울기도 사정 기울기도 전반적 척도라고 하기 어려우므로 임의의 수평 거리 1 km에 대한 고저 차의 최대치를 천분율로 나타낸 것을 표준 기울기(maximum gradient continuing 1 km or more)라고 하며 선로의 완급을 목표로 하고 있다. 정거장 구내의 최급 기울기는 기관사가 차량을 제어하고 있는지의 여부에 따라 다르다.

(3) 종곡선(vertical curve)

기울기가 하향으로 급변하면 선행의 차량은 후방의 차량으로 눌려져 부상 탈선의 위험성이 많아진다. 또한, 기울기가 상향으로 급변하면 충격적인 상하동요가 발생하여 승차감을 악화시키고 선로에 악영향을 미친다. 이 결점을 보충하여 열차의 주행을 원활하게 하기 위하여 기울기가 변화하는 곳에 2차 포물선의 종곡선을 삽입한다. 기울기가 서로 다른 선로가 접속하는 경우로서 그 기울기의 차이가 **표 2.5.1**의 [8]①에서 나타낸 크기 이상인 경우에는 종곡선을 설치하며, 최소종곡선 반경은 **표 2.5.1**의 [8]②에 의한다.

종곡선은 통상적으로 원곡선 또는 포물선이 이용되지만 큰 반경을 이용하므로 그다지 차이가 없다. **그림 2.5.2**는 2개의 기울기, m‰와 n‰의 변화점에 대한 종곡선을 나타내며 종곡선은 다음 식으로 설정된다.

$$l = \frac{R(m \pm n)}{2,000} \qquad\qquad y = \frac{x^2}{2R} \qquad (R\text{은 종곡선 반경}) \qquad\qquad (2.5.4)$$

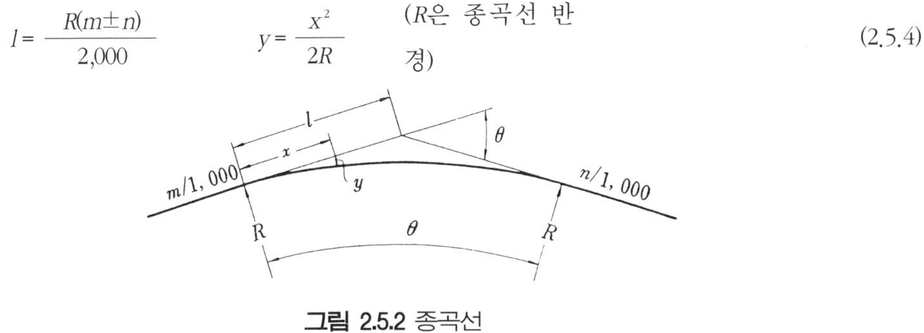

그림 2.5.2 종곡선

(4) 시공기면

직선구간의 시공기면 폭(궤도중심에서 시공기면의 한쪽 비탈머리까지의 폭)은 궤도구조의 기능을 유지하고, 전철주 및 공동관로 등의 설치와 보수요원의 안전대피 공간 확보가 가능하도록 정하고 곡선구간의 경우에는 캔트의 영향을 고려한다. 설계속도에 따라 **표 2.5.1**의 [11]과 같이 시공기면의 폭을 적용한다.

(5) 표준 활화중

궤도 전체로서의 설계 열차하중은 당해 선구 입선차량의 축 배치를 포함한 최대 실제 하중(實荷重)을 적용하는 것이 기본이다. 즉, 궤도의 부담력은 실제 운행하는 차량 중의 최대 축중을 감당할 수 있어야 한다. **그림 2.5.3**은 경부고속철도 차량(열차당 20 량 편성)의 축중과 차축 배치를 나타낸다.

교량의 부담력은 교량 위를 통과하는 여러 가지 차량에 대한 각각의 하중을 재하하여 그 중에서 가장 영향이

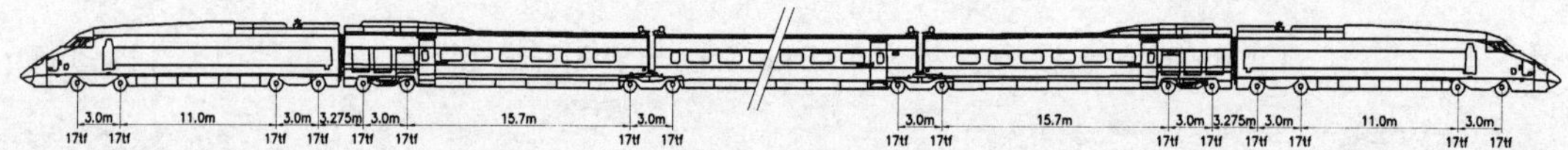

차축하중 : 170 kN, 차량총연장 : 380.15 m (20량 양단 축간거리 기준)

그림 2.5.3 경부고속철도 차량의 축중과 차축 배치

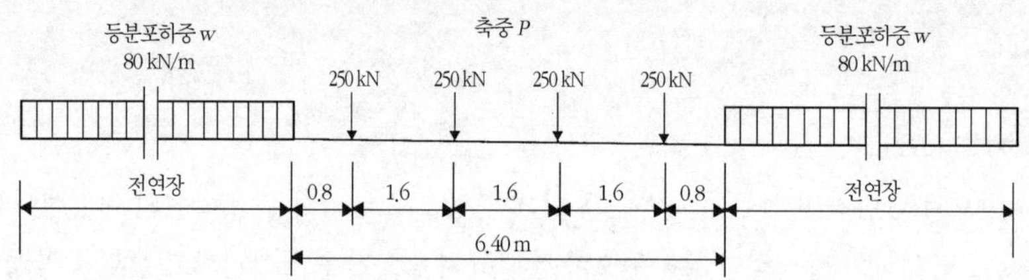

HL - 25 표준열차하중
※ HL-25 여객전용표준활하중의경우에 등분포하중 W는 60 KN/m임(2007.9 추가)

그림 2.5.4 고속철도의 표준 활화중

큰 값을 구하여야 하므로, 표준화를 위하여 모든 조건을 만족하는 표준 활하중(標準 活荷重, standard live load)을 정하여 사용하고 있다. 고속철도의 표준 열차 하중(HL, High speed railway Live load)은 **그림 2.5.4**와 같으며, UIC-702 하중을 이용한 것이다.

일반철도의 표준 활하중은 LS이다(전동차 전용선은 EL). 이것은 1894년 Thodor Cooper(미국인)가 제창한 Cooper E형 표준(標準) 열차하중(Cooper series engine load)으로서, 소리형 증기(蒸氣) 기관차(Consolidation locomotive) 2량 중련(重聯)의 후미에 화차 또는 객차를 연결한 것으로 동륜(動輪)의 축중이 40,000 lb(18,144 kg)이며, 18 ton의 정수만을 취하여 표시한 것이다(**그림 2.5.5(a)**). L은 Live load의 약자로서 기관차 동륜의 축중과 축거 관계를 나타내며, S는 Special load의 약자로서 객화차 중에서 특수 차량의 축중과 축거 관계를 나타낸다.

궤도의 강도는 윤하중(輪重) 하나에 의한 영향이 대부분을 차지하나, 교량의 강도는 여러 윤하중의 영향을 받는다. 교량의 각 부재 응력은 LS 하중으로 구하고 지간이 3.0 m 이상의 교량에서는 L 하중을, 지간이 3.0 m 미만의 교량(floor system)에서는 S 하중으로 그 응력을 계산하며, 실제 하중(實荷重)과 표준하중과의 차이는 후술하는 'L 상당치'로 비교하여 산출한다. 당초 교량의 부담력은 1·2급선에서는 LS 22, 3·4급선에서는 LS 18로 구분되어 있었으나, 선로의 등급에 따라 운행할 차량을 별도로 제작할 수 없을 뿐만 아니라 각 선구간 연계운행을 하여야 하므로 2000년 8월에 선로의 등급에 관계없이 LS 22로 통일하였고 현재의 규정에서 여객/화물 혼용인 일반철도의 표준열차하중은 L-22 하중이다.

전동차 전용선의 경우에는 그 동안 기준이 없어 LS 18 하중을 적용하였으나 직류형 전기동차 (전동차)의 축중이 경량이므로 경제성 등을 감안하여 2000년 8월에 전동차전용 하중(EL : Electric Live Load)을 **그림 2.5.5(b)**와 같이 별도로 제정하였다. EL하중은 국철구간의 전동차뿐만 아니라 각 지자체의 지하철 및 도시철도 등과의 연계 운행에 대비하여 현재 운행 중인 전동차 중에서 가장 무거운 차량을 기준으로 EL 18 하중을 표준 활하중으로 정하였다. 다만, 비상시를 대비하여 주요한 간선과 연계 운행하여야 할 선로구간은 종전과 같이 LS 22 하중을

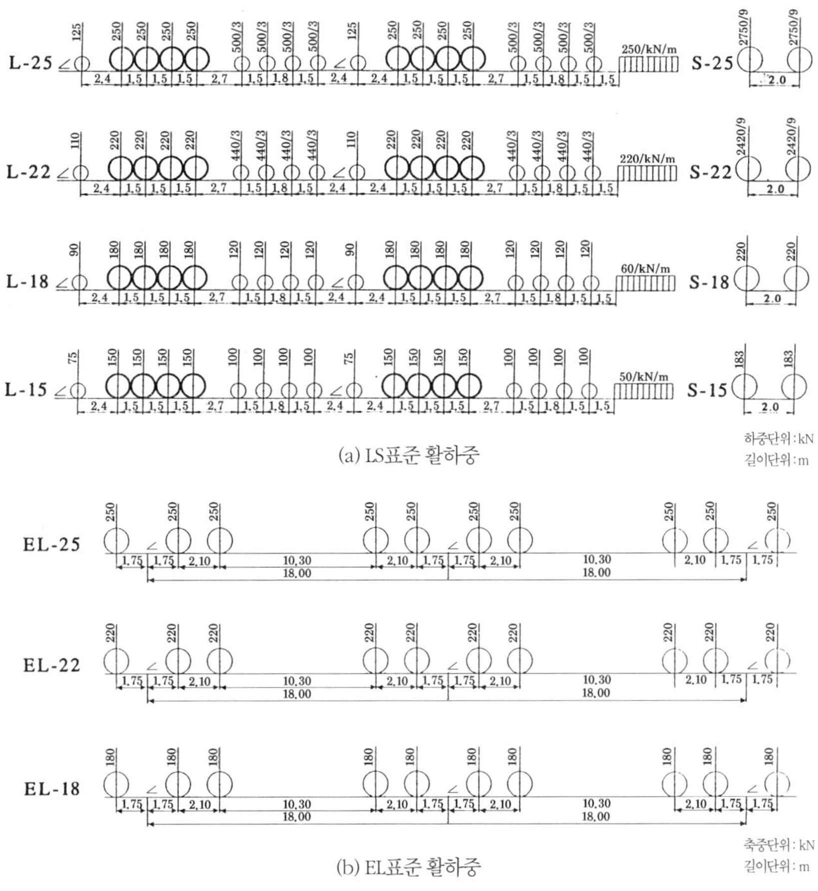

그림 2.5.5 일반철도의 표준 활하중

사용하여 설계한다.

　교량의 부담력이 상술과 같이 표준 활하중으로 표현되었다고 하여도 여러 가지 현유(現有)의 차량은 표준 활하중과는 상당히 다르며, 이 대로 부담력과의 대소를 판단할 수가 없다. 그래서 현유의 차량이 하중석으로 어떠한 값의 표준 활하중에 상당하는가를 나타낼 필요가 있으며, 이것이 상당치(相當値)로서 일반철도의 기설 교량 구조물은 L상당치(L相當値)를 구하여 나타내고 있다. 다시 말하여, L상당치란 차량 하중계열의 재하에 따라 생기는 교량의 응력과 동등한 값의 응력이 생기게 하는 L하중 계열의 값을 말한다.

2.5.2 철도 구조의 기준

(1) 건축한계와 차량한계

(가) 한계의 내용

　차량이 빠른 속도로 주행하면 상하·좌우를 비롯하여 복잡한 사행동을 일으키며, 또한 승무원·승객이 차창에서 몸의 일부를 내미는 일도 있으므로 차체(car body)나 승객이 신호기나 표지 등 여러 가지 선로 구조물에 부딪치는 것을 방지하기 위하여 차량의 외측으로 상당한 공간적인 여유가 필요하다.

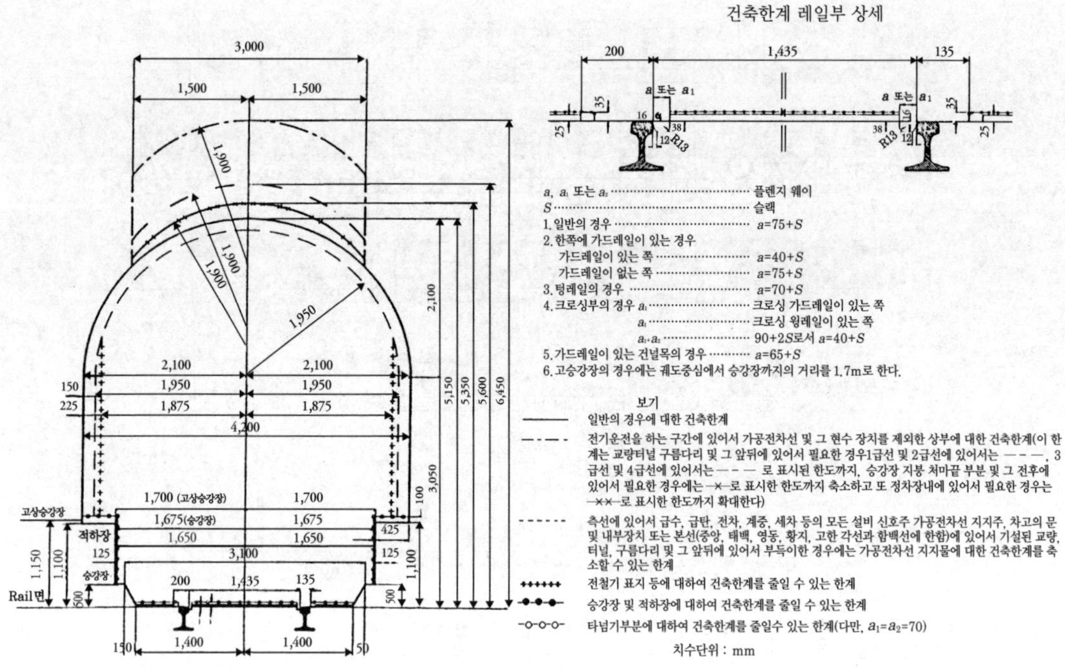

그림 2.5.6 국철의 건축한계

열차가 주행하기 위하여 궤도상에서 확보하여야 할 공간을 건축한계(structure gauge)라고 한다. 신호기(signal)나 건축물 등 어떠한 것도 이 한계 내로 들어가는 것이 허용되지 않는다. 이 건축한계처럼 차량에 대하여도 주행시의 한쪽으로 치우침 등, 약간의 여유를 목표로 하여 차량한계(rolling stock gauge)가 결정되어 있으며, 차량이 이 한계를 내밀 수가 없다. 철도는 이 2개의 공간적인 제한으로 운전의 안전을 도모하고 있다. **그림 2.5.6**과 **그림 2.5.7**은 일반철도의 건축한계와 차량한계이다. 일반철도의 건축한계와 차량한계의 관계는 폭의 한쪽에 대하여 최대 400 mm, 높이 450 mm의 간극 여유가 있다. 또한, 고속철도의 건축한계는 일반철도의 경우 및 전기운전을 하는 구간의 상부의 건축한계에 대한 것과 같으며, 차량한계의 경우도 일반철도의 차량한계를 적용하고 있다.

(나) 편의(偏倚) 및 경사

곡선부에서는 차량의 중심이 안쪽으로 내밀어지고 양단부가 궤도중심에서 외측으로 내밀어지기 때문에 곡선부의 건축한계는 곡선반경(curve radius)에 따라 그 내미는 량만큼 확대한다. 이것을 편의라고 한다. 국철에서는 한쪽(**그림 2.5.8**의 a~b)에 대한 건축한계 확대량을 $50,000/R$ (mm) {R : 곡선반경(m)}로 하고 있다(**표 2.5.1**의 [10]③). 전동차 전용선의 경우에는 $24,000/R$(mm)만큼 확대한다. 곡선구간의 건축한계는 직선구간의 건축한계에다 상기의 공식으로 산출된 양과 캔트로 인한 차량경사량 및 슬랙량을 더하여 확대한다. 또한, 곡선구간의 건축한계는 캔트 및 슬랙의 크기에 따라 경사시켜야 한다(**그림 2.5.9**). 건축한계 확대량은 **표 2.5.1**의 [10]④에 나타낸 길이에 따라 증감(체가, 체감)한다.

한편, 곡선에서 차량의 편의량에 따른 건축한계 확대량을 산출하는 상기 공식의 유도는 《철도공학》과 《선로공학》을 참조하라.

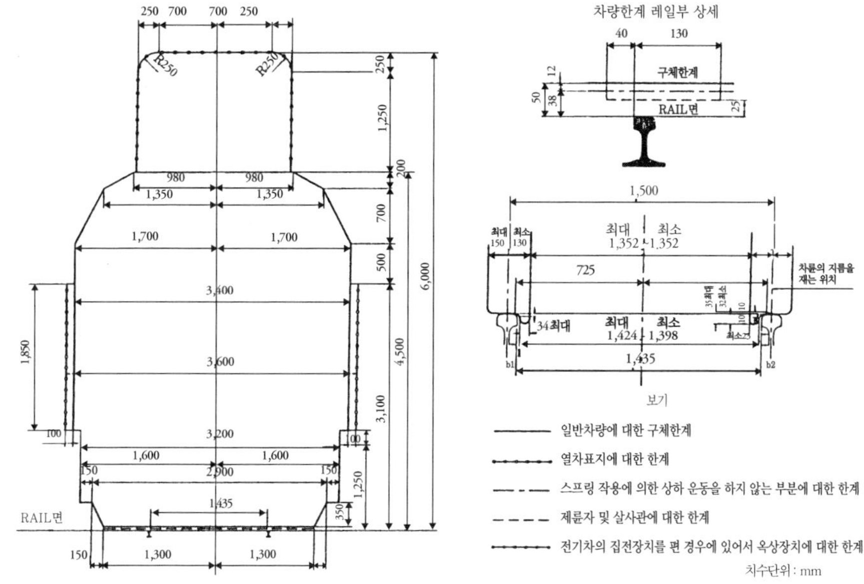

그림 2.5.7 국철의 차량한계

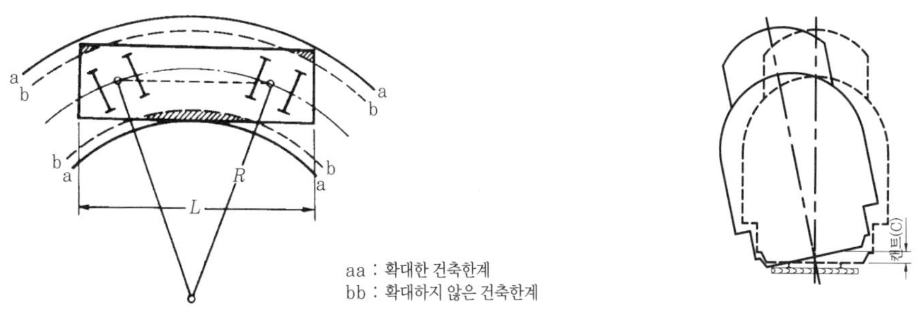

그림 2.5.8 곡선부에서의 건축한계   **그림 2.5.9** 곡선부에서의 건축한계

(다) 구축한계

참고적으로, 지하철에서는 구조물과 건축한계의 사이에 전기, 신호, 통신, 통로 기타 시설의 설치에 필요한 여유 공간으로서 구축한계를 두고 있으며, 이것은 장래 발생될지도 모르는 터널의 개축 및 고속운전을 위한 공간의 확보로서도 필요한 한계이다. '서울특별시 도시철도의 건설 기준에 관한 규칙' 에서는 다음과 같이 규정하고 있다. ① 건축한계 외의 여유 공간을 300 mm 이상으로 한다. 다만, 중앙기둥이 설치되어 대피통로와 병행하는 구간은 200 mm 이상(정거장에서 구조상 부득이한 경우에는 150 mm 이상)으로 할 수 있다. ② 통로설치시 건축한계와의 여유 공간을 800 mm 이상으로 한다. 다만, 복선터널구간과 같이 양측에 통로를 설치하는 경우에 500 mm 이상으로 한다. 예를 들어, 서울 지하철 9호선의 높이는 차량한계 4,560 mm, 건축한계 4,960 mm, 구축한계 5,610 mm이다[245].

(2) 캔트(cant)

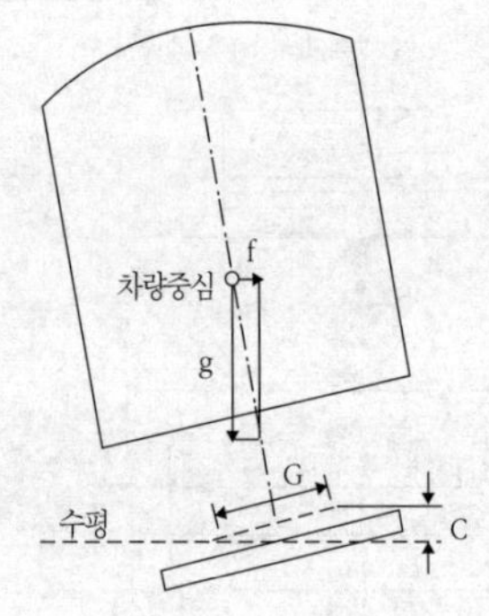
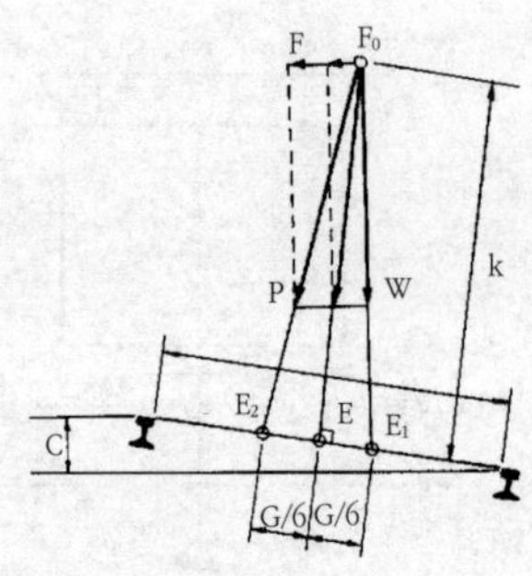

그림 2.5.10 곡선에서의 캔트

그림 2.5.11 최대 캔트

    곡선(curve)에서는 통과열차의 원심력으로 인하여 외측 레일에 과대한 하중이 걸려 속도가 크게 되면 차량이 외측으로 전도하게 된다. 이것을 방지하기 위하여 외측 레일을 안쪽 레일보다 높게 부설하여 (그 고저 차이를 캔트라고 한다) 원심력과 중력의 균형을 도모하고 있다(**그림 2.5.10**). 즉, 원심력과 중력의 합이 궤간의 중앙에 가도록 한다. 캔트는 평균속도로 설정하므로 그보다 고속인 열차에 대하여는 캔트가 부족하게 된다. 캔트는 이와 같이 열차가 어떤 속도로 곡선을 통과하는 경우에 ① 곡선 바깥쪽으로 작용하는 초과 원심력으로 인한 승차감의 악화 방지와 ② 윤하중(wheel load), 횡압으로 인한 궤도 틀림(track deterioration)의 경감을 위하여 설정하고 있다. 캔트는 다음의 식으로 계산하며, C_d를 빼지 않은 원래의 값($11.8\ V^2/R$)을 균형캔트(equilibrium cant) 또는 평형캔트(이론캔트)라고 한다. 통과하는 열차의 평균에 대응하는 실제의 설정캔트는 선로조건에 따라 이 값에서 조정치(이 값은 캔트부족으로 된다. 최대 부족캔트는 **표 2.5.1**의 [4]① 참조)를 뺀 값으로 하고 있다.

$$C = 11.8\ \frac{V^2}{R} - C_d \qquad (2.5.5)$$

여기서, C : 설정캔트(mm), V : 설계속도(km/h), R : 곡선반경(m), C_d : 부족캔트(mm)

    열차의 실제운행속도와 설계속도 간의 차이가 큰 경우에는 다음의 공식으로 초과캔트를 검토하여야 하며, 이때 초과캔트는 110 mm를 초과하지 않도록 한다.

$$C_e = C - 11.8\ \frac{V_\circ^2}{R} \qquad (2.5.6)$$

여기서, C_e : 초과캔트(mm), C : 설정캔트(mm), $V_\circ$: 열차의 운행속도(km/h), R : 곡선반경(m)

    또한, 캔트는 열차가 곡선에서 정지한 경우에도 차량이 강풍으로 인하여 곡선의 안쪽으로 전도할 우려가 없어야 한다. 그래서 캔트의 최대량을 여러 가지의 여유를 보아 제한(최대 설정캔트 : **표 2.5.1**의 [4]① 참조)하고 있지만 열차가 정지하고 있을 때에도 차량이 곡선 안쪽으로 전복(overturning)되지 않도록 **그림 2.5.11**에 나타낸 것처럼 중력 W가 궤간의 중심 1/3의 범위에 들어가는 것을 고려하여 캔트의 최대량을 결정하고 있다.

    차량이 곡선을 통과하는 경우에 초과 원심력으로 인한 승차감의 악화, 횡풍으로 인한 차량의 바깥쪽으로의 전도 등을 방지하기 위하여 고려하는 캔트 부족량(cant deficiency)의 한도를 정한다.

    캔트는 본선로에 대하여 완화 곡선의 전장에 걸쳐 완화 곡선의 곡률(curvature)에 맞추어 체감(gradual decrease)한다. 캔트는 완화곡선이 있는 경우에 완화곡선 전체길이, 완화곡선이 없는 경우에 **표 2.5.1**과 같이 증감(체가, 체감)한다. 여기서 언급하지 않은 캔트에 대한 그 밖의 상세는 제9.1.2(3)항을 참조하고, 캔트량 공식의 유도는 《철도공학》과 《선로공학》을 참조하라.

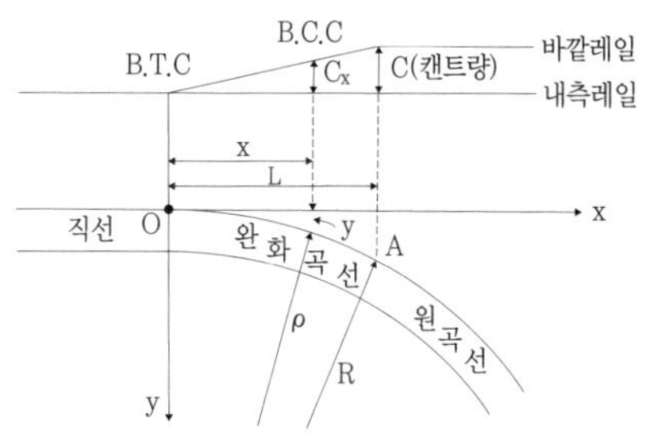

그림 2.5.12 완화 곡선과 캔트

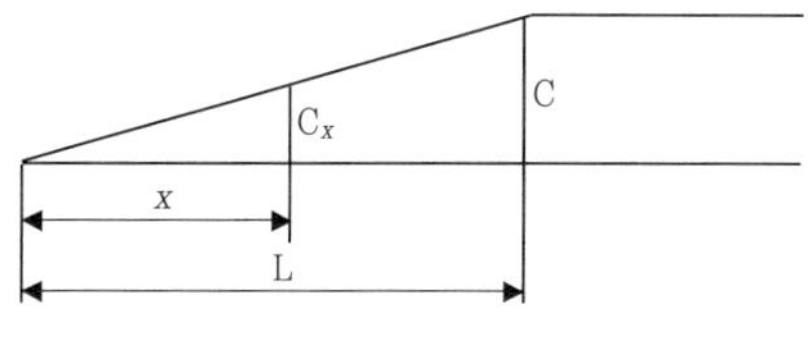

그림 2.5.13 캔트의 직선 증감

표 2.5.2 각종 완화곡선의 특색

완화 곡선 종류	장점	단점
클로소이드 곡선 3차 포물선	·곡선반경이 작은 지하철에서 유리하다. ·완화 곡선의 설정이 용이하므로 일반적으로 잘 이용된다.	·계산이 복잡하기 때문에 궤도의 부설과 보수가 곤란하다. ·승차감은 사인반파장 체감곡선보다 떨어진다.
사인반파장 체감곡선	·이론치에 가까우므로 승차감이 좋다.	·클로소이드 곡선과 같이 부설과 보수가 곤란하다.

(3) 완화곡선(transition curve)

열차가 직선(straight)에서 원곡선(circular curve)으로 들어갈 때는 곡률반경이 무한대(직선)에서 일정한 곡선으로 불연속적으로 변화된다. 이 때문에 각 차량은 큰 동요나 충격을 받으므로 이것을 완화시키기 위하여 직선과 원곡선간에 특별한 곡선을 삽입하여 충격을 완화시킨다. 이 곡선을 완화곡선이라고 한다. 즉, 곡선에 붙인 캔트는 곡선 외에서 점차 감소시키지만 이 경우는 캔트의 감소에 수반하여 원활하게 곡선반경을 증대시킬 필요가 있다. 이 저감 구간에서는 완화곡선의 길이에 걸쳐 차량에 작용하는 원심력을 캔트에 균형이 되게 한다(**그림 2.5.12**). 완화 곡선은 상기와 같이 곡선에 있는 캔트와 슬랙을 원활하게 증감(체가 · 체감)시킴으로써 차량의 3점 지지(three-point support)나 급격한 선회 운동을 없게 하기 위하여 필요하다. 완화 곡선의 종류에는 3차 포물선(cubic parabola), 사인 반파장 체감곡선, 클로소이드 곡선 등이 있다. 이들 완화 곡선의 특색을 **표 2.5.2**에 나타낸다. 우리나라에서는 3차 포물선을 이용하고 있다. 완화 곡선의 길이는 승차감 등을 위하여 통과 속도에 따라 캔트의 배율로 하고 있으며 캔트가 크게 되면 완화 곡선은 길게 된다. 완화곡선을 삽입하는 개소와 완화곡선의 길이, 중간 직선길이, 및 부족캔트 변화량 한계치 등은 **표 2.5.1**의 [4]~[6] 참조하라.

(가) 직선 증감(직선 체가 · 체감)

곡률과 캔트의 직선체감 방법은 완화곡선 시 · 종점에서 캔트의 변화점에 불연속이 생긴다. 3차 포물선은 우리나라의 일반철도 및 고속철도에서 적용하며 곡률은 완화곡선의 접선(횡거)에 비례하여 증가시키는 방법이다.

1) 캔트변화

그림 2.5.13에서

$$C_x = C \times \frac{x}{L} \tag{2.5.7}$$

여기서, L: 완화곡선길이, C: 원곡선의 캔트, C_x: 완화곡선시점부터 x위치에서의 캔트

2) 곡률변화

$$\frac{1}{\rho} = \frac{1}{R} \times \frac{x}{L} \tag{2.5.8}$$

그림 2.5.12에서

여기서, ρ : 완화곡선 시점부터 x 위치에서의 곡률, R : 원곡선반경

$$y = \frac{x^3}{6RL} \tag{2.5.9}$$

• 3차 포물선의 종거

$$F = \frac{L^2}{24R} \tag{2.5.10}$$

• 3차 포물선에서 원곡선의 이정(shift)량

여기서, R : 원곡선 반경, x, y : 가로와 세로 좌표, L : 완화곡선 길이

(나) 원할 증감(원활 체가 · 체감)

캔트와 곡률을 곡선적으로 체감하는 것으로 고속운전에 적합하다(**그림 2.5.14**). 그러나 보수가 복잡하며 완화곡선 중앙부에 평면성 틀림이 발생한다. 사인 반파장 완화곡선은 일본에서 사용하며, 다음의 각 식은 사인 반파장 완화곡선에 관련된다.

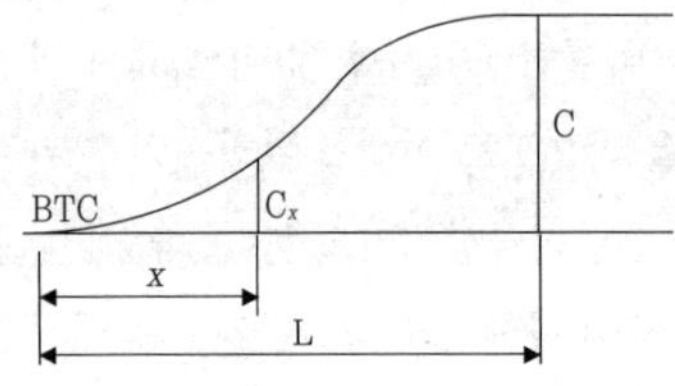

그림 2.5.14 캔트의 원활 증감

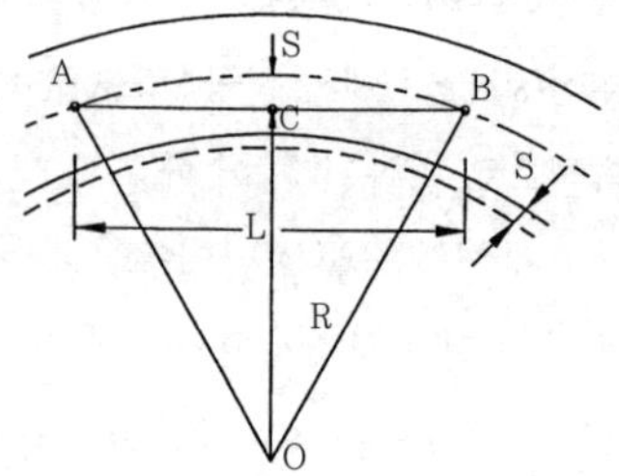

그림 2.5.15 궤간 확대

• 캔트변화

$$C_x = \frac{C}{2}\left(1 - \cos\frac{\pi}{L} \cdot x\right) \tag{2.5.11}$$

• 곡률의 종거

$$y = \frac{C}{2R}\left\{ \frac{x^2}{2} - \frac{L}{\pi^2} \cdot \left(1 - \cos\frac{\pi}{L} \cdot x\right) \right\} \tag{2.5.12}$$

• 완화곡선 시점부터 거리 x에서의 곡률

$$\frac{1}{\rho} = \frac{1}{2R}\left(1 - \cos\pi\frac{\pi}{L}\right) \tag{2.5.13}$$

4차 포물선은 독일에서 사용한다.

(4) 직선과 원곡선의 최소길이

본선에서 직선과 원곡선은 설계속도에 따라 **표 2.5.1**의 [6]과 같이 일정길이 이상으로 하여야 한다.

2.5.3 궤간과 궤도중심 간격

(1) 궤간의 공차(tolerance for rail-gauge)

차량은 2줄의 레일로 유도되어 주행한다. 레일에 접하는 차륜의 주행 면과 플랜지면에는 좌우 한 쌍의 차륜이 항상 궤도의 중심을 따라 주행하도록 경사가 붙여져 있다(제3.1.4항 참조). 이와 같은 상태로 차량이 주행하면, 차륜과 레일의 접촉부는 상호로 마모가 생겨 변형되고 더욱이 양자의 공차 영향도 있어 접촉 위치는 항상 변화된다. 그러나, 차량의 안전과 쾌적한 주행을 확보하기 위하여 이 접촉 위치는 항상 어떤 범위 내로 한정되어 있어야 한다. 이 접촉 위치의 양측 레일간에서의 최단 거리를 궤간이라 한다.

궤간의 측정높이는 레일상면에서 14 mm(2004. 12 이전의 국철은 16 mm) 아래로 정하고 있으며, 유럽에서도 14 mm로 정하고 있다. 레일 두부형상과 차륜 플랜지 형상의 상관관계를 보면, 양자가 상시 접촉하는 범위는 쌍방의 마모 상황을 감안하여도 레일 면(rail level)부터 13 mm 전후이며, 1 mm의 여유를 보아 "레일 면으로부터 14 mm"에서 측정하도록 하고 있다.

곡선부에서 실제로는 궤간의 확대량(슬랙)과 보수 한도를 고려하여 다음의 식과 같이 된다.

$$궤간 = 1435\,mm + (슬랙) + (공차)$$

일반철도에서는 궤간의 정비기준치(absolute tolerance)를 크로싱 이외의 경우에 대하여 +10, -2 mm(궤도정비기준), +2, -2 mm(궤도공사 마감 기준)로 하고 있다. 고속철도에서는 궤간의 허용한도를 1,433 mm 이상, 1,440 mm 이하로 하고, 100 m 구간의 평균에 대하여 1,434 mm 이상, 1,438 mm 이하(준공 기준)로 하고 있다(목표, 주의, 보수, 속도 제한 등의 기준은 《고속선로의 관리》 참조). 분기기의 궤간에 대한 정비한도는 고속철도의 분기기부가 +3 mm, -1 mm(준공 기준), 국철의 크로싱부와 CTC구간의 텅레일 부분이 +3 mm, -2 mm이다.

(2) 슬랙{slack, gauge widening (or slacking)}

철도차량에는 일반적으로 2개의 차축(axle)이 평행하게 고정된 차축 간격이 있으므로 모든 차축이 곡선의 중심을 향할 수는 없다. 그 때문에 곡선부에는 궤간을 약간 넓혀 차륜을 원활하게 주행시키고 있다(**그림 2.5.16**). 이 궤간의 확폭(increment of width)을 슬랙(slack)이라 하며 곡선반경이 작을수록 크게 된다.

반경 300 m 이하의 원곡선에는 다음의 산식으로 산정한 슬랙을 붙인다. 선로정비지침에서는 600 m 이하인 곡선구간에 상기의 계산식, 또는 **표 2.5.3**의 슬랙표에 따라 슬랙을 두도록 규정하고 곡선반경 600 m 이상의 곡선이라 할지라도 필요에 따라 4 mm까지 슬랙을 붙일 수 있게 하고 있다(2000. 8. 22까지는 반경 800 m 이하인 곡선).

$$S = \frac{2,400}{R} - S' \tag{2.5.14}$$

여기서, S : 슬랙(mm), R : 곡선반경(m), S' : 조정치(0~15 mm)

철도의 건설기준에 관한 규정에서는 슬랙을 캔트의 체감과 같은 길이로 체감(**표 2.5.1**의 [9]② 참조)하도록 규정하고 있으며, 선로정비지침에서는 슬랙의 체감길이를 다음과 같이 정하고 있다. ① 완화곡선이 있는 경우 : 완화곡선 전체의 길이, ② 완화곡선이 없는 경우 : 캔트 체감 길이와 같은 길이(캔트가 없는 경우에는 원곡선 양단으로부터 직선구간에 각각 4m), ③ 복심곡선 안의 경우 : 두 곡선 사이의 캔트차이의 600배 이상의 길이. 이 경

표 2.5.3 국철의 슬랙표

곡선반경(m)	S(mm)		곡선반경(m)	S(mm)	
	최소 (S'=15)	최대 (S'=0)		최소 (S'=15)	최대 (S'=0)
90~119	12	27		0	11
120~169	0	20		0	9
170~189	0	14	300~349	0	8
190~209	0	13	350~399	0	7
210~249			400~499	0	6
250~299			500~599	0	5
			600 이상	0	4

우에 두 곡선 사이의 슬랙 차이를 체감하되 곡선 반경이 큰 곡선에서 체감한다.

슬랙량이 어떤 한도보다 크면 탈선(derailment)의 위험이 있으므로 국철에서는 슬랙이 30 mm를 넘지 않도록 하고 있다. 한편, 슬랙량 계산공식의 유도는《철도공학》과《선로공학》을 참조하라.

(3) 궤간의 종류(classification of gauge)

세계의 주요 국가에서 이용되고 있는 궤간은 1.676 m(5′6″)에서 0.762 m(2′6″)까지 여러 가지가 있지만, 가장 많이 이용되고 있는 궤간은 영국의 철도 창업 시(1825년)에 채용된 1.435 m(4′8 1/2″)이며, 이것을 표준 궤간(standard gauge)이라 부르고, 그보다 넓은 것을 광궤(broad gauge), 좁은 것을 협궤(narrow gauge)라 칭하고 있다. 표준 궤간은 1844년 영국에서 법률로 정하였고, 국제적으로는 1886년 스위스 베른의 국제회의에서 제정하였다. 우리나라에서는 표준 궤간을 사용하고 있다.

구소련·핀란드·모나코 등은 1,524 mm, 일본·남아프리카·인도네시아·뉴질랜드 등은 1,067 mm, 타일랜드·말레이시아·인도·케냐·브라질 등은 1,000 mm 의 체간을 사용한다. 구소련의 1,524 mm보다 넓은 궤간으로서는 오스트레일리아·브라질의 1,600 mm, 스페인·포르트갈의 1,668 mm, 인도·파키스탄·아르헨티나 등의 1,676 mm가 있다. 오스트레일리아(1,600, 1,435, 1,067 mm), 인도(1,676, 1,000, 762 mm), 브라질(1,600, 1,000 mm) 등의 예와 같이 궤간이 통일되지 않은 예도 있으며, 열차가 직통할 수 없기 때문에 불이익이 크다.

궤간의 대소는 ① 운전속도, ② 수송량(volume of transportation), ③ 차량의 주행 안전성 및 ④ 건설비 등에 크게 영향을 준다. 광궤는 건설비를 제외한 상기의 모든 항목에 유리하며, 차륜의 직경을 크게 할 수 있으므로 충격이 적고, 승차감이 좋으며, 차량·궤도의 파괴를 감소시킬 수 있다. 그에 비하여 협궤는 모든 구조물을 작게 할 수 있으므로 용지비를 포함한 건설비가 싸게 되며, 곡선 통과가 용이하므로 곡선반경의 제한이 작게 된다. 일반적으로 말하자면, 궤간이 넓은 궤도의 이점으로서는 ① 차량중심의 위치를 내리고 동력장치를 효율이 좋게 배치할 수 있으므로 고속운전에 유리하다, ② 차량단면을 크게 하고 대형 차량을 이용하여 대량으로 효율이 좋게 여객과 화물을 수송할 수가 있다, 등이 열거된다. 또한, 궤간이 좁은 궤도의 이점은 다음과 같다. ① 구조물이 작아 용지비나 건설비를 싸게 할 수 있다, ② 선로단면을 작게 할 수가 있으므로 노선설정이 보다 용이하다, 등이다. 증기 기관차(steam locomotive)의 시대에는 최고 속도(maximum speed)가 궤간 폭에 좌우되는 동륜(driving wheel) 지름에 거의 비례하였기 때문에 협궤는 속도의 점에서 불리하였지만, 전기·디젤의 동력 방식에서는 주행의 안정성만이 관련되고 궤간에 따른 속도의 차이는 적게 되어 있다. 또한, 남아프리카나 브라질 등의 광석수송 철도의 예와 같이 궤도구조(track structure)의 강화에 따라서 협궤에서도 대형 차량이 채용되어 차량 크기(축중)의 차이가 작게 되어 있다.

(4) 궤간이 다른 선로간 연락운전의 방책

1) 여객의 갈아타기나 화물의 갈아 싣기를 이용하는 방법 : 궤간이 다른 접속 역에서 여객의 갈아타기나 화물의 갈아 싣기를 하는 것이 가장 일반적인 방법이지만, 여객에게는 불편을 초래하며, 화물의 경우는 시간과 경비가 소비되고, 고가의 화물을 손상시키거나 물건을 부패시킬 우려가 있다.

2) 궤도의 궤간을 바꾸는 방법 : 궤간이 다른 한쪽의 궤간을 다른 쪽 선구의 궤간에 맞도록 바꾸거나, 양 궤간의 레일을 병설하도록 3선 레일이나 4선 레일로 궤간을 바꾸는 방법이다. 이 방법은 기술적인 문제가 그다지 없는 확실한 방법이지만 궤간 개량 공사 기간 중의 대체 교통수단을 준비할 필요가 있다. 궤간 개량 공사비가 높은 점 등의 과제가 있다.

3) 윤축 교환 또는 대차 교환에 의한 방법 : 궤간이 다른 접속 역에서는 객차의 경우에 대차 교환, 화차의 경우에 윤축 교환 또는 대차 교환을 채용하고 있는 예가 있다. 대차 교환의 경우에 5량 정도를 동시에 잭으로 올려 분리한 대차를 밖으로 내보내면서 바뀌 들어가는 궤간에 대응하는 대차를 보내어 차체를 설치한다. 따라서, 차체의 올림, 내림을 하는 리프팅 잭 등의 설비, 양 궤간 교환용의 윤축이나 대차, 교환 작업을 하는 요원 등을 다수 준비하여 둘 필요가 있다.

4) 화차 반송용의 화차 또는 대차에 의한 방법 : 화차를 적재한 채로 반송할 수 있는 화차를 이용하거나, 화차의 각 윤축의 하부에 설치하여 화차를 반송하는 대차로 직통 운전하는 방법이며, 화차를 적재한 상태로 차량한계 내에 들어가도록 하는 것이 조건이다.

5) 궤간 가변 차량에 의한 방법 : 차량 측에서 차축의 폭을 궤도의 레일 폭에 맞추어 가변할 수 있는 기구를 장치하여 궤간이 다른 접속 역에 설치된 궤간변환 장치 위를 통과하는 것만으로 직통 운전이 가능하기 때문

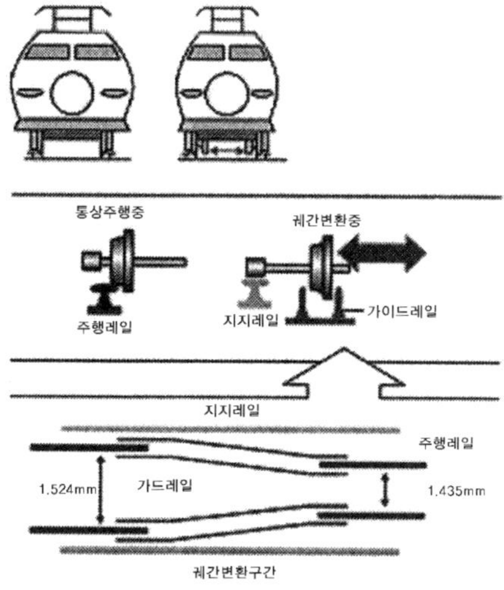

그림 2.5.16 궤간가변의 개념

에 가장 바람직한 방법이다. 스페인의 Talgo 차가 실용화 되어 있으며, 최근에 Talgo 차를 견인하는 디젤 기관차용 동력 장치를 설비한 궤간 가변 대차, 화차용 궤간 가변 대차의 개발 등이 진행되고 있다. 일본에서도 신칸센(표준궤간)과 재래선(1,067 mm 궤간)의 연락운전을 위해 궤간 가변대차의 개발을 진행하고 있다.

그림 2.5.16[239]은 궤간가변의 개념도를 예로서 나타낸 것이다.

(5) 궤도중심 간격(track center distance, track spacing)

궤도가 2선 이상 평행하여 있는 경우에 인접 궤도를 주행하는 차량과 접촉되지 않도록 하며, 승무원이나 승객에게 안전하고 보선원이 용이하게 대피할 수 있도록 궤도가 어느 거리 이상 떨어져야 한다. 이와 같이 평행하여 있는 인접 궤도 중심선간의 거리를 궤도중심 간격이라 부르며, 선로의 궤도틀림과 열차동요, 여객이 차량의 창밖으로 얼굴이나 손을 내민 경우의 안전을 고려하여 정한다. 직선구간에서 궤도중심 간격은 차량한계 중의 기초 한계에 다 적어도 60 cm를 더한 것 이상으로 하고, 다만 여객이 창에서 신체를 내밀 수 없는 구조에서는 40 cm 이상으로 한다.

궤도중심 간격은 **표 2.5.1**에 따른다. 고속선로의 경우에는 ① 열차교행시의 압력, ② 열차 풍에 의한 유지보수요원의 안전(선로사이에 대피소가 있는 경우에 한함), ③ 궤도부설오차, ④ 직선과 곡선부에서 최고속도로 교행하는 차량과 측풍 등에 대한 탈선안전도, ⑤ 유지보수 편의성 등을 고려하여 다르게 조정할 수 있다. 곡선의 경우는 건축한계 확대의 경우처럼 상기의 치수에 차량의 편의(偏倚)에 따른 치수, 즉 W(각 측의 확대 치수, 단위 : mm) = 50,000/R (곡선 반경, 단위 : m)의 2배를 확대한다.

제3장 철도 선로

철도의 특색은 고정된 선로를 갖고 있는 점이다. 철도 차량의 운행 자유는 선로에 의하여 극단적으로 제한된다. 그 반면에, 다른 수송 기관에 비하여 주행의 안전성이 보증된다. 평활한 선로상의 주행에 의하여 열차 속도, 수송량 등은 다른 수송 기관에 비하여 우위에 있다.

선로(permanent way)란 열차 또는 차량의 주행로이며, 철도선로의 기본 구조는 차량을 주행시키는 궤도(track)와 궤도를 지지하는 노반(road bed) 및 각종의 선로 구조물, 전차선로로 성립되어 있다.

궤도는 도상 · 침목 · 레일과 그 부속품(체결 장치 등)으로 구성되어 있는 것이 대부분이다. 도상은 지금까지 자갈이 주종을 이루고 있었으나 근래에는 점차적으로 콘크리트를 채용하여 가는 추세이다. 침목과 도상이 일체로 된 슬래브 궤도 등도 있다.

노반은 도상의 하부에 있는 기초이다. 노반은 자연 그대로이든지, 흙 쌓기(banking) · 땅 깎기(cutting) 등의 흙 구조물, 교량 · 고가교 등의 고가 구조물, 터널 등의 지하 구조물이 있다.

그림 3.0은 철도 선로의 구조를 나타낸다.

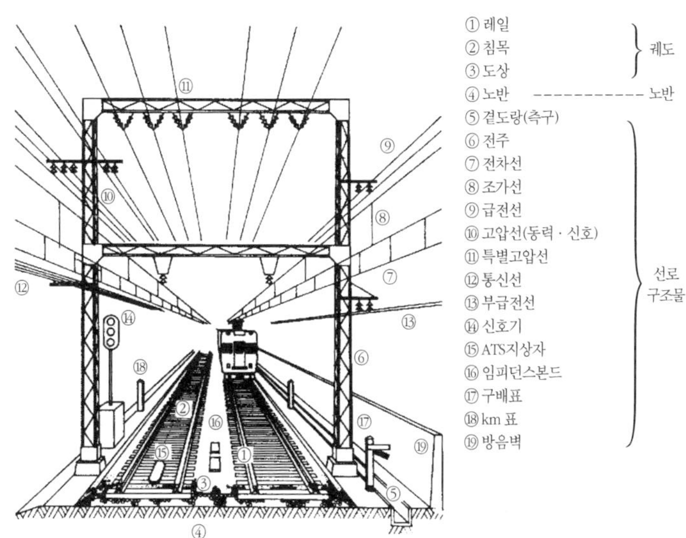

그림 3.0 철도 선로의 구조

3.1 궤도의 구조

3.1.1 궤도 도상구조의 종류

(1) 자갈 궤도(ballast bed track)

1) 도상 자갈의 기능 : **그림 3.1.1**에 나타낸 궤도의 구조처럼 도상에는 친 자갈(과거에 사용) · 깬 자갈(현재 주로 사용) 등의 자갈이 장년에 걸쳐 채용되어 왔다. 도상자갈은 열차로부터 레일 · 침목을 거쳐 전달된 하중을 널리 분산시켜 노반(궤도를 지지하는 지표면)으로 전하며(**그림 3.1.2**) 차량의 좌우동, 온도로 인한 레일의 신축에 따른 침목의 이동을 방지하는 외에, 차량의 주행에 수반되는 진동 에너지를 흡수하고 우수의 배수(drainage)를 용이하게 하며 잡초의 발육을 방지한다. **그림 3.1.2**는 궤도에서 하부 층으로 내려가면서 부재의 표면적이 증가되고 응력이 감소되는 원리를 나타낸다. 응력은 윤하중 작용 지점과 노반 사이에서 1,000~1,500배 만큼이나 감소된다.

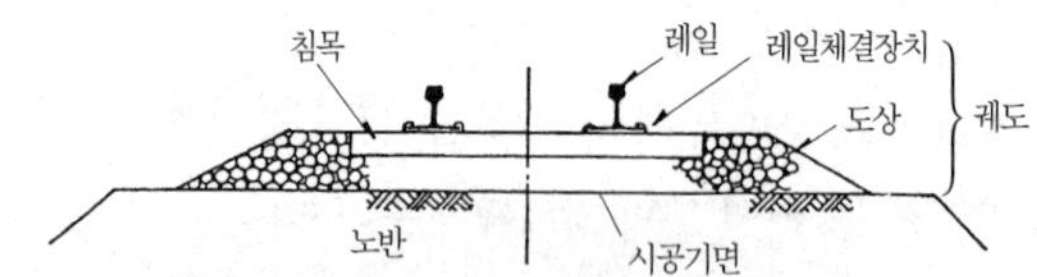

그림 3.1.1 표준적인 궤도의 구조

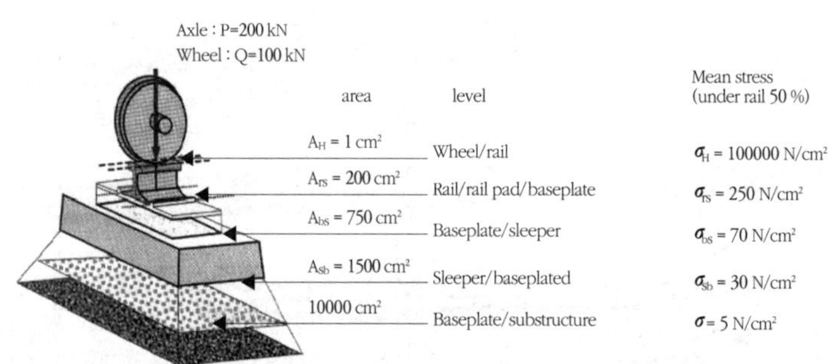

그림 3.1.2 하중전달의 원리(예)

2) 도상의 두께(depth(or thickness) of ballast) : 침목하면에서 노반표면까지의 도상두께는 열차 속도에 따라 **표 2.5.1**과 같이 정하고 있다. 도상 어깨 폭은 1~2급선 35 cm, 3급선 30 cm, 4급선 25 cm이며, 도상단면 측면의 기울기는 각각 1:1.8이다. 일반철도에서 장대 · 장척 레일 부설구간은 도상 어깨 폭을 45 cm로 하여 10 cm 더 돋기를 한다. 또한 도상두께를 30 cm로 하고 있다. 고속철도 자갈도상의 어깨 폭은 침목 상면 끝에서 어깨 끝까지 50 cm로 하고 어깨의 기울기는 1:1.8로 한다. 고속철도 본선에서 "① 장대레일 신축 이음매 전후 100 m 이상의 구간, ② 교량전후 50 m 이상의 구간, ③ 분기기 전후 50 m 이상의 구간, ④ 터널입구로부터 바깥쪽으로 50 m 이상의 구간" 등에는 도상어깨 상면에서 10 cm 이상의 더 돋기를 시행한다.

3) 자갈도상(ballast bed)의 특징 : 자갈도상은 건설비가 비교적 싼 점, 궤도틀림(irregularity of track)의 정정이

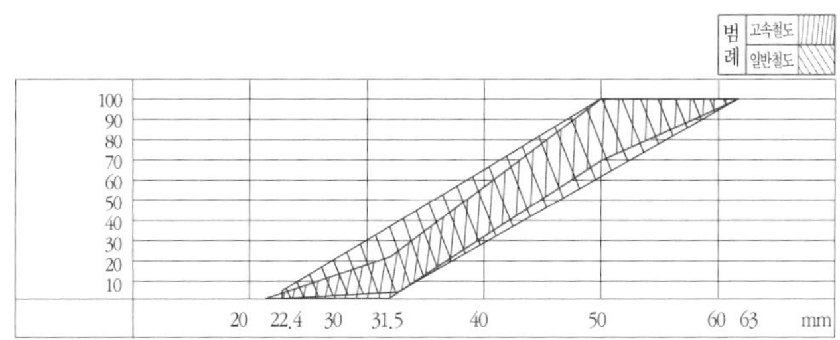

그림 3.1.3 궤도자갈의 입도분포

비교적 용이한 점 등에서 무거운 차량을 지지하기에 비교적 합리적이고 경제적으로도 뛰어나므로 예전부터 동서양을 불문하고 채용되어 왔다. 열차의 주행에 따른 궤도틀림(레일의 수평이나 좌우 등의 변화)은 중량레일·장대레일(continuous welded rail)·PC침목(prestressed concrete sleeper)·깬 자갈 등의 채용에 따라 감소되고 있다. 그러나, 경년과 함께 자갈의 입자가 마멸 미립자화되고 토사도 혼입되어 배수가 불량하게 되며, 고결되어 탄성(elasticity)을 잃기 때문에 자갈치기(일반철도는 도상 내의 토사혼입률이 25 % 이상이거나 배수가 불량한 분니개소를 자갈치기 한다)나 갱신(renewal) 작업을 필요로 한다.

4) 도상 자갈(궤도자갈)의 입도(grading) : 도상에 이용하는 깬 자갈(crushed stone)은 화강암, 규암, 안산암 등의 단단하고 인성(tenacity)이 풍부한 암석을 쇄석기(크러셔)로 70~15 mm 정도로 파쇄한 것이 지지력(bearing capacity)·저항력이 크고 배수도 양호하여 궤도 재료로서 최고의 것으로 되어 있다. 대입경(60 mm 이상) 비율이 높은 것은 공극이 증대하여 침하에 대한 저항이 작게 되므로 좋지 않고, 또한 작업성의 면에서 적은 쪽이 좋으며, 소입경(20 mm) 비율이 높은 것은 세립화 방지에 좋지 않으므로 세립화 방지를 위하여 적은 쪽이 좋다. 따라서, 각종의 적정한 입경을 가진 깬 자갈을 적당히 혼합하는 것이 필요하다. **그림 3.1.3**은 궤도자갈의 입도분포도를 나타낸다.

5) 도상 자갈의 조건 : 도상 자갈의 조건은 다음과 같다. ① 재질이 견고하고 찰기가 있어 마손이나 풍화에 대하여 강할 것. ② 적당한 입형과 입도(grading)를 가지며, 다지기, 기타의 작업이 용이할 것. ③ 다량으로 얻어지고 가격이 저렴할 것. ④ 섬토·오니·유기물 등을 포함히지 않을 것. **표 3.1.1**은 궤도자갈의 규격, **표 3.1.2**는 일

표 3.1.1 궤도자갈의 규격 비교

구분		일반철도	고속철도	비고
	입도	22.4~65.0 mm (주 입도분포 22.4~60 mm)	22.4~63.0 mm (주 입도분포 31.5~50 mm)	
물리적 성질	LA시험	25 % 이하 (시료중량 10,000±75 g, 철구중량 4,975~5,025 g)	19.5 % 이하 (시료중량 5,000±5 g, 철구중량 5,020(0~5,340 g)	시험방법 강화 (시료중량:小, 철구중량:大)
	DEVAL시험	-	13 이상	마모기준 강화
세장석		-	7 % 이하	
편평석		-	12 % 이하	
불순물 함유량		3.5 % 이내 (석분 제외)	세척 : 0.063 mm → 0.5 % 이하 0.5 mm → 1.0 % 이하 미세척 : 2 % 이하	

그림 3.1.2 일반철도용 궤도자갈의 물리적 성질

품명	규격	단위중량	마모율	압축강도(흡수)
도상자갈	22.4~63 mm	1.4 t/m³ 이상	25 % 이하	800 kgf/cm² 이상
채움자갈	10~22.4 mm			

반철도 궤도자갈의 물리적 성질을 나타낸다. 고속철도용 궤도자갈은 로스앤젤레스 시험과 습식데발 시험결과로 상관관계 도표에서 구한 마모·경도계수가 20이어야 한다.

6) 도상 자갈의 소요량과 보충 : 자갈은 궤도 연장(track length) 1 km에 1,200(4급선)~3,100(고속철도) m³(약 1,800 ~4,650 t)이 필요하며 열차 주행의 반복 하중으로 마멸 감소되기도 하고 노반으로 박히기도 하기 때문에 때때로 보충하여야 한다.

7) 도상의 단면형상 : 상기의 (가)항에서 도상의 두께란 레일 직하의 침목 하면에서 노반 표면까지의 최소 깊이이며 열차하중의 충격 분포, 열차 속도 및 침목간격 등에 따라서 정하여져 있다. 도상의 단면형상은 **그림 3.1.4**에 나타낸 것과 같이 사다리꼴(台形)이다. 그 치수는 열차의 통과 톤수나 속도 등에 따라 도상파괴의 정도가 다르므로 선로의 중요도(등급)에 따라 정하여져 있다(**표 3.1.3**).

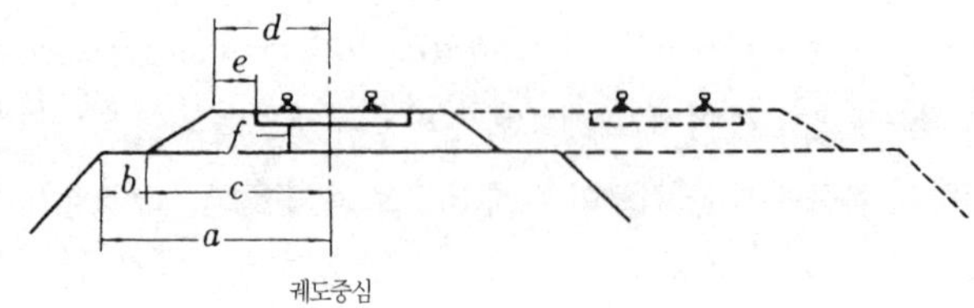

그림 3.1.4 도상의 단면형상

표 3.1.3 도상형상의 치수 (mm)

설계속도 V km/h	궤도중심에서 시공기면 어깨까지의 폭(a)	시공기면 어깨의 폭(b)	궤도중심에서 도상 비탈 아래 끝까지의 폭(c)	궤도중심에서 도상 어깨까지의 폭(d)	도상 어깨의 폭(e)	도상 두께(f)	도상측면의 기울기
200 ≤ V ≤ 350	4,500	1,478	2,900	1,800	500	350	1:1.8
일반선로의 장대레일 구간	4,250	2,011	1,620	1,620	370	300	1:1.8
120 < V ≤ 200	4,000	1,900	2,550	1,650	450	300	1:1.8
70 < V ≤ 120	3,500	1,670	2,500	1,650	450	270[*]	1:1.8
V ≤ 70	3,000	1,319	2,640	1,650	450	250	1:1.8
전철화할 경우[**]	4,000	1,450	2,550	1,650	450		1:1.8

[*] 장대레일구간 300 mm
[**] 전철주 건식위치는 선로중심에서 3.0 m 이상 확보

(2) 콘크리트 궤도(concrete bed track)

1) 콘크리트 궤도의 개요 : 일반적으로 지하철(subway)이나 장대 터널 등의 유지 보수와 배수가 곤란한 선로에서는 콘크리트의 도상에 직접 콘크리트 또는 목재의 단침목 등을 설치하는 구조가 사용된다. 콘크리트 도상은 탄성이 부족하고 레일 이음매의 손상이 적지 않았지만, 그 후에 탄성 체결장치(elastic fastening)의 개발, 레

표 3.1.4 무-도상 궤도의 건설 방법에 관한 가능성의 개관

콘크리트 궤도 시스템					
단속 레일 지지					연속 레일 지지
침목 또는 블록 사용		침목을 사용하지 않음			
콘크리트에 매립된침목 또는 블록	아스팔트-콘크리트 기층 위의 침목	사전 제작 콘크리트 슬래브	단일체 현장 슬래브 (토목 구조물 위)	매립 레일	고정되고 연속적으로 지지된 레일
Rheda Rheda 2000 Züblin LVT	ATD	신칸센 B̈ogl	포장-내 궤도 토목구조물 위	포장-내 궤도 경철도 건널목 Deck Track	Cocon Track ERL Vanguard KES

그림 3.1.5 Stedef 궤도

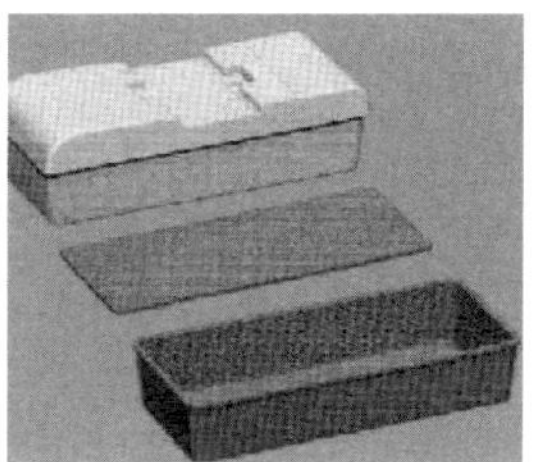

그림 3.1.6 LVT 궤도

일의 장대화에 따라 이 원인의 문제가 해소되어 궤도틀림이 적고 보수가 거의 불필요한 것이 최대의 이점이다. 자갈궤도는 열차운행에 따른 궤도틀림이 생기므로 보수 작업이 필요하지만, 근래에는 노동력 부족, 환경문제 등으로 보선작업 수행에 많은 제약을 초래하고 있다. 따라서, 지하철뿐만 아니라 일반철도와 고속철도에서도 자갈 다지기 등의 작업을 감소시킬 목적으로 콘크리트 궤도 등을 개발하여 부설하는 경향이 많아졌다. 콘크리트 궤도와 접속하는 자갈궤도는 양 궤도간의 강성 차이를 접속구간에서 완화시켜야 한다(상세는 《선로공학》, 《고속선로의 관리》 등을 참조).

현재 이용되고 있는 세계의 각종 무-도상 궤도(생력화 궤도)의 종류를 개략적으로 **표 3.1.4**에 나타낸다.

2) 국내 적용의 콘크리트 궤도 : Stedef 궤도(**그림 3.1.5**)는 서울 2기, 대구 1호선, 부산 2호선 등에서 채용하고 있으며 콘크리트 침목+방진재+콘크리트 도상으로 구성되어 있다. 서울 2기 지하철 2단계 구간(6호선, 7호선의 강남구간, 8호선 암사구간)은 방진체결장치 직결궤도(Alternative) 구조로 하였다. LVT 궤도(**그림 3.1.6**)는 Sfedef궤도와 유사하나 2블록간의 타이바가 없고, 콘크리트 도상 중앙에 배수로가 설치되어있으며, 국내에서는

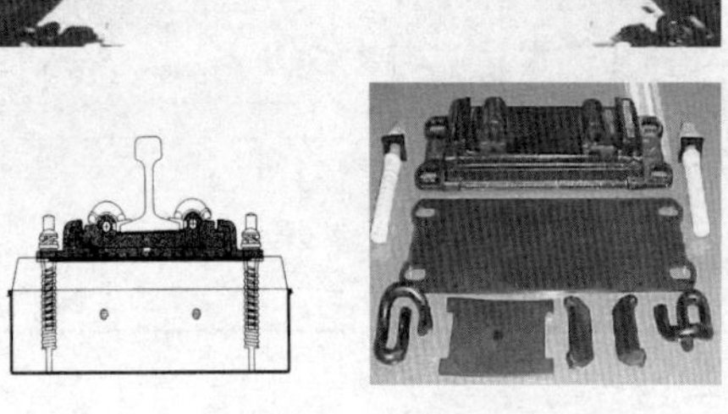

그림 3.1.7 ALT 궤도

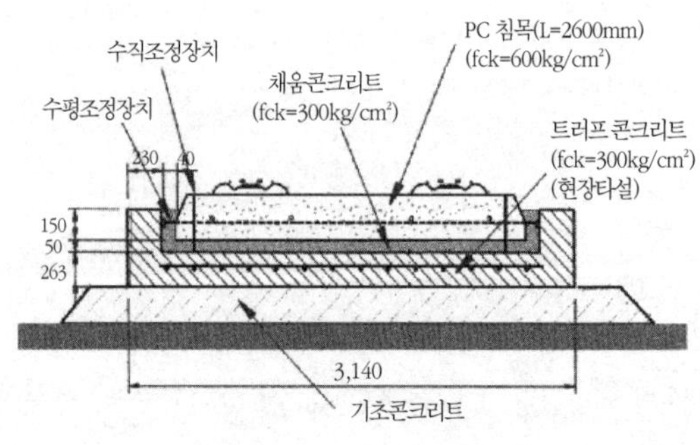

그림 3.1.8 국철궤도

인천 1호선, 국철 분당선, 전라선 터널 등에서 채용되어 있다. ALT 궤도(**그림 3.1.7**)는 Alternative 체결장치를 이용하며, 사용개소를 구분하기 위하여 콘크리트 직결궤도의 경우는 편의상 ALT-Ⅰ, RC블록 침목의 콘크리트 궤도인 경우는 ALT-Ⅱ로 구분한다. ALT-Ⅰ은 서울지하철 정거장 구간, 대전·대구·부산·광주 지하철의 정거장, 급곡선부, 고가구간에 부설되어 있다. ALT-Ⅱ는 전라선에 부설되어 있다. 국철 콘크리트 궤도(**그림 3.1.8**)는 모노블럭침목을 이용하며 사당선, 일산선 등에 채용되어 있다.

Rheda 궤도(**그림 3.1.9**)는 경부고속철도 1단계구간(광명~대구)의 광명역~장상터널간, 화신5터널, 황학터널 등 장대터널에 부설되어 있으며, 보슬로 레일체결장치를 이용하였다. Rheda-2000 궤도는 경부고속철도 2단계 구간(대구~경주~부산)의 토공구간, 교량구간(**그림 3.1.10**), 터널구간 등 모든 구간에서 전면적으로 채용하였다(후술의 제(3)항 참조). 그 외에 광주 지하철은 **그림 3.1.8**과 유사한 일본의 영단형 궤도로 부설되어 있다.

3) **외국의 콘크리트 궤도** : Züblin 궤도(**그림 3.1.11**)는 Rheda 궤도, Rheda-2000과 마찬가지로 독일에서 개발된 궤도구조이다. 그 외에 외국에서 채용중인 콘크리트 궤도를 **그림 3.1.12~3.1.18**에 나타낸다. **그림 3.1.19**는 레일 저부가 지지되지 않는 특수한 체결장치이다. 이 중에서 플로팅 궤도(**그림 3.2.14**)는 슬래브 아래에 스프링을 설치하였으며, 국내에서도 경인선 부천역사 구간에 스프링식 플로팅 슬래브궤도가 채용되어 있다. 플로팅 궤도에는 스프링식 외에도 패드 삽입 플로팅 슬래브궤도(전면 지지시스템)가 있다.

그림 3.1.9 Rheda 궤도

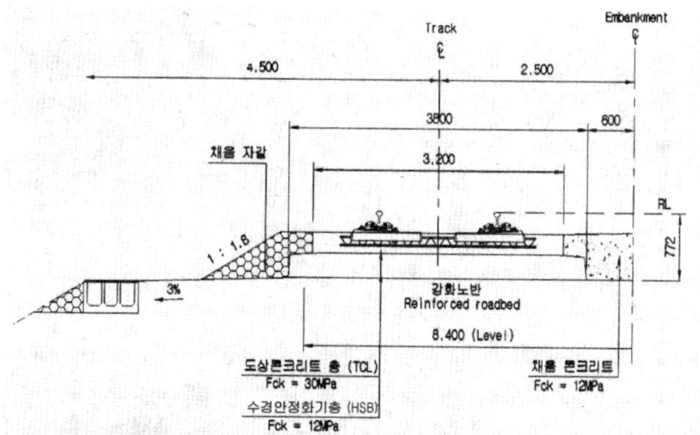

• 수경안정화 기층(HSB) : 폭 3.8 m, 높이 284 mm, • 도상콘크리트 층(TCL) : 폭 3.2 m, 높이 240 mm , • 궤도높이(R.L.E.L) : 772 mm

그림 3.1.10 Rheda-2000 궤도(토공구간의 예)

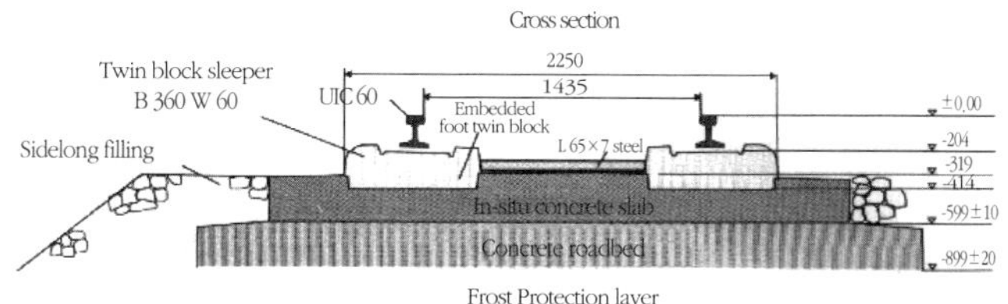

그림 3.1.11 Züblin 궤도 구조

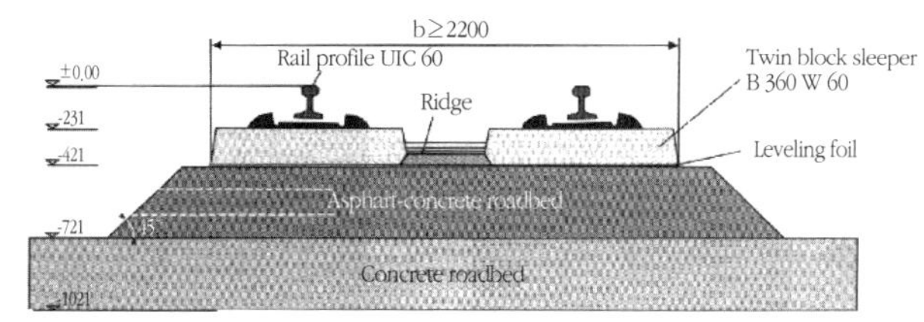

그림 3.1.12 아스팔트-콘크리트 기층을 가진 상부구조의 횡단면

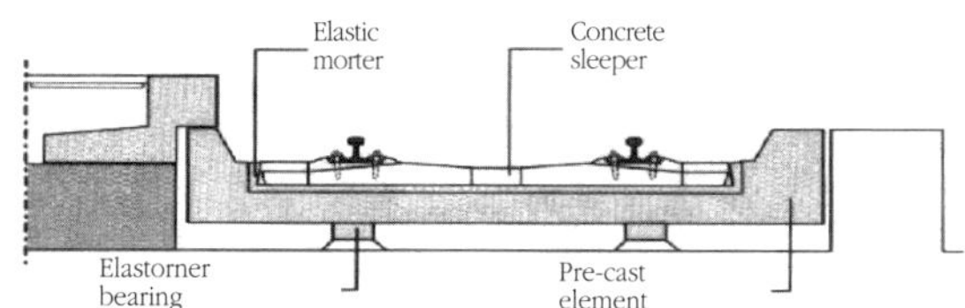

그림 3.1.13 London Underground에 설치된 플로팅 슬래브 또는, Eisenmann 궤도

(3) Rheda 2000 궤도

Rheda 2000 상부구조의 철근은 경질의 슬래브를 마련하는 목적이 아니고 균열-폭을 규제하고 횡력을 전달하는 주된 기능을 위하여 콘크리트 슬래브의 중앙에 적용하기 때문에 이 상부 구조는 무-침하 기초를 필요로 한다. Rheda 2000 시스템은 콘크리트 슬래브의 단일체 품질을 높이도록 모노블록 설계에서 치수가 정밀한 콘크리트

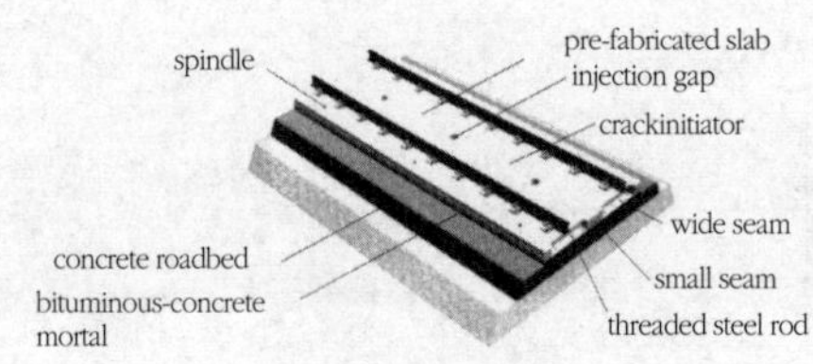

그림 3.1.14 Bögl 슬래브 궤도 시스템

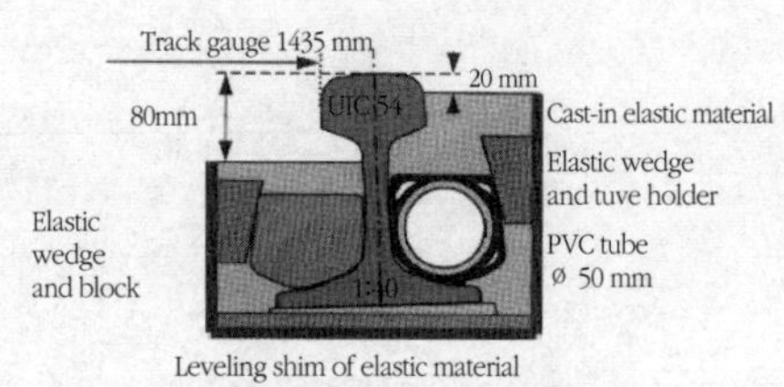

그림 3.1.15 홈 안의 매립 레일

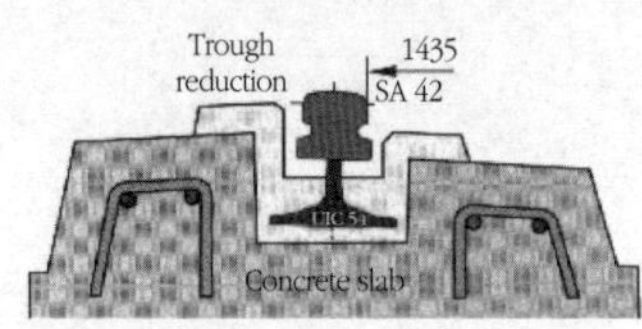

그림 3.1.16 저-소음 레일 SA 42

그림 3.1.17 Deck Track 시스템의 예술적 표현

그림 3.1.18 Cocon Track 시스템

그림 3.1.19 Vanguard 시스템

투원-블록 설계로 변화되었다. 기하 구조적으로 정확한 지지 점은 레일을 요구된 위치에 정확하게 고정한다. 게다가, 그들은 콘크리트 지지 점에서 내민 상당한 양의 철근으로 현장 타설 콘크리트의 최적 접착을 확보한다. 재래의 콘크리트 트로프를 제거하여 전체 시스템의 윤곽을 상당히 단순화하였다. 그 결과로서, 초기의 트로프 내 채움 콘크리트는 구조적인 역할을 하지 않으므로 슬래브의 전체 횡단면을 하나의 단일체 구성으로 하였다. 트로프를 제거하고 투원-블록 침목을 사용하여 구조의 높이를 상당히 감소시켰다. Rheda 2000 시스템의 설계는 계획 수립, 엔지니어링 및 치수 설정에서 비용-효과의 이유 때문에 실제 문제로서 부닥치는 다양한 궤도 상황에 적합하여야 한다. 이 목적을 위하여 토공 구간, 긴 교량과 짧은 교량, 굴착 터널 및 개착식 터널의 궤도에 대한 해법을 개발하여 왔다. 콘크리트 분기 침목은 분기기 시스템의 높이를 표준의 궤도 단면과 같게 유지하도록 투원-블록을 개조하여 개발하였다. 분기기에 작용하는 높은 횡력 때문에 침목과 슬래브에 추가의 보강이 필요하였다.

슬래브 궤도의 분기기 시스템에서 그 외의 모든 부재는 변경되지 않고 그대로 이다. 이들의 부재는 특히 유효성이 확인되었다. 자갈 궤도와 Rheda 2000 사이에는 천이(遷移) 접속의 구조를 사용한다.

(4) 일본 슬래브 궤도(slab track)

슬래브 궤도의 구조는 **그림 3.1.20**에 나타낸다. 공장

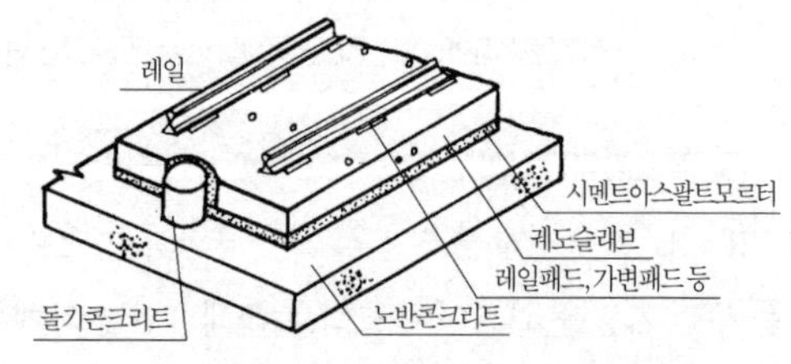

그림 3.1.20 슬래브 궤도의 구조

생산의 단척(5 m) 평면 모양의 슬래브(콘크리트제 ; 두께 16, 19 cm, 폭 2.34 m)를 콘크리트 노반 위에 설치하고, 그 사이에 시멘트와 아스팔트와의 혼합 모르터층(두께 약 50 mm)을 충전한다. 노반에 고정된 돌기 콘크리트로 수평방향의 힘을 고정하며, 레일은 레일패드(rail pad)를 넣어 좌우방향으로 조정할 수 있는 체결장치로 슬래브 위에 부설된다. 따라서, 종래의 도상 궤도와 거의 같은 탄성을 가지며, 궤도틀림의 정정도 용이하게 되어 있다.

3.1.2 궤도 구조의 표준(track standard)

궤도의 구조(track structure)는 열차의 축중(axle weight, axle load) · 주행 성능(running quality) · 속도 · 통과 톤수(tonnage)에 따르고 건설비 · 보수비 등도 고려하여 결정한다. 궤도구조의 표준은 레일중량과 자갈도상의 두께는 철도의 건설기준에 관한 규정에서 정하고 있으며(**표 2.5.1**의 [13]②), 침목 배치간격은 선로정비지침(한국철도시설공단 제정)에 의거한다(제3.4.3항 참조). 철도의 건설기준에 관한 규정에서는 자갈도상이 아닌 경우에 도상의 두께는 철도건설법 제8조의 규정에 의한 사업시행자가 별도의 시행기준을 마련하여 시행하도록 하고 있다. 또한, 선로정비지침에서는 콘크리트 도상 또는 콘크리트 슬래브인 경우에 25 cm 이하로 하도록 규정하고 있다

3.1.3 궤도 역학(track dynamics)

(1) 궤도에 작용하는 힘 및 정적과 동적 분석

(가) 차량운동으로 발생되는 힘

차량으로부터 차륜을 통하여 궤도에 작용하는 힘에는 다음과 같은 것이 있다.

1) 윤하중(輪重, wheel load) : 레일 면(rail level)에 수직으로 가해지는 힘을 윤하중이라고 한다. 고속 주행 시나 발차 시, 곡선 통과 시에는 충격이나 원심력의 불평형 등으로 인하여 정지 윤하중의 약 400 %까지 증가되는 일도 있지만 현재는 적절한 대책을 취하여 80 % 이하로 하고 있다.

2) 횡압(횡력, lateral force) : 곡선의 통과나 자량의 사행동(hunting movement) 등으로 인하여 생기는 레일 방향에 직각인 수평력을 횡압이라고 하며, 통상적으로 윤하중의 반분 이하이지만 최대 80 % 정도로 되는 일도 있다.

3) 축압(축력, axial force) : 레일 방향으로 가해지는 힘을 축압(축력)이라 하며, 레일의 온도 변화에 기인한 것이나 동력차의 가속 · 제동으로 인한 것이 있다.

(나) 정적 분석과 동적 분석

철도 공학에서 자주 이용하는 가정은 차량과 레일에 결함이 없다는 것이다. 응력 양의 측정은 시간의 영향을 무시해도 좋은 것으로 고려할 수 있음을 나타내었다. 그러한 조건에서는 각종 영향에 관하여 정적 해석이 적당하다. 그러나 차륜과 레일에는 결함이 발생되며, 이 결함은 차륜-레일 시스템에 추가의 동적 하중을 일으킨다. 이들의 추가 동적 하중은 열차 속도의 증가에 따라 더 중요하여져 간다. 힘을 측정한 결과에 의하면, 10 t의 윤하중과 200 km/h의 속도에서 추가의 동적 하중은 6 t만큼 정적 윤하중을 증가시키는 것과 동등하다는 것을 나타내었다. 그러므로 비록 저속에서 추가의 동적 하중을 무시할 수 있더라도, 이것은 중간 속도에서 그러하지 않으며

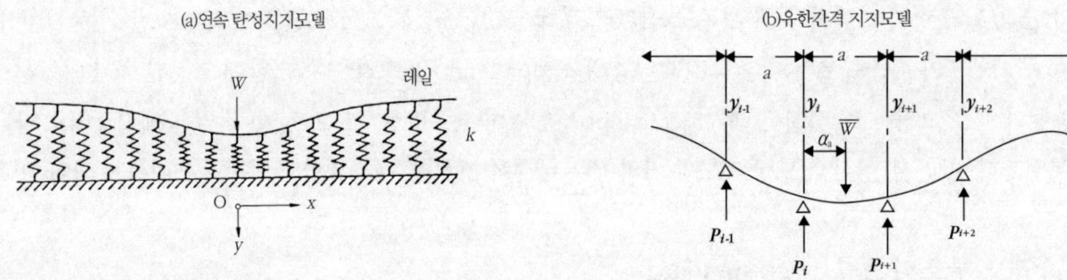

그림 3.1.21 궤도역학의 이론모델

더군다나 고속에서는 더욱 그러하지 않다(제(5),(7)항 참조).

(2) 윤하중(wheel load)으로 인한 궤도의 변형(track deformation)

(가) 해석 모델

차량의 수직 하중(윤하중)으로 인한 궤도의 응력 상태는 **그림 3.1.21**에 나타낸 모델로 해석한다. 즉,

① 연속 탄성지지 모델(continuously supported elastic model) : 레일이 연속적으로 스프링으로 지지되어 있다고 하는 모델.

② 단속(유한간격) 탄성지지 모델(finitely supported elastic model) : 레일이 침목마다 스프링으로 지지되어 있다고 하는 모델.

①의 모델은 이론 해석에 편리하며, ②의 모델은 실제적이다. 종래는 ②의 방법이 궤도의 설계에 잘 이용되어 왔으나 현재는 ①의 방법을 이용하고 있다.

(나) 궤도 각 부의 응력과 변형

레일에 윤하중이 걸리면 궤도가 침하된다. 이 때문에 레일이 휘게 됨에 따라 레일에 휨 응력이 발생된다. 또한, 레일에 재하된 윤하중은 각 침목에 분산되어 전달되며 이때의 압력을 "레일 압력"(bearing pressure on the rail)이라 한다. 침목이 레일 압력을 받은 때에 침목의 레일 좌면(rail seat)이 받는 압력을 "침목 지압력"이라 한다. 또한, 탄성 침목의 경우에는 침목이 침하로 인하여 휘기 때문에 휨 응력이 생기며, 이것을 "침목 휨응력"이라고 한다. 도상에는 침목에서 압축력이 전달되지만, 이때에 침목 아래의 도상이 받는 압력을 "도상 압력"(bearing pressure on the ballast)이라 한다. 이 압력은 도상 내에서 분산되어 노반(roadbed)으로 전하여진다(**그림 3.1.2** 참조). 이것을 "노반 압력"(bearing pressure on the roadbed)이라 한다. 상세는 《선로공학》을 참조하라.

(3) 횡압으로 인한 궤도의 변형

차량이 곡선을 통과할 때에 고정 축을 가진 대차 또는 차량이 전향하기 위하여 차륜이 미끄러짐으로 인하여 생기는 레일과의 마찰력의 수평 분력이나 원심력, 차량 동요로 인하여 생기는 사행동의 관성력 등에 기인하여 횡압이 가해진다. 횡압은 좌우 레일에 대하여 크기나 방향이 다른 일이 많다. 궤도에 큰 횡압이 가해지면, 침목의 횡이동이 생기고 궤도의 줄틀림이나 나사 스파이크의 뽑힘이 발생한다. 자갈도상 궤도는 그 구조상 횡압에 대한 저항이 약하고, 또한 작은 하중이어도 변형이 잔류하여 궤도틀림으로 이어지기 쉽다.

궤도에서 레일 두부에 횡압(橫壓, lateral force)이 작용하면, 레일에는 횡 변형(橫變形, lateral deformation)과

변칙경사(變則傾斜, tilting of rail)라고 칭하는 레일 저부 중앙을 중심으로 하는 경사(傾斜)가 발생된다. 이들은 상호 관련되어 있으므로 연립 방정식으로 하여 그 해를 구하여야 하지만, 이것을 엄밀하게 해석한 결과에 따르면 이 연성(連成)은 약하며, 이 양자를 분리하여 해석하여도 특히 문제가 없는 것으로 밝혀졌다.

(4) 축방향의 궤도 변형

궤도에 작용하는 축방향의 힘에는 레일의 온도 응력으로 인한 것이나 동력차의 제동, 가속, 시동으로 인한 것, 구배 중에서 중력의 축방향 성분 등이 있다. 이들 중에서 온도 응력으로 인한 것이 가장 크며, 기온이 현저하게 높은 하기에 레일의 열팽창으로 인하여 큰 축력(axial force)이 발생되고 때로는 궤도의 장출(좌굴; 궤도가 수평 방향으로 휘어지는 것)이 생긴다. 또한, 한냉 시에는 역으로 레일의 축소로 인하여 큰 축방향 인장력이 발생하여 레일의 파단(star crack)이 생기는 일이 있다. 급구배 등에서 레일이 항상 편방향의 축방향 힘을 받는 일이 있으며, 레일이 축방향으로 이동하는 것을 "복진(rail creeping)" 이라 한다. 온도에 따른 장대레일의 신축과 축력은 제 3.3.5(2)항을 참조하라.

(5) 궤도의 변형과 진동

열차의 주행에 따라 궤도에 생기는 동적 변형은 정지 상태에서의 변형보다 상당히 크며(제(7)항 참조), 변형의 할증 정도는 열차의 주행 속도와 밀접한 관계가 있다. 이 할증률을 "충격계수" 또는 "속도 충격률" 이라 부른다. 충격률은 정상인 차량이 정상인 궤도를 주행할 경우는 속도가 높게 되어도 그다지 크게 되지 않지만, 차륜에 플랫(wheel flat)*)이 생긴 경우나 레일의 파상마모, 레일 이음매의 이완이나 처짐이 있으면 큰 것으로 된다. 또한, 차량의 주행에 따라 궤도의 각부에 주파수가 높은 진동이 생기지만, 그 크기는 속도에 거의 비례하여 증대한다. 이 진동은 진폭이 대단히 작기 때문에 직접적인 영향은 대단히 작지만, 진동 가속도가 크기 때문에 궤도의 열화에 큰 영향을 준다. 특히, 레일 이음매부에서는 중간부의 2.5~5배 정도의 진동 가속도가 생기기 때문에 궤도에서 최대의 약점으로 된다. 일본에서 적용하는 속도 충격률은 장대레일궤도의 경우에 $i=1+0.3V/100$, 이음매궤도의 경우에 $i=1+0.5V/100$이며, 여기서 V는 열차 속도(km/h)이며, i는 1.8을 넘지 않는 것으로 하고 있다.

(6) 입선관리에 따른 궤도 부담력

궤도 부담력의 계산 시에는 본래 레일 휨응력, 침목 압력, 침목 휨응력, 도상압력, 노반압력 등의 항목이 검토의 대상으로 되지만, 입선관리상은 침목과 도상에 대하여는 강도적으로 여유가 있으므로 생략하고, 레일 휨응력과 노반압력의 2 항목을 계산하여 각각 허용 응력도의 범위 내라는 것을 확인한다.

(가) 레일 휨모멘트

W_i인 윤하중(wheel load)에 대하여 윤하중의 작용점에서 거리 x_i의 점에 작용하는 레일 휨모멘트 M_i는 다음의 식으로 나타낸다.

$$M_i = \frac{W_i}{4\beta} e^{-\beta x_i} (\cos\beta x_i - \sin\beta x_i) \tag{3.1.1}$$

---

*) 차륜이 회전하지 않고 레일면상을 활주할 때에 차륜 답면에 생기는 평평한 마모

여기서, $\beta = (k/4EI)^{0.25}$　　　　　　　　　　　　EI : 레일의 수직 휨강성

　　　$k = D/a$: 단위지지 스프링계수　　　　a : 침목 간격　　　　$D = 1/(1/K_1 + 1/K_2)$

　　　K_1 : 목침목의 경우는 휨강성과 압축 스프링계수를 고려한 계수이고, PC 침목의 경우는 레일패드의 스
　　　　프링계수이다.

　　　K_2 : $C \cdot b \cdot l/2$

　　　C : 침목 분포지지 스프링계수(tie supporting spring coefficient)

　　　b : 침목 폭　　　　　　　　　　　　　　l : 침목 길이

대상 차량의 축배치와 축중에 대응하는 레일 휨모멘트 M은 검토의 대상으로 하고 있는 계(系)가 선형이므로 겹침의 원리로 구할 수가 있고, 다음의 식으로 나타낸다.

$$M = \Sigma\ M_i \tag{3.1.2}$$

(나) 레일 압력(rail pressure, force acting between rail and tie or slab)

윤하중 W_i에 대하여 윤하중의 작용점에서 거리 x_i의 점에 작용하는 레일 압력 P는 다음의 식으로 나타낸다.

$$P_i = \frac{W_i}{2}\left[\ e^{-\beta\left(x_i - \frac{a}{2}\right)}\cos\beta\left(x_i - \frac{a}{2}\right) - e^{-\beta\left(x_i + \frac{a}{2}\right)}\cos\beta\left(x_i + \frac{a}{2}\right)\right] \tag{3.1.3}$$

또한, 윤하중 W_i에 대하여 윤하중의 작용점 직하에 작용하는 압력 P_{Ri}는 다음의 식으로 나타낸다.

$$P_{Ri} = W_i\left(1 - e^{-\beta\frac{a}{2}}\cos\beta\frac{a}{2}\right) \tag{3.1.4}$$

어떤 차량의 축 배치와 축중에 대응하는 레일 압력 P_R은 검토의 대상으로 하고 있는 계가 선형이므로 겹침에 의하여 구할 수가 있으며, 다음의 식으로 나타낸다.

$$P_R = \Sigma\ P_{Ri} \tag{3.1.5}$$

(다) 도상 압력(ballast pressure)

도상압력 p_{bmax}는 레일압력 P_R에 대하여 다음 식으로 나타내어진다.

$$Pb_{max} = P_R \times P_o \tag{3.1.6}$$

여기서, P_o : 노반계수(coefficient for maximum ballast pressure)

(라) 허용응력과의 비교

열차가 속도 V로 주행하는 경우에 발생되는 응력과 허용응력의 비교에는 각각 다음의 식을 이용한다.

　1) 레일 응력

$$\sigma_{Rdy} = \left(1 + \alpha \cdot \frac{V}{100}\right) \cdot \frac{M}{Z} \leq \sigma_a \tag{3.1.7}$$

여기서, σ_{Rdy} : 동적 레일 휨응력 (kgf/cm²)　　　　V : 열차 속도 (km/h)

　　　$\alpha = 0.3$ (장대레일 궤도), $\alpha = 0.5$ (이음매 궤도)

　　　Z : 레일의 단면계수 (cm³)　　　　　　　σ_a : 허용 레일 휨응력 (kgf/cm²)

　2) 레일 압력

$$P_{Rdy} = \left(1 + \alpha \cdot \frac{V}{100}\right) \cdot P_R \leq P_{Ra} \tag{3.1.8}$$

여기서, P_{Ra} : 침목의 허용 레일압력 (kgf/cm²)

  3) 도상 압력

$$P_{bdy} = (1 + \alpha \cdot \frac{V}{100}) \cdot P_{bst} \leqq P_{ba} \qquad (3.1.9)$$

여기서, P_{bdy} : 동적 도상압력 (kgf/cm²) P_{bst} : 정적 도상압력 (kgf/cm²)

     P_{ba} : 허용 노반지지력 (kgf/cm²)

(7) 동적 궤도 설계

궤도 역학을 다루는 경우에 대부분의 문제는 다소간 동역학에 관련된다. 수직 방향의 차량과 궤도간 동적 상호 작용은 수학 모델을 사용하여 충분히 묘사할 수 있다. **그림 3.1.22**는 차량의 질량·스프링 시스템, 궤도를 묘사하는 단속(斷續) 지지 보 및 차륜/레일 접촉 영역에 작용하는 Hertz 스프링으로 구성된 모델의 예를 나타낸다. 동적 거동은 차체의 횡(좌우)과 수직(상하) 가속도에 대한 0.5~1 Hz 정도의 대단히 낮은 주파수에서 레일과 차륜 답면의 요철에 기인하는 2,000 Hz까지의 범위를 갖는 아주 넓은 대역에서 일어난다. 윤축과 보기 사이의 현가장치 시스템은 차륜/레일간의 상호작용으로 생기는 진동을 줄이는 첫 번째의 스프링/댐퍼 조합이며, 그러므로 이것은 1차 현가장치라고 부른다. 더 낮은 주파수의 진동 감소는 보기와 차체 사이의 2 단계에서 다루어지며, 이것은 2차 현가장치라고 부른다. 이 용어는 모델의 궤도 부분에 같은 방식으로 적용할 수 있다. 레일패드와 레일클립은 궤도의 1차 현가장치를 나타내며, 도상 또는 유사한 중간층은 궤도의 2차 현가장치를 나타낸다. 그러나, 실제의 동적 계산은 극히 복잡하며 일반적으로 접근하기가 결코 쉽지가 않다. 대부분의 해석은 준-정적인 검토로 제한된다. 현실의 동적 문제는 대부분의 성분에 대하여 측정에 따라 실용적인 방식으로 접근한다. 궤도의 동적 양상을 고려할 때, 동역학이 사실상 하중과 구조간의 상호작용이라는 점을 이해하여야 한다. 하중은 시간에 따라 변하며, 이 변화하는 방법은 하중의 특성을 결정한다. 일반적으로 말하자면, 주기적 하중, 충격 하중 및 확률론적인 하중으로 구별할 수 있다. 구조는 질량, 감쇠 및 강성으로 지배되는 그들의 주파수 응답 함수로서 특성화된다. 이들의 파라미터는 구조의 고유 진동수, 다른 말로 구조가 진동하기에 좋은 진동수를 결정한다(**그림 3.1.23**). 하중이 구조의 고유 진동수에 상응하는 진동수 성분을 포함하는 경우에는 큰 동적 확대가 일어날 수 있다. 이것에 사용된 일반적 용어는 공진(共振)이다. 상세는 《최신철도선로》를 참조하라.

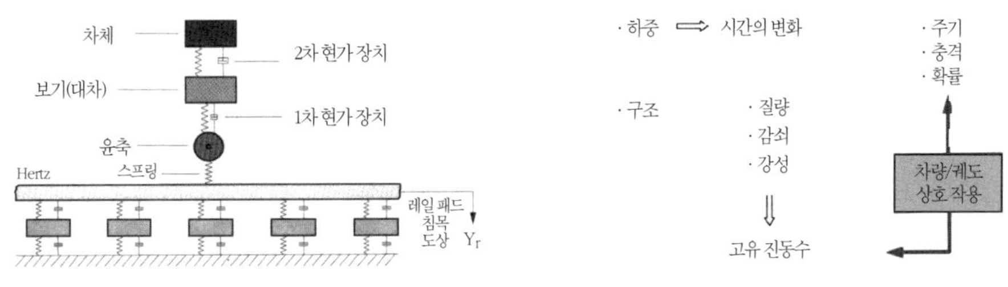

그림 3.1.22 차량-궤도 상호작용의 모델   **그림 3.1.23** 동적 양상

3.1.4 차륜-레일간의 인터페이스

(1) 윤축의 표준치수와 차륜 답면구배

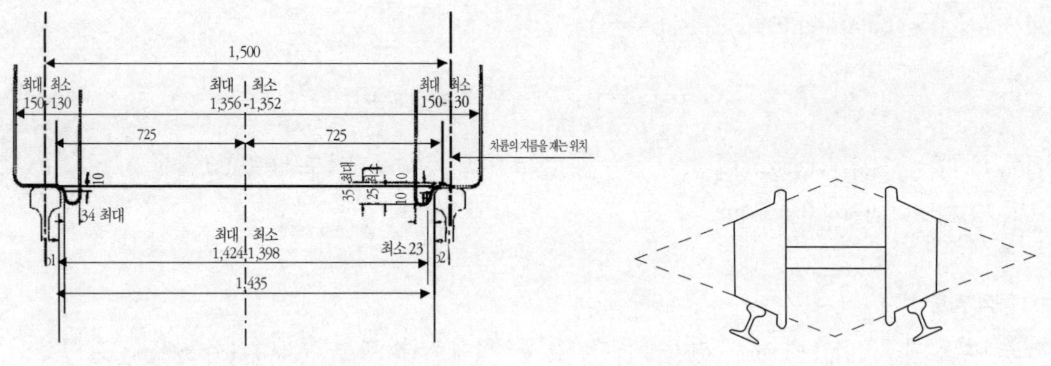

그림 3.1.24 국철의 윤축 표준 치수

그림 3.1.25 두 원뿔로 된 차륜 답면 모식도

철도 차량의 기본적인 특성은 두 레일로 안내되는 차륜 이동이다. 윤축(차륜+차축)의 표준 치수(**그림 3.1.24**)는 마모 시에도 제한 내에 들도록 규정하고 있으며, 차륜이 탈선하는 것을 방지하기 위하여 궤간 안쪽에 플랜지를 붙이고 있다.

수직에 대한 레일 축의 경사는 원뿔(圓錐)형 답면이라 부른다(**그림 3.1.25**). 레일의 원뿔형 답면은 일반적으로 1/20의 값을 가지며, 일반 선로에서는 1/40의 원뿔형 답면을 이용한다. 차륜은 제6.1.3항과 같이 원뿔형 답면(**그림 3.1.25**)을 이용하고 있으므로, 이에 따라 차륜과 레일의 접촉 위치에 따라 차륜지름의 차이가 생기며(**그림 6.1.18**), 따라서 곡선에서 양쪽 레일의 경로 차이를 완화하여 원활하게 주행할 수 있다.

(2) 차륜-레일 접촉

차륜-레일 접촉(**그림 3.1.26**)면은 타원형(**그림 3.1.27**)을 가진다.

레일에서 차륜의 이동은 크리이프 효과를 발생시킨다. 실제로, 차륜-레일 접촉 표면은 두 영역 S_1(슬립영역)과 S_2(점착영역)로 나눌 수 있으며 그 크기는 차량 속도에 좌우되고 각 영역에서 다른 효과가 일어난다. 따라서 차량의 회전 저항은 영역 S_1과 S_2에 각각 대응하는 반대 방향의 두 분력 F_1과 F_2로 구성한다. F_1은 차량 이동으로 발생되는, 즉 운동학적인 원인의 것인 반면에 F_2는 S_2 표면의 탄성 변형으로 발생되는, 즉 탄성 원인의 것이다.

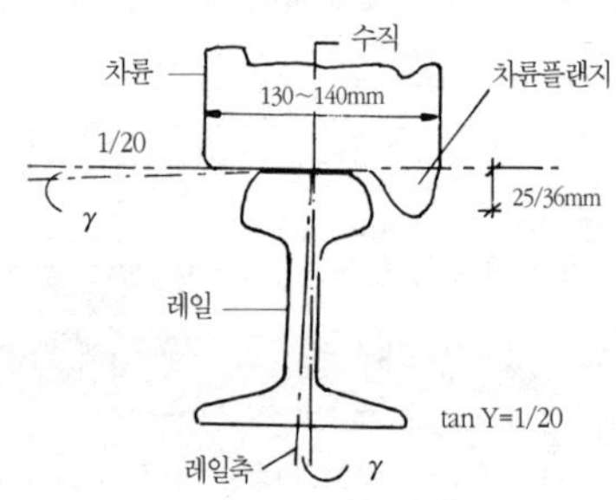

그림 3.1.26 차륜-레일 접촉

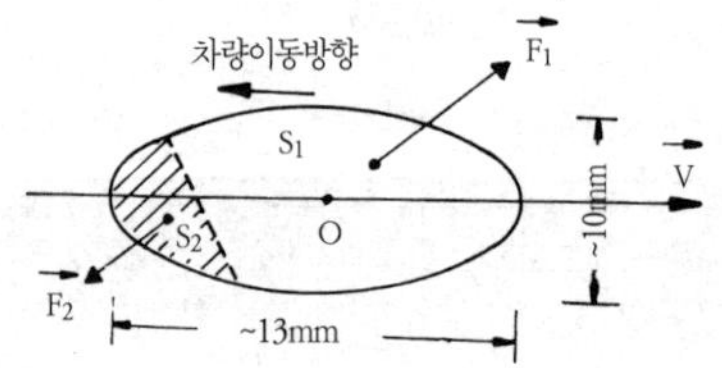

그림 3.1.27 차륜-레일 접촉 표면의 상세

(3) 레일에 따른 차륜의 횡 방향 동요

철도 차량은 그 기부(基部)에 연결된 두 개의 원뿔로 구성된 고체로 시뮬레이트할 수 있다(**그림 3.1.28**). 이

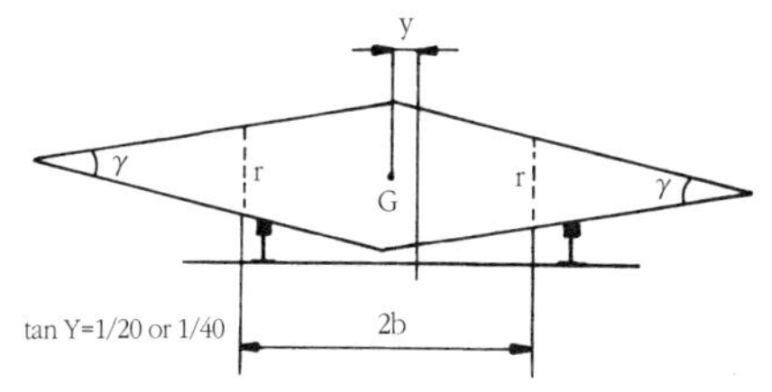

그림 3.1.28 두 원뿔로 구성된 고체에 의한 철도 차량의 시뮬레이션

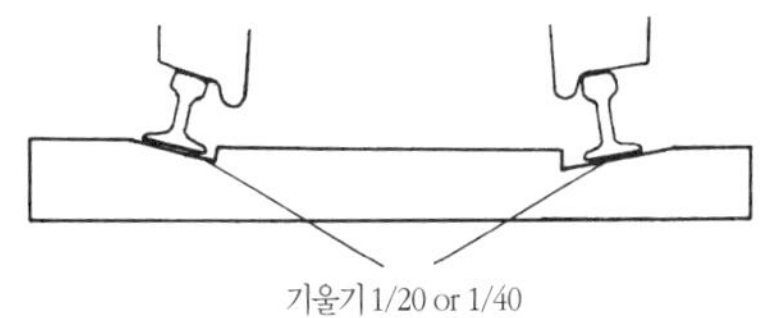

그림 3.1.30 침목 위의 레일 부설경사

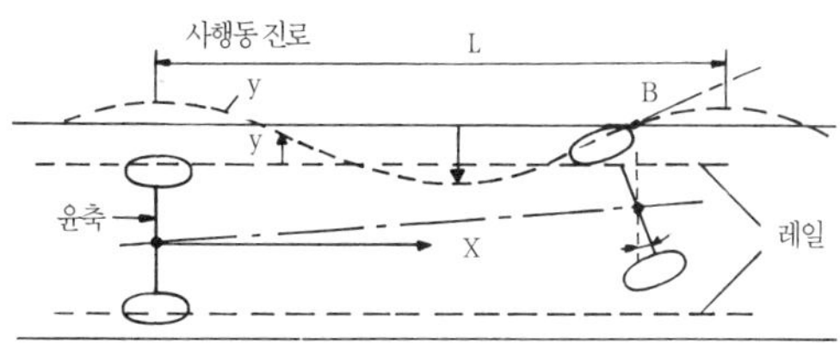

그림 3.1.29 궤도를 따른 차륜의 사행동 진로

고체는 두 레일로 지지되며 원뿔의 각도 γ는 차륜 원뿔형 답면, tan γ = 1/20 또는 1/40과 같다. 차륜은 원뿔형 답면에 기인하여 레일을 따라 사행동 진로를 따라간다(**그림 3.1.29**). 레일 두부와 차륜간의 틈은 차륜이 횡으로 움직이도록 허용하며, 이것은 철도 차량의 사행동을 일으킨다. 차륜의 횡 운동은 크리이프 힘으로 저지한다(제 9.2.5(7)항 참조).

(4) 침목 상의 레일 설치 각도

레일은 원뿔형 답면구배 때문에 경사를 주어 침목에 부설한다. 상기의 제(2)항에서 설명한 것처럼 원뿔형 답면구배는 고속선로에서 1/20의 값을 이용한다. 일반 철도에서는 침목 위에 1/40의 경사로 레일을 부설하고 있다 (**그림 3.1.30**).

3.1.5 미래의 궤도구조와 궤도기술

(1) 미래의 궤도 구조

궤도구조는 철도의 기원 이래 180년 동안 2 줄의 레일을 등(等)간격으로 침목에 체결한 궤광(軌框)을 자갈도상으로 고정한다고 하는 기본 개념이 변하지 않고 있다. 궤도구조는 차량하중을 지지하고 안내한다고 하는 기능을 2 줄의 레일이라고 하는 최저한의 부재구성으로 실현하고 있는 훌륭한 구조이다. 또한, 건설비용, 배선변경, 구조물의 변상에 대한 추종성 등, 종합적으로 고려하면 이보다 좋은 구조가 없었다. 근년에는 열차 속도의 향상, 보수시간의 감소, 보수작업 시의 소음·진동 방지, 궤도보수비의 증가 등, 철도를 둘러싼 환경의 변화가 있으므로 이에 대응하기 위하여 자갈도상을 이용하지 않는 각종의 직결(直結)궤도가 나타나고 있다. 또한, 장래지향 과제로서 혁신적인 궤도구조로의 도전이 진행되고 있다. 궤도구조는 이미 충분히 굳은살을 도려낸 심플한 것이므로 몰두하여야 할 방향은 그다지 남아있지 않다. 즉, 고려되는 것은 체결리스(締結less), 도상자갈리스, 검사리스 등의 방법이다. 상세는 《철도공학》을 참조하라.

(2) 경험기술로부터 탈피하는 궤도기술

궤도는 열차하중으로 인하여 상시 변형되고 있으므로 이것을 정기적으로 정정하는 것을 전제로 하고 있다. 또한, 궤도는 흙 구조물 위에 직접 부설되는 경우가 많기 때문에 같은 구조라도 궤도열화의 속도가 위치에 따라 크게 다른 점 등, 지금까지의 많은 연구개발에도 불구하고 궤도열화 메커니즘이 완전히 해명되었다고는 말하기 어렵다. 그러나, 궤도는 열화에 수반되는 일상적인 보수가 필요하며, 현장에서는 담당 기술자의 경험에 의거한 판단에 따라 보수를 수행하고 있는 실태이다. 이와 같은 궤도보수의 흐름을 **그림 3.1.31**에 나타낸다. 궤도열화 메커니즘이 블랙박스에 가깝다는 것을 용인하고 있는 사정이 "궤도기술은 경험기술이다"라고 불리는 까닭이다.

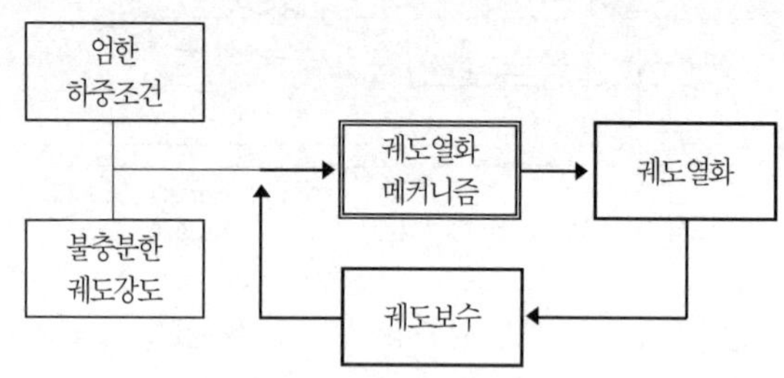

그림 3.1.31 경험기술을 구성하는 루프

궤도기술에 한정되지 않는 성숙한 기술 분야에서는 경험이 극히 중요한 기술요소이다. 그러나, 일단 안정된 기술이라도 철도를 둘러싼 환경의 변화에 따라서 그 성능이 상대적으로 점점 저하하는 것은 피할 수가 없다. 이상과 같은 관점에서 보면, 연구개발의 목적은 경험기술의 상대적 성능열화를 인식하여 새로운 이론, 방법, 재료 등의 도입으로 새로운 성능을 부가하는 것을 고려할 수가 있다. 예를 들어, 근년의 IT기술 발달은 궤도관계의 기술개발에서 큰 변화를 가져오고 있다. 구체적인 툴로서는 ① 모니터링기술, ② 해석기술, ③ 예측기술, ④ 최적화 기술(궤도구조 요소의 최적화, 궤도보수시스템의 최적화)이 열거된다. 상세는 《철도공학》을 참조하라.

3.2 노반과 선로 부대시설

3.2.1 노반(road bed)

(1) 개론

(가) 노반의 역할과 시공기면

노반은 궤도를 지지하는 기반이며 중량의 차량에서 레일 → 침목 → 도상을 거친 하중을 마지막으로 부담하는 부분이기 때문에 그 강약은 궤도에 중대한 영향을 준다. 통상은 흙 노반이며, 고가교나 터널 등에는 콘크리트 노반으로 하는 경우가 많다. 노반구조는 흙 노반과 강화노반으로 대별된다(**그림 3.2.1**). 노반 중에서 주로 자연의 흙을 이용하는 것을 흙 노반이라 부른다. 노반의 구조는 균질한 자연토 또는 크러셔 럼프(crusher rump) 등의 단

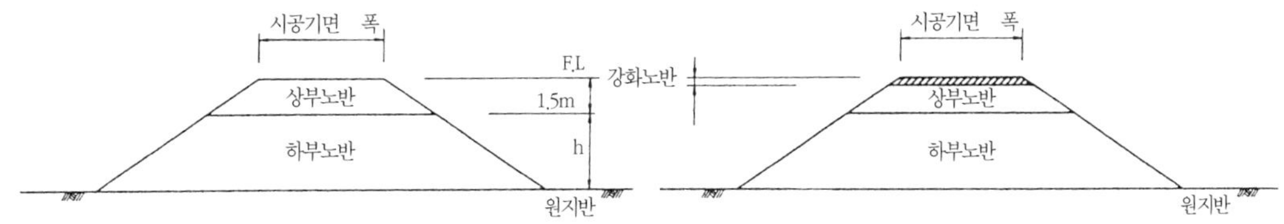

그림 3.2.1 흙 노반과 강화노반

일 층으로 구성되며 땅깎기 또는 본바탕 흙에 적용하는 경우에는 필요에 따라 노상(路床) 부분에 배수 층을 설치하여야 한다. 노반재료는 자연토, 크러셔 럼프(도로용 부순 골재, 슬래그 쇄석)를 비롯하여 흙과 모래가 적당히 섞인 자갈 등을 이용하며, 각각 입도를 비롯하여 소정의 물리적 성질을 만족하는 것을 사용한다.

선로 중심선에서 노반의 높이를 나타내는 기준면을 시공기면(formation level)이라 하며 선로를 건설할 때에는 이 시공기면을 노선 선정(location of route)의 기준으로 한다. 따라서, 노선 선정 시에 시공기면이 자연 지반과 일치되지 않는 경우에는 깎기, 축제, 교량, 터널 등그를 만들어 평활한 시공기면을 만들 필요가 있다.

(나) 노반의 폭

노반의 단면 형상은 토공정규(roadway diagraph)로 나타낸다. 시공기면의 폭은 제2.5.1(4)항을 참조하라.

(다) 노반의 조건

노반에는 궤도를 지지하기 위한 강도가 필요하다. 즉, 노반은 궤도에서 전달된 하중을 지지하고 적당한 탄성으로 열차의 주행안전을 확보할 필요가 있으며, 균질하고 양호한 배수성을 확보할 필요가 있다. ① 분니(mud-pumping)나 도상 자갈의 박힘 등 노반 표층의 파괴가 적을 것. ② 노반 자체의 변형이 적을 것. ③ 노상으로 전하는 하중이 그 지지력(bearing capacity) 이하로 되도록 하중을 분산 전달할 것. ④ 노반 침하계수가 일정치 이상일 것.

(2) 분니(mud pumping)

선로에 생기는 분니에는 도상 분니와 노반 분니가 있다. 분니가 발생되면 도상의 탄성(elasticity) 기능이 저해됨과 동시에 도상 입자간 마찰이 감소되기 때문에 침하가 현저하게 되고 궤도의 보수 작업량이 현저하게 증대된다. 도상 재료의 마멸에 기인하여 미립자화가 현저하게 되어 도상의 간극에 충만하게 됨에 따라 배수(drainage)를 저해하고, 도상을 고결시켜 탄성력을 잃게 된다. 이것이 도상 분니이다. 우수나 지하수로 인하여 연약화된 노반 흙이 간극 중을 상승하여 열차 통과 시의 하중으로 인하여 도상 표면으로 분출되는 것이 노반 분니이다. 분니 발생의 원인은 그 발생 과정에서 보아 ① 노반 흙의 강도 부족 때문에 자갈의 노반으로의 박힘, ② 반복 응력(repeated stress)으로 인한 노반 흙의 반죽, ③ 침목의 상하 운동으로 인한 펌핑 작용 등이 고려된다. 분니의 발생 요인으로 되는 인자를 요약하면 흙, 하중, 물의 3 요소의 상호 관계로 된다. 따라서, 분니의 발생을 방지하기 위해서는 이 3 요인의 어느 것인가를 제거하면 좋다.

(3) 강화 노반

강화노반(**그림 3.2.2**)에는 쇄석강화노반과 슬래그강화노반이 있다. 강화노반의 두께는 사용재료, 궤도구조 (장대레일, 이음매레일), 열차 속도, 노상조건 등에 따라 결정하며, 흙 노반과 마찬가지로 땅깎기 또는 본바탕 흙에 적용하는 경우에는 필요에 따라 노상(路床) 부분에 배수 층을 설치한다.

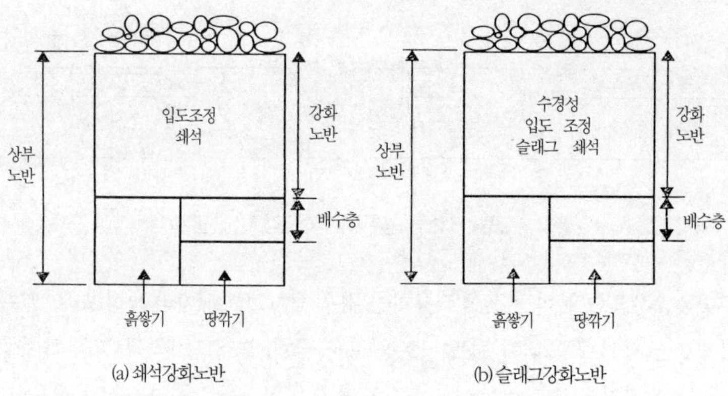

그림 3.2.2 흙 노반과 강화노반

강화노반으로서 도로포장과 같은 모양으로 입도 조정 깬 자갈 또는 동등 이상의 기능을 가진 재료를 사용하여 충분히 다져 부설하는 공법도 채용되고 있다. 강화 노반의 설계상 고려할 사항은 ① 도상 자갈이 박히지 않도록 충분한 강도의 노반으로 한다, ② 우수 등으로 노반 표면으로 유입된 물을 신속하게 유출시켜 강도를 저하시키지 않는다, ③ 열차 하중으로 인한 일시 침하량이나 잔류 침하량을 일정 한도 내로 억제하고 궤도 보수를 경감시킴과 함께 열차의 주행 안정성이나 승차감을 향상시킨다 등이다.

3.2.2 선로의 부대설비

(1) 선로표지{roadway (or wayside) post (or marker, sign, board, stone)}

열차 승무원에게 운전상의 필요한 조건을 나타내고 선로보수 종사원 등에게 필요한 편의를 주기 위하여 선로 상에 여러 가지의 선로표지를 설치한다.

1) 거리표(distance post, kilometer post) : 노선의 기점부터의 선로 연장을 나타내는 것으로 1 km마다 설치하는 km표와, 200m(지하구간은 100m)마다 설치하는 m표가 있다.

2) 구배표(grade post) : 구배가 변화하는 지점에 건식하며, 전후 방향의 구배율을 나타내고 있다.

3) 곡선표(curve post) : 곡선부의 시종점에 건식하며 곡선반경과 캔트 · 슬랙이 기입되어 있다. 캔트 체감의 시종점, 즉 완화 곡선에는 체감표가 설치된다.

4) 차량접촉 한계표(clearance post) : 분기기(turnout) 등에서 2 선로의 차량이 접촉되는 한계를 나타내는 한계 표를 설치한다(**그림 5.4.11** 참조).

5) 기타의 표지 : 정거장표(station post), 정거장 구역표(station zone post), 기적취명 표지(whistle post), 속도 제한표(speed (restriction, limit) board, speed control sign), 용지 경계표(right-of-way (or property) post, landmark) 등이 있다.

(2) 건널목 설비와 입체교차

철도와 도로가 동일 평면에서 교차하는 경우는 건널목(level crossing, (highway) grade crossing, railroad crossing)을 설치한다. 일반적으로 철도가 우선 통행되며, 보안 설비는 도로 교통을 차단하는 방식으로 되어 있다. 건널목 사고를 방지하기 위하여도 건널목 대책이 중요하며 여러 가지의 대책이 강구되고 있지만, 궁극적으로는 입체교차(fly-over, two level crossing, overpass)로 하는 것이 이상적이다.

건널목 사고(level crossing accident)는 적지 않으며 최근 철도에 관계하는 사망 사고의 대부분이 건널목 사고이다. 이를 방지하기 위하여도 건널목 대책은 중요하며 여러 가지의 대책이 강구되고 있지만, 궁극적으로는 입체교차(fly-over, two level crossing, overpass)로 하는 것이 이상적이다.

건널목 사고(level crossing accident)를 방지하기 위하여 건널목 대책이 중요하며, 궁극적으로는 입체교차(fly-over, two level crossing, overpass)로 하는 것이 이상적이다. 건널목의 안전기준은 "철도시설 안전기준에 관한 규칙" 제4장에 의한다. 건널목을 설치한 때에는 건널목대장에 관련사항을 기재하고 전산관리하며, 안전성분석 결과에 의거하여 건널목과 주변 환경에 따라 정시간 제어장치와 현장건널목원격감시 장치 등의 안전설비(제5.6.1항 참조)를 설치한다.

건널목은 건널목안전표시와 경보기가 설치되고 열차가 통과할 때에 차단기로 도로의 교통을 차단하는 것(제1종, first class railway crossing, 경보기도 설치), 건널목 안내표를 설치하고 열차의 통과를 통행자에게 경보기로 경보하는 것(제2종, second class railway crossing), 건널목 교통안전표지만이 설치된 것(제3종, third class railway crossing)으로 분류한다. 자동차의 교통량이 증대하는 최근의 간선 등에는 제1종이 원칙으로 되어 있다. 근래에는 전동식 자동 차단기를 제1종 건널목에 설치하고 있다. 열차가 접근할 때 경보를 울리는 시간은 약 40초 전으로 되어 있다. 최근에는 열차 속도의 고저에 따라 경보가 울리는 시간이 변하지 않도록 제어하는 방식도 개발되어 있다.

(3) 차량의 일주방지 설비 및 탈선방지 안전시설

1) 차막이(buffer stop) : 선로의 종단에는 차량이 선로 구간을 벗어나지 아니하도록 차막이를 설치하여 제동을 잘못한 차량을 정지시키기 위하여 차막이를 설치한다. 차막이는 차량을 정지시키는 강도가 필요하지만, 너무 강(剛)하여 차량을 파손시키지 않는 구조가 바람직하며, 자갈 무더기를 쌓은 것이나 레일로 구성한 것, 콘크리트조 등이 있다. 외국에서는 유압 댐퍼 등을 이용한 기계식의 차막이를 이용하는 경우가 있다. "철도시설 안전기준에 관한 규칙"에서는 선로의 종점에 종점표지를 하고, 완충성능을 지닌 차막이를 설치하도록 규정하고 있다.

2) 차륜 막이(scotch block) : 구름 방지 설비 : 측선(side track)에 있는 차량이 자연으로 움직여 다른 차량이나 선로에 지장을 줄 우려가 있을 경우에 레일상에 설치하여 차륜을 막는 구조로 되어 있다. 차량이 정하여진 위치를 벗어나서 구르거나 열차가 정지 위치를 지나쳐 피해를 끼칠 위험이 있는 장소에는 안전설비를 하여야 한다.

3) 차량탈선방지 안전시설 : 굴곡이 심한 선로 등 철도차량이 탈선할 위험이 있는 곳에는 이를 방지하기 위한 보호막 등의 안전설비를 설치한다.

3.3 레일

철도의 상징인 강제의 레일은 차량의 중량을 직접 지지하고, 차륜으로부터의 1점 하중을 침목·도상으로 분포시키며, 차량에 원활한 주행 면(running surface)을 제공하고, 차륜이 탈선(derailment)하지 않도록 안내하며, 또한 신호전류의 궤도회로(track circuit), 동력전류의 통로도 형성하고 있다.

3.3.1 레일의 단면형상과 길이

(1) 레일의 단면형상과 중량

레일은 윤하중(wheel load)이나 진동 등의 수직력 외에 좌우 방향의 사행동(hunting movement)이나 횡압력 등의 수평력에 대하여 강도상으로 충분히 견딜 수 있어야 한다.

레일단면의 형상에서 필수 또는 바람직한 조건으로서 ① 두부의 형상은 차륜이 탈선(derailment)하기 어려울 것, ② 마모 후의 형상과 차이가 적을 것, ③ 수직 하중에 대하여는 높이가 높은 쪽이 바람직하다, ④ 위와 아래 목(필렛)의 반경이 작은 것은 홈이 생기기 쉬우므로 피한다, ⑤ 저부의 형상은 설치가 안정되기 쉽도록 폭을 넓게 한다, ⑥ 상하 중간은 녹 부식도 고려한다, 등이 열거된다.

레일의 단면 형상은 긴 역사의 변천을 거쳐 오늘날에는 세계 각국에서 대부분 평저레일(flat-bottom rail)을 사용하고 있으나, **그림 3.3.1**에 나타낸 것처럼 예전에 영국에서 사용하였던 우두레일(bull-head rail), 쌍두레일(double-head rail)이나, 노면 철도에서 사용되는 홈붙이 레일(grooved rail)도 일부에 남아 있다.

레일의 명칭을 **그림 3.3.2**에 나타낸다.

레일의 크기는 길이 1 m당 중량 kg(또는 1 야드당 파운드)을 취하여 나타낸다. 우리나라에서는 지금까지 선로의 규격에 따라 30 kg/m, 37 kg/m, 50 kg/m의 레일을 사용하여 왔다. 그 후 기존의 선로에 50N(**그림 3.3.3**, 종래보다 높이를 높여 단면2차 모멘트가 크다), 수도권 전철 등에서 과거에 KS60 kg/m(**그림 3.3.4**, N형에 비하여 상부필렛·하부필렛의 곡률을 크게 하고 있다)을 사용하였고, 경부 고속철도에서는 UIC60 레일(**그림 3.3.5**), 휨 강성은 KS60과 거의 같지만, 두부의 모양이 N과 비슷하고, 저부 상면이 50N과 같이 2단의 경사가 있다)을 표준으로 하고 있다.

최근에는 열차의 고속화, 선로보수의 경감 대책 등에 따라 일반철도와 도시철도에서도 60 kg/m이 채용되는 등 레일 중량화(use of heavier rails)의 경향이 현저하다. 또한, 기존선에서 고속열차(KTX)를 운행하기 위하여 개

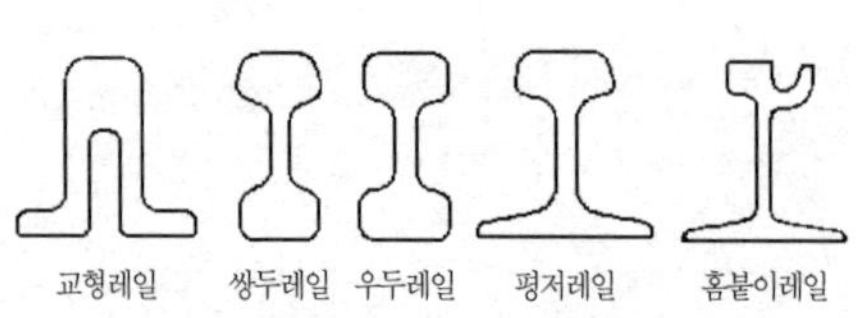

그림 3.3.1 레일 형상의 종류

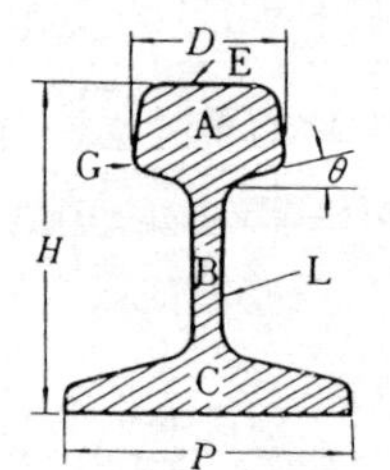

그림 3.3.2 레일 각 부위의 명칭

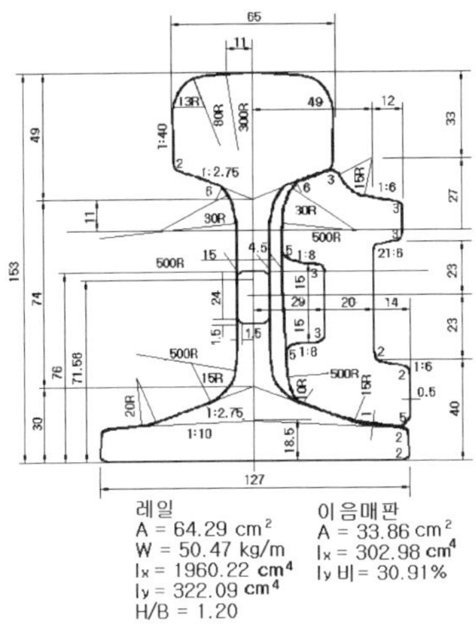

레일
A = 64.29 cm²
W = 50.47 kg/m
Ix = 1960.22 cm⁴
Iy = 322.09 cm⁴
H/B = 1.20

이음매판
A = 33.86 cm²
Ix = 302.98 cm⁴
Iy 비 = 30.91%

그림 3.3.3 50N 레일

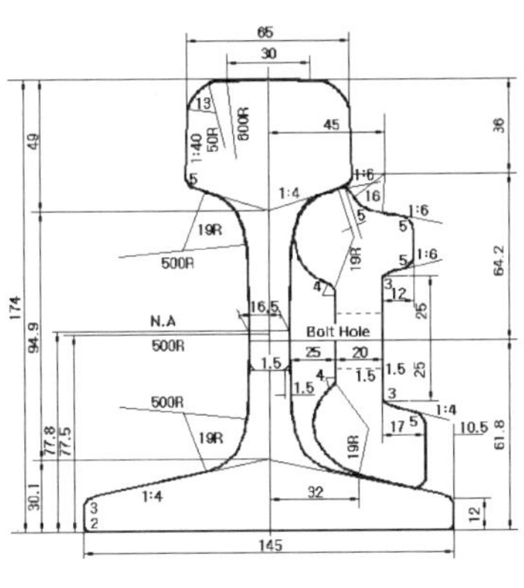

그림 3.3.4 KS60 레일

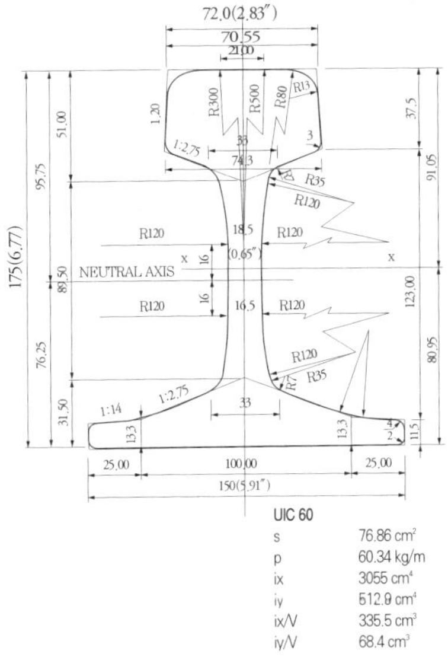

그림 3.3.5 UIC60 레일

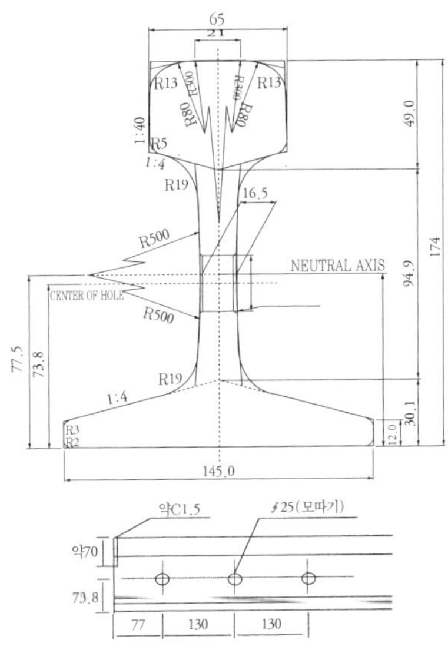

그림 3.3.6 60K 레일 및 KR60 레일

표 3.3.1 레일의 단면 제원

종별	두부폭 (mm)	저부폭 (mm)	높이(mm)	단면적 (cm²)	중립축 위치(mm)	단면2차 모멘트 I_x(cm⁴)	단면2차 모멘트 I_y(cm⁴)	중량 (kg/m)	비고
UIC60	72	150	172	76.87	80.90	3,055	512.9	60.34	
KS60	65	145	174.5	77.70	77.80	3,090	512	60.80	
60K 및 KR60	65	145	174	77.30	77.60	3,063	511	60.70	
50N	65	127	153	64.20	71.56	1,960	322	50.4	
50PS	67.86	127	144.46	64.30	66.90	1,740	377	50.4	
50ARA	69.85	139.7	152.4	63.58	-	2,059	-	49.91	
37ASCE	62.71	122.24	122.24	47.28	58.42	952	227	37.2	
30ASCE	60.32	107.95	107.95	38.26	52.07	604	152	30.1	

발한 60K레일(두부형상은 UIC60과 유사한 50N 레일단면, 복부와 저부는 기존의 KS60레일 단면, 재질은 UIC60
과 유사)은 신설되는 일반철도의 주요 간선(경부선, 호남선, 중앙선)의 본선에 사용하고, 기타의 본선은 KR60레
일(단면형상은 60K와 동일하고 재질은 KS60과 동일)을 사용한다(**그림 3.3.6**).

(2) 레일의 길이

레일의 길이는 궤도의 약점인 이음매를 적게 하기 위하여 긴 쪽이 좋다. 즉, 이음매가 감소되면 승차감이 좋게
되고 선로보수 작업이 쉽게 되므로 레일의 길이는 되도록 이면 긴 쪽이 좋다. 그러나, 제조 공장의 설비, 운반 ·
취급의 곤란, 혹한 시와 혹서 시의 온도 차이로 인한 신축의 처리 등에서 레일의 길이는 자연히 제약이 있다. 우
리나라에서 레일의 길이는 25 m(지하철은 20 m)를 표준으로 하고 있다.

실제의 궤도에는 용접(welding)된 레일을 포함하여 여러 가지 길이의 레일이 부설되어 있지만, 그 길이별로
다음과 같이 분류되고 있다. 다만, 일반철도 본선에 사용하는 레일은 분기기, 절연레일 등의 특별한 경우를 제외
하고는 10 m 미만을 사용하지 못하며, 고속철도 본선의 레일에서 용접간 최소거리는 10 m보다 작아서는 안 된
다(분기기 등 특별한 경우에는 예외).

1) 200 m(고속철도 300 m) 이상의 레일 : 장대레일(continuous welded rail, CWR)(이론적으로는 '온도의 변화
가 어떠하든지간에 부동구간이 항상 있을 정도의 길이를 가진 레일' 을 말한다)

2) 25 m를 넘고 200 m 미만의 레일 : 장척 레일(longer rail),

3) 25 m의 레일 : 정척 레일{standard (length) rail},

4) 25 m 미만이고 5 m 이상의 레일 : 단척 레일(shorter rail).

3.3.2 레일의 재질과 제조

(1) 레일의 재질(quality of rail)

레일의 재질은 강도 · 내마모성 · 내식성 등에서 일반적으로 고탄소강(high carbon steel)을 채용하고 있다.
0.50~0.80 % C(硬鋼)의 강*의 성질에 가장 큰 영향을 미치는 것은 탄소이다. 레일강의 재질은 칼날만큼 단단하
지 않지만 상당한 인성(toughness)과 내접촉 피로성이 있으며 용접이 가능하다고 하는 조건에서 성분이 결정되
고 있다. 레일강에 필요한 재질의 성질은 ① 내마모성(wear resistivity), ② 내접촉 피로성(fatigue resistivity), ③
내식성(corrosion resistivity), ④ 용접성(weldability)이다.

레일의 화학 성분(chemical composition)의 특성은 다음과 같다.

1) 탄소(C) : 강 중의 철과 화합하여 "시멘타이트(cementite)" 라 불리는 탄화철의 극히 단단한 결정으로 되며,
철만의 결정인 "페라이트(ferrite)" 라고 불리는 조직의 안에 층상으로 되어 분포한다. 이 때문에 탄소가 적을
수록 연하고, 또한 탄소가 많을수록 단단한 강으로 된다. 따라서, 탄소량이 많게 될수록 강도, 경도(hard-
ness), 내마모성이 증가되지만, 반대로 신율, 단면 수축률, 용접성이 줄어든다.

---

* 강(鋼, steel) : 순철과 탄소의 합금이며, 규소, 망간, 인, 황 및 기타의 불순물을 함유하고 있다. 탄소함유량 2.11 % 까지를 강
이라 한다.

표 3.3.2 레일의 화학성분 및 기계적 성질

레 일 강		화 학 성 분 (%)							기계적 성질		
		탄소(C)	규소(Si)	망간(Mn)	인(P)	황(S)	크롬(Cr)	바나듐(V)	인장강도 $Rm(N/mm^2)$	연신률 $As\%$	경도 HB
KS 60 및 KR 60		0.63~0.75	0.15~0.30	0.70~1.10	0.035 이하	0.025 이하	-	-	≥800	≥10	
UIC 60	용강분석치	0.68~0.80	0.15~0.58	0.70~1.20	0.025 이하	0.008~0.025	≤0.15	≥0.03	≥880	≥10	260~300
	제품분석치	0.65~0.82	0.13~0.60	0.65~1.25	0.030 이하	0.008~0.030					
60K		0.68~0.80	0.15~0.58	0.70~1.20	0.025 이하	0.025 이하	-	-	≥880	≥10	260~330
60K HH340		0.72~0.82	0.10~0.55	0.70~1.10	0.030 이하	0.020 이하	≤0.20	≥0.03	≥1080	≥8	340
60K HH370			0.10~0.65	0.80~1.20			≤0.20		≥1130		370

2) 규소(Si) : 제강 시에 용강 중의 탄소가 기포(blow)로 되어 잔류되는 것을 제거하는 탈산제이며, 많이 포함되어 있으면 연성(ductility)이 내려간다. 규소의 함유량이 적으면 조직을 치밀하게 하고, 많으면 항장력(抗張力)은 늘어나지만 무르게 된다.

3) 망간(Mn) : 규소와 같이 탈산제임과 동시에 강의 유해 원소인 유황의 제거하는 탈류제이며, 강도, 경도를 증가시키고, 단련시키기 쉽게 되는 성질을 가진다.

4) 인(P), 유황(S) : 제강의 원료인 코크스에서 잔류하여 인성 등 강질의 열화를 일으키는 유해 원소이므로 될 수 있는 한, 적게 하는 쪽이 양질의 강으로 된다. 인(P)은 충격력에 대한 저항력을 약하게 하므로 될 수 있는 한, 작게 할 필요가 있다. 유황(S)의 함유량이 많으면 훼손, 마모가 늘어나고 열 취성이 있으므로 압연공정에서 균열이 생긴다.

각 레일의 화학 성분과 기계적 성질은 **표 3.3.2**와 같다. 여기서 HH370 레일은 반경 500 m 이하의 외측레일, 분기기용 레일에 사용하고 HH340 레일은 반경 501~800 m의 외측레일에 사용한다.

레일은 중요한 궤도 재료이기 때문에 일반적으로 제조 시에 ① 인장 시험, ② 하중 시험, ③ 파단면 시험, ④ 굴곡 시험, ⑤ 경도 시험, ⑥ 마모 시험, ⑦ 부식 시험, ⑧ 현미경 시험 등의 각종 시험을 하여 품질을 확보하고 있다.

(2) 레일의 제조

결함이 없고 신뢰성이 특히 높은 우수한 품질의 레일을 제조하는 것은 제강에서도 고도의 기술을 필요로 한다. 국내에서 국산 레일이 생산된 것은 1978년부터이다. 현재에도 세계에서 철도용의 레일을 생산할 수 있는 나라는 한정되어 있다.

1949년에 오스트리아 Linz 및 Donawitz에서 평로보다 생산 효율이 대폭적으로 좋고, 품질도 향상된 순산소 상취전로 제강법(LD강)을 발명하여 1960년대 후반부터 각국에서 평로 대신에 급격하게 채용되었다. 이에 따라 평로에 의한 6 시간의 제강 시간이 40분으로 단축 가능하게 되었으며, 강 중의 함유 가스(N, O, H)가 감소되었다. 종래의 레일 제조는 강괴(steel ingot)로부터의 가공 절단 · 롤의 공정이었지만, 최근에는 품질의 분산을 경감하고 공정을 생략하기 위하여 연속 주조(continuous casting, CC)로 직접 롤 가공을 하고 있다. 연속 주조법에 따른 표면 성상의 향상, 파이프나 편석(偏析)의 제거에 따른 재질(component quality)의 균일화 및 1960년대의 진공 탈가스법의 채용에 따라 서터 균열의 원인으로 되는 강(鋼)중의 수소 용해도의 감소가 진행되어 현재 극히 청정

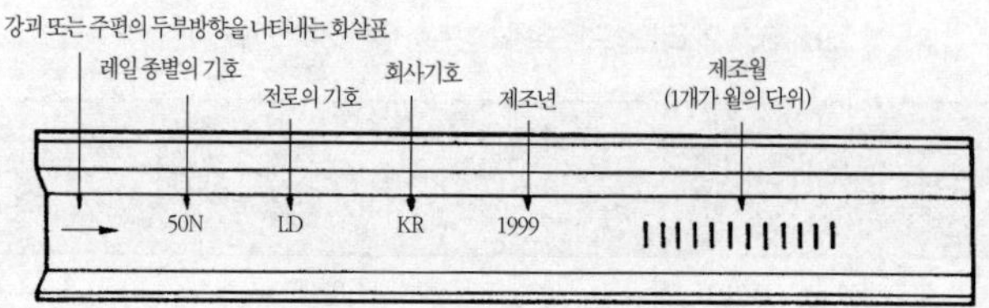

그림 3.3.7 레일 롤 마크의 예

한 강이 제조되고 있다. 레일의 복부에는 단면형 · 중량 · 제조법 · 제조 회사명 · 제조 연월을 각인(stamping)한다. 전압의 횟수는 25~40 회이며, 횟수가 많을수록 좋은 레일이 생긴다. 레일의 롤 마크의 예를 **그림 3.3.7**에 나타낸다.

(3) 열처리 레일

열차 횟수가 많은 곡선의 외측 레일이나 통과 톤수가 많은 선구(heavy traffic line)에 이용하는 레일 등은 마모의 진행을 억제하여 내구연한을 늘리기 위하여 마모가 심한 레일두부 표면에 대하여 담금질(quenching)을 하여 경도(hardness)와 내마모성을 높이고 있으며, 이것을 열처리 레일(heat hardened rail)이라 한다. 즉, 열처리 레일은 레일의 두부를 열처리함으로써 레일강의 조직을 바꾸어 내마모성을 향상시킨 레일이다. 열처리 레일(HH340, HH370)의 사용개소는 상기의 (1)항을 참조하기 바란다.

(가) 두부 전단면 열처리 레일

열처리 레일은 급곡선의 내마모용으로 사용되어 왔다. 종래의 열처리 레일은 고주파 유도가열 또는 가스화염 가열 후에 물담금질-템퍼링(tempering) 처리한 것(구HH레일)과 강제공냉에 의한 완속 담금질(slack quenching) 처리를 한 것(NHH 레일)이었지만, 최근에는 압연직후 레일의 보유열을 이용한 인라인(inline)에서의 강제공냉에 의한 완속 담금질 처리한 레일(HH레일)이 사용된다. 보통레일에 비하여 탄소함유량이 증가되며, 합금 성분으로 크롬(Cr)이 포함되고, 필요에 따라 바나듐(V)이 포함된다. 열처리 후의 품질을 나타내는 방법으로서 일반적으로는 표면 경도는 브린넬 경도(HB)[1] 또는 쇼어 경도(HS)[2]로 나타내며, 내부 경도는 비커스 경도(HV)[3]로 나타내고 있다. 상기의 (1)항에서 HH340, HH370의 숫자는 레일두부 상부표면의 브린넬 경도를 나타낸다. 레일에 열처리를 하는 부위나 방법에 따라 두부전단면 열처리레일과 두부끝 열처리 레일이 있다.

(나) 두부 끝 열처리 레일(EH 레일 : End Hardened Rail)

보통 레일 끝의 두부(양단 100 mm의 범위)를 **그림 3.3.8**에 나타낸 것처럼 고주파 유도가열 혹은 가스화염 가열 후, 강제공냉에 의한 완속 담금질(슬랙 켄칭) 방식으로 열처리한 레일이며, 정척 구간의 이음매 대책(국부처짐, 박리 등의 방지 대책)으로서 사용된다.

---

[1] 브린넬 경도(Brinell hardness) : 지름이 D mm인 강구를 재료에 일정한 압력으로 눌러 이때 생기는 우묵한 자국 의 크기로 경도를 나타냄. $H_B = P/\pi Dh$, P: 압력, D: 지름, h: 깊이

[2] 쇼어경도(shore hardness) : 선단에 다이아몬드를 끼운 추를 떨어뜨려 충돌로 인하여 튀어오른 높이로 굳기를 나타냄. $H_S = (10,000/65)(h/h_0)$, h_0에서 떨어뜨려 튀어오른 높이 : h

[3] 비커스 경도(Vickers hardness) : 대면각이 136°인 다이아몬드의 사각뿔을 눌러서 생긴 자국의 표면적을 경도로 나타냄. $H_V = 1.854 P/d2$, P: 하중 (kg), d: 대각선 깊이(mm)

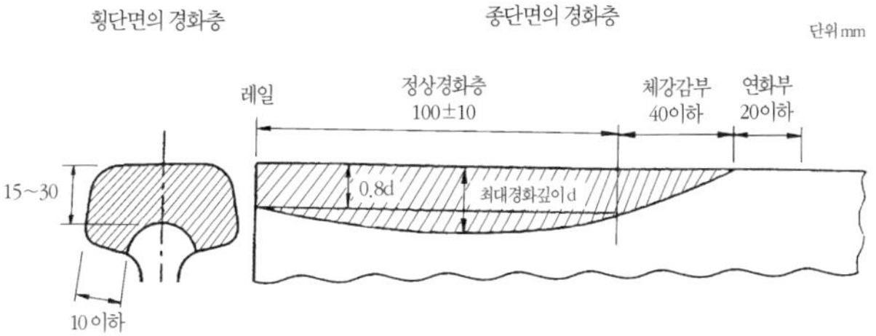

그림 3.3.8 경화층의 형성

3.3.3 레일의 손상 · 마모와 수명

(1) 레일의 손상과 마모

레일의 손상(rail failure)은 제조시의 재질 결함 등으로 인한 선천적 손상과 부설 후에 과대 차량하중 등으로 인한 후천적 손상으로 나누어진다. **그림 3.3.9**에 레일 손상의 원인별 비율의 예를 나타낸다. 레일의 훼손은 레일에 균열이 생겨 파단에 이르는 것이며 파단되면 탈선의 위험성이 증대되어 운전상 가장 문제로 된다. 그 원인으로서는 레일 제조상의 결함, 레일재질의 불량, 레일 부설 시나 집적 시의 부주의 등이 있다. 또한, 쉐링(shelling)은 레일두부 상면의 차륜과의 접촉 부근에서 조개껍질 모양의 피로단면이 생긴 것이다. 쉐링은 당초에 고속선로에서 나타났지만 근년에는 일반선로에서도 발생되고 있다. 발생원인은 아직 충분히 해명되지 않고 있지만 처음에는 수평으로 균열이 생기고 어느 부분에서 레일저부로 향하여 균열이 진행하여 레일파단까지 이르는 것이다. 레일두부 상면에 이르는 층에서는 접촉피로 층(약 0.05~0.2 mm)이 형성되어 있다. 이 층을 제거하기 위하여 0.15~0.3 mm 정도의 레일표면을 삭정한다. 또한, 파상마모가 발생한 레일두부 상면의 요철은 철도 소음의 원인으로 되므로 이것을 제거하기 위하여 레일을 삭정하는 일이 있다. 레일은 열차의 통과에 따라 반복 하중을 받으며, 또한 차륜의 주행에 따라 마모 · 변형 · 피로 손상되고, 경년에 따라 부식(corrosion) · 전식(electrolytic corrosion)된다. 미약 전류로 인한 전식{직류 전철화(DC electrification) 구간의 터널 등}의 원인으로서는 ① 전위차가 크고, ② 배수의 불량 등이 고려된다(제2.4.2(5)(나)항 참조). 레일의 이음매부에서는 큰 충격력과 그 반복으로

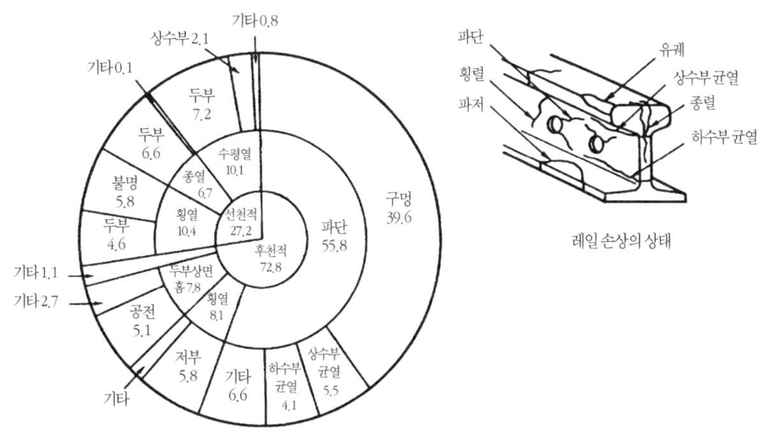

그림 3.3.9 레일의 손상 원인별 비율의 예

인하여 이음매 처짐[*]이 발생된다. 직선부에서의 마모는 작지만, 곡선부에서는 외궤(outer rail)에 횡압이 걸리기 때문에 곡선 반경이 작은 경우에 레일두부의 마모가 많다. 레일의 두부 표면에 규칙적인 요철이 생기며, 이 때문에 진동이 발생되고 소음 공해(noise pollution)나 보선상의 문제가 생기는 일이 있다. 이것을 파상 마모(corrugation)라 한다.

(2) 레일의 수명과 교환

신품 레일을 부설한 후에 그 레일 위를 통과한 차량 중량의 총계(통과 톤수)에 따라 레일 교환의 목표가 정하여지기도 하지만, 현실의 철도 사업에서는 궤도 보수의 방침이나 궤도 재료(track material)의 운용 면 등에서 수명이 결정되는 일도 많다. 즉, 급곡선에서 열차횟수가 많은 구간에서는 1년이 채 안되어 교환하는 예도 있지만, 통과 톤수(tonnage)로 1.5~6억 톤 정도가 레일 교환의 목표로 되어 있다. 보통은 10~25년을 표준으로 하고 있지만, 실제는 열차 속도 등의 조건, 궤도보수의 정도, 경영 상황 등에 따라 레일의 수명(life of rail)이 결정된다. 금속 재료는 일반적으로 반복 하중을 받으면 피로(fatigue) 현상이 생긴다. 레일은 특히 열차 하중(train load)이라고 하는 반복 하중을 받는 구조재이기 때문에 레일의 교환에서는 마모로 인한 단면 강도의 감소만이 아니고 피로 면에서의 점검도 필요하게 된다. 또한, 곡선부에서는 일반적으로 외궤 레일에서 큰 외력을 받기 때문에 마모나 피로가 심하며, 이것이 그 선구의 레일 수명을 결정하는 경우가 많기 때문에 이 구간의 레일을 상기와 같이 열처리(sorbite나 pearlite 조직한다). 일반철도에서는 레일교환의 기준을 **표 3.3.3**에 나타낸 것처럼 정하고 있으며, 기타 균열, 심한 파상마모 등으로 열차운전상 위험하다고 인정되는 레일은 교환하여야 한다고 규정하고 있다. 고속철도 본선에서는 60 kg 레일의 두부마모가 13 mm(편마모는 15 mm), 레일의 누적 통과 톤수가 6억 톤, 균열 파상마모 등으로 열차운전 상 위험하다고 인정되는 경우에 레일을 교환한다.

표 3.3.3 일반철도의 레일교환 기준과 주기

| 레일종별 | 갱환기준(다음 상태에 이르기 전에 교환) | | | | 일반 직선구간에서 누적 통과 톤수에 따른 갱환주기 (억톤)[**] |
| | 레일두부 최대 마모높이(mm) | | 마모부식으로 인한 단면적 감소(mm)[*] | | |
	일반의 경우	편마모의 경우	본선	측선	
60레일	13	15	24	-	6
50N, 50PS	12	13	18	22	5
50ARA-A	9	13	16	20	5
37ASCE	7	12	16	20	2
30ASCE	7	6	14	18	1.5

[*] 철도청 당시의 선로정비규칙에서 정하였던 것으로 건설교통부에서 2004. 12. 30 제정한 선로정비지침 이후에서는 제외함
[**] 2007.12.12에 개정된 선로 정비지침에서는 직선상의 레일 수명에 관하여 60 kg 레일과 50 kg 레일만 별도의 조항으로 규정함.

---

[*] 레일의 이음매 부분이 침하되는 현상

3.3.4 레일의 이음매(rail joint)

(1) 이음매의 요건

레일과 레일간의 접속부를 이음매라고 하며, 궤도의 최대 약점이므로 그 배치나 구조에 여러 가지의 대책을 강구하고 있다. 이음매에는 다음과 같은 기능적 역할을 필요로 한다. ① 수직력은 물론 횡압에 대하여도 이음매 이외의 부분과 비교하여 같은 정도의 강도와 휨 강성을 가지고 있을 것. ② 온도의 변화로 생기는 축력(axial force)에 대하여 충분한 강도 혹은 신축성을 가질 것. ③ 레일 단부에 대하여 서로간에 상하·좌우의 어긋남, 단차나 요철이 생기지 않을 것. ④ 구조가 복잡하지 않고, 값이 싸며, 제작·보수가 용이할 것. ⑤ 전철화(electrification) 등의 구간에서는 전기절연이 양호할 것.

(2) 이음매의 종류

이음매의 종류는 그 기능, 구조, 형상, 배치, 지지 방법 등에 따라 다음과 같이 분류할 수 있다.

(가) 기능상의 분류 ; ① 보통 이음매, ② 절연 이음매(insulated joint), ③ 신축 이음매(expansion joint)

(나) 구조상의 분류 ; ① 맞대기 이음매(butt joint), ② 사(斜) 이음매(oblique joint)

(다) 배치상의 분류 ; ① 상대식(相對式) 이음매 (opposite joint, even joint), ② 상호식(相互式) 이음매(alternate joint, broken joint)

(라) 지지 방법에 따른 분류 ; ① 현접법(懸接法) 이음매(suspended joint), ② 지접법(支接法)이음매(supported joint)

구조상의 분류에서는 맞대기 이음매를 일반적으로 채용하며, 사이음매는 장대레일 단부의 신축 이음매에 이용한다.

(3) 이음매의 배치 및 지지 방법

이음매(**그림 3.3.10**)의 배치에서 우리나라와 일본, 유럽에서 일반적으로 채용하고 있는 상대식은 직선부에서는 양측 레일의 이음매 위치를 궤도 중심선에 직각으로 하고, 곡선에서는 곡선 반경에 따라 짧은 레일을 사용하여 양측 레일의 이음매를 법선 방향으로 일치시키는 것이다. 이 방식은 좌우 이음매의 위치가 같아서 침목의 보강을 하기 쉽지만 이음매의 침하를 피할 수 없다. 미국 등에서 채용하고 있는 상호식은 이음매의 침하량이 줄어들지만, 열차의 롤링을 일으키기 쉽다. 이음매부에 대한 침목의 지지 배치에서 현접법은 **그림 3.3.11**의 (a)와 같이 이음매를 침목의 중앙에 배치하는 방법이며, 지접법은 (b), (c), (d)와 같이 이음매를 침목의 바로 위에 설치한다. 종래는 현접법이 일반적으로 이용되어 침목의 간격을 짧게 하였지만, 국철에서는 1978년부터 폭이 넓은(30 cm) 이음매 침목을 채용하고 있다.

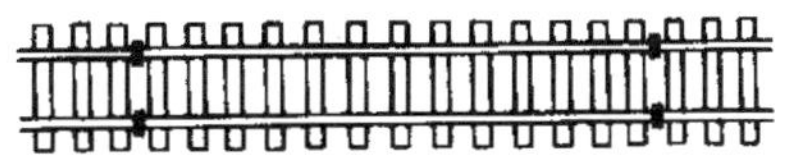

그림 3.3.10 레일 이음매의 배치

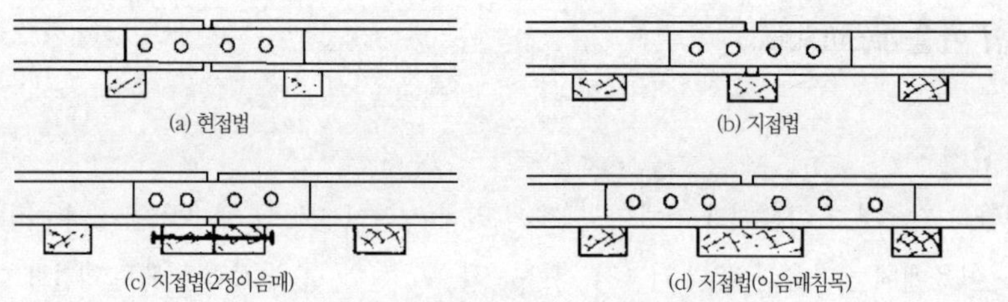

그림 3.3.11 이음매부의 침목 지지

(4) 특수 이음매(중계 레일)

레일 단면이 다른 지점에는 **그림 3.3.12**에 나타낸 중계 레일(junction rail, 이음매 레일이라고도 한다)을 사용하여 레일 두부를 맞춘다. 중계 레일을 본선에 장기간에 걸쳐 사용하는 경우에는 10m 이상의 길이를 사용하여야 한다.

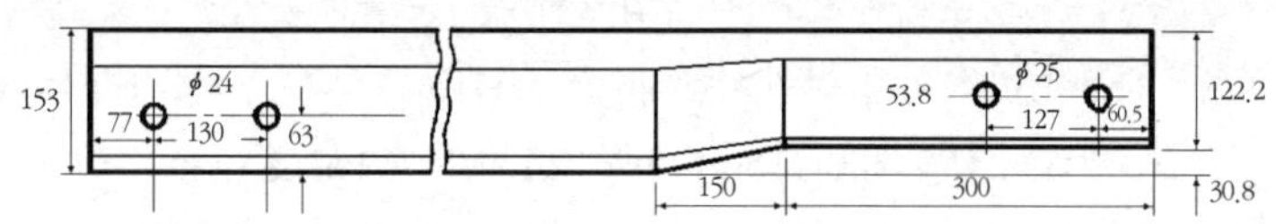

그림 3.3.12 중계 레일(50N - 37 kg/m) (단위 mm)

(5) 이음매판(fish plate)

이음매판은 종래는 단책형과 L형 이음매를 이용하여 왔지만, N레일에서는 두부와 귀 부분이 크고 저부가 짧은 I형을 채용하고 있다(**그림 3.3.13** 참조). 어느 것도 레일 복부(rail web)의 중간에서는 레일과 접속되어 있지 않다. 전기운전(electric traction)이나 신호회로의 레일은 전류회로로서 이용되며, 이음매판과의 접촉면은 녹 등으로 전기 저항이 크게 되는 일이 있기 때문에 레일본드나 신호본드로 연결한다. 레일본드는 동선을 묶은 것(신호본드는 가늘다)을 땜납 합금으로 레일에 용착시킨다. 이음매 볼트, 너트(50 kg/m 레일에 대하여 25.4 mm)는 이음매판과 레일을 체결하는 것으로 체결력이 유지되고 레일의 온도에 따른 신축에 지장이 없는 등의 조건이 요구된다. 너트의 이완을 방지하기 위하여 이음매판과 너트 사이에 록너트 와셔를 삽입한다.

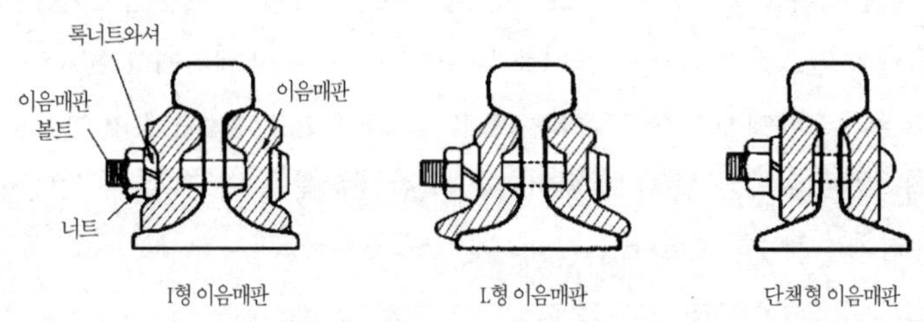

그림 3.3.13 이음매판의 형상

(6) 이음매 유간(joint gap)

부설된 레일은 기온에 따라 신축하기 때문에 이음매는 적당한 간격을 둘 필요가 있다. 레일 자신의 온도는 기온 외에 직사 일광으로 인하여 상당히 높게 되며 레일의 온도차는 60~80 ℃도 보여진다. 따라서, 25 m 레일의 이음매 간격은 40 ℃에서 대하여 1 mm, 0 ℃에서 12 mm 정도로 하고 있다. 더욱이, 터널 내 등에는 온도 변화가 적은 곳도 있어 대개 2 mm 정도로 하고 있다. 유간의 관리는 제3.6.5(5)항을 참조하라.

(7) 절연 이음매

(가) 절연 이음매의 종류

신호기를 제어하는 궤도 회로나 건널목 경보기의 제어 구간을 두기 위하여 절연 이음매(insulated joint)를 설치한다. 즉, 궤도회로의 이음부 등 레일의 절연이 필요한 경우는 **그림 3.3.14**의 예와 같은 절연 구조로 한다. 절연 이음매에는 레일 절연 이음매와 접착 절연 이음매가 있다. 경부고속철도는 무절연궤도회로(제5.4.5(5)항 참조)를 이용한다.

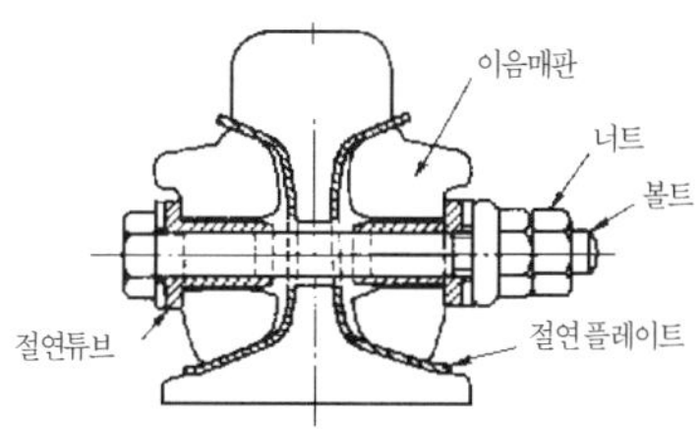

그림 3.3.14 절연 이음매

(나) 접착 절연 이음매(glued insulated joint)

레일 절연 이음매의 강화책으로서 레일과 이음매판을 강력한 접착제로 접착하여 레일 축력과 충격에 견디고, 충분한 절연성이 있게 한 접착 절연 이음매를 개발하여 실용화하였다. 접착 절연 이음매의 제작 방법에는 습식과 건식이 있다. 습식은 경화제와 경화액을 혼합하여 글라스 크로스(glass cross)로 도포하고 나서 압착하여 가열 경화시키는 공법이다. 건식은 화학 공장에서 글라스 크로스 등으로 접착제를 도포한 수지 침투 가공재(prepreg)를 세조하여 두고 이것을 압착하여 가열 경화시키는 공법이다. 건식은 습식에 미하여 집칙이 용이하고 위생성도 좋으며 접착제의 취급에 따른 실패가 없으므로 건식 접착 절연 이음매의 쪽이 주목되고 있다.

3.3.5 장대레일(continuous welded rail)

(1) 개요 및 필요성

레일 이음매(rail joint)는 궤도의 제1의 약점이므로 이를 용접(welding)하여 장대레일(CWR)로 만들어 이음매를 없게 하면 보수의 생력화(man-power saving)나 승차감의 향상 및 소음·진동 대책의 면에서 효과가 크다. 종래는 장대레일이 온도의 변화에 따른 신축의 처리가 곤란하며, 큰 축력(axial force)으로 과연 레일이 파단하지 않는가, 비록 파단하여도 벌어지는 부분(開口部)이 운전상 지장이 없는가, 또한 레일이 팽창한 때의 궤도 좌굴(buckling)에 대하여 도상의 횡 지지력이 저항할 수 있는가, 라고 하는 점이 문제로 되어 왔다. 그러나, 오늘날에는 레일 용접기술의 향상, 신축 이음매의 개발, 도상저항력이 큰 PC침목과 깬 자갈 도상의 보급 등에 따라 장대레일이 세계적으로 널리 채용되고 있다. 장대레일 궤도는 정척 레일 궤도에 비하여 다음과 같은 장점이 있다. ① 궤도의 보수 주기가 길다, ② 궤도 재료의 손상이 적다, ③ 열차의 동요가 작아 승차감(riding quality)이 좋다, ④ 소음·진동의 발생이 적다, ⑤ 멀티플 타이 탬퍼의 작업성이 좋다.

(2) 온도(temperature)와 축력(axial force)

레일이 자유로 신축할 수 있는 상태로 두면, 온도의 변화에 따라 다음의 양만큼 신축한다.

$$\text{레일의 신축량 } \varDelta L(\text{cm}) = \text{선팽창계수 } \beta(11.4 \times 10^{-6}) \times \text{온도 변화 } \varDelta t(℃) \times \text{레일의 길이 } L(\text{cm}) \tag{3.3.1}$$

온도 변화를 10 ℃, 레일의 길이를 25 m로 하면 신축량은 다음과 같이 된다.

$$\text{레일의 신축량} = 11.4 \times 10^{-6} \times 10 \times 2500 \text{ cm} = 0.285 \text{ cm}$$

또한, 온도 변화를 10℃, 장대레일의 길이를 1,000 m로 하면, 레일의 신축량은 11.4 cm이며, 온도 변화를 30℃, 장대레일의 길이를 2,500 m로 하면, 레일의 신축량은 85.5 cm의 큰 것으로 된다.

장대레일의 경우는 온도 변화에 따라 레일이 신축하려고 하지만, 체결 장치와 침목을 통하여 견고한 도상(track bed)이 온도 변화의 축력에 대항하여 전후 방향의 이동(레일의 신축)을 저지하기 때문에 레일의 신축이 방해되며, 그 분만큼 레일의 내부에 응력이 생긴다. 이 때 레일 단면에 작용하는 압축력 또는 인장력을 레일 축력(axial force)이라고 한다. 장대레일은 양단의 100 m 정도의 구간만 신축하고 그 중간은 신축이 없는 부동 구간(unmovable section)이라고 고려되기 때문에 양단 100 m 구간의 처리를 충분히 하여 두면 얼마라도 길게 하는 것이 가능하다. 여기서, 온도 변화에 따른 부동 구간의 축력(kgf)은 다음과 같이 나타내어진다.

$$\text{레일의 축력 } P(\text{kgf}) = \text{탄성계수 } E\,(2.1 \times 10^{6}\ \text{kgf/cm}^2) \times \text{레일의 단면적 } A(50\text{N 레일} : 64.2\ \text{cm}^2, \text{UIC60 레일} : 77.87\ \text{cm}^2) \times \text{선팽창계수 } \beta\,(11.4 \times 10^{-6}) \times \text{부설 시와의 온도 차이 } \varDelta t\,(℃) \tag{3.3.2}$$

부설시의 온도와의 차이 1 ℃에 대하여 50N 레일은 약 1.54 tf, UIC60 레일은 1.84 tf이다. 50N 레일은 20℃에 대하여 약 30 tf이며, 레일의 내부 응력은 약 5 kgf/mm²로 된다.

이 종방향 축력으로 인하여 횡방향 저항과의 평형 상태가 깨어지면 순간적인 좌굴 현상을 일으켜 극히 위험한 상태가 예상된다. **그림 3.3.15**에 장대레일의 축력과 신축을 나타낸다. 여기서, t_{max}는 예상되는 최고레일온도, t_0는 설정온도, r는 도상 종저항력이다.

$$\text{신축구간길이 } l = \frac{EA\beta\varDelta t}{r} \tag{3.3.3}$$

$$\text{단부신축량 } y_0 = \frac{EA(\beta\varDelta t)^2}{2r} \tag{3.3.4}$$

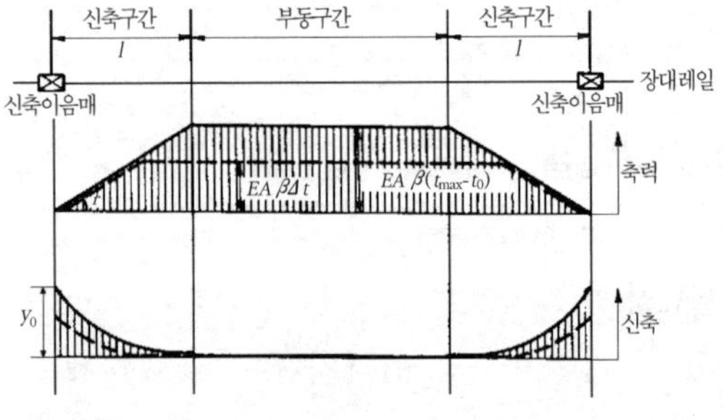

그림 3.3.15 장대레일의 축력과 신축

한편, 저자가 1980년대에 궤도 현장에서 날씨에 관계없이 측정한 기온과 레일온도의 자료(n=512)를 이용하여 기온과 레일온도의 상관관계를 구한 결과, 기온이 영상일 때에 대기온도 x(℃)와 레일온도 y(℃)의 상관관계 회귀식이 다음과 같이 구하여졌으며(상관계수 r=0.98), 기온이 영하일 때의 레일온도는 기온과 같다.

$$y = x^{1.11} \tag{3.3.5}$$

(3) 장대레일 부설에 대한 제한

(가) 장대레일의 가능 조건

장대레일은 다음의 조건들이 충족될 때 가능하다. ① 장대레일 양단에서의 레일 신축량을 신축 이음매로 흡수할 수 있을 것. ② 열차 등의 영향을 받아 장대레일이 활동하거나, 복진(rail creeping)하는 일이 없이 레일에 생긴 큰 축력(axial force)을 침목으로 유지할 수 있을 만큼의 충분한 레일 체결력과 도상 종저항력이 확보될 수 있을 것. ③ 레일이 파단되지 않을 것. 또한, 파단된 경우에도 파단 점의 벌어짐 량이 운전 보안상의 한도 내일 것. ④ 충분한 도상 횡저항력이나 궤광(track panel) 강성(rigidity)이 있어 궤도가 좌굴을 일으키지 않을 것.

(나) 장대레일의 부설 조건

경부 고속철도에서는 분기기를 포함하여 전구간을 장대레일로 부설한다. 고속선로에서 도상어깨의 더돋기(10 cm)는 제3.1.1(1)(나)항을 참조하라. 선로정비지침에서는 일반철도에서 장대레일을 부설할 수 있는 선로 조건으로서 ① 곡선반경은 600 m 이상, ② 구배 변경점의 종곡선 반경은 3,000 m 이상, ③ 반경 1,500 m 미만의 반향 곡선은 연속하여 1개의 장대레일로 하지 않을 것, ④ 양호한 지반일 것, ⑤ 전장 25 m 이상의 교량은 피할 것, ⑥ 복진이 심한 구간은 피할 것, ⑦ 흑렬 흠, 공전 흠 등 레일의 부분적 손상이 발생되는 구간은 피할 것 등이며, 궤도의 구조로서 ① 레일은 50 kg/m 또는 60 kg/m의 신품 레일, ② PC침목 사용, ③ 도상은 깬 자갈(crushed stone), ④ 종과 횡의 도상저항력 500 kgf/m 이상, ⑤ 도상어깨 폭은 45 cm 이상이고 10 cm 더 돋기를 함, ⑥ 온도가 내려가는 동계에도 견딜 수 있는 용접강도를 가질 것 등으로 규정하고 있다.

(4) 장대레일의 용접

레일의 용접은 장대레일에서 중요한 기술이다. 레일에 주로 사용되는 용접법은 4 가지이며, 용접(welding)의 특징에서 2 가지 방법으로 크게 나누어진다. 하나는 압접이다. 용융 또는 여기에 가까운 고온 고상(固相)의 레일에 대하여 모재에 압력을 가하여 접합하는 것이며, 플래시 버트 용접, 가스 압접이 있다. 또 하나는 레일 모재간을 용융 상태의 용접 금속으로 접합하는 것이며, 입력을 가할 필요가 없다. 엔크로즈드 아크 용접, 테르밋 용접이 있다. 상기 용접의 원리와 특징을 **표 3.3.4**에 나타내며, 레일용접의 중요성 때문에 레일용접 공사마다 마무리 검사(외관검사, 침투 탐상), 굴곡 시험, 초음파 탐상 검사, 자분 탐상 등을 실시한다.

표 3.3.4 레일용접의 종류

종류	원리	특징
플래시 버트 용접	전극을 세트하여 레일을 접촉시키면 고압의 전류에 의해 저항발열이 생겨 단부를 밀착시켜 용접한다.	접합부의 신뢰성이 높고, 용접시간이 짧아서 공장이나 현장에서 널리 이용되고 있다.
가스압접	접합부를 산소 아세칠렌 등의 가스 염으로 고온으로 가열하여 압접한다.	기동성이 뛰어나며 잘 이용되고 있다.
엔크로즈아크 용접	용접봉과 레일에 전극을 세트하고 아크를 발생시켜 용접봉에서 용적(溶滴)된 금속을 이용하여 용접한다.	가압·압축할 필요가 없다. 수작업이 주체이다.
테르밋 용접	산화철과 알루미늄 분말 등의 혼합물의 열로서 화학 반응으로 개량된 골드 사미트 용접이 이용된다.	순서를 알기 쉽고 열처리가 불필요하다.

표 3.3.5 각 용접법의 성능 비교의 예

대상 항목	피로강도 (kgf/mm²)	인장강도 (kgf/mm²)	정적 휨강도 (HD의 강도)(tf)	좌측 난의 하중시 처짐 (mm)
모재	33~38	89~92	124	86
가스압접	34	83~88	113~132	23~90
플래시버트용접	30~34	79~83	99~118	12~64
엔크로즈아크용접	28	66~84	99~106	15~22
테르밋용접(종래)	18~22	71~81	88~89	11~18

장대레일의 부설은 고속철도의 경우에 레일센터(궤도기지)에서 플래시 버트 용접법으로 용접(1차 용접) 한 300 m의 레일을 장대레일 전용 평화차로 현장으로 수송하고 현장에서 이들을 연결하여 용접한다. 기지용접은 일반철도의 경우에 가스압접을 이용한다. 플래시 버트 용접법은 주로 공장에서 행하는 방법이고, 가스 압접법은 주로 현장의 기지에서 행하는 방법이다. 제2, 3차의 현장 용접은 우리나라의 경우에 테르밋 용접법을 주로 이용하며, 일본에서는 엔크로즈드 아크 용접법도 이용한다. 한편, 이들 용접법의 성능 비교를 나타낸 것이 **표 3.3.5**이다.

(5) 신축 이음매(expansion joint)

장대레일 양단의 각각 약 100 m의 구간이 온도 변화로 신축되지만, 그 신축량은 여름 · 겨울에 대하여 30~50 mm로 되기 때문에 신축 이음매를 설치한다. **그림 3.3.16**은 텅레일(tongue rail) 고정식 신축 이음매의 예이다. 더욱이, 텅레일 이동식의 경우, 복선 구간에서는 열차의 진행 방향에 대하여 **그림 3.3.17**에 나타낸 것처럼 배향(trailing)으로 부설하는 것을 원칙으로 하고 있다. **표 3.3.6**은 국내에서 현재 이용되고 있는 신축 이음매의 제원을 나타낸다. 고속선로용 신축 이음매의 설치는《고속선로의 관리》를 참조하라.

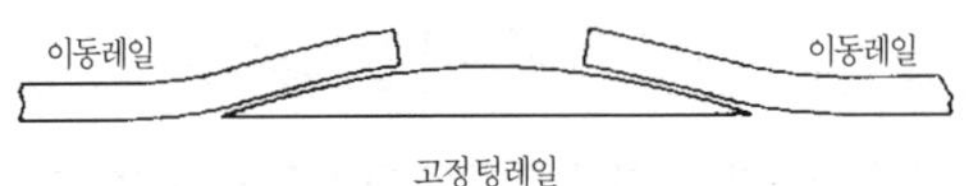

그림 3.3.16 텅레일 고정식 신축 이음매

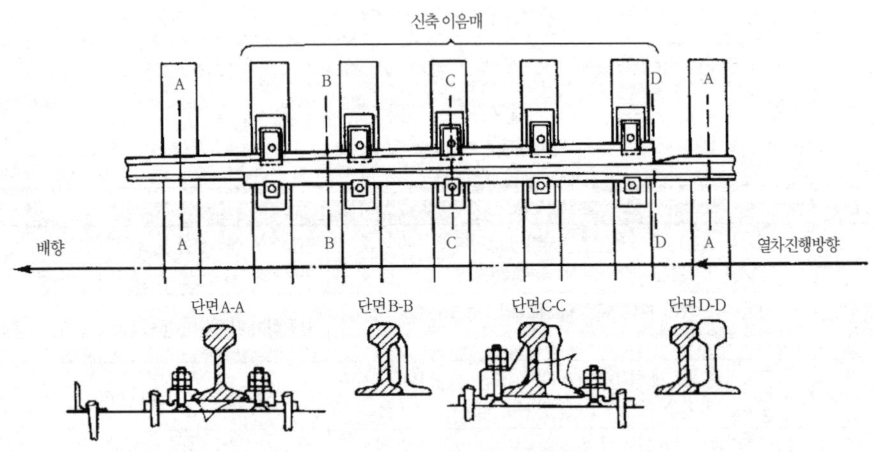

그림 3.3.17 신축 이음매의 예

표 3.3.6 현재 이용되고 있는 신축 이음매

종류	전장(mm)	편측 허용 스트로크(mm)	이용 침목	비고
50N용	7,260	±62.5	목침목	재래형
	17,490	±62.5	목침목	개량형
UIC60용	50,400 (12,700×2+25,000)	±300	PC침목	교량용
	12,000	±90	PC침목	일반용

(6) 설정 온도

설정 온도(installation (or laying, setting, tightening up) temperature)는 장대레일 부설 이후의 레일 온도의 변화에 따른 거동을 관리하는 경우에 중요한 수치이다. 고속철도의 장대레일 설정온도는 중위 온도(neutral temperature, 최고, 최저 레일온도의 중간 값)에 5 ℃를 더한 값으로 하고, 허용 범위는 ±3 ℃를 표준으로 하고 있다. 즉, 25±3 ℃(22~28 ℃). 한편, 콘크리트 궤도의 경우는 20℃±3 ℃로 한다. 또한, 터널구간에는 15±5 ℃로 한다. 선로정비지침에서는 일반철도에 관하여 다음과 같이 정하고 있다. ① 장대레일을 중위 온도(neutral temperature)에서 설정(fastening-down)하지 않을 경우에는 신축 이음매(expansion joint)의 스트로크(stroke, maximum expansion)를 조정하여야 한다. ② 장대레일을 중위 온도에서 설정하지 아니 하였거나 설정한 후에 축력의 분포가 고르지 못하다고 판단될 때에는 적절한 시기에 재설정하여야 한다. ③ 재설정(resetting, refastening-down)할 때의 설정온도는 중위온도에서 ±5 ℃를 기본으로 하고 중위온도 이하이거나 또는 30 ℃ 이상에서 재설정하는 것을 피하여야 한다.

설정온도는 하기의 고온이 되어도 장출(track warping, snaking)되지 않을 것, 동기의 저온이 되어도 레일이 파단(breakage)되지 않는 것을 조건으로 하여, "예상되는 최고 레일온도보다 어떤 정해진 온도차만큼 낮은 온도를 하한(설정온도의 하한)"으로 하고, 더욱이 "예상되는 최저 레일온도보다 어떤 정해진 온도차만큼 높은 온도를 상한(설정온도의 상한)"으로 하는 온도 범위에 들도록 제한할 필요가 있다.

(7) 교량상 장대레일

(가) 교량상 장대레일의 정의

장대레일을 교량상에 부설하면 온도 변화에 따라 교형이 신축하기 때문에 레일에 부가 축력(axial force)이 가하여진다. 또한, 이 반력으로서 장대레일 종하중이라 불리는 힘이 교형과 교각(pier)에 작용한다. 따라서, 교량상에 부설하는 장대레일을 교량상 장대레일이라 부르며, 일반 구간의 장대레일과 구분한다.

(나) 교량상 장대레일의 설계

교량상에 장대레일을 부설할 때는 교량 길이, 보의 길이, 교각의 강도, 보 받침의 배치, 레일 체결장치의 복진 저항력, 신축 이음매의 배치에 대하여 구조물과 궤도의 양면에서 충분히 검토하여 설계할 필요가 있다. 교량상 장대레일의 설계에서 검토하여야 하는 점은 다음과 같다. ① 레일의 축력을 압축에 대하여는 좌굴 한도 내로, 인장에 대하여는 용접부의 파단 한도 내로 들게 한다. ② 레일의 파단 시 벌어짐 량을 운전 보안상의 한도 내로 들게 한다. ③ 장대레일 끝의 신축량은 보와 레일의 상대 이동으로 인하여 일반의 장대레일과는 달리 통상보다 크므로 이 신축량을 신축 이음매의 허용 스트로크 내로 들게 한다.

(8) 분기기 구간의 장대레일

분기기 구간을 장대레일로 부설하면, 레일 축력이 30 % 증가하므로, 궤광의 강성을 높이기 위하여 콘크리트 침목을 채용하고 있다.

3.3.6 가드레일(guard rail)

가드레일은 차량이 탈선(derailment)하여 중대 사고(major accident)로 되는 것을 방지할 목적으로 차륜의 탈선 자체를 방지하든지 혹은 탈선한 차륜을 본선 레일에 따라 유도함으로서 탈선으로 인한 피해를 최소한으로 막아내기 위하여, 또는 마모 방지를 목적으로 설치하고 있다. 선로정비지침에서 정한 가드레일에는 부설 장소에 따라 다음의 종류가 있다.

1) 탈선방지 가드레일 (guard rail for anti-derailment) : 반경 300 m 미만의 곡선, 구배변화와 곡선 중복 개소, 연속하구배와 곡선이 중복되는 개소

2) 교량상(橋梁上) 가드레일 (bridge guard rail) (고속철도는 가드레일 대신에 방호벽 설치) : 18 m 이상 교량, 트러스교, 플레이트교, 곡선 교량에 설치

3) 건널목 가드레일 (guard rail for level crossing) : 플렌지웨이 폭 65 mm + 슬랙

4) 안전 가드레일 (safety guard rail) : 탈선방지가드레일의 설치가 곤란한 개소, 낙석 · 강설이 많은 개소

5) 포인트 가드레일 (switch guard rail) : 곡선 분기기 등의 포인트부

마모방지 가드레일은 곡선 외측 레일의 마모를 방지하기 위하여 안쪽 레일에 병행하여 설치한다. 또한, 선로가 깊은 하천을 따른다면 만일 탈선 차량이 전락(fall)하여 피해가 심하게 될 우려가 있는 구간 등에 대하여는 탈선방지 가드레일을 설치한다. 건널목 가드레일은 좌우 레일간의 포장 부분과 레일의 간격을 유지하기 위하여 설치하는 레일 또는 앵글이다. 레일과의 간격 치수는 도로 교통에서는 되도록 좁은 것이 바람직하지만 차륜 치수의 이유로 65 mm를 표준으로 하고 있다.

3.4 침목

3.4.1 침목의 역할

침목(sleeper, tie)은 ① 레일을 체결하여 레일의 위치를 정하고, 궤간을 정확하게 유지하며, ② 레일로부터 전해지는 활하중(열차하중)을 도상 아래로 널리 분산시키며, ③ 근래에 장대레일이 사용되고부터는 궤도 좌굴(레일 장출)에 대한 저항력의 대부분을 부담하는 중간 구조이다.

따라서, 침목에는 다음과 같은 조건이 요구된다. ① 레일의 위치, 특히 궤간을 일정하게 유지하기 위하여 레일의 설치가 용이하고 상당한 유지력을 가질 것(궤간의 틀림이 적을 것). ② 열차하중을 지지하고, 널리 분산시켜 도상으로 전달하기 위하여 충분한 강도를 가질 것. ③ 휨 모멘트에 저항하는 충분한 강도를 가지고, 내용 연수가 길 것. ④ 궤도에 충분한 좌굴 저항력을 줄 수 있을 것. 즉, 궤도 방향 및 궤도에 직각인 방향에 대한 이동 저항이 클 것.

⑤ 탄성을 가지고 열차로부터의 충격, 진동을 완충할 수 있을 것. ⑥ 취급이 용이하고 궤도의 보수가 간단할 것. ⑦ 양 레일간에 대하여 필요한 전기 절연을 실현할 것. ⑧ 어디에서도 얻을 수 있고 양산이 가능하며(공급의 용이성), 가격이 저렴할 것.

3.4.2 침목의 종류

(1) 부설방법에 따른 분류

1) 횡(横)침목(cross sleeper) ; 레일에 직각으로 부설하는 가장 일반적인 부설방법이다.

2) 종(縱)침목(longitudinal sleeper) ; 레일과 동일 방향으로 부설하는 특수한 부설 방식으로 레일 위치가 정해지지 않으므로 궤간 유지는 게재(gauge tie) 등의 별도 방법에 따른다.

3) 단(短)침목(block sleeper) ; 블록(block) 모양의 침목으로 좌우 레일별로 레일을 지지하는 것으로 이것의 표면이 나오도록 콘크리트에 매설하는 직결 궤도로서 잘 이용되고 있다.

(2) 사용 목적에 따른 분류

1) 보통 침목(track(or regular) sleeper, normal tie) ; 일반 구간에 이용하고 있다.

2) 교량 침목(bridge sleeper, tie for bridge) ; 무도상 교량에 이용하며, 일반 구간에 비하여 부담력이 크기 때문에 단면도 크게 되어 있다.

3) 분기 침목(switch(crossing, turnout) sleeper, switch bearer, tie for turnout) ; 분기기(turn-out)에 이용하며, 단면과 길이가 보통 침목보다 크다.

4) 이음매 침목 ; 이음매부에 사용하는 목침목으로 목재의 보통 침목보다 폭이 넓다(30 cm).

(3) 재료에 따른 분류

1) 목침목(timber(or wooden) sleeper) ; 소재(素材) 침목(untreated sleeper)과 방부 처리(preservation process)를 한 주약(注藥) 침목(treated sleeper)이 있다.

2) 콘크리트 침목(concrete sleeper) ; 철근 콘크리트 침목(reinforced concrete sleeper), PC 침목(prestressed concrete sleeper) 및 합성 침목(composite sleeper)이 있다.

3) 특수 침목 ; 철침목(steel sleeper), 조합 침목(composite sleeper), 래더(Ladder)형 침목, 합성 침목(합성수지 재료)이 여기에 해당된다.

(4) 목침목

목침목은 콘크리트 침목에 비하여 딱딱하지 않으므로 진동, 충격을 완화하여 도상으로 전하며, 또한, 레일체결이 간단하고 취급이나 가공이 용이하며, 전기절연성(electric insulation)도 높다. 그러나, 기계적 손상을 받기 쉽고, 균열, 손상, 부식 등을 일으키기 쉽기 때문에 내용 연수(소재 5~12년, 주약 7~15년)가 짧다고 하는 결점을 갖고 있다. 이 때문에 방부 처리(preservation process) 등을 하여 수명 연신을 꾀하는 것이 통례이다. 근년에 국내에서의 목재 사정이 핍박함에 따라 목침목의 조달도 곤란한 상황이며 외재도 역시 환경문제 등으로 차츰 좋

표 3.4.1 목침목의 치수

종류	치수(cm)			부피(m³)
	두께	폭	길이	
보통 침목	15	24	250	0.090
분기 침목	15	24	280, 310, 340, 370, 400, 430, 460	0.101, 0.112, 0.122, 0.133, 0.144, 0.155, 0.156
교량 침목	23	23	250, 275, 300	0.132, 0.145, 0.159
이음매 침목	15	30	250	0.113

은 침목 용재가 적게 되고 있으며, 최근에는 PC침목이 급속히 증가되고 있다. 현재 규격화되어 있는 수종 (species of wood) 중에서 현재 실제로 많이 구입되고 있는 것은 말레이지아산 세랑강 바투이며, 캠파스와 카풀은 고급 소재로서 원가가 비싸다. 80년대 초반에는 아피통을 사용하였다. 현재 사용되고 있는 목침목의 치수를 **표 3.4.1**에 나타낸다. 목침목 목재의 스파이크(dog spike) 인발 저항은 비중에 비례하여 증가하며, 1.5~3.0 tf의 범위이다. 한편, 부후균(腐朽菌)에 의한 중량 감소율에 있어 소재 그대로 사용할 수 있게 되는 3~5 % 이하의 것은 카풀 등이다.

(5) PC 침목

(가) PC 침목의 특징

PC는 prestressed concrete의 약자이다. 내장의 강선(지름 2.9 mm의 피아노선)으로 미리 콘크리트에 스트레스 (stress)를 가하여 두고 스트레스가 있는 상태에서 사용하여 휘는 힘에 대한 저항력을 강하게 하고 있다. 내장하는 강선을 인장하여 콘크리트를 타설하고 경화시켜 제조(pretension 방식)한다. 따라서, 침목의 콘크리트는 강선 때문에 항상 압축되어 휨 하중에 대하여 강하다.

PC 침목은 목침목에 비하여 비용이 약간 비싸지만, ① 부식이 없고 내용연수는 약 5배로 길다. ② 탄성체결을 하여 궤도 틀림의 진행이 적고 보수를 경감시킬 수 있다. ③ 무겁고 안정성이 있어 좌굴에 대한 도상저항력이 커서 장대레일의 부설에 이용할 수 있는 등의 이점이 있다. 그러나, ① 표준 크기에 대하여 220 kg(국철용) 또는 300 kg(고속철도용)으로 무겁기 때문에 취급이 용이하지 않으며, ② 도상 작업 시에 파손하기 쉽고, ③ 전기 절연성이 목침목에 비하여 떨어지는 등의 점이 불리하다. PC 침목은 목침목에 비하여 초기 투자는 크지만 내용연수(service time)의 연신으로 교환 비용이 적은 점이나 레일의 장대화가 가능한 점 등에서 부설 수가 늘어나고 있다.

경부고속철도 1단계구간의 자갈궤도는 분기기, 레일신축 이음매 구간을 포함하여 본선의 전구간을 PC침목으로 부설하였다. 2단계구간의 콘크리트도상 분기기에도 PC침목을 이용하고 있다. 또한, 일반철도의 분기기도 PC 침목을 이용하고 있는 추세이다.

(나) PC 침목의 종류

일반철도와 고속철도용 PC 침목의 제원을 **표 3.4.2**에 나타내며, 일반철도에서 반경 600m 미만의 급곡선에는 별도로 설계 · 제작된 급곡선용 침목을 사용한다.

(다) PC 침목의 제작

PC 침목의 제작방법에는 프리텐션 방식과 포스트텐션 방식이 있다. 국내에서는 현재 프리텐션의 연속식 제조

표 3.4.2 PC 침목의 제원

형식	레일직하부 단면(mm)			중앙부의 단면(mm)			단부의 단면(mm)			길이 (mm)	PC강선 (PC강봉)	프리스트레스 긴장력(kg)		콘크리트압축 강도(kg/cm²)		콘크리트 용적(m³) [중량] (kg)
	상면 폭	저면 폭	높이	상면 폭	저면 폭	높이	상면 폭	저면 폭	높이			초기	유효	P.S. 도입시	재령 28일	
국철 연속식 84년형	181	266	256	256	256	256	256	256	256	2,400	Ø2.9mm× 2연선×20줄	40,000 ±600	32,000	350	500	0.092
국철 연속식 88년형											Ø2.9mm× 3연선×14줄	43,680 ±600	26,200			
국철 연속식 89년형	180	265	180	180	180	180	180	180	180		Ø2.9mm× 3연선×16줄	49,200	29,520	400		0.102
국철 연속식 콘크리트도상용	180	240	180	180	180	180	180	180	180		Ø2.9mm× 3연선×12줄	37,440 ±600	26,200	360	450	0.105
고속철도용 (프리텐션)	200	276	200	200	200	200	200	200	200	2,600	Ø2.9mm× 3연선×16줄	42,000	33,600	350	600	0.123 [296]
고속철도용 (포스트텐션)	220	270	220	220	220	220	220	220	220	2,600	Ø11mm×4개	37,785	32,117	450	600	0.134 [326]

방법을 이용하고 있다. 경부고속철도 1단계구간의 콘크리트 궤도용 PC침목은 포스트텐션방식으로 제작하였다.

1) 프리텐션(pretension) 방식 : 콘크리트를 거푸집에 타설하기 전에 거푸집 내의 PC 강선(tendon)에 소정의 긴장력을 주고, 콘크리트가 경화하여 소정의 강도에 달하고 나서 강선의 양단을 절단하여 긴장력을 해방함에 따라 PC 강선과 콘크리트와의 부착력으로 압축력을 도입하는 방법이다.

2) 포스트텐션(post tension) 방식 : PC 강선 대신에 PC 강봉(steel bar)을 사용하여 PC 강봉과 콘크리트와의 부착력이 작용하지 않도록 하여 두고 콘크리트가 경화하여 소정의 강도에 달하고 나서 PC 강봉에 인장력을 주어 콘크리트에 압축력(prestress)을 도입하는 방법이다.

(6) 기타의 침목

1) 합성 침목(composite sleeper) : 외국에서는 목침목과 PC 침목의 장점을 살려 가볍고 강도가 있으며, 내구성이 우수한 합성 침목을 개발하여 사용(試用)하고 있다. 이것은 글라스 장섬유와 경질 발포 우레탄으로 구성되는 시트를 몇 매 적층하여 형성한 것으로 목침목에 비하여 우수한 특질을 갖는다. 그러나, 생산비가 상당히 높아 고가이므로 실용화까지는 더 많은 개선을 요하고 있다.

2) 철침목(steel sleeper) : 강 또는 주철로 만들어진 침목을 철침목이라 한다. 철침목은 유럽 과 남미 여러 나라에서 사용되고 있고 일본에서도 소량 사용하고 있다. 철침목은 강도가 크고 내용 연수가 길며 체결 장치의 내횡압성이 크고 충격에 강하다는 등의 이점이 있지만, 고가이며, 또한 절연성이 나빠 전철화 구간에 사용될 수 없다. 우리나라에서는 사용하지 않는다.

3) 합성형 침목(투윈 블록 침목) : 합성형 침목은 모노블록을 사용하지 않고 2개의 콘크리트 블록을 강재로 연결하는 구조이다. 즉, 주로 레일의 직하 부분을 철근 콘크리트 단침목으로 하여 강재로 연결하는 투윈 블록 방식으로 프랑스 국철에서는 TGV의 자갈궤도 등에 표준형으로 사용하고 있다. 우리나라의 자갈궤도에

서는 1980년대 후반에 경부선 병점역 남부, 심천~황간간 등에 시험 부설한 예가 있으나, 채용하지 않았다. 경부고속철도 2단계구간의 콘크리트 궤도용 침목은 bi 블록(투윈 블록)콘크리트 침목이다.

3.4.3 침목의 배치 간격

침목의 배치 간격(sleeper spacing)은 열차의 축중(axle weight, axle load), 통과 톤수(tonnage), 속도, 곡선반경, 구배율, 노반(road bed)의 상태에 따라 결정되며, 간격의 조밀을 나타내는 침목의 배열(arrangement of sleeper)은 일반철도의 경우에 10 m당의 침목 수(number of sleepers per 10 m)로 나타내고 있다. 레일 중간부와 이음매부에 대하여 간격을 변화시키고 있지만, 레일 전후에 대하여는 대칭이다. 중간부의 침목 간격은 윤하중(wheel load)으로 인하여 생기는 레일의 휨응력, 도상 및 노반 압력, 필요로 하는 도상 횡저항력 등에 따라 정하고 있다. 이음매부는 열차 통과로 인한 충격이 크므로 중간부보다도 간격을 좁게 할 필요가 있다. 이들을 고려하여 기준을 정한다. 선로정비지침에서는 선로 등급(class of track)에 따라 침목 배치간격을 상기의 **표 3.4.3**에 나타낸 것처럼 정하고 있으며, 반경 600 m 미만의 곡선, 20 이상의 구배, 중요한 측선, 기타 노반 연약 등 열차 안전운행에 필요하다고 인정되는 곳에서는 **표 3.4.3**의 배치수를 증가시킨다. 더욱이 PC 침목의 배치 기준에 대하여는 멀티플 타이 탬퍼(multiple tie tamper)의 작업성, 기관차의 입선 제한, 급곡선($R \leq 600$ m), 급구배($i \geq 20$ ‰) 구간의 횡압, 복진(匐進, rail creeping) 등으로 인한 보수량에 대하여 검토하여야 한다. 교량침목의 경우는 교형(橋桁)의 중심 간격에 따라 침목에 발생되는 휨응력이 다르므로 이를 감안하여야 한다. 또한 분기침목의 배치 방법에 대하여는 분기기 도면집에서 분기기의 번수, 레일종별, 형식에 응하여 침목배치 수를 정하고 있다. 경부고속철도 본선의 침목 간격은 자갈궤도의 경우에 60 cm, 콘크리트궤도의 경우에 65 cm이다.

표 3.4.3 침목의 배치 간격

구분		고속철도 (단위 : cm)	일반철도 (단위 : 정/10 m)				
			1급선	2급선	3급선	4급선	측선
자갈궤도	PC 침목	60	17		16[*]		15
	목침목	-	17		16		15
교량침목		-	25				18
콘크리트궤도 침목		일반철도와 같음	16(62.5 cm, 구조물EJ와 중복 시 ±2.5 cm 내에서 조정가능)				

[*] 장척 및 장대레일 부설 시에는 PC침목 배치를 10 m당 17정으로 할 수 있다.

3.4.4 레일 체결장치(rail fastening)

(1) 레일 체결장치의 기능

레일 체결장치(fastening, fastener, fastening system), 또는 체결구란 ① 좌우 2개의 레일을 침목이나 슬래브 등의 지지물에 고정·정착시켜 궤간을 유지함과 동시에 ② 차량 주행 시에 차량이 궤도에 주는 여러 방향의 하중이나 진동(vibration), 주로 상하방향의 힘, 횡방향의 힘 및 레일 길이방향의 힘 등에 저항하고, ③ 이들을 하부구조인 침목, 도상, 노반으로 분산 혹은 완충하여 전달하는 기능을 가진 것이다. 체결장치에 요구되는 성능기준은

《선로공학》을 참조하라.

(2) 레일 체결장치의 종류

레일 체결장치는 레일을 체결하는 지지물에 따라 ① 목침목용 레일 체결장치, ② PC침목(콘크리트 침목)용 레일 체결장치, ③ 철침목용 레일 체결장치, ④ 슬래브궤도 등 직결궤도용 레일 체결장치 등의 4 종류로 분류한다. 레일압력을 침목으로 전달하는 방식으로서 베이스 플레이트, 레일패드(rail pad), 베이스 플레이트와 레일패드의 조합이 있으며, 레일의 횡이동, 부상, 변칙경사를 억누르는 방식으로서 스파이크, 나사 스파이크, 레일 누름쇠, 탄성 스파이크, 체결 스프링, 레일 누름용 심, 쐐기형 클립, 베이스 플레이트 숄더 등이 있어 이들의 조합에 따라 다수의 레일 체결장치가 고안, 사용되고 있다.

(3) 2중 탄성 체결장치(double elastic fastening)

레일을 침목에 탄성적으로 체결하는 경우에 상향의 하중이나 횡압력에 대처하도록 레일 저부 상면을 스프링만으로 세게 조르는 방식을 단순(單純)탄성 체결, 열차의 진동 하중을 흡수하기 위하여 레일 저부의 하면에 탄성 패드를 깔고 상면에서 스프링으로 세게 조르는 방식을 2중 탄성 체결방식이라 부르고 있다. 또한, 2중 탄성 체결 방식에서 체결 스프링 등으로 횡탄성(橫彈性)을 부여하고 있는 것을 완전탄성(完全彈性), 여기에 더하여 중간에 탄성이 있는 2중 베이스 플레이트 등은 복합(複合)탄성 체결방식이라 부르는 일도 있다. 가장 단순한 체결법은 스파이크이든지 나사 스파이크를 이용하는 방식이다.

(4) 목침목용 레일 체결장치

(가) 스파이크{cut (or track, rail, dog) spike}

스파이크는 레일체결에서 가장 단순하며 널리 사용되고 있다. 그 사용목적에 따라 길이와 단면치수가 다르다. 스파이크는 미국에서, 나사 스파이크(screw spike)는 유럽에서 좋게 이용되며, 우리나라에서는 목침목의 일반 구간에 스파이크를, 확실한 체결을 요하는 2중 탄성 체결에는 나사 스파이크를 이용하고 있다. 스파이크의 레일 체결에 관하여는 레일을 좌우방향으로도 유지할 경우에 궤간을 확보하기 위하여 이것을 밀착하는 것은 낭연한 것이지만, 상하방향에 관하여는 레일로부터의 진동의 전파와 들림(uplift)으로 인하여 침목이 레일과 함께 도상으로부터 부상하는 것을 피하기 위하여 의도적으로 레일저부상면에 대하여 약간의 공극을 두는 일이 있다. 선로 정비지침에서는 스파이크와 레일 플랜지 상면간이 2 mm 정도 뜨게 박도록 규정하고 있다.

(나) 나사 스파이크{screw spike, coach(or sleeper) spike}

스파이크의 인발 저항을 크게 하기 위하여 나사를 두었다. 이것이 장점이지만, 한편으로 취급에 시간이 걸리는 단점이 있다. 사용 목적은 스파이크와 같으며, 레일의 고정과 타이 플레이트 고정의 2 가지가 있지만, 둘 다 죄일 때 필요 이상으로 나사를 너무 박아 침목에 만들어진 나사산을 파괴하지 않도록 주의할 필요가 있다.

(다) 타이 플레이트{base (or sleeper, sole) plate, tie plate}류

타이 플레이트는 레일과 침목 사이에 삽입하는 철판이며, 목침목의 수명 연장책으로 이용된다. 타이 플레이트는 당초에 곡선의 목침목상에서 레일 저부 밑에 깔아 횡압에 대한 강도를 증가시키기 위한 철판(턱이 있다)으로서 이용되어 왔지만, 나중에 직선의 목침목에서 범용하게 되었다(후자의 경우 등에서 2중탄성 체결장치에 이용되는 것은 베이스 플레이트라고 부른다). 이전에는 단조하였지만, 현재는 길게 압연(rolling)한 후에 이것을 소정의 길이로 절단하여 제조하고 있다.

타이 플레이트는 레일의 경사(inclination) 부설을 용이하게 하여 레일의 마모나 피로를 경감한다. 국철의 타이 플레이트에는 쌍턱으로 된 60레일용, 50레일용, 37레일용, 60레일용(이음매 침목용), 50레일용(이음매 침목용) 및 외턱 50·37 레일용, 외턱 30·37 레일용, 개조 외턱 50N레일용이 있으며 이들의 타이 플레이트는 1:40의 구배가 붙어 있다. 그 외에 가드레일을 설치할 수 있는 건널목용 타이 플레이트도 있으며, 이것은 수평으로 되어 있다.

(라) 코일 스프링 클립형 목침목 체결장치

목침목용 코일 스프링(coil spring) 클립(clip)형 레일체결에 사용하고 있는 베이스 플레이트의 재질은 일반구조용 압연강재 또는 구상 흑연 주철품으로 하고 있다. 현재 국내에서 이용되고 있는 목침목용 코일 스프링형 레일 체결장치에는 보통 침목용, 이음매 침목용, 분기 침목용 등이 있다.

(5) PC침목 등의 레일 체결장치

(가) 판 스프링과 선 스프링

체결 스프링이란 탄성을 가진 레일패드와 함께 2중 탄성 등을 구성하는 중요 부품의 하나이며, 레일패드를 항상 압축상태로 유지하고, 더욱이 체결력으로 생기는 마찰력을 이용하여 레일의 복진을 방지하는 작용을 하고 있다. 체결 스프링 중에서 소재가 주로 평판강인 경우를 판 스프링(plate spring), 봉강인 경우를 선 스프링 또는 코일 스프링(coil spring)이라 한다.

(나) 팬드롤형 레일 체결장치(Pandrol (clip) fa-stening)

이 레일 체결장치는 선(線)스프링의 독특한 형상의 누름 스프링(이것을 일반적으로 "팬드롤 클립"이라 칭하며, 우리나라에서는 코일 스프링 클립이라 부르고 있다)을 침목 등에 직접 또는 타이 플레이트에 설치한 받침대(클립 걸이, 숄더)와 레일 저부 끝에 압입하여 누름 스프링(clip) 선단으로 레일을 레일패드(rail pad) 위에 체결한다. 체결 스프링은 당초의 PR유형에서 e 클립을 채용하고 있다(**그림 3.4.1**). 경부고속철도 1단계 구간(광명-대구) 중 시험선 구간(천안-청원)은 e 클립을 사용하고 그 이외의 자갈궤도 구간은 패스트(fast) 클립(**그림 3.4.2**)을 사용하였다. 팬드롤의 새로운 체결 시스템인 패스트 클립(Fast-clip)은 기존의 팬드롤 체결장치의 다수의 특징이 남아있고 궤도 현장으로 인도되기 전에 사전 조립되므로 현장에서 적은 노동력으로 빨리 설치할 수 있다.

그림 3.4.3의 팬드롤 SFC 레일체결장치는 콘크리트 궤도용이며, 패스트 클립을 사용한다.

교량구간에서는 장대레일 축력을 해석하여 궤도와 교량구조물간의 상대변위가 3 mm를 초과하는 개소에는

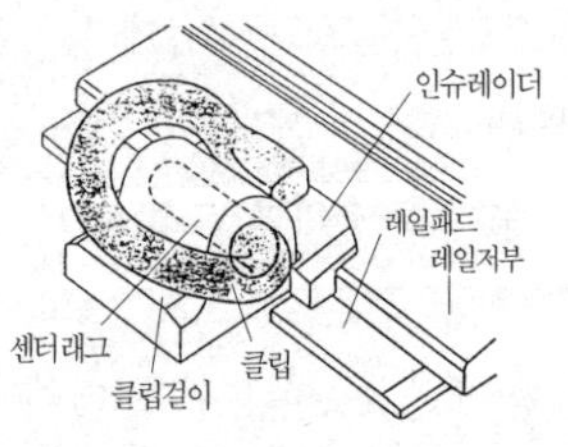

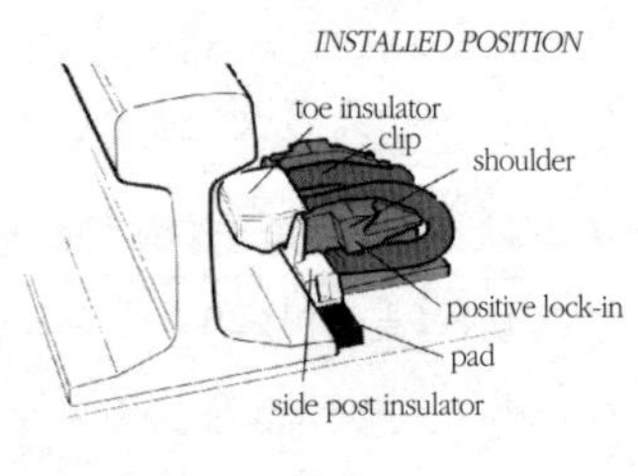

그림 3.4.1 팬드롤(e형) 레일 체결장치　　　　**그림 3.4.2** 팬드롤 체결장치(패스트 클립)

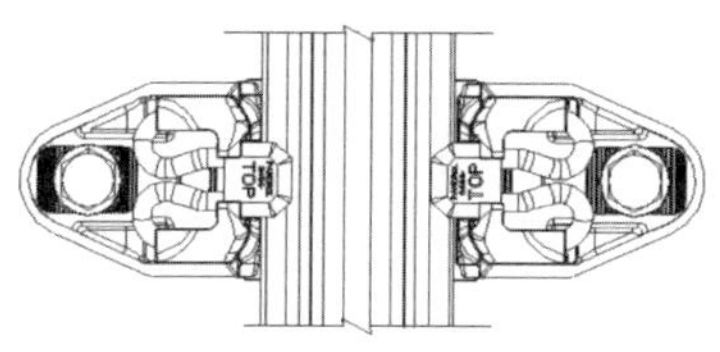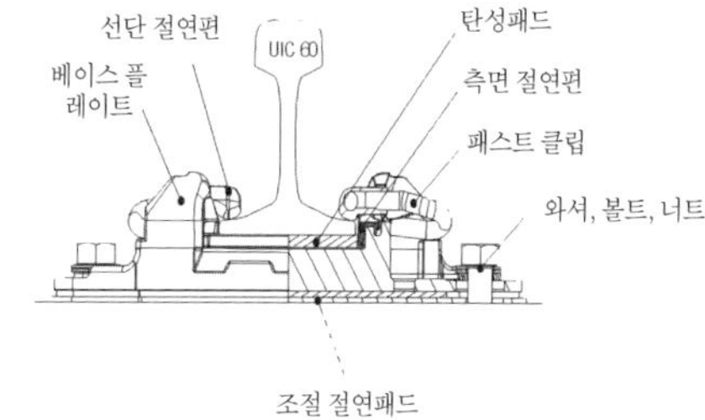

그림 3.4.3 팬드롤 SFC 레일체결장치

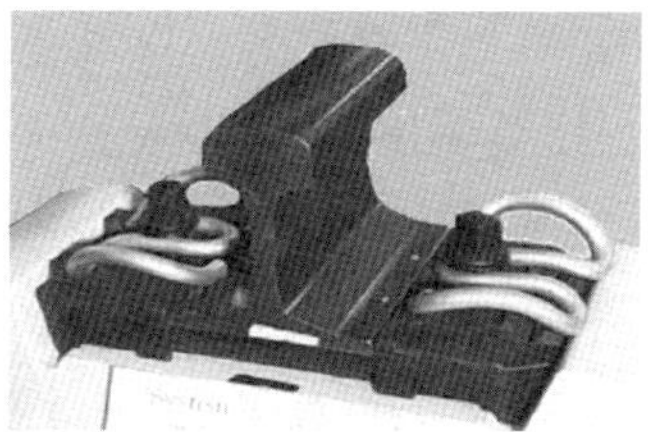

그림 3.4.4 보슬로 체결장치

그림 3.4.5 나블라 체결장치

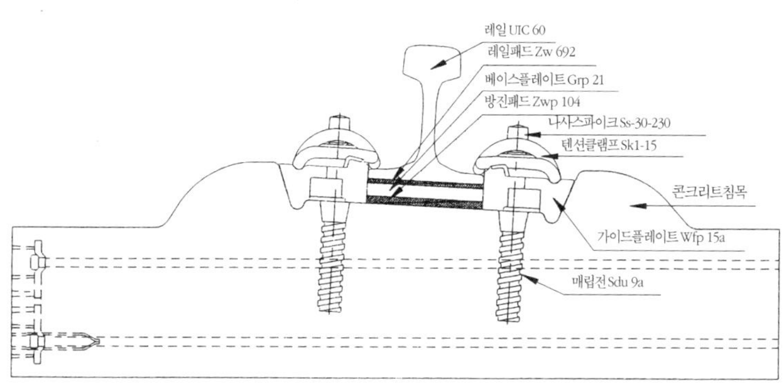

그림 3.4.6 보슬로 300 체결장치의 상세

필요한 구간에 걸쳐 ZLR 등과 같은 특수 레일체결장치를 사용한다.

(다) 기타 레일 체결장치

그림 3.4.4는 독일에서 사용하고 있는 보슬로 체결장치, **그림 3.4.5**는 프랑스에서 사용하고 있는 판 스프링 - 나사식의 나블라 체결장치(Nabla fastening)를 나타낸다. 또한 **그림 3.4.6**은 경부고속철도 1단계구간의 콘크리트 궤도에서 사용하고 있는 보슬로 300 체결장치의 상세를 나타낸다. Alternative(ALT) 방진체결장치는 제 3.1.1(2)항의 **그림 3.1.7**을 참조하라.

3.5 분기기

3.5.1 분기기의 분류와 명칭

(1) 선형(alignment)에 의한 분류

하나의 선로를 두 방향으로 나누는 설비를 분기기(turnout, 철도건설 규칙에서는 '선로 전환기'라고 호칭), 두 선로가 동일 평면에서 교차하는 것을 다이아몬드 크로싱이라 한다. 두 줄의 강 레일로 구성된 철도는 분기기 · 크로싱의 구조가 비교적 간단하며, 모노레일이나 신교통 시스템 등에 비하여 이 점에서 우위에 선다. 분기기는 분기하는 선로의 수나 방향 또는 구조 등에 따라 여러 가지의 명칭이 붙어 있다. 분기기는 대별하여 보통 분기기와 특수 분기기로 분류되고 있다. 보통 분기기에는 직선에서 분기하는 편개 분기기, 양개 분기기(symmetrical turnout), 진분 분기기(unsymmetrical split turnout) 및 곡선에서 분기하는 내방 분기기(turnout on inside of a curve)와 외방 분기기(turnout on outside of a curve)가 있지만, 우리나라에서는 주로 편개 분기기(simple turnout)를 이용하고 있다. 특수 분기기에는 승월 분기기(run-over type turnout), 복 분기기, 3지 분기기(three throw turnout), 3선식 분기기(mixed gauge turnout), 다이아몬드 크로싱(DC, 交叉를 말함), 싱글 슬립 스위치(SSS), 더블 슬립 스위치(DSS), 건넘선(crossover), 시서스 크로스오버(SC)가 있지만 우리나라에서는 전자의 4 가지는 이용하지 않고 있다. 이들을 **그림 3.5.1**에 나타낸다. 탈선 포인트는 공간 확보 등의 이유로 안전 측선(제 7.1.5(1)(다)항 참조)을 설치하지 못할 경우에 텅레일만 설치하고 리드부 및 크로싱부를 설치하지 않은 분기기를 말한다. 유사시 탈선은 되더라도 대형의 열차충돌을 방지하는데 목적이 있으며 완전한 분기기 구성은 되지 못하고 첨단의 전환기능만 갖고 있다.

  1) 단(單)분기(**그림 3.5.1**(a)~(e)) : 편개(片開) 분기기는 직선 궤도에서 좌측 또는 우측으로 궤도가 벌어진 형상으로 분기되는 것이며, 분기기의 기본 형식으로 되어 있다. 양개(兩開) 분기기는 직선 궤도에서 좌우 양측으로 같은 각도로 벌어진 형상으로 분기되는 것이며, 주로 기준선과 분기선의 사용조건이 같은 경우에 적합하다. 또한, 진분(振分) 분기기는 직선 궤도에서 좌우가 다른 각도로 나뉘어 벌어진 형상의 분기기이

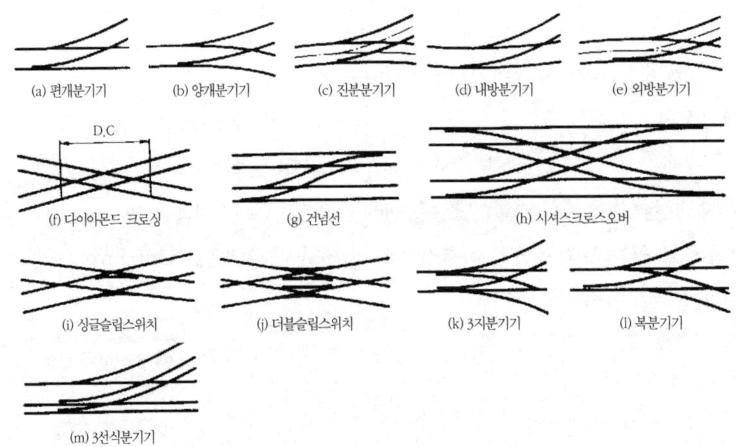

그림 3.5.1 분기기의 종류

며, 곡선분기기인 내방 분기기와 외방 분기기는 곡선궤도에서 원의 내방이나 외방으로 분기하는 분기기로서 우리나라에서는 사용하지 않는다.

2) 다이아몬드 크로싱(diamond crossing, D.C)(**그림 3.5.1**(f)) ; 다이아몬드 크로싱은 두 궤도가 동일 평면에서 교차하는 경우에 이용되는 장치로서 2조의 보통 크로싱과 1조의 K자 크로싱으로 구성되며, K자 크로싱은 고정식과 가동식이 있다. 교차의 번수가 8번 이상에서는 구조상 무유도(無誘導) 상태로 방호할 수 없게 되기 때문에 가동식을 이용한다. 가동식은 짧은 레일을 좌우로 움직여 궤간선 결선을 없게 한다.

3) 건넘선(crossover)(**그림 3.5.1**(g)) ; 건넘선은 상선에서 하선으로, 또는 하선에서 상선으로 차량을 이동시키는 등, 평행한 두 궤도 상호간을 접속하기 위하여 2조의 분기기와 이것을 접속하는 일반 궤도로 구성되는 부분을 가리킨다.

4) 시셔스 크로스오버(scissors crossover, S.C)(**그림 3.5.1**(h)) ; 시셔스 크로스오버는 2조의 건넘선을 교차시켜 중합시킨 것으로 4조의 분기기와 1조의 다이아몬드 크로싱 및 이것을 연결하는 일반 궤도로 구성되어 있다.

5) 싱글 슬립 스위치(single slip switch, S.S.S)(**그림 3.5.1**(i)) ; 싱글 슬립 스위치는 다이아몬드 크로싱 내에서 좌측 또는 우측의 한 쪽에 건넘선을 붙여 다른 궤도로 이행할 수 있는 구조의 특수 분기기이다.

6) 더블 슬립 스위치(double slip switch, D.S.S)(**그림 3.5.1**(j)) ; 더블 슬립 스위치는 다이아몬드 크로싱 내에서 좌, 우측의 양방향에 건넘선을 붙여 다른 궤도로 이행할 수 있는 구조의 특수 분기기이다.

(2) 분기기 각부의 명칭

분기기(turnout) 각부의 명칭은 **그림 3.5.2**에서 보는 것처럼 포인트부·리드부·크로싱부로 구성되어 있으며, A 방향의 궤도를 분기기의 기준선(main line of turnout), B 방향의 궤도를 분기선(branch line of turnout)이라고 한다. 포인트 측에서 크로싱 측으로 보아 좌로 분기하는 분기기를 좌분기기(left turnout), 우로 분기하는 분기기를 우분기기(right turnout)라고 한다.

표 3.5.1에서는 일반철도에서 사용하고 있는 편개 분기기의 제원을 나타낸다.

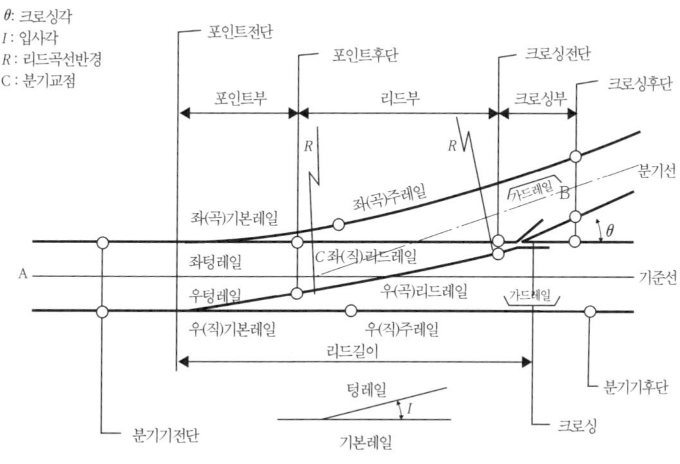

그림 3.5.2 분기기 각부의 명칭

표 3.5.1 일반철도용 탄성분기의 제원 (mm)

번수	R	P	P_1	a_1	a_3	b	i	M	N	L_0
#8	165,100	9,300	2,978	1,870	9,166	14,040	1,752	1,200	2,560	26,184
#10	258,600	9,500	3,223	1,761	11,432	17,017	1,700	1,450	2,667	31,672
#12	373,000	11,800	3,667	1,851	13,694	20,384	1,697	1,700	3,164	37,745
#15	580,580	13,300	4,260	1,920	16,989	25,780	1,718	2,190	4,255	47,029

(주) R : 리드곡선반경, P : 텅레일 길이, P_1 : 분기기 첨단에서 텅레일까지의 길이, a_1 : 분기기 첨단에서 곡선점까지의 길이, a_3 : 텅레일의 수평길이, b : 이론교점에서 분기후단까지의 길이, i : 분기기 후단의 궤도간격, M : 크로싱 전단부 길이, N : 크로싱 후단부 길이, L_0 : 분기기 전체길이

표 3.5.2 일반철도용 편개 분기기의 종류

구분 \ 종류	NS 분기기	I형 분기기	탄성분기기	노스가동 탄성분기기
특징	① 관절식 포인트(힌지 타입)와 조립 크로싱 또는 망간 크로싱 사용 ② 분기기 내의 레일구배 : 1/∞로 일정 ③ 직선 텅레일이므로 차량 진입시 충격과 요동 발생 ④ 부품 수가 많고 볼트로 체결하므로 유지보수에 어려움 ⑤ 기 부설되어 있는 제품의 유지보수 또는 지선, 측선의 선로에 사용	① 탄성포인트(힐이음매 부를 제거)와 조립크로싱 또는 망간크로싱 사용 ② NS분기기와 같음 ③ 힐 이음매가 없어 다소 안정성을 확보 ④ 목침목 가공 후에 분기기 상판을 직접 체결하여 공급. - 조립크로싱 내 쌍등이 상판 체결시에 회전형 클립걸이 이용 ⑤ 신설·개량하는 측선에 사용 ⑥ 기타 : 분기기 전체를 공장에서 가공, 조립하여 공급	① 탄성 포인트와 망간 크로싱 사용 ② 분기구간 내 레일구배 (1/40) : 차륜의 접촉면이 넓고 궤간선 측 후로우(flow) 발생이 적음 ③ 차량진입이 원활하여 비교적 안정적임(곡선 텅레일) ④ 부품 수의 단순화(탄성체결)와 체결력 강화 ⑤ 중요 간선 및 신설선의 본선에 사용 ⑥ 기타 : I형 분기기와 동일	① 탄성 포인트와 노스가동 크로싱 사용(통과속도 향상 및 안전성확보) ② 탄성분기기와 같음 ③ 차량 진입이 원활하여 가장 안정적임 ④ 부품 수의 단순화(탄성체결)와 체결력 강화 ⑤ 기존선의 KTX 운행구간 일부 ⑥ 기타 - 포인트 잠금장치(V.C.C)사용 - 크로싱 잠금장치(V.P.M)사용 - 포인트와 크로싱 밀착감지장치 사용 - 크로싱의 내구연한 증가 (망간 크로싱 : 2.5억 톤 → 노스가동 크로싱 : 6억 톤)
텅레일	70S	70S(후단을 50N 레일 단면으로 단조)	70S(후단을 50N, 또는 60kg 레일단면으로 단조)	70S(후단을 50N, 또는 60kg 레일단면으로 단조)
기본레일	50N	50N	60K (50N용은 전후단을 단조)	60K
침목	목침목	목침목	PC침목, 목침목	PC침목
크로싱	레일조립 또는 망간크로싱(고정식)	레일조립 또는 망간크로싱(고정식)	망간크로싱(고정식)	레일조립형 노스가동 크로싱
입사각	1°23′20″	0(2005년까지 1°23′20″)	0°	0°
전철기	*신호설비 - NS AM 또는 NS형 전철기 1대(포인트용) - 전환력 : Max. 400 kgf(NS-AM), Max. 300 kgf(NS) - 선로전환기의 쇄정간으로 간접쇄정 - 마찰(NS형) 또는 전자클러치(NS-AM형) 사용 - 이동량(Stroke) : 최대 185 mm(NS), 최대 220 mm(NS-AM형)			*신호설비 - MCEM91 전철기 2대 - 동정 : 110~260 mm - 쇄정 : 없음 - 최대 전환력 : 400 kgf *전철기 쇄정장치 - 전철기 자체작동(회전각) 감지 - 분기장치에 별도의 작동 확인 및 쇄정장치 필요(VCC, VPM, 디택터 등) *클러치 : 마찰 클러치 사용

1) 포인트부(switch, points) : 포인트부는 한 쌍의 텅레일과 기본 레일로 구성되며, 레일의 선단을 삭정하여 한 쌍으로서 활동하는 레일을 텅(tongue)레일, 이 텅레일이 접하는 양측의 레일을 기본 레일, 기본 레일과 텅레일이 만드는 각도를 입사각(switch angle, **그림 3.5.2**)이라 한다. 탄성 분기기, 고속용 분기기에는 입사각이 붙

어있지 않다(**표 3.5.2** 참조). 텅레일의 선단을 포인트 전단(point of switch)이라 하고, 텅레일의 후단을 포인트 후단(heel of switch)이라 한다. 포인트부에서 기본 레일과 침목을 제외한 텅레일과 그 부속품을 포인트라고 하는 경우도 있다. 텅레일이 이동됨에 따라 차량의 진행방향을 나눈다. 이 방법은 텅레일 선단의 전철봉이 좌우 양 레일의 간격을 유지한 채로 전환 장치로 전환하는 것이다.

2) 크로싱부(crossing) : 크로싱부는 크로싱(frog, 轍叉)과 그 부속품으로 구성된다. 크로싱의 좌우 양측에 가드레일(guard rail)이 있으며, 가드레일과 간격재 등의 부품을 포함하여 가드라고 한다. 가드레일에 접하는 외측의 두 레일을 주레일이라 한다. 기본 레일의 전단을 분기기 전단(front of turnout)이라 하고, 크로싱 후단(heel of crossing)과 주레일 후단을 분기기 후단(rear of turnout)이라 한다.

3) 리드부(lead) : 포인트와 크로싱을 연결하는 리드레일(lead rail)의 부분이며, 편개 분기기에서는 직선부분과 곡선부분으로 구성된다. 이 부분의 곡선을 리드곡선(lead curve)이라 하고 그 반경을 리드반경(radius of lead curve)이라 부른다. 리드부의 곡선 반경은 외궤 레일의 곡선 반경(**그림 5.3.2**의 R)을 말하며, 게다가 포인트 후단에서 크로싱의 이론 교점(theoretical point)까지 기준선 방향으로 잰 거리를 리드길이라고 한다. 분기기 번호가 크게 되면 곡선반경이 크게 되고 리드길이가 길게 된다.

(3) 분기기의 대향과 배향

차량이 분기기를 통과하는 경우에 **그림 3.5.3**에 나타낸 것처럼 분기기의 전단에서 후단의 방향으로 진입할 때의 차량은 분기기에 대하여 대향(facing)이라고 한다. 이것과는 역으로 크로싱을 통하여 포인트를 통과하는 경우를 배향(trailing)이라고 한다. 운전상의 안전도에서 보면, 대향의 위치에 있을 때의 위험도가 크기 때문에 정거장의 배선(track layout) 등에서는 대향 분기기를 될 수 있는 한 적게 하도록 하여야 한다.

그림 3.5.3 분기기의 대향과 배향

(4) 국내의 편개 분기기 구조에 따른 종류

국내에서 현재 사용하고 있는 일반철도용 편개 분기기기의 종류는 **표 3.5.2**와 같다.

3.5.2 분기기의 각도 및 분기기의 속도 제한

(1) 분기기의 번수(각도)

분기기의 각도(**표 3.5.3**의 θ는 분기기의 성질을 나타내는 중요한 요소로서 크로싱 각도(crossing angle, **그림 3.5.2**의 θ)라고도 부른다. 즉, 크로싱에서 기준선 측과 분기선 측의 안쪽 레일이 서로 교차하는 각도이다. 이 크로싱 각도의 대소를 나타내기 위하여 일반적으로는 크

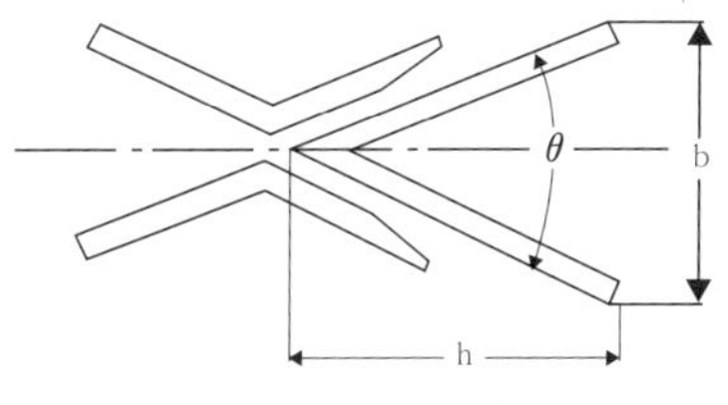

그림 3.5.4 크로싱의 각도

로싱 번수(crossing number, 轍叉)를 사용한다. **그림 3.5.4**에서 크로싱 각도 θ와 크로싱 번수 N과의 관계는 다음의 식과 같다.

$$N = \frac{h}{b} = \frac{1}{2} \cot \frac{\theta}{2}$$

즉, 번수가 크게 됨에 따라서 분기 각도가 작게 되며, 열차가 받는 횡방향의 동요가 적게 된다. 일반철도에서 사용하는 번수는 **표 3.5.3**과 같으며(주로 8~15번 사용), 번수가 크게 됨에 따라 분기기 각도가 작게 되어 통과 속도를 높일 수 있다. 따라서, 본선로(main track)에 부설된 분기기는 열차의 속도 향상(speed up)에 대응하여 번 수가 높은 분기기로 개량하는 것이 좋다.

표 3.5.3 일반철도의 분기기 번수(turnout number)

N	θ	$\frac{1}{2}\cot\frac{\theta}{2}$	N	θ	$\frac{1}{2}\cot\frac{\theta}{2}$
8	7°09′10″	7.9999	12	4°46′19″	11.9999
10	5°43′29″	10.0002	15	3°49′06″	14.9999

(2) 분기기와 일반 궤도의 비교

N레일용 분기기는 일반 궤도(plain track)와 비교하여 다음과 같은 구조적 약점이 있다(**표 3.5.2** 참조). ① 텅 레일의 단면적이 작다. ② 텅레일 전체를 견고하게 체결할 수 없다. ③ 텅레일 후단부가 관절 구조(후단을 용접 한 탄성 포인트 제외)이며, 이것을 견고하게 연결할 수 없다. ④ 번수에 따라서는 분기기에 슬랙을 붙이기 때문 에 기준선의 궤간을 넓히며, 이 때문에 구조적으로 궤간 틀림, 줄틀림이 있다. ⑤ 분기기의 슬랙이 적다. ⑥ 포인 트부와 리드 곡선에 완화 곡선이 없다. ⑦ 리드 곡선반경이 작다. ⑧ 리드 곡선 통과에 대하여 캔트 부족이 크다. ⑨ 크로싱에 궤간선 결선이 있다(노스가동 크로싱에는 없다). ⑩ 상기의 ⑨ 때문에 가드레일 및 윙레일에 의한 차륜의 배면 유도가 필요하다. ⑪ 포인트 선단(point of switch)에 전환 기구가 있어 다짐이 곤란하다. ⑫ 분기기 내의 짧은 구간에 많은 이음매가 있다.

(3) 분기기의 속도 제한(speed restriction)

분기기에는 (2)항과 같이 결선부(gap)가 있는 등의 이유로 구조적으로 약점이 있으므로 속도의 상승과 함께 일반 궤도와 비교하여 승차감을 악화시키고 주행 안전성을 저하시킬 우려가 있는 점 때문에 분기기의 종별로 통 과 속도를 분기기의 직선 측(기준선 측)과 분기기의 분기 측(분기선 측)으로 나누어 제한하고 있다. (제9.1.2(4) 항 참조). 다만, 고속분기기는 직선측(기준선)은 속도제한이 없으며 분기측(분기선)만 **표 3.5.4**와 같이 제한하 고 있다. 분기기의 분기 측(turnout side)에는 캔트와 완화 곡선이 없으므로 일반 곡선과 비교하면 통과 시의 승 차감이 악화될 우려가 있기 때문에 속도 제한을 직선측보다 더욱 엄하게 하고 있다. 또한, 특수 분기기는 편개 분 기기와 비교하면 짧은 구간에 이음매가 많이 들어 있는 점, 전환 장치가 복잡하여 도상을 다지기가 어려운 점 등, 조건이 나쁘게 되므로 더욱 엄밀히 속도를 제한하고 있다.

3.5.3 포인트부

(1) 포인트의 분류

포인트의 종류에는 선단 포인트(tongue point), 스프링 포인트, 승월 포인트가 있지만, 주로 선단 포인트를 이용한다. 선단 포인트(split switch)는 끝이 뾰족한 텅레일(tongue rail)을 사용하고, 둔단 포인트(stub switch)는 단부를 깎아내지 않은 보통 레일을 사용하며 레일의 접속이 원활하지 않아 우리나라에서는 사용하지 않고 선단 포인트를 사용한다(**그림 3.5.5** 참조).

스프링 포인트(spring point)는 외국에서 속도가 낮은 단선 지방 선로의 중간 역이나 노면 궤도 등에 사용하며 전환의 수고를 줄이기 위하여 **그림 3.5.6**에 나타낸 것처럼 강한 스프링 S로 포인트를 항상 일정한 방향으로 확보하는 것이다. 열차가 배향으로 진입할 때는 차륜의 플랜지로 텅레일을 밀어 넓혀 통과한다. 승월 포인트(run over type point)는 외국에서 안전 측선*)(safety track)이나 작업기지로의 분기에 이용된다. **그림 3.5.7**에 나타낸 것처럼 곡선 안쪽의 텅레일 b는 기본레일의 외측에 설치된 특수한 형상으로 본선 레일을 타서 넘도록 하며, 크로싱도 본선 본위로 되어 있다.

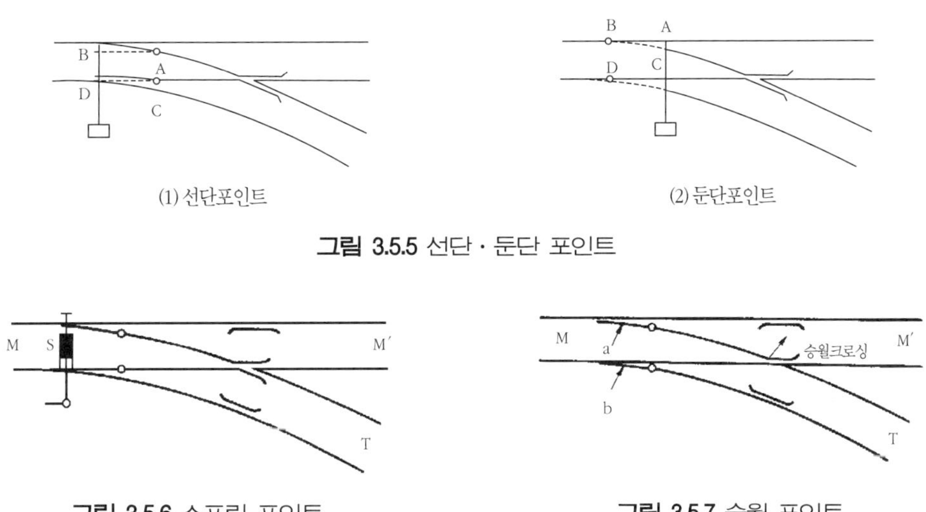

그림 3.5.5 선단 · 둔단 포인트

그림 3.5.6 스프링 포인트

그림 3.5.7 승월 포인트

(2) 선단 포인트의 구조

가장 많이 이용되는 보통의 선단 포인트에 대하여 **그림 3.5.8**로 설명한다. 텅레일은 끝을 뾰족하게 한 가동의 레일이며, 가볍게 움직이도록 후단이 고정되는 구조의 이음매로 되어 있다. 특수 레일(70S 레일 등) 또는 보통 레일을 깎아 만들며, 텅레일의 선단은 두께 수 mm로 잘라내고 단말을 차륜 플랜지가 올라타지 않도록 사면으로 깎아내고 있다. 텅레일의 선형은 기준선 진로용은 직선(straight), 분기선 진로용은 원곡선이 보통이지만, 재래의 경우는 모두 직선이 사용되었다. 후자의 경우에는 분기 측의 통과 속도가 대단히 낮게 억제된다.

---

*) 출발 신호기와 연동하여 실수로 적색 신호에서 발차한 경우에 본선으로의 진입을 막기 위하여 설치하는 측선이다. 이 안전 측선에 설치된 승월 포인트를 탈선 포인트라고도 한다(제7.1.5(1)(다)항 참조).

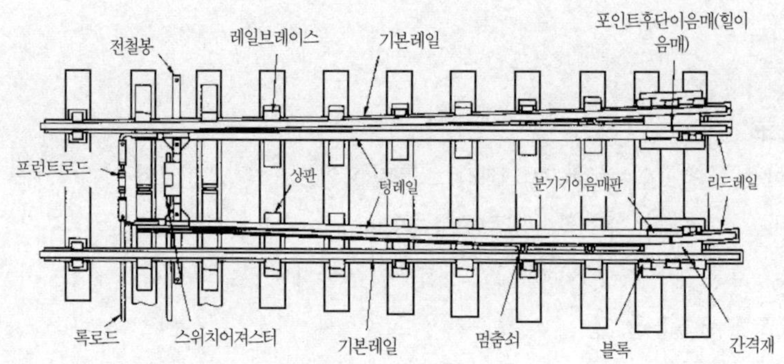

그림 3.5.8 포인트(관절형)의 구조

전철봉은 포인트를 전환할 때 전기 전철기(electric switch machine)의 모터 힘 또는 인력으로 이 봉을 움직여서 텅레일을 이동시킨다(제3.5.6항 참조). 프런트 로드는 열차가 통과하기까지 진로의 전환을 할 수 없도록 텅레일과 기본레일과의 밀착이 유지되게 하기 위한 쇄정(lock)을 하도록 **그림 3.5.8**에 나타낸 것처럼 텅레일의 최선단에 설치하고 있다. 분기기의 입구에는 궤간확대의 경향이 많으므로 좌우레일을 연결하여 궤간을 확보하기 위하여 게이지타이(gauge tie)를 사용하며, 자동 신호구간에서는 좌우레일을 전기적으로 절연하는 구조이어야 한다.

상판은 텅레일을 좌우로 이동시키도록 평활하게 마무리한 강판이다. 레일 브레이스는 기본 레일이 횡압력에 저항되도록 하기 위한 레일 체결부품이다. 멈춤쇠는 텅레일의 중간에 대하여 기본 레일에 너무 접근하지 않도록 하는 스톱퍼의 역할을 하는 것으로 텅레일의 복부에 볼트 너트로 설치한다.

탄성 포인트(flexible point)는 텅레일의 이음매부에 힐 이음매판을 이용하지 않고 텅레일과 리드레일사이를 용접하여 텅레일과 리드레일을 일체로 한 구조(**그림 3.5.9**)로서, 텅레일의 탄성으로 텅레일이 휘게 하여 포인트를 전환시킨다.

3.5.4 크로싱부

(1) 크로싱의 종류

크로싱부는 기준선(main line of turnout) 측과 분기선(branch line of turnout) 측의 분기기 안쪽 레일이 서로 교차하는 개소이다. 크로싱(轍叉, crossing, X′ing, frog)의 종류에는 ① 고정 크로싱(rigid(or fixed) crossing), ②

그림 3.5.9 탄성 포인트

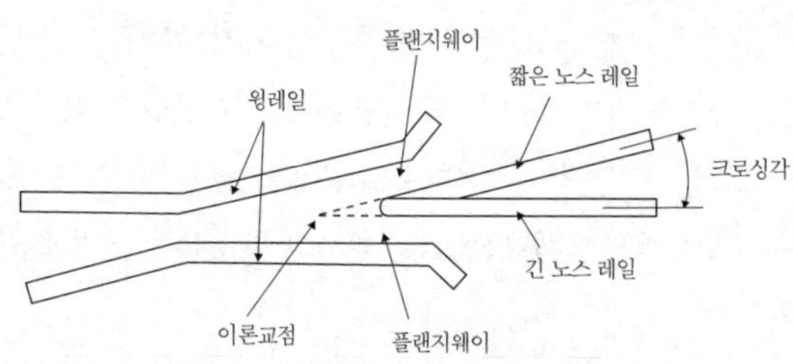

3.5.10 고정크로싱의 구조 및 각부의 명칭

그림 3.5.11 노스가동 크로싱

그림 3.5.12 망간 크로싱

가동 크로싱(movable crossing), ③ 승월 크로싱(run-over type crossing)이 있다.

고정 크로싱(**그림 3.5.10**)은 가동 부분이 없으며, 차륜의 플랜지가 통과하는 플랜지 웨이(flange way, 輪緣路)폭을 확보하기 위하여 궤간선 결선부(gap)를 두고 있다. 또한, 차륜이 궤간선 결선부에서 이선 진입하지 않도록 하기 위하여 가드(guard)를 필요로 한다. 크로싱의 후단 레일이 교차하는 부분을 노스(nose, 鼻端)라고 부른다. 크로싱부에서 리드레일(lead rail)부터 노스까지 상기의 결선부에서 차륜이 빠지는 일이 없이 원활하게 통과할 수 있도록 차륜답면(wheel tread) 형상에 따라 결선부의 레일(윙레일)을 외측으로 높게 하고 있지만, 차륜이든 레일이든 모두 일정한 형상으로 유지될 수 없으므로 다소라도 충격이 발생하게 된다. 이 충격을 기본적으로 없도록 한 것이 노스가동 크로싱(movable nose crossing)이며, 충분한 길이의 노스를 움직여서 선로를 구성한 측의 플랜지 웨이를 닫으므로 결선부가 존재하지 않게 된다(**그림 3.5.11**). 즉, 가동 크로싱은 궤간선 결선부를 없애기 위하여 가동레일을 전환시키는 것이며, 외국에서는 이선 진입 방지를 위한 가드레일이 불필요하다고 하여 가드레일이 없는 분기기도 있다.

가드레일은 분기기를 대향으로 통과할 때 크로싱의 결선부에서 차륜의 플랜지가 다른 방향으로 진입하거나 노스의 단부를 저해시키는 것을 방지하며, 차륜을 안전하게 유도시키기 위해 반대측 주레일의 내측에 부설하는 레일이다.

(2) 고정 크로싱

고정 크로싱의 종류에는 제조방법에 따라 ① 조립 크로싱(built-up crossing, bolted rigid crossing), ② 망간 크로싱(solid manganese steel crossing), ③ 용접(鎔接) 크로싱, ④ 압접(壓接) 크로싱이 있다. 조립 크로싱은 레일을 깎아 만든 부품을 조합한 구조로 하고 있다. 이 크로싱은 결선부를 통과하는 차륜 때문에 노스부가 마모되기 쉽다. 그 때문에 크로싱 전체를 일체식으로 한 고망간강(성분 Mn 11~14 %) 크로싱을 채용하고 열차의 고속화에 대응하여 내구성의 향상(보통 크로싱의 약 10배)에 효과를 올리고 있다. 우리나라에서는 조립 크로싱과, 망간 크로싱을 **표 3.5.2**와 같이 사용하고 있다.

게이지 스트러트(gauge strut)는 분기기 크로싱부에서 궤간의 축소를 방지하기 위하여 사용한다. 크로싱에서 노스레일과 주레일 내측에 부설되어 있는 가드레일 외측과의 거리를 백게이지(back gage)라고 하며 일반철도의 경우에 1,390~1,396 mm(노스가동 크로싱은 직선 1,368~1,372, 곡선 1,391~1,395 mm)를 유지하여야 한다. 이것은 크로싱 결선부 통과시 한 쪽 플랜지가 다른 방향으로 진입하거나 노스의 끝을 손상시키는 것을 방지하고 차륜을 안전하게 유도하기 위하여 필요하다.

(3) 가동 크로싱

가동(可動) 크로싱은 가동하는 부분이 있는 크로싱을 총칭하는 것으로, 종류에는 그 구조에 따라 ① 둔단(鈍端)가동 크로싱, ② 노스(nose)가동 크로싱 , ③ 윙(wing)가동 크로싱 등이 있다. 노스 가동 크로싱은 우리 나라에서는 고속철도와 기존선의 KTX 운행구간(**표 3.5.2** 참조) 등에 노스가동 크로싱(**그림 3.5.11**)을 사용한다.

(4) 승월 크로싱

승월 크로싱은 레일조립식이며, 기준선 측은 본선 레일을 그대로 사용하고 분기선 측은 윙레일(wing rail)과 노스레일(nose rail)을 간격재와 볼트로 본선 레일에 체결하는 구조이다. 기준선 측은 본선 레일을 사용하므로 궤간선 결선이 생기지 않는다. 분기선 측의 윙레일은 본선 레일의 상면보다도 높게 설치되어 차륜이 본선 레일을 올라 탈 수가 있도록 한다.

(5) 망간 크로싱

망간 크로싱(**그림 3.5.12**)은 고정 크로싱의 일종이다. 크로싱은 플랜지 웨이에서 결선부를 통과하는 차륜 때문에 노스(nose, 鼻端) 레일의 끝이 마모되기 쉬우므로 크로싱 전체를 일체적으로 주조(casting)한 망간강의 크로싱을 사용한다. 망간 함유량은 11~14 %, 내마모성(wear resistivity)은 보통 크로싱(common(or vee) crossing)의 10 배로 보수 노력도 적은 이점이 있다.

3.5.5 고속 분기기

고속 분기기(high-speed turnout) 는 고속 주행이 가능하면서 승차감(riding quality)을 저해하지 않아야 한다. 이러한 관점에서 고속분기기는 분기기 전후가 장대레일에 연결되어 있으며 분기기내의 모든 레일 이음부를 용접(welding)으로 연결하여 장대레일(continuous welded rail)로 하고, 텅레일(tongue rail)부의 선형을 입사각이 없도록 하여 분기 측에서의 진동을 완화시킬 뿐만 아니라 리드부 곡선반경을 크게 하고, 노스가동 크로싱(movable nose crossing)을 채택하여 크로싱부의 결선부를 없애는 구조로 하여 기준선의 속도제한이 없다. 또한, 캔트 부족량(cant deficiency)은 70~100 mm의 범위(횡가속도 0.46~0.65 m/s²)이다. 한편, 레일 경사(inclination)는 1/20이고, 분기기의 침목은 PC침목(prestressed concrete sleeper)이다. 또한, 고속분기기는 탄성체결장치를 이용하며, 고속분기기의 백게이지는 1,392~1,397 mm이다. 경부고속철도 2단계 구간(대구~부산)의 분기기는 콘크리트 도상의 구조이다.

고속분기기의 선형(alignment)은 ① 분기선의 통과 속도가 작은 18.5 # 분기기와 26 # 분기기는 크로싱을 포함하여 분기기 전체를 원곡선으로 하였으며, ② 통과 속도가 큰 46 # 분기기는 원곡선과 더블 클로소이드의 완화곡선을 삽입하였다. 분기기의 작동에 대한 안전을 확보하기 위해 텅레일과 노스레일의 접촉감지장치를 부착하고 있으며 도중 전환을 방지하기 위하여 텅레일과 노스레일에 잠금장치를 이용하고 있다. 또한, 텅레일과 노스레일 등 전환 부분에는 강설시나 동결시를 대비하여 히팅장치를 설치하고 있다. 고속분기기의 기술 규격은 **표 3.5.4**, 주요 제원은 **표 3.5.5**에 나타낸다. 고속분기기의 설치는 《고속선로의 관리》를 참조하라.

표 3.5.4 고속분기기의 기술 규격

번수 #	길이 (m)	분기선의 통과속도(km/h)	선형	곡선반경 (m)	포인트	크로싱	사용 침목
18.5	67.97	90	원곡선	1,200	탄성포인트 (용접)	재질:망간강 구조:노스가동 이음부:용접	PC침목
26	91.95	130	(크로싱 포함)	2,500			
46	154.20	170	원곡선+완화 곡선	3,550~∞			

표 3.5.5 고속철도용 분기기의 주요 제원(mm)

종별	번수	θ	R	g	h	j	k	i	L	P	C		G	
											M	N	B	T
UIC 60	8	7-09-10	165,100.0	12,144	14,240	1,870	10,274	1,777	26,384	9,500	1,650	2,760	4,300	4,360
	10	5-43-29	258,600.0	14,655	17,740	3,223	11,432	1,772	32,395	10,500	1,955	3,390	4,200	4,700
	18.5	3-05-38.61	1,200,717.5	32,774	35,199	1,168	31,606	1,901	67,973	23,970	6,510	8,920	11,500	11,500
	26	2-12-09.35	2,500,717.5	45,410	46,537	1,168	44,242	1,732.5	91,947	33,570	7,435	11,730	13,900	13,900
	46	1-14-43.31	3,550,000.0	45,150	109,119	1,168	43,982		154,224	41,370	9,000	19,795	19,700	19,700

(주) θ: 분기각도, R: 리드 곡선반경, g: 분기기 전단 - 분기교점간 거리, h: 분기교점-분기기 후단간 거리, j: 분기기 전단-포인트 전단간 거리, k: 포인트 전단 - 분기교점 거리, i: 분기기 후단의 궤도 간격, L: 분기기 길이, P: 포인트 길이, C: 크로싱, M: 크로싱 전단(toe of crossing)길이, N: 크로싱 후단길이, G: 가드레일, B: 기준선 가드레일 길이, T: 분기선 가드레일 길이

3.5.6 전환장치와 정위·반위

(1) 분기기 전환장치

전환장치{전환기, 전철기, switch throwing device, switch stand, switch(or lever) box, 제5.4.2(1)항 참조}는 수동식(manual switch)과 동력식(mechanical switch)으로 대별된다. 또한, 노스 가동 크로싱의 가동레일 전환은 동력식을 이용한다. 분기기의 텅레일을 좌우로 움직이어 기본 레일에 밀착·분리시키는 장치이며, 수동식은 기계 장치를 이용하여 인력으로 움직이는 것으로 주(錘)선환기(weighted point lever, switch stand with weight), 표지 전환기, 래치가 달린 전환기(switch stand with ratch) 등이 있다. 동력식은 중요한 선로에 사용되며 전기식과 전공(電空)식이 있다. 전기 전환기(electric switch machine)는 전동기의 회전을 톱니바퀴 또는 크랭크 등의 왕복 운동으로 변환시켜 포인트를 전환하는 장치이다. 전공 전환기(electropneumatic switch machine)는 전자밸브로 조정되는 압축공기를 전환기 등을 통하여 전철기를 전환시키는 장치로서, 국철에서는 1977년에 전공 전환기를 전기 전환기로 대체하였다. 최근에는 전기 동력을 이용하는 전동식 분기기를 원격 또는 집중 제어하는 방식이 보급되어 쇄정 장치와 함께 보안도가 높게 되었다.

(2) 분기기 정위와 반위

분기기는 사고의 원인으로 될 수 있는 위험한 시설이기 때문에 상시 개통하여 두는 방향을 평소에 결정해 둘 필요가 있다. 분기기가 이 방향으로 개통되어 있는 상태를 정위(定位, normal position)라고 하며, 가끔 개통하는 방향으로 분기기가 개통되어 있는 상태를 반위(反位, reverse position)라 부른다. 그러나, 안전 측선(safety track)

으로 열차를 유도하는 분기기와 같은 것은 그 본래의 목적에 따른 방향으로 개통하는 상태를 정위로 한다. 따라서, 항상 정위의 상태로 하여 두고 반위의 방향으로 개통하기에는 그 때마다 반위로 하고 열차통과 후는 곧바로 정위로 되돌려야 한다. 정위 혹은 반위의 상태는 표지 등으로 열차의 운전자에게 표시한다. 실제 문제에서 분기기가 어떤 방향으로 정위인지는 대략 열차횟수가 많은 중요한 방향이 정위가 된다.

3.6 선로의 보수 · 관리

3.6.1 궤도의 검사

열차가 안전하고 승차감(riding quality)이 좋게 운행되기 위해서는 궤도(track)가 충분한 강도를 갖고 있으며, 더욱이 양호한 상태로 정비되어 있어야 한다. 구조물(structure)은 일반적으로 하중을 받으면, 변위 · 변형하고 하중이 없게 되면 원래대로 되돌아가는, 즉 각 부재는 탄성 한계 내로 응력이 들어가도록 설계된다. 그러나, 궤도는 열차의 하중과 진동을 궤도 자체의 변위의 축적으로 흡수하고 있다. 결국, 처음부터 틀림이 진행되어 가는 것을 전제로 한 유일한 구조물이다. 일반적으로는 스프링 하 중량(unsprung load)과 축중(axle load)이 큰 차량이 빠르고 대량으로 주행하게 되면 궤도 틀림이 진행(track deterioration)되어 간다. 이 궤도 틀림이 크게 될수록 열차의 승차감이 나쁘게 되고, 이것이 더욱 크게 되면 열차 탈선(derailment)의 우려가 생긴다.

궤도의 관리는 상시 궤도틀림이 진행되고 있는 궤도에 대한 틀림의 상태를 적확하게 파악(검사)하여 불량한 개소를 적절한 시기에 보수(정비)하여 "궤도정비 기준(standard of track maintenance)"의 범위 내로 들게 하는 것이다. 이를 위한 작업 조직을 두어 항상 궤도를 관리하고 있다. 철도에서 선로의 역할은 선형(line form, alignment)에 정해진 차륜 주행로를 확실하게 실현하는 것이지만, 현실에는 다소라도 이것과는 달리 오차가 생긴다. 즉, 궤도는 열차를 지지하고 원활하게 유도하는 역할을 수행하고 있지만, 열차의 반복하중을 받아 차차 변형되어 차량 주행 면의 부정합이 생긴다. 이것을 "궤도틀림"(track defect or irregularity)이라 부른다(외국에서는 "궤도변위"라고 부르는 추세에 있다). 궤도틀림은 차량 주행의 안전성이나 승차감에 직결되는 중요한 관리 항목이다.

궤도는 2열의 레일이 있으며, 궤도틀림은 이 2열의 레일에 대한 상하나 좌우 방향의 변형으로 인하여 생긴다. 궤도틀림은 이 2열의 레일에 대한 변형 방법에 따라 여러 가지의 명칭이 붙여져 있으며, 그 대표적인 것은 줄(方向)틀림(alignment irregularity, 레일의 길이 방향에 대한 좌우 방향의 틀림), 면(高低)틀림(longitudinal irregularity, 레일의 길이 방향에 대한 레일 답면의 요철), 궤간(좌우 레일의 간격)틀림(track gauge irregularity), 수평(水準)틀림(cross level irregularity, 좌우 레일 답면의 고저 차이) 및 평면성틀림(twist irregularity, 궤도의 일정 길이의 수평 변화량) 등 5 종류이다(**그림 3.6.1** 참조). 이들 5 가지의 궤도 형상을 일정한 목표치 이내로 들어가게 하는 것이 궤도의 정비이다. 특히, 앞의 4 가지는 "궤도의 4원칙"이라고도 하며, 주행 안정성(running stability)과의 관계가 깊고, 평면성 틀림은 승차감과의 관계가 깊다.

궤도의 틀림은 열차의 운행에 따라서 일정 기간마다 윤중 하에서 동적으로 궤도 검측차(track inspection car)로 측정하지만, 필요에 따라 인력 또는 간이 검측장치를 이용하여 정적으로 측정한다. 여기에서, 일반적으로 선

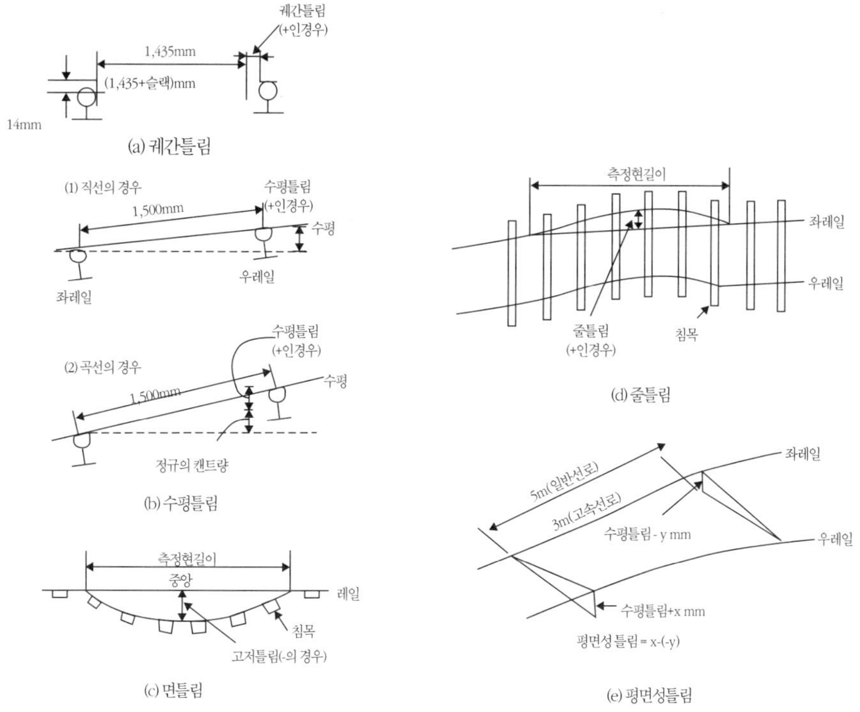

그림 3.6.1 궤도 틀림

형이 충분히 원활하게 설정되고, 이 위를 주행하는 차량은 그 선형을 고려하여 운전되므로, 차량의 주행에서 보아 유해한 틀림을 적절히 지적할 수 있도록 하기 위하여 여기에 적합한 파장 특성을 가진 필터로 이 틀림을 측정하는 것이 좋다. 이와 같은 필터로서 범용되어 온 것이 10 m 현 중앙 종거이다. 이것은 당초에 경험적으로 정해진 것이지만, 나중에 이론적인 근거를 가지고 정해지게 되었다. 또한, 최근에는 30~40 m 현 중앙 종거가 부가되었지만, 이것은 고속 운전에서 차체(car body)의 진동에 관한 배려에 따른 것이다.

일반적으로, 고속선로용 궤노섬측차는 장파장 틀림을 그 진폭에 따라서 사징하는 비집촉 관성측정시스템을 갖추고 있다. 검측차의 절대위치는 GPS 정정신호용 서비스 등을 사용함으로써 주행 동안에 측정할 수 있다. 철도궤도와 그 주변을 기록하는 컬러비디오 시스템은 궤도검사의 목적으로 존재한다. 3축 가속도센서는 차량의 주행거동과 궤도위치에 따라 유발된 동역학을 기록하기 위하여 차량에 설치할 수 있다. 외국에서 레이저 스캐너, 비디오 이미지 및 헬리콥터의 결합은 지상모델을 고감도의 농도로 10 cm에 달하는 위치의 정확도로 기록하도록 허용한다.

3.6.2 궤도틀림의 정비 기준

일반철도의 궤도정비 기준(tolerance for track maintenance, arrange standard of track)은 **표 3.6.1**에 나타낸 것처럼 정하고 있다(궤간의 상세는 제2.5.3항 참조). 고속철도에서는 본선(main line)의 궤도틀림이 **표 3.6.2**의 값을 초과할 때는 보수 계획을 수립하여 정비하도록 하고, 궤도 정비의 준공검사 기준은 **표 3.6.3**에 나타낸 것처

표 3.6.1 일반철도의 궤도정비 기준 및 궤도공사 마감기준(단위 : mm)

구분		본선	측선
궤도정비 기준	궤간	+10, -2	+10, -2
	수평	7	9
	면맞춤	직선(레일길이 10 m에 대하여) 7	직선(레일길이 10 m에 대하여) 9
		곡선(레일길이 2 m에 대하여) 3	곡선(레일길이 2 m에 대하여) 4
	줄맞춤	레일길이 10 m에 대하여 7	레일길이 10 m에 대하여 9
궤도공사 마감기준	궤간	+2, -2	+4, -2
	수평	2	4
	면맞춤	직선(레일길이 10 m에 대하여) 4,	직선(레일길이 10 m에 대하여) 5,
	줄맞춤	곡선(레일길이 10 m에 대하여) 4	곡선(레일길이 10 m에 대하여) 5

표 3.6.2 고속철도의 궤도 보수 계획 기준

파역	신호		허용값(mm)	측정기선(m)	비고
0~25m	수평		9	10	
	고저		7		
	방향		7		
	궤간	직선	-5, +6		
		곡선	-5, +10		
	평면성		6	3	
26~60m	고저		8	30	km당 이 크기의 틀림은 1개 이하이어야 한다.
	방향		7		

표 3.6.3 고속철도 궤도정비의 준공검사 기준

종별	파장 또는 측정 기선	허용 한도(mm)
고저	10 m	≤ 2
	31 m	≤ 5
	200m 구간 표준편차	≤ 0.77
수평 변동	10 m	≤ 3
평면성	3 m	≤ 3
방향	10 m	≤ 3
	33 m	≤ 6
	200m 구간 표준편차	≤ 1.14
궤간	최소	≥ 1,433
	최대	≤ 1,440
	100m 구간의 평균	1,434~1,438

럼 정하고 있다. 또한, 궤도정비 후에 곡선부와 완화 곡선부 및 그 전후 30 m의 평면선형은 **표 3.6.3** 외에 매 10 m 마다 측정한 20 m 현의 종거가 ① 10 m마다 측정한 20 m 현 중앙 종거의 변화 : 0.5 mm 이내, ② 20 m 현 중앙 종거의 틀림 : 1.5 mm 이내, ③ 완화 곡선에서 연속한 같은 방향의 종거 틀림 : 3개 미만 등 조건을 만족시켜야 한다.

고속철도 개통 후에 적용하고 있는 목표기준, 주의기준, 보수기준, 속도제한 기준 등의 보수기준은《고속선로의 관리》를 참조하라(용어와 작업조건 등은 제3.6.6(2)항 참조). 또한, 체온유지관리 표준의 검토방법은《철도공학》을 참조하라.

3.6.3 보선 작업

선로 보수는 궤도틀림이 발생되고 재료가 훼손되면 보수하는 것이 아니라 사전에 선로를 검사 · 측정 및 조사를 하여 조정과 보수 · 갱신함으로써 선로 상태를 지속적으로 양호하게 유지하여 안전성과 쾌적한 승차감(riding quality)을 확보하는 예방 보수(preventive maintenance)가 이상적이다. 열차의 주행으로 인한 윤하중 · 진동이나 풍우로 인하여 진행되는 궤도의 변위 · 변형이나 파괴를 일정의 보수 기준 내로 유지하여 가는 것이 보선(track maintenance)이다. 보선작업(maintenance working of track)은 철도의 운영에서 정상으로 기능을 하기 위한 업무이다. 그 비용은 철도 영업비의 약 10 %를 점하며, 이것이 합리적으로 운용되는 것이 특히 중요하다. 보선작업의 분류는 선로정비지침에 따른 선로의 상태에 직접 관계되고 그 절반을 점하는 궤도 보수작업 외에 여러 작업과 선로 순회 등이 있다. 이 궤도 보수작업의 중에 약 70 %가 면(고저)틀림에 관계되는 면맞춤과 총다지기(overall tamping)이다.

보선작업은 일반적으로 다음과 같은 것이 있다.

1) 궤도보수작업 : 궤도보수작업에는 국부 다짐작업, 총 다짐(주로 고저(면) 틀림, 수평 틀림과 평면성 틀림의 보수), 줄(방향)맞춤 및 궤간 정정(주로 줄틀림의 보수) 등이 있다.

2) 궤도재료 교환 작업 : 레일 교환 작업, 침목 교환 작업, 도상 교환 작업 등에서는 궤도재료의 열화에 따라 동종 재료로 교환하는 일이나 궤도강화를 위한 고품질 재료의 교환으로서 무거운 레일로 교환하는(궤도강화)일, 목침목을 PC침목 등으로 교환하는 일과 도상두께 증가 등의 재료교환 작업이 있다.

3) 기타 작업 : 다짐에 필요한 도상자갈을 현장까지 운반하여 살포하는 작업, 제초, 곁 도랑 준설, 동상 작업 등이 있다.

3.6.4 기계화 보선 작업

궤도 강화와 병행하여 최근의 노동력 확보의 곤란에도 대처하기 위하여 적극적으로 채용하고 있는 것이 보선작업의 기계화이다. 종래는 보선작업의 태반을 인력에 의지하여 왔지만, 멀티플 타이 탬퍼나 밸러스트 클리너 등의 대형 보선기계의 개발, 도입에 따라 보선작업의 대폭적인 기계화화가 진행되어 생력화 · 고능률화에 크게 기여하고 있다. 특히 작업량이 가장 많은 도상 작업에 대하여 중점적인 기계화가 진행되어 큰 효과를 얻고 있다.

대형보선장비에는 다음과 같은 종류가 있으며, 오스트리아 · 스위스 등에서 제작하고 있다. 기계화보선의 작업원리와 방법 등은 문헌 [3], [253], [255]를 참조하라.

1) 멀티플 타이 탬퍼(multiple tie tamper) : 도상 다짐에 고성능의 전용 기계가 개발되어 보급되고 있다. 다짐과 동시에 줄과 방향 등 궤도틀림(irregularity of track)을 정정하는 이 기계는 컴퓨터를 이용한 자동 계측 등도 가능하다. 일반 구간용인 멀티플 타이 탬퍼와 분기기용인 스위치 타이 탬퍼가 있다.

2) 밸러스트 레귤레이터 (ballast regulator) : 자갈의 긁어 올리기 · 긁어 넣기 · 긁어내기 등의 도상 정리나 단

면형상 정리 및 침목 위 청소 등의 전용 기계이며 동력은 디젤기관(diesel engine) 발전으로 하고 자주한다.

3) 도상교환 작업차(track bed exchange car) : 도상의 갱신 등 자갈의 굴착·자갈 치기와 폐기물의 적재·새로운 자갈의 공급까지 일련의 작업을 하는 기계화 편성으로 되어 있다. 예를 들어 밸러스트 클리너(ballast cleaner) 1 대, 자동 벨트 컨베이어 장치가 설치된 호퍼 유니트 4량, 자갈 호퍼차 4 량으로, 편성하며, 구동 동력원으로서 작업차에 탑재한 디젤기관 발전을 이용하고 있다. 밸러스트 클리너로 자갈을 굴착하고 체질을 하여 사용 가능한 자갈은 궤도로 되돌리고 토사 등은 컨베이어로 보내 호퍼 유니트에 적재하며 호퍼차로 새로운 자갈을 살포한다.

4) 동적 궤도 안정기(dynamic track stabilizer) : 궤도의 다짐과 도상 클리닝 후에 이 기계로 궤도에 횡방향으로 진동을 주어 도상을 압밀(consolidation)시키고 궤도를 안정시킴으로써 작업 직후에 선로의 최고 속도로 열차를 주행시킬 수 있다.

5) 침목 교환기(sleeper replacer) : 무거운 PC침목(prestressed concrete sleeper)을 기계력으로 교환하는 기계이다.

6) 레일 삭정차(rail grainding car) : 파상 마모 등의 이상 마모나 쉐링 등 표면이 손상된 레일의 두부 표면을 그라인더로 삭정하여 소음 방지나 선로보수(maintenance of track)의 경감과 레일 수명의 연신을 도모한다. 삭정은 1 회에 0.02~0.05 mm이기 때문에 수회 왕복하고 있는 경우가 많으며, 삭정 부스러기는 신호 회로에 영향을 주지 않도록 진공으로 흡수·집진한다.

7) 레일 탐상차(rail flow detecting car) : 주행하면서 레일의 손상 검사와 마모량 검측을 동시에 가능하게 하는 전용차가 개발되어 있다. 즉, 탐상은 차륜에 내장된 초음파 탐상자를 이용하고, 마모 측정은 광 대역의 조사에 따른 화상 연산으로 하며, 디젤로 자력 주행한다. 레일 탐상차로 레일 결함의 위치나 부위를 검출하고 그 결과에 기초하여 레일 탐상기로 상세하게 다시 검사한다. 특히, 외국 고속철도의 경우에 레일 두부 상면에 쉐링상이 누적 통과 톤수 1억 톤을 넘는 단계에서 발생되고 있기 때문에 용접부의 손상 탐상과 같은 모양으로 탐상에 주의를 하고 있다.

8) 궤도 검측차(track inspection car) : 주행하면서 궤도 틀림(면·줄·궤간·수평)을 검측한다. 재래의 검측차는 측정 차륜을 레일에 접촉시켰지만, 신형의 검측차는 관성식 또는 광학식이나 자기식의 비접촉 방식을 채용하여 고속 검측을 가능하게 하고 있다. 경부고속철도용 검측차는 제3.6.6(6)항을 참조하라.

9) 궤도중심 간격 측정차(track spacing measuring car) : 인접하는 선로의 중심 간격을 레이저광으로 측정하여 화상 처리하고 측정 수치가 기록된다.

이상의 선로 관계의 기계는 이러한 보선기계의 선진국인 오스트리아·스위스 등에서 제작하고 있다.

10) 분진 흡입차와 초고압살수차 : '분진 흡입차(track cleaning vehicle)' 는 도상, 침목 및 레일 등을 청소하는 장비로서 일반 자동차에 철도용 특수 차륜이 구비되어 있어 궤도에서 운행이 가능하다. '고압살수차' 는 지하철터널의 벽과 바닥, 선로에 붙어있는 먼지를 300~950 bar(1 bar =1.019716 kg/㎠)의 초고압으로 물을 분사해 세척한다. 또한, 공기 중에 떠다니는 분진을 제거하기 위해 물을 10~20 ㎛ 크기의 입자로 터널공간에 250 bar의 압력으로 분사하여 미세먼지를 물 입자에 흡착시켜 제거한다.

3.6.5 궤도 관리

(1) 전산화된 궤도유지관리 시스템

궤도유지관리 시스템(**표 3.6.4**)은 IT기술의 발달을 궤도유지보수 업무에 도입하고 있으며, 발전의 과정은 다음과 같다[220]. ① 1세대 : 현장 데이터와 작업현황을 DB화하여 누적관리, ② 2세대 : 누적된 데이터를 통한 유지보수 계획수립 가능 · 예방보수의 개념 도입, ③ 3세대 : 총 소요비용의 관점에서 유지보수 작업의 최적화(· LCC 관점에서의 경제성 평가를 통한 최적의 계획 수립지원, · 지능적인 전문가 시스템).

EcoTrack은 보선계획자가 보선 작업의 실시를 계획할 때, 사용이 가능한 자원과 함께 필요로 하는 정보를 접할 수 있게 하는 것을 목적으로 ERRI가 개발한 궤도관리 시스템으로서 궤도상태관리, 보수작업계획, 갱신작업계획을 세울 수 있는 경제적 궤도관리 시스템이다.

표 3.6.4 궤도유지관리 시스템

구분	프로그램명	개발국가	주요기능			
			데이터베이스	작업계획	최적화	스케줄링
1세대	RAMS	영국	○	×	×	×
1.5세대	통합시설관리 시스템	한국	○	△	×	×
2세대	TIMON	프랑스	○	○	×	×
	SIGMA	이탈리아	○	○	×	×
	TRAM21	일본	○	○	×	×
	TrackMaster	영국	○	○	×	×
	MicroLABOCS	일본	○	○	×	×
	REIHPLANplus	독일	○	○	×	○
	도시철도 정보화시스템	한국	○	△	×	×
3세대	EcoTrack	UIC	○	○	○	×
	RTRI 궤도관리시스템	일본	○	○	○	×
	IRISsys	독일	○	○	○	×

(2) 열차 동요의 관리

(가) 열차 동요

열차의 선두 차에 승차하여 체감으로 또는 동요 측정물로 동요를 검사한다. 또한, 열차 순회 검사뿐만이 아니

표 3.6.5 일반철도의 진동가속도 관리기준 (단위 : g)

보수 단계별	상하동(편진폭)	좌우동(편진폭)	비고
1단계	0.45	0.35	시급 보수
2단계	0.35	0.30	시급 보수와 정상 보수 사이
3단계	0.25	0.20	정상 보수
정비 목표치	0.13	0.13	

표 3.6.6 고속철도 횡가속도의 관리기준 (단위 : m/s²)

	관리단계	차체횡가속도(A_{Tc})	대차횡가속도(A_{Tb})
준공 기준	새로운 궤도의 부설 시에 요구되는 값	$A_{Tc}{\le}0.8$	$A_{Tb}{\le}2.5$
목표 기준	유지보수 작업 후에 요구되는 값	$A_{Tc}{\le}1.0$	$A_{Tb}{\le}3.5$
주의 기준	틀림 원인과 특성 확인, 줄맞춤 결과 감시	$1.0{<}A_{Tc}{\le}2.5$	$3.5{<}A_{Tb}{\le}6.0$
보수 기준	15일(불안정 구간), 1개월(기타 구간) 내에 보수	$A_{Tc}{>}2.5$	$A_{Tb}{>}6.0$
속도제한기준	속도제한 = 230 km/h	$2.8{\le}A_{Tc}{<}3.0$	$8.0{\le}A_{Tb}{<}10.0$
	속도제한 = 170 km/h	$A_{Tc}{\ge}3.0$	$A_{Tb}{\ge}10.0$

※ A_{Tc}와 A_{Tb}는 가속도의 지속 부분에 관계없이 기록값의 기준선과 두 피크 사이에서 측정된 순간 값이다.

고 궤도 검측차로 열차 동요를 측정한다. 또는, 열차에 동요 가속도계(accelerometer)를 설치하여 측정한다. "열차 동요(vibration)"는 "승차감(riding quality)"과 동의어로 다루는 일이 많다. 그러나, 엄밀한 의미에서는 승차감을 구성하는 요소가 대단히 다기(多岐)에 걸치고, 또한 복잡한 점에서 일상의 궤도보수 관리를 위한 지표로서는 사용하기 어렵다. 그래서, 통상은 열차동요, 즉 비교적 진동수가 낮고, 진동가속도가 큰 것을 관리 대상으로 하고 있다. 일반철도의 진동가속도 관리기준은 잠정적으로 **표 3.6.5**에 나타낸 것을 적용하고 있으며, **표 3.6.6**은 경부고속철도의 진동가속도 관리기준이다(제3.6.6(1)(나)항 참조).

(나) 승차감 레벨

승차감은 대부분 가해진 힘의 영향을 받으며 이 힘은 인체가 받는 가속도 값을 사정한다. 그러나 승차감은 진동주파수의 영향도 받는다. 승차감은 5 Hz 정도에서 최소라는 점과 인체는 5 Hz 이상 20 Hz에 이르기까지의 주파수에 대응하는 진동을 더 좋게 받아들인다. 열차 동요 관리에서 진일보한 승차감 레벨을 이용한 관리가 검토되고 있다. 승차감 레벨은 1982년에 제안된 ISO-2631을 기본으로 한 등감각 곡선(**그림 3.6.2**)에 따른 것이다. ISO-2631이란 국제 표준화 기구의 "전신 진동 폭로에 대한 평가 지침"을 말한다. 주된 점은 다음과 같다. ① 승차감 레벨의 등감각 곡선은 ISO-2631의 것을 저주파역 0.5 Hz까지 확대한 것이다. ② 승차감 레벨은 $L = 20\log_{10} a / a_{ref}$ 의 식으로 구한다. 여기서, $a=\sqrt{\dfrac{1}{T}\displaystyle\int_0^T a^2(t)dt}$ 로 구하여지는 가속도 실효값(m/s²). a_{ref} : 기준 가속도 = 10^5 m/s², ③ 승차감 레벨을 5 단계로 나누어 **표 3.6.7**에 나타낸 승차감 구분을 정한다. ④ 궤도 상태의 파악에는 선로의 관

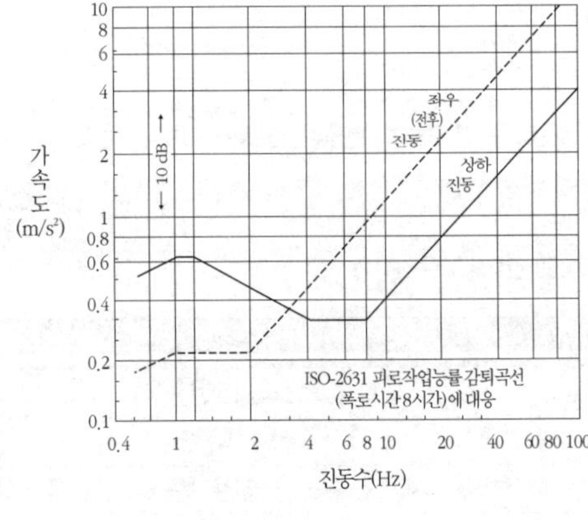

그림 3.6.2 등감각 곡선

표 3.6.7 승차감 레벨

진동 구분	승차감 레벨
1	83 dB 미만
2	83~88 dB
3	88~93 dB
4	93~98 dB
5	98 dB 이상

리 단위(예를 들어, 500 m)마다 승차감 레벨을 이용하며, 특히 동요가 큰 개소의 평가에는 단시간 승차감 레벨(2초간의 승차감 레벨)을 이용한다.

(3) 곡선의 관리

곡선의 관리가 적정하게 행하여지지 않으면 열차의 승차감 악화를 비롯하여 횡압으로 인한 줄틀림, 레일의 마모 등, 궤도가 악화되며, 경우에 따라서는 열차 탈선에 연결된다. 곡선의 관리에서는 현행의 곡선이 그곳을 통과하는 열차에 대하여 적정한지의 여부를 판단하는 것이 필요하다. 곡선에 대하여 열차의 승차감이 나쁘고 동요 가속도 값, 궤도의 줄틀림, 레일 마모 등의 데이터가 나쁜 경우에는 곡선을 정비한다.

(4) 장대레일의 관리

장대레일의 부설 구간에서는 ① 좌굴(buckling)의 방지, ② 과대 신축 및 복진(rail creeping)의 방지, ③ 레일의 부분적 손상 등에 유의하여 보수를 한다.

장대레일은 ① 장대레일의 설정을 소정의 범위 밖에서 시행한 경우, ② 장대레일이 복진 또는 과대 신축하여 신축 이음매로 처리할 수 없는 우려가 있는 경우, ③ 좌굴 또는 손상된 장대레일을 본 복구한 경우, ④ 장대레일에 불규칙한 축압이 생겨 있다고 인지되는 경우에 되도록 조기에 재설정(resetting)하여야 한다(상세는《고속선로의 관리》,《선로공학》등을 참조).

장대레일 구간에 있어서 도상자갈의 정비는 다음과 같이 하여야 한다. ① 침목 측면을 노출시키지 않을 것. ② 도상어깨 폭은 45 cm 이상(고속 철도는 50 cm 이상) 확보할 것. ③ 상층 자갈(top ballast)은 충분히 다질 것. ④ 도상어깨에 10 cm 이상 더 돌기를 할 것 {(고속 철도는 제3.1.1(1)(나)항과 같이 신축 이음매 전후 100 m 이상의 구간, 교량 및 교량 전후 50 m 이상의 구간, 분기기 전후 50 m 이상의 구간에 대하여 더 돌기를 함)} . ⑤ 일반철도에서는 종과 횡의 도상저항력을 500 kgf/m 이상(고속철도의 도상횡저항력 : 900 kgf/m 이상)으로 유지할 것.

(5) 유간의 관리

레일은 온도의 변화에 따라 신축한다. 이 신축을 처리하기 위하여 이음매부에 둔 간극이 유간(joint gap)이다. 이 이음매부의 유간은 다음과 같은 점에 유의하여 적정하게 관리할 필요가 있다. ① 레일이 최고 온도에 달한 때에 궤도가 좌굴되지 않을 것. ② 레일이 최저 온도에 달한 때에 이음매 볼트에 과대한 힘이 걸리지 않을 것, ③ 유간이 과대하게 되어 차량에 의한 충격이 큰 기간을 될 수 있는 한 짧게 할 것.

표 3.6.8 국철의 레일 이음매 유간 표 (단위 mm)

레일길이(m) \ 레일온도(℃)	-20 이하	-15	-10	-5	0	5	10	15	20	25	30	35	40	40 이상
20	15	14	13	11	10	9	8	7	6	5	3	2	1	0
25	16	16	15	14	12	11	9	9	7	5	4	2	1	0
40	16	16	16	16	14	11	9	7	5	2	0	0	0	0
50	16	16	16	16	15	13	10	7	4	1	0	0	0	0

선로정비지침에서는 레일의 유간에 대한 표준을 **표 3.6.8**에 나타낸 것과 같이 규정하고 있다. ① 유간의 적정 여부는 레일 온도가 올라가 유간이 축소되기 시작할 때와 레일 온도가 내려가 유간이 확대하기 시작할 때의 양측 측정치의 평균값으로 판정한다. ② 이음매 유간은 하기 또는 동기에 접어들기 전에 정정하는 것을 원칙으로 한다.

(6) 레일의 관리

1) 일반철도의 레일점검 : 외관점검, 해체점검, 초음파탐상을 년 1회 이상 실시한다.

2) 고속철도의 레일검사기준 : 선로정비지침에서는 "레일의 결함은 초음파 탐상, 레일표면결함 검측 등으로 검측 가능한 레일의 손상정도 및 결함의 크기 등을 고려하여 E, O, X, S 등의 등급별로 분류하여 관리"하도록 규정하고 있다. 여기서, E는 파손으로 발달되지 않은 결함, O는 균열이 있으나 별도보강 없이 주행가능하며 주기적 점검과 특별점검이 필요한 결함, X는 파손으로 발전되는 균열로서 긴급보수가 필요한 결함 (X1 : 중장기에 파손, X2 : 단기간에 파손), S는 파손되었거나 단시간에 파손되는 균열로서 레일을 교환하여야 하며, 교환 전은 서행 및 이음매 보강이 필요한 결함을 말한다.

3.6.6 고속 선로의 궤도 관리

(1) 궤도 검측

(가) 궤도검측

고속철도는 고속으로 인하여 궤도 틀림의 진행(growth of track irregularity)이 재래선과 비교하여 현저하게 크다. 또한, 궤도 틀림의 변화가 열차 동요 등의 변화에 크게 영향을 미친다. 따라서, 일정한 주기로 궤도시험차를 주행시켜 궤도 틀림, 동요치, 소음치, 축상 가속도(axle box acceleration) 값 등의 데이터를 고속 주행에서 수집한다. 경부고속철도에서 사용하는 자주식 종합검측차는 궤도, 전차선, 신호 등의 검측에 이용하며, 궤도선형의 검측은 160 km/h의 속도로 측정할 수 있다. 또한, 레일 단면의 측정, 레일 표면의 검사, 레일두부 파상마모의 모니터링도 수행한다.

(나) 동요 측정

궤도 검측차에 동요계를 설치하여 측정을 하는 외에 영업 차의 한정된 차에 자동 동요계를 설치하여 동요를 측정한다. 또한, 사원이 영업 차의 후부 운전실에 첨승하여 가반식 동요계로 측정하는 경우도 있다. 경부고속철도에서는 KTX 12호 열차에 설치된 진동가속도계로 2주마다 측정하여 궤도관리의 기본적인 자료를 얻고 있다 (**표 3.6.6** 참조).

(다) 선로점검지침의 규정

선로의 점검은 선로의 상태를 정확히 조사 파악하여 선로관리와 보수의 합리화를 기함으로써 열차안전운행을 확보하는데 목적이 있으며, 선로점검지침에서는 다음과 같이 규정하고 있다.

1) 궤도보수점검 : 궤도전반에 대한 보수상태를 점검한다.

2) 궤도재료점검 : 궤도구성 재료의 노후, 마모, 손상 및 보수상태를 점검한다.

3) 선로구조물 점검(선로구조물의 구분은 제4.1.4(1)항 참조) : 선로구조물 {교량, 구교, 터널, 토공, 방토설비, 하수, 정거장설비(기기는 제외)} 의 변상 및 안전성을 점검한다. 여기서, 구조물 변상이라 함은 구조물의 파

손, 부식, 풍화, 마모, 누수, 침하, 경사, 이동 및 기초지반의 세굴 등으로 열차운전에 지장을 주거나 여객과 공중의 안전에 지장을 줄 우려가 있는 상태를 말한다.

표 3.6.9 국철의 선로점검 주기

점검의 종류			일반철도	고속철도
궤도보수	궤도틀림 점검	궤도검측차 — 궤도 선형상태	년 4회	월 1회 이상
		궤도검측차 — 레일 표면상태	-	
		차량가속도 측정점검	-	2주에 1회 이상
		인력점검 (고속철도는 인력 확인점검)	수시(보수상태 파악), 검측차 불량개소	검측차, 가속도 불량개소 확인, 필요시(보수상태 파악)
	하절기 점검	운행적합성 점검	-	매년 5월 1일 이전 도보순회
		특정지점 및 취약개소 점검	-	레일온도가 45℃에 이를 것으로 예상되는 날 : 도보순회
		궤도전장의 열차순회 점검	-	레일온도가 45℃ 이상으로 예측되는 경우(주말, 휴일 포함)
	노반점검		매일(선로순회자, 공사감독자)	-
궤도재료 점검	레일점검	외관 점검	년 1회 이상	-
		해체점검		
		초음파탐상 — 레일탐상차	전 본선 1회 이상(중요본선 추가시행), 부본선, 분기기, EJ 등은 탐상기로 정밀점검	전 본선 분기별 1회 이상
		초음파탐상 — 레일탐상기	주요 열차의 본선 년 1회 이상, 터널, 교량 등 취약개소 추가 시행	탐상차 불량 개소, 분기기, 접착절연레일, 용접지역 등 필요개소
		레일표면점검(마모측정, 표면상태, 연마상태, 선형상태)	-	궤도검측차 검측결과 불량개소
	분기기 점검	일반점검	년 1회 이상	본선과 부대 분기기 월 1회 이상, 측선 년 1회 이상
		정밀점검	본선, 중요 측선 년 1회 이상, 측선부대분기 2년 1회 이상	본선과 부대 분기기 년 1회 이상
		기능점검	수시	-
	신축 이음매	일반점검	-	월 1회 이상
		정밀점검	-	년 1회 이상
	침목		PC침목, 목침목, 년 1회 이상	침목 및 콘크리트 도상 년 1회 이상
	도상		년 1회 이상	
	레일체결장치			년 1회 이상
	기타 궤도재료 점검		년 1회 이상	-
선로 구조물 점검	정기점검(정밀점검과 중복시 생략)		년 2회 이상	반기별 1회 이상
	정밀점검		2년에 1회 이상	
	긴급점검		필요시	필요시(손상점검, 특별점검)
	특별점검			-
순회점검	도보 순회, 열차 순회		○	-
	일상순회점검(도보 순회, 열차 순회)		-	○
	악천후시 점검			
	열차기관사나 승무원의 요구시 점검			
신설 또는 개량 선로의 점검(점검 및 시운전)			○	

4) 선로 순회점검 : 일상의 선로 순회를 통하여 선로 전반에 대한 안전성을 확인 감시하는 점검이다.

　　5) 신설 또는 개량선로의 점검 : 신설 또는 개량선로에 대한 열차운행의 안전성을 점검한다.

선로점검의 주기를 요약하면 **표 3.6.9** 와 같다.

(2) 궤도 관리 방식

(가) 궤도관리 목표

고속선로에서는 궤도 틀림량을 작게 하고 효율적으로 작업하기 위하여 관리의 목적에 따른 목표치 등을 설정하고 있다(구체적인 값은 《고속선로의 관리》 참조). 고속선로의 선형관리는 경제성과 내구연한연장 도모 및 열차운전의 안전을 위한 최적의 관리를 위하여 다음과 같이 궤도틀림의 관리단계를 구분하여 관리하고 있다. 다만, 측선, 차량기지, 보수기지 등과 같이 궤도 검측차로 측정하지 않는 구간은 인력으로 측정하고 일반철도의 규정을 준용한다.

　　1) 준공기준(Construction Value, CV, 준공 값) : 이 기준은 신선을 건설할 때에 적용하는 준공기준이다.

　　2) 목표기준(Target Value, TV, 목표 값) : 이 기준은 유지보수작업 후의 허용 기준이며, 유지보수 작업을 시행하는 경우에는 이 허용치 내로 작업을 완료한다.

　　3) 주의기준(Warning Value, WV, 경고 값) : 이 기준의 단계에서는 선로의 보수가 필요하지 않으나 관찰이 필요하며, 보수작업의 계획에 따라 예방보수를 시행할 수 있다.

　　4) 보수기준(Action Value, AV, 작업개시 값) : 궤도틀림이 이 기준에 도달하면 선로의 유지보수작업이 필요하게 되므로 정해진 기간 이내에 작업을 시행한다.

　　5) 속도제한 기준(Speed reduction Value, SV, 속도제한 값) : 이 궤도틀림의 단계에서는 열차의 주행속도를 제한하며, 틀림이 정정되기 전까지 상시 감시한다.

목표 값(TV), 경고 값(WV) 및 작업개시 값(AV)은 적용된 경제적 방침에 밀접하게 좌우된다. 이와는 대조적으로 속도제한 값(SV)은 열차안전에 직접 관련된다. 고속 선로에서는 승차감(riding quality)을 좋게 하기 위하여 장파장(long wave length) 관리가 중요시되므로 장파장의 궤도 정비를 수행한다.

(나) 레일 두부상면(top table of rail)의 관리

고속 선로는 영업 속도가 높아지게 됨에 따라 레일 두부상면의 관리가 점점 중요시되어 예를 들어 바닥 아래(床下) 소음치, 축상(axle box) 진동가속도를 이용한 관리가 행하여지며, 그 데이터에 기초하여 레일 연삭차 등을 이용한 레일 두부상면의 삭정이 정상적으로 행하여진다. 또한, 다음과 같은 것이 최근에 해명되고 있다. ① 수 cm에서 20 cm 전후의 레일 두부상면 단파장 요철은 소음치와 상관이 있다. ② 1 m에서 2 m의 레일 두부상면의 장파장 요철은 윤하중 변동과 상관이 있다.

한편, 레일연마는 예방연마와 보수연마로 구분하여 실시한다. 예방연마는 선로신설과 레일교환 후에 탈탄층을 제거하기 위해 1 회 실시하되 통과 톤수 50만 톤 이내에 시행하고, 주기적인 연마는 3 년마다 1회 시행한다. 보수연마는 궤도검측 결과, 레일표면 결함이 발견된 경우, 자갈비산 등 이물질의 충격으로 레일 표면결함과 파상마모가 발생된 경우에 시행한다.

(3) 선로보수 작업의 조건과 안정화

고속철도의 선로보수 작업은 장대레일의 안정성에 영향을 미치는지의 여부에 따라 다음과 같이 구분된다.

(가) 작업부류 1

　　이 부류는 장대레일의 안정성에 영향을 주지 않는 작업을 말한다. 궤도선형에 관련되는 대부분의 작업은 부류 2에 속한다.

　1) 다음과 같은 작업은 작업부류 1로 분류한다 : ① 체결장치의 체결상태 점검, ② 체결장치의 체결(조이기), ③ 레일의 연마와 후로우 삭정, ④ 아크 용접을 이용한 레일표면 손상의 보수와 오목한 용접부의 육성용접, ⑤ 레일앵커의 재설치, ⑥ 안전치수의 검사

　2) 작업부류 1은 다음의 작업을 포함하지 않는다 : ① 침목 아래 자갈의 제거, ② 궤도 또는 레일의 양로, ③ 체결장치의 풀기, ④ 레일의 절단

(나) 작업부류 2

이 부류는 장대레일의 안정성에 일시적으로 영향을 주는(감소시키는) 모든 작업, 즉 작업부류 1에 포함되지 않는 모든 작업을 말한다.

(다) 작업 조건

선로보수 작업은 ① 작업금지 기간, ② 온도 조건, ③ 안정화 조건 등의 세 가지 조건을 고려하여야 한다. 부류 2의 작업은 작업금지기간(부류 2 작업의 제1 조건)과 작업온도 제한(부류 2 작업의 제2 조건)을 충족시키는 경우에만 시행하며, 선로작업 후에 첫 열차의 열차 속도를 170 km/h로 제한하여야 한다(상세는《고속선로의 관리》참조).

(4) 안전의 관리

선로의 "위험지역"으로 정의되는 "외방레일에서 2.0 m 이내의 지역"은 열차가 170 km/h 이상으로 주행하는 경우에 접근을 금지하며, 위험지역 내로 진입하기 위해서는 열하속도를 170 km/h 이하로 감속 조치하여야 한다. 기타 사항은《고속선로의 관리》를 참조하기 바란다.

3.6.7 궤도 하부구조의 모니터링

(1) 개요

궤도 상부구조의 레벨에서 흔히 발생되는 문제들, 예를 들어 궤도 선형의 문제와 특히 엄격하고 반복되는 문제들은 하부구조 층(도상, 보조 도상 및 노반)에서 비롯된다. 그러나, 하부구조의 거동에 관한 일관된 지식이 부족하고 연속적인 모니터링 목적으로 하부구조에 접근하기 어렵기 때문에 통상적으로는 실제의 원인보다는 징후를 취급한다. 통상적으로 행하여지는 것은 필요한 하부구조 보수 활동 대신에, 계속적인 리프팅, 라이닝 및 다짐으로 표준 선형 보수를 수행한다. 경우에 따라 문제가 대단히 빨리 재발되고, 결국 선형의 보수가 너무 빈번하여져 가며 그리고/또는 틀림 진행의 속도가 더 이상 허용할 수 없을 정도로 빨라져 간다. 이러한 경우에는 큰 정정 보수 활동이 필요하지만, 그 동안에 많은 시간을 낭비하며, 시간에 맞게 적당한 보수를 수행하는 경우보다 훨씬 더 높은 레벨로 궤도의 틀림이 진행한다.

(2) 하부구조 조건의 파라미터

하부구조의 조건을 나타내는 파라미터에는 여러 가지가 있다. 그러나, 하부구조의 접근 곤란은 이들 파라미터의 사용을 훨씬 더 어렵게 만든다. 증거를 직접 마련하는 굴착으로 가장 좋은 조건의 데이터가 수집되는 것은 물론이다. 그러나, 이 선택은 필연적으로 교통 방해를 일으킬 것이므로 절대적으로 불가능하든지 또는 적어도 채택되지 않는다. 지금까지 사용된 파라미터와 예기된 것의 일부는 ① 궤도 선형 데이터, ② 함수비 데이터, ③ 지반 침투 레이더(GPR) 데이터, ④ 적외선 열 감응 그래프 검사 데이터, ⑤ 궤도 강성 데이터, ⑥ 전체 배수 정보, ⑦ 노반 강도 데이터, ⑧ 암석 시험 데이터 등을 포함한다.

(3) 지반 침투 레이더

"지반 침투 레이더(GPR)" 측정의 원리는 유전체(誘電體) 성질이 있는 재료의 경계 면에서 반사되고 기록되는 대단히 짧은 전자기 임펄스의 방사에 기초한다. 검출된 신호는 표면 아래뿐만 아니라 여러 하부구조 층 사이의 경계에 숨겨진 오염 도상 조건과 배수 문제, 공기 공극, 함수 및 그 외의 불균질을 평가하는 능력을 제공한다.

3.6.8 보선의 향후 방향

(1) 향후 보선의 과제

철도(railway)는 향후에도 도시간의 고속 수송, 혹은 대도시 통근 수송 등의 분야에서 우위성이 있다고 생각된다. 따라서, 철도는 이들 분야에서 점점 고속성, 안전성, 안정성, 편이성, 쾌적성 등의 특성을 발휘하여야 한다. 그를 위하여 여러 가지 방책이 고려되지만, 철도의 기반을 이루는 인프라스트럭처(infrastructure) 메인테난스의 유지 강화가 중요한 과제이다. 그 중에서 특히 보선이 중요하다. 향후의 보선에서 선로의 장치화, 기계화, IT화에의 노력이 필요하다. 그 이유는 열차의 고속화·열차 횟수의 증가 등에 대하여 현재의 궤도 구조로는 궤도틀림 진행량에 대응할 수 없다고 추정되기 때문이다. 근년에 궤도 구조의 근본적인 개선이나 컴퓨터를 이용한 궤도관리 시스템의 개발 및 보선작업의 대폭적인 기계화가 적극적으로 진행되고 있으며, 종래의 보선업무 형태가 크게 변하고 있다.

(2) 보선 업무의 근대화

1) 보수 작업량의 삭감 : 자갈궤도는 레일의 중량화·장대화, 침목의 PC화와 2중 탄성 체결장치화, 도상의 쇄석화 등으로 구조를 강화하고 있다. 보수 작업으로서 투입 인원이 많은 도상 다짐·도상 교환·레일 교환 작업을 삭감하기 위하여 신축 이음매 철거에 따른 장대레일의 장대화나 레일 삭정에 따른 레일 수명의 연장이 필요하다. 궤도구조와 보수량의 최적화라고 하는 예전부터의 과제는 현재에도 계속되고 있다(제 3.1.5(1)항 참조).

2) 보수 작업의 기계화 : 근년에 현저하게 되고 있는 작업원의 고령화나 젊은 노동자의 3D 작업의 기피경향에서 중노동 작업 요소가 많은 작업을 중심으로 적극적인 기계화가 필요하다(제3.6.4항 참조). 신형 기계의 정착을 도모하면서 작업기계 그룹 전체의 생력화·자동화를 더욱 추진한다. 작업에 따른 사고 방지를 위해서는 현상의 인간의 주의력에 의지하는 방식에서 기계로 커버하는 방식으로의 변경이 필요하다.

3) 선로 · 구조물 검사의 자동화 : 선로 검사에 대하여는 고속 궤도 검측차나 레일 탐상차에서 보는 것처럼 기계화 · 자동화가 진행되어 컴퓨터 시스템과 연계되어 있는 검사와 분기기의 세밀 검사나 레일 체결장치의 이완 조사와 같이 전과 다름없는 검사가 상존하고 있다. 적외선이나 전자파를 이용한 측정이나 화상 처리의 응용에 관련되는 기술이 발전하고 있지만 도보 순회나 인간의 육안에 의지한 검사에서 탈피하여 하이테크 기술을 응용한 새로운 검측 장치에 의한 검사를 추진하여야 한다. 이것에 의하여 데이터를 실내에서 확인할 수 있는 검사 시스템으로 전환하여 선로 검사의 정밀도 향상과 중점화를 목표로 하여야 한다(제 3.1.5(2)항 참조). 외국에서는 강교량의 건전도를 정확하게 검사하고 판정하기 위한 시스템을 개발하였다.

4) VTR을 이용한 열차 순회 검사 시스템 : 보선업무에서 열차 순회 검사는 개안의 시청각과 체감에 의지하고 있기 때문에 검사결과에 개인차가 있는 것은 피할 수 없다. 카메라 · 마이크 · 가속도 센서를 탑재하여 측정 정보를 VTR 테이프로 기록함으로서 효율적인 열차 순회 시스템을 구축할 수가 있다. 화면에는 날자와 시각 · km정 · 열차 동요치 · 정비치 초과 개소 등을 자막(superimpose) 처리한다. 가반형(可搬形)의 기록 장치를 열차에 세트하면 후에는 무인으로 기록한다. 이 VTR 테이프를 사무소에서 재생하여 검토할 수 있도록 고안되고 있다.

제4장 선로 구조물

4.1 선로 구조물의 구조 계획 및 유지관리

4.1.1 구조 계획 시의 유의점

선로 구조물의 구조 계획에서는 다음과 같은 점에 유의할 필요가 있다.

1) 목적으로 하는 철도에 적합한 선형(alignment)의 기준 : 구조물은 열차가 소정의 속도로 안전하게 주행할 수 있도록 계획하여야 한다. 구조 계획상 철도의 기능에 큰 영향을 주는 요소는 선로의 평면 곡선반경과 종단 기울기이다. 구조 계획에서는 이들의 기준치에 드는 범위 내에서 큰 곡선반경과 작은 종단 기울기로 되도록 배려한다.

2) 안전성의 확보 : 계획의 대상으로 되는 구조물에 대하여 설계 조건(설계 하중, 사용 재료, 환경 등), 구조 해석의 방법, 부재 강도의 산정 방법, 변위·변형량 등의 제한치를 적절하게 정하여 안전성을 확보하여야 한다.

3) 방재(disaster protection)를 위한 배려 : 우리나라는 산악 지대가 많아서 토사 붕괴 등의 재해(disaster)를 받기 쉬운 점, 태풍, 폭우, 폭설이라고 하는 가혹한 자연 환경에 놓여 있는 점에서 방재에 대한 배려를 잊어서는 아니 된다. 눈사태, 사태, 붕괴 등의 방재상의 문제가 있는 지역을 피하여 계획하는 것이 바람직하지만, 사면 형상의 변경, 배수공, 말뚝이나 옹벽(retailing)의 설치라고 하는 사태 방지 공법을 채용하는 것도 가능하므로 종합적인 검토가 필요하다.

4) 주변 환경과의 조화 : 철도 선로에서는 소음·진동의 문제가 중요시되고 있다. 또한, 도시 내 공사에서는 소음·진동, 일조 저해, 전파 장해 등의 문제가 제기된다. 사회에 유용하여야 할 교통기관인 철도가 사회 생활에 지장을 주는 일이 없도록 환경 보전(environmental preservation)상의 문제가 적은 구조물로 계획하여야 한다. 한편, 도시 공간, 전원 공간에서 선로 구조물은 주변의 환경과 조화된 미관이 요구되고 있다. 지금까지의 구조 계획에서는 안전성, 기능성, 경제성이 중요시되어 왔지만, 앞으로는 경관상의 평가도 구조 계획에서 보다 중요한 지표로 되고 있는 중이다.

5) 건설에서 유지 관리까지의 비용(LCC)절감 : 1)에서 4)까지의 각 조건을 만족시킨 후에는 경제성의 조건이 불가결하다. 구조물의 건설비를 싸게 하기 위해서는 설계·시공에 관한 새로운 기술이나 공법을 받아들여 경제성을 추구하여야 한다. 경제성을 검토하는 경우에는 건설비뿐만이 아니고 구조물 사용 시의 유지 관리비 등을 포함한 전체 비용이 최소가 되도록 검토할 필요가 있다. 유지 관리비는 그 업무량과 노동 단가가 장래적으로 증대되는 것이 예상되고 있으므로 검토 항목으로서 경제성을 빠뜨릴 수가 없다.

4.1.2 구조 계획의 진행 방법

(1) 구조 종별의 선정

루트·지역의 지형·지질·환경·풍토 등으로부터 판단하여 토공으로 하는가 고가로 하는가, 고가인가 교량인가, 게다가 산간 지역이라면 터널로 관통하는가 땅깎기로 시공하는가 등의 대국적인 방침을 세우는 것이며, 경제성·기술적 난이도·경관·환경에 대한 배려에 착안하여 비교 검토한다. 이때의 판단이 사업의 대국을 결정하게 되므로 대단히 중요한 요점이며, 기왕의 여러 자료, 유사한 공사의 예·경험의 예를 참고로 충분하고 신중하게 행할 필요가 있다. 경제적인 구조 계획안을 얻는 요점은 곡선 반경(curve radius)을 크게 하고 기울기를 완만하게 하며 공사 수량을 적게 하는 것이다. 공사 수량을 적게 하기 위해서는 땅 깎기·흙 쌓기의 토공을 적게 하고 양자의 균형을 취하여 터널이나 교량 등의 구조물도 적게 하는 것이다. 복수의 루트 안에 대하여 현지답사의 후에 토공(earth work), 고가교(viaduct), 교량(bridge), 터널(tunnel)의 수량, 연장을 각 안에 대하여 산출한다.

구조 종별의 선정에서는 다음의 사항이 참고로 된다. ① 계획 지역의 지형·지질, 하천의 계획 수위, 교차 도로의 등급 및 교통량, 주거 환경(가옥 밀집도, 학교·병원의 유무), 지장물(문화재, 절 등), 경관 등의 데이터를 기초로 한다. ② 산맥을 횡단하는 경우에 하천을 따라 높은 지점까지 올라 터널로 들어가는 경우는 기울기를 완만하게 하면 토공량이 적고, 교각(pier) 높이를 낮게 할 수 있으므로 건설비가 싸게 된다. 그러나, 선로 연장(route length)이 길고, 선형은 나쁘게 된다. ③ 하천을 따르지 않고 진행하여 터널 연장을 길게 하는 경우에는 산골짜기의 횡단이 생겨 토공량이 증가되고 교각 높이가 높게 되어 건설비가 증가되지만 선로 연장이 짧게 되어 선형이 좋게 된다. ④ 흙 쌓기나 고가교 등 구조물의 건설비를 작게 하기 위해서는 구조물의 시공기면 높이(F.L)를 적극 낮게 계획하는 것이 중요하다. 그를 위해서는 노선 전체의 높이를 결정하고 있는 도로나 하천과의 교차부에 대한 구조를 충분히 검토하여야 한다. ⑤ 도로나 하천과의 교차 구조물에서는 각각의 관리자와의 협의에 따라 큰 지간의 구조물이 요구되는 일이 많지만 공사비는 지간에 비례하여 증대하기 때문에 경제성의 관점에서는 기능상 허용되는 범위에서 작은 지간으로 하는 것이 좋다.

(2) 구조 형식의 선정

구조물의 종별이 선정되면, 구조 종별마다 구체적인 구조 형식을 선정한다. 이 때 다음과 같은 점을 배려하면서 비교·검토하여 최적의 형식을 선정한다.

1) 토공 : 땅 깎기·흙 쌓기의 비탈면 높이, 구배, 비탈면의 보호, 사면의 안정, 노반 종별, 토류 방법, 배수 처리, 토취장, 사토장 등

2) 고가 : 지간 분할, 기초 지반과 기초공의 형식, 빔식 고가와 라멘식 고가의 구분, 경관·방음·방진에의 배려, 형하 공간, 지장 물건의 처리 등

3) 교량 : 재료 면에서 강·콘크리트·합성 구조의 선택, 지간 분할, 기초 지반과 기초공의 형식, 장대 교량에서는 단순 거더, 연속 거더, 트러스, 아치 등의 시공법·공사비의 검토, 경관·방음·방진에 대한 배려

4) 터널 : 원지반의 지질 상황, 개착 터널·산악 터널·NATM 공법·실드 터널·침하 매설 터널 등 시공법, 공사비 등의 검토

4.1.3 선로 구조물의 유지관리

'시설물의 안전관리에 관한 특별법'은 시설물의 안전 점검과 적정한 유지 관리를 통하여 재해를 예방하고 시설물의 효용을 증진시킴으로써 공중의 안전을 확보하고 나아가 국민의 복리 증진에 기여함을 목적으로 제정되었다. 철도에 관련되는 대상 시설물은 다음과 같다. ① 1종 시설물 : 고속 철도의 교량, 터널 및 역사, 도시 철도의 교량, 고가교 및 터널, 그리고 일반 철도의 트러스 교량과 연장 500 m 이상의 교량 및 연장 1,000 m 이상의 터널. ② 2종 시설물 : 도시 철도의 역사, 일반 철도에서 연장 100 m 이상의 교량으로서 1종 시설물에 해당하지 아니하는 교량과, 특별시 또는 광역시 안에 있는 터널로 1종 시설물에 해당하지 아니하는 터널.

선로점검지침에서는 일반철도의 선로구조물 중 2종 시설물에 대하여 상기 외에 지면으로부터 노출된 높이가 5 m 이상으로서 연장 100 m 이상인 옹벽, 연직높이 50 m 이상을 포함한 땅 깎기부로서 단일 수평연장 200 m 이상인 땅 깎기 사면을 포함하고 있으며, '기타 시설물'은 1, 2종 시설물을 제외한 선로구조물로 정의하고 있다. 또한 상기의 지침에서는 고속철도 구조물 중 1종 시설물을 제외한 선로구조물을 '기타시설물'로 구분하고 있다.

관리 주체는 안전 점검 및 정밀 안전진단 지침에 따라 소관 시설물의 안전 점검을 실시하여야 한다. 안전 점검은 ① 정기 점검(6월에 1회 이상). ② 정밀 점검(2년에 1회 이상 다만, 건축물은 3년에 1회 이상). ③ 긴급 점검(관리주체가 필요하다고 판단할 때 또는 관계 행정기관의 장이 필요하다고 판단하여 관리주체에게 긴급점검을 요청한 때)으로 구분하여 실시한다. 관리주체는 안전 점검을 직접 실시하는 경우 이외는 안전진단 전문기관 또는 유지관리 업자로 하여금 점검하게 하여야 한다. 관리 주체는 안전 점검을 실시한 결과 시설물의 재해 예방 및 안전성 확보를 위하여 필요하다고 인정하는 경우에는 정밀 안전진단을 실시하여야 한다. 정밀 안전진단은 안전진단 전문기관 또는 한국시설안전공단이 실시하며, 철도시설 중 트러스 교량과 1km 이상의 터널을 한국시설안전공단이 실시한다.

4.1.4 정보통신기술 및 가상건설기술의 활용

(1) 건설 분야의 융합기술과 가상건설기술

최근에 나노기술로 대표되는 재료분야신기술, 정보통신기술, 로보틱스, 생체모방공학 등 첨단과학의 성과들이 건설에서 활용되고 있다[291]. 융합기술은 기존에 불가능했던 영역을 새롭게 개척하고 생산성을 향상시킨다. 가상건설시스템은 상호연동성 · 정보전달 체계 · 협업시스템 등을 뼈대로 정보통신기술의 성과를 활용한다. 가상건설기술이란 3D공간과 설계정보를 기반으로 건설프로젝트의 생애주기에 걸쳐 참여주체들이 정보를 공유하고 관리할 수 있는 설계 · 엔지니어링 · 건설관리정보시스템 환경을 구축 · 활용하는 기술을 의미하며, 목적은 설계 · 견적자동화 · 시공시뮬레이션 · 통합의사결정지원시스템을 포함하는 건설 산업의 기반기술을 지원하는 것이다. 자동차, 항공 산업에서 사용 중인 3D기반 PDM/PLM(Product Data/Product Life cycle Management)의 건축분야 적용이 시도되고 있다. BIM(Building Information Model)이란 건축물의 3D모델뿐만 아니라 프로젝트생애주기에 관련된 모든 프로세스정보를 포함하며, 향후에 토목분야전반으로 도입될 것이다. 토목시설물의 수요 증가로 3D가시화기법의 사용과 3D시뮬레이션기법의 도입이 증가되며, 시간을 포함한 4D와 비용까지 포함한 5D시스템이 개발되고 있다. CPLM(Construction Project Life-cycle Management)의 적용분야는 철도, 도로, 항만,

공항 등의 분야이다.

(2) 구조물정보모델(BIM)을 이용한 3차원 스마트설계

기본적으로 3D모델인 구조물정보모델은 기하형상, 재료특성 등의 정보를 수반하며 이를 설계절차전반에 걸쳐 활용할 수 있다[292]. 3D설계란 도면·수량·구조해석 등 모든 설계행위에 3D구조물정보모델을 이용하는 것이다. 하나의 구조물(교량) 정보모델을 이용하여 기본적인 도면이나 수량산출은 물론 경관검토가 가능한 다양한 3D시뮬레이션과 능동제어형 가상현실, 부재간섭 검토가 가능한 3D철근모델 등, 설계관련 모든 단계에서 활용할 수 있다. 국내에서 3D스마트설계시스템의 전(全)과정이 완벽하게 적용된 사례는 없지만 부분적 적용사례는 증가하고 있다.

(3) 가상건설기반 토목공사 시뮬레이션기법

컴퓨터를 이용하여 사람들이 일상적으로 경험하기 어려운 환경을 실제와 가깝게 제시하는 가상현실(Virtual Reality, VR)기법이 건설에 적용되고 있으며, 가상건설(Virtual Construction, VC)이 연구되고 있다[294]. 가상건설기법이 실제 프로젝트에 적용되면 구조물의 생애주기별 사업관리가 가능하다. 설계단계에서는 설계정보의 시각적 시뮬레이션을 포함한 시공성 검증이 가능하고 설계 성과품의 검증을 위하여 가상현실로 시뮬레이션 할 수 있다. 시공단계에서는 시각화기반의 간섭(interference)검증체계로 활용할 수 있으며 진도관리를 위하여 실제구조물 완성상태변화와 VR기반 진도관리 실행결과의 비교도구를 제공한다. 유지관리단계에서는 가상현실환경의 가상적 유지관리정보의 관리가 가능하다. 한편, 4D CAD란 해당시설물의 3D객체(object)와 공정표를 연계하여 시공일정에 따라 가상공간에서 시공활동(activity)과 연계된 해당 3D객체의 완성상태를 연속적으로 구현(simulation)하는 기술이다.

4.2 터널의 사명과 계획

4.2.1 터널의 사명

터널은 지중(地中)으로 열차를 통과시키기 위하여 필요한 공간을 확보하는 것을 주목적으로 하여 건설하는 선 모양의 토목구조물이다. 철도의 터널(tunnel)에는 그 사명에 따라 산맥·구릉을 지나는 산악 터널(mountain tunnel), 지하철 등의 도시 터널, 해협의 해저 터널(submarine tunnel)로 대별된다.

초기의 철도는 터널의 굴착이 용이하지 않았기 때문에 급구배와 급곡선으로 올라 산에 접근하고 되도록 짧은 터널을 통하는 노선이 건설되었지만, 급구배와 증기 운전의 매연 때문에 수송의 난코스인 곳이 많았다. 그 후에 굴착 기술의 진보와 전기운전(electric traction)의 채용에 따라 장대 터널이 개통되어 구배도 완화되고 거리도 단축되어 수송이 대폭으로 개선되고 있다. 도시로의 인구 집중, 자동차의 격증에 따른 도로 교통의 폭주 등으로 인하여 대도시의 교통에서 빠트릴 수 없는 것이 지하 터널을 이용한 전기운전의 지하철이다. 최근에는 열대 지역도 포함한 세계의 각 도시에서 적극적으로 건설·신장되고 있다. 해협으로 떨어져 있는 지역간의 발본적인 교통

개선책으로서 건설되고 있는 것이 해저 터널이다.

세계의 여러 곳에서 해협 터널(strait tunnel)의 건설이 구체화되고 있다.

4.2.2 터널의 계획

(1) 터널노선의 선정

터널을 경제적으로 건설하기 위해서는 적절한 노선(route)의 선정이 중요하다. 노선의 선정은 터널 구간만이 아니고 전후 접속 구간의 선형 등도 고려하여 종합적으로 검토하며, 터널 노선의 선정에서는 다음과 같은 사항을 감안한다. ① 직선(straight)이 바람직하고 곡선도 될 수 있는 한 반경이 큰 것이 좋다. ② 불량한 지질(연약한 파쇄대·단층 등)은 피하고 용수가 적은 곳을 택한다. ③ 장대 터널은 입갱(shaft)·사갱(inclined shaft)을 설치하기 쉬운 조건도 고려한다. ④ 시가지에서는 되도록이면 사유지 아래를 피하여 도로 아래 등의 공유지를 통과하도록 한다.

굴착을 위해서는 양호한 지질이 바람직하고, 특히 굴착하기 쉬운 지질을 따라 결정한 Dover 해협의 해저 터널 (단선 터널 2개, 50,500 m, 1994년 개업, 상세는 '세계의 주요고속철도와 기술' 참조)의 예도 있다. 시가지의 예는 낮은 지하 터널의 경우이며, 깊은 터널의 경우는 사유지의 문제가 어느 정도 해소될 수 있다. 터널 내의 구배는 일반적으로 자연 유하에 의한 배수를 위하여 3‰ 이상으로 하고, 산악 터널은 밖으로 배출한다.

(2) 지질 조사(geological survey)

터널의 굴착에서는 지질이 공사의 난이도를 좌우하고 공비에 크게 영향을 준다. 그 때문에 가능한 한의 사전 조사가 불가결하다.

1) 지표 답사 : 이것은 지질 조사의 제1보이다. 노선 후보의 주변을 도보로 답사하고 지형이나 노두(蘆頭, 지반내의 지층·암석·광맥이 지표로 드러난 곳)를 관찰하면서 지질 구조를 추정한다.

2) 탄성파 조사 : 일직선상으로 감진기를 설치하여 한 끝에서 인공 지진을 일으킨다. 지반을 전파하는 탄성파를 수신·해석하며, 전파 속도가 지질에 따라 다른 점(딱딱한 지질에서는 빠르고, 연약한 시질에서는 느리다)을 이용한다.

3) 보링(boring) 조사 : 지표에서 보링 기계를 사용하여 터널 통과의 깊이까지 지름 50 mm 정도의 구멍을 뚫어 흙이나 암석을 채취하여 지질을 조사한다. 이를 이용하여 지하수의 상태 등도 아울러 확인할 수가 있다. 보링 조사는 다른 조사에 비하여 정확도는 뛰어나지만, 작업이 대규모적으로 되며 비용이 고가로 되기 때문에 특히 문제로 되는 점을 선택하여 행하는 것이 보통이다.

4) BIP 시스템 : BIP 시스템(Borehole Image Processing System)은 지질조사시 보링하여 깊이 굴착 후 코아를 뽑아 지상으로 올려 밀어내면서 카메라로 정확히 지질을 촬영, 암질을 파악하는 방법이다[244]. 특징은 다음과 같으며, 모든 지질조사 분석에 활용할 수 있다. ① 관찰기록이 현장에서 신속하게 이루어진다. ② 모든 보링, 심도, 구경 방향으로 적용한다. ③ 공벽의 생생한 화상과 360° 전개 화상을 동시에 관찰할 수 있다. ④ 광자기 디스크(Disc)를 표준 탑재로 하여 대용량의 데이터를 고속 처리할 수 있다.

(3) 환경 조사

터널은 산 위 촌락의 하천 · 우물용 지하수에 영향을 주어 사회 문제를 초래하는 경우 등의 예가 있다. 그 때문에 터널의 계획에서는 터널의 건설에 따라 주위의 환경에 미치는 영향을 사전에 조사하여 영향이 있는 경우에는 상응의 처치가 민속 · 적절하게 취하여지도록 준비하여 둘 필요가 있다. 따라서, 주변의 우물 · 지하수위 · 온천 등의 실정도 상세하게 조사하여 두는 것은 당연하다.

(4) 터널 단면의 선정

터널(tunnel)의 단면은 선로에 따른 전차선(trolley wire) 등의 설비 때문에 건축한계보다도 여유(200~300 mm)를 둔 터널한계를 기초로 하고 있다.

단면의 형상은 소요의 터널한계, 지질 · 용수의 유무 및 환경 조건으로부터의 시공법 등에서 선정되며 표준 단면형상은 원형 · 말굽(馬蹄)형 · 직사각형(矩形)이 있다(**그림 4.2.1** 참조). 철도터널의 단면은 단선만을 통과시키는 단선단면과 복선을 하나의 터널단면으로 두 선로를 나란히 통과시키는 복선단면으로 분류된다. 복선의 경우에 단선 터널 2개로 하든가 복선단면 터널로 하는가에 대하여는 공비 · 보수 등에서는 복선단면이 좋지만, 주로 지질에 따라 선정한다. 즉, 복선구간에서는 복선단면 터널로 통과시키는 경우와 2개의 단선단면 터널을 병렬시켜 통과시키는 경우가 있으며, 후자는 특히 단선병렬 터널이라고 부르는 경우가 있다. 일반적으로 공사비의 관점에서는 복선단면을 한 번에 뚫는 쪽이 경제적이지만 지질이 나쁜 터널에서는 굴착 단면적이 적은 쪽이 유리하게 되기 때문에 드물게 단선병렬 터널로 뚫는 경우도 있다. 또한, 단선구간을 나중에 복선화하는 경우에도 단선병렬 터널로 된다. 그리고, 지질조건이 나쁘기 때문에 역학적으로 유리한 원형단면(또는, 이것에 가까운 단면)을 이용하는 터널 내부에 역이나 신호소를 설치하기 위하여 대(大)단면을 이용하는 경우 등이 있다. 또한, 시공법에 따라서도 다르며, 산악공법을 이용하는 경우는 말굽 형(馬蹄形) 단면, 실드공법을 이용하는 경우는 원형단

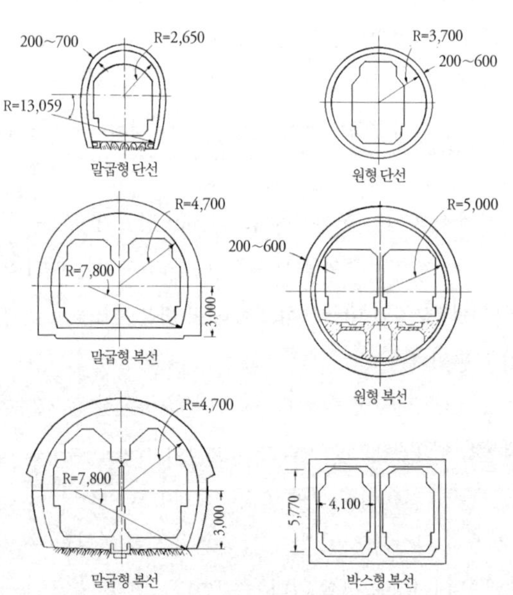

그림 4.2.1 철도용 터널의 단면 형상의 예

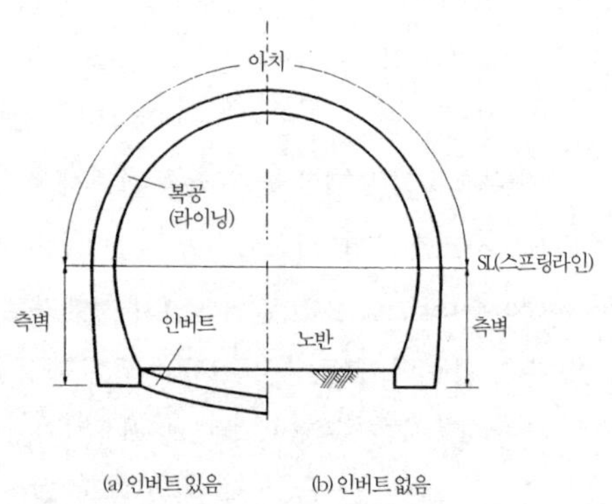

그림 4.2.2 터널단면의 명칭

면, 개착공법을 이용하는 경우는 박스형(box形, 또는 函形, 직사각형) 단면이 주로 이용된다.

1) 원형 단면 : 지압(ground pressure)의 외력을 받기에 이상적인 형상이다. 그러나, 터널한계에 대하여 하부에 쓸데없이 많은 스페이스가 생기고, 굴착량이 많아 불경제적으로 된다. 특히 지압이 높은 경우나 터널 보링 머신(tunnel boring machine) 공법, 실드공법 굴착 등에 채용된다.

2) 말굽(馬蹄)형 단면 : 저부의 폭을 넓게 취하기 때문에 생기는 쓸데없는 스페이스가 적다. 경제적인 단면으로 하여 산악 터널의 표준 형상으로서 채용된다.

3) 직사각형(矩形) 단면 : 도로 아래의 지하철 등에 대하여 지표로부터 비교적 낮은 개착 터널이나 하천 아래 등의 침매(沈埋) 터널(tubing tunnel)에 채용된다.

(5) 터널 각부의 명칭

터널의 부위를 나타내는 명칭은 일반적으로 상반(上半)의 반원(半圓) 부분을 아치(arch), 하반(下半)의 양측 부분을 측벽이라 부르고 있다(**그림 4.2.2**). 또한, 아치의 가장 높은 부분을 크라운(crown)이라 부르며, 아치의 밑 부분을 스프링라인(spring line, 또는 단순히 SL)으로 부르고 있다. 터널 주위를 둘러싼 콘크리트를 복공(覆工, 또는 lining)이라 부르며, 지질이 나쁜 터널에서는 노반부에 인버트(invert)라 부르는 아치형의 슬래브를 설치하는 경우가 있다. 이 외에 갱구의 벽체를 갱문(또는 portal)이라 부르며 각 노선의 기점 쪽을 입구, 종점 쪽을 출구라고 부르고 있다.

4.2.3 터널 내 방재시설 및 지하구조물의 지진대책

(1) 터널 방재기준

"철도시설 안전기준에 관한 규칙(국토해양부령)"에서는 1 km 이상인 본선터널에 다음 사항을 적용하도록 규정하고 있다. ① 단선터널은 한쪽에, 복선터널은 양쪽에 폭 70 cm 이상의 '대피로' 설치. ② 대피로의 옆벽에는 직장한 높이의 '안전난간' 설치. ③ '대피통로'에는 유독가스차단시설 설치. 대피통로는 안전성분석 결과에 따라 적정 간격 유지. 수직터널은 본선터널 안의 수평연결구(터널 벽의 우묵한 곳이며 대피로와 연결)에서 지표면으로 탈출할 수 있도록 설치. 단선병렬터널에는 교차통로를, 복선단면터널에는 수직터널이나 경사터널을 대피통로로 사용. 경사터널은 소방차량 등 긴급구조차량이 본선터널 안까지 진입할 수 있는 충분한 공간 확보. ④ 본선터널과 대피통로의 '접속부'는 제연(制煙)설비 등을 설치. 경사터널의 접속부는 소방차량 등이 돌아갈 수 있는 충분한 공간 확보. ⑤ 본선터널 안에는 '제연설비' 설치. 제연설비 중에서 전동기·배풍기·배출풍도 및 배풍막(배풍기와 배출풍도를 연결하는 막)은 250℃에서 1시간 이상 정상기능을 유지할 수 있어야 함(배풍기와 분리 설치된 전동기는 예외). ⑥ 본선터널 안에는 안전성분석 결과에 따라 '배연(排煙)설비' 설치. 본선터널과 연결된 배기통로를 대피통로로 사용하는 경우에는 비상시 신속히 대피할 수 있는 구조로 설치. ⑦ 본선터널 안에는 안전성분석 결과에 따라 '송수관설비' 설치. 소방용수의 공급은 본선터널 출 입구를 연속으로 연결하는 송수관으로 함. ⑧ 단선터널은 한쪽에, 복선터널은 양쪽에 20 m 이내의 간격으로 가능한 한 낮게 '비상조명등'을 설치하되, 대피로 바닥의 평균조명도를 10 럭스 이상으로 유지. 전원공급 장치는 이중으로 설계. ⑨ 전기배선·조명등·유도표지등·전기배전반 등의 '전기시설물'은 불연이나 난연 재료로 화염 등에 대해 '보호'하고, 기계적 충격에 견디어야 함. ⑩ 본선터널 안에는 비상전화기위치, 대피통로위치, 터널출입구까지의 거리 등을 나타내는 '표지판'을 100 m 이내의 간격으로 설치. 표지판은 '소방시설설치유지 및 안전관리에 관한 법률'에 의거 행정안전부장관이 고시하는 화재안전기준에 적합한 축광(蓄光) 위치표지 또는 전원공급이 중단되지 아니하는 표시등(表示燈) 등으로 함. ⑪ 본선터널 안에는 터널출입구, 대피통로내부 또는 대피로에 500 m 이내의 간격으로 '비상통신장비' 설치. ⑫ 본선터널출입구는 표지판, 울타리 또는 자물쇠가 있는 출입문 등을 설치. '통합방위법' 제15조의2의 규정에 의거 국가중요시설로 지정된 본선터널의 출입구에는 원격감시 장치를 설치하거나 감시인력 배치. 본선터널 출입구에는 소방차량 등의 진입로 설치. ⑬ 본선터널 안에는 해당구간의 전차선로 '단전(斷電)' 설비 설치. 전차선로 단전 시는 사고구간의 모든 전차선로의 양쪽을 '접지(接地)' 할 수 있어야 함. 접지걸이장치는 본선터널의 출입구에 설치.

(2) 지하구조물의 지진대책

지진(Earthquake)이란 지구 내부 어딘가에서 급격한 지각변동이 나타나 그 충격으로 생긴 파동(단층운동), 즉 지진파가 지표면까지 전해져 지반을 진동시키는 현상을 말한다.

우리나라는 환태평양 지진대와 떨어져 있어 대규모의 지진이나 지진발생 빈도가 낮아 현재까지는 지진에 대한 지하구조물의 설계 개념이 정립되어 있지 않으므로 구조물 보강이 이루어지지 않고 있으나, 과거의 기록이나 발생 추세를 감안할 때에 사고의 미연 방지를 위해서는 지진의 영향을 고려한 지하구조물의 보강이 필요하다 [245].

4.2.4 터널에서의 저항력과 단면요건

(1) 터널의 크기

철도 터널의 설계에서 횡단면의 크기는 터널 총 비용의 중요한 인자이다. 터널에서의 저항은 야외보다 크다. 입구와 출구에서는 갑작스런 공기 압력의 변동이 있으며, 이것은 귀 아픔과 두통을 일으킬 수 있기 때문에 승객에게 불쾌감을 준다. 이들 공기 압력의 변동은 길이 방향으로 공기 압력의 파동을 일으키기 때문에 전체 터널에서 영향을 미친다. 고속 철도 터널의 설계에서는 ① 선로 속도에서 열차 내 승객의 안락함, ② 열차의 외부가 어떤 이유에서든지 열려지는 경우에 대한 승객의 안전, ③ 터널에서 보수 인력의 안전, ④ 열차 외부의 강도 등을 고려한다.

(2) 터널의 압력 문제

열차가 터널에 진입할 때, 열차의 전방 부분(선두)은 과도한 압력 파형을 발생시키는 입구에서 공기를 압축시키며(**그림 4.2.3**), 열차가 진행함에 따라 증가되는 크기는 열차의 후방 부분(후부)이 터널에 들어갈 때 최대에 도달된다. 질주하는 차량 뒤의 진공에 의하여 이 순간에 저압(underpressure) 파형이 발생한다. 터널을 따라 음속으로 전파되는 열차 전방의 과도한 압력 파형은 터널 벽에 의하여 반향되며 저압 파형의 형으로 되돌아간다. 그것은 터널 내부에서 열차 후부에 의하여 발생된 저압 파형에 대응하는 변화를 경험하며 마침내 과도한 압력 파형의 형으로 되돌아간다. 이들의 모든 파형이 결합되었을 때, 그들은 시간의 함수로서 크기가 점진적으로 감

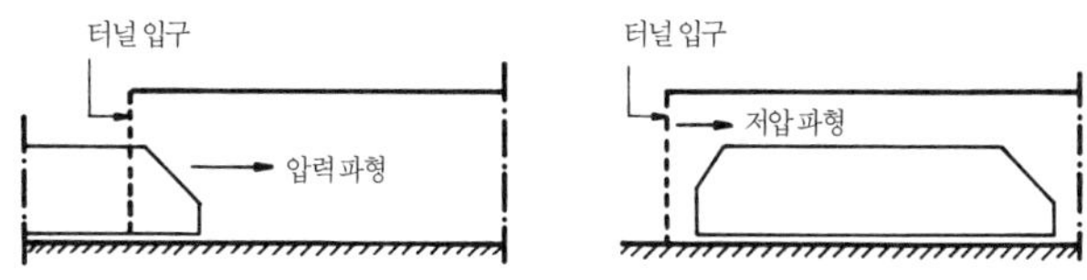

그림 4.2.3 열차가 터널에 진입할 때의 압력과 저압 파형

소되는 압력 동요를 발생시킨다.

미기압파는 열차가 고속으로 터널로 진입하면 터널 내 공기가 압축되고 이 압축파가 상대편 터널 입구에 도달하면 압력이 갑자기 해소되면서 펄스(Pulse) 형태의 압력파(미기압파)를 발산함과 동시에 굉음을 내는 현상이다. 미기압파의 대책은 다음과 같다. ① 터널 입구의 형상을 조정하여 열차 속도 저감효과를 올린다. ② 터널 내에 횡갱을 뚫어 압력파를 바이패스(by-pass)시킨다. ③ 흡음재 등 표면 거칠기가 거친 재료를 사용한다. ④ 도상을 자갈로 한다. ⑤ 차량을 유선형으로 제작하고 단면적을 축소하여 공기압축력을 감소시킨다. ⑥ 터널 단면을 미기압파가 발생치 않는 규모로 확대한다.

4.2.5 계측

터널 내에서의 계측은 크게 시공 중의 계측과 유지관리계측으로 구분되며, 시공 중의 계측은 주로 설계의 불확정성 요소 등을 보완하고 설계의 타당성을 규명함으로써 시공의 안정성과 경제성을 제공한다. 유지관리 계측은 터널구조를 완공한 후의 사용기간 중에 굴착 면 주변지반변화 등의 영향으로 인하여 발생되는 배면지반, 토압 및 수압의 변화로 인한 콘크리트 구조물의 변화양상, 환경조건 등을 측정하여 터널구조물의 안정성을 확인하도록 연속적이고 기초적인 자료를 제공한다. 계측은 ① 갱 내 관찰조사, 천단침하 측정, 내공변위 측정, ② 지중침하 측정, 지중변위 측정, 숏크리트 응력 측정, ③ 록볼트(Rock bolt) 축력, 인발시험, 등으로 이루어진다.

4.3 터널의 종류와 공법

4.3.1 개요 및 기계화 시공법

터널은 굴착하는 공법에 따라 산악 터널 · 개착 터널 · 실드 터널 · 침매(沈埋) 터널 등으로 분류된다. 또한, 철도터널은 입지조건에 따라 산악부를 관통하는 산악터널과 도시부 등에서 평야의 아래를 관통하는 도시터널로 대별된다. 산악터널에서는 주로 산악공법이 이용되며, 도시터널에서는 주로 실드공법 또는 개착공법이 이용된다. 그 외에 수저(水底)터널의 극히 일부에 이용되고 있는 특수공법인 침매(沈埋)공법 등이 있다. 이들은 주로 지질조건에 따라 선택되지만 경우에 따라서는 도시터널에 산악공법이 이용되는 경우도 있다. 터널의 굴착작업을 진행함에 있어 중요한 것은 높은 정밀도의 측량(survey)이다. 이것은 양쪽 갱구(tunnel mouth), 또는 중간 갱구로부터의 굴착 방향을 정확하게 합치시키는 것이다. 측량에는 양쪽 갱구의 상대적 위치를 측정하는 갱외 측량과 굴착의 진행에 따라 매 회 행하는 갱내 측량이 있으며, 신중하게 행한다.

굴착방법에는 인력굴착, 기계굴착, 발파굴착, 파쇄굴착 등이 있으며, 굴착방법의 선정에서는 다음 사항을 고려하여야 한다. ① 원지반이 본래 가지고 있는 지지능력을 최대한 보존할 수 있고, 안정성, 경제성 및 시공성이 우수한 굴착방법을 책택하여야 한다. ② 지반조건, 지하수 유입정도, 굴착단면의 크기와 형태, 터널연장, 근접 구조물의 유무와 주변 환경의 영향(진동, 소음 및 지표침하 등), 보조공법의 적용성을 고려하여야 한다.

화약을 사용한 발파굴착은 다양한 지질과 형상에 적용 가능하여 재래식 굴착방법의 주종을 이루는 공법이다. 기계굴착방법은 굴착장비, 굴착방법에 따라 분류할 수 있으며, 브레이커를 이용한 굴착, 로드헤더를 이용한 굴착, 쉴드를 이용한 굴착 등이 있다. 실드(Shield)나 TBM(Tunnel Boring Machine)방법은 터널통과구간의 계획심도에 풍화암~경암이 다양하게 분포하면 시공성 및 경제성이 떨어지게 된다. 이러한 지층과 단면변화에 유연하게 대처할 수 있는 공법은 NATM(New Austrian Tunneling Method)공법이며, 최근에 널리 적용되고 있다. 터널 상부 지층이 불량하여 터널 안정성이 우려되는 구간은 브레이커 등을 이용한 기계굴착을 적용한다. 그리고, 터널 통과구간 상부 지표에 도심지가 형성되고 터널상부 지층이 불량한 구간은 침하 등 터널굴착에 따른 영향을 최소화하기 위하여 보조공법을 계획한다.

굴착기술의 변천을 살펴보면 과거에는 Drill & Blast(또는 NATM)와 TBM으로 구분하였으나 현재는 기계화공법과 재래식공법으로 구분(**그림 4.3.1**)한다[267]. 기계화공법은 디스크커터, 커터비트 등을 이용하여 기계적으로 터널을 굴착하는 공법이라고 정의되며, TBM(Tunnel Boring Machine)을 비롯한 모든 기계화굴착공법을 포함한다. 과거에는 오픈(Open)TBM(암반용)과 실드(shield)TBM(토사 또는 연약 지반용)으로 분류하였으나, 현재는 ① 암반용 : 오픈TBM 또는 실드TBM(디스크커터로 절삭), ② 토사용 : 실드TBM(커터비트 또는 drag pick로 절삭), ③ 복합지반용(주로 도심지) : 실드TBM(디스크커터 + 커터비트로 절삭)으로 분류한다.

여기서, 오픈TBM은 다음과 같은 특징이 있다. ① 터널주면을 지지하고 내부 작업공간을 보호하기 위한 실드가 없다, ② 굴착벽면에 대한 그리퍼(gripper)의 지지력으로 굴진을 위한 추진 반력을 얻는다, ③ 재래식공법과

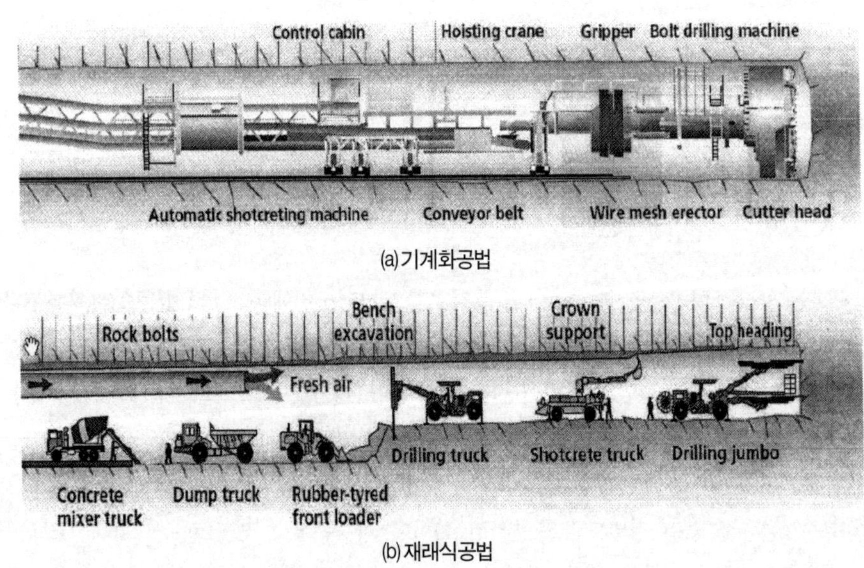

(a)기계화공법

(b)재래식공법

그림 4.3.1 터널의 굴착공법

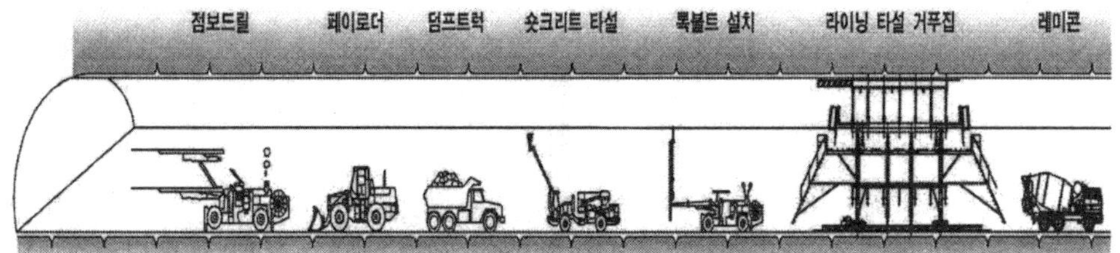

시공순서 : 천공 → 발파 → 버력처리 → 숏크리트 → 록 볼트 → 방수 공 → 콘크리트 라이닝

(a) NATM(Drill & Blast 방식에 의한 터널굴착)

시공순서 : 그리퍼 암반 밀착 → TBM 추진 및 굴착 → 지보 설치(TBM 후방) → 그리퍼 탈착 (Open TBM)

실드 잭 세그먼트 밀착 → TBM 추진 및 굴착 → 세그먼트 조립 및 볼팅 → 뒤채움 (Shield TBM)

(b) TBM(비트와 디스크 등에 의한 기계적 굴착)

그림 4.3.2 NATM과 TBM의 시공개요도

동일한 터널 지보재를 활용한다, ④ 디스크커터(롤러커터)가 장착된 회전식 커터헤드의 가압으로 굴착한다, ⑤ 적용대상지반은 연암~경암(양호한 지반조건일수록 유리)이다, ⑥ 굴진 면은 자립 또는 자립시간이 길어야 한다.

그림 4.3.2는 NATM과 TBM의 시공개요도이다.

재래식공법(Conventional Tunnelling Method)은 발파공법(drill and blast)으로 다양한 단면형상의 터널을 굴착하여 시공하는 공법이다. 일부의 정의에서는 자유 단면/부분단면 굴착기를 포함한다.

4.3.2 산악 터널(mountain tunnel) 공법

이 공법은 산악이나 구릉 등과 같은 산악부에서 터널을 굴착하는 공법으로서 가장 일반적으로 이용되는 방법이며, 발파나 기계를 이용하여 선로방향으로 터널을 굴착하면서 즉시 지보공이라 부르는 강제(오래된 시대의 터널에서는 목제)의 틀을 빽빽이 세워 흙무더기를 떠받치고 그 후방에 콘크리트(오래된 시대의 터널에서는 석재, 벽돌, 콘크리트 블록 등을 사용)를 둘러싸서 터널을 완성시킨다.

이 공법은 산악이나 구릉에 건설되는 터널에 채용되며, 주된 작업은 굴착 작업·버력 반출작업·지보 작업·라이닝 작업으로 이루어진다. 터널의 건설은 일반적으로 ① 굴착, 다이너마이트 발파, ② 굴착·발파한 토석(버력)의 갱외로의 반출, ③ 흙의 붕괴를 방지하기 위한 지보, ④ 내벽을 항구 축조하는 라이닝의 순서로 작업을 진행한다. ①~③의 반복 1 사이클의 연장은 지질에 따라 터널 지름의 10~60 % 범위로 진행되며, 이 사이클의 속도가 굴착진행 속도를 결정한다. 더욱이, 발생된 대량의 버력을 버리는 장소의 선정도 환경 문제와 관계가 깊고, 터널 공사에서 경시할 수 없다. 굴착은 드릴 점보, 보링 머신, 버력 적재기(트랙터 쇼벨 및 전동식 쇼벨카)로 행한다.

버력 운반은 기관차와 운반차(레일식), 덤프차를 사용한다. 지보 작업에는 록 볼트 유압 점보, 유압 타설기를 이용하고, 라이닝 작업에는 강제이동 거푸집, 공기 압송에 의한 콘크리트 타설기를 사용한다. 기관차는 배터리 전기식 또는 디젤 엔진식을 사용하며, 환기(ventilation)를 전제로 한 디젤식이 많다. 이들 각종 전용 중기계의 사용에 따라 생력화·공기의 단축이 도모되고 있다. 최근에는 이들 전용 기계의 고성능화의 진보가 눈부시며, 터널의 건설이 왕년에 비하여 용이하게 되어 있다. NATM 공법(New Austrian Tunneling Method)은 원(原)지반을 록 볼트나 뿜어 붙이기 콘크리트로 보강함으로서 원지반 자체의 아치작용을 이용하여 터널을 유지하는 공법이다. 이 합리적인 고려방법으로 가설용 강재나 복공콘크리트를 줄일 수 있으므로 공사비의 절감이 가능하다. 이 때문에 산악터널에서는 재래의 지보공과 널판을 이용하는 공법에서 이 공법으로 변하였다.

산악 터널의 재래식 굴착에서 단면공법(section method of mountain tunnel)은 흙무더기의 경연(硬軟)이나 용수의 양 등과 같은 지질 조건에 따라서 굴착순서가 고안되었다. 즉, 일반적으로 지질에 따라서 ① 전단면 공법, ② 상부 반단면 선진공법, ③ 저설도갱 선진 상부 반단면 공법, ④ 측벽도갱 선진공법 등이 선정된다.

4.3.3 개착 터널(open cut excavation) 공법

지표면부터 굴착하는 것이 오픈 컷(open cut) 공법이다. 즉, 지표면부터 지반을 파내려가 터널을 구축한 후에 토사를 다시 메워서 터널을 완성시키는 시공법(**그림 4.3.3**)이며, 컷 앤드 커버(cut and cover) 공법 등으로도 부른다. 도시부의 지하철 등에서 비교적 얕은 지반에 적용되는 외에 실드기계(제4.3.4항 참조)의 반입·반출구로서 시공된다. 또한, 산악터널에서도 갱구 부근 등과 같이 비교적 얕은 부분에 대하여 적용되는 일이 있다. 일반적으로 박스형 단면을 이용하므로 터널단면으로서는 쓸모없는 공간이 적지만 공사기간 동안에는 상부를 노천 상태로 하기 때문에 도시부에서는 지중 매설물(가스, 수도, 각종 케이블 등)의 이설이나 가설, 복공 판을 이용한 노면교통의 확보 등의 조치가 필요하게 된다. 또한, 주변 지반에 영향을 주지 않도록 흙막이 등으로 지반변위를 억제하는 외에 웰 포인트 공법이나 지중 연속 벽 공법 등을 병용하여 지하수의 배수나 차수를 한다.

이 공법은 산악터널공법에 비하여 건설비 단가가 2~3배로 비싸게 된다. 도시 지구에서 일반적으로 채용되며 주된 공정은 다음과 같다(**그림 4.3.3**). ① 먼저, 건설하는 구축에 들어가는 폭과 깊이의 양측에 강말뚝(steel

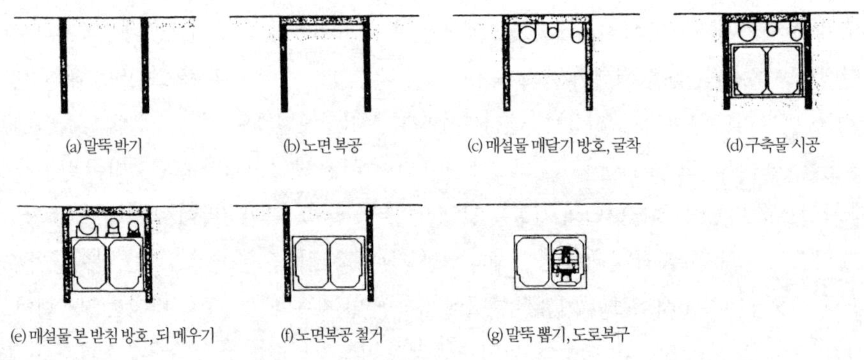

그림 4.3.3 개착공법의 시공순서

pile)을 박아 토류(土留)를 한다. ② 강말뚝 사이에 강형을 설치하고 그 위에 임시의 복공판을 깔아 노면 교통을 확보한다. ③ 갱내의 매설물을 방호하면서 굴착·지보공(tunnel supports)을 행한다. ④ 콘크리트를 구축한다. ⑤ 되메꾸어 복구한다. 대부분의 경우에 철근 콘크리트의 직사각형(矩形) 단면이 채용된다.

4.3.4 실드 터널(shield tunnel) 공법

지반 내에 실드(shield)라고 칭하는 강제 원통형의 외곽을 가진 굴진기를 추진시켜 터널을 구축하는 공법을 실드공법(shield method)이라 한다. 실드공법은 19세기 초에 영국의 하저 터널 건설에서 개발되어 왕년에는 하저·해저에서의 특수 공법으로서 채용되었다. 최근에는 시공 시에 대한 노면 교통의 확보의 필요, 소음·진동 방지대책 등의 이유로 전용기의 고성능화에 맞추어 지하 터널에도 채용되어 최근의 지하철 터널에서는 실드공법이 증가되고 있다. 산악 터널에 비하여 건설비는 비싸지만, 각종의 개선에 따라 비용 저감이 도모되고 있다.

시공법은 실드(강제의 통)를 유압잭의 추진력(굴착 단면적당 50~150 kgf/cm²)으로 지중으로 추진시키며, 실드의 전단에 있는 인구(刃口)의 회전으로 굴착하여 버럭을 후방으로 보낸다. 즉, 보통의 공법에서는 굴착 절삭날개의 토류(土留)가 곤란함에 비하여 실드공법은 일반적으로 절삭날개의 토류 기구를 설치하여 용이하게 행한다. 더욱이, 잭 추진력의 반력은 후부의 복공 세그먼트(segments)로 부담시킨다. 실드 후부에는 실드 안쪽에서 강제 또는 철근 콘크리트의 세그먼트(복공재의 구성 부분)를 조립하여 복공을 한다. 잇따라 실드를 추진시키면 실드 판의 두께와 같은 공극이 복공과 원지반(natural ground)의 사이에 생기지만, 되도록 신속하게 이 공극에 시멘트 밀크를 충전한다(1차 복공). 더욱이 2차 복공으로서 1차 복공의 안쪽에 콘크리트를 마무리 시공하는 경우가 많다.

이 실드공법은 일반적으로 지반이 연약한 도시부의 터널을 굴착하는 공법으로서 발달되었으며, 실드 굴착기의 종류는 전면의 흙무더기가 노출되어 있는 개방형 실드(open shield)와 전면이 회전식의 커터 헤드로 폐색되어 있는 밀폐형(blind shield)으로 대별된다. 개방형 실드는 내부에 회전식 커터나 백호우 등을 갖추어 굴착하는 기계굴착 방식과 인력으로 굴착하는 인력굴착 방식이 있지만 양쪽 모두 절삭 날개(切羽)가 자립하는 양호한 지반에 이용된다. 이에 비하여 밀폐형 실드는 보다 연약한 지반에 적용되며 흙탕물(泥水)이나 굴착도로 절삭 날개를 떠받치면서 이것을 순환시켜 토사를 배출하는 방식으로서 니수 가압식과 토압식 등의 방식이 개발되어 있다. 실드 굴진기에는 각종의 것이 개발되어 최근에 많이 사용되고 있는 것이 토압식 실드기(shield method by soil pressure)와 니수(泥水) 가압(加壓) 실드기(shield method by press-mud water)이다. 복선 터널인 경우에 실드기의 총중량 200 t을 넘어 생력화할 수 있는 반면에 기계비용의 부담이 크고, 또한 효율적인 운전 조작에는 고도의 기술을 필요로 한다. 실드 터널은 원통형의 굴착기를 이용하기 때문에 그 단면도 원형으로 마무리되지만 특히 복선 단면에서는 건축한계에 대하여 쓸모없는 공간이 크게 되기 때문에 안경형의 터널단면을 1 대의 굴착기로 굴착하는 다(多)원형 실드공법도 적용되고 있다. 그 외에 세그먼트를 사용하지 않고 생(生) 콘크리트를 직접 타설하는 직타 라이닝 공법 등도 개발되고 있다.

4.3.5 침매(沈埋) 터널(tubing tunnel)

해협, 하천 등을 횡단하여 물 밑에 터널을 건설하는 특수 공법이다(**그림 4.3.4**). 수면 아래의 터널 위치를 높일 수가 있는 터널의 예가 있다. 실드공법과 비교하여 전후 설치 구간의 장단 등도 아울러 우열을 검토하여 선정한다. 건설하는 구조체를 미리 적당한 크기로 분할하여 공장에서 제작한다. 이 터널 엘레멘트는 현장까지 배로 수송하여 소정의 장소에 침하 설치하며, 순차 접속하여 건설을 진행한다. 엘레멘트에는 직사각형(長方形) 단면의 철근 콘크리트 구조·원형의 강제 통 등이 있지만, 최근에는 PC 구조도 채용하고 있다. 해저터널의 시공 예는 《철도공학》과 문헌[299]를 참조하라.

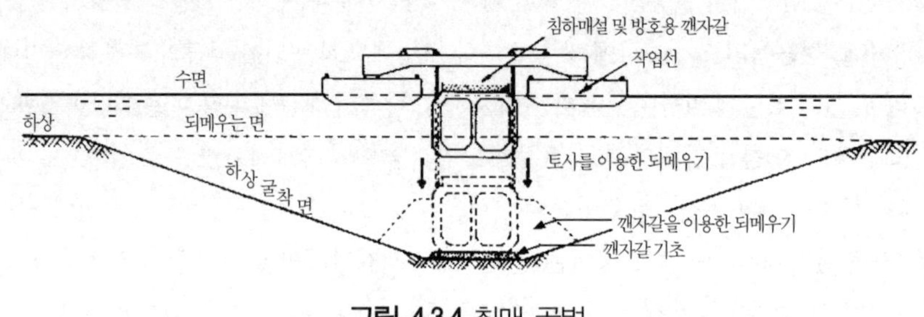

그림 4.3.4 침매 공법

4.4 철도교의 계획과 설계

4.4.1 철도교의 계획

철도교에는 구조 형식, 구성 재료, 주행로별, 궤도구조 등에 따라 여러 가지의 종류가 있다. 내구성도 고려하여 합리적으로 안전과 경제성이 양립되도록 하고 주위와의 경관을 고려하여 선정·설계하는 것이 원칙이며, 그 결정에는 상당한 학식과 경험이 요구된다. 철도교의 조건은 상정되는 열차의 중량과 통과 톤수(tonnage)나 기상 조건에도 충분한 강도와 내구성을 가지며, 가설방법도 아울러 유지 관리비를 포함하여 경제적으로 만드는 것이 요망된다. 그 때문에 구조공학의 정수를 결집하여 사용 재료·구조형식 등을 비교 검토하여 가장 합리적인 것을 선정·설계한다. 또한, 환경(외기, 연선의 주택, 하상의 변동 등)이 고려되며, 게다가 경관은 주위와의 조화가 중시된다.

교량의 계획·설계·제작·가교를 다루는 전문 분야를 교량공학이라고 하며, 관련되는 학문 영역은 응용역학·구조공학·재료학·지반공학·하천공학·내진공학·환경공학·공업디자인·생산공학 등의 여러 방면에 걸친다. 최근의 교량 기술은 고장력강·고강도 PC 등의 우수한 특성의 재료로 떠받치며, 용접공법·고장력 볼트 접합법 등이나 프리스트레스 기술의 진보, 각종 가설법의 개발에 따라 건설비의 저감, 공기의 단축을 도모하여 가일층의 경감이나 환경과의 조화도 아울러 눈부시게 발전을 이루고 있다. 교량의 계획은 철도 업자, 조사 설계는 전문 컨설턴트, 제작·가교는 전문 업자가 행하는 것이 일반적이다. 발주자는 이들을 통하여 작업의 감독·판정·조정·완성의 결정 등을 행한다. 최근에는 계획·조사·설계의 단계에서 초능력의 전자계산기를 전면적으로 활용하며, 제도의 자동 설계도 채용하고 있다.

4.4.2 철도교의 기본 구조

교량의 기본 구조는 **그림 4.4.1**에 나타낸 것처럼 상부구조, 하부구조, 기초로 구성되어 있다. 상부구조 (superstructure)는 열차나 궤도 등의 하중을 지지하는 상판, 주구(主構) 또는 주형(主桁) 등으로 통로를 형성하며, 상부 구조를 직접 지지하는 것을 받침이라 한다. 받침에는 고정 받침(rigid support)과 보(girder)의 신축기능을 가진 가동 받침(movable support)이 있고, 상부구조의 온도 변화나 탄성 변화에 대하여 지장이 없도록 구배 구간에서는 상측에 가동 받침을 둔다. 가동 받침에는 강제 롤러식, 혹은 마찰계수가 적은 합성수지 재료의 미끄럼판식 등이 채용된다. 하부구조(infrastructure)는 상부구조를 지지하는 교각(bridge pier, 교량의 중간부에 있다), 교대(bridge stand, 교량의 양단부에 있다) 등을 말한다(제4.5.1(5)항 참조). 교각·교대는 철근 콘크리트제가 원칙이며 위로부터의 하중 외에 지진(earthquake) 등으로 인한 수평 방향의 하중을 상정하여 설계한다. 기초 (foundation)는 하부구조로부터의 힘을 대지로 전달함과 동시에 교량을 고정하는 것이다. 가교 지점이 단단한 암반이든지 얕은 암반인 경우는 기초 공사가 간단하게 끝나지만(직접 기초), 암반이 깊은 경우나 연약 지반(soft bed)에서는 나무·콘크리트·강의 말뚝을 박든지(말뚝 기초), 철근 콘크리트제의 상자를 지반 내에 침하시키는 (케이슨 기초, Caison base) 등 대규모의 기초 공사를 필요로 한다(**그림 4.4.1** 및 제4.6.1항 참조).

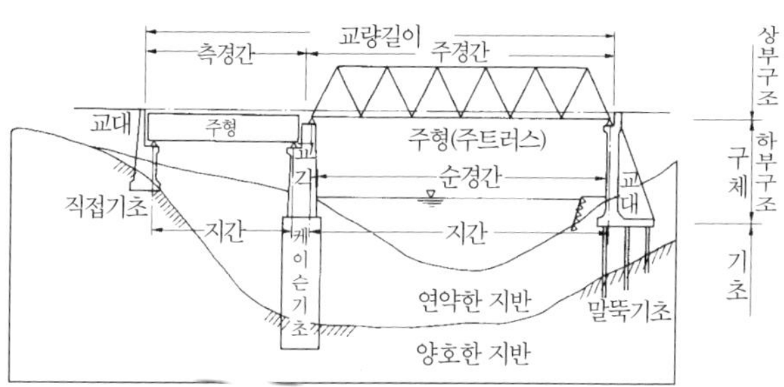

그림 4.4.1 교량의 기본 구조

4.4.3 철도교의 설계

교량의 설계에서 지간(span)을 어느 정도로 하는가는 교량의 구조 형식을 결정하는 조건의 하나이다. 교각 건설의 난이·비용 등도 아울러 몇 개의 후보를 선정한다. 지간의 길이가 늘어나면 일반적으로 교량의 자중에 의한 응력의 비율이 급격하게 증대하여 어떤 길이 이상에서는 교량을 통과하는 하중에 견딜 수 있는 여유가 없게 된다. 외국의 예에 의거하면, 여유가 남아있는 실용 최대 한계의 지간 길이는 고장력강(약 80 kgf/mm²)을 이용한 거더 교량(girder bridge)에 대하여 약 200 m, 트러스교(truss bridge)·아치교(arch bridge)에 대하여 약 500 m, 적교(吊橋, suspension bridge)에 대하여 약 2,000 m, 사장교(oblique suspension bridge)에 대하여 약 700 m로 된다.

교량의 설계에서는 모든 조건을 상정하여도 고려할 수 없는 여러 가지의 요인이 포함된다. 그 때문에, 상정 이상으로 작용하는 하중으로 인한 파괴에 대한 안전율(safety factor)을 3~4 정도로 취하고 있다. 특히, 응력이 집중하는 개소에 대하여는 신중한 취급이 요구된다. 교량의 물리적 수명(physical life)은 "구성 재료의 경년 피로 등으로 사용할 수 없게 되기까지의 기간"으로 정의된다. 태풍 등 자연 재해의 발생, 통과 톤수의 다소, 보수의 정도 등에 따라 교량의 수명에는 상당한 폭이 있다. 외국에서 교량의 내용 연수는 계획 설계에서 중소 교량 약 50년, 장대 교량 약 100년을 목표로 하는 예가 있다.

교통이 빈번한 도로나 하천 위에 가설한 철도교량에는 자동차나 선박에 의한 충격을 방지할 수 있는 보호대 등의 설비를 설치하고, 1 km 이상의 철도교량에는 사고발생시 승객과 승무원 대피용 통로와 계단을 설치하도록 "철도시설 안전기준에 관한 규칙"에서 규정하고 있다.

교량의 설계에 이용하는 가상의 열차하중을 활하중이라 칭하며 HL하중(고속철도), LS하중 체계(일반철도), EL하중 체계(전동차 전용선)를 이용하고 있다(제2.2.5항의 표준 활하중 참조). 교량의 설계하중에는 이 외에 고정하중(사하중)(레일, 침목, 도상 등), 열차주행에 따른 충격하중, 곡선통과 시의 원심하중, 차량의 요잉(yawing)으로 인한 횡(橫)하중, 열차의 제동ㆍ시동 하중, 풍하중, 장대레일의 신축에 따른 장대레일 종하중 등이 고려된다.

4.5 철도교의 종류ㆍ시공 및 유지 관리

4.5.1 철도교의 종류와 구조

(1) 구조 형식에 의한 분류

교량(bridge) 구조의 기본 유형은 거더 교량ㆍ아치교ㆍ적교의 3 가지이지만, 사용 재료 등에 따라 변화가 보여지며, 상부 구조의 구조 형식에 따라 ① 거더 교량, ② 트러스교, ③ 아치교, ④ 라멘교, ⑤ 적교(吊橋, 현수교), ⑥ 사장교 등으로 구분된다. 강제의 철도교는 라멘교를 제외하고 널리 채용되어 왔지만, 최근에는 소음 방지와 경제성 때문에 ①~④의 콘크리트 교량이 보급되고 있다.

(2) 구성 재료에 의한 분류

(가) 강철도교(steel bridge)

강(鋼)은 중량ㆍ강도의 점에서 대단히 우수하고, 가공성도 좋고 접합도 용이하며, 얇은 두께의 부재를 구성하기에 가장 적합하다. 접합은 예전에는 리벳으로 하였지만, 근래에는 용접 기술의 진보에 따라 공장 생산의 기본 구성은 대부분이 용접으로 되어 있다. 현장에서의 접합ㆍ조립은 용접이 시공 조건에 따라 접합 강도가 크게 변하기 때문에 안정성이 뛰어난 고장력 볼트를 이용한 마찰 접합이 보급되어 있다. 현장 용접의 경우는 우수한 용접공의 선정, 충분한 예열 관리, 잔류 응력이 최소로 되는 용접 순서 등, 특별한 배려와 신중함이 요구된다. 강철도교의 일반적인 장점으로는 다음과 같은 것이 열거된다. ① 구조상의 신뢰성이 높다, ② 가설이나 교체가 용이하고 짧은 시간에 행하기 때문에 교통량이 많은 도로의 가도교나 영업 선로에서의 시공에 적합하다, ③ 중량이 작고 하부 구조가 소규모로 되기 때문에 연약 지반 등에서 지진의 영향을 고려하는 경우에 유리하다, ④ 형하 공간이 엄하게 제한을 받는 경우에 레일 상면에서 거더의 하면까지의 치수를 작게 하는 구조가 가능하게 된다.

강철도교 제일의 결점은 부식하기 쉬운 점이다. 그 대책으로서 페인트로 도장하지만, 그 경비는 적지 않다. 따라서, 특히 내구성이 요구되는 교량에는 적합하지 않다. 재래의 철도교에는 오로지 강철도교가 채용되어 왔지만, 최근에는 콘크리트 교량의 진보와 소음의 방지를 위하여 RC · PC교가 주류로 되어 있다. 강철도교는 근래에 소음 문제가 적은 산야에서 사용하든지 도시 내에서는 가설의 조건이나 구조상의 제약이 엄한 경우에 소음 대책을 시행하여 이용한다.

(나) 콘크리트 교량(concrete bridge)

최근에는 RC · PC 구조가 보급되어 지간 25 m 이상에서는 대부분 PC 구조로 하고 있다. 콘크리트 교량은 내구성의 점에서는 강철도교보다 우수하지만 얇은 두께에는 한도가 있어 중량이 강철도교에 비하여 훨씬 무겁다고 하는 불리한 점도 있다. 콘크리트 교량의 구조 형식에는 다음과 같은 특징이 있다. ① 라멘식 고가교 : 라멘 구조의 철도 구조물로서는 RC 라멘 고가교가 많이 이용된다. 라멘 구조의 철도교량의 실시 예는 적지만, 장대 지간의 교량도 있다. ② 빔 교량 : 빔 교량에는 단순 빔과 연속 빔이 있으며, 일반적으로 지간이 길게 되면 연속 빔을 적용한다. 단면 형상의 분류로서는 슬래브 빔, T(I)형 빔, 박스 빔으로 대별된다. ③ 아치교, 사장교, 트러스교 : 아치교는 상재 하중을 아치 리브에 축력으로 작용시키기 때문에 콘크리트 부재를 합리적으로 활용할 수 있는 이점이 있다. 사장교는 여러 형식이 있어 설계 자유도가 큰 구조 형식이다. 트러스교는 강철도교에서 일반적인 구조 형식이지만 콘크리트 교량에서는 수가 적으나 현재(弦材)를 PC 부재로서 적용하고 있다.

(다) 합성교(compound bridge)

강형과 철근 콘크리트 슬래브가 일체로 되어 하중을 받도록 양자를 합성한 구조로서 강형은 주로 인장력을, 철근 콘크리트 슬래브는 압축 응력을 받는다. 강과 콘크리트의 특성을 살린 경제적인 형식이다. 적용 지간은 20~40 m로 되어 있다. 강과 콘크리트의 합성교에는 ① 합성형(강형의 상부 플랜지 상면에 듀벨을 이용하여 콘크리트 상판을 연결하여 보로서 일체로 작용하도록 한 구조) ② H형강 매립형(H형강을 콘크리트로 둘러싼 보로서 일체로 작용하도록 한 구조)의 2 종류로 대별된다. 이 중에서 ①은 도시 내 중(中) 지간의 교량에 대하여 소음 대책을 필요로 하는 경우에 사용 되는 일이 많으며, ②는 비교적 작은 지간에 대하여 특히 형 높이를 작게 한 경우, 가설 조건의 제약이 엄한 경우에 유리하다.

(3) 주행로의 위치에 의한 분류

교량에 대한 궤도의 위치에 따라 3 종류가 있다. 즉, 주형(主桁)의 상부에 레일 면이 위치하는 것을 상로(上路, 또는 deck), 주형의 하부에 레일 면이 있는 것을 하로(下路, 또는 through), 그 중간적인 것을 중로(中路, 또는 half-through)라 한다. 플레이트 거더에서는 설계 · 구조가 보다 간단한 상로 플레이트 거더가 다용되며, 중로나 하로는 교량 아래(桁下)에 공간을 확보하려는 경우에 이용되지만, 형고(桁高)가 높은 트러스교에서는 하부에 충분한 공간을 확보하기가 곤란하기 때문에 하로를 이용하는 경우가 많다(**그림 4.5.1**).

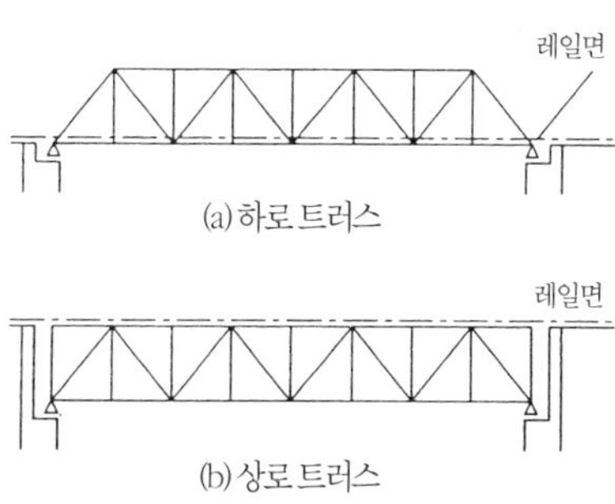

그림 4.5.1 하로 트러스와 상로 트러스

(4) 궤도 구조별에 의한 분류

궤도 구조(track structure)의 종류에 따라 ① 교량침목 궤도, ② 강철도교 직결 궤도, ③ 자갈도상 궤도(ballast bed track), ④ 슬래브 궤도(slab track) 또는 콘크리트 궤도의 교량 등으로 나뉜다.

(5) 교량 하부구조

교량 하부구조 중에서 교대(abutment)와 교각(pier)은 설계의 고려방법이 다르다. 교대는 일반적으로 상부구조의 하중 외에 교대 배면의 토압을 받기 때문에 말뚝토압 구조물로서의 위치를 갖고 있으며 배면에 작용하는 주동토압을 상정하여 설계한다. 이에 비하여 교각은 기본적으로 상부구조로부터의 연직하중을 지탱하고 지지지반의 성상(性狀)을 고려하여 설계하는 기초구조물로서의 위치를 갖고 있다. 교대의 형태는 중력식 교대, 역T형 교대, 공벽(控壁)식 교대, 라멘 식 교대(박스형, 문형), U형 교대 등의 종류가 있으며, 교량형식이나 지반조건 등을 고려하여 결정한다. 또한, 교대와 교대 배면토의 접속부분은 부등침하가 생기기 쉬우므로 지진 시 등의 약점으로 되기 때문에 필요에 따라서 입도조정 쇄석이나 빈배합 콘크리트 등을 이용한 어프로치 블록을 두기도 하고 지오텍스타일 등의 인장 보강재를 부설한다.

4.5.2 철도교의 시공

(1) 강철도교(steel bridge)의 가설

강철도교의 가설은 가설 조건의 면에서 신선 건설, 선로 증설(track addition) 공사 등과 같이 영업선의 열차 운전(train operation)에 직접 관계없이 가설이 가능한 경우(別線 가설)와 거더 교환, 개량 공사, 입체 교차(fly over) 등과 같이 활선(活線, live line) 중에 철거 및 거더 가설을 하는 경우(활선 가설)로 대별된다. 가설 공법의 선정에는 가설 현지 조건, 교형(橋桁)의 형식, 공기, 안전성, 경제성 등을 종합적으로 판단할 필요가 있다. 특히, 활선 교체 가설 공사, 도로와의 입체 교차 공사 등에서는 작업 시간대에 제약이 있어 안전성, 확실성이 우선된다.

(2) RC교(reinforced concrete bridge)의 가설

거더 교량(桁橋)이 대부분이며, 교각 또는 교대에 지보공(supports)을 세우고 지보공으로 지지된 거푸집 안에 철근을 조립하여 콘크리트를 타설하고 콘크리트가 굳은 후에 거푸집과 지보공을 떼어 완성한다.

(3) PC교(prestressed concrete bridge)의 가설

콘크리트교의 가설 공법은 현장 타설 공법과 프리캐스트 공법으로 대별할 수 있다. 일반적으로 RC 거더(桁)는 현장 타설 공법으로 시공하는 경우가 많지만, PC 거더는 거더의 구조, 현장 조건 및 경제성을 고려하여 시공한다. 지간 20 m 정도의 주형(主桁)은 전문의 콘크리트 공장에서 제작하여 트레일러로 가설 지점으로 운반하며, 그 이상의 길이는 가설 현장 부근에 작업장을 설치하여 제작하는 것이 보통이다. 현장 타설 공법은 지반 조건이나 교각의 높이 등을 고려하여 공법을 고려한다. 프리캐스트 공법에는 프리캐스트 거더(桁) 공법과 프리캐스트 블록 공법이 있다. 전자에는 에렉션 거더식 가설, 크레인 가설, 문형 크레인 가설, 횡 이동 가설, 종 이동 가설 등이 있다. 그 외의 주요한 가설 공법으로 장출 가설공법, 압출 가설공법, 이동 지보식 가설공법 등이 있으며, 가설

지점의 조건, 시공성 등을 비교 검토하여 채용한다. 현재 많이 채용하고 있는 PC 박스 거더(box girder)의 특수 공법은 다음과 같다(제9.2.4(3)항 참조).

1) 연속 압출 공법(incremental launching method, I.L.M.) : 이 공법은 지형(강, 바다, 깊은 계곡)과 장애물(철도 등)에 구애받지 않는 공법으로 양질의 패드가 개발되어 추진력의 문제를 해결하고 또한 프리스트레스 기법의 개발로 압출 공법의 시공이 용이하게 되어 PC 상형교의 가설에 널리 이용된다.

2) 연속 캔틸레버 공법(free cantilever method, F.C.M.) : 이 공법은 시공 시 일반적으로 교량 하부에서 지지하도록 되어 있는 동바리를 사용하지 않고 그 대신에 이동식 작업차(form traveler) 혹은 이동 가설용 트러스(moving traveler)를 이용하여 기시공되어 있는 교각으로부터 좌우로 평형을 맞추면서 3~5 m 길이의 분할된 세그먼트(segments)를 순차적으로 시공하는 공법이다.

3) 프리캐스트 세그먼트 공법(precast segment method, P.S.M.) : 이 공법은 캔틸레버 공법의 일종으로서 일정한 길이로 분할된 세그먼트를 공장에서 제작하여 가설 현장에서는 크레인 등의 가설 장비를 이용하여 상부 구조를 완성하는 공법이다.

4) 이동식 거푸집 공법(movable scaffolding system, M.S.S.) : 이 공법은 교량의 상부구조 시공 시 거푸집이 부착된 특수 이동식 비계를 이용하여 한 경간씩 시공하여 가는 공법이다. 이 공법의 특징과 경제성을 발휘시키기 위해서는 높은 교각, 다경간의 교량 시공에 적용하는 것이 바람직하다.

4.5.3 철도교의 유지 관리

(1) 콘크리트 교량의 유지 관리

보수 요인으로서 가장 많은 것은 콘크리트의 균열, 박락(剝落)에 기인한 것이다. 또한, 풍화 등 경년으로 인한 열화를 합하면, 전체의 거의 반수가 콘크리트의 열화, 철근 부식에 대한 보수라고 추정할 수 있다. 콘크리트의 균열, 강재의 부식과 원인의 상관도를 **그림 4.5.2**에 나타낸다. 다음으로 보수가 많은 것은 받침이며 여기에는 상제 받침에서 기동 받침의 부식 등으로 인한 거더 이동의 구속이나 여기에 따른 받침 부근의 콘크리트 균열에 대한 보수가 많다. 최근에 철도교의 받침 구조는 고무 슈 및 스톱퍼를 이용하는 일이 많으며, 보수가 앞으로 적어지게 될 것이라고 생각된다. 콘크리트 교량의 침하와 처짐에 대한 보수 예도 있으며, 이는 교각의 침하와 PC 빔등의 크리프 변형이 주된 원인이다. PC빔의 크리프 변형에 대하여는 PPC빔의 설계가 표준으로 되어가고 있으며, 장래적으로 크리프 변형으로 인한 변상도 적게 되는 것이 기대된다.

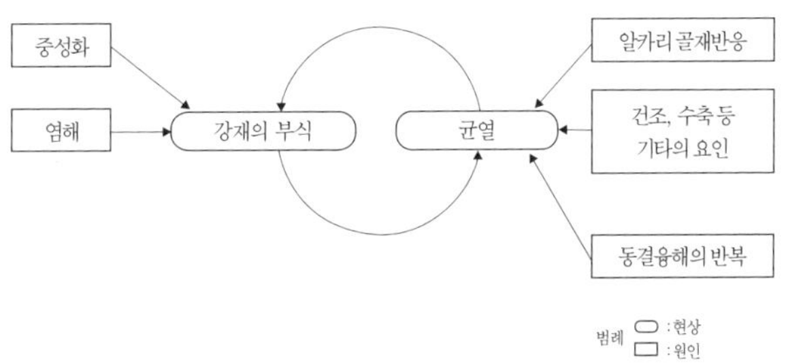

그림 4.5.2 변상의 현상·원인 상관도

철도교의 검사는 일반적으로 전반 검사(general inspection)와 개별검사로 나누어 시행한다. 전반 검사는 조기에 변상 또는 결함을 발견하고 기지 변상의 진행성을 파악하는 것을 목적으로 하는 목측(eye-estimating)을 주체로 한 검사이다. 개별검사는 전반 검사에서 구조물의 기능에 관련된 변상 또는 결함이 발견된 경우에 시행하는 검사이며, 변상의 원인이나 기능의 정도를 파악하여 정밀도가 높게 건전도를 판정하고, 처치의 방법, 시기 등을 판단하는 것을 목적으로 하고 있다. 보수 공법에는 ① 표면 처리 공법, ② 충전 공법, ③ 주입 공법, ④ 뿜어 붙이기 공법 등이 있으며, 보강 공법에는 ① 콘크리트 덧붙이기 공법, ② 프리스트레스 도입 공법, ③ FRP 공법, ④ 강판 부착 공법, ⑤ 철근 모르터 뿜어 붙이기 공법 등이 있다.

(2) 강철도교의 유지 관리

구조물(structure)의 검사는 상기의 (1)항에서도 언급하였지만, 전반 검사와 개별검사로 대별된다. 전반 검사(general inspection)는 전 구조물에 대하여 일정한 주기로 시행하는 정기 검사(regular inspection)와 재해(disaster) 시 등에 시행하는 부정기 검사가 있다. 전반 검사는 변상 또는 결함을 조기에 발견하는 것, 혹은 기존 변상의 진행을 파악하는 것이 목적이며, 주로 도보 순회(foot patrol)의 목측 검사이다.

개별검사는 전반검사에서 변상이 발견된 구조물에 대하여 시행하는 검사이기 때문에 각 구조물에 따라 정밀한 검사를 하는 것이 중요하다.

4.6 기초 구조물, 흙 구조물 및 횡단 구조물

4.6.1 기초 구조물

아래에 설명하는 각 기초 형식의 특징을 고려하여 하중 조건, 지반 조건, 환경 조건 등에 따라 최적의 기초 형식을 선정한다.

1) 직접 기초 : 직접 기초란 지반(ground)을 비교적 얕게 굴착하고 후팅(footing), 또는 기초 판을 설치하여 하중을 양호한 지반으로 직접 전하는 형식의 얕은 기초를 말한다. 직접 기초가 교량 기초로서 이용되는 것은 홍적세 이전의 지층이 표층에 가깝게 나타나는 경우가 많다. 직접 기초의 경우에 땅속에 묻히는 깊이는 일반적으로 5 m 내이다. 직접 기초는 작용하는 하중의 경감에 대한 적응성이 좋고 대소의 어느 경우에도 적용할 수 있다. 일반적으로 구조물의 규모가 큰 경우나 육상의 구조물에 대하여 지하수가 낮은 경우에는 지지층이 다소 깊어도 직접 기초가 다른 기초 형식에 비하여 유리하다.

2) 다짐 말뚝 : 다짐 말뚝은 기성의 말뚝인 점에서 재료의 품질도 좋고, 지지력(bearing capacity)을 확인하기 쉬운 점 등의 특징을 가지지만, 시공 시의 소음·진동으로 시가지 등에서는 환경상 문제가 있다. 최근에는 유압 해머를 이용한 박기 등으로 시공 시의 소음 경감을 도모하는 방법도 개발되고 있다. 일반적으로 이용되는 지지 층의 깊이는 RC 말뚝에 대하여 20 m, PC 말뚝에 대하여 30 m, 강관 말뚝에 대하여 50 m 정도 이하이다. 강 말뚝(steel pile)은 RC 말뚝, PC 말뚝 등보다 중간층이 단단한 경우에도 박아 넣기가 가능하며

입경이 상당히 큰 조약돌에 대하여도 대응이 가능하다.

3) 중심부 굴착 말뚝 : 중심부 굴착 말뚝은, 다짐 말뚝에 비하여 저소음, 저진동이라고 하는 이점이 있지만, 선단은 지반 응력을 해방하고 주위의 면은 시공 시에 프릭션 커트(friction cut)하는 것에서 선단, 주위의 면 모두 지지력을 크게 기대할 수 없는 점, 시공 관리 상황에 따라 지지력이 크게 좌우되는 점 등의 문제가 있다.

4) 현장 타설 말뚝(cast-in-place pile) : 통상 이용되고 있는 현장 타설 말뚝의 종류에는 리버스(reverse circulation) 말뚝, 올 케이싱(all casing, Benoto) 말뚝이 있다{어스 드릴(earth drilling) 말뚝은 철도에서는 일반적으로 사용되지 않는다. 또한 BH 말뚝은 말뚝 머리 제한이 있는 경우에 이용되지만 가설 구조물(temporary structure)에 적용되며 본 구조물에는 이용되지 않는다}.

5) 깊은 기초 말뚝 : 인력 또는 전용 기기로 굴착을 하며, 파형 강판과 링 틀의 조합이나 라이너 플레이트 등으로 굴착구멍 벽을 보호한다.

6) 케이슨(잠함) : 케이슨(제4.4.2항 참조)에는 오픈 케이슨(open caisson), 뉴매틱 케이슨(pneumatic caisson) 공법이 있다.

7) 강관 널말뚝 우물통 기초 : 이 기초는 가물막이를 겸용할 때 ① 큰 수심의 연약한 지반에서도 시공이 가능하다, ② 공사의 점유 면적이 적게 된다, ③ 근접 구조물에 주는 영향이 적다는 특징을 가지며, 하천을 지나는 교량 기초로 수심이 깊은 경우나 근접 구조물이 있을 때 유리하게 되는 경우가 있다.

8) 연속 벽 강체 기초 : 이 기초는 케이슨 공법에 비교하여서 ① 시공 심도를 크게 취한다, ② 근접 시공에 적합하다, ③ 좁은 공간에서도 시공이 가능하다, ④ 주면의 지지력을 크게 기대할 수 있다는 특징이 있으며, 시가지 등에서 유리하게 된다.

9) SDM 공법 : SDM(Separated Dough-nut Method) 공법은 경부고속철도에서 이용한 기초 말뚝 공법 중 매입 말뚝 공법의 일종이다[245]. 상호 역회전하는 내부 오거 스크류(auger screw)와 말뚝 직경보다 50 mm 정도 큰 외부 케이싱 스크류(casing screw)에 의한 2중 굴진식으로 굴착한 후에 굴착된 토사를 오거(auger)와 압축공기로 배토하고, 말뚝 선단 주변에 시멘트 밀크(cement milk) 또는 시멘트 모르터(cement mortar)를 주입 충진함으로써 완료 된다.

4.6.2 흙 구조물(땅 깎기, 흙 쌓기)

흙 구조물은 흙이나 암석을 주재료로 하여 건설되는 구조물의 총칭이며, 기본적으로는 흙을 깎아서 철도를 통과시키는 땅 깎기와 흙을 쌓아서 그 위로 철도가 통과하는 흙 쌓기, 흙 쌓기나 땅 깎기를 하지 않고 원지반이 직접 노상(路床)으로 되는 경우로 대별된다. 흙 구조물은 천연재료를 그대로 이용하기 때문에 흙 쌓기의 침하나 비탈면 붕괴 등의 재해를 받기 쉬운 결점이 있지만 재해복구나 개축이 용이하며, 공사비도 저렴하다.

(1) 흙 쌓기

흙 쌓기 중에서 시공기면에서 깊이 1.5 m까지의 부분을 상부 흙 쌓기라고 하며 그 아래의 부분을 하부 흙 쌓기라고 한다. 상부 흙 쌓기는 노상(路床)이라고도 부르며 열차하중이 흙의 자중으로 인한 응력의 10 % 이상으로 되기 때문에 특히 흙 쌓기 재료의 선택이나 다짐 정도에 유의하여야 한다. 이에 비하여 열차하중의 영향이 적은 하부 흙 쌓기는 일부의 취약한 재료를 제외하고 발생 흙 등을 최대한 활용한다. 더욱이, 시공기면에서 원(原)지반까지의 높이가 3 m 이하인 흙 쌓기를 낮은(低) 흙 쌓기라고 한다. 흙 쌓기의 비탈면 기울기(연직 높이를 1로 한 경우의 수평거리의 비로 나타낸다)는 강우 등의 재해에 대하여 흙 쌓기 본체가 안정성을 유지하도록 시공기면으로부터의 비탈면 높이에 따라 정한다. 또한, 흙 쌓기 비탈면의 붕괴를 방지하도록 필요에 따라서 비탈면 배수공, 배수 블랭킷(blanket), 비탈면 하단 배수공 등의 배수설비를 설치하는 외에 표면의 침식방지와 강도증가를 위하여 식생공, 돌붙여깔기공, 블록 붙임공, 돌붙임공, 격자틀공 등을 시공할 필요가 있다.

(2) 땅깎기

땅깎기에서 재료를 선택할 수가 있는 흙 쌓기와 달리 자연지반의 상태로 시공하게 되므로 지형 · 지질조건이나 기상조건, 지하수나 지표수의 상황, 부근에서의 땅깎기 사면의 재해 상황 등을 감안하여 경험적으로 결정된다. 특히, 사태 지역 등의 땅깎기에서는 방지공을 포함한 검토가 필요하다.

(3) 보강토 공법

보강토 공법은 흙 쌓기나 본바탕 흙의 안정을 향상시키기 위하여 강판, 포목, 플라스틱 등 세장비가 크고 휨 강성이 작은, 흙 이외의 재료를 이용하는 공법이며, 주로 지형이나 용지 등의 제약조건으로 흙 쌓기의 비탈면을 수직 또는 이에 가까운 각도로 마무리하는 경우에 적용된다. 이러한 구조로서는 지금까지 옹벽이 이용되어 왔지만 보강토 공법을 이용함에 따라서 협소한 장소에서도 대형기계를 이용하지 않고 시공할 수 있으며 또한 변형에 대한 추종성에도 우수한 점 때문에 침하가 염려되는 연약 지반에서도 효과를 발휘한다. 보강토 공법에는 강판보강재 토류벽과 보강성토가 있다.

(4) 토압저항 구조물

토압에 저항하여 구조 시스템을 유지하고 있는 구조물을 토압저항 구조물이라고 총칭하며, 토류 벽, 토류옹벽 외에 교대박스 컬버트(culvert) 등의 종류가 있다.

(5) 사면 대책

사면의 종류에는 땅 깎기 사면, 흙 쌓기 사면, 자연 사면이 있고 사면의 변상에는 사태, 강우 · 지진 등으로 인한 붕괴가 있다. 이 때문에 건설에서는 흙 쌓기 · 땅 깎기의 사면에 대하여 미리 악영향을 미치는 인자를 배제할 수가 있지만, 이미 건설된 사면 또는 자연 사면에 대하여는 그 사면의 위치, 구배, 구성 토질(nature of soil) 등 여러 가지 인자를 고려하여야 하며 대책의 결정적인 수가 없는 것이 현상이다. 일반적인 사면의 대책으로서는 사태 대책, 강우 등에 대한 비탈면의 방호 대책, 낙석 대책, 비탈면공, 식생공, 낙석 방호공 등이 있다.

4.6.3 선로 하 횡단 구조물

(1) 구조 형식

선로 하 횡단 구조물은 ① 거더식 구조, ② 문형 라멘, ③ 박스형 라멘, ④ 아치, ⑤ 링(원형 단면) 등의 구조 형

표 **4.6.1** 궤도와 플랫폼의 계측항목 예

계측항목	계측목적	계측방법
궤도틀림 (고저, 방향, 수평)	궤도틀림의 순간적인 발생 시기를 포착하여 시공계속 가부의 판단정보로 한다. 30 m 현 계산에 의한 비교적 절대변위에 가까운 변위를 계측하여 공사가 궤도에 미치는 영향정도를 관측한다.	디지털카메라를 이용한 자동계측
노반면의 변위	노반면의 함몰이 생긴 경우에 이를 검지하고 노반의 침하·융기 상황을 포착한다.	
플랫폼의 연직과 수평 변위	플랫폼의 연직·수평변위의 순간적인 발생 시기를 포착하여 시공계속의 가부와 플랫폼 한계 등을 확인하는 판단정보로 한다.	레이저 변위계를 이용한 자동계측
습도 측정	각 측점에서 외기습도의 변화를 포착하여 다른 계측항목의 거동과 비교한다.	열전대를 이용한 자동계측

식이 이용된다. 그 선정에 있어서는 횡단 구조물의 선형(alignment), 지반 조건, 사용 목적, 궤도 구조 등을 고려할 필요가 있다.

(2) 시공법

선로 하 횡단 구조물의 시공에 통상 이용되고 있는 공법은 여러 가지가 있으며, 비교적 큰 단면의 구조물에 적용되는 시공법은 ① 공사 빔 공법, ② 가선(假線) 공법, ③ 파선(破線) 공법, ④ 견인 공법, ⑤ BR(box roof) 공법, ⑥ ESA(endless self advancing) 공법, ⑦ SC(sliding culvert) 공법, ⑧ 파이프 루프(pipe roof) 공법, ⑨ 파이프 빔 (pipe beam) 공법, ⑩ URT(under railway tunneling) 공법, ⑪ PCR(prestressed concrete roof) 공법 등이다.

(3) 프런트 잭킹 공법

철도나 도로를 지하로 횡단하여 지하도, 수로 등 지하 구조물을 축조할 경우, 기존의 개착공법으로 지상교통에 영향을 주면서 지하구조물을 시공하던 공법에서 벗어나, 특별한 반력벽이 없이 전단면 프리캐스트 콘크리트 (Precast Concrete) 구조물을 지중의 소정 위치에 PC 트랜드로 견인하여 인출시키는 공법이다[245].

(4) 선로횡단과 선로근접 공사 시의 계측

궤도감시에는 시공구간의 외방 점을 기점으로 한 긴 사장(絲張)(레일두부 상면·측면)과 궤도게이지, 육안검사 등이 있다. 궤도정비기준은 궤도정비목표치(고저·방향·수평)와 열차동요(예, 0.2 g 이상)를 적용한다.

선로횡단구조물을 시공하는 경우에는 열차주행의 안전성에서 정해지는 궤도의 정적관리와 기설구조물의 허용변위 량에서 정해지는 구조물의 정적관리를 한다. 역 구내를 횡단하는 경우는 **표 4.6.1**에 나타낸 계측관리를 한다. 궤도틀림의 관리치는 A를 사전의 궤도틀림 량, B를 정비기준치라고 하면, ① 경계치는 $\delta_1 = A+(B-A)\times 0.4$, ② 공사 중지치는 $\delta_2 = A+(B-A)\times 0.7$, ③ 한계치는 $\delta_1 = A+(B-A)\times 1.0$로 산출한다. 예로서, A는 마무리 기준치의 최대치(고저, 방향, 수평 ± 7 mm)를 적용하고, B는 정비기준치(± 4 mm)를 적용한다. 다음에, 궤도변위 관리치를 디지털카메라로 계측한 값인 구조물 변위량으로 환산하여 계측 관리치로 한다.

4.7 연약 지반 및 근접 시공

4.7.1 연약 지반

연약 지반(soft bed)이란 지반(ground)이 연약하기 때문에 설계·시공과정에서 여러 가지의 문제가 생기는 지반이다. 그러나, 설계·시공상의 문제는 지반에만 기인하는 것이 아니고 구조물의 하중, 허용 변위량의 대소, 시공법, 시공 규모 등도 관계된다. 따라서, 지반 상태만으로 연약 지반인가의 여부를 정하는 것은 문제가 있지만, 일반적인 경우에 N값이 2 이하인 점성토 층이나, N값이 4 정도인 점성토 층이라도 층의 두께가 두꺼운 경우(10 m 정도 이상) 등은 연약 층으로서 고려할 필요가 있다. 또한, 사질토에 있어서도 N값이 10 미만인 경우에는 액상화의 우려가 있어 이 경우도 연약 층으로 다룬다. 이와 같은 연약 지반에서 구조물을 계획·설계하는 경우의 유의점으로서 ① 옆쪽 이동, ② 네거티브 프릭션(negative friction), ③ 액상화(液狀化, liquefaction), ④ 지진(earthquake) 시의 지반 변위, 등의 문제가 열거된다.

이상의 연약 지반에 기인하는 문제점의 대책으로서는 ① 가능한 한 연약 지반을 피한다, ② 연약 지반에 기인하는 문제점을 제거한다, ③ 연약 지반에 대응할 수 있는 구조물로 설계한다는 것이 기본이지만, 이하의 각 항에 각각의 문제점과 대책에 대하여 개략 설명한다. 즉, 연약 지반 대책은 ① 하중 제어(구조물의 접지압 경감), ② 지반 개량(soil stabilization)(흙의 강화, 물의 차단), ③ 지중 구조물의 조성(상재 하중을 직접 지지하는 골격의 형식) 등의 3 가지로 대별된다.

4.7.2 근접 시공

근접 공사에서 기존 구조물(structure)에 주는 영향 중에서 특히 문제로 되어 대책이 필요한 것은 기초의 시공에 따른 지반 변위로 인한 것이다. 기존 구조물에 근접하여 기초를 시공하는 경우에 영향을 주는 정도를 기존 구조물과 기초의 관계 위치, 기타에 따라 ① 무조건 범위(이 범위에서 신설 구조물을 시공하는 경우는 설계·시공에서 특별한 배려가 필요 없다), ② 요주의 범위(설계에서 특별한 배려는 필요하지 않지만, 시공 시에는 기존 구

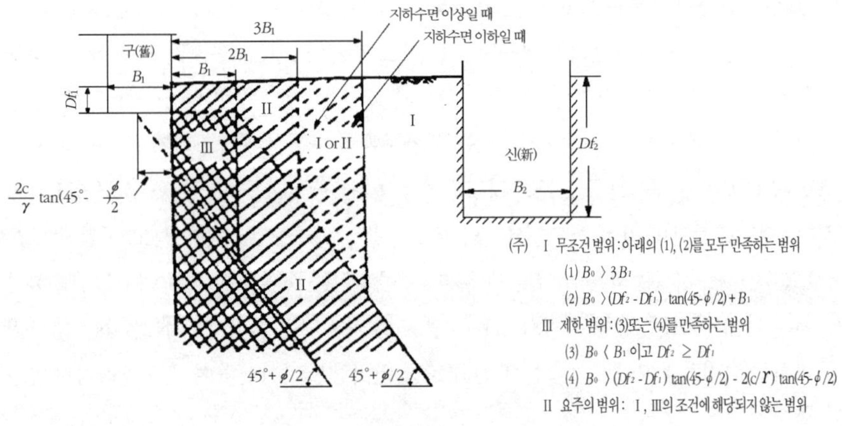

그림 4.7.1 직접 기초(또는 굴착)의 영향 구분 범위

조물의 변상 관측 등의 주의를 요하고, 변상이 인지되는 경우에는 대책을 고려한다), ③ 제한 범위(대책 필요 범위)(설계 · 시공 모두 특별한 고려를 요하며, 무엇인가의 대책을 당초부터 계획한다)등 3종으로 구분한다.

예로서 직접 기초(또는 굴착)의 영향 구분 범위를 **그림 4.7.1**에 나타낸다. 근접 시공 시의 계측은 제4.6.3(4)항을 참조하라.

상기의 제한 범위 내에서 신설 구조물을 계획 · 시공하는 경우에는 ① 기존 구조물의 보강, ② 지반(ground)의 강화 · 개량, ③ 시공에 대한 방호공의 설치 또는 시공의 제한, ④ 제한 범위 외의 기초 형식으로의 변경 등과 같은 대책을 실시할 필요가 있다.

제5장 전기 및 신호보안 설비

5.1 전기운전의 전반

5.1.1 전기운전 현황

철도운전의 동력에 전기를 채용하려는 시도는 오래되었으나, 철도운전에 알맞은 전기 방식이나 구동 전동기의 개발연구에 시일을 요하여 실용화에 성공한 것은 그로부터 약 40년 후로서 1879년 독일 베를린 시에서 개최된 만국 산업박람회에서 소형 전기기관차(W. V. Siemens가 試作, 2축, 중량 1t, 출력 2.2 kW)가 사람을 태운 차량 3량을 견인하여 전장 300 m의 선로(직류 125 V, 제3레일식)를 주행한 것이 최초이었다. 계속하여, 본격적인 영업운전으로서 1881년에 베를린 시에서 철도마차에 대신하는 노면전차(tram car)가 채용되었다. 최초의 증기운전 철도로부터 약 50년 후이었으며 여러 나라의 도시에 급속하게 노면전차가 보급되었고 터널구간의 본선 등에도 전기운전(electric traction)이 채용되기 시작하였다.

한국철도의 궤도연장은 06년 말 현재 3,392 km이며, 이 중에서 전철 연장은 1818.4 km로서 전철화율은 53.5 %이다. 전차선로 가선거리(연장)는 5,354.1 km이다.

5.1.2 전기운전의 특질과 기대효과

(1) 에너지 이용효율

전기운전(electric traction)은 동력 효율이 높은 발전소를 진원으로 하여 운선하기 때문에 디젤운전 등에 비하여 종합 효율이 뛰어나다. 그 효율은 발전소로부터의 모든 효율을 적산하여도 다음과 같이 산정된다[31].

전기운전 효율 = 화력발전소 효율 × 송전효율 × 변전효율 × 급전효율 × 전기차 효율

$$= 0.42 \times 0.96 \times 0.96 \times 0.96 \times 0.82$$

$$= 0.30$$

이에 비하여 디젤운전은 기관 등을 개선하여도 주행의 동력 효율은 20 %대이며, 전기운전의 에너지 효율이 우수하다(제6.1.1(2)항, **표 6.1.2** 참조). 또한, 전기차량(electric rolling stock)은 동력의 전환장치만을 탑재함에 비하여 디젤차량(diesel rolling stock)은 동력의 발생장치나 에너지원인 기름도 탑재하여야 하기 때문에 중량이 증가하여 전기차량의 성능적인 우위가 현저하다. 그 때문에 양자의 출력당 차량 중량의 차이가 대단히 커서 대출력을 필요로 하는 고속열차 등은 전기운전이 원칙으로 되어 있다. 철도에서 디젤과 전철간의 에너지 소비율 차이는 약 25 % 정도로 전철이 유리하여 에너지 절약 효과를 얻을 수 있다[239]. 철도의 에너지절약 기술은 제1.3.3(6)항을 참조하라.

(2) 전기운전의 기대효과

1) 수송능력 증대 : 철도의 수송능력은 열차당의 편성량 수와 운전속도 등으로 정해지며, 일반적으로 견인력이 크고 가감속 특성이 좋으며 점착성능이 좋은 전철은 고빈도, 고속운전이 요구되는 구간과 경사구간에서 높은 평균속도를 얻을 수 있고 운행시간을 단축할 수 있으므로 수송능력을 디젤보다 10~40 % 이상 증가시킬 수 있다[239].

2) 수송원가 및 유지보수비 절감 : 전기기관차는 디젤기관차에 비해 내연기관 등의 설비가 적어 유지보수 비용이 40 % 정도 감소되고 차량의 내구연한도 2배만큼 길며 차량중량도 줄게 되어 궤도 보수비용 절감과 운용효율 증대로 수송원가를 낮출 수 있어 철도경영의 개선과 경쟁력의 확보에 기여할 수 있다.

3) 친환경적인 설비 구축으로 선로변 공해감소 : 전철은 무엇보다도 매연이 없고 소음이 적어서 공해문제가 심각한 현 시점에서 볼 때에 가장 큰 장점이며, 짧은 시간 간격의 고빈도 운전으로 대량 고속수송이 가능한 높은 품질의 교통 서비스를 제공해 준다. 이와 같은 많은 장점을 가진 전기철도는 세계적으로도 21세기에 걸맞는 고속화 경쟁에 열을 올리고 있다.

5.2 급전 · 변전 설비 및 전차선로

5.2.1 급전계통(feeding system) 설비

(1) 개요

전기 차(전기기관차, 전차 등)에 공급하는 운전용 전력은 변전소에서 수전하여 전차선로에 급전되며, 전기철도에서 개략적인 전력공급의 흐름은 **그림 5.2.1**과 같다. 즉, 열차를 전기로 운전하기 위해서는 일반 전력계통의 전력을 전기운전에 적합한 형으로 변성하는 변전소(transforming station)와 전력을 변전소로부터 전기차량으로 공급하는 전차선로(trolly lines)가 필요하다. 이들의 지상 설비를 전기운전 설비(electric traction equipment)라고 부르며, 변전소에서 전차선로를 거쳐 전기차량에 급전하는 회로를 급전(궤전, 饋電)계통이라 부른다.

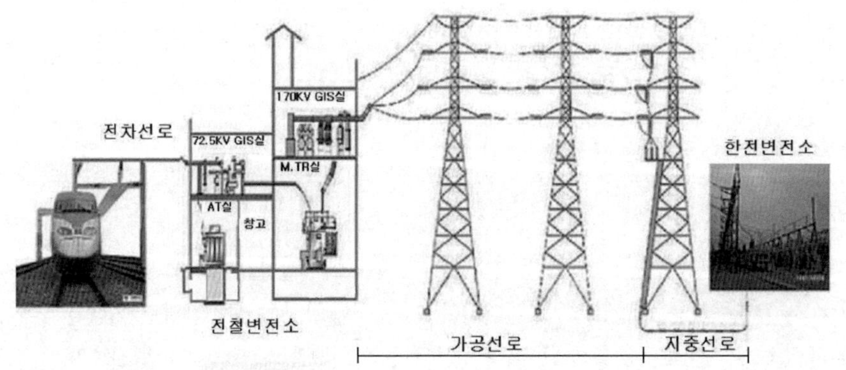

GIS : Gas Insulated Switchgear(가스절연개폐장치), M.TR : Main Transformer(주변압기), AT : Auto-Transformer(단권변압기)

그림 5.2.1 전기철도의 전력공급 개략도(AT 급전의 예)

표 5.2.1 직류식과 교류식의 비교

구분	장점	단점
직류식	전기의 설비가 간이하다(직류전기를 그대로 이용한다).	팬터그래프가 크고, 고속운전에 적합하지 않다.
	전압이 낮으므로 전차선로 등의 절연이 용이하다.	변전소 간격이 짧아 건설비가 높다.
교류식	전압이 높고 전류가 적으므로 가벼운 팬터그래프로 고속운전의 추종성이 좋다.	전압이 높으므로 절연간격이 크게 되어 터널 등의 단면이 크게 된다.
	변전소 간격을 길게 할 수 있어 건설비가 싸다.	통신 유도장해가 크다.

급전된 전기는 급전선으로 흘러 전차선(트롤리선)으로 전기를 공급한다. 차량의 팬터그래프로 전차선에서 집전하여 차량 내로 전기를 흐르게 한다. 이에 따라 전기 차가 파워를 발휘할 수 있다. 급전회로로서 회로를 구성하기 위하여 전기차로부터의 전기는 레일을 통해 흘러 변전소로 귀(歸)전류로서 되돌린다. 직류급전 방식에서는 각 급전회로마다 고속도 차단기 등의 보호 장치를 설치하고 있다. 교류급전 방식에서는 변압기를 이용하며, 1차 측은 전차선에 접속하고, 2차 측은 부(負)급전선에 접속한다.

전기방식은 대별하여 직류방식과 교류방식이 있으며, **표 5.2.1**에 이들 방식의 비교를 요약하여 나타낸다. (상세는《철도공학》참조) 전철화 방식의 선택은 이상의 장점과 단점을 고려하여 ① 수송조건(수송량, 동력차의 종류), ② 인접하여 이미 전철화된 구간의 전기방식, ③ 경제비교(터널 등의 개수, 투자 효과 등), ④ 사고전류와 보호, ⑤ 통신 유도장해의 정도 등에 의거한다.

전기운전 설비는 이동하면서도 전기차량의 변동이 많은 부하에 대응하여 원활한 급전을 할 수 있고 높은 신뢰성과 및 신설과 보전 비용의 경감 등과 같은 조건이 요구된다. 또한, 일반적으로 레일을 귀선로(return feeder)로 하기 때문에 다른 지중 매설물에의 전식(電蝕, electrolytic corrosion) 방지와 통신선에 대한 유도장해 방지도 고려된다.

(2) 직류 급전 계통의 구성

우리나라의 지하철에서는 직류 1,500V를 이용한다. 직류 회로에서의 변전소는 전식 대책의 이유로 전차선(trolley wire) 측을 정(正), 레일 측을 부(負)로 하여 급전하고 있다. 전류가 크기 때문에 전차선과 병행하여 급전선(feeder line)을 설치하며, 급전선은 변전소의 상호간을 병렬로 연결하여 부하로 인한 전압 강하의 경감을 도모하는 것이 통례(병렬급전방식)이다(**그림 5.2.2** 참조). 변전소의 중간에 차단기 등의 개폐장치를 설치한 급

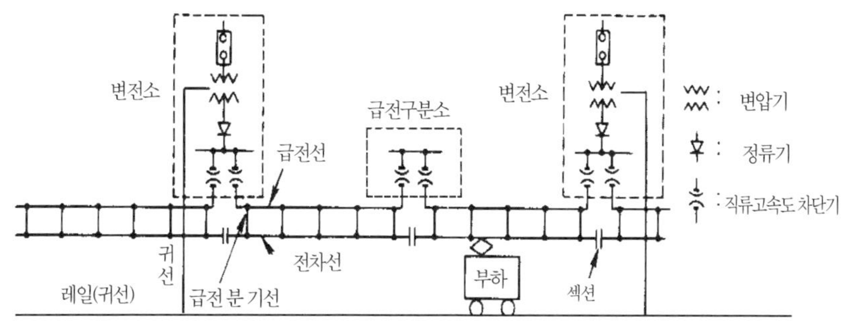

그림 5.2.2 직류 급전 계통의 구성(단선)

전 구분소를 두어 사고나 보전 작업시의 급전 구분(區分)을 한다.

(3) 교류 급전 계통의 구성

(가) 개요

AT 급전의 경우에 한전변전소에서 아주 높은 전압(154 kV)의 전기를 받은 철도변전소는 스코트변압기로 전압을 50 kV로 낮추고(BT급전의 경우는 한전 66 kV에서 철도 25 kV로) 병렬급전소의 AT 변압기를 이용해 전차선에는 25 kV로 보낸다. 전차선의 전기를 팬터그래프로 받아들인 차량은 변압기를 통해 기계가 사용하기 좋은 1,800 V(견인용), 1,100 V(보조전력용)의 2개의 교류로 바꾸어 전동기에 공급하여 전동기가 회전하는 에너지원으로 사용하게 한다.

교류 방식은 전압이 높기 때문에 변전소의 간격은 예를 들어 30~50 km로서 직류 방식의 5~10 km의 수 배로 되며, 또한 부하 전류가 직류 방식에 비하여 1/10 이하로 작다. 그러나, 인접 변전소의 급전 전압과 같은 경우에도 교류의 전압 위상이 다른 때는 병렬 운전을 할 수 없기 때문에 중간 지점에 급전 구분소를 두어 변전소에서 급전 구분소까지 구간의 단독 급전으로 하고 있다. 또한, 변전소간에서도 본선과 측선처럼 구분하고 차단기를 설치하여 보수공사 등으로 급전을 정지하는 경우에도 다른 곳에 영향을 미치지 않도록 하고 있다.

일반의 3상(three phase) 전원에서 운전용의 단상(single phase) 부하를 취함에 따라 발생되는 상(相)간의 불균형을 경감하기 위하여 변전소의 급전용 변압기(transformer)를 스코트(scott) 결선*)으로 하여, 위상이 90도 다른 M상 및 T상을 **그림 5.2.3**과 같이 방향별 또는 상하별로 급전한다.

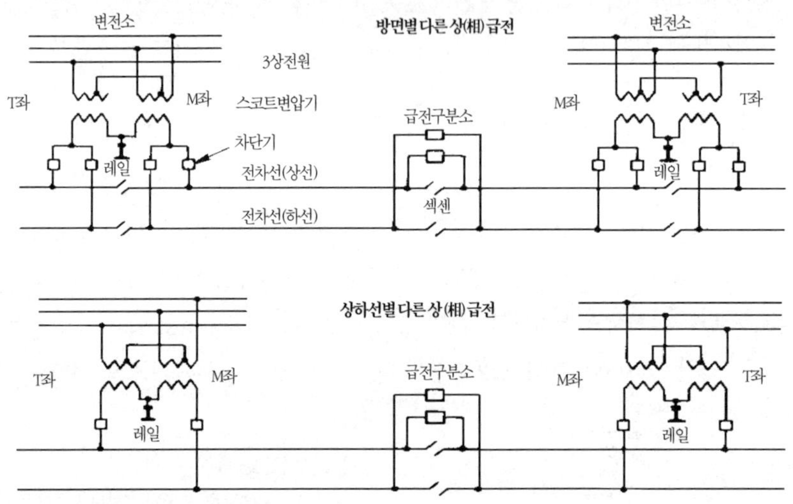

그림 5.2.3 교류 급전 계통의 구성(복선)

단상교류 급전에서는 교류 전류로 인하여 통신선에 전자 유도를 발생시키기 때문에 이것을 경감하기 위하여 BT(Booster Transformer) 급전 또는 AT(Auto Transformer) 급전방식을 채용하고 있다. 즉, 급전한 전류가 레일

---

*) 3상 전원에서 2상 부하 전원을 취할 때에 변압기 2 개를 사용하여 3상 전원에 대해 불평형 부하가 되지 않도록 하는 결선방법

로 흐를 때에 문제로 되는 유도전류가 대지로 흐르는 것을 억제하기 위하여 수 km마다 특수변압기를 설치하여 레일에 흐르는 전류를 강제적으로 흡상하여 흐르는 회로를 형성하고 있다. BT와 AT 급전방식 외에 레일과 병렬로 별도의 귀선을 설치하는 직접급전방식이 있으며, 독일 ICE 신선구간에서 사용하고 있다. 이 방식은 전차선로의 구성이 간단하나, 레일전위가 크고 유도장해가 크다.

(나) BT 급전방식(BT feeding system)

그림 5.2.4(a)에 나타낸 것처럼 부(負)급전선과 레일간의 접속선(흡상선)의 각 중간마다 부급전선과 전차선의 사이에 권수비(卷數比) 1:1의 흡상(吸上) 변압기(BT, booster transformer)를 삽입하여(약 4 km마다 직렬접속), 부하 전류를 부급전선에 흡상시켜 부하 전류가 레일을 흐르는 구간을 한정함으로써 전자 유도로 통신선에 유발되는 유기(誘起) 전압을 1/10 이하로 경감하고 있다. 그러나, 전차선에 부스터 섹션을 설치하여야 한다. 이 경우에 전차선의 BT구간을 통과하는 부하 전류가 크게 되면 부스터 섹션에 아크가 발생되어 팬터그래프나 전차선을 손상시킬 우려가 있기 때문에 보수상의 불리한 점이 따르며, 고속철도용으로 부적합하다. 우리나라의 산업선 전철에서 채용하고 있는 방식이다.

(다) AT 급전방식(AT feeding system)

그림 5.2.4에 나타낸 것처럼 전차선과 급전선(변전소에서 선로를 따라 가설) 사이에 권수분비(卷數分比) $1/m$의 단권(單券) 변압기(auto transformer, AT, 1차 및 2차의 회로가 공통인 변압기)를 삽입하여(약 10km 간격으로 병렬접속), 권선의 중간 점에 레일을 접속시킨 급전 방식이다, 일반적으로 AT 변압기의 권수분비는 1/2이며(즉, 각권선이 궤도전류를 1/2씩 분담), 분로 권선과 직렬 권선의 권수분비는 1:1로 하고 있으므로 전차선과 레일간의 전압이 레일과 급전선 사이의 전압과 같게 된다. 이 AT 급전방식은 전차선과 급전선 사이에 AT를 설치하여 레일에 흐르는 전류를 급전선으로 끌어올려 전류가 흐르는 레일구간의 길이를 줄여줌으로써 유도장해 발생 원인을 최대한 제거하는 방식이다. AT에서 코일의 감은 수가 동일한 1차 코일과 2차 코일의 중앙부를 레일에 연결시키며(이를 중성선이라 한다), 이 때 전차선과 레일사이의 전압을 25,000 V로 유지하기 위해서는 급전선과 전차선간의 전압을 전차선과 레일사이 전압의 2배로 하여야 한다. 이 방식은 BT방식과 비교하여 급전전압이 높기 때문에 가선의 전압강하도 적고 변전소 간격을 100 km까지 연신할 수 있으므로 경제적이며, BT방식에서 피할 수없는 BT구간을 없앨 수 있어 고속운전에 적합하다. 이 방식은 우리나라의 수도권 전철과 고속철도에서 채용하고 있다.

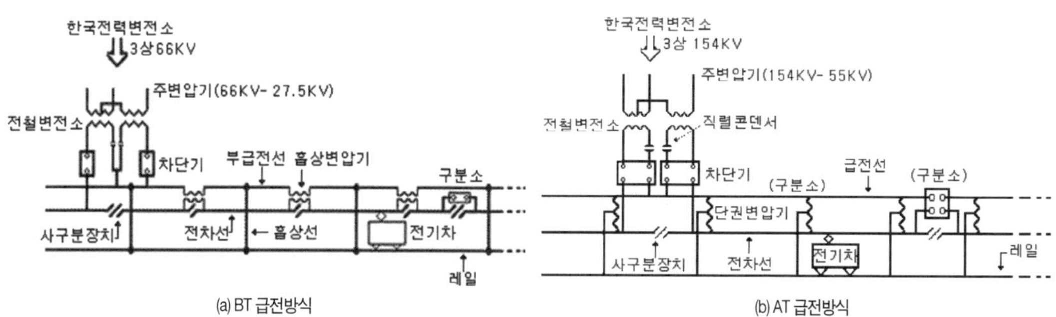

그림 5.2.4 BT 급전방식과 AT 급전방식

(4) 급전 계통의 부하

급전 계통 변전소의 출력 용량은 전기차량의 부하에 충분히 대응시킨다. 전기차량에 의한 부하는 정격 출력(rated output) · 제어 노치 수 및 속도 · 선로 조건 등에 따라 크게 변화되며, 열차 밀도(traffic density)에 따라서도 변한다. 변전소의 1시간 출력 용량은 피크 시간대의 열차 수, 실적의 열차 전력 소비율에서 개산할 수 있다. 그 수치를 YkW로 하고, 1열차의 최대 전류 · 선로 조건(구배 등) 등에 의한 정수를 C로 하면, 순간 최대 전력 Z는 $Z = Y + C\sqrt{Y}$ 로 산정된다.

1 열차의 최대 전류를 I로 하면 $C = 1.7\sqrt{I}$ 로 산정되며, 일반적으로 60(열차 최대 전류가 약 1,500 A)~100(약 3,500 A)의 수치를 취한다. 열차 종별의 전력 소비율 실적에 의거하면 기관차 견인 열차의 t · km당의 소비율은 전차의 반분 이하로 작지만, 열차 단위(train unit)가 크기 때문에 열차로서는 전차와 그다지 변하지 않는다.

(5) 전압 강하의 한도

전기차의 구동용 전동기는 주로 직류 직권 전동기와 3상 유도 전동기를 사용하고 있다. 이 전동기의 특성은 같은 인장력에 대한 속도가 전압에 비례하기 때문에 전차선 전압이 저하되면 속도가 떨어지고 표정속도를 유지하기 위한 역행 시간이 길어지게 되므로 규정의 운전 시간을 유지할 수 없게 된다. 또한, 전동기의 특성은 전차선 전압이 어느 정도 저하하여도 출력에는 크게 지장을 주지 않으나 전기차의 주제어기나 주회로 개폐기 등을 조작하는 제어 전압은 어느 한도를 넘으면 급격히 출력이 저하되어 운전 불능이 된다. 이 때문에 전기차에 공급되는 전력은 전압의 변동이 작은 양질의 전력이 필요하다. 따라서 우리나라 전차선 전압의 변동 범위는 **표 5.2.2**와 같이 정하고 있으며 최저 전압은 전기차 부하의 변동이 극심한 특성을 감안하여 단시간(30~40 sec 정도) 전압으로 하고 있다. 최대의 전압 강하는 변전소에서 가장 먼 위치에 있는 열차(복수를 포함하여)가 큰 전류를 취하고 있을 때에 발생되기 때문에 상기와 같이 허용 한도와 아울러 상응의 대책이 강구된다.

표 5.2.2 전차선 전압의 변동 범위

표준전압	전차선 전압				기사
	최고	표준	최저		
직류 1500 [V]	1650 [V]	1500 [V]	900 [V]	-40 [%]	
교류 25 [KV]	27.5 [kV]	25 [kV]	20 [kV]	-20 [%]	
교류 25 [KV]	30 [kV]	25 [kV]	22.5 [kV]	-10 [%]	고속철도

(6) 사고 전류의 차단

급전 계통 내에서 전차선의 단선 · 접지 등의 사고가 발생된 경우에는 보안상 차단기로 신속하게 사고 전류를 소멸시킬 필요가 있다. 또한, 이 차단기는 통상의 열차운전에 대하여는 작동되지 않는 것이어야 한다. 직류 급전계통의 보호장치로서는 각 변전소의 각 급전회선마다 고속도 차단기가 설치되어 있다. 교류 급전계통의 보호는 변전소의 급전 인출구 및 급전 분소에 설치된 거리 계전기로 사고 전류가 검출되며, 직류 방식에 비하여 선택 차단을 용이하게 하고 있다.

(7) 수전과 급전계통에 관한 철도건설규칙의 규정

전철변전소 수전(受電)선로의 전압은 수전용량, 수전거리 및 이와 연계된 전력계통을 고려하여 결정한다. '철도의 건설기준에 관한 규정'에서는 전철변전소 '수전전압은 전력공급회사와 협의하여 결정하되 22.9 kV, 154 kV, 345 kV 중에서 하나를 선정' 하도록 규정하고 있다

전철변전소 수전선로의 방식과 구성은 부하(負荷)의 크기와 특성, 지리적 조건, 환경적 조건, 전력 조류(潮流), 전압강하, 수전안정도, 회로의 공진(共振) 및 운용의 합리성 등을 고려하여 결정하여야 한다. 수전선로는 지형적 여건 등의 시설조건에 따라 가공(架空) 또는 지중으로 시설하며, 비상시를 대비하여 예비선로를 확보하여야 한다.

급전(給電)계통은 부하의 크기와 성질 및 전압강하를 고려하여 구성하고 변전소간에는 급전구분소를 설치하여 방면별로 급전한다. 철도의 건설기준에 관한 규정에서는 급전방식을 교류단상 25,000 V(공칭전압) 단권변압기(AT, Auto Transformer) 급전방식으로 규정하고 있다. 급전용 변압기의 2차회로는 인접하는 변전소와 동상이 되도록 구성하는 것을 원칙으로 한다. 다만, 이미 시설된 선로에 접속할 경우 등 부득이한 경우에는 그러하지 아니하다.

5.2.2 변전 설비

변전소(transforming station)는 일반 전원의 3상 교류 고압 계통에서 전력을 받는 설비, 이것을 전기차량에 사용할 수 있는 전력의 형태로 변성하는 설비, 전차선로에 급전하는 설비, 이들의 급전 계통을 감시하고 고장 시에 계통을 보호하는 설비 등으로 구성되어 있다. 변성 기기의 고장은 열차의 운전에 직접 지장을 주기 때문에 높은 신뢰성이 요구된다. 변전소의 간격은 예를 들어 직류구간은 통근선구에서 3~5 km, 기타의 선구에서 10~15 km이고, 교류구간에서는 20~100 km이다.

(1) 직류 변성 설비

일반 전력망에서 송전선로(transmission)를 이용하여 교류 특별 고압(22~77 kV가 많다)으로 수전하고 이것을 변압기로 적당한 전압으로 내려 실리콘 정류기 등으로 직류로 변환하여 전차선로(trolly lines)에 급전하는 것이다. 즉, 직류변전소에서의 수전설비는 일반전력계통에서 전력을 받기 위한 특별고압의 개폐설비와 보호 장치로 성립되어 있으며, 변전설비는 수전한 특별고압을 대략 전차선에 가까운 전압으로 내리는 변압기와 이것을 교류에서 직류로 변환하는 정류기로 구성된다. 또한, 직류전력을 전차선으로 공급하는 급전설비에는 사고 등으로 대(大)전류가 발생되는 것을 막기 위하여 상기와 같이 고속도 차단기를 설치한다.

(2) 교류 변전소의 주요 기기

교류변전소에서는 대략 전차선에 가까운 전압으로 내리는 변압기만이며 정류기는 없다. 또한, 급전설비에는 직류변전소와 마찬가지로 사고 등으로 대(大)전류가 발생되는 것을 막기 위하여 고속도 차단기를 설치하고 있다. 또한, 원격제어장치는 각 변전소 등을 일괄하여 제어하기 위하여 설치하고 있다.

1) 변성 설비 : 교류 변전소는 직류 변전소에 비하여 정류기가 불필요하지만, 전원의 3상 교류 전력에서 전기 운전용의 단상교류 전력으로 변성하기 때문에 3상측 3선의 전류가 불균형으로 되기 쉽다. 고출력 운전의

단상 대전력을 공급하는 경우에는 전원의 발전설비나 일반 수요가의 부하 등에 나쁜 영향을 끼치기 때문에 3상 3선의 전류를 가능한 한 균형이 되게 하는 것이 바람직하다. 그 때문에 급전회로를 방향별 또는 상하선별로 하여 3상측 부하의 균형을 도모하고 있다(**그림 5.2.3** 참조).

2) 섹션 교체설비 : 교류 급전회로에서 송전계통이 다른 인접 변전소와의 중간 구분소에는 교류의 전압 위상이 다르기 때문에 전차선(trolley wire)에 이상(異相) 섹션을 설치할 필요가 있다. 예로서, 재래선의 섹션은 절연물을 이용한 무가압 구간으로 하여 타행 운전(coasting)으로 하며, 고속선로에서는 전원 개폐용의 차단기를 설치하여 역행인 채로 통과시킬 수 있도록 하고 있다(제5.2.3.(11)항 참조).

(3) 원격 감시제어

최근의 변전소는 기기의 신뢰성 개선과 아울러 다수 변전소의 운전을 1 개소의 제어소에서 원격 감시 · 제어하는 방식으로 하는 것이 일반적이다.

(4) 전철변전소에 관한 철도건설규칙의 규정

전철변전소나 급전구분소 등의 위치는 급전구간의 부하중심으로 하되, 건설과 운영적인 측면 등을 감안하여 결정한다. 전철변전소 간격은 전차선전압의 최저한도를 유지할 수 있고 급전계통에서 발생되는 사고전류를 확실하게 검출할 수 있는 간격으로 정하되, 열차운행계획, 선로구간의 중요도, 장래의 수송 수요 등을 고려한다. 전철변전소 용량은 장래 수송 수요와 정상급전 및 연장급전을 고려하여 결정한다. 전철변전소, 급전구분소, 보조급전구분소 및 병렬급전구분소 등은 옥내형으로 하되, 환경과 경제성 등을 고려하여 옥외형으로 할 수 있다. 전철변전소나 급전구분소 등의 제어와 감시는 전기사령실에서 이루어질 수 있도록 하며 이에 필요한 설비를 시설한다.

5.2.3 전차선로

(1) 전차선로의 특징

전차선로가 전력을 송전하는 전선로인 점은 일반의 송배전선로와 동일하다. 그러나 그 구조와 기능에서 다음과 같은 특성을 가지고 있다[239]. ① 전기차가 주간 제어기에 의해 단계적으로 주행하므로 단계적으로 투입하여 주행하므로 부하점과 부하의 크기가 격심하게 변동됨과 동시에 부하의 분포도 복잡하고 일정하지 않다, ② 가공단선식에서는 레일을 귀선으로 하는 1선 접지의 전기회로로 된다, ③ 전기차에의 급전은 집전 장치와 전차선(trolley), 제3레일 등의 접촉, 접동(摺動)을 이용한 것으로 고정적이지 않다. 따라서, 전차선이나 제3레일의 높이, 편위, 구배 등은 레일을 기준으로 하여 항상 일정치 이내로 유지하여 집전을 확실하게 수행하여야 한다, ④ 설치개소가 궤도상 또는 그 측면이므로 배연이나 브레이크 철분 등으로 인해 오손을 받는다, ⑤ 터널, 교량, 과선교, 분기점 등의 선로구조물으로 인해서 가설의 제한을 받는다, ⑥ 부하의 용도가 대부분 객화의 수송용 동력으로 되므로 공공성과 안전성이 강하게 요구된다.

(2) 가공 단선식(overhead single line system)

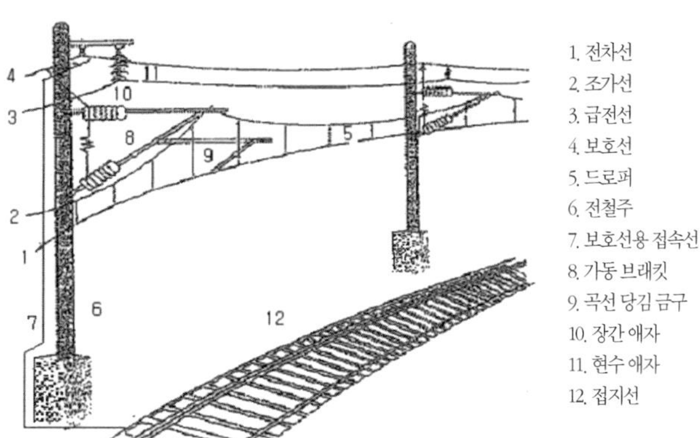

그림 5.2.5 전차선로의 구조(심플 커티너리 방식)

(가) 가공식의 특징

가공식(架空式, 가공선 방식)은 선로 상공에 전차선(트롤리선)을 설치하여 전기차 상부의 팬터그래프로 급전하는 방식이다. 급전회로는 전차선, 급전선, 귀선(레일) 등으로 구성된다. 전차선은 팬터그래프에 접촉하여 전류를 전기차로 전하는 역할과 전류가 흐르는 회로의 일부를 형성한다고 하는 2 가지 기능을 갖고 있다. 직류방식에서 전차선만의 급전에서는 전차선의 저항이 커서 대전류를 필요로 하고 단선 등의 사고에서는 큰 피해가 생긴다. 그래서 250 m 간격으로 급전선에서 전차선으로 전류를 공급하고 전차선으로 전류가 흐르는 구간을 짧게 하여 변전소부터 대전류가 흐르는 것을 억제하는 회로로 하여 전기차를 지나 레일로 흐르는 회로를 형성하고 있다.

가공 단선식의 경우에는 전기차량의 집전 장치와 접촉하기 위한 전선로(전차선)를 중심으로 하여, 매달기 위한 조가선(吊架線)·행거(hanger)·이어(ear, 매다는 블록)·절연 애자(insulator)·구분 장치 등과 이들을 지지하기 위한 전주·트러스 빔·브래킷 등의 각종 공작물로 구성된다(**그림 5.2.5** 참조).

(나) 가공식의 조건

가공선(aerial line) 방식에서는 전차선(trolley wire)을 매달지만 전차선의 중량 때문에 처짐이 생긴다. 이 처짐은 전차선의 지지간격이 길수록, 전차선이 무거울수록, 전차선의 장력이 낮을수록 크게 된다. 전차선의 처짐이 약간 크게 되어도 전기차량의 속도가 느릴 때는 집전 장치의 전차선에 대한 추수성이 문제없지만 속도가 높게 되면 집전 장치의 상하동이 심하게 되어 전차선에서 이선(離線)하여 장해를 일으키기 쉽게 된다. 가공선의 바람직한 조건으로 ① 자중에 가해지는 강풍으로 인한 횡하중이나 적설·결빙 등으로 인한 수직 하중에 견딜 수 있을 것, ② 한결같은 모양의 같은 정도의 처짐성이 바람직하며 경점(硬點, hard spot)*은 피한다, ③ 팬터그래프(pantograph)의 밀어 올림 량이 한결같고 전기차에의 급전이 원활할 것, ④ 지지물의 구조는 간소하고 신뢰성·내구성이 높을 것, ⑤ 건설비를 경감할 수 있고 보수도 용이할 것(이상적인 것은 maintenance free), 등이 열거된다. 팬터그래프 접판(slider)이 일정 위치만으로 전차선과 접촉하면 접판의 그 위치만 마모되기 때문에 전차선이 지그재그가 되도록 설치한다.

---

* 트롤리 선의 접촉개소나 변형된 부분 등 국부적으로 유연성이 결여된 지점으로 트롤리선과 집전장치 미끄럼판의 마모와 손상의 원인으로 된다.

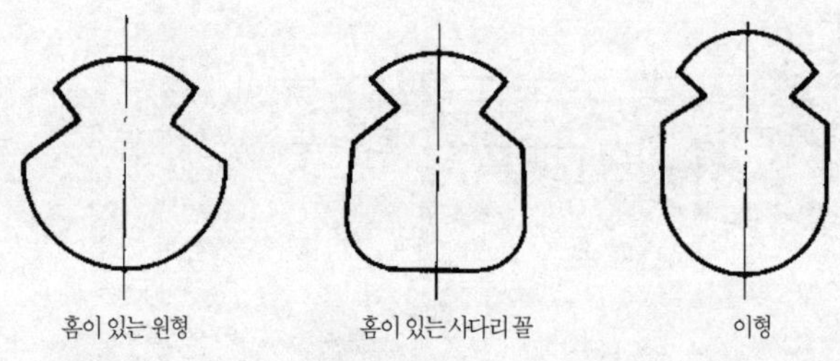

그림 5.2.6 전차선의 단면

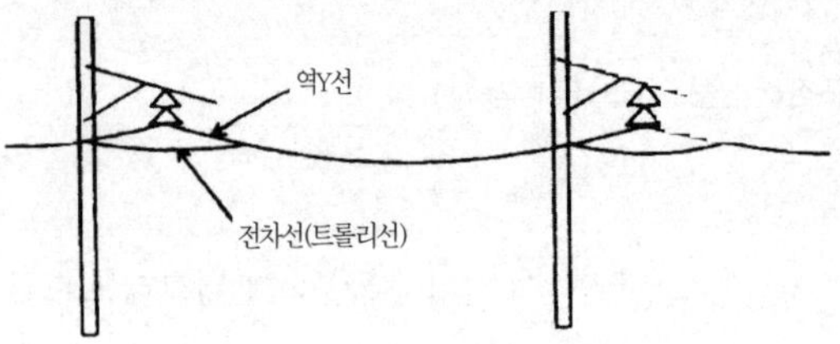

그림 5.2.7 직접방식

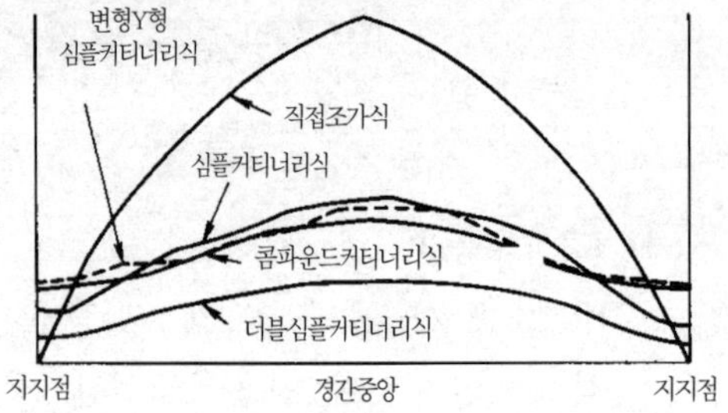

그림 5.2.9 각종 가선의 정적 밀어 올림량 특
성 곡선의 예

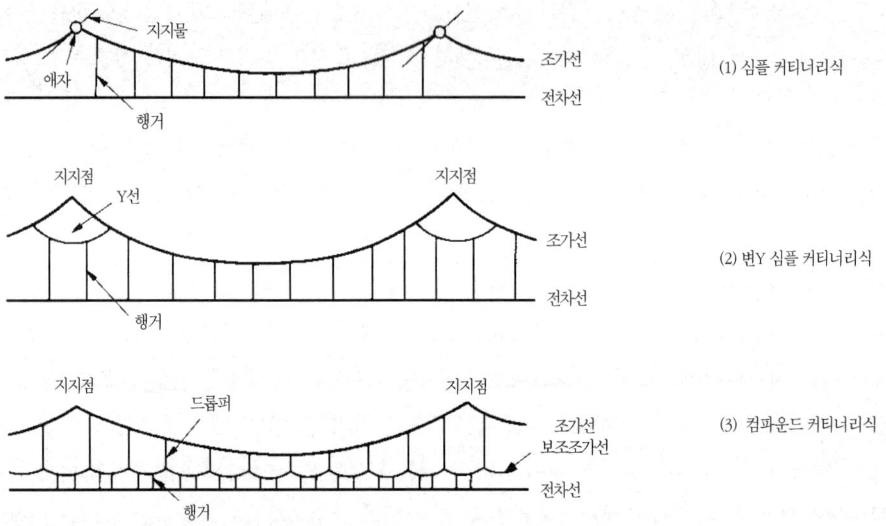

그림 5.2.8 커티너리 가선방식

(다) 전차선의 재료

전차선에는 일반적으로 경동(硬銅)을 이용하며, 단면 형상에 홈이 있는(grooved, 溝形) 원형, 홈이 있는 사다
리꼴, 이형(異形) 등이 있지만(**그림 5.2.6** 참조), 홈이 있는 원형을 일반적으로 표준화하고 있다. 단면적은 예
를 들어 본선용이 110 mm², 측선용이 85 mm², 고속선로용은 150(경부), 170(신칸센) mm²를 사용하고 있다. 전
차선의 인장강도에 대한 안전계수는 경험적으로 2.2로 하여 마모 시의 사용한도(110 mm² 선, 직경 12.3 mm의
잔존 직경 7.5 mm)를 결정한다.

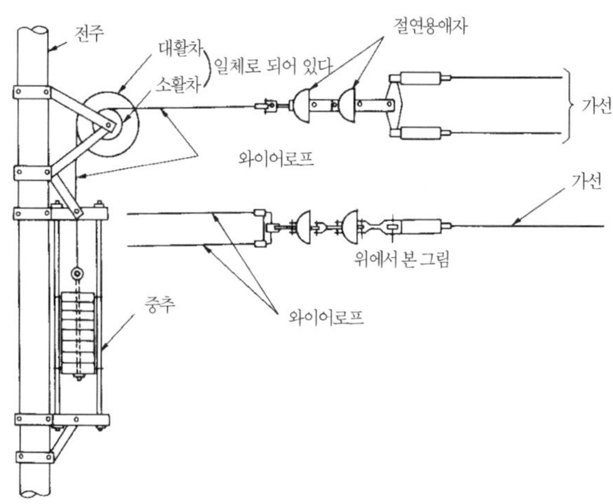

그림 5.2.10 중추식 장력 조정장치

(라) 전차선의 지지방법

이 전차선을 지지하는 방법에 따라 직접 가선방식(direct hang system), 커티너리(懸垂) 가선방식, 강체 가선 방식 등이 있다. 다른 말로, 장력을 걸어 선로 상공에 전차선(트롤리선)을 팽팽하게 하는 방법에는 크게 나누어 직접방식(**그림 5.2.7**)과 조가방식(**그림 5.2.8**) 및 강제가선방식이 있다. 가선의 길이는 통상 1.5 km를 단위로 하며, 연결부는 팬터그래프가 원활하게 통과할 수 있도록 다음의 가선과 2중으로 되어 있다. 직접 가선 방식은 조가선을 설치하지 않고 직접 전차선을 매단 것으로 건설비가 저렴하지만 조가 지점 아래가 경점(硬點, hard spot)으로 되는 것이 결점이며 저속 주행시키는 역 구내 측선(side track)이나 노면 전차선 등에서 채용한다. 강체 가선방식은 터널 구간이나 교외 철도에 직통하는 가선방식의 지하철 등에서 채용한다. 일반적으로 사용되는 커티너리 가선방식(조가방식)은 여러 가지의 구조 종류가 있으며, 열차의 속도·집전 전류의 대소·특성·보수성·건설비 등을 종합하여 선정한다(**그림 5.2.9** 참조). 심플 커티너리(simple catenary)는 TGV(train a grande vitesse)-A에서 채용되어 운행중이다. 변Y형 커티너리(stitched catenary)는 TGV-PSE와 독일의 ICE(intercity express)에서 사용하고 있다. 컴파운드 커티너리(compound catenary)는 신칸센에서 사용되고 있다[6].

1) 심플 커티너리(simple catenary)

그림 5.2.8(1)에 나타낸 것처럼 전차선의 위쪽으로 평행하게 조가선을 당기고 여기에서 행거(hanger, 간격은 5 m가 표준)로 전차선을 매달고 있다. 따라서, 처짐은 조가선이 담당하며, 전차선은 레일 면과 고저 차가 없도록 행거의 길이를 결정한다. 일례로서 조가선은 아연도금 강연선(90 mm²)을 장력 1 tf로 가설하고 여기에서 행거로 전차선(홈이 있는 경동선 110 mm²에 대하여 장력 1 tf)을 조가하고 있다. 또한, 기온의 변화 등에 대응하여 신축이 가능하도록 하고 전차선에 일정한 장력을 주는 방법으로서 일정 간격마다(800 m 미만에서는 한쪽, 800~1,600 m에서는 양측) 전차선의 끝에 활차를 두어 무거운 추를 매달은 자동 장력조정장치(tension balancer, automatic tensioning device)를 일반적으로 채용하고 있다(**그림 5.2.10** 참조).

예를 들어, 길이 800 m의 가선(overhead line)에 대한 온도 변화 30 ℃의 신축량은 전차선의 선팽창계수(17×10⁻⁶)×800×103×30=400 mm으로 산정된다. 최근에는 조가선의 장력을 가일층 강화(2 tf 정도)한 헤비 심플 커티너리식(heavy simple catenary system)도 채용하여 고속운전에 대처하고 있으며 경부고속철도에서도 이를 적용하고 있다.

2) 더블 심플 커티너리(double simple catenary)

대도시 고밀도의 전차 구간에서는 부하 전류가 대단히 크기 때문에 심플 커티너리식을 약 100 mm 간격으로 병렬 가설하여 밀어 올림 특성이 우수한 2선식의 더블(double) 심플 커티너리식(2중 전차선)을 사용하는 예가 있다.

3) 변Y형 심플 커티너리(strange Y simple catenary)

그림 5.2.8(2)와 같이 심플 커티너리식의 지지점 아래 부근에 소(小)커티너리를 삽입한 것으로 이에 따라 지지점 아래의 밀어 올림 특성이 개량되기 때문에 고속 구간 등에서 채용하고 있다(**그림** 5.2.9 참조). 그러나, 동적 밀어 올림 량이 증가하여 가선 진동이 크게 되는 결점도 있는 등으로 최근의 고속선로에서는 헤비(heavy) 심플 커티너리식을 많이 채용하고 있다.

4) 컴파운드 커티너리(compound catenary)

그림 5.2.8(3)에 나타낸 것처럼 조가선에서 드롭퍼(dropper, 간격은 10 m가 표준)로 보조 조가선을 매달고, 더욱이 보조 조가선에서 행거로 전차선을 매다는 구조로 하고 있다. 보조 조가선도 급전선(feeding system)의 역할을 겸하게 하여 전류 용량을 크게 할 수 있고, 밀어 올림 특성도 우수하므로 고속열차가 많은 외국의 간선에 채용된다. 조가선(吊架線)·보조 조가·전차선의 장력을 한층 강화한 것이 일본의 헤비 컴파운드식(heavy compound catenary system)이며, 집전(current collection)의 추수성이 보다 뛰어나고 있다. 일례는 조가선을 아연도금 강선(180 mm², 장력 2.5 tf), 드롭퍼(간격 10 m), 보조 조가선(150 mm², 장력 1.5 tf), 행거(간격 5 m), 전차선(홈이 있는 硬銅線 170 mm², 장력 1.5 tf)으로 하고 있다.

5) 강체 가선방식(rigid catenary system)

커티너리 가선방식으로는 터널 단면적이 크게 되기 때문에 가선방식의 지하철 등에서는 강체 가선방식을 채용하고 있다. 알루미늄 합금제의 T형재를 애자로서 터널의 천장에 지지하고, 이 하면에 알루미늄 합금 이어(ear, 매다는 블록)를 이용하여 전차선을 연결 고정하고 있다. 형재(形材)와 일체로 되어 있기 때문에 강성(rigidity)이 크고 주행 중 동요의 이착선(離着線) 시에 집전 장치가 도약하기 쉬우므로, 고속운전에는 팬터그래프의 밀어 올리는 힘을 강하게 하는 등의 대책을 채용하고 있다. 형재는 급전선을 겸하며 단선의 위험도 없고 터널 위의 높이를 낮게 할 수 있는 것이 최대의 이점이다(**그림** 5.2.11 참조).

더욱이, 강체 가선과 일반의 커티너리 가선과의 접속 개소는 가선의 스프링 정수를 서서히 체감시키는 구조

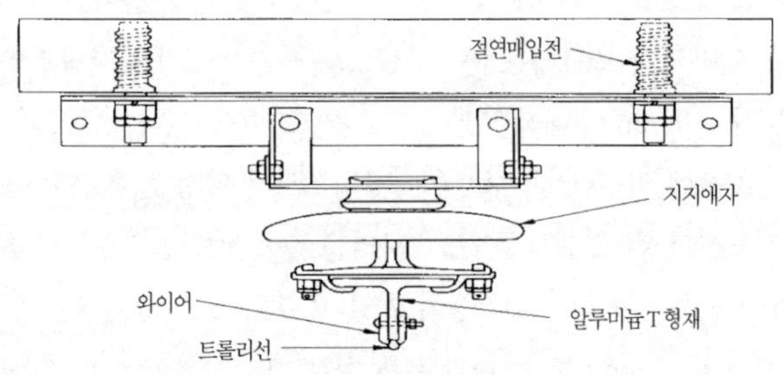

그림 5.2.11 강체 조가식

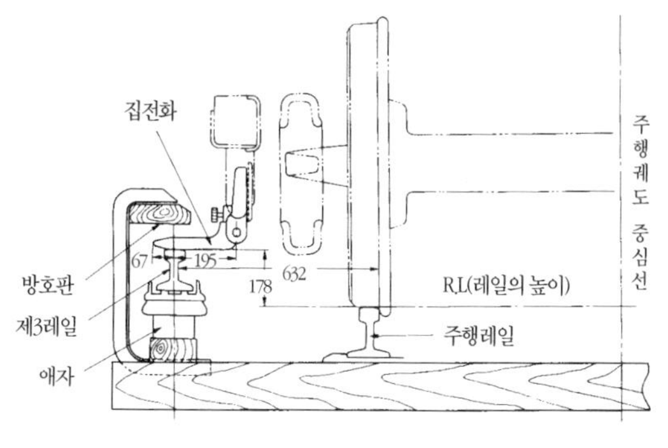

그림 5.2.12 제3 레일식

로 하고, 일반적으로 더블 심플 커티너리식 가선 등을 채용하고 있다.

(3) 제3 레일식(third rail system)

선로의 옆에 도전(導電)용의 제3 레일(third rail)을 부설하여 전기차량의 측면에 내민 집전주(舟)로 집전한다 (**그림 5.2.12** 참조). 선로의 옆에 전도체가 설치되어 감전의 위험이 있기 때문에 저전압의 산악철도와 지하철 등으로 한정되며, 제3 레일을 채용한 외국의 지하철에서는 예를 들어 직류 600~750 V로 하고 있다. 제3 레일은 주행 레일(running rail)보다 전기 저항이 적은 저탄소강(예 : 성분 C 0.04 %, Mn 0.15 %, Cu 0.067 %, 인장강도 50~75 kgf/mm²)을 채용하고 있다. 이 방식은 전류용량이 크고 지지구조가 간단하지만, 궤도 측면에 급전용 레일이 부설되어 있으므로 보선작업 등에서 감전의 위험이 있다.

(4) 급전선(feeder line)

부하가 많은 직류 전차선로에서는 대전류로 되어 전차선만으로는 용량이 부족하기 때문에 별도로 급전선을 가설하여 200~300 m마다 급전 분기선으로 전차선과 접속한다. 급전선에는 경동(硬銅)선 200~300 mm² 등을 채용한다.

(5) 귀선로(return feeder)

전차선로에서 팬터그래프로 픽업한 전차선 전류는 견인 전동기에 동력을 공급하고 나서, 견인 장치 자체, 차축, 차륜-레일접점에서 레일과 대지를 통해 변전소로 회귀한다(**그림 5.2.13**). 레일과 대지는 전차선 전류를 영

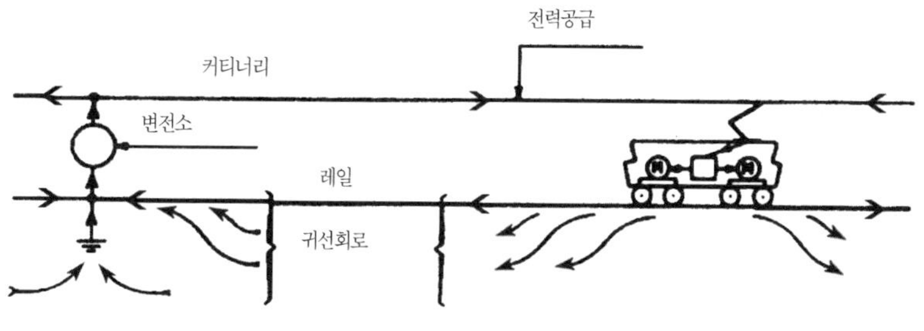

그림 5.2.13 전차선 전류 순환

구적으로 변전소로 회귀시키는 회로를 구성한다[239].

귀선로는 일반적으로 귀선 레일(귀선로로 이용되는 주행 레일)·레일 본드(bond)·보조 귀선(auxiliary return feeder) 등으로 이루어져 있다. 귀선로의 전기저항이 높은 경우는 전압 강하나 전력 손실이 크게 되어 대지에 대한 누전류가 증대하여 전식이나 통신유도 장해 등을 일으키기 쉽다. 그 때문에 귀선로의 전기저항을 적극 경감할 필요가 있으므로 레일 이음매에 동선 본드를 설치하여 전기의 흐름을 좋게 하며, 부하 전류가 많은 구배 구간 등에서는 평행하게 보조 귀선을 설치한다. 강 레일의 전기저항은 동의 11~13배이며, 50 kg/m 레일 귀선로의 도체 저항은 0.017 Ω/km 정도이다. 교류 방식에서는 외부로의 유도 장해를 경감하기 위하여 가선 방식의 부(負)급전선 등을 설치한다.

(6) 절연(insulation)

전차선로의 절연은 절연물로서 ① 애자(insulator)를 이용하든지 ② 충전(充電) 부분과 구조물·터널 벽 등의 사이에 절연 이격 거리를 두든지의 두 가지를 기본으로 하며 전압·보수작업의 난이·경제성에 따라 결정한다. 애자는 장간(長幹) 애자·현수 애자를 이용하며, 장간 애자는 주로 가동 브래킷에 이용하며, 압축용·인장용·터널용이 있다. 현수 애자는 전차선로에 많이 이용된다.

전차선을 터널이나 교량 아래 등에 가설하는 경우, 집전 장치로 인한 전차선로의 밀어 올림이나 동요에 대하여 충분한 대지절연 이격거리의 확보가 요구된다. 예를 들어, 직류 1,500 V의 경우는 표준으로 250 mm, 부득이한 경우 150 mm, 동요 시 등의 단시간에 한하여 30 mm로 하고 교류의 경우는 차례대로 300 mm, 250 mm, 150 mm로 하고 있다. 더욱이, 피뢰기(arrester)와 보안기 등의 절연 보호 장치를 유효하게 이용하여 전차선로·전기차량·변전소 등의 전기회로 체계의 절연 설계를 종합적·경제적으로 행하는 것을 절연 협조라고 하며, 일반적으로 채용되고 있다.

(7) 팬터그래프의 이선(contact keep of pantograph)

전기차량의 주행 중에 집전 장치의 팬터그래프(pantograph)가 전차선에서 떨어지는 것을 이선(離線)이라 부른다. 이선의 원인으로는 가선 구조로 인한 것, 팬터그래프의 추수 성능으로 인한 것 외에 전차선에 대한 빙설이나 이물질의 부착 등이 있다. 속도가 향상되면 동요·진동 등 때문에 이선되기 쉽고, 이선은 아크나 충격으로 인하여 전차선이나 팬터그래프를 마모 또는 손상시키며, 이선이 크면 전기차량의 운전에 지장을 줄 수 있기 때문에 가선 측에 대하여도 대책이 요구된다. 이선의 허용 한도를 이선율(ratio of contact keep, 이선한 시간의 총계 / 전(全)주행 시간. 전기적으로 계측된다)로 나타내며, 직류 구간(D.C. electrified section)에 대하여 0.5~1.0 %, 교류 구간(A.C. electrified section)에 대하여 약 3 %로 하고 있다. 가선·팬터그래프 계의 안정된 집전이 곤란할 경우는 가선과 팬터그래프를 하나의 계로 하여 개선하여야 한다. 가선측 이선 대책의 기본은 ① 전차선을 한결같은 모양의 높이로 하여 구배 변화를 될 수 있는 한 적게 하고, ② 전차선의 경점을 적게 하기 위하여 가선 부품을 경량화하고 접속 개소를 적게 하며, ③ 가선 장력을 항상 적정하게 유지하는 등이다.

(8) 한국의 전차선로

현재 우리나라에서 운용중인 교류 25 kV 전차선로는 산업선의 경우 BT급전방식으로 드롭퍼의 배치간격은

표 5.2.3 고속철도 전차선과 일반철도의 전차선

구분		일반철도	고속철도	비고
가선방식		심플커티너리	고장력 심플커티너리	
전차선	선종	Cu 110 또는 170 mm^2	Cu 150 mm^2	
	장력	1 톤	2 톤	고장력 시스템
	형태	원형	Pre-Worn형	집전성능 향상
	선종	CdCu 70 또는 80 mm^2	BZ 65 mm^2	
	장력	1 톤	1.4 톤	고장력 시스템
	구성	19/2.1 mm	37/1.5 mm	
드롭퍼		CdCu 10 mm^2 동연선, 행거 5ϕ 스텐레스 강봉	BZ 12 mm^2 연선	
장력조정장치		일괄 장력 조정(활차식)(1:3, 1:4)	개별 장력 조정(도르래식)(1:5)	
전차선 결빙대책		-	해빙시스템	
이선율		-	1 % 미만	
교차장치		교차금구사용 2전차방식	무교차방식 3 전차선 가선	무교차방식으로 속도 향상
사구분장치		FRP제 8 m, 속도 : 120 KPH	이중오버랩, 속도 : 300 KPH	고속 확보 가능
오버랩 구성		3경간 구성, 속도 : 120 KPH	4경간 구성, 속도 : 120 KPH	고속 확보 가능
표준가고(최소가고)		960 mm(180 mm)	1,400 mm(600 mm)	
최대 경간		50 m	63 m	
전차선 높이		5,200 mm	5,080 mm	

10 m이고, 수도권 전철은 AT(단권변압기) 급전방식으로 행거의 배치간격을 5 m를 표준으로 사용하고 있으며, 지하구간의 강체 가선방식을 제외하고 거의 심플 커티너리 방식을 주로 사용하고 있다[239]. **표 5.2.3**은 고속철도와 일반철도 전차선의 비교이다. 고속철도전차선로의 상세는 제5.2.5항 참조하라.

(9) 철도건설규칙의 규정

1) 전차선로의 공칭전압 : 공칭전압은 표준 전기철도 전압 중에서 해당 전압의 안전성 및 설비의 경제성 등을 갖춘 선압으로 한다.

2) 전차선로의 가선방식 : 가선은 안전성과 신뢰성을 인정받고 있는 시스템 중에서 경제성 및 유지보수의 용이성을 갖춘 방식을 사용한다.

3) 전차선로의 설비표준화 등 : 전차선로 설비규격과 시스템제원은 적절한 속도등급으로 구분해 표준화를 유도하여 설비의 품질향상이 가능하게 한다. 전차선로는 설계속도에 적합한 성능을 갖도록 설계한다.

4) 전차선의 높이 : 전차선로 공칭높이(곡선 당김 금구가 설치되는 지점의 레일 상부 면에서 전차선까지의 높이)는 모든 온도조건에서 5,000~5,400 mm의 범위 내이고, 해당선로의 공칭높이는 차량한계, 화물높이, 안전성, 경제성 등과 집전성능을 고려하여 정한다. 다만, 기존 운행선의 경우에 터널, 구름다리, 교량 등의 구조물이 있는 구간 또는 이에 인접한 구간에서는 전차선의 높이를 축소할 수 있다.

5) 전차선의 편위 : 전차선 편위(곡선 당김 금구 또는 지지물 설치지점의 레일윗면에 수직한 궤도중심에서 좌우로 벗어난 거리)는 열차정지와 주행 시에 최악조건에서도 전차선이 팬터그래프 집전판의 집전범위를 벗어나지 않게 하되, 팬터그래프 집전판이 고르게 마모되도록 시설한다.

6) 접지시설 : 전차선 지락(地絡)과 같은 사고 시에도 레일 전위(電位)의 상승을 억제하여 사람 등을 보호하고, 낙뢰에 의한 피해 및 유도에 의한 감전을 방지하도록 적절한 접지설비를 한다. 모든 접지는 서로 연결되는 공용접지방식으로 한다.

7) 절연이격거리 : 전차선로에서 상시전압이 인가되는 가압부는 대지, 구조물, 타 전선 또는 식물 등과 최악조건에서도 전압레벨과 오염지구 여부에 따른 최소 절연이격거리가 확보되도록 한다.

8) 가공 급전선의 높이 : 나(裸)전선으로 시설하는 가공 급전선의 높이는 전차선 높이 이상이고 적절한 절연이격거리가 확보되는 높이 이상으로 한다.

9) 가공전차선로 설비의 강도 : 가공전차선로의 지지물은 그 지역의 최대풍속과 강설, 최고와 최저온도조건 등에 대한 안전율을 고려하고, 터널이나 교량, 개활지구간 및 지형특성 등을 반영하여 설계하며, 지진하중 등을 고려한다.

10) 전기적 구분 장치 : 전차선로는 이상 발생 시에 급전정지 구간의 한정과 보수작업을 위하여 일정 거리마다 또는 운영상 필요한 곳에 전기적으로 구분할 수 있는 구분 장치를 두며, 전기적으로 구분되는 설비 사이에는 적절한 이격거리를 둔다.

11) 가공 송배전 전선과의 교차 : 교류 가공전차선로는 전압레벨이 다른 가공송배전전선(철도전용부지 외의 시설은 제외)이나 가공 약(弱)전류 전선과 교차하여 설치하지 않으며, 현장여건상 교차설치가 부득이한 경우에는 시설기준을 따로 정하여 허용할 수 있다.

12) 건널목과 과선교의 안전시설 : 자동차가 통행하는 건널목에 전차선로를 가설하는 경우에는 선로양측 또는 도로위쪽에 빔이나 스팬 선(span-wire)을 설치하고, 위험표지를 부착한다. 가공전차선로를 과선교나 고상 홈 또는 교량 아래 등에 시설하는 경우로서 일반인에게 위해를 미칠 우려가 있는 때에는 안전설비를 한다.

13) 터널조명 : 일정길이 이상의 터널 내에는 조명설비와 유도등설비를 시설한다. 다만, 건축 또는 소방관련 법령 등에서 방재기준을 따로 정한 경우에는 그러하지 아니하다.

(10) 구분장치

전차선로가 전선에 걸쳐 전기적으로 접속되어 있다면 전차선로의 일부에 단선과 장애 등의 사고가 발생한 경우, 또는 정전작업의 필요가 생길 경우에 전체 전차선로를 정전시켜야만 한다[245]. 따라서, 사고 혹은 작업상의 이유로 정전시켜야 할 경우에 그 영향을 사고구간 또는 작업구간으로 한정시키고, 기타 구간은 급전상태를 유지하기 위하여 전차선에 절연체를 삽입하되 팬터그래프가 전차선과 접촉하면서 미끄러져 나가는 데는 지장이 없도록 한 장치를 섹션(section) 혹은 구분장치(sectioning device)라 한다. 이들 섹션구간별 급전 또는 정전은 변전소의 차단기나 현장에 설치되어 있는 개폐기를 이용한다. 전기적 구분에는 에어섹션, 애자형섹션, 데드섹션이 있으며, 기계적 구분에는 에어조인트가 있다(**표 5.2.4**[283, 284]).

한편, 사구간(dead section) 전차선로에서 전기방식이 다른 교류와 직류가 서로 만나는 부분[245]이며, 교류방식에서는 공급되는 전기가 서로 상이 다를 경우(M상, T상)로서 일정한 길이만큼 전기가 통하지 않도록 한다. 교류와 직류 구분개소의 예는 1호선 서울역~청량리간 양쪽과 과천선 남태령~선바위 간을 들 수 있다. 교류에서 서로 상이 다른 전기의 구분 개소는 수도권, 산업선 각 변전소의 앞에 설치한다. 사구간 장치는 열차가 동력

표 5.2.4 구분장치의 종류

구분	종별		용도	내용
전기적 구분	에어섹션(Air Section) - 1경간 평행개소 - 2경간 평행개소		동상(同相)의 본선 구분용	에어섹션은 집전부분의 전차선에 절연물을 넣지 않고 전차선 상호의 평행부분을 일정 간격으로 유지시켜 공기의 절연을 이용한 구분 장치이다. 전기적 절연이 완전하며, 팬터그래프 통과 시에 전류의 차단이 없이 전기적으로 연속 집전할 수 있는 이점이 있으며, 집전에서 경점이 되지 않으므로 고속운전에 가장 알맞은 섹션으로 널리 사용되고 있다.
	애자섹션(Section Insulator) - 장간 애자제(A, B, C, D형) - 수지제 : FRP제(E,FE형) 　　　　　 GCF제(G형)		동상의 상하선/측선 구분용	애자 섹션은 주로 본선의 상하 건넘선, 본선과 측선, 검수고, 출입고선 등을 절연 구분하는 장치로 사고시나 작업상 정전을 요하는 경우에 그 정전의 영향을 사고구간과 작업구간으로 한정하고 다른 구간에는 급전을 가능케 하여 열차운전의 지장을 최소화하기 위한 장치이다.
	절연구분 장치 (Neutral Sec- tion)	FRP제	이상구분용/교·직 구분용	교류 전철화구간의 이상(異相) 전원을 구분하기 위해 변전소의 인출구 및 급전구분소 인출구 등의 이상전원 접속개소에서 이상전원의 상호접촉을 방지하기 위해 전차선을 전기적으로 구분하는 장치이다.
		PTEF제 2중 에어섹션	이상(異相) 구분용	
기계적 구분	비상용섹션		사고 시 긴급 구분용 (상시는 전기적으로 접속)	역간 : 에어섹션에 준하여 시설 역구내 : 애자섹션(Section Insulator)에 준해 시설
	에어 조인트 (Air Joint) -1경간 평행개소 -2경간 평행개소		본선 전차선의 기계적 구분용 평행설비 (전기적으로 접속)	에어 조인트는 전차선 가선 시에 작업의 용이성과 전차선의 신축 때문에 전차선을 일정 길이(약 1,600 m 이하)마다 인류하기 위해 설치되어 있는 기계적인 구분 장치이다.
	R-BAR 조인트　　본선구분		강체전차선 평행설비 구분	전기적으로 접속

공급이 없이 타력으로 운행 가능토록 평탄지, 하구배, 직선구간에 설치하는 것이 이상적이다. 어쩔 수 없는 경우에는 곡선이 R=800 m보다 커야 하고 상구배 5 ‰보다는 기울기가 완만해야 한다(연장 약 400~600 m). 사구간의 길이는 ① 교류/교류구간(수도권) : 22 m, ② 교류/교류구간(산업선) : 40 m(최근에 50 m로 확장), ③ 교류/직류구간(1, 4호선) : 66 m이다.

5.2.4 고속철도 전차선로 설비

(1) 시설기준

고속 전차선로 시스템은 기본적으로 중저속의 기존 전철 설비와 비교하여 차량 속도를 고려한 고장력 가선과 극심한 기후조건 하에서도 고속에서의 안정성과 견고성을 위한 설비의 개량, 차량의 팬터그래프와 동특성 향상을 위한 정밀한 설계와 시공을 특징으로 한다. 다음은 경부고속철도 전차선로의 시설기준이다.

- 설계속도　　　　: 350 km/h
- 전력방식　　　　: AC 25 kV 60 Hz [AT(단권변압기) 방식]
- 전차선의 높이　: 레일면상 5.08 m(±10 mm)
- 가선장력　　　　: 전차선 (2,000 daN), 조가선 (1,400 daN)

- 전차선의 편위* : ±200 mm(±10 mm)
- 가고**   : 1,400 mm
- 건식게이지   : 3,235 mm (레일중심~전주중심)

(2) 전차선로의 구성품

(가) 전선류

1) 전차선 : 홈이 있는 Cu 150 mm² 나전선으로 고속열차 팬터그래프 접판(摺板)과 직접 접촉하여 전력을 공급하는 용도로 사용되며, 집전특성을 좋게 하기 위해서 원형형태인 기존선용과는 달리 사전마모형 (Pre-Worn 타입)이 특징이다.

2) 조가선 : Bz 65.4 mm² 나전선으로 전차선을 일정한 높이로 유지하기 위해 전차선 상부에 가선되어 전차선을 지지하는데 사용되는 전선로이다.

3) 급전선 : ACSR 288 mm² 나전선으로 단권변압기(AT) 급전방식의 전차선로 시스템에서 전차선과 반대위상의 전류가 흐르는 전선로이다.

4) 보호선 : ACSR 93.3 mm² 나전선으로 전차선로 변의 모든 금속체를 균압으로 접속하여 낙뢰와 유도전압으로부터 인축을 보호하기 위한 전선이며, 견인전류의 귀전류 회로로도 사용된다.

(나) 지지물 : (3)항 참조

1) H형 강주 : 전차선 시스템을 지지하기 위해 토공과 교량구간에서 사용되는 H 형 단면의 강제 빔이다.

2) 고정 빔 : 건넘선 개소나 역 구내와 같이 좁은 공간에 여러 궤도가 설치되는 개소에 사용되는 지지물로 양측의 H형 강주 사이를 가로 빔으로 연결하여, 이에 여러 전차선로 설비를 매달 수 있도록 고안된 지지물이다.

3) 하수강 : 터널 내와 같이 전주를 설치할 수 없는 개소에서 터널벽면에 매입된 C찬넬에 고정하여 전차선로 설비를 지지할 수 있도록 설계된 지지물이다.

4) 가동 브래킷 : H형 강주 또는 하수강에 취부되어 전차선과 조가선을 고정하는데 사용되며 아연도 강관으로 제작한다.

5) 곡선 당김 금구 : 열차 팬터그래프의 편마모를 방지하기 위해 전차선을 궤도중심을 기준으로 좌우로 편위를 주는데 사용되는 설비이다.

6) 애자 : 가압되어 있는 전선류와 지지물간을 절연하는데 사용되며, 브래킷용과 급전선용으로 사용되는 유리애자, 파손의 위험이 있는 개소에 사용되는 합성수지 애자, 터널 내 급전선용 및 단로기 등에 사용되는 지지애자로 대별된다.

(다) 기타 전기설비

1) 단로기 : 전차선로의 전기적 구간별로 전력을 공급하거나 차단하기 위한 개폐기이며 동력식과 수동식이 있다.

---

* 전차선과 접촉되는 차량 팬터그래프 접판(摺板)의 편마모를 방지하기 위해 궤도중심을 기준으로 지그재그로 가선하는 것
** 지지점에서 전차선과 조가선의 높이 차

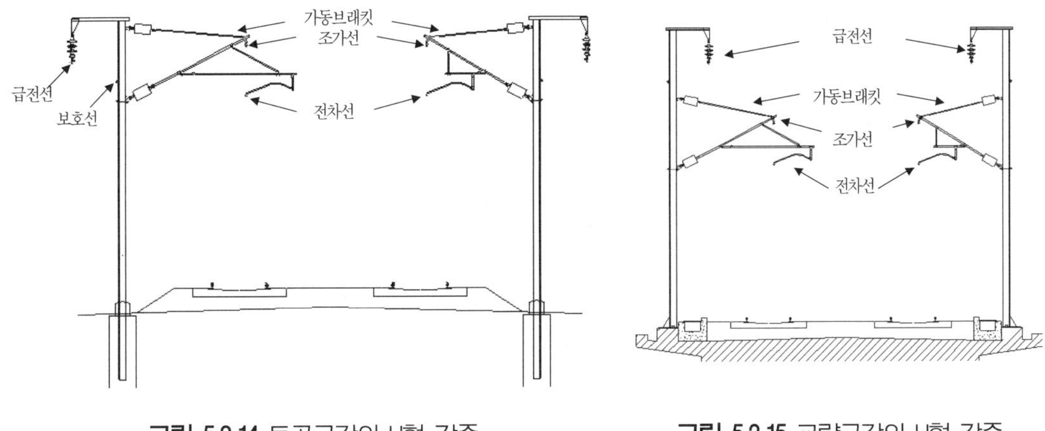

그림 5.2.14 토공구간의 H형 강주　　　　　　**그림 5.2.15** 교량구간의 H형 강주

　2) 전압센서 : 전차선로의 각 전기적 구간의 가압여부에 대한 정보를 전력사령실에 알리기 위해 설치하는 전압감지기이다.

(3) 대표적인 강주형태

전차선로는 설치개소에 따라 가선을 위한 지지물의 형태가 달라진다.　일반적인 가선의 경우에 다음과 같이 토공구간, 교량구간, 터널구간 별로 각기 다른 설치 형태를 갖는다.

1) 토공구간의 설비 : 토공개소 전차선로 설비(**그림 5.2.14**)는 노반을 굴착하여 콘크리트 기초에 매입 설치되는 H형 강주에 다음과 같은 형태로 시설물이 설치되며, H형 강주의 기초가 노반 속에 콘크리트로 설치되는 점과, 급전선의 가선위치가 선로외측 방향으로 가선되는 점에서 교량용 설비와 구분된다.

2) 교량개소 설비 : 교량상 전차선로 설비(**그림 5.2.15**)는 교량상판 콘크리트 타설시에 매립하여 설치하는 전철주용 앵커볼트에 H형 강주를 고정하는 형태로 설치되므로, 토공구간과 달리 플레이트가 붙은 H형 강주를 사용하며, 급전선의 가선위치가 선로측으로 가선되는 점이 토공구간용 설비와 다르다.

3) 터널구간의 설비 : 터널 내 전차선로 설비(**그림 5.2.16**)는 터널 콘크리트 라이닝 타설시에 매립하여 설치하는 C찬넬에 하수강을 지지하고 이 하수강에 브래키트를 취부하는 방식으로 설치하며, 급전선로 또한 별

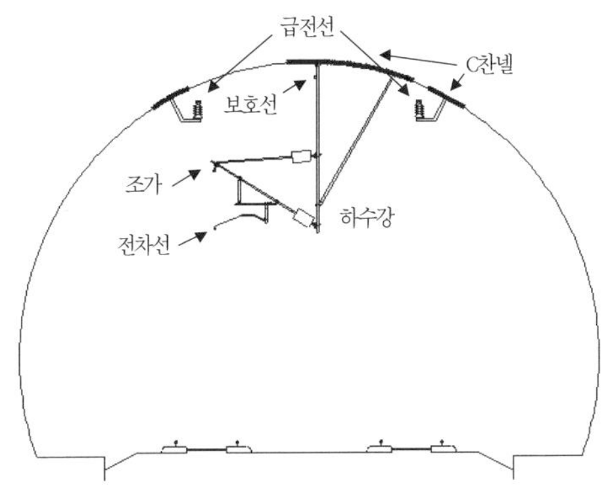

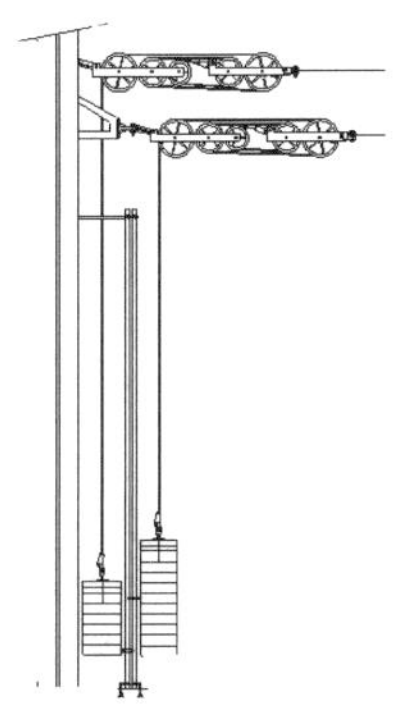

그림 5.2.16 터널 내 전차선로 설비　　　　　　**그림 5.2.17** 자동 장력조정장치

도로 매입된 C찬넬로 지지한다.

(4) 자동 장력조정장치(Tensioning device)

전차선과 조가선은 온도변화에 따라 신축하게 되며, 이 신축으로 인한 지지점에서 변위를 제한하기 위해 전차선과 조가선을 일정한 길이로 나누어 설치하는데 이 한 구간을 "인류구간"이라고 부른다. 이 인류구간 말단에는 온도변화에 따른 전차선과 조가선의 신축을 흡수하여 항상 일정한 장력을 유지하기 위해 활차비 1:5의 장력활차와 장력추로 구성된 자동 장력조정장치를 설치한다(**그림 5.2.17**). ① 장력 : 전차선 2,000 daN, 조가선 1,400 daN, ② 장력추 : 1 대 5 (전차선 400 kg, 조가선 280 kg)

5.2.5 전차선로의 관리

(1) 전차선 마모

속도향상에 따라 전차선(트롤리선)의 국부적인 마모(국부 마모)의 진행속도(마모율)가 빨라지는 경우가 있다[239]. 국부마모가 발생하는 장소는 오버랩 구간으로 팬터그래프가 진입하는 부분과 무거운 금구가 설치되어 있는 곳 등이 있다. 이들 장소에서는 속도향상에 따라 팬터그래프와 전차선의 접촉력이 커져서 전차선에 이른바 기계적 마모가 증가된다. 극단적인 경우에는 전차선이 마모되어 가루가 선로 상에 떨어지는 일도 있다. 국부마모의 대책은 발생 장소에 따라서 다르다. 오버랩 구간의 경우에는 전차선의 레일면상에서의 높이 구성에 문제가 있는 경우가 있다. 행거 점마다 전차선의 높이를 측정하고, 전차선 높이가 급변되지 않도록 관리하는 것이 중요하다. 또한, 금구 설치장소의 경우에는 금구의 경량화와 금구 지지방법 개선을 통해 국부마모의 발생을 줄이는 것이 필요하다. 또한, 전차선으로 내마모성이 높은 재료를 선정하는 것이 필요하다.

(2) 전차선의 높이와 장력

1) 전차선 높이 : 열차의 주행속도가 높아짐에 따라서 전차선(트롤리선)의 높이를 가능한 한 균일하게 유지하도록 관리하는 것이 중요하다. 특히 터널과 과선교(Over-bridge)의 출입구 등에서는 기울기를 작게 할 필요가 있다. 이들의 상태를 확인한 후에 팬터그래프와 전차선의 접촉 상황을 비디오카메라로 감시하는 것이 필요하다.

2) 장력 : 열차의 고속 주행을 위하여 전차선의 장력을 적당하게 유지하는 것은 팬터그래프의 이선을 저감할 뿐만이 아니라, 건넘선 교차 장소에서의 사고 방지를 위해 중요하다. 하절기·동절기에 장력조정장치의 동작 상태를 점검하는 것이 필요하다. 또한, 전차선은 설치하고 나서 수년이 경과하면 크리프로 인하여 늘어나기 때문에 장력을 실측하여 금구의 조정과 전차선을 줄이는 것이 필요한 경우도 있다. 장력은 장력계를 사용하면 정확히 측정할 수 있으나, 전차선의 높이를 측정하여 대략적으로 측정할 수 있다. 심플 커티너리 가선의 경우에는, 조가선과 전차선에 대해서 레일 면에서의 높이를 지지점과 경간 중앙에서 측정한다. 몇 개의 경간에 대하여 조가선과 전차선의 이도(처짐량, dip)를 측정해 보면, 조가선의 장력이 설계값에서 얼마나 변화했는지를 알 수 있다. 행거를 1~2개 떼어 놓고 이도를 측정하면 전차선의 장력을 추정할 수 있다.

(3) 작업의 기계화의 예 : 전기-궤도검측차는 비접촉 전차선로 측정(지그재그와 높이), 비접촉 전차선로 마모 측정 방법이나 (전류 집전기와 접촉 전차선 사이의) 힘 측정의 접촉방법을 사용할 수 있다. 실제 상태를 분석한 후에는 보수 측정(다음의 검사나 측정주행 등)을 계획할 수 있다. 기존 커티너리의 해체는 예를 들어, 모터 플랫폼 웨건 MGW, 모터 타워 웨건 MTW, 전차선로 드럼 웨건 FWW, 전주 설치장치 MAGE75 등과 같은 장비를 이용하여 기계화된 작업으로 수행한다. 새 커티너리의 조립에는 예를 들어 전차선로 갱환장비 FUM, 조립 차 A10 등과 같은 장비를 이용한다. 전차선로 갱환장비는 급전선과 귀선을 조립하는데 도 사용할 수 있다.

(4) 전차선로 상태의 모니터링과 진단 : 전차선로 상태의 모니터링과 진단은 독일의 경우에 차량의 팬터그래프에서 동(dynamic)특성을 측정하여 이 데이터를 무선으로 전송하는 방식과 광센서를 이용하는 방식이 투입되고 있다[273]. 일본의 경우에 텔레메트릭스(telemetrics) 기술의 전차선 모니터링 시스템을 특수구간과 중요구간에서 활용하고 있다. 유럽의 EUROPAC(EURopean Optimised PAntograph Catenary interface) 프로젝트는 Telemetry 기술로 팬터그래프와 전차선간의 동적 상호작용 특성을 파악하는 시스템을 구축하였다. EUROPAC에서 만든 EUROPACAS는 선로변의 센서로 전차선을 검측 감시하고 열차지붕의 센서로 팬터그래프의 정보를 수집하며 두 정보를 관련 센터로 실시간 전송하여 모니터한다. 또한, EUROPACAS는 OSCAR(프랑스에서 개발한 동역학 시뮬레이션 소프트웨어)와 같은 버추얼 소프트웨어로 실시간 처리정보와 연계하여 이상 징후를 컴퓨터상에서 파악할 수 있다. 전차선로 차상검측시스템의 측정방식은 레이저, 화상, 광에 기반을 둔 기술을 채택하고 있으며, 검측대상은 전차선 높이, 편위, 마모 및 이선율 등으로서 시스템 자동화, 통합화가 완료되었거나 진행 중이다. 이선 시에 발생되는 아크를 검측, 계량하는 이선율 계측장비도 개발되고 있으며, EN 50317의 측정규정을 만족시키는 장비가 상용화되고 있다.

5.3 신호보안 및 폐색방식

5.3.1 신호보안 설비의 기본

철도신호는 열차가 운전간격을 유지하면서 운행되도록 하고 정거장 구내에서는 분기되는 선로의 진로를 안전하게 진행시키는데 중요한 역할을 수행하고 있다. 신호의 트러블은 운전사고에 직접 관련되므로 이상 시에도 열차를 정지시키는 방향으로 작동하는 고려방법(후술의 패일 세이프)이 신호시스템에 이용되고 있다. 신호보안은 열차의 안전 확보와 효율적인 운행을 도모하기 위하여 불가결하며, 근년에 열차 밀도(traffic density)의 증가와 고속화가 점차로 진행되어 운전 보안도의 향상과 고효율의 운전이 요망되기 때문에 그 보안 장치에 근대 기술이 집결되고 있다.

철도신호시스템의 발전과정은 다음과 같다[240].

1825년   : 영국철도 개통당시 기마수가 신호기를 들고 열차보다 앞서 달리면서 선로의 이상 유무를 기관사에게 알림(철도신호의 효시)

1842년   : 완목식 신호기 사용(영국)

1872년   : 궤도회로 발명(미국, 윌리엄 로빈슨)

1899년 9월 18일 : 경인선 노량진~제물포간(33.2 km) 개통시

　　　　　　　　　기계식 신호기, 수동선로전환기, 통표폐색기 사용(기계 신호시대)

1942년   : 경부선 서울, 영등포, 천안, 조치원역에 전기기(電氣機) 연동장치 사용(기계와 전기 병행

　　　　　　　　　시대), 경부선 영등포~대전간 자동폐색장치(A.B.S) 사용

1954년 1월   : 경부선 대구역 전기연동장치 사용(전기 신호시대)

1961년   : 연동폐색 사용

1968년 10월 22일 : 중앙선 망우~봉양간 열차집중제어장치(C.T.C) 사용(신호설비에 전자기술 응용)

1969년 5월   : 경부선 서울~부산간 열차자동정지장치(A.T.S) 사용

1977년 4월   : 수도권 열차집중제어장치(C.T.C) 사용

1982년 1월   : 건널목에 전동차단기 사용

1991년 5월   : 중앙선 덕소역 전자연동장치 사용(컴퓨터 신호시대)

1994년   : 과천선 열차자동제어장치(A.T.C) 사용(차상 또는 차내 신호시대)

　현재 채용되고 있는 신호보안 설비는 폐색장치·신호장치·연동장치·궤도회로·자동 열차정지 장치 (ATS), 자동 열차제어 장치(ATC), 열차 집중제어 장치(CTC) 등을 총칭한다. 즉, 열차 또는 차량 운전의 안전을 확보하고, 운전의 진로나 속도의 운전제어 조건 등을 알려줌과 함께 수송효율(traffic efficiency)의 향상을 목표 로 설치되고 있다. 당초의 신호보안 설비는 보안대책을 중점으로 하여 채용되었지만, 철도의 발달과 함께 열차 의 증발 등, 수송효율의 향상에도 중점이 주어져 철도 경영에서 중요한 설비로서 취급되고 있다.

　신호보안 설비는 확실하게 확인할 수 있고 실수의 우려가 없으며 취급하기 쉽고 신뢰성이 높은 것이 필요조 건이며 게다가 설비의 사용으로 수송효율을 높이는 것이 바람직하다. 또한, 설비 자신이 고장 난 경우에도 위험

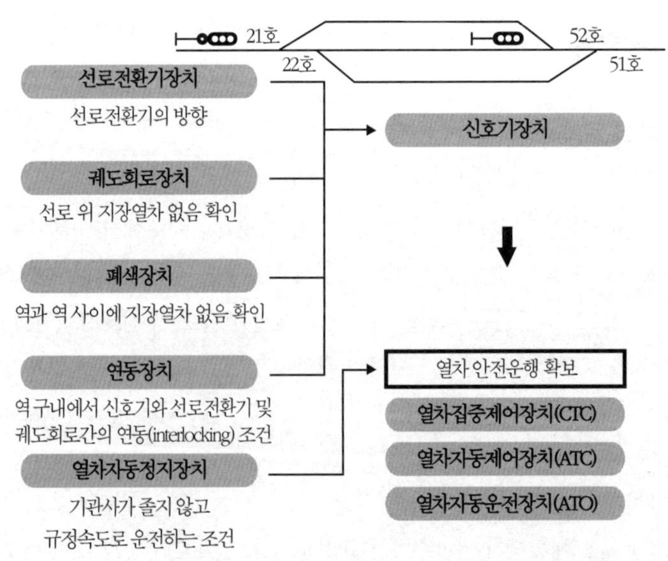

그림 5.3.1 신호시스템의 동작개요 및 열차 안전운행 확보

한 결과로 되지 않도록 패일 세이프(fail-safe) 또는 여기에 준하는 기능을 갖고 있는 것이 특징이다. 또한, 잘못된 조작을 하여도 받아들이지 않는 기능도 보유하고 있다. 이상을 요약[240]하면 철도신호시스템의 역할은 운행중인 열차에 대하여 전방 운행 가·부를 기관사에게 알려주면서 열차 안전운행을 확보하고 운행 횟수를 증가시키는 것이다(**그림 5.3.1**).

> 1) 열차 안전운행 확보 : ① fail-safe(안전측 작동 원칙) 개념을 엄격하게 적용하며 신호시스템 고장 발생시 안전측 동작, ② 각종 신호장치간 2중 내지 3중 상호연동(interlocking) 시행
>
> 2) 열차 운행 횟수 증가 : 역간에 신호기 설치로 폐색구간을 분할하여 ABS 및 CTC 설비로 개량

5.3.2 열차운전의 폐색방식(block system)

(1) 개요

열차는 충돌이나 추돌사고가 없도록 항상 일정한 간격을 유지하면서 운행되어야 하며, 이를 위하여 폐색구간(block Section)을 두고 한 폐색구간에는 한 개의 열차만 운행할 수 있도록 하고 있다(이것을 "폐색" 이라 하며, 이와 같은 운전방식을 "폐색운전방식" 이라 한다). 이에 따라 열차운행을 제어하기 위하여 모든 역과 역 사이에는 폐색장치(block System)를 설치하여 운용하고 있다[242]. 폐색구간의 길이는 열차 속도·운전밀도·선로상태 등에 따라 정해진다(**그림 5.3.2** 참조).

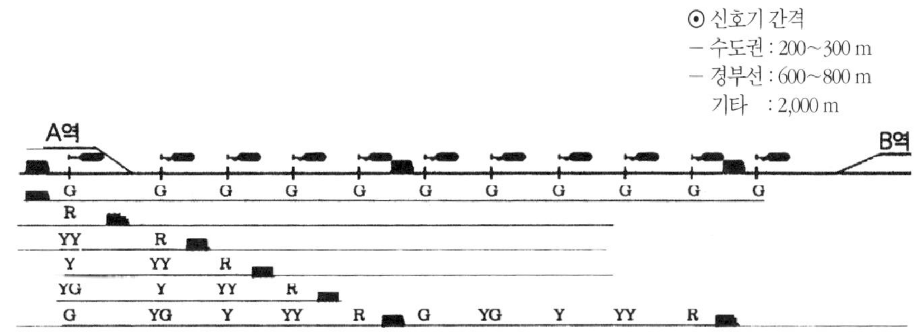

그림 5.3.2 자동폐색시스템의 신호현시계통[240]

폐색장치는 운행하는 열차에 운전조건을 지시하여 안전운행 및 수송능률을 최대화하는 장치로서 우리나라는 철도창설과 함께 기계연동장치를 설치하고 정거장간을 1폐색구간으로 하는 통표폐색식을 사용하였다. 그러나 통표를 주고받음에 따라 열차 속도 제한 등 불편함이 많아 전기 쇄정법에 의한 연동폐색식으로 개량되었다. 이후 역간을 한 폐색구간으로 하여 1개의 열차만 운행하던 것을 여러 대의 열차가 운행할 수 있도록 자동폐색장치(ABS)를 1942년 경부선 영등포~대전 간에 처음으로 설치하였다. 현재는 첨단기술의 차상신호방식인 열차자동제어장치(ATC)를 수도권 전철구간인 과천, 분당, 일산선과 지하철 구간에서 운용하고 있으며, 이후 점차 확대 설치되는 추세이다.

(가) 열차 운행방식

열차를 안전하고 신속하게 운행하기 위해서는 대향 열차 및 선행열차와 후속 열차가 서로 지장되지 않도록 일

정한 간격을 두고 운행하여야 한다. 일정한 간격을 두고 운행하는 방법으로 시간 간격법과 공간 간격법이 있다.

1) 시간 간격법 : 시간 간격법(time interval block system)은 일정한 시간 간격을 두고 연속적으로 열차를 출발 시키는 방법으로서 선행열차가 도중에서 정거한 경우라 하더라도 후속열차는 일정한 시간이 지나면 출발 하게 되므로 운행하는 도중에 선행 열차에 유의하여야 한다. 따라서 시간 간격법은 보안도가 낮기 때문에 천재지변 등으로 통신이 두절되는 경우와 같은 특수한 경우에만 사용한다.

2) 공간 간격법 : 공간 간격법(space interval block system)은 열차와 열차 사이에 항상 일정한 공간적인 거리 를 두고 운행하는 방법으로 선행 열차의 운행 위치를 알 수 있어 고밀도와 고속도 운행에 적합하다. 또한 공간 간격법은 공간적 거리를 고정하여 운용하는 고정 공간간격법과 공간을 유지하되 그 거리를 열차의 운행에 따라 실시간으로 변경이 가능한 가변 공간간격법이 있다.

(나) 폐색방식의 종류

폐색방식은 선로의 상태와 수송량에 따라 결정되며 다음과 같은 종류가 있다. 단선구간의 상용 폐색방식에 는 통표 폐색식, 연동 폐색식, 자동 폐색식이 있다. 복선구간에서는 연동 폐색식, 자동 폐색식 및 ATC 장치 등 으로 운용되는 차내 신호폐색식이 있다. 대용 폐색방식은 상용 폐색방식이 고장 등으로 인하여 사용될 수 없을 경우에 행하는 폐색방식으로 복선구간에서는 통신식, 단선구간에서는 지도 통신식을 사용하여 일시적으로 열 차를 운행하는 방식이다. 또 통신 불통 등으로 대용폐색방식을 이용하기 곤란할 때에는 폐색 준용법으로 운전 할 수 있다. 대용폐색방식 또는 폐색 준용법을 시행할 때에는 관계역장이 미리 운전사령에게 그 요지를 통보하 여 지시를 받아야 하며(전화 불통시 사후 통보) 이를 변경하거나 폐지하는 경우에도 또한 같다.

(2) 상용 폐색방식

(가) 자동 폐색식

자동 폐색식(ABS, automatic block system)은 궤도회로를 이용하여 열차에 의해 자동으로 신호를 제어하는 폐색장치로 자동 폐색 신호기가 이에 해당된다[242]. 자동 폐색식은 폐색구간 시점에 설치된 폐색신호기에서 열차가 그 구간에 있을 때에는 정지신호를 현시하고 열차가 없을 때에는 제한 또는 진행신호를 현시하도록 한 다. 이와 같이 신호와 폐색을 일원화하여 인위적인 조작이 불가능하며 정거장과 정거장 사이에 신호기를 건식 하게 되므로 폐색구간을 여러 개로 분할할 수 있다(**그림 5.3.2**). 자동 폐색식은 폐색구간에 설치된 궤도회로 를 이용하여 열차의 진행에 따라 자동으로 폐색 신호기가 동작하는 방식으로 자동 폐색장치가 필요하다.

(나) 연동 폐색식(controlled manual block system)

폐색 구간의 양단에 폐색 버튼을 설치하여 이를 신호기와 연동시켜 신호 현시와 폐색 취급의 2중 취급을 단 일화한 방식이다. 이 폐색식은 복선과 단선 구간에 사용하는 것으로 복선 구간의 쌍신 폐색기와 단선 구간의 통 표 폐색기의 단점을 보완한 것이며, 관련된 출발 신호기(starting signal)를 폐색기와 상호 연동시킴으로써 한 가 지라도 충족되지 않으면 열차를 출발시킬 수 없는 설비이므로 특히 단선 구간에서는 통표의 수수를 위한 열차 의 서행 운전(slow operation)이 필요하지 않게 되었다. 폐색장치는 연동장치에 설치하며 폐색 승인 요구 기능 의 출발버튼, 폐색 승인 기능의 장내버튼, 개통 및 취소 버튼과 출발 폐색, 장내 폐색, 진행 중의 세 가지 표시 등 이 있으며 출발역에서 폐색 승인을 요구하면 도착역의 전원으로 승인이 이루어지도록 하는 방식이다.

(다) 통표 폐색식(tablet instrument block system)

단선 구간에 대한 폐색장치의 결정판으로서 철도의 성장기에 영국에서 개발된 이래 세계적으로 보급되어, 예전에 가장 많이 채용되었고 현재에도 많은 국가에서 사용되고 있다. 폐색구간의 운전은 그 구간 고유의 통표 (tablet) 휴대를 절대의 조건으로 하며, 통표는 양 역 어느 쪽인가의 폐색기에서 1 매밖에 뽑아낼 수 없다. 즉, 양 역에 한 쌍의 통표 폐색기가 있어 상호에 전기적으로 쇄정되어 양 역에서 소정의 순서로 취급하면 발차 역 측에 대하여 1매만의 금속제 원반의 통표가 뽑혀지는 구조로 되어 있다. 이것을 기관사가 휴대하고 열차를 운전하여 도착역(destination station)에 건네주고 양 역의 공동 조작으로 이것을 도착역의 통표 폐색기에 넣어 원래의 상 태로 돌린다. 통표에는 각 역간에 고유의 홈(원형, 삼각형, 마름모형, 사각형, 십자형 등 5 종류)이 있기 때문에 통표 폐색기에는 다른 구간의 통표를 잘못 넣을 수가 없다. 자동·연동 등 각 폐색장치가 신호기와 전기적으로 연쇄되어 있음에 비하여 통표 폐색장치는 신호기와의 사이에 연쇄가 없어 이들은 역장의 취급으로 보충되며, 통표 수수 등 취급의 번잡이 결점이다. 통표 수수기는 단선구간의 열차 통과 역에서 역무원과 기관차 승무원끼 리 통표를 수수하는 설비이며 기관사가 통표를 역에 전달할 때 수도(받음)기를 이용하고 기관사가 통표를 받을 때는 수여기에 있는 통표를 뽑아간다.

(3) 기타의 폐색방식

(가) 차내 신호 폐색식

차내 신호 폐색식은 ATC 구간에서 선행 열차와의 간격 및 진로의 조건에 따라 차내에 열차 운전의 허용 지시 속도를 나타내고 그 지시속도보다 낮은 속도로 열차의 속도를 제한하면서 열차를 운행할 수 있도록 하는 방식 이다[242]. 차내 신호의 지시속도를 초과하여 운전하거나 정지신호 또는 ATC장치에 고장이 발생되면 자동으로 제동이 작동하여 열차가 정지하게 된다.

(나) 대용 폐색방식

상용폐색방식을 시행하기 곤란한 경우에는 대용 폐색방식을 사용할 수 있으며 아래와 같은 종류가 있다 [242].

1) 통신식 : 통신식은 복선 구간에서 사용하는 대용 폐색으로 폐색구간 양쪽 정거장에 설치된 폐색전용 직통 전화기를 사용하여 양역 역장이 폐색 수속을 한 후에 열차를 운행시키는 방식이다.

2) 지도 통신식 : 지도 통신식은 단선구간에서 사용하는 대용 폐색방식이다. 복선구간의 통신식에 대한 수속 을 보다 신중하게 하기 위하여 지도표를 발행하여 운행 열차중을 기관사에게 휴대하도록 하는 방식이다.

3) 지도식 : 지도식은 열차 사고 또는 선로 고장 등으로 현장과 가까운 정거장간을 1폐색 구간으로 열차를 운 전하는 경우에 이용한다. 후속열차 운전의 필요가 없을 때에 시행하는 단선구간 대용폐색방식으로 이 경 우에도 지도 통신식에서의 지도표를 발행한다.

(다) 폐색 준용법[242]

1) 격시법 : 격시법을 복선구간에서 사용하는 폐색 준용법으로 일정한 시간 간격으로 열차를 운행하는 방식 이다. 평상시 폐색구간을 운전하는데 요하는 시간보다 길어야 하며 선행 열차가 도중에 정거할 경우에는 정거시간과 차량고장, 서행, 기후 불량 등으로 지연이 예상될 경우에는 지연 예상시간을 충분히 감안하 여야 한다.

2) 지도 격시법 : 지도 격시법은 폐색구간 한쪽의 역장이 적임자를 현장에 파견하여 상대역의 역장과 협의한

후에 열차를 운행시키는 방식이다.

   3) 전령법 : 전령법은 폐색구간을 운전하는 열차에 전령자를 동승시켜 열차를 운행시키는 폐색 준용법의 하나이다.

(4) 무폐색 운전(non-blocking operation)

이상의 각종 폐색식을 이용할 수 없는 이상 시는 기관사의 주의력에만 의존한 무폐색 운전을 이용하는 것으로 된다. 이 경우는 곧바로 정지할 수 있도록 열차의 속도가 15 km/h 이하의 저속 조건으로 된다.

(5) 철도건설규칙의 규정

폐색을 확보하는 장치는 진로상의 폐색구간 조건에 따른 신호를 현시하거나 폐색을 보증할 수 있어야 한다.

(6) 체크인 아웃 방식

열차의 저부, 후부로 체크인(진입), 체크아웃(진출) 신호를 보내는 송신안테나를 폐색구간의 입구에 설치하고 지상폐색구간 출입구에서는 이를 수신하여 구간 내 열차의 유무상태를 감지하는 시스템을 말한다[245]. 주로 경전철에 적용되는 폐색방식이다(제10.4.3(6)항 참조).

5.4 신호장치와 연동장치

5.4.1 신호장치

(1) 신호의 의의와 종류

시각(색·형)이나 청각(음)을 이용하여 운전에 종사하는 사람에게 진행·정지, 속도나 진로 등의 운전 조건을 지시·전달하는 장치를 총칭하여 철도신호(railway signal)라고 부른다. 일반적으로 사용되고 있는 철도신호는 세 가지로 대별하여 신호·전호·표지로 분류되며, 다음과 같이 정의된다. 여기서, 신호가 나타내는 부호를 "현시"라고 하며 전호, 표지에 대하여는 "표시"라고 한다.

   1) 신호(signalling) : 신호는 철도신호에서 가장 중요한 위치를 점하고 있다. 즉, 형·색·음 등으로 열차 또는 차량에 대하여 일정 구간을 운전할 때의 조건을 지시하는 것이며, 신호를 현시하는 기구를 신호기라고 한다. 형으로 나타내는 것의 예는 완목(腕木)식 신호기(semaphore signal)·등열식 신호기(position light signal), 색으로 나타내는 것으로 색등식 신호기(colour light signal), 음으로 나타내는 것으로 폭음 신호(detonating signal) 등이 있다. 즉, 신호는 인식방식에 따라서 시각(형, 색)신호와 청각(음)신호로 분류되며, 이 중에서 주로 이용되는 것이 시각신호이다.

   2) 전호(signal) : 형·색·음 등으로 관계자 상호간에 의사를 전하는 것이다. 대표적인 것으로서 형이나 색으로 행하는 입환통고 전호·제동시험 전호·정지위치 지시전호, 음으로 전하는 기적 전호·무선기를 이용한 전호 등의 예가 있다. 일례로서 신호현시 전호의 경우에 진행신호에서는 녹색 기를 천천히 상하로 움직

이고(야간에는 녹색 등을 천천히 좌우로 움직인다), 정지신호에서는 적색 기를 천천히 좌우로 움직인다(야간에는 적색등을 천천히 좌우로 움직인다).

3) 표지(indicator, marker) : 형 · 색 등으로 물체의 위치 · 방향 · 조건 등을 표시하는 것을 말한다. 예로서 입환 표지 · 열차 표지 · 열차정지 표지 · 차막이 표지 · 차량접촉 한계표지 · 가선종단 표지 · 전철기 표지 · 속도제한 표지 · 기적 취명 표지(whistle post) 등이 있다.

(2) 신호기의 종류

신호기(signal)에는 지상 신호기와 차내 신호기(cab signal)가 있다. 또한, 지상 신호기에는 일정한 장소에 상치하고 있는 상치 신호기가 대부분이지만, 공사중인 때 등에 임시로 설치하는 임시 신호기, 신호기 고장 등의 경우에 사용하는 수신호, 사고 · 재해(disaster) 시 등에 사용하는 특수 신호기 등이 있다. 신호기의 현시는 열차의 정지, 감속 등 필요한 처치가 취해지는 거리이고, 충분히 내다보이고 확인할 수 있어야 한다. 또한, 신호장치가 고장인 경우에는 반드시 안전 측의 현시(통상은 정지)를 하도록 되어 있다.

지상 신호기는 구조에 따라 기계식 신호기(완목식 신호기, **그림 5.4.1** 참조) · 등렬식 신호기 · 색등식 신호기 등 전기 신호기가 있지만, 장년에 걸쳐 사용되어온 완목식 신호기는 최근에 거의 자취를 감추고 있다(2005년 현재 6,178개의 신호기 중 2 %인 96기). 조작 방식에 따라 조작자가 취급하는 수동 신호기(manual signal), 궤도회로와 열차의 유무에 따라 자동적으로 제어되는 자동 신호기(automatic signal), 자동적이고 게다가 조작자가 필요에 따라 취급할 수가 있는 반자동 신호기(예 : 자동 신호구간의 장내 신호기 · 출발 신호기)가 있다. 신호기의 목적에 따라 방호하는 구간을 가진 주신호기, 주신호기가 현시하는 신호의 확인 거리를 보충하기 위한 종속 신호기, 신호기에 부속되어 그 신호기가 지시하여야 할 조건을 보충하는 신호 부속기로 분류된다. 이하에서는 각각에 대하여 해설한다.

(가) 상치 신호기(fixed signal)

1) 주신호기(main signal)

① 장내 신호기(home(or entry) signal) : 정거장(station)의 입구에서 정거장에 진입하는 열차에 대하여 진입의 가부를 지시하는 주신호기이며, 또한 정거장 내외의 경계를 나타낸다. 역장이 구내 진로에 지장이 없는 것을 확인하여 취급한다. 일반적으로 가장 민 전철기에서 바깥쪽 100 m 전방에 설치하며, 다만 ATS를 병설하는 경우는 이보다 접근하여도 좋다.

② 출발 신호기(departure(or starting, exit) signal) : 정거장에서 출발하는 열차에 대한 출발의 가부를 지시하

기계 신호기   정지신호   진행신호

그림 5.4.1 기계식(완목) 신호기

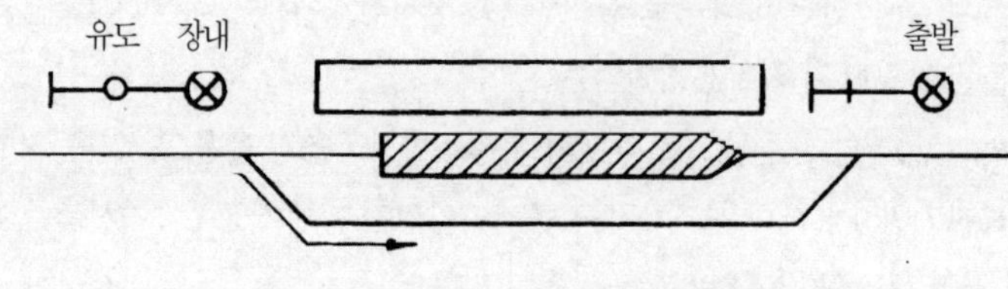

그림 5.4.2 유도 신호기의 건식위치

는 주신호기이며, 또한 정거장에 진입하여 정거하는 열차에 대하여 정지하는 경계를 나타내고 있다. 역장이 방호구간에 지장이 없는 것을 확인하여 취급한다.

③ 폐색 신호기(block signal) : 각 폐색구간의 시점에 있는 신호기를 폐색신호기라고 한다. 이 구간 내에서 진행하고 있는 선행열차는 폐색구간을 점유할 수 있으며, 원칙적으로 후속열차는 신호에 따라 선행열차와 같은 구간에 진입할 수 없다. 이 폐색구간 내의 진입은 폐색신호기에 따른다. 즉, 자동 폐색 구간에 열차가 진입하면 처음 끝의 주신호기는 자동적으로 정지 신호를 현시하고, 열차가 폐색 구간을 진출하면 그 신호기에 진행을 지시하는 신호를 현시한다. 열차 밀도가 증가됨에 따라서 폐색 구간이 짧게 된다.

④ 유도 신호기(calling-on signal) : 장내 신호기의 방호 구역 내의 열차가 있는 선로에 열차의 증결 등으로 다른 열차를 진입(15 km/h 이하의 속도)시킬 필요가 있는 경우에 설치하며, 열차 진입의 가부를 지시한다. 장내 신호기와 동격의 주신호기로서 위치하고 있지만, 특수한 것이다. 즉, 정거장 내에 열차가 정거 중인 때에 다음의 열차가 접근하면 이것을 **그림 5.4.2**의 화살표 루트로 열차를 진입시키는데 필요한 신호기이며 장내신호기와 동일 기둥에 설치한다. 이 신호기는 상시에는 무(無)현시이며 필요할 때만 현시한다.

⑤ 입환 신호기(shunting signal) : 구내 운전(operation in yard)을 하는 차량에 대하여 방호구간에서의 운전 조건을 지시하는 주신호기(제한 속도 15 km/h 이하)이며, 시점에 설치한다.

2) 종속 신호기(subsidiary signal)

⑥ 원방 신호기(approaching signal) : 비자동 구간의 장내 신호기에 종속한 신호로 그 바깥쪽에 대하여 장내 신호기의 신호 현시를 예고하는 것이다.

⑦ 중계 신호기(repeating signal) : 장내 신호기·출발 신호기·폐색 신호기 등의 신호현시 확인거리가 부족한 경우에 이것을 보충하기 위하여 설치하는 종속 신호기이다.

3) 신호 부속기

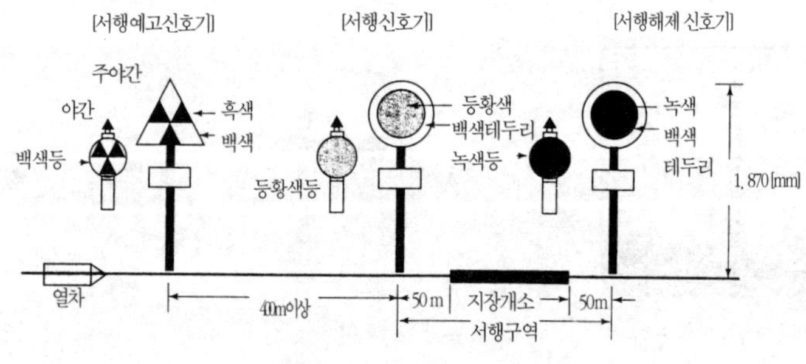

그림 5.4.3 임시 신호기[242]

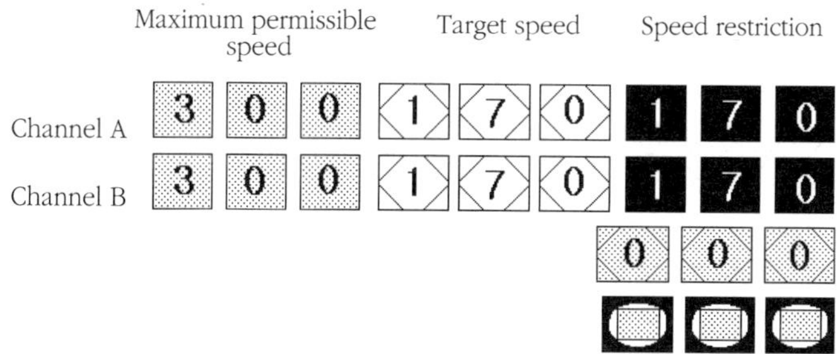

그림 5.4.4 고속열차 운전실의 속도 현시

⑧ 진로 표시기(route indicator) : 장내 신호기·출발 신호기·입환 신호기를 2 개 이상의 진로에 공유하는 경우에 진로를 표시하기 위하여 설치하는 신호 부속기이다.

(나) 기타 신호

1) 임시 신호기(temporary signal) : 선로의 개수나 지장 등으로 평상시처럼 열차를 운전할 수 없을 때, 열차의 서행을 요하는 곳에 임시적으로 설치하는 것이다. 서행인 때는 서행예고 신호기·서행 신호기·서행 해제 신호기의 3 종류가 사용된다(**그림 5.4.3** 참조).

2) 수신호(hand sign) : 신호기가 설치되어 있지 않은 때, 또는 고장이 난 때에 사람이 기 또는 등으로 신호를 현시한다.

3) 특수 신호(special signal) : 건널목 지장·낙석 등으로 긴급하게 열차를 세울 필요가 있을 때, 짙은 안개·눈보라 등으로 신호의 현시를 보아서 인식할 수 없을 때 등에 이용된다. 발염 신호(fusee signal, 신호 염관의 적색 화염)·폭음 신호(detonating signal, 레일에 설치하여 차륜이 밟으면 뇌관이 폭발)·발광 신호(light signal, 특수 신호 발광기에 의한 적색등의 움직임) 등으로 정지 신호를 현시한다.

(다) 차내 신호기(cab signal)

일반의 지상 신호방식은 고속 운전에서 인식과 확인이 곤란하기 때문에 차내 신호방식(cab signal)이 채용되었다(**그림 5.4.4**). 최근에는 대도시의 고밀도 선구나 신설의 지하철 등에도 보급되고 있다. 이 방식은 레일을 개입시켜 주행하는 차량의 운전실에 신호 정보를 직접 선송하고 운전대의 표시는 일반적으로 속도계의 패널에 제한 속도의 수치를 점등하는 구조로 되어 있다. 차내 신호 방식은 일반적으로 자동 열차제어 장치(ATC) 또는 자동 열차운전 장치(ATO)와 조합되어 있다. 우리나라에서는 1993년 과천선을 시작으로 분당선·일산선의 신호 방식이 차상신호 방식으로 설비된 전철의 개통과 함께 전자식 신호 시대로 발전하였다.

(3) 상치 신호기의 신호 현시

(가) 신호기의 현시 방법

열차의 속도가 낮은 시대의 신호기는 진행과 정지의 두 가지 현시(route signal)로 족하였다. 그 후 열차 속도의 향상이나 각 진로의 제한 속도(restricted speed) 등에 따라 운전상의 속도 조건에 적응한 많은 현시(speed signal)가 채용되어 있다. 현재 채용되고 있는 신호현시는 2위식(two position signal, G : 진행, R : 정지), 3위식(three position signal, G : 진행, Y : 주의, R : 정지), 대도시의 수송 밀도가 많은 전차 구간에서는 4위식(four position signal, G : 진행, YG : 감속, Y : 주의, R : 정지, 또는 G : 진행, Y : 주의, YY : 경계, R : 정지), 5위식(five position signal, G : 진행, YG : 감속, Y : 주의, YY : 경계, R : 정지) 등이 있다.

1) 정지 신호(stop(or danger) signal) : 열차는 이것을 넘어 진행할 수 없다. 폐색 신호기의 정지 현시의 경우에 열차는 정지하지만 1분이 지나든지 또는 연락에 따라 정지신호 현시인 채라도 무폐색 운전(non-blocking operation) 취급인 15 km/h 이하의 속도로 진행할 수 있게 하고 있다.

2) 경계 신호(speed restriction signal) : 자동 폐색 구간에서 다음 신호기의 정지신호를 확인할 수 있는 지점에서 상용 브레이크로는 정지할 수가 없는 때에 이용된다. 이 조건에서는 열차가 25 km/h 이하의 속도로 진행하게 된다.

3) 주의신호(caution signal) : 다음의 신호기가 정지 또는 경계 신호인 조건에 대하여 열차가 45 km/h(일반열차의 5현시에 대한 경우 65 km/h)이하의 속도로 진행하게 된다.

4) 감속 신호(reduced speed (or slow-down) signal) : 다음의 신호기가 주의 또는 경계 신호인 조건에 대하여 열차가 10 km/h 이하의 속도로 진행하게 된다.

5) 진행신호(proceed (or clear) signal) : 열차가 진행할 수 있다.

6) 유도 신호(calling-on signal) : 정거장에 진입하는 경우 등에 대하여 열차 편성(train consist)의 병합 등을 위하여 진로 상에 열차나 차량이 있는 것을 전제로 15 km/h 이하의 속도로 진행한다.

(나) 신호기의 정위

해당 신호기를 취급하기 전의 신호기 현시상태 즉 신호기의 정위는 아래와 같다[242].

1) 장내, 출발, 엄호, 입환 신호기 : 정지신호 현시

2) 유도 신호기 : 소등

3) 원방 신호기 : 주의신호 현시

4) 폐색 신호기 : ① 복선구간 : 진행신호 현시, ② 단선구간 : 정지신호 현시

5) 복선 자동폐색구간의 장내, 출발 신호기 : ① 주본선 : 진행신호 현시. 다만, 특별히 지정하거나 폐색방식을 변경하여 대용 폐색방식 또는 전령법을 시행하는 경우에는 정지신호 현시, ② 부본선 : 정지신호 현시

(다) 신호기의 신호현시

장내 신호기, 출발 신호기, 폐색 신호기와 원방 신호기는 **표 5.4.1**의 신호 현시를 할 수 있는 신호기로 한다[242]. 여기서, G : 진행신호, YG : 감속신호, Y : 주의신호, R : 정지신호를 나타낸다. 상치신호기에 고장이 생겼을 경우에는 그 신호기가 현시하는 신호 중에서 열차 또는 차량의 운전에 최대로 제한을 주는 신호를 현시하거나 신호를 현시하지 않는 것으로 한다. 이를 최대 제한의 원칙이라고 한다.

(라) 신호기의 모양

신호기의 모양은 다음에 의한다. ① 장내 신호기, 출발 신호기, 엄호 신호기, 폐색 신호기와 원방 신호기는 색

표 5.4.1 신호기의 신호현시

구분	신호기	신호현시
자동구간	장내 신호기, 출발 신호기, 폐색 신호기	G, YG, Y, YY, R
비자동구간	장내신호기	G, Y, R(기계식 G, R)
	출발신호기	G, R
	원방신호기	G, Y

등 식 신호기로 한다. 다만, 원방 신호기의 색등은 황색 및 녹색으로 한다. ② 유도신호기와 중계 신호기는 등열식으로 한다. ③ 입환 신호기(입환표지 포함)는 색등식으로 한다. ④ 입환 신호 중계기는 등열식으로 한다.

(4) 상치 신호기의 설치 위치

상치 신호기는 원칙적으로 선로의 바로 위 또는 좌측에 설치하며, 선로가 둘 이상 인접하여 있는 경우에는 신호기를 선로의 배열순으로 설치하여 소속하는 선로가 판별될 수 있도록 설치한다. 장내 신호기는 가장 외측의 전철기에서 100 m 이상 앞 쪽(대향(facing) 전철기의 경우), 또는 150 m 이상 앞 쪽(배향 전철기의 경우는 차량 접촉 한계표지에서)의 위치로 한다. 이것은 만일의 과주하는 경우에 대하여 여유를 취한 것이며, 배향(trailing) 전철기의 경우는 과주에 의한 전철기의 파손을 방지하기 위하여 길게 하고 있다. 출발 신호기는 가장 안쪽의 전철기에서 20 m 이상 앞쪽(대향 전철기의 경우), 또는 차량접촉 한계표지의 앞쪽(배향 전철기의 경우)의 위치로 한다. 장내 · 출발 · 폐색 · 엄호 신호기의 신호 현시가 확인 가능한 거리는 600 m 이상을 원칙으로 하고, 다만, 해당 폐색구간이 600 m 이하인 경우에는 그 길이 이상으로 할 수 있다. 수신호 등의 확인 거리는 400 m 이상으로 한다. 원방 신호기 · 입환 신호기 · 중계 신호기의 신호 현시가 확인 가능한 거리는 200 m 이상, 유도 신호기는 100 m 이상으로 한다. 진로 표시기의 확인 가능한 거리는 주신호용 200 m 이상, 입환신호용 100 m로 한다.

(5) 자동 신호기(automatic signal)의 구조

궤도를 전기회로로서 사용하며, 궤도상의 차량 유무에 따라 자동적으로 제어된다. 폐색 구간 전후의 레일은 전기적으로 절연되고, 폐색 구간내의 레일 이음매는 본드로 접속되며, 폐색 구간의 입구에 궤도 계전기(릴레이)를 설치하여 레일에 항상 전류를 흐르게 하고 신호기의 궤도 릴레이(relay)를 작동시켜 진행신호가 현시된다(**그림 5.4.5** 참조). 열차가 이 구간에 진입하면 레일에 흐르고 있는 전류가 차륜 · 차축으로 단락(short circuit)되어 궤도 릴레이로 가지 않기 때문에 접촉자가 떨어져 적색등 회로가 이루어져 정지신호의 현시로 된다. **그림 5.4.6**은 3위식 자동 신호기의 작동 회로도이다.

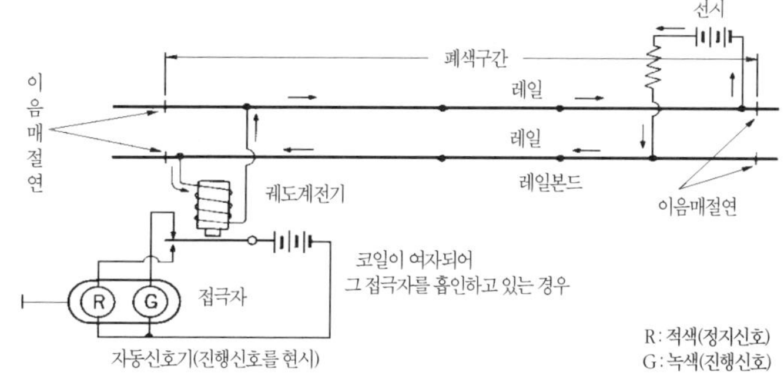

열차점유	무	유
궤도계전기	여자	무여자
신호현시	진행	정지

그림 5.4.5 2위식 자동 신호기의 원리

(6) 표지

표지는 장소의 상태를 표시하는 것으로 여러 가지가 있으며 중요한 표지의 일부는 다음과 같다[242].

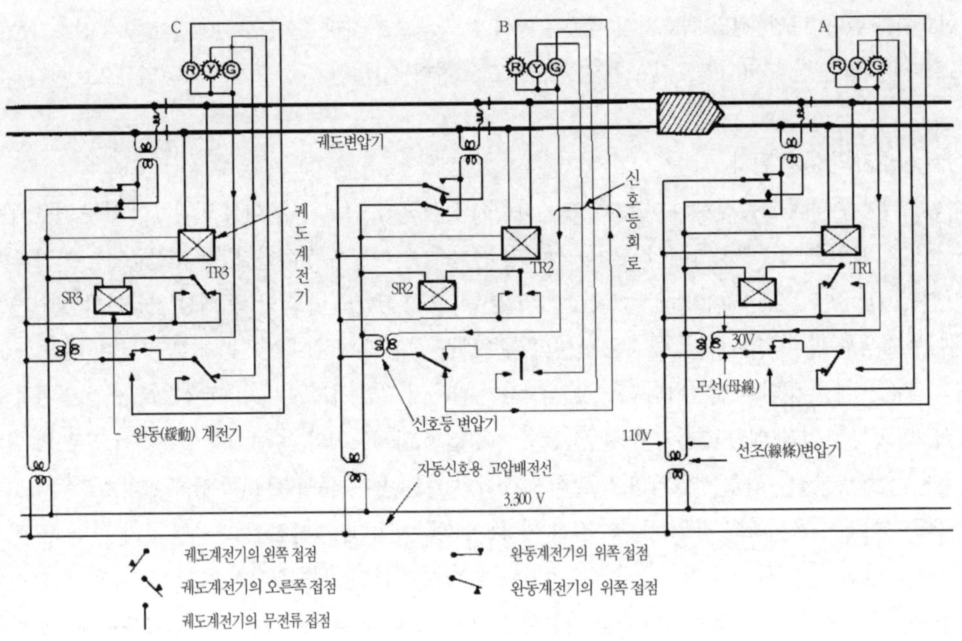

그림 5.4.6 3위식 자동 신호기의 작동 회로

1) 열차정지표지 : 열차정지표지는 정거장에서 항상 열차가 정거할 한계를 표시할 필요가 있는 지점에 설치한다. 이 표지는 그 선로에 도착하는 열차에 대하여 열차정지표지 설치지점을 지나서 정거할 수 없도록 한 표지로서 등 또는 초고휘도 반사재를 사용한다.

2) 가선종단표지 : 가선종단표지는 가공 전차선로의 끝 부분에 설치하여 전차선로의 종단을 표시할 필요가 있는 지점에 설치하는 표지이다.

3) 차량정지표지 : 차량정지표지는 정거장에서 입환전호를 생략하고 입환차량을 운전하는 경우에 운전구간이 끝 지점을 표시할 필요가 있는 지점 또는 상시 입환차량의 정지위치를 표시할 필요가 있는 지점에 설치한다. 필요에 따라 정거장외 측선에도 설치할 수 있으며 입환차량은 설치 지점을 지나서 정거할 수 없다.

4) 차막이와 차량접촉 한계표지 : 차막이표지는 본선 또는 주요한 측선의 차막이 설치 지점에 설치하는 표지이다. 차량접촉 한계표지는 선로가 분기 또는 교차하는 지점에 선로상의 인접선로를 운전하는 차량에 지장을 주지 않는 한계의 위치를 표시하기 위하여 설치하는 표지이다.

(7) 철도건설규칙의 규정

1) 신호기장치 : ① 철도신호의 현시장치 및 표시장치의 구조와 시설은 오인될 우려가 없게 한다. ② 신호방식은 지상 신호방식, 또는 차내 신호방식 등으로 하되 열차운행간격, 선로용량 등과 열차운행 안전성과 효율성을 고려하여 최적의 신호방식을 선정한다. ③ 차내 신호방식과 통신기반 열차제어시스템을 채택한 구간은 열차운행에 필요한 각종 신호정보를 기관사에게 전달하는 설비를 설치한다.

2) 신호설비의 전원방식 : 신호설비의 전원방식은 이중으로 설치하는 것을 원칙으로 한다.

그림 5.4.7 열차정지표지

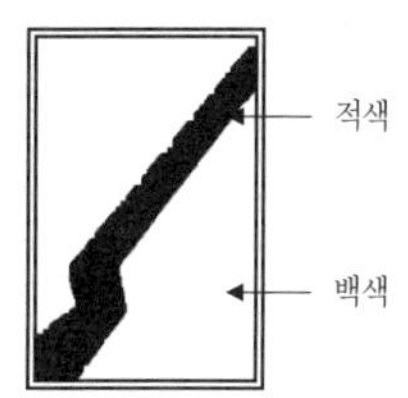

그림 5.4.8 가선종단표지

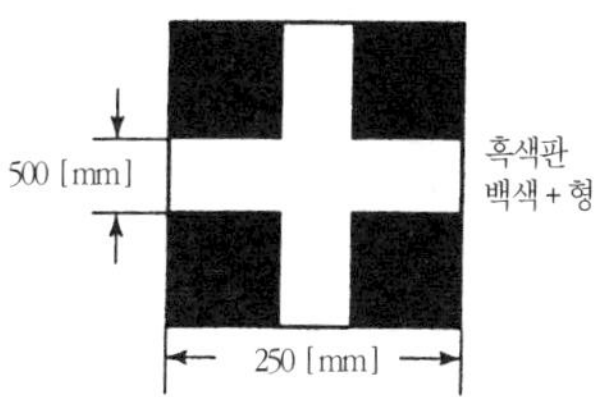

그림 5.4.9 차량정지표지

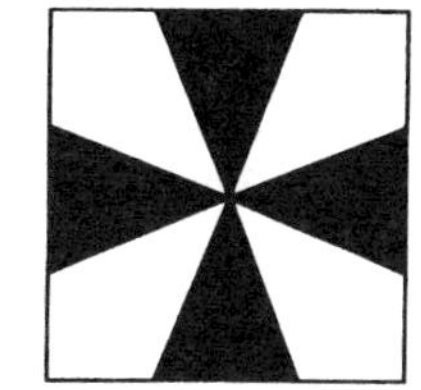

그림 5.4.10 차막이표지

5.4.2 전철 장치와 연동장치(interlocking)

(1) 전철(轉轍) 장치

선로의 분기에는 분기기(turnout)가 설치되며, 그 진로를 전환하는 장치, 즉 분기기의 진로방향을 변환시키는 장치를 선로전환기(전철기)라고 한다(제3.5.6항 참조). 일반적으로 전기 선로전환기(electric switch machine)가 많이 이용된다. 2005년 현재 7.812대의 선로전환기 중 기계식은 23 %이고 전기식은 77 %이다. 철도건설규칙에서는 다음과 같이 규정하고 있다. 선로가 분기되는 본선과 주요 측선에는 열차의 안전을 확보하기 위하여 전기 선로전환기를 설치한다. 다만, 중요하지 않은 측선에는 수동식 기계 선로전환기를 설치할 수 있다.

(2) 연동장치의 목적

정거장(station) 사이는 폐색방식으로 1폐색 구간 1열차로 하여 열차운전의 안전을 확보할 수 있지만, 정거장 구내에는 많은 분기기가 있어 열차의 분할·조성 등의 작업에서는 동일한 폐색방식(block system)을 이용할 수가 없다. 따라서, 정거장 구내에서의 열차운전의 안전을 확보하기 위하여 입구의 장내 신호기, 발차선의 출발

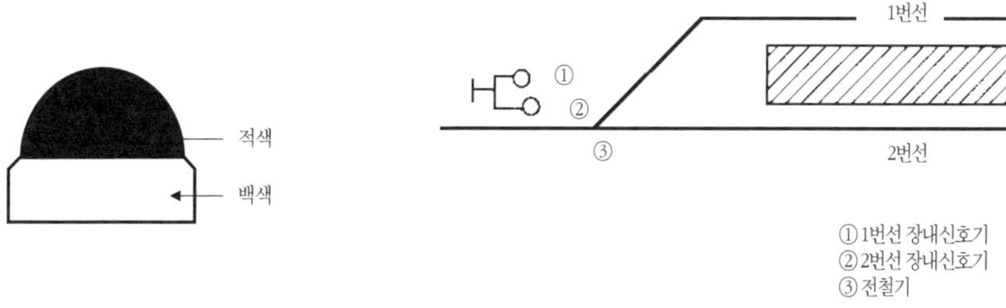

그림 5.4.11 차량접촉 한계표지

그림 5.4.12 구내 배선의 예

신호기, 입환 운전을 하기 위한 입환 신호기 등의 상호간이나, 이들의 신호기와 전철기(분기기)의 상호간에 결정된 조건일 때만 작동되도록 "연쇄"를 시행하고 있다. 이 연쇄 관계를 유지하면서 작동하는 것을 "연동한다"고 하며, 정거장에서는 이들의 연동장치의 채용이 원칙으로 되어 있다.

그림 5.4.12에 예를 나타낸다. 정거장 바깥에서 장내의 1번 선에 열차를 진입시키기 위해서는 장내 신호기 1을 진행으로, 장내 신호기 2를 정지로 하고 전철기 3을 1번 선으로의 진로로 개통시켜야 한다. 이 경우에 신호기 2는 진행 현시를 할 수 없도록, 전철기 3은 2번 선으로의 진로로 전환할 수 없도록 하여야 한다. 즉, 신호기 1 및 2와 전철기 3의 상호간에 기계적 또는 전기적인 관련("연쇄"라고 한다)을 주어 연동을 확보하는 것이 연동이다. 철도건설규칙에서는 열차의 운행과 차량의 입환을 능률적이고 안전하게 하기 위하여 신호기와 선로전환기가 있는 정거장, 신호소 및 기지에는 그에 적합한 연동장치를 설치하도록 정하고 있다.

(3) 쇄정과 해정

신호기(signal) · 전철기(shunt)에는 정위와 반위의 위치가 있지만, 일반적으로 신호기는 정지(挺子) 현시를 정위(normal position), 그 외를 반위(reverse position)로 하고(제5.4.1(3)(나)항 참조), 전철기는 주요 선로로의 개통 방향을 정위, 그 외를 반위로 하고 있다(제3.5.6항 참조). 신호기 · 전철기를 정위 또는 반위로 하기 위하여 신호 정자 · 전철 정자를 이용한다. 이들 정자는 임의로 전환될 수 없도록 쇄정 장치(locking device)를 설치하고 있다. 정자가 전환될 수 있는 상태를 해정(unlock, releasing)이라고 하며, 전환될 수 없는 상태를 쇄정(lock)이라 한다. 보류(保留) 쇄정은 정자를 반위로 하면 무조건 쇄정이 걸리는 방식으로 자동구간과 비자동구간 경계에 설치한다.

1) 철차(轍叉 또는 철사·轍査) 쇄정(detector locking) : 전철기를 포함하여 궤도회로(track circuit)에 열차 또는 차량이 있을 때는 전철기가 전환되지 않도록 쇄정하는 것이다.

2) 진로 쇄정(route locking) : 신호기가 지시하는 진로에 열차 또는 차량이 진입한 때는 관계 전철기를 포함하여 궤도회로를 통과하여 끝나기까지 그 전철기가 전환될 수 없도록 쇄정한다.

3) 접근 쇄정(approach locking) : 열차 또는 차량이 신호기에 접근하고 나서 급하게 정지신호로 바뀌고 진로를 변경하도록 전철기를 변환하면, 열차 또는 차량이 곧바로 정지할 수 없어 전철기에 올라 탈 위험이 있다. 따라서, 열차가 접근하고 있을 때 신호기를 정지로 현시한 경우에 일정 시간(전차 구간은 1분)이 경과하지 않으면 관련 전철기가 전환될 수 없도록 쇄정한다.

(4) 릴레이(계전기)

연동과 쇄정을 전기적으로 제어하는 시스템의 하나가 릴레이(relay)이다. 릴레이의 원리는 코일에 전류가 흐름으로써 코일이 전자석의 작용을 하여 단자(端子)를 흡인하고 접점을 개폐하는 일이다. 이 릴레이에는 직류와 교류가 이용되지만 직류에서는 +와 -의 극성이 있어 무(無)전류를 넣어 3방향으로 회로를 나누며 교류에서는 와전류의 전위차와 무전류를 넣어 직류와 마찬가지로 회로를 나누고 있다.

(5) 연동장치의 종류

방식에 따라 제1종과 제2종, 구조에 따라 기계식과 전기식이 있다. 제1종(first class interlocking device) 연동장치는 신호기·전철기 등의 정자를 모두 1 개소에 집중하여 원격 조작하고 이들 상호간의 연쇄는 제1종 연동기로 행한다. 즉, 제1종 연동장치는 정거장 전체의 연동 기구를 집중하여 하나의 장치 내에 짜 넣어 상호간의 연쇄를 하는 것이다. 제2종(second class interlocking device) 연동장치는 신호기의 정자를 집중 취급하고, 전철기의 변환 조작은 현장에서 취급하며, 상호간의 연쇄는 각 전철기 부근에 설치한 쇄정기로 개개로 행한다. 즉, 제2종 연동장치는 각 현장 단위의 연쇄를 취급하는 것으로 비교적 소규모의 것을 말한다. 기계식 연동장치(mechanical interlocking)는 큰 레버를 조작자의 손으로 취급하여 기계적인 쇄정 장치를 개입시켜 전철기를 전환하는 것으로 노력과 시간을 요하기 때문에 근년에 적어지고 있다. 전기식의 계전 연동장치(electric relay interlocking device)는 릴레이 회로로 전기적으로 신호기·전철기 등의 순서를 붙여 쇄정을 하며, 전철기의 전환은 전기 동력을 이용하고 있으므로 조작자는 집중 제어반의 스위치나 누름 버튼을 다룬다. 재래의 계전 연동장치는 전자석을 이용하여 릴레이의 접점을 개폐하여 왔지만, 최근에 보급되고 있는 전자연동장치(electronic interlocking device)에서는 릴레이(계전기) 대신에 마이컴을 이용하여 신뢰성·경제성이 보다 향상되고, 취급소나 기기실이 소형화되고 있다. 전자연동장치는 마이크로프로세서로 연동장치를 제어, 분석, 기록하여, 컴퓨터 키보드로 취급하는 장치이다. 2005년 현재 연동장치 설치 역은 483개 역이며 그 중에서 기계식 연동장치 설치 역은 3 %, 전기식 82 %, 전자식 15 %이다.

1) 계전연동 : 계전연동에서는 릴레이(relay)를 이용하여 연동과 쇄정을 전기적으로 행한다. 진로를 구성하기 위해서는 개별로 각 분기기의 방향을 결정하는 작업을 하지 않고 열차의 진입 시점과 종점의 누름 버튼을 조작하는 것만으로 릴레이가 작용하여 그 사이에서의 진로구성과 관계되는 신호의 현시를 설정할 수 있다.

2) **전자연동장치** : 정거장 구내에서 1 일의 열차나 차량의 움직임(운행 패턴)은 작업 다이어그램으로 사전에 정하여져 있다. 전자연동장치는 이 특성을 살려 1 일 단위로 열차번호에 따라 작업 다이어그램마다의 진로 구성에 필요한 연동과 쇄정의 패턴을 미리 입력하여 두고 열차의 번호를 입력하는 것만으로 진로를 구성할 수 있는 시스템으로 구성되어 있다.

(6) 연동도표

정거장 구내의 열차운전이 안전하게 이루어지도록 여러 가지 방법의 연쇄가 연동장치로 이루어지고 있다. 이러한 연동장치가 어떤 내용과 조건으로 구성되어 있는지를 알기 쉽게 표시한 것이 연동도표(locking sheet)이다[242]. 연동도표는 연동장치의 기초적인 자료로서 신호설비를 처음으로 설계할 때와 연동장치가 설치되었을 때의 연동검사와 평상시 연동장치의 점검을 위하여 반드시 필요하다. 따라서, 연동도표를 작성하는 방법에는 여러 가지 기호 및 기재방식을 일정하게 정하여 누가 작성하더라도 같은 방법으로 작성하여야 한다. 열차를 안전하게 운행하기 위한 연동도표상의 기본 조건은 다음과 같다. ① 진로가 완전히 구성되어 있어야 한다. 즉, 진로상의 선로전환기를 열차 진행방향으로 전환한 다음에 쇄정하여야 한다. ② 진로상에는 다른 열차 또는 차량이 없어야 한다. ③ 구성된 진로를 방해하려는 열차의 운전 가능성이 없어야 한다. ④ 열차가 그 진로를 완전히 통과할 때까지 위의 상태를 유지해야 한다.

5.4.3 신호 제어방식 및 신호안전설비

(1) 신호방식

신호방식의 선정은 신호설비 구축에 가장 기본적인 것이며 열차 운용에서 중요한 요인이 된다. 철도신호의 방식에는 신호의 현시 내용에 따른 분류와 현시하는 장소에 따른 분류가 있다[242]. 즉, 전자는 "진로 신호와 속도 신호", 후자는 "지상 신호와 차상 신호"가 있다. 신호기는 점등하는 일('신호의 현시'라고 한다)로 정지와 진행 등 운전상의 의미를 나타낸다.

(가) 지상신호

지상신호(way side signal)는 선로변에 상치신호기를 설치하고 선행열차의 개통조건과 전방진로의 구성조건에 따라 형 또는 색으로 신호를 현시하여 기관사가 확인한 후에 열차를 운행하는 방식이다. 이 방법은 설치비가 저렴하고 분기기가 많은 정거장 구내와 저속 운행선구에 적합하다. 그러나, 이와 같은 지상신호방식은 기상의 악조건시 열차운행에 지장을 초래하고 표정속도(Commercial Speed)와 운전속도를 높이기가 곤란하며 시설물이 현장에 산재되어 있어 유지보수가 어렵다. 지상신호에는 진로표시식(Route Signal System)과 속도제어식 (Speed Signal System)의 두 가지가 있다.

(나) 차상신호

차상신호(cab signal)는 고속철도, 신종 교통, 모노레일, 일부의 지하철 등에서 채용되고 있는 것으로 차량의 운전대에 설치된 장치로 신호를 현시하는 것이며, 열차의 현재 위치에 대한 운전 조건을 나타낸다. 차상신호는 레일을 정보전송 매체로 이용하거나 양 선로 내측에 루프코일을 설치하여 선행열차의 운행에 따라 궤도회로 조건과 선로 데이터, 진로 개통조건 및 신호현시에 필요한 여러 가지 조건 등 후속 열차 운행에 필요한 정보를 코드화하여 차상으로 전송한다. 전송된 정보는 차상신호장치로 수신되어 운전실에 주행속도를 표시하고 열차의 운행 속도와 신호 속도를 비교하여 제동 또는 가·감속 장치로 연결하여 운행하는 방식이다. 또한, 차상신호는 기후 조건에 따른 영향이 적으며 운전시격 단축과 기기 집중식으로 유지보수가 용이하여 열차 운행제어의 자동화를 이룰 수 있다. 그러나, 설비비가 고가이며 열차의 운행 빈도가 낮은 선구에서는 투자비에 비해 설비의 실효성이 적은 단점이 있다.

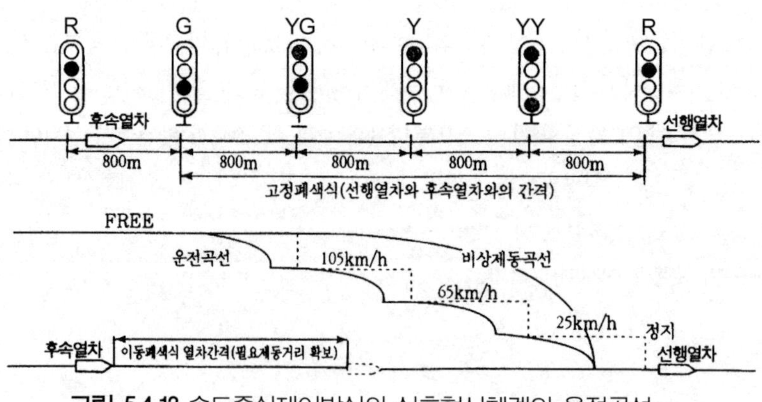

그림 5.4.13 속도중심제어방식의 신호현시체계와 운전곡선

(2) 제어방식

제어방식별 열차간격 단축효과는 이동 폐색식(MBS)이 가장 크며, 고정폐색방식(ATC, ATP), 속도중심제어(ABS) 순으로 된다[242]. **표 5.4.2**는 신호제어 기술 개발의 추이를 나타낸다[287].

표 5.4.2 신호제어 기술 개발의 추이

구분	폐색방식	운전 방식	적용 사례
고정 폐색 (Fixed Block System)	점 제어 자동 폐색방식 (ATS 방식)	- 역간을 거리단위로 궤도회로를 분할하여 폐색 구간을 설정 - 역간에 1개 이상 열차운행 - ATS 지상신호	- 철도신호 자동화 시초 - 서울메트로 1, 2호선
	연속제어 자동폐색방식(ATC 방식)	- 역간을 시간개념으로 궤도회로를 분할하여 폐색구간을 설정 - 역간에 1개 이상 열차운행 - Speed code ATC	- 차내 신호 고밀도운전 - 서울도시철도 5,6,7,8호선 - 부산 1호선
가변 폐색 (Variable Block System).	차내 연산 폐색방식 (Semi Moving Block System)	- 선행열차 위치 및 선로상태를 파악하여 열차 스스로 자기의 속도 및 제동거리를 계산하여 운전하는 방식으로 고밀도 운행 - Distance to Go ATC	- 차량에 컴퓨터를 설치하여 능동적인 안전 확보 - 고속철도, 부산, 인천 - 공급국: 독일, 스웨덴, 프랑스, 미국 등
	이동 폐색방식 (Moving Block System)	- 위 방식보다 더욱 지능화된 컴퓨터를 차내에 설치하고 고도의 정밀한 정보 관리체제로 고밀도 열차운행	- 운전, 운영 등 지하철 관리를 완전 자동화 - 대형차량에 적용실적이 없음

(가) 속도중심제어

속도중심제어방식(Speed Step Signalling System)은 지상의 신호기에 따라 단계적으로 속도를 감속하여 안전을 확보하는 속도중심의 제어방식(**그림 5.2.13**)으로 ATS장치가 대표적인 예이다. ATS장치는 기관사가 지상신호기를 현시하고 신호기의 정보에 따라 순차적으로 속도를 감속하여 지상신호기가 제한하는 속도 이상의 경우, 경고음을 발생한 후에 비상제동하는 고정폐색식 신호체계이다. 이러한 신호체계는 안전운행만을 목적으로 열차간 제동거리를 충분히 확보하기 위해 열차간 간격이 길게 된다. 이 방식은 안전운행을 우선으로 수행하는 신호체계라고 할 수 있다.

(나) 거리중심제어

1) 고정폐색방식 : 열차의 운행방식에서 열차와 열차 사이에 일정한 거리를 두고 운행하는 공간간격법이다. 즉 신호기와 궤도회로 등으로 고정된 폐색구간에 따라 열차간격을 확보하는 방식을 고정폐색방식(Fixed Block System)이라 한다. 이 방식은 열차 속도와 열차 위치 및 열차 종별에 관계없이 고정된 폐색 구간 길이에 따라 선행열차와 후속열차의 간격이 확보되며 운전시격은 거의 폐색구간 길이에 따라 결정되며, 선행열차가 위치한 폐색구간의 궤도회로에서 열차의 점유상태를 검지하여 ATS 지상자 등과 같은 지상설비를 통해 후속열차의 차상설비로 제한속도를 전송한다(**그림 5.2.14**). 국철이나 지하철이 대부분 이 방식을 사용하고 있으며 열차의 운행빈도가 높은 통근구간에서는 폐색구간을 가능한 짧게 하여 운전시격을 최대한 단축하고 있다.

2) 이동폐색방식(MBS : Moving Block System) : 공간간격법에서 선행열차와 후속열차의 공간 간격은 후속

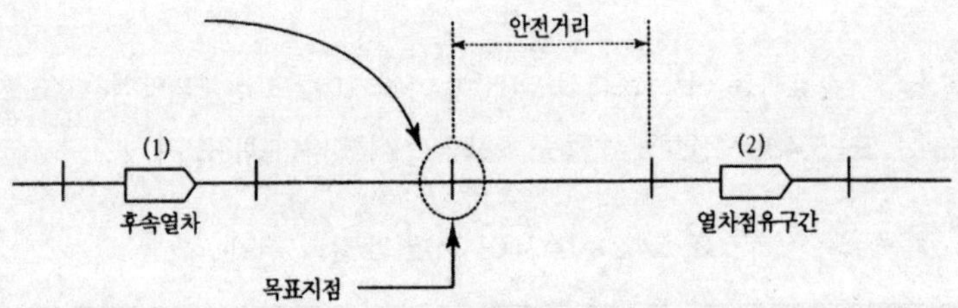

그림 5.4.14 고정폐색방식의 개념

열차의 제동거리 이상만 확보되면 안전하므로 후속열차가 연속적으로 제동거리 이상의 열차 간격을 유지하며 주행할 수 있다면 이론상으로 가장 짧은 시격의 운행 패턴이 된다. 이동폐색방식(**그림 5.4.15**)은 선행열차의 속도와 위치 및 열차번호가 지상설비를 통해 후속 차량에 전송되면 후속열차는 자신의 현재 위치 및 속도를 지상으로부터 수신된 데이터 및 최대허용속도와 비교를 한 후에 최대주행속도를 실시간으로 계산해 낸다. 즉, 열차 자신의 속도에 따라 전방의 안전 제동거리를 스스로 판단한다.

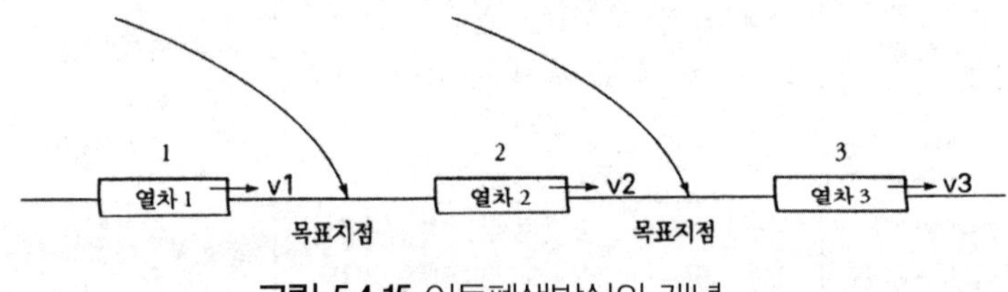

그림 5.4.15 이동폐색방식의 개념

(3) 신호안전설비

철도의 건설기준에 관한 규정에서는 열차의 안전운행과 유지보수요원의 안전을 위하여 고속철도구간에는 위치와 여건을 고려하여 차축 온도검지장치, 터널 경보장치, 보수요원 선로횡단장치, 선로전환기 히팅 장치, 레일온도 검지장치, 지장물 검지장치, 기상 검지장치(강우량 검지장치, 풍향·풍속 검지장치, 적설량 검지장치), 끌림 검지 장치, 무인기계실 원격감시 장치, 지진계측 설비 등의 안전설비를 설치하도록 규정하고 있다.

(4) 신호기기의 보호

철도건설규칙에서는 다음과 같이 정하고 있다. 낙뢰와 전차선 지락에 의한 이상전압 발생 시에 신호기기의 소손을 방지하기 위하여 보안기 등을 설치한다. 신호설비에는 필요한 경우에 인명을 보호하고 기기의 소손을 방지하기 위하여 접지설비를 하며, 공동접지방식을 원칙으로 한다. 교류 전차선로 구간의 신호설비는 전력유도전압 또는 전자파 등으로부터 장애가 없도록 설치한다.

5.4.4 궤도회로

(1) 궤도회로(track circuit)

궤도회로는 1869년 미국의 William Robinson이 발명하였으며 레일을 전기회로의 일부로 사용하여 열차의

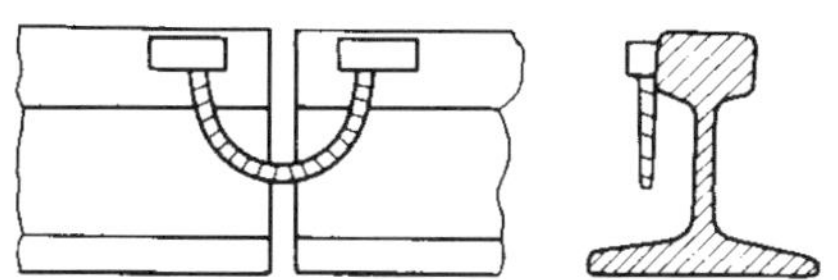

그림 5.4.16 궤도회로용 레일 본드

차축(axle)으로 좌우의 레일을 단락(short circuit)하여 전류의 흐름을 바꿈으로써 레일 위의 열차 존재를 검지하는 회로 및 레일을 전송로로 하여 지상에서 차상으로 정보를 전하는 회로를 말한다. 궤도회로의 기본형은 궤도를 소요의 길이로 구분하고, 그 양단의 레일 이음매를 전기적으로 절연하여 그 한 끝에 전원을, 다른 끝에 궤도계전기(릴레이)를 접속한 전기회로이다(**그림 5.4.3** 참조). 레일을 이용한 궤도회로에는 전류가 상시 흐르는 폐전로식(閉電路式)과 전류가 상시 흐르지 않는 개전로식(開電路式)이 있지만, 일반적으로는 폐전로식을 채용하고 있다. 이 방식은 전류가 흐름에 따라 계전기를 작동시켜 두고 열차로 인한 회로 단락으로 계전기(릴레이)가 무여자 상태로 되어 열차를 검지한다. 경계의 레일 이음매에 절연물(insulator, insulating parts)을 넣고, 구간 내의 이음매는 레일 본드(rail bond, track-circuiting bond)를 접속시켜 전기 저항을 낮게 한다(**그림 5.4.16** 참조). 레일 이음매의 절연은 전천후 하에서 열차의 동적 하중에 견딜 수 있는 것이 필요하며, 일반적으로 강도가 큰 유기절연 재료의 판을 레일과 강제 이음매판과의 사이에 삽입하여 볼트로 체결하고 있다. 고무 타이어를 이용하는 철도(일부 지하철, 모노레일, 신종 교통 등)에서는 차륜에 의한 단락을 이용할 수 없으므로 궤도에 병설한 유도선 등으로 열차 검지나 정보 전달을 하지만, 이것도 광의의 궤도회로이다.

(2) 궤도회로의 작동 원리

(가) 폐전로식(閉電路式)

폐전로식은 **그림 5.4.17**과 같이 절연 이음매로 구분된 궤도의 한 끝을 전원(電源)으로 하여 한류(限流)장치를 직렬로 설치한 송전 측과 다른 끝에 궤도 릴레이를 설치한 착전(着電) 측으로 하는 회로 구성으로 상시 동작시키고 있다. 구분된 궤도회로 내에 열차가 없을 때는 전원장치로부터 릴레이로 전류가 흘러 릴레이(계전기)가 작동 된다. 구분된 궤도회로 내로 열차가 들어오면, 열차 차륜의 자축으로 인하여 2개의 레일이 단락되므로 레

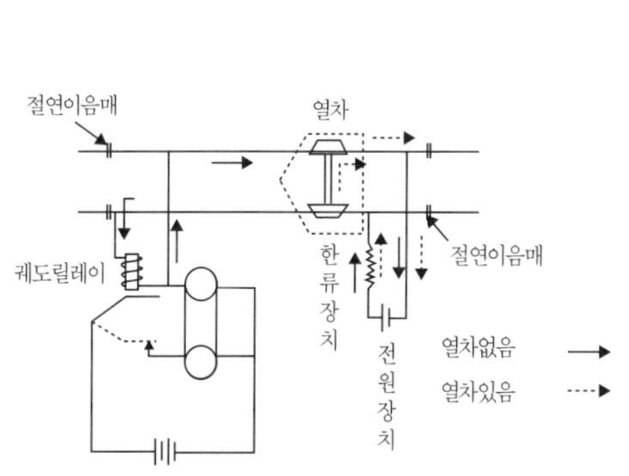

그림 5.4.17 폐전로식 궤도회로

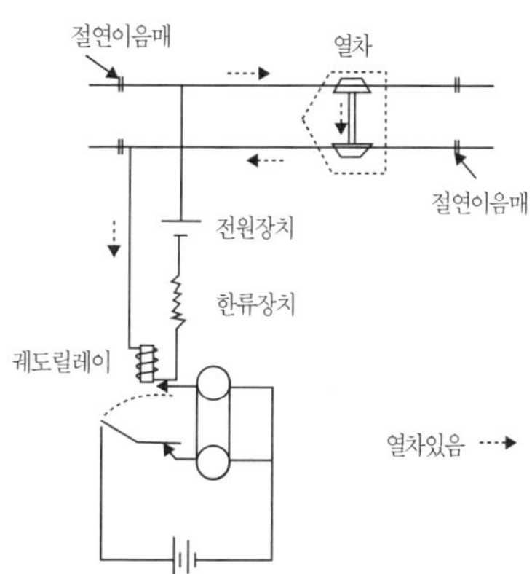

그림 5.4.18 개전로식 궤도회로

일을 흘러 릴레이까지 도달하여 있던 전류가 단락 점의 장소로부터 전원 측으로 환류되며, 릴레이는 전원이 끊어진다. 이와 같이 릴레이에 전류가 흐르고 있을 때는 릴레이의 동작 접점이 접하여(閉) 진행신호가 현시되지만, 릴레이 전원이 끊어져 있을 때는 릴레이의 낙하 접점이 닿아서 정지신호가 현시된다. 폐전로식은 전원 고장, 회로의 단선이나 레일절연 불량 등의 경우에 궤도 릴레이가 낙하되므로 안전 측(fail-safe)으로 된다.

(나) 개전로식(開電路式)

개전로식은 **그림 5.4.18**과와 같이 전원장치, 한류(限流)장치 및 궤도 릴레이를 직렬로 접속하고, 그 양단을 레일에 접속하는 방식이다. 궤도회로 내에 열차가 있을 때만 차축이 레일 사이를 단락하여 완전한 폐회로를 구성하므로 전류가 흘러 궤도 릴레이가 동작되고, 정지 신호가 현시된다. 개전로식은 궤도 릴레이가 상시 낙하되어 있으므로 전원 고장이나 회로의 단선(斷線)을 검지(檢知)할 수가 없다.

(3) 궤도회로의 구성 설비

궤도회로를 구성하는 설비는 레일 외에 레일본드, 레일절연, 점프선, 스파이럴 본드 등이 있다. 또한, 전철화 구간과 같이 전차선으로부터의 귀선(歸線) 전류와 궤도회로의 신호(信號)전류가 같은 레일을 공용하는 경우는 양쪽의 전류를 가르기 위하여 **그림 5.4.19**와 같이 임피던스 본드(impedance bond)를 궤도회로 양단의 레일절연부에 설치한다. 임피던스 본드는 귀선 전류를 변전소로 향하여 이웃한 레일로 흐르게 하고, 신호전류를 레일절연(絶緣)으로 저지하여 이웃의 레일로 흐르지 않도록 하고 있다.

(가) 레일 본드(rail bond)

레일에 전류가 흐르기 쉽게 하기 위해서는 레일 이음매를 단지 이음매판으로만 채우는 것은 녹 등과 같은 것 때문에 전기저항이 크게 되어 완전한 궤도회로가 구성되지 않는다. 그래서, 레일 이음매의 전기저항을 될 수 있는 한 작게 하기 위하여 레일과 레일 사이를 잇는 도체(導體)의 레일본드(**그림 5.4.16**)를 설치한다. 레일본드의 종류에는 레일두부에 설치하는 CV형, 복부에 설치하는 CL형이 있다. 또한, 직류 전철화 구간, 교류 전철화 구간, 비전철화 구간 등의 차이에 따라 레일에 흐르는 전류의 크기가 다르기 때문에 다른 단면적의 레일본드를 사용한다.

(나) 레일 절연(絶緣)

궤도회로는 레일을 사용하여 전기회로(電氣回路)를 구성하므로 좌우 및 인접 레일 사이를 전기적으로 절연하여 다른 것으로부터 독립시키기 위하여 궤도회로의 경계로 되는 레일 이음매 등에 레일절연을 설치한다.

1) 궤간 절연 : 궤도회로로서 이용되는 좌우의 레일에는 전압이 걸려 있으므로 좌우 레일을 전기적으로 절연

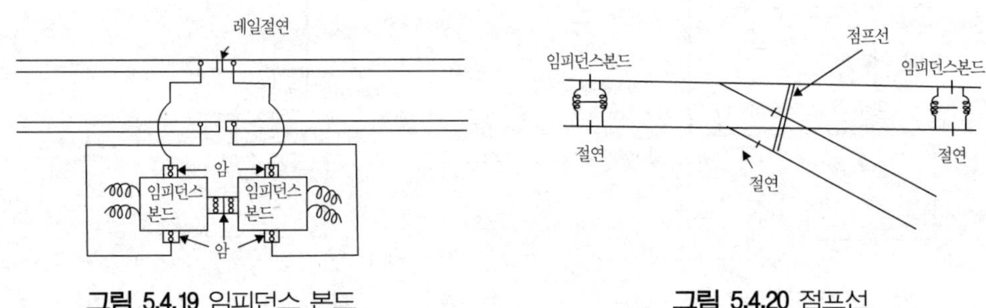

그림 5.4.19 임피던스 본드   그림 5.4.20 점프선

시킬 필요가 있다. 이와 같은 궤간 절연은 전철(轉轍)장치의 프런트 로드, 게이지 타이, 스위치 어져스터나 드와프 거더, 강교 직결궤도 등에 설치되어 있다. 또한, PC침목, 궤도 슬래브 등에 있어서는 인슈레이터, 레일패드 등으로 절연을 유지하고 있다.

2) 레일 이음매 절연 : 레일 이음매 절연은 이음매판이나 볼트 등의 철물에 더하여 레일형(形), 플레이트, 튜브 등의 절연재(insulator)로 구성되어 있다. 또한, 절연 이음매 {insulated (rail) joint} 부의 강화나 레일 장대화의 요구에 맞추어 레일과 이음매판을 강력한 접착제로 접착한 접착절연 레일(glued insulated rail)이 개발되어 실용화되어 있다.

(다) 점프선(jumper 線)

분기기의 크로싱 부분에서는 레일의 교차에 따라 구조적으로 궤도회로가 단락되기 때문에 레일 절연을 삽입하여 궤도회로를 구분하고 있다. 이 경우에 **그림 5.4.20**과 같이 같은 극성(極性)의 신호(信號)전류가 흐르는 레일 상호간을 접속하는 도체를 점프선(회로의 절단을 일시적으로 잇는 짧은 전선)이라고 한다.

(라) 스파이럴 본드(spiral bond)

분기기의 텅레일에 신호전류가 흐르도록 기본레일과 텅레일을 힐(heel)부 부근에서 연결하고 있는 도체를 스파이럴 본드라고 한다.

(4) 무절연 궤도회로(jointless track circuit)

무절연 궤도회로는 인접 회로와 분리시킴에 있어 레일에 물리적인 절연물을 삽입하지 않고 전기적으로 구분하는 방식이다. 회로구분 경계구간에 2개의 동조 유니트(공진회로)를 사용하여 특정 주파수에서 레일의 임피던스와 공진되도록 하여 임피던스가 최소 또는 최대가 되도록 한 것이다. 중심점에 설치된 아주 적은 인덕터(임피던스 본드, impedance bond)는 전차선(trolley wire) 귀선 전류가 양 궤도간에 균등하게 흐르게 하기 위하여 설치한다. 무절연 궤도회로는 인접 회로와 중첩 구간이 발생될 수 있다. 방식에 따라 50~200 m까지 생기므로 역 구내 분기부 등 짧은 궤도회로 구성이 필요한 구간에서는 물리적인 절연이 불가피하게 된다. 무절연 궤도회로의 이점은 레일 이음매가 없는 장대레일(continuous welded rail)을 가능하게 하므로 승차감이 좋고 차륜·궤도의 파손이 적으며, 궤도회로 특성도 양호하고 유지보수에 편리한 점이다.

(5) 철도건설규칙의 규정

신호기, 선로전환기를 포함한 연동장치와 기타 신호기기를 제어하기 위하여 열차 또는 차량의 점유 유·무를 검지하는 궤도회로를 설치한다. 다만, 통신기반 열차제어시스템 등의 경우에는 그에 적합한 설비로 대체할 수 있다. 궤도회로의 구성방식은 폐전로식(閉電路式) 궤도회로로 한다. 다만, 필요에 따라 개전로식(開電路式) 궤도회로를 조합하여 설비할 수 있다.

(6) 집중 감시장치(crossing central watch device)

많은 건널목을 1 개소(가까운 역 또는 센터)에서 집중적으로 감시하기 위하여 건널목 감시장치를 설치한다. 철도시설 안전기준에 관한 규칙에서는 종합 관제실에서 원격 감시하는 건널목은 현장건널목원격감시 장치를 설치하도록 규정하고 있다.

5.5 열차 제어

5.5.1 자동 제어와 열차 운전

(1) 자동제어시스템

열차는 원칙적으로 신호의 현시에 따라서 운전된다. 신호의 확인은 기관사의 주의력으로 행하여진다. 이 때문에 열차 밀도(traffic density)가 높게 된 현재에는 인간의 사소한 미스가 원인으로 되어 중대 사고(severe accident)로 이어질 가능성을 항상 가지고 있다. 따라서, 이것을 방지하고 지상, 차상간을 일관된 제어 루프로 하는 열차의 자동 제어가 필요하게 되어 왔다. 현재 행하여지고 있는 자동제어시스템을 이 관점에서 대별하면, 열차 간격 제어 시스템, 운전제어 시스템 및 운행관리 시스템으로 된다. 열차 운전(train operation)에 직접 관계가 있는 간격 제어를 하기 위하여 ① 선행 열차(previous train)의 위치, 속도 등의 정보를 검지한다, ② 후속 열차(following train)에 선행 열차의 정보를 전달한다, ③ 후속 열차는 전달된 정보와 자기의 정보와를 비교하여 제어한다, 등의 프로세스가 필요하다. 이하의 각 항에서는 자동제어시스템을 기술한다.

(2) 열차제어 기술의 분류

열차 제어시스템의 주요한 기능은 열차의 속도 제어로서 열차의 안전운행과 직결되어 있으며, 신호 현시와 열차 운전속도 및 차량의 제동성능 등에 따라 설비에 대한 조건이 달라진다. 또한, 지상설비와 차상설비의 정보 전송방식에 따라 지상의 특정 지점에서 차상으로 정보를 전송하는 불연속방식과 궤도회로 등을 이용하여 지상으로부터 차상으로 연속적인 정보를 전송하는 연속 제어방식으로 나누어진다[24]. 불연속방식은 연속 제어방식에 비해서 신호 현시변화에 대응하는 추종성이 떨어지는 반면에 시스템 구성을 단순화할 수 있는 장점이 있다. 이 때문에 불연속방식은 자동 · 비자동 구간, 전철 · 비전철 구간, 직 · 교류방식에 관계없이 설비가 가능하고 경제성이나 유지 보수 측면에서 유리하다. 반대로 연속 제어방식은 연속적으로 차상에서 정보를 수신할 수 있기 때문에 신호 현시의 변화에 대한 대응이 빠르고 운전 능률은 상대적으로 높일 수 있지만 설치비가 고가인 점이 단점이다. **그림 5.5.1**은 열차 제어기술을 정보 전송방식에 따라 분류한 것이다. ATC는 기본적으로 연속적인 차상신호와 운전정보를 제공하고 차상신호를 감시하는 기능인 반면, ATP는 불연속정보를 교환하는데 특징이 있다.

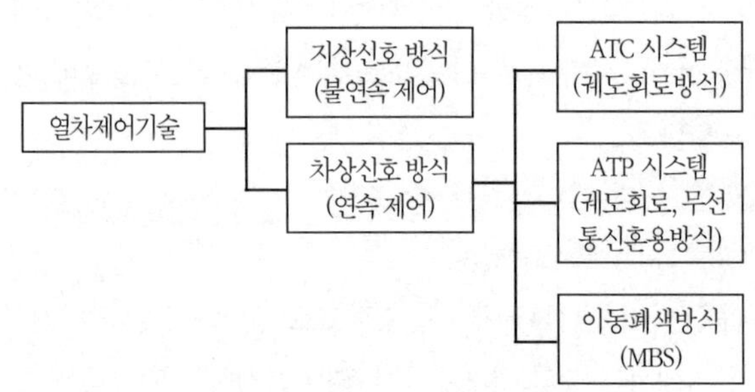

그림 5.5.1 열차제어 기술의 분류

5.5.2 열차 집중제어 장치(CTC)

과거의 열차 운전은 열차 다이어그램(train diagram)에 따라 역장의 전호나 신호 취급, 분기기 취급 등으로 행하여 왔다. 열차의 지연으로 다이어그램이 흐트러진 경우는 그 상태를 중앙의 열차사령에게 전화로 보고하고, 열차사령은 수정 다이어그램을 역장에게 전달하며, 역장은 그 변경 내용을 운전 통고권에 기록하여 열차 승무원에게 건네주어 열차의 운전이 이루어져 왔다. 신호장치가 근대화된 최근에는 많은 선구는 CTC(central traffic control device, 열차 집중제어 장치)로 열차의 운전이 이루어지고 있다. CTC는 당초에 단선 구간에서 교행이나 추월 시의 사고 방지(prevention of accident) 및 열차 대기 시간의 적정화를 목적으로 하여 발달하여 왔으므로 주로 단선 구간에 많이 설치하여 왔지만, 최근에는 복선 구간의 근대화를 위하여도 설치하고 있다. 열차운전집중제어장치(CTC)는 열차밀도가 비교적 적은 선구나 각 정거장 구내의 본기기가 적어 진로구성이 용이하게 행하여지는 경우 등에 이용되며 지금까지 운전취급 역에서 행하던 운전제어를 사령실에 계전연동장치를 집중시켜 운전제어를 행하는 시스템이다(**그림 5.5.2**). 즉, CTC란 중앙사령실에서 다수 역의 신호제어시스템을 컴퓨터로 일관하여 집중 제어, 통제하는 장치로서 열차의 안전운행과 선로용량을 증대시킨다. CTC의 구성은 중앙 장치와 역 장치로 구성된다. 중앙 장치는 각 역의 신호기나 전철기를 조작하는 스위치류나 이들의 동작을 감시하는 집중 제어반, 열차 위치 및 진로개통 상태를 표시하는 열차 집중 표시반과 열차사령 업무용의 지령대 등으로 구성되어 있다.

우리나라의 경우에는 1968년 중앙선 청량리~망우간에 처음으로 CTC가 도입되었다. 1974년 8월 15일 지하철과 수도권 전철에 CTC 장치가 설치되는 등, 최근에는 CTC에 의한 보안의 확보와 열차 운전의 효율 향상 등으로 보급이 확대되고 있다. 구로에 설치된 "CTC 통합사령실(2006 개통)"은 기존의 서울, 대전, 부산, 영주사령실

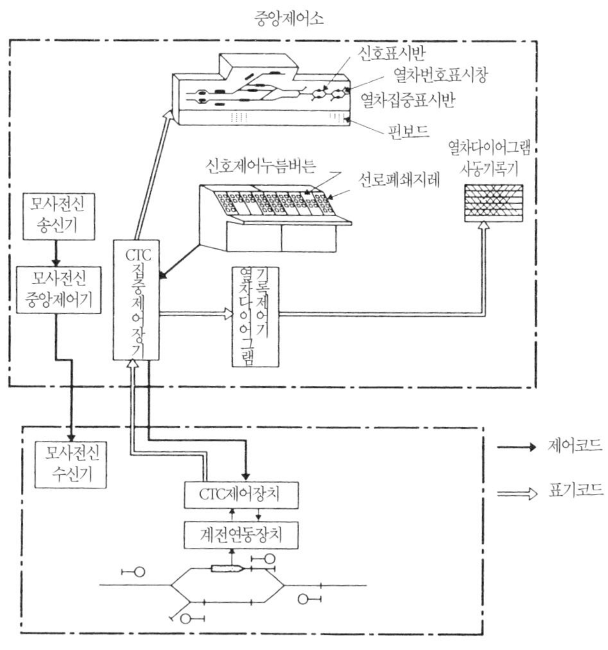

그림 5.5.2 CTC 시스템의 구성

의 열차집중제어장치(CTC) 및 서울, 영주의 전철전력감시제어장치(SCADA)와 신설되고 있는 호남, 전라선의 CTC장치를 통합하여 1개의 사령실에 수용함으로써 수송 시스템의 일괄통제체제를 구축하였다[240]. 이것은 기존 열차집중제어(CTC)를 수송통제시스템(TMS)으로 개념을 확대하였으며, 또한 열차운행정보 및 여객흐름을 파악할 수 있는 CCTV시스템을 구축하고 비상시 종합수송대책 수립이 가능하도록 하였다. 즉, 분산된 5개 지역 관제실을 통합하여 철도교통 관제시스템을 일괄통제시스템으로 구축하였으며, 열차운전의 통제와 감시업무의 일관성과 효율성을 높이고 전차선 전력 전원 공급에 대한 제어와 감시기능을 일괄통제할 수 있다.

철도건설규칙에서는 다음과 같이 규정하고 있다. 일정구간 단위로 신호설비의 취급과 열차운전의 지령을 집중하여 시행하는 것이 유리한 구간에는 열차집중제어장치(CTC, Centralized Train Control)를 설치한다. 한 역에서 다른 역의 신호설비를 취급하는 것이 유리한 경우에는 신호 원격제어장치(RCS, Remote Control System)를 설비할 수 있다.

5.5.3 ATS · ATC · ATO 등

(1) 자동 열차정지 장치(ATS, automatic train stop device)
(가) ATS

눈보라, 안개, 폭풍우 등의 자연현상으로 인하여 기관사의 신호 현시 확인이 어려울 경우에는 열차 속도를 낮추어 운전하여야 하며 기관사의 돌발적인 육체적 결함 등으로 신호 확인의 누락이나 착오로 인한 사고가 발생되는 경우가 있다. 이 때 벨과 경보 등으로 기관사에게 주의를 환기시켜 정상적인 운전취급을 하도록 하고 열차를 자동으로 안전하게 정지시키기 위한 것이 열차자동정지장치(ATS : Automatic Train Stop)이며, 1969년 경부선 서울~부산간 444 km 구간에 처음 설치되기 시작하여 현재는 국철의 전 선구에 설치되어 있다[242]. ATS장치는 지상장치(그림 5.5.3)와 차상장치(그림 5.5.4)로 구성되어 있으며 동력차 하부에 설치된 차상자가 궤도내에 설치되어 있는 지상자를 통과할 때에 제한속도 정보를 차상자에서 감응하여 열차가 안전하게 운행이 되

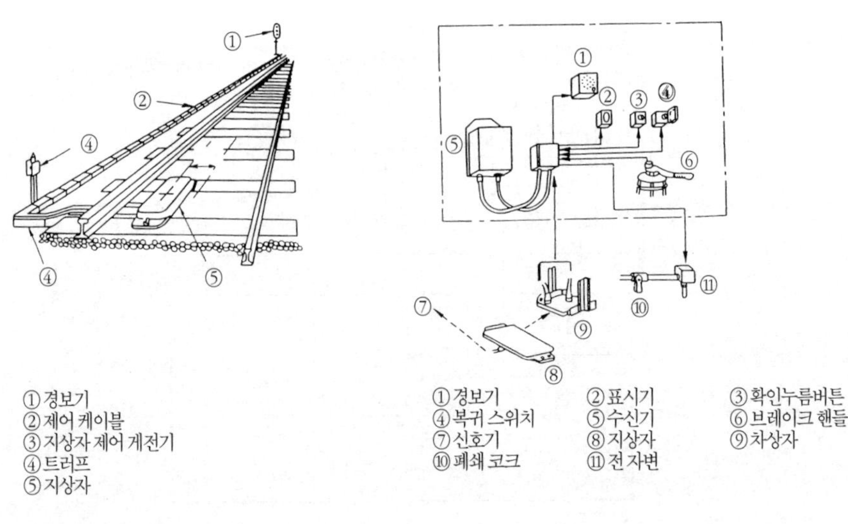

그림 5.5.3 지상장치

그림 5.5.4 차상장치

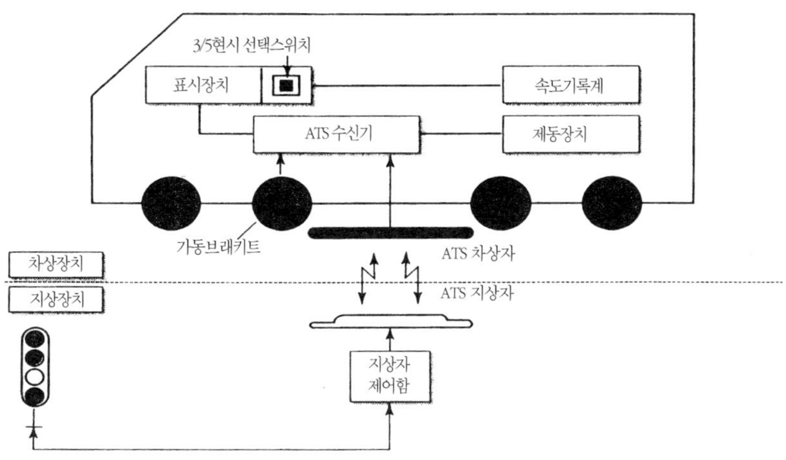

그림 5.5.5 ATS장치의 개념도

도록 한다(**그림** 5.5.5). ATS장치의 기본조건은 열차를 정지신호가 현시된 신호기 앞에서 정지시켜야 한다. 즉, 정해진 속도 이상으로 운행할 경우에는 속도를 조사하여 제동을 취급하여야 한다. 또한 ATS장치로 운행 중인 다른 열차에 지장을 주지 않아야 하며 정지신호가 현시된 경우에 기관사가 제동을 취급하지 않을 경우에는 자동으로 비상제동이 체결될 수 있어야 한다.

(나) 철도건설규칙 및 철도의 건설기준에 관한 규정

열차의 충돌과 추돌사고를 방지하기 위하여 열차자동정지장치(ATS, Automatic Train Stop)를 설치한다. 다만, 열차자동정지장치의 기능이 포함된 설비를 설치하는 경우에는 생략할 수 있다. 열차종류와 신호현시에 적합하도록 설치하는 열차자동정지장치에는 ① 열차가 정지를 무시하고 운행할 때에 열차를 정지시키기 위한 점제어식, ② 신호현시(4 현시 이상)별 제한 속도에 따라 열차 속도를 제어 또는 정지시키기 위한 속도조사식이 있다.

(2) 자동 열차제어 장치(ATC, automatic train control device)

ATS는 정지신호장치 오인방지가 주목적이며, 지상자 통과 후에 신호가 정지에서 진행으로 변하여도 곧바로 가속할 수가 없다. 이에 대하여 ATC는 신호현시에 따라 그 구간의 제한속도(restricted speed) 지시를 연속적으로 열차에 주어 열차 속도가 제한속도를 넘으면 자동적으로 제동이 걸리고 제한속도 이하로 되면 자동적으로 제동이 풀린다. 즉, 속도 발전기에서 취하여 검출된 속도 출력과 수신기의 신호 출력이 비교되어 속도 초과인 경우는 소정의 브레이크가 자동적으로 작동된다. 이 ATC 운전에서는 차내 신호로 하고 있는 것이 대부분으로 차내(운전대)에 열차의 허용속도(permissible speed)를 나타내는 신호를 연속하여 현시한다. 즉, ATC란 열차안전운행에 필요한 속도정보를 레일을 통하여 연속적으로 차량의 컴퓨터에 전송하여 허용속도를 표시하고 실제 운행속도가 허용속도를 초과할 때는 자동적으로 감속제어하는 장치이다. 열차운행을 제어하기 위한 대상은 열차의 간격과 열차 속도이다. 그래서 대조하여 조사하는 것은 ① 선행열차와의 간격, ② 진로의 조건에 따른 신호현시의 지시속도와 열차 속도이다. 통근선구와 같이 고밀도의 열차가 운행되는 선구에서 이용되고 있는 열차의 간격과 속도의 제어는 ATC를 이용한 차상신호에 의하고 있다. ATC의 제어 방법은 신호 전류를 레일의 궤

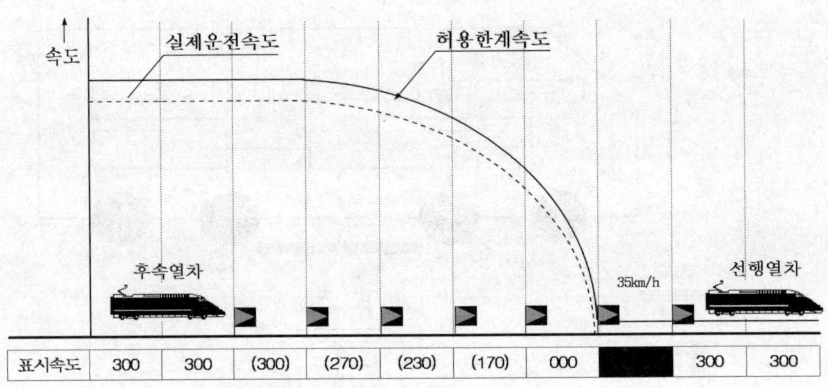

그림 5.5.7 ATC에 의한 열차속도제어

도회로에 흐르게 하여 두고 열차는 이 신호 전류를 받아 차내 신호로서 운전실에 표시된다. 이 신호와 열차의 속도를 비교하여 상기와 같이 제동 · 완해 동작을 자동적으로 한다. 즉, 궤도회로의 신호 전류에서 지상 신호를 취하며, 신호 현시는 예를 들어 300 km/h인 경우에 운전대 속도계 표면의 0, 170, 230, 270, 300의 눈금상의 신호 램프가 점멸하도록 되어 있다. 선행 열차의 유무나 정거장으로의 진입, 속도제한 구간 등의 조건에 따라 지상 신호에서 소정의 속도(5종류) 또는 정지(상용 브레이크 · 무폐색 · 비상 브레이크의 3 종류)의 8 종류가 지시된다(**그림 5.5.7** 참조).

1 개의 궤도회로는 예를 들어 3 km(또는, 예를 들어 1.2 km)로 하고 있다.

(3) 자동 열차운전 장치(ATO, automatic train operation device)

ATC의 제어 범위를 더욱 확대하여 열차의 시동이나 가속(加速)도 자동화한 운전 방식이 ATO이다. 즉, ATO는 열차운행을 제어하기 위한 ATC 장치의 기능과 열차의 자동조종기능을 갖춘 장치이며, 운전 다이어그램에 따라 자동적으로 열차를 운행하여 정지조차도 목표에 접근하면 미리 짜 넣은 제동패턴에 따라 자동적으로 정지할 수 있는 것이다. 이것은 운전의 대부분이 자동화되어 보안도의 향상, 기관사의 숙련도와 부담의 경감, 정확한 운전 시간(running time)의 유지, 수송효율의 증대, 동력비의 경감 등을 목적으로 하고 있다. ATO는 전자공학의 진보와 자동 제어기술, 마이크로컴퓨터의 발전에 따라 성립된 시스템이며, 그 기본적인 기능은 ATC의 기능에 열차의 자동 운전기능을 부가한 것으로 ① 지정속도 운전제어, ② 정위치 정지제어, ③ 정시운전 프로그램방식 제어의 세 가지 기능을 기본으로 하고 있다. 다시 말하여 ATO란 승무원이 수동으로 취급하던 열차운전, 속도제어, 열차정지, 출입문제어, 정차시간 표시, 안내방송 등을 미리 설정된 컴퓨터 프로그램에 따라 자동으로 실행되어 열차를 운행하는 시스템이다. 즉, ATO는 열차에 대한 역간에서의 주행 제어와 역에서의 정지 제어의 자동화를 가능하게 한다. 제어 방식으로서는 컴퓨터의 설치 개소에 따라 "지상 프로그램 방식", "차상 프로그램 방식", "중앙제어 방식" 등이 있으며, 일반적으로는 중앙제어 방식이 채용되고 있다. ATO는 지상 측에서 지점 정보를 발신하는 지상 장치와 차상 측에 있어서 역행 · 타행 · 제동을 제어하는 차상 장치로 구성된다. 우리나라에서는 1998년에 지하철에서 채용하여 기관사가 없이 무인으로 속도의 가감이 가능하게 되었으며, 아울러 승객의 출입문도 자동으로 열리고 닫히는 완전 자동화 시스템이 구축된 설비로 발전되었다.

(4) 지능형 열차제어 시스템(ITCS, Intelligent Train Control System)

지능형 열차제어시스템(MBS라고도 한다)은 열차운행 다이어그램에서 미리 정한 프로그램에 따라 정거하는 역에서의 열차 속도 감소 및 정지에 관한 열차제어가능을 하는 ATC 하부장치이다. ATO는 종래에 기관사가 수동으로 조작하던 역간 운전, 열차정지, 출입문제어, 열차출발, 여객안내 방송 등을 열차운행제어 컴퓨터에서 감시하여 안전한 열차운행이 자동으로 실행된다[242]. 최적의 열차제어와 효율적인 열차 운행은 ATO기능으로 수행하게 되며 ATP(제(5)항 참조) 차상 설비는 운행하는 열차 위치를 검지하고 제동 곡선을 사용하여 제어한다. 차상장치의 프로세서는 ATO에 기본을 두고 열차를 제어하며 실시간으로 최적의 ATO 운전선도를 생성하고 열차 속도를 자동으로 제어한다. 무선통신을 바탕으로 ATC시스템에 적용하여 운행 중인 열차와 선로변의 각종 시설물의 양방향 데이터 통신으로 열차를 제어한다. 열차 운행과 국부적인 열차보호기능이 실행되는 지상과 차상장치 및 열차감시기능을 수행하는 중앙장치로 구성되어 있다.

(5) 자동 열차방호장치(ATP)

ATP(Automatic Train Protection)는 선행 열차의 위치에 따라 후속 열차의 속도를 제어하는 장치이다. ATP는 ATC의 하위시스템 중의 하나이다. 비정상적인 열차의 움직임으로 인한 열차의 전면, 후면 및 측면의 충돌, 비정상적인 출입구의 개방으로 승객의 위험, 선로상 분기기의 부적절한 작동이나 노선상태에 맞지 않는 과속운행에 기인한 충돌 또는 재해 등을 방지하기 위한 열차감시 기능과 열차의 분리 및 연결기능을 조합하여 작동된다[244].

(6) 통합 열차운행제어 시스템

유럽에서는 국가간 고속·일반철도의 다양한 신호체계에 따른 각국 신호시스템간의 안전 확보와 상호운전(interoperability)을 위하여 통합된 유럽열차제어시스템(ETCS/ERTMS)을 개발하고 있으며, ERTMS(European Rail Traffic Management System) 프로젝트를 Transport RTD 프로그램을 통해 진행하여 왔다. 최근에는 ERTMS 데이터를 사용한 자동경로 결정문제, 외란검지(conflict detector) 및 외란해결방법 등에 대해 연구하고 있다[276]. 우리도 한반도종단철도(TKR)와 시베리아횡단철도(TSR) 연결 시에 대비한 열차 운행관리 시스템을 확보할 필요가 있다.

(7) 무인운전 시스템

무인운전을 위한 신호제어시스템의 기술은 차상분야와 지상분야로 구분된다[276]. 최적의 무인운전시스템과 고밀도 운전을 위한 이동폐색시스템, 차상/지상간의 신호 송수신방식 등이 연구되고 있다. 유럽, 미국, 일본에서는 CBTC(Communication Based Train Control)이란 이름으로 주로 경량전철에서 무선에 의한 이동폐색시스템을 상당부분 적용하여 운행하고 있으며, 유도전송로에 의한 이동폐색시스템의 열차제어방식에 관하여 다방면으로 연구하고 있다. 한편 국내에서는 분당선용으로 '무인열차운행시스템(RF-CBTC, Radio Frequency Communication Based Train Control)'을 2008년에 개발하였다. 이 시스템은 전방운행 열차와의 간격정보를 이용한다.

(8) 열차제어시스템에 관한 철도건설규칙과 철도의 건설기준에 관한 규정 등

열차운행의 안전도를 높이고 열차 속도를 향상시켜 선로용량을 증대시키기 위하여 연동장치와 여러 제어장치로 구성된 열차제어시스템을 설치한다. 열차제어시스템은 연동장치와 열차집중제어장치(CTC, Centralized Train Control), 열차자동제어장치(ATC, Automatic Train Control), 열차자동방호장치(ATP, Automatic Train Protection), 열차자동운전장치(ATO, Automatic Train Operation), 통신기반 열차제어시스템(CBTC, Communication Based Train Control), 기타 제어장치 등의 각 장치를 유기적으로 구성한다.

열차집중제어장치(CTC)는 중앙장치, 역장치, 통신네트워크 등으로 구성한다. 열차자동제어장치(ATC)는 차내 신호방식으로 연속하여 열차를 제어하는 설비로서 전자연동장치, 열차자동방호장치, 열차자동감시장치 등으로 종합적인 시스템을 구성한다. 열차자동방호장치(ATP)는 열차간격의 조정, 열차 속도의 결정과 관리, 운행제어 및 비상제동을 할 수 있는 설비이다. 열차자동운전장치(ATO)는 열차의 출발, 가속, 주행, 감속 및 정위치 정차, 출입문제어 등 자동 운행기능을 수행하는 설비이다. 통신기반 열차제어장치(CBTC)는 무선통신을 이용한 열차제어방식으로 운전시격을 단축하고, 열차운영의 유연성을 증대하며, 현장 신호설비를 간소화할 수 있는 설비이다.

5.5.4 철도 제어시스템의 발전과 COMTRACK

컴퓨터가 발달됨에 따라 CTC를 베이스로 하여 보다 넓은 범위의 열차 운행관리 시스템이 가능하게 되어 왔다. 이에 따라 ARC(자동 진로제어 장치, automatic route control), TTC(열차운행 종합제어 장치, total traffic control system), PRC(프로그램 진로제어 장치, programmed route control) 등이 개발되어 실용화되고 있다. 또한 이동 폐색장치(M.B.S)(제5.4.3(2)항 참조)가 개발되고, CTC 통합사령실(제5.6.2항 참조)이 구축되어 있다. TTC(Total Traffic Control)[244]는 열차운행종합제어장치로서 안전운행을 확보하기 위하여 종합사령실의 메인 컴퓨터에서 열차중앙집중제어장치(CTC)에다 컴퓨터 장치를 부가하여 열차운행업무, 운행제어 및 감시를 수행하는 자동제어방식이며, 이에 반해 CTC는 사령원이 수동으로 제어반에서 제어하는 수동제어방식이다. PRC(Programmed Route Control)[245]는 자동진로제어 장치의 일종으로 미리 정해진 다이어그램에 따라 컴퓨터에 각 열차마다 각 역별로 진출입 진로, 착발시각, 대피유무 등 요구되는 조건의 프로그래밍이 되어 있어 CTC 장치에 연계되어 열차의 진로가 자동적으로 설정되는 장치이다. ARC(Automatic Route Control : 자동진로제어)[245]는 열차가 일정한 제어구간에 진입하면 신호기, 전철기 등이 자동적으로 제어되며 연동장치에 부설하여 사용한다. RC(Remote Control)[245]는 인접 정거장의 신호기, 전철기 등을 원격 제어하는 장치이다.

3세대 신호체계라고 할 수 있는 일본의 CARAT(북미에서의 ATCS, 유럽의 ETCS)는 제6.5.3(6)항을 참조하라. COMTRACK(Computer Aided Traffic Control System)[244]은 ① 수송 수요 변동에 응하여 차량, 승무원 운용을 포함하여 합리적으로 운영계획을 작성하고 전달하며 ② 다이어그램이 혼란시 운영계획변경(운전정리)을 작성하고 전달하며 ③ 진로제어의 자동화를 목표로 개발되었으며 고기능화, 고신뢰도화가 도모되고 있다. 이와 같은 종합관리 시스템의 개발에는 여러 철도가 노력하고 있으며 철도 운행관리의 합리화, 근대화로 크게 비약하는 중이다. 한편, **그림 5.5.8**은 장래의 열차제어에 대한 모식도이며, **그림 5.5.9**는 비상제동의 경우에서조차 선행열차의 마지막 이동을 허용함으로서 두 열차간의 거리를 확보하는 BRD(비교제동거리)의 개념도이다.

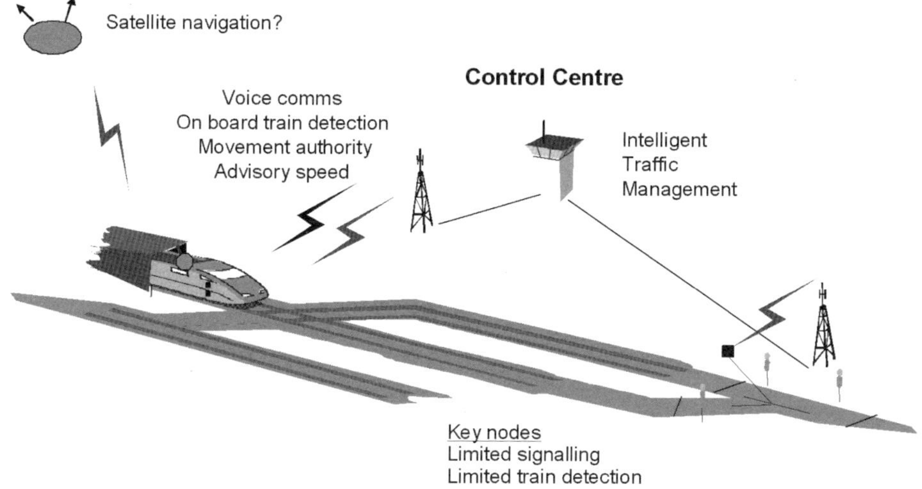

그림 5.5.8 향후 열차제어의 모식도

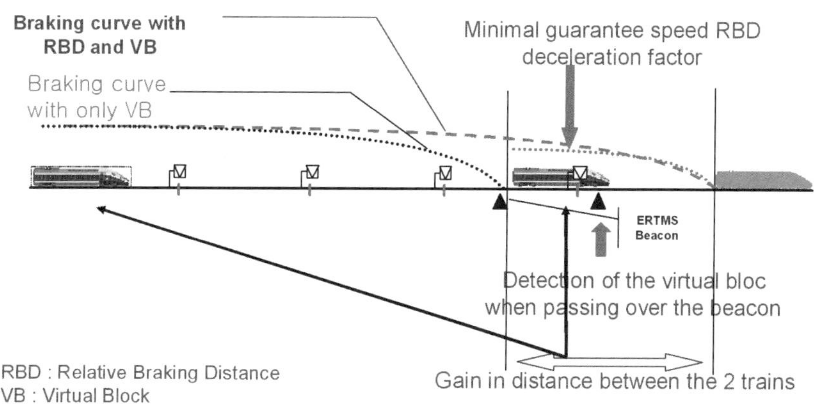

그림 5.5.9 BRD와 VB의 개념도

5.6 건널목 보안장치와 열차방호 장치 및 철도 통신설비

5.6.1 건널목 보안장치

철도건설규칙과 철도의 건설기준에 관한 규정에서는 다음과 같이 정하고 있다. 도로와 철도가 평면 교차하는 곳에는 건널목보안장치를 설치한다. 건널목에는 경보기와 차단기를 설치하는 것을 기본으로 하나, 필요한 경우에는 경보기만을 설치할 수 있다. 건널목보안장치는 건널목경보기(고장표시기 포함), 전동차단기, 고장감시 및 원격감시 장치, 출구측 차단간 검지기, 지장물검지기, 정시간제어기, 신호정보분석기를 말하며, 현장여건에 적합하게 설치한다. 다음은 이들 장치에 관한 설명이다.

(1) 건널목 경보기(crossing signal)

경보등·경보음 발생기·경표 등으로 구성되며, 복선 구간에서는 열차의 진행 방향을 나타내는 열차방향 지시기가 부가된다. 경보등은 열차의 접근을 경보하는 섬광용의 등이며, 경보음 발생기는 트랜지스터를 이용한 발진기부와 스피커로 구성되어 있다.

(2) 건널목 차단기(crossing gate)

차단 방식에는 완목식과 도로 폭이 넓은 경우의 승강식이 있지만, 구조가 간단한 완목식이 대부분이다. 차단기부의 구동용 전동기는 직류 직권 4극 정류자형이 채용되며, 이물질이 차단기부에 걸리는 등의 부하 변동에 대하여 추종할 수 있는 특성으로 하고 있다. 근래에는 도로의 신호체계를 건널목 신호와 연계시키는 시스템이 개발되어 있다(제8.2.3(5)항 참조).

(3) 건널목 지장 통지장치(crossing interference inform device)

자동차가 엔진 정지, 정체 등으로 선로에 지장을 주고 있을 때에 긴급하게 열차에 통지하는 장치이다. 건널목 부근에 설치된 비상 버튼을 누름에 따라 적색등을 순환 점등시키고(특수신호 발광기), 궤도회로의 단락으로 관계 신호기를 정지 현시시킨다.

(4) 건널목 장해물 검지장치(crossing obstacle research device)

건널목을 차단하고 있는 조건에서 자동차 등이 건널목내의 차량한계(rolling stock gauge)를 지장하고 있는 경우에 이것을 검지하여 특수신호 발광기를 점등시키고, 관계 신호기를 정지 현시시킨다. 이 장치는 장해물을 검지하기 위하여 적외선을 발광하는 발광기와 적외선을 받아 빛을 전기로 변환하여 검지 릴레이를 작동시키는 수신기로 구성되어 있다. 복선 구간의 교통량이 많은 건널목 등에 설치한다.

(5) 건널목 제어자(crossing control point)

건널목 경보기·건널목 차단기의 제어를 위하여 경보 개시 지점과 경보 종료 지점에 열차 검지용으로서 설치되어 있다. 대출력 트랜지스터를 이용한 전류 환원형의 발진기의 것이 일반적이다. 최근에는 열차 밀도의 증가와 통행량의 격증에 따라 저속 열차나 정거 열차에 대하여는 경보·차단 시간이 길게 되어 개선이 요망되고 있다. 그 때문에 열차를 선별 제어하여 경보·차단 시간을 최단·균일하게 되도록 하고 있다. 또한, 러시 아워대의 저속 운행의 경우에도 경보 시간이 길게 되지 않도록 중앙 제어하는 예도 있다. 철도시설 안전기준에 관한 규칙에서는 열차 종별에 따라 경보시간이 현격하게 차이가 나는 건널목은 경보시간을 일정하게 제어하는 정시간 제어장치를 설치하도록 규정하고 있다.

5.6.2 열차방호 장치와 철도 통신설비

(1) 열차방호 장치

지진·낙석·눈사태·건널목 장해 등 열차의 운전에 위험한 상황이 발생된 경우에 작동하여 경보를 발하기도 하고 정지 신호를 현시하여 열차를 정지시키기 위한 장치를 열차방호(train protection) 장치라 한다. 이들에는 열차방호 스위치·장해물 검지 장치·지진에 대한 열차의 방호장치 등이 있다. 이들의 열차방호 장치는 외부로부터의 방호이지만, 내부적으로는 열차가 지선(branch line), 또는 본선(main line)으로 입선하는 개소나 열차의 교행(cross) 개소에서 열차의 과주로 인한 충돌 사고를 방지하기 위하여 안전 측선(safety track)을 설치한다.

(2) 철도 통신설비

(가) 현황

철도는 넓은 지역에 걸쳐서 노선 망이 구성되어 있고, 역, 운전기지나 시설관리소, 차량검수장이 분산 배치되어 있기 때문에 철도업무의 합리적인 관리, 운영에는 정보전달 망으로서 통신설비가 있어야 한다. 근년에는 철도업무의 자동화, 기계화, 집중관리화를 진행하기 위하여 필요한 정보처리도 급증하고 있기 때문에 통신설비의 중요성이 커지고 있다.

우리나라의 철도 통신선로는 1899년부터 가공나선 통신선로에 음성 통신을 사용하여 오다가 1973년 이후 동케이블이 사용되면서 음성통신과 데이터 통신이 가능하게 되었고, 1990년에 광케이블(optical fiver)이 설치되면서 음성통신, 데이터 통신, 화상통신이 가능하게 되었다[216]. 통신 방식은 아날로그 방식에서 PCM(pulse code modulation) 방식에 의한 디지털 신호 방식을 채용하였다. 전화 교환은 1980년대 후반부터 전전자식 자동인 ISDN(integrated services digital network)형으로 발전하여 운영되고 있다. 무선 통신은 1969년부터 미국 모토로라의 무선통신 설비를 경부, 호남선에 설치하여 150 MHz대 단신 공간파 방식으로 사용하게 되었다. 수도권 전철 개통 초기에는 인력으로 승차권 발매와 개집표 업무를 처리하였으나 1984년 프랑스로부터 역무 자동화 설비(AFC, automatic fare collection, 제7.2.1(5)항 참조)를 도입하여 수송통계 업무와 회계처리 업무를 자동화하면서 경영 개선에 기여하였다.

(나) 통신설비에 관한 철도건설규칙의 규정

1) 통신설비 등 : 통신설비 및 통신선은 설비의 안정성을 확보하고 이용자가 편리하게 사용할 수 있도록 설치한다.

2) 전송설비 : 전송설비는 열차운행 및 철도운영에 필요한 음성, 부호, 문사 및 영상 등 각종 정보를 안정적으로 전송할 수 있도록 설치한다.

3) 열차 무선설비 : 열차 무선설비는 안전하고 효율적인 열차운행을 도모하고 철도운영자 및 유지보수요원간의 효율적인 업무활동이 가능하도록 설치한다.

4) 역무자동화설비 : 철도 역사(驛舍)에는 승차권 판매, 개표·집표 및 이와 관련된 각종 회계·통계 등의 역 업무를 자동화하기 위한 설비를 설치한다.

5) 통신설비보호 : 유무선 통신설비는 전력유도전압, 전자파 및 낙뢰 등으로부터 장애가 없도록 설치한다.

제6장 철도 차량

6.1 차량의 전반

6.1.1 차량의 종류와 동력 방식

(1) 차량의 종류(classification of rolling stock)

철도차량(rolling stock)에는 그 용도·구조에 따라 여러 가지의 종류가 있다. 크게 나누면 동력 장치를 가지고 견인·추진에 사용되는 기관차(증기·전기·디젤 기관차)와 기관차에 견인·추진되는 객차(coach)와 화차 (goods waggon) 및 동력 장치를 갖춘 여객차(전차·디젤 동차·터빈 동차 등)가 있다. 또한, 기관차 및 동력 장치를 가진 차량을 총칭하여 동력차(powered rolling stock)라고도 한다(**표 6.1.1**).

표 6.1.1 차량분류의 예

대분류	중분류	소분류	세분류
기관차	증기 기관차	탱크 기관차	
		텐더 기관차	
	전기 기관차		
	디젤 기관차		
	가스터빈 기관차		
여객차	객차	영업용 객차	
		사업용 객차	
	전차	전동차	제어 전동차
			중간 진동차
		제어차	
		부수차	
	기동차	동차	
		기동 제어차	
		기동 부수차	
화물차	화차	무개 화차	평 화차
			장물차
			컨테이너차
		유개 화차	
		탱크 화차	
		호퍼 화차	
		사업용 화차	

기관차 견인 열차는 동력 장치를 집약 탑재한 기관차가 견인하는 열차 형태이므로 동력집중 방식(concentrative power system)이라고 하며, 전차·디젤 동차는 각 차에 동력 장치를 분산 탑재하고 있으므로 동력분산 방식

(decentralize power system)이라고도 한다. 디젤 열차 등에 대하여 차내 반쪽에 동력장치를 탑재하여 부수차 (trailer)와 함께 편성한 것을 세미집중 방식(semi-concentrative power system)이라 한다. 증기 동력의 시대에는 구조상에서 동력집중 방식이 원칙이었지만, 전기·디젤 동력을 주로 하고 있는 최근에는 대도시 근교에는 전차 가, 소단위 열차에는 디젤 동력 등의 동력분산 열차가 세계적으로 널리 채용되고 있다. 예전에 증기 동력을 사용 하는 증기 동차가 채용되어 내연 동차도 포함하여 기동차(diesel rail car)로 분류되어 왔기 때문에 현재도 디젤 동 차(diesel car)가 기동차로 불리는 일도 있다(제6.3.5(2)항 참조).

(2) 운전 동력의 방식

열차의 운전 동력은 상기와 같이 증기기관차(SL)에서 디젤 기관차(DL)나 기동차(DC)로 또는 전기기관차(EL) 나 전차(EC)로 동력의 근대화에 따라 변하여 왔다. 간선(trunk line)이나 도시 교통으로서 열차 밀도가 높은 선구 에서는 주로 전기운전으로 하고, 그 외의 선구에서는 디젤 운전으로 하는 것이 많다. 이들 각종 동력 방식의 특징 과 경제성을 비교하면 **표 6.1.2**의 예와 같으며, 전기운전은 화력발전 에너지원인 석유, 석탄 칼로리의 26 %를 유효하게 이용할 수 있어 효율이 가장 우수하며, 디젤기관차의 동력효율은 20%, 증기기관차의 동력효율은 6% 이다[28].

표 6.1.2 동력 방식의 비교

구분		전기 운전	디젤 운전	증기 운전
기업의 경영성	설비비	• 전기시설에 거액을 필요로 한다.	• 급유 설비만 필요하며, 싸다.	• 석탄(급유) 및 급수설비만 필요 하며, 싸다.
	차량비	• 차량의 수명은 길지만 비싸다.	• 구조가 복잡하고 비싸다.	• 차량 수명이 길고 구조가 간단하 며 싸다.
	열효율	• 높다	• 높다	• 낮다.
	사용 선구	• 대량, 고밀도 수송.	• 중량 또는 소량 저밀도	• 고밀도 선구에 부적당.
운전성능	출력	• 크다.	• 크다.	• 차량중량에 비해 적다.
	가감속력	• 좋다.	• 보통.	• 나쁘다.
	운전성	• 용이.	• 용이.	• 숙련성이 필요.
승차감	쾌적성	• 양호.	• 디젤 배연이 있다.	• 매연·진동이 크다.
에너지	동력공급에 너지 원	• 연속적으로 공급 가능. • 자원을 고를 수 없다.	• 급유가 필요하다. • 경유 또는 중유	• 석탄(급유), 급수 필요 • 석탄 또는 중유

(3) 하이브리드 전원공급시스템 및 연료전지 적용기술

전력공급시스템은 나라와 지역에 따라 다양한 전압과 주파수를 채용하고 있다. 국제장거리용 철도차량은 각 국의 철도시스템과 급전방식을 모두 만족시켜 차량교체가 없이 직결 운행할 수 있는 추진시스템이 필요하다. 유 럽, 일본 등에서는 이에 대한 다(多)전원 추진시스템을 개발하였으며, 일부 노선에서는 이 시스템을 탑재한 철도 차량이 운행 중이다[276]. 한편, 환경문제와 에너지원 고갈에 따라 2003년 미국 캘리포니아 주의 zero emission 규제 실용화를 배경으로 200 kW급 연료전지버스와 80 kW급 연료전지승용차의 기술이 개발되어 연료전지탑재 버스가 미국과 캐나다의 도심지에서 운행 중이다. 철도분야에서는 신에너지(연료전지)시스템을 탑재하는 차량 의 완성도 증대를 위한 패키지와 인터페이스기술을 개발하기 위해 노력하고 있다.

6.1.2 차량의 구조 일반

(1) 철도차량의 안전기준과 차량한계(car clearance)

'철도차량안전기준에 관한 규칙(국토해양부령)'은 화재안전기준, 전기안전기준, 차량한계 등, 주행안전기준, 차체 및 장치, 주행 장치, 제동장치, 추진 및 보조전원장치, 차상신호장치 및 운전자보안장치, 종합제어장치, 연결 장치, 그 밖의 장치, 철도차량의 유지관리 등에 관하여 규정하고 있다. 철도운영자와 철도시설관리자(이하, "철도운영자 등으로 약칭")는 차량과 시설과의 연계성·적합성 등에 대하여 상호 검토·협의하여 이 규칙에서 정하는 차량의 안전기준을 확보하는데 필요한 세부기준과 절차의 시행에 필요한 내부규정을 정하고 이를 준수하여야 한다. 철도차량제작자 및 철도운영자 등은 신규로 제작되는 철도차량에 대하여 철도차량의 설계·제작·유지보수 및 운영환경 등 전반에 관하여 위험도분석을 하여야 한다.

차량은 터널이나 교량과 같은 구조물, 또는 구조물에 부수하는 각종 설비에 접촉되지 않고 안전하게 주행할 수 있는 치수로 할 필요가 있으며, 이를 위한 차량의 치수는 차량한계(제2.5.2(1)항 참조)로서 정하고 있다. 따라서 모든 차량은 차량한계를 넘는 치수로는 제작할 수 없도록 되어 있다. 또한, 한편으로 차량의 주행안전을 확보하기 위하여 차량한계를 커버하도록 건축한계(제2.5.2(1)항 참조)를 두어 모든 건물, 구조물 등이 건축한계 내로 침입하는 것을 방지하고 있다. 이와 같이 차량의 주행안전은 차량 측에서 구조물 쪽으로의 최대 치수를 두고 구조물 측에서 차량 쪽으로의 최대 치수를 두는 2중의 규제에 따라 확보되고 있다.

(2) 차량의 중량에 관한 안전기준

1) 차량의 중량 : 총중량은 차량자체만의 중량(공차중량)과 승객·승무원 및 화물의 중량 등을 합한 중량으로 하며, 정거상태에서 고속철도 차량의 축중은 17 톤 이하, 일반철도 기관차는 25 톤 이하, 기관차 이외의 차량은 연결기양단의 연결면간의 1 m 당 평균중량이 7 톤 이하, 축중은 24 톤 이하로 한다.
2) 중량분포 : 공차중량 상태에서 각 차축의 한쪽 차륜하중은 동일차축의 좌우측 차륜하중 평균치와의 편차를 4 % 이내, 한쪽 레일에 대한 차륜하중의 합은 동일차량의 좌우측 레일에 대한 차륜하중합의 평균치와의 편차를 4 % 이내, 기관차의 경우에 각 축중이 동일차량의 축중 평균치와의 편차를 2 % 이내로 한다.

(3) 차량의 주행 장치(running gear)

상기의 규칙은 주행 장치가 차량과 선로간의 작용력 등(제(11)항)과 윤하중, 횡압, 탈선계수, 전복방지(제6.1.7(3)항) 등의 주행안전 기준에 적합하고, 차량이 20 mm의 슬랙을 가진 반경 120 m의 곡선을 통과할 수 있어야 하며, 고정축거(rigid wheel base)는 3.75 m(2000. 8. 22 이전은 4.75 m) 이하로 규정하고 있다. KTX차량의 고정축거는 3.0 m이다. 일반철도 차량의 고정축거는 4,400호대 기관차가 2,438 mm, 7,000 7,500호대 기관차가 3,798 mm, 8,000호대 전기기관차가 2,900 mm, 8,100과 8,200호대의 전기관차가 3,000 mm, 무궁화호 디젤동차가 2,100 mm, 새마을호 디젤동차가 2,600 mm, 객차(KT23대차)가 2,300 mm이며, 자갈화차와 장물차 중에 용접대차는 1,800 mm, 주강대차는 1,676 mm이다.

(4) 차량의 브레이크 장치(brake gear)

(가) 차량의 제동

열차 속도는 빠를수록 좋다. 속도를 제한하는 조건에는 많은 것이 있지만, 그 중에 또한 제동(braking) 능력이 포함된다. 제동은 목적 역에 도착할 때나 또는 비상의 경우에 확실하게 정거시키고, 혹은 선로 도중에 존재하는 속도제한 개소의 통과속도를 정해진 속도로 저하시킬 때에 사용하는 것이지만, 제동으로 정거하기까지의 제동거리가 길거나 혹은 제동에 신뢰성이 없다면, 안심하고 속도를 낼 수 없다. 따라서, 제동의 양부는 안전에 대해 중요한 영향을 가질 뿐만 아니라 운전속도에 관계하여 수송능력에도 영향을 준다. 하향 급기울기에 대하여 제동의 성능에 따른 제한속도를 두는 것은 그것의 좋은 예이다. 차량의 관통 브레이크 장치는 전(全)차 제동률(braking ratio for total axle, 제륜자에 작용하는 힘과 차량 중량과의 비율)을 예를 들어 70 % 이상으로 하고, 공기 브레이크의 공기 압력이 저하한 때는 발차할 수 없는 구조, 전기차량은 정전되어도 브레이크가 작동하는 구조로 하고 있다. 열차(차량)가 상용제동으로 정지할 때에 사용하는 제동 감속도는 전동차의 경우에 일반적으로 3~3.5 km/h/sec이다[245]. 비상제동은 긴급시에 사용하는 것으로 제동감속도가 4~4.5 km/h/sec이다.

전기차량의 전기제동방식은 차륜의 회전력을 발생시키는 견인 전동기에서 견인용 전원을 차단한 후에 견인 전동기를 일시적으로 발전기로 전환시켜 전기 발생으로 인하여 차륜의 회전력이 감속됨으로써 제동 효과를 얻는 방식이다. 여기서 발생되는 전력은 전기 저항기로 열로서 소모시키거나(저항 제동), 또는 발생된 전력을 전차선으로 복귀시킨다(회생 제동). 브레이크는 차륜의 감속 토크를 주는 방식으로 기계식(공기제동방식)과 전기식(전기제동방식)의 2 가지로 대별된다. 기계식은 **그림 6.1.1**에 나타낸 것처럼 보통 압축공기로 작동되는 제륜차를 차륜에 강하게 눌러 그 사이의 마찰력을 이용하거나 또는 차륜에 부속된 디스크의 회전을 억제함으로써 제동력이 얻어지도록 되어 있다.

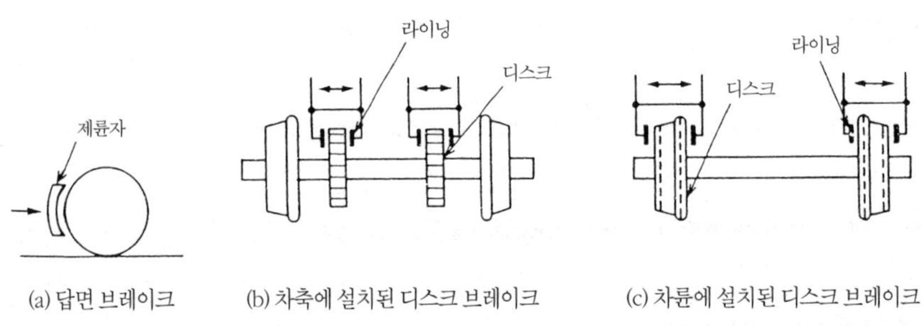

그림 6.1.1 기계식 브레이크의 종류

열차 밀도가 많지 않은 선구에서는 발전 브레이크를 주체로 이용한다. 한편, 회생 브레이크는 그밖에 전력을 소비하는 전차가 있지 않으면 효과가 없는 회생 실효가 발생되므로 브레이크가 자동적으로 발전 브레이크든지 기계 브레이크로 교체되도록 되어 있다. 기계 브레이크, 발전 브레이크, 회생 브레이크를 조합한 페일 세이프(failsafe)의 브레이크 시스템도 있다[245]. 외국에서 사용하는 차륜의 감속 토크를 이용하지 않는 레일 브레이크에는 차량 측의 전자석이 레일에 접촉하지 않고서 와전류(渦電流)가 발생되는 와전류 브레이크와 레일에 전자석을 흡착시켜 레일과의 마찰력으로 제동력을 얻는 것이 있다. 전자는 제동력이 크며 레일과의 비접착으로 인한 마모가 없기 때문에 보수가 적다는 이점은 있지만 와전류에 기인하는 레일의 온도상승이 문제로 된다. 후자는 제동력이 크지 않지만 정지까지 제동력이 확보되고 레일의 온도상승이 적다.

기관사가 제동변 핸들을 제동위치로 이동시킨 후에 열차가 정지할 때까지 주행한 거리를 제동거리라고 하며 공주거리와 실제동거리를 합산한 거리로 표시한다. 제동개시부터 제동력이 유효하게 작용될 때까지의 시간을 공주시간이라 하고, 그 동안 주행한 거리를 공주거리라 한다. 제동력이 유효하게 작동되고부터 정거할 때까지 주행한 거리를 실제동거리(과주거리)라 한다.

(나) 제동시스템에 관한 안전기준

제동시스템은 감속도를 일정하게 유지하고, 정상제동 시에 충격·소음과 진동을 최소화시켜야 한다. 정상운전조건 하에서의 비상제동거리는 국토해양부의 기준을 만족시켜야 한다. 제동시스템은 전기제동·공기제동 및 그 밖의 보조적인 제동기능 등으로 구성되고, 그 기능이 독립적으로 또는 혼합되어 원활하게 작용되어야 한다. 최대 선로경사도에서도 정거상태를 유지할 수 있는 주차제동기능을 갖추고, 스프링형식의 주차제동장치인 경우에는 수동풀림장치를 갖추어야 한다. 제동장치는 차륜의 활주방지기능을 갖추며, 그 기능이 제동기능에 영향을 주지 않아야 한다. 차량이 운행기능을 상실하여 동일노선을 운행하는 다른 열차나 입환 기관차로 견인되는 경우에도 제동장치가 작동되어야 한다. 동력차에는 운전자작동의 제동제어기기와 제동상태확인 압력계 등을, 승무원이 승무하는 차량 등에는 비상시의 관통제동기 조작 장치와 제동관 압력계를 설치한다.

(5) 차체의 구조(structure of body)

차체는 대차 위에 위치하며, 여객차에서는 여객을 안전하고 쾌적하게 수용하도록 차체를 경량으로 강성(剛性)이 높은 구조로 하고 의자, 조명, 공조 설비 등의 설비를 하여야 한다. 또한, 주행 중에는 압축, 인장, 전단, 휨 등의 각종 하중의 작용을 반복하여 받게 되므로 장기간의 하중 내구성이 요구된다. 차체구조는 각종의 명칭이 붙여져 있지만, 보, 기둥 등의 각 부재로 차체에 작용하는 하중에 대하여 저항하고 있다. 그러나 최근에는 항공기, 자동차에 채용되고 있는 것처럼 단체(單體)구조 차체(monocoque)가 채용되고 있다. 단체구조 차체는 차체를 옆면, 지붕, 바닥 및 앞뒷면의 육면체 구성으로 하고 각 면의 구조를 일체 구조로 하여 제작한 것이다. 단체구조 차체이기 때문에 차체에 작용하는 하중은 보, 기둥 등에 따라 차체 각부로 분산되며, 그 분산하중은 강도부재로서의 차체 외판(外板)으로 전달된다. 단체구조 차체를 채용함에 따라 종래의 차체 구조에 비하여 3할 정도 경량으로 되어 있다. 또한, 부재에 스테인리스합금이나 알루미늄 합금을 사용하여 더욱 경량화를 도모한 차량이 등장하고 있다.

열차 화재(train fire)사고의 교훈에 따라 차체의 구조나 사용 재료에 대하여는 구조나 성능상 부득이한 재료를 제외하고는 모두 불연성의 재료를 사용하며, 불연성 이외의 재료는 적극 소량으로 하고 타기가 극히 어려운 또는 타기 어려운 재료를 사용한다. 따라서, 차량 실내의 천정, 벽 내장재, 바닥, 단열재 등은 불연성 재료로 하고, 바닥에 까는 재료, 의자의 본바탕, 쿠션재, 커튼 등은 타기 어려운 재료를 사용한다. 더욱이, 지하철 등 객차(coach)의 차체는 바닥에 까는 재료에 타기가 극히 어려운 재료를 사용하는 이외는 모두 불연성 재료를 사용한다.

(6) 대차의 구조
(가) 대차 일반

대차(臺車)는 차량에서 주행 장치의 부분이며, 기능으로서는 차체하중의 지지, 차체진동의 방지, 조타와 선회, 구동과 제동이 있다. 자동차에서는 대차프레임에 상당하는 부분이 차체와 함께 섞여있지만 부위로 나타내면 타이어, 서스펜션, 스테어링, 엔진, 브레이크가 여기에 상당한다. 최근의 대차는 속도를 향상시키고 궤도에 대한 부담을 경감시키기 위하여 경량화가 진행되고 있으며, 받침 보(bolster) 사이드 베어러(side bearer)를 폐하여 공기 스프링의 횡 강성을 이용한 볼스터리스(bolsterless) 대차가 주류로 되어 있다. 대차의 모델 예를 **그림 6.1.2**에, 볼스터 대차와 볼스터리스 대차의 개요를 **그림 6.1.3**에 나타낸다.

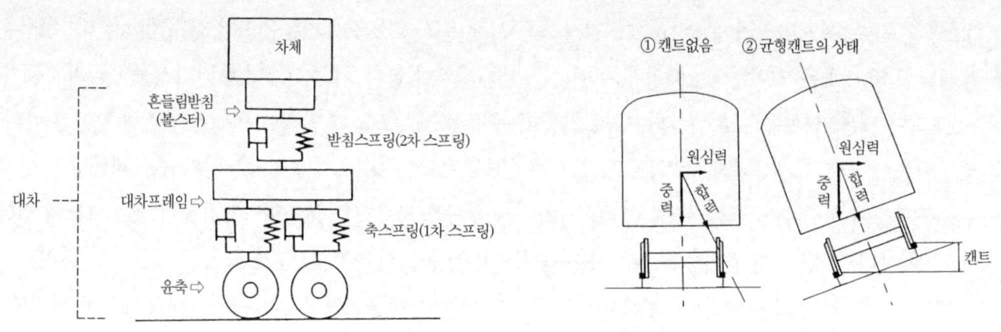

그림 6.1.2 볼스터 대차의 모델   **그림** 6.1.4 곡선 주행 중에 생기는 힘

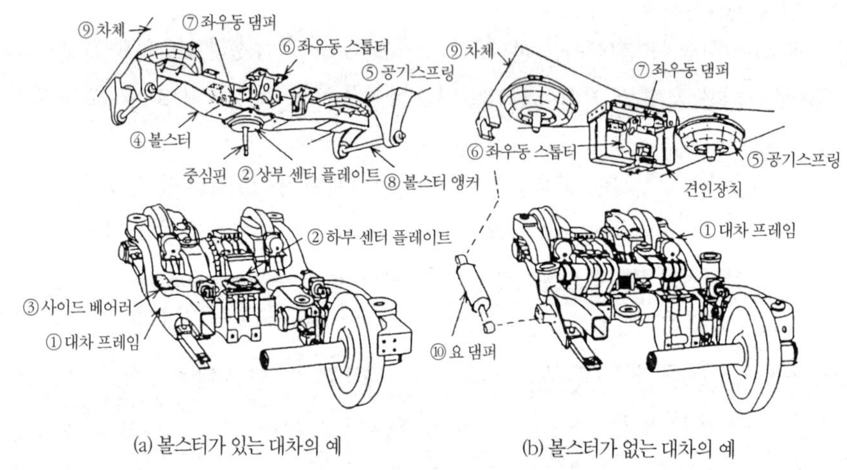

(a) 볼스터가 있는 대차의 예   (b) 볼스터가 없는 대차의 예

그림 6.1.3 대차의 개요

(나) 진자대차

그림 6.1.4에 나타낸 것처럼 곡선통과 시는 차량에 원심력이 작용하기 때문에 곡선구간에는 궤도에 캔트를 붙여 차량의 주행을 보조하고 있다. 그러나 원심력은 속도에 따라 변하지만, 궤도의 캔트는 고정되어 있기 때문에 차량속도에 대응하여 변화할 수 없다. 그래서 곡선구간에서는 차량이 스스로 기울어지게 함으로써 곡선주행을 용이하게 하는 진자대차가 고안되었다(제6.6절 참조). 현재 외국에서 사용되고 있는 진자방식에는 다음과 같이 3종이 있으며, 최신의 특급차량에서는 자연 진자에서 제어 진자로 이행되고 있다.

1) 자연 진자 : 자연 진자는 차량 운동 중에 차량에 생기는 원심력과 중력의 합력에 따라 차량이 자연적으로 기

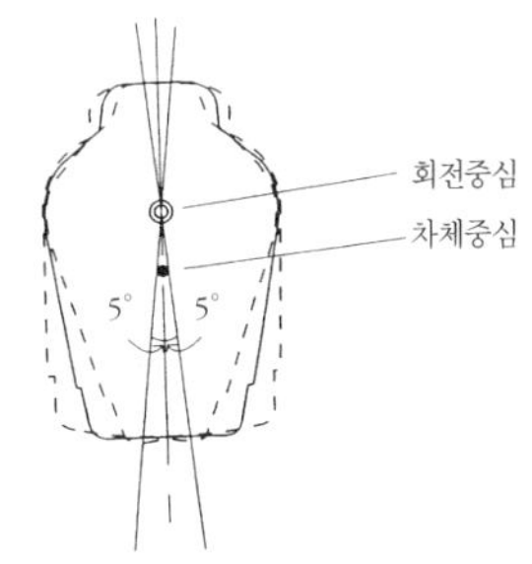

그림 6.1.5 자연 진자의 흔들림 각도

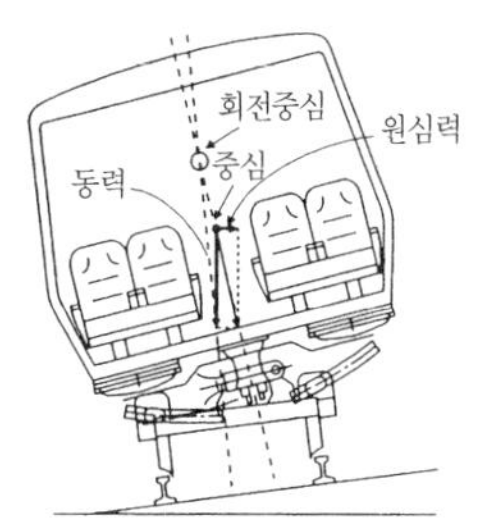

그림 6.1.6 제어 진자(베어링 가이드식)

울어지는 방식이다. 곡선반경이나 차량속도에 따라 자동적으로 합력의 방향이 바닥 면에 수직으로 되어진다. 다만, 회전중심(回轉中心)이 차체중심(車體重心)보다도 높은 것이 이상적이지만 너무 높으면 차체의 하부에서 흔들림의 폭이 크게 된다. 따라서 차체하부의 부분을 줄일 필요가 있다. 한편, 회전중심과 중심(重心)의 거리가 짧으면 경사를 위한 토크가 작게 되며, 움직임이 둔화되고 승객의 불쾌감이 심해지게 된다. 이와 같은 점에 입각하여 **그림 6.1.5**에 나타낸 것처럼 일반적으로 자연 진자인 경우의 최대 흔들림 각도는 5°로 하고 있다.

2) 강제진자 : 강제진자는 액튜에이터(actuator)를 이용하여 차체의 경사를 제어하기 때문에 회전중심(回轉中心)이나 중심(重心) 위치에 관계가 없는 방식이며, 유럽에서 많이 이용되고 있다.

3) 제어 진자 : 자연 진자의 결점인 흔들림 뒤짐이나 원상복귀 뒤짐을 해소하기 위하여 컴퓨터 제어를 추가한 방식(**그림 6.1.6**)이다. 제어가 고장이 난 경우는 자연 진자로 되돌린다. 제어는 곡선의 형상과 캔트를 차상 측에 기억시켜 주행위치를 검지한 후에 곡선의 가까운 쪽부터 제어를 개시한다.

(다) 관절 대차

인접한 2개의 차체가 1개의 대차를 공용하는 구조의 대차이다. 경량화, 급곡선 통과성능, 안정성이 개선된 이점이 있으며, 차량분리 곤란, 대차구조의 복잡 등의 단점이 있다. 노면전차, 경량전차와 저중심 차체구조로 고속에 유리하며, KTX에도 채용되어 있다.

(라) 기타의 대차

차량은 자동차에서와 같은 스테어링이 없기 때문에 고정차축으로는 곡선 통과가 용이하지 않다. 그러므로 궤도에 슬랙이나 캔트를 붙이며, 또한 차량은 차륜답면의 테이퍼를 이용하여 곡선을 통과한다. 최근의 차량에서는 스테어링(steering) 기구를 도입하여 곡선에 대응하여 차륜의 방향을 바꾸는 자기 조타 대차가 등장하고 있다. 또한, 진동을 저감시켜 승차감을 개선하기 위하여 수동적인 스프링이나 댐퍼에 능동적인 요소를 부가한 액티브 서스펜션 대차를 개발하고 있다. 더욱이, 궤간이 다른 궤도에 자유롭게 들어갈 수 있는 궤간가변 대차가 개발되고 있다.

(7) 동력

현재 동력의 주류는 전기모터 또는 디젤기관이다. 전기모터에는 직류모터와 교류모터가 있으며 오랫동안 직류모터가 사용되어 왔지만 최근에는 교류모터가 주류이다. 모터의 종류와 특징을 **표 6.1.3**에 나타낸다. 교류모터는 회전수나 토크를 변화시키기 위해서는 주파수와 전압을 변화시킬 필요가 있지만 최근에는 VVVF

표 6.1.3 전기모터의 종류와 특징

종류	특징
직류 모터	차량의 속도가 낮은 경우는 높은 토크를 발생시키고 고속 시에는 낮은 토크로 되도록 간단하게 광범위한 속도제어가 가능하다. 그러나 구조가 복잡하게 되며 정류자와 브러시의 유지관리가 힘이 많이 들며 소형·경량화나 대출력화가 어렵다.
교류 모터 (VVVF모터는 제외)	3상 교류에 따른 회전 자계(磁界)를 이용하여 구조가 간단하고 소형화가 용이하다. 또한 정류자와 브러시가 없기 때문에 유지관리가 적게 된다. 그러나 회전수나 토크를 바꾸기 위해서는 주파수와 전압을 변화시킬 필요가 있다.

(Variable Voltage Variable Frequency)를 이용하고 있다. 여기서, 교류모터에 대한 주파수와 회전수의 제어를 가능하게 한 방식을 VVVF라고 하며, VVVF는 최근에 대부분의 전차에 탑재되고 있다.

디젤기관은 기관차나 기동차의 동력으로 이용되고 있으며 철도용의 내연기관으로서는 다른 내연기관에 비하여 안전성이 높고 유지관리비도 적게 든다. 또한, 내구성이 우수하다. 향후 디젤기관의 과제는 환경대책으로서 소음대책과 유해한 배기가스를 제거, 또는 발생되지 않도록 하는 것이 더욱 요구되고 있다.

동력배치에 관하여는 국내 지하철과 전철에서 적용하는 것과 같은 동력분산방식과 국내 고속철도와 일반철도에서 적용하는 것과 같은 동력집중방식이 있다(제6.2.2.항 참조). 동력집중방식인 프랑스 TGV는 차량의 선두와 후미에 기관차를 배치한 이른바 푸시풀(push-pull) 방식으로서 우수한 고속성을 발휘하고 있다.

(8) 동력전달장치

차륜의 회전력은 전차의 경우에 모터인 주전동기에서 톱니바퀴(齒車)를 통하여 전달된다. 자동차에서 기아변속으로 톱니바퀴를 이용하는 매뉴얼 방식과 유체를 이용하는 오토매틱 방식이 동력전달장치의 기본인 것처럼 철도에서도 톱니바퀴식과 유체식의 2 가지의 전달방식이 이용되고 있다. 톱니바퀴 식은 현재의 경우에 카르단(Cardan)식 동력전달장치를 이용하고 있다. 본 방식은 주전동기의 회전축인 전기자(電機子)축(軸)에 소치차를 직접 취부하는 것을 피하여 휨 판을 끼워 소(小)치차와 전기자 축이 연결되어 있다. 이에 따라 대차 프레임에 연결되어 있는 주전동기와 차륜의 주행에 따른 상대변위를 허용하고 차량주행 성능의 향상과 승차감의 개선을 도모하고 있다.

한편, 디젤기관의 전달 장치는 유체 이음이며 디젤엔진의 회전력 전달은 엔진 측의 회전 날개가 유체 속에서 회전하면 유체도 그에 따라 회전되고 유체의 회전에 따라 차륜 측의 회전 날개가 회전됨으로써 이루어진다. 따라서 톱니바퀴 식에 비하여 유체의 회전 손실(loss)로 인하여 전달효율이 감소되고 게다가 엔진 측의 회전이 차륜 측으로 전달될 때에 타임래그(time lag)가 생기기 쉽지만 디젤엔진의 특징인 높은 토크를 전달하는 경우에 유체 이음은 구조가 간단하고 뛰어난 방식이다. 앞으로는 전달효율을 향상시키기 위하여 자동차와 같은 모양의 톱니바퀴를 병용한 로크 업(lockup) 기구를 가진 철도용 대형 유체 이음의 개발이 요망된다.

(9) 연결기(coupler)

차량은 열차 편성(train consist)의 운전이 원칙이며, 예를 들어 외국에서는 일반적으로 채용되고 있는 보통형 자동 연결기(automatic coupler)의 파단 강도를 100 tf 이상으로 하고 있다. 따라서, 안전율(safety factor)을 고려하여 약 50 tf 정도의 견인력(tractive force)에 견딜 수 있으며, 기관차 3량 정도의 중련 견인의 열차 편성이 가능하다. 철도차량 안전기준에 관한 규칙은 다음과 같이 정하고 있다. 차량의 양단에는 자동으로 연결되는 구조의 연결기를 설치한다. 다만, 관절형식의 주행 장치구조를 갖는 차량은 선두차량의 앞쪽을 제외하고 그러하지 아니하다. 연결기의 중심높이는 정거 중에 레일윗면으로부터 815~900 mm이고 넉클(Knuckle)이 설치되는 경우에는 넉클 높이가 225 mm 이상이다.

(10) 차량제어방식

1) 저항제어 : 저항제어방식은 구동모터의 급전회로에 저항기를 접속하여 저항치를 변화시켜 모터전압을 제어한다[245]. 저항의 특징은 다음과 같다. ① 전력의 일부를 저항기에서 열로 발산하여 에너지를 소비, ② 발생열이 지하터널 내 축적으로 환기 용량 증대문제로 발생.

　※ Traction Motor : 전차의 견인력을 발생시키는 모터, Main Resister : 주저항기

2) 초퍼(chopper)제어 : 초퍼제어방식은 저항기 변환작용을 이용하는 저항제어 대신에 반도체 소자의 온오프(On-Off)로 모터의 전압을 제어한다. 초퍼제어의 특징은 ① 지하터널 내 축열방지, ② 보수성 향상, ③ 전력회생 가능으로 소비전력의 절감 등이다.

　※ Chopper : 직류 전류를 고속으로 충전, 차단하는 장치

3) VVVF(Variable Voltage & Variable Frequncy)제어 : VVVF제어방식은 유도전력기에 공급하는 교류의 전압과 주파수를 대용량 반도체로 자유로이 조절하여 전동차의 속도를 제어한다. 가변주파수의 전력으로 전차를 역동하므로 저주파에서 고주파에 걸친 전차 잡음이 발생되어 궤도회로에 영향을 미침에 따라 신호가 오동작 되는 열차가 발생될 수 있다. VVVF제어의 특징은 ① 제어성능이 우수하여 승차감 개선, ② 보수성 향상으로 유지보수 인력 감축, ③ 점착성능이 좋아 차량편성에 유리(M차 : T차 = 1:1), ④ 전력회생률의 향상으로 에너지 절약, ⑤ 제어장치 및 주전동기의 소형, 경량화 가능, ⑥ 지하터널 내 축열방지 등이다.

　※ INVerter : 직류를 교류로 전환하는 장치

(11) 추진제어 장치/주변압기/보조전원장치의 기술발전

유도전동기의 여러 이점에도 불구하고 제어의 어려움으로 초기 철도차량에는 직류전동기를 사용하였는데, 70년대는 저항제어방식이 주류를 이루었다[287]. 점차 반도체소자가 발달되면서 80년대에 이르러 추진제어 장치에 초퍼제어 시스템을 적용하였다. 그러나 직류전동기를 견인전동기로 사용하는 데는 유지보수비와 시스템 불안정 등의 문제가 있었다. 80년대 말 고전압, 대용량급의 GTO(Gate Turn Off) Thyristor소자의 개발과 VVVF 인버터 제어방식의 적용으로 철도차량에 유도전동기의 사용이 가능하게 되어 GTO VVVF 인버터가 추진제어 장치를 선도하였다. 90년대 후반에 반도체소자의 발달로 고속스위칭이 가능한 IGBT(Insulated Gate Bipolar Transistor)가 개발되면서 기존 소자의 대체품으로 주목되었다. IGBT는 시스템의 안정성 향상, 소형경량화, 승차감 향상 등의 이점이 있지만 대용량화에 어려움이 있어 철도차량에 사용되지 못하였는데, 최근에 대용량 IGBT가 개발되면서 신규제작 철도차량의 추진제어 장치에 IGBT를 채용하고 있다. 국내 전동기의 추진제어 장치는 70년대의 저항제어에서 90년대 하반기에 IGBT VVVF 인버터 제어로 발전되어 왔다. 전동차추진 장치의 최신기술인 IGBT VVVF 인버터 제어기술은 2000년대부터 외국사와 대등한 수준까지 발전하였다.

보조전원장치는 1980년대에 회전기계식 전원장치를 사용하였으나, 고전압 대전력 반도체소자의 발전으로 Static Inverter(SIV)가 개발되었으며, 지속적인 연구개발과 반도체소자의 발달로 국내에서 독자적인 시스템의 설계와 소형화, 경량화, 고효율화 제작이 가능한 수준이다.

(12) 열차종합정보장치

철도차량의 안전성 · 편의성 및 신속 · 쾌적한 승객수송환경을 확보하기 위하여 차량의 추진/제동시스템, 신호보안 시스템, 승객서비스장치, 차체 전기장치 등의 주요장치가 컴퓨터화됨에 따라 이들 장치의 상태를 통합적으로 제어 감시하는 시스템이 필요하게 된다[287]. 선진국에서는 이와 같이 열차 내 각 시스템의 통합관리기능을 수행하는 열차종합제어/관리장치(TCMS; Train Control and Monitoring System)를 개발하여 각종 철도차량 시스템에 적용하고 있으며, 국내의 서울시 5~8호선 등에도 열차종합제어/관리 장치를 도입하였다.

종합제어/관리 장치는 열차 전체의 동작 상태를 제어(추진/제동, 승객서비스기기 제어 등을 포함) · 감시하고, 이상시 고장조치를 요구하는 열차의 핵심전장품이다. 종합제어장치/종합정보장치의 기술은 상태를 감시하는 TIS (Train Information System), 서비스기기를 제어하는 TGIS (Train General Information System), 자동운전제어와 무인운전제어를 하는 TCMS(Train Control & Monitoring System), 차세대 TCMS(무선인터페이스를 이용한 완전무인제어)의 순으로 발달되었다[287]. TGIS와 TCMS 이전의 TIS는 모니터가 없고, 주로 운행속도기록, 고장기록 등의 기능만을 갖고 있다[288]. 93년에 VVVF전동차와 함께 TGIS(Train General Information System)가 등장하였다. ATO에 의한 무인/1인 운전이 본격적으로 도입되면서 국산화 개발된 TCMS가 채용되기 시작하였다. TGIS와 TCMS의 기본개념은 같지만, TCMS 시스템은 TGIS에서 부족했던 "자체판단과 제어" 기능이 추가되었다. TGIS의 기본기능은 승무원지원과 서비스기기 제어기능, 검수지원기능이다. TCMS의 특성은 자동운전 기능, 강화된 검수지원기능이다.

(13) 운행상태확인 장치

철도차량 안전기준에 관한 규칙에서는 다음과 같이 규정하고 있다. 철도차량운전자가 열차의 운행상태를 즉시 확인할 수 있도록 운전실에 버저 · 램프 또는 운전지원 및 확인이 가능한 모니터 등을 설치한다. 열차의 운행상태를 확인하도록 ① 제동상태정보, ② 출입문작동정보(설치된 차량), ③ 비상경보작동정보, ④ 차륜활주정보, ⑤ 축상 과열정보(설치된 차량), ⑥ 화재발생정보(설치된 차량), ⑦ 주행 장치불안정정보(설치된 차량) 등을 확인하는 장치를 갖춘다.

(14) 철도차량과 선로간의 작용력 등

상기의 규칙에서는 다음과 같이 규정하고 있다. 정상적인 운행조건하에서 주행안전성을 확보하는 범위에서 차량과 선로간의 작용력을 최소화할 수 있도록 차량을 설계한다. 차량은 정상적인 선로조건하에서 차륜답면과 레일두부 접촉지점의 응력과 변형발생으로 차량의 안전이 침해되지 않도록 정적 윤하중, 차륜직경 및 차륜답면 형상간의 상호연계효과를 고려하여 설계한다. 이 경우에 정적 윤하중의 최대치는 0.13 D(mm로 표시된 차륜직경) kN과 125 kN의 수치 중에 작은 값을 초과할 수 없다. 기관차는 2량을 연결하여 1 m당 7 톤의 등분포하중을 견인하고 최대속도로 운전하는 경우에 "철도건설규칙"에 의한 선로의 부담력을 만족시켜야 한다.

6.1.3 차륜의 윤곽

차량이 레일 위를 안전 · 원활하게 레일에 안내되어 주행하기 위해서는 레일과 접촉하는 차륜의 윤곽(tire contour)이 특히 중요하다. 차륜의 윤곽에 필요한 조건에는 ① 탈선(derailment)에 대한 안전성이 높을 것(탈선은 절대적으로 피한다), ② 주행의 안전성이 높을 것, ③ 안쪽과 외측의 길이가 다른 곡선(반경이 궤간 차이만큼 다르다)의 통과 성능이 양호할 것. 즉, 원활하게 통과할 것, ④ 분기기 통과 시에 문제를 일으키지 않을 것, ⑤ 레일과의 접촉 응력이 작고, 레일 · 차륜의 손상이 적을 것, ⑥ 레일과의 주행 마모가 적고, 삭정까지의 기간이 길며, 삭정 시의 낭비가 적을 것, 등이 있다. 차륜에는 하기의 그림들과 같이 답면(踏面)이라 부르는 기울기(구배)가 붙여져 있으며 차륜과 레일간의 접촉 면적이 작다. 또한, 답면에서의 레일 접촉위치는 레일의 선형에 응하여 항상 변화된다. 또한, 선로의 곡선구간에서는 주행하는 차량에 원심력이 작용하여 레일 위의 차륜이 원심력 작용 방향으로 이동한다. 그러나 플랜지가 있으므로 탈선은 되지 않지만 **그림 6.1.7**에 나타낸 것처럼 곡선 안쪽의 차륜은 바깥쪽의 차륜에 비하여 차륜직경이 작게 되며 회전반경의 차이로 차축이 선로의 곡선에 대응하여 방향을 바꾸게 되며 이와 같이 차륜에는 조타의 기능도 포함되어 있다.

탈선에 대한 안전성을 높이기 위하여 플랜지각(flange angle)을 증가시키면 마모시의 삭정량이 많게 된다. 또한, 레일과의 접촉압력을 작게 하기 위하여 접촉면적을 크게 하면 마모량이 증가되는 것처럼 이들의 조건에는

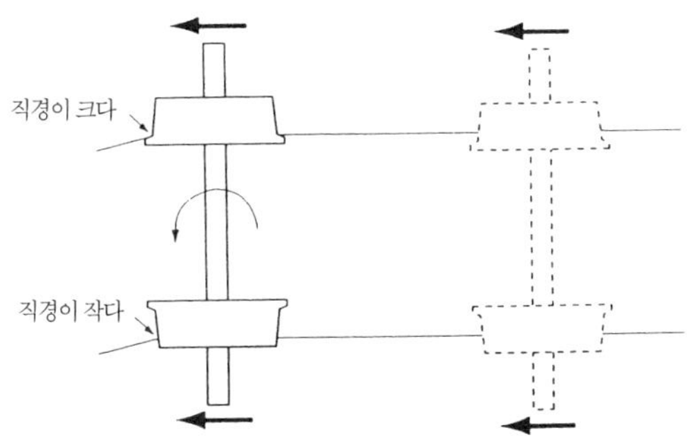

그림 6.1.7 회전이 구조

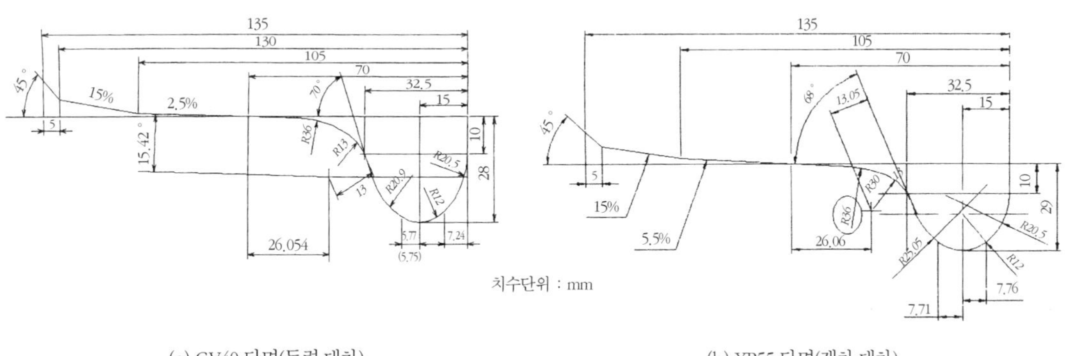

(a) GV40 단면(동력 대차)　　　　(b) XP55 단면(객차 대차)

그림 6.1.8 경부 고속철도 차량의 차륜답면 형상

서로간에 상호 허용되지 않는 것도 있다. 따라서, 이상적인 답면(tread surface) 형상을 찾아내기는 곤란하다. 이 때문에 목적에 따라 몇 개의 답면 형상(profile of wheel tread)이 이용되고 있다. 고속철도의 차륜 답면 형상은 **그림 6.1.8**, 일반철도의 차륜 답면 형상은 **그림 6.1.9**.에 나타난다.

　　그림 6.1.10은 곡선 등에서 외측 레일과 외측 차륜의 플랜지가 접촉하여 있는 상태의 예(50 P레일과 JR기본 답면)이며, 차륜의 마모를 줄이기 위하여 레일과 항상 1점에서 접촉시키는 것이 효과적이기 때문에 플랜지에서 답면에 이르는 형상은 레일과의 마모 현상을 고려한 평균치적인 형상을 선택하고 있다. **그림 6.1.11**은 고속철

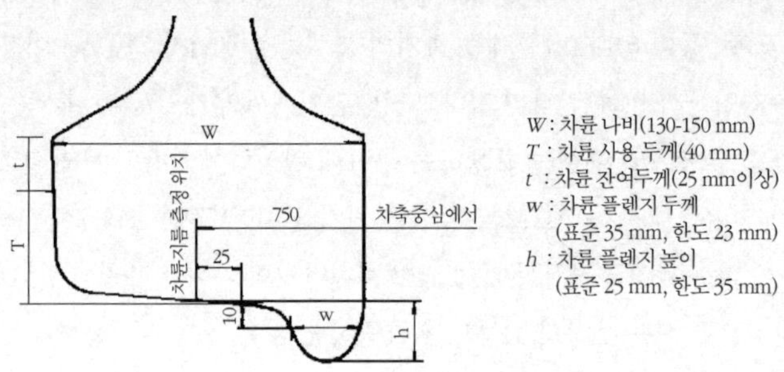

그림 6.1.9 일반철도 차량의 차륜답면 형상

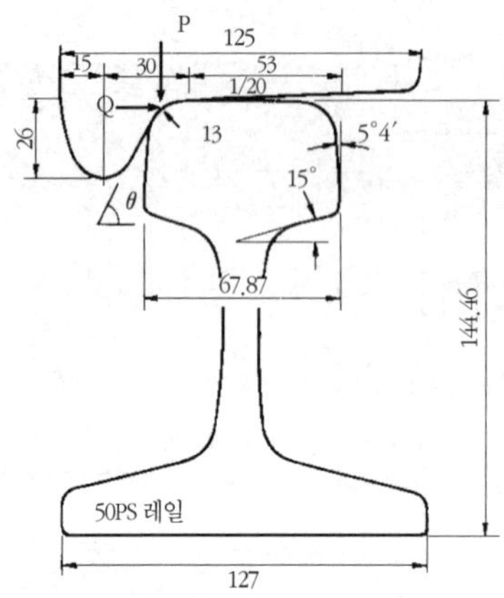

그림 6.1.10 차륜과 레일의 접촉 예

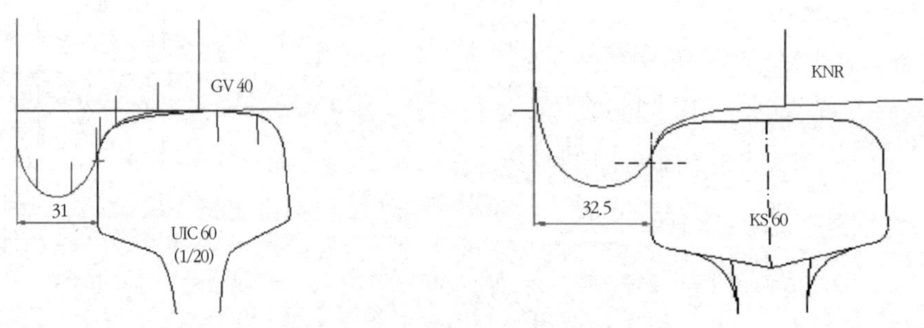

그림 6.1.11 차륜과 레일답면 형상 비교의 예

도 차륜과 UIC 60레일 및 일반철도 차륜과 KS 60 레일간의 답면 현상을 비교한 것이다. 차륜의 주행에 따른 마모는 곡선 레일과 접촉하는 플랜지부에서 특히 많고, 마모를 줄이기 위하여 플랜지부를 담금질(tire-flange quenching)하여 경도(hardness)를 높이는 예도 있다. 마모가 많은 차륜(전기기관차의 최전위, 최후위의 차륜 등)에는 주행에 따라 자동적으로 도유되는 플랜지 자동 도유기(automatic flange lubricator)가 장치되어 있다. 차륜은 플랜지와 답면의 안쪽이 주로 마모되고 당초의 기본 형상에서 변형되어 원활한 주행을 해치기 때문에 마모량(wearing depth)에 따라 주행 10~30만 km(속도나 선로의 조건에 좌우된다)에서 삭정하여 기본 형상으로 되돌린다. 따라서, 차륜의 감모(reduction of section)는 주행의 마모로 인한 것보다도 삭정으로 인한 양의 쪽이 많으며, 이 경향은 플랜지 각도가 클수록 많게 된다.

6.1.4 열차의 저항

열차가 주행함에 따라 각종의 저항을 받는 것을 열차 저항(train resistance)이라 한다. 열차가 주행할 때의 가속 성능·견인력 성능, 최고 속도나 제동 성능은 차량 설계나 운전 계획에 필요하며, 인장력이나 제동력과 열차 저항으로 결정된다. 열차 저항에는 출발 저항·주행 저항·구배 저항 및 곡선 저항이 있으며 1 tf당의 kgf로 나타낸다.

(1) 출발 저항(starting resistance)

출발 저항은 정지하고 있는 열차가 선로를 주행하기 시작할 때에 차륜의 회전 기동에 있어 차륜 답면, 차축의 베어링부, 구동 장치의 전동부 등에서 발생되는 마찰 저항이 주된 것이며, 약간 저항이 크다. 출발 저항은 차축 베어링의 구조에 따라 다르며, 롤러 베어링 차량의 경우는 30~50 N/t, 평 베어링 차량의 경우는 60~80 N/t 정도이지만, 움직이기 시작하면 급격하게 줄어 속도가 8~10 km/h 정도에서는 무시할 수 있다. 그 이후는 다음에 기술하는 주행 저항으로 이행되어 속도와 함께 저항이 다시 증가한다. 하계와 동계에는 기름의 유연도가 다르며 출발 저항은 동계에 큰 값을 나타낸다. 또한, 출발 저항의 값은 기관차에서 크고 객화차에서 작지만, 출발에 있어서는 정거시 연결기 스프링의 축소 때문에 반발력이나 또는 선두부의 차량부터 순차 움직이기 시작하여 진 차량이 일제히 움직이기 시작하지 않는 등의 점도 있어 열차 전체로서 고려할 때는 8 kgf/tf 전후의 값을 취하면 좋다(**그림 6.1.12**).

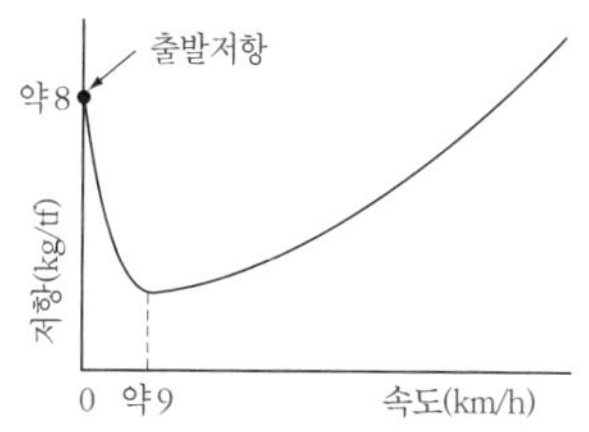

그림 6.1.12 주행 저항

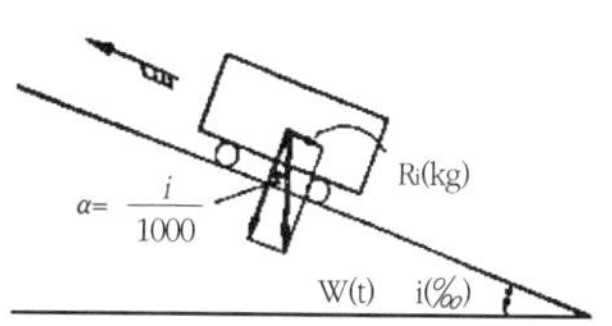

그림 6.1.13 기울기 저항

(2) 주행 저항(running resistance)

평탄한 직선 선로를 무풍 시에 등속도로 주행할 때의 열차 저항이며, 이 중에는 ① 속도에 관계없이 일정한 값을 가진 기관차 기계 부분의 저항, 또는 차축 베어링이나 구동 톱니바퀴 장치의 마찰 저항(아래 식의 A), ② 속도에 정비례하고, 궤도의 처짐에 기인하는 저항 및 차륜과 레일간의 미끄럼마찰 저항(아래 식의 B), ③ 속도의 제곱에 정비례하는 공기 저항(아래 식의 C)이 포함되어 있다. 이들의 값은 열차 속도, 차량 구조(기관차와 객화차), 선로 상태, 기후 등에 따라 다르며, 또한 객화차에서도 영차와 공차가 다른 값으로 되지만, 다음과 같은 형으로 나타내어진다.

$$R = A + BV + CV^2 \tag{6.1.1}$$

여기서, R: 주행 저항 (kgf/tf), V: 운전 속도 (km/h), A, B, C: 실험으로 결정되는 계수

출발 후의 주행 저항을 도시하면 대체로 **그림 6.1.12**에 나타낸 형상으로 된다. 주행 저항은 속도 30~50 km/h에 대하여 약 30 N/t으로 극히 작아(N = kgf / 9.8) 자동차인 경우의 포장도로 주행 저항 약 100 N/t, 보통 도로 약 500 N/t과 비교하여 상당한 차이이며, 레일과 차륜의 철도에서 우수한 특질이라고도 말한다.

(3) 기울기 저항(grade resistance)

기울기상의 선로를 주행하는 차량에는 차량중량의 기울기 방향으로의 분력이 저항으로서 작용한다. 다만, 상기울기(uphill gradient)인 때는 감속력으로서, 하기울기인 때는 가속력으로서 작용한다. 지금, 기울기를 천분율로서 나타내고 열차가 i ‰의 상기울기를 올라가고 있을 때는 **그림 6.1.13**에 나타낸 것과 같이 차량 중량 W [tf]의 기울기 방향의 분력 R가 저항력으로 되며, 다음 식으로 주어진다.

$$R_i [\text{kgf}] = W [\text{tf}] \cdot \sin \alpha \cdot 1,000\ [\text{kgf}] = W \cdot (i / 1,000) \cdot 1,000 = W \cdot i \tag{6.1.2}$$

이 식에서 기울기 저항은 주행 저항에 비하여 대단히 큰 것을 알 수 있다. 기울기 10 ‰에 대한 기울기 저항 약 100 N/t은 재래선의 130 km/h 속도의 주행 저항에 필적한다.

(4) 곡선 저항(curve resistance)

곡선 선로를 주행 중인 차량은 다음과 같은 원인으로 인하여 여분의 저항을 받는다. ① 곡선궤도 내외 레일의 길이와 차륜답면 반경의 불일치에 기인하여 생기는 차륜답면(wheel tread)과 레일두부 표면 사이의 활동, ② 차량의 전환 방향에 따라 레일 표면과 차륜답면 사이의 미끄러짐. 미끄러짐 방향과 거리는 순간 중심과 차륜을 연결하는 선에 직각 방향으로 생기며, 그 거리에 비례한다, ③ 고정 축거의 존재에 기인한 선두 차축의 외측 차륜 플랜지 및 중간 차축의 안쪽 차륜 플랜지와 레일과의 마찰.

그러나, 이들 곡선 저항의 여러 원인에 대하여는 불충분한 점이 많으며, 곡선 저항의 식은 실험식에 의하고 있다. 실험의 결과에 따르면, 곡선 저항의 값은 곡선 반경에 반비례한다. 곡선 저항의 식으로서 다음의 식이 이용되며(제2.5.1(2)항 참조) 그 경향을 도시하면 **그림 6.1.14**에 나타낸 것처럼 된다.

$$R_c = \frac{K}{R} \tag{6.1.3}$$

여기서, R_c: 곡선저항(kgf / t), R: 곡선반경(m), K: 실험으로 구하여지는 정수로 600~800 정도

이와 같이 차량이 곡선 선로 상을 주행할 때는 위의 식으로 구해지는 저항이 생기므로 곡선의 존재는 열차 저항에서 보면 같은 값의 저항을 주는 상향 기울기에 상당한다고 고려할 수 있다. 따라서, 곡선이 상향 기울기 중에

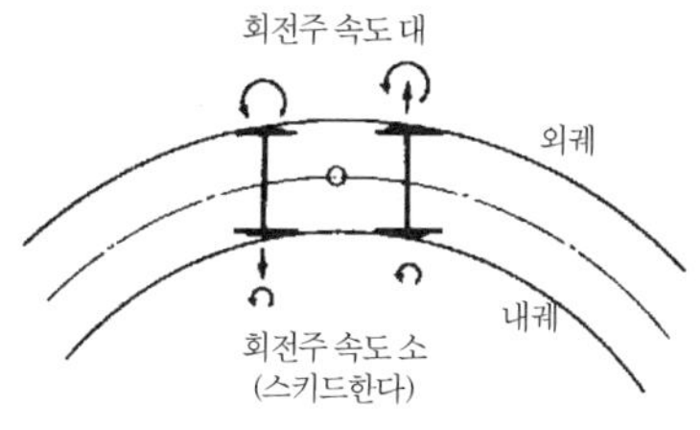

(a) 곡선에서의 차륜과 궤도

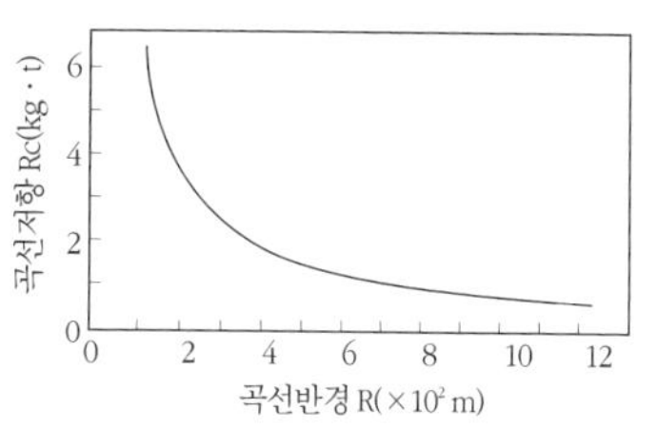

(b) 곡선저항의 경향

그림 6.1.14 곡선 저항

존재하는 때는 그만큼 기울기가 급하게 되었다고 고려하며, 하향 기울기(downhill gradient) 중에 존재하는 때는 그 분만큼 기울기가 완만하게 되었다고 생각할 수가 있다. 기울기 중의 곡선은 완만한 기울기에서는 문제로 되지 않지만, 제한 기울기(ruling gradient)에 가까운 급구배 중에 곡선이 존재할 때는 문제이다.

곡선저항과 같은 값의 저항을 주는 상향 기울기를 환산기울기(등가기울기, equivalent grade)라 하고, 실제의 기울기에 환산기울기를 가감한 기울기를 보정 기울기(상당기울기, compensating grade)라 부른다. 또한, 곡선 저항을 고려하여 실제로 기울기를 보정하는 것을 곡선 보정(curve compensation)이라 부른다(제2.5.1(2)항 참조). 다만, 완화 곡선(transition curve)에 대하여는 여기에 연결된 원곡선과 같은 반경으로 고려하여 보정한다. 이상의 것에서 보정 기울기가 제한기울기를 넘으면 아니 된다. 미국에서는 보정 량으로서 $i\% = 0.04\theta(\theta = $곡선도[°])를 이용하여 곡선 보정을 한다.

(5) 터널 저항(tunnel resistance)

열차가 터널 내를 주행할 때에 터널 내에 생기는 풍압 저항이며(제4.2.4항 참조), 그 크기는 열차의 속도에 따라 대폭으로 변화되지만, 통상 단선 터널에서는 2 kgf/t, 복선 터널에서는 1 kgf/t 정도의 값을 이용한다.

(6) 가속 저항(acceleration resistance)

이상의 저항과 달리 가속에 요하는 힘을 저항으로 간주하고 있다. 가속 저항과 가속도외의 관계는 다음 식으로 게산된다.

$$\text{가속 저항 } F = 277.8 \ \alpha M \text{(단위 N)} \tag{6.1.4}$$

여기서, α : 가속도(km / h / s), M : 차량의 질량(t)

즉, 통근 전차 등의 가속도 2 km/h/s의 가속 저항은 약 60 ‰의 급구배에 필적할 정도로 대단히 크다.

6.1.5 차량의 점착계수(adhesion coefficient)

철도에서는 차륜과 레일 사이에 작용하는 마찰력을 점착력이라고 하는 경우가 많다. 점착력이란 회전하는 차륜의 원주 속도 V_p와 회전중심의 진행속도 V_c에 속도차이 V_s가 생기는 경우에

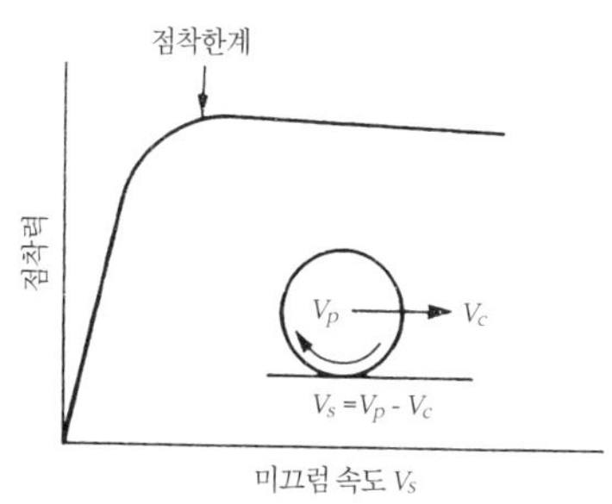

그림 6.1.15 미끄럼 속도와 점착력의 관계

차륜과 레일의 접촉부에서 접선 방향으로 전달되는 힘의 성분을 말한다. **그림 6.1.15**는 속도 차이와 점착력의 관계를 나타낸 것이며, 점착력은 속도차이와 함께 크게 된다. 바꾸어 말하면, 어느 점착력 이상으로 되면 속도차이가 증가하며 가속 시에는 차륜이 공전하게 되고, 브레이크 제동 시에는 활주하게 된다. 점착력이 최대로 되는 미끄럼 속도는 극히 작고, 미끄럼 율(속도차이를 회전중심의 진행속도로 나눈 값)이 1 % 이하의 값으로 된다.

차량은 차륜과 레일간의 마찰력(점착력)으로 구동·제동하여 기동·가속·주행·감속·정지한다. 구동력이나 제동력이 마찰력을 상회하면, 차륜이 슬립(slip, 공전) 또는 활주(skid, 고착)하여 버린다. 따라서, 최근에는 차량의 고성능화에서 이 점착력의 향상이 중요한 테마로 되어 있다. 모든 기관차에 공통이지만, 기관차의 출력이 아무리 커도 동륜(구동륜)과 레일간의 마찰력(점착력)이 부족하면 동륜(driving wheel)이 공전하여 전진할 수 없다. 이 동륜과 레일간의 마찰력을 점착 견인력(tractive effort of adhesion)이라 부르며 동축(구동축)상 중량이 클수록 또는 마찰계수가 클수록 크게 된다. 여기서 동축이란 전동기가 설치되어 있는 차축(axle)을 말한다. 마찰계수의 값은 레일이 건조되어 있을 때보다 강우 등으로 레일표면이 젖어 있을 때는 저하되고, 기름이 부착된 경우는 격감된다. 상향 기울기 등에서 큰 마찰력을 필요로 하는 때는 모래를 뿌려 계수의 증가를 꾀한다. 계수의 값은 이 외에 열차의 속도에 따라 그다지 영향을 받지 않지만, 속도가 빠르게 되면 다소 감소되는 경향이 있다.

점착력을 축중(axle load)으로 나눈 수치를 점착계수(coefficient of adhesion)라 부르며, 차량과 레일의 상태 등에 따라 변동이 크다. 점착계수의 값은 **표 6.1.4**에 나타낸 것처럼 차륜이나 레일의 재질(quality of rail), 접촉면 부착물의 종류, 축중의 크기, 속도 등에 따라 영향을 받는다. 점착계수는 일반적으로 정지의 경우에 최대치를 갖고, 차량 속도가 커짐에 따라서 점차로 감소되는 것으로 알려져 있다. 차량 설계나 운전 계획에 이용되는 점착계수는 주행 시험의 데이터를 기초로 차종별의 공식을 이용한다.

표 6.1.4 레일의 표면 상태와 점착계수의 예

레일의 표면상태	점착계수	
	모래를 뿌리지 않을 때	모래를 뿌릴 때
깨끗하고 건조할 때	0.25~0.30	0.25~0.40
습윤할 때	0.18~0.20	0.22~0.25
서리가 있을 때	0.15~0.18	0.22
진눈깨비가 덮혀 있을 때	0.15	0.20
기름이 묻거나 눈이 덮혀 있을 때	0.10	0.15

6.1.6 동력차의 출력(output of powered car)

동력 장치를 가진 차량의 성능 제원에서 대표적인 것으로 출력이 있다. 공칭의 출력에는 장시간의 사용에 대응하는 연속 정격출력(continuous rated output)과 단시간의 운전에 대응하는 순간 출력이 있다. 자동차 등은 15분 정격의 단시간 출력을 사용하지만, 철도차량에서는 연속 정격과 1시간 정격을 사용한다. 국제 규격에서는 연속 정격출력이 기본으로 되어 있지만, 연속 역행시간이 비교적 짧은 철도에서는 1시간 정격출력(one-hour rated output)을 주로 채용한다. 디젤기관(diesel engine)의 15분 정격과 연속 정격의 출력에는 1 대 1.5에 가까운 차이

가 있기 때문에 같은 공칭 출력이라도 철도의 디젤차량(diesel rolling stock)과 트럭·버스(15분 정격이 많다)와는 실질적으로는 상당히 다르다.

차량의 출력은 전기차량(electric rolling stock)의 경우에 주전동기(main motor)의 출력(RW), 디젤차량의 경우에 기관 등, 원동기의 출력(P_s)으로 하고 있지만 이에 대하여 실제의 견인에 활용되는 동륜 출력(tractive output)이 있다. 양자의 차이는 변환 효율·동력전달 장치의 톱니바퀴 효율 등의 손실이나 보기(補機) 구동 등의 차인으로 인한 것으로 전기차량에 대한 양자의 차이가 약 15 %인 것에 비하여 변속기나 보기 구동이 필요한 디젤 기관차(diesel locomotive)는 약 30 %로 크다[31]. 양 차종의 성능 곡선(performance curve, 속도와 출력과의 관계)이 다르기 때문에 양 차량의 단순한 비교는 할 수 없지만, 동륜 최대 출력(P_s)을 비교 산정하는 경우에는 예를 들어 전기차량은 주전동기 출력(kW) × 1.14 P_s, 디젤차량은 기관 출력(P_s) × 0.7 P_s 로 개산되며, 전기차량(electric rolling stock)의 동륜 출력은 디젤차량에 비하여 상당히 크게 된다.

6.1.7 탈선한계

차량과 선로를 중개하는 것은 차륜과 레일이다. 여기서는 차륜과 레일간의 관계에서 중요한 탈선계수에 관하여 논의한다. **그림 6.1.16**에 나타낸 것처럼 차륜은 반작용으로서의 윤하중 P와 횡압 Q가 작용하지만 횡압 Q가 윤하중 P에 비교하여 어느 정도 이상으로 크게 되면 탈선이 생긴다. 탈선의 위험성에 대한 지표로는 탈선계수 Q/P가 이용된다. 탈선은 차륜과 레일 방향의 각도 차이, 즉 어택(attack)각이 중요한 파라미터로 된다. **그림 6.1.17**과 **6.1.18**에 나타낸 어택 각은 윤축이 반시계 방향으로 선회하는 경우를 플러스(양)로 하고 시계 방향으로 선회하는 경우를 마이너스(음)로 한다.

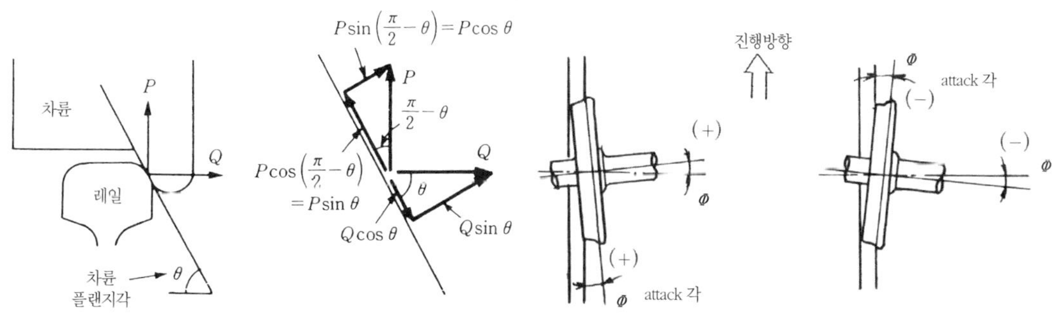

그림 6.1.16 차륜과 레일간의 힘 관계

그림 6.1.17 레일에 대한 차축의 주행 각

(1) 탈선의 종류

(가) 올라탐 탈선

올라탐 탈선은 어택 각이 플러스인 경우에 생기며 차륜이 레일을 향하여 진행해 가서 차륜의 플랜지가 레일의 어깨 부분을 굴러 올라가는 탈선이다. 이 경우에 플랜지와 레일 간에서 생기는 마찰력은 마찰계수를 μ로 하여 이하의 식(Nadal의 식)으로 나타낼 수가 있다.

$$P\sin\theta = Q\cos\theta + \mu(P\cos\theta + Q\sin\theta)$$

$$\frac{Q}{P} = \frac{\sin\theta - \mu\cos\theta}{\cos\theta + \mu\sin\theta} = \frac{\tan\theta - \mu}{1 + \mu\tan\theta} = \tan(\theta - \lambda) \tag{6.1.5}$$

이 식에서 접촉각(차륜 플랜지각) θ가 작고 마찰계수 $\mu(=\tan\lambda\ \lambda:$ 마찰각)가 큰 상태는 Q/P(한계탈선계수)가 작게 되어 탈선되기 쉽게 된다. 예를 들어, $\theta = 60°$, 마찰계수를 0.3으로 하면 $Q/P = 0.94$로 되어 윤하중 P의 94 % 정도인 횡압이 작용하면 올라탐 탈선이 생기게 된다. 실제로는 안전율을 고려하여 0.8을 탈선 안전한계로 하고 있다.

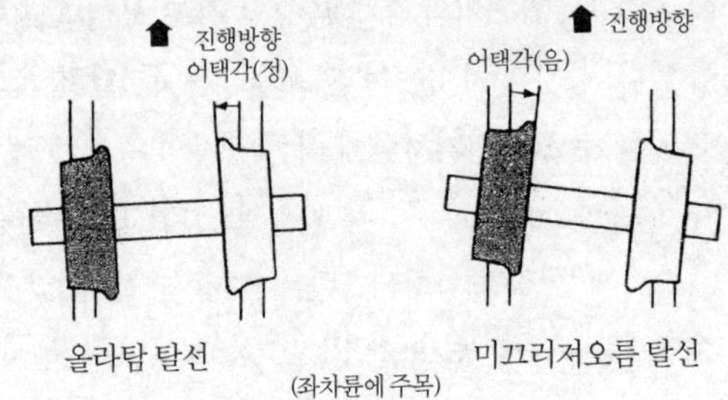

그림 6.1.18 어택각과 탈선

(나) 미끄러져 오름 탈선

미끄러져 오름 탈선은 어택 각이 마이너스인 경우에 생기며, **그림 6.1.18**에 나타낸 왼쪽 차륜은 레일에서 멀어지는 안전한 방향으로 향하고 있음에도 불구하고 이것을 초월하는 레일방향으로의 큰 좌우 힘이 작용하여 탈선되는 것을 말한다. 올라탐 탈선보다도 발생되기 어려운 탈선이다. 이 경우의 식은 아래와 같이 나타낼 수가 있다.

$$Q\cos\theta = P\sin\theta + \mu(P\cos\theta + Q\sin\theta)$$

$$\frac{Q}{P} = \frac{\sin\theta + \mu\cos\theta}{\cos\theta - \mu\sin\theta} = \frac{\tan\theta + \mu}{1 - \mu\tan\theta} = \tan(\theta + \lambda) \tag{6.1.8}$$

이 식에서 접촉각 θ가 작고 마찰계수 μ가 작은 상태는 Q/P가 작게 되어 탈선되기 쉽게 된다. 예를 들어, $\theta = 60°$, 마찰계수를 0.15(기름을 칠한 상태)로 하면 $Q/P = 2.5$로 되어 윤하중 P의 250 % 정도인 횡압이 작용하면 미끄러져 오름 탈선이 생기게 된다.

(다) 뛰어오름 탈선

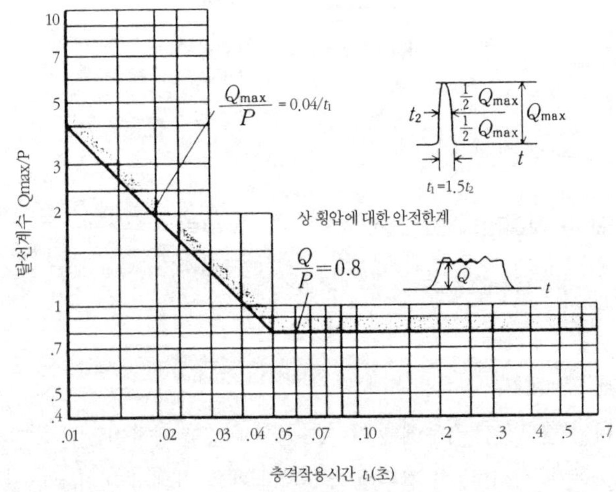

그림 6.1.19 횡압작용 시간을 고려한 탈선계수

뛰어오름 탈선은 급격한 좌우 방향의 힘이 윤축에 모여 레일에 대한 윤축의 좌우방향 속도가 크게 되어 윤축이 레일에 충돌하여 뛰어올라서 탈선하는 것을 말한다.

(2) 탈선한계

탈선에서 비교적 발생되기 쉬운 올라탐 탈선에서도 차륜의 플랜지가 레일을 올라타게 되기에는 일정한 시간이 필요하며 순간적으로 Q/P가 탈선한계를 상회하여도 탈선은 생기지 않는다. 그래서 일본에서는 충격적인 횡압 Q_{max}의 작용시간이 0.005 초 이하인 경우에 **그림 6.1.19**와 같이 Q/P의 탈선한계를 직선적으로 인상하고 있다.

(3) 철도차량안전기준에 관한 규칙의 규정

1) 윤하중 감소량 : 공차중량상태에서의 윤하중감소량은 동일차축에서 양쪽차륜 평균치의 최대 60 %까지 허용된다. 운행상태에서의 윤하중감소량은 빈도누적확률이 100 %인 경우에는 50 %까지, 0.1 %인 경우에는 최대 80 %까지 허용된다.

2) 횡압 : 정상적인 선로와 운행조건하에서 레일과 선로의 구조적안전을 위협하는 횡압(차량이 레일에 미치는 가로방향의 힘)의 발생을 최소화하도록 차량을 설계한다. 이 경우에 횡압은 $Y = \{(P/3) + 10\}\alpha$의 기준을 초과하여서는 안 된다. 여기서, Y : 1축당 횡압(kN), P : 축중(kN), α : 동력차 객차의 경우는 1, 화차의 경우는 0.85.

3) 탈선계수 : 차량은 정상적인 선로와 운행조건하에서 안전하고 안정된 주행이 가능하여야 한다. 주행 시의 탈선계수{횡압(Y)/윤하중(Q)}는 곡선반경이 250 m 이상인 구간에서는 1개의 차륜에서 빈도누적확률이 100 %인 경우에는 0.8까지, 0.1 %인 경우에는 1.1까지 허용되며, 어떠한 경우에도 최대치가 1.2를 초과하여서는 아니 된다.

4) 차량의 전복방지 등 : 차량은 국토해양부의 기준에 따라 설정된 최대캔트의 곡선구간을 규정 속도로 운행하는 경우에 전복되지 않고 통과할 수 있는 구조와 장치를 갖추어야 한다.

표 6.1.5 국철의 차량 보유 현황(2005.1 현재)

차종	량수	내용 년수	내구연한 경과		연령평균	비고
			내구연한초과	미초과		
고속철도차량	920		-	920	0.9	
디젤기관차	462	25	120	342	15.9	
동차	602	20	12	590	13	
전기기관차	124	30~40	-	124	22.4	신형 30년, 구형 40년
전기동차	1,824	30	-	1,824	9.8	
증기기관차	1		-	1	8.0	
객차	1,510	25	67	1,443	11	
화차	14,286	25~30	1,965	12,321	14	일반 25년, 06.7 이후 30년 벌크, 유조차 30년
기중기	19	20	6	13	13	
계	19,748		2,170	17,578		

6.1.8 차량의 현황

표 6.1.5에는 국철의 차량 보유현황을 나타내며 **표 6.1.6**은 국철의 주요 동력차 제원을 나타낸다.

표 6.1.6 국철의 주요 동력차 제원(2005. 9 현재)

구분	호대	견인력 (HP)	대차간 중심거리 (mm)	중량(t)	축중(t)	최고속도 (km/h)	길이 (mm)	폭 (mm)	높이 (mm)	차량 수	비고
디젤 기관차	2100	1,000	6,706	87.0	22.0	105	13,160	3,150	4570	19	
	4400	1,500	8,534	88.0	22.0		14,220	3,132	4,462	59	
	7000	3,000	12,540	113.0	19.7	150	20,347	3,150	4,680	15	
	7100			132.0	22.0		19,650	3,270	4,250	86	
	7200									39	
	7300			124.0	20.7		19,508	3,315	4,524	83	
	7400				20.7					84	
	7500			132.0	22.0		19,650	3,270	4,250	74	
	계									459	
전기 기관차	8000	5,300	5,900	132.0	22.0	85	20,730	3,060	4,500	94	
	8100	7,000	9,900	88	22	150	18,760	3,000	3,860	2	
	8200	7,000	9,900	88	22	150	18,760	3,000	3,860	28	
	계									124	
전기 동차	1000	1,300	13,800	40	7.4	110	20,000	3,120	4,500	536	전동차(저항제어)
	2000	2,150	13,800	35	8.6	110	20,000	3,120	4,500	468	전동차(VVVF)
	3000	2,150	13,800	34	8.5	110	20,000	3,120	4,500	160	일산선 전동차(VVVF)
	5000	2,150	13,800	35	8.6	110	20,000	3,120	4,500	660	전동차(VVVF)
	계									1,824	
디젤 동차	9200~9400	315×4 (3량편성시)	14,800	47	11.8	120	20,800	3,200	4,200	29	무궁화(3량 또는 4량 편성)
	9500~9600			50	12.5		21,800		4,260	131	통근형(3량 또는 4량 편성)
	101~108	1,500×2	15,200	64	16.0	150	23,565	3,000	3,700	8	'87 도입 새마을(6량 편성)
	11~262	1,980×2		69	17.3		23,560			106	'87이후 도입 새마을(8량 편성)
	계									274	

6.2 전기차량

6.2.1 특질과 종류

전기차량(electric rolling stock)은 전차선로(trolly lines)에서 집전 장치(power collector)로 전력(electric power)을 공급받아 전기동력을 기계동력으로 전환시키는 장치를 탑재할 뿐이므로 동력발생 장치나 연료를 가지는 디젤차량 등에 비하여 동력장치가 가벼우며, 따라서 동일 중량에서의 발생 출력이 크다(제5.1.2항 참조). 그 때문에 고출력을 필요로 하는 최근의 고속열차는 전기차량이 원칙으로 되어 있다.

전기차량은 전차선(trolley wire)으로부터 공급받은 전기를 동력원으로 사용하기에 적합한 전원으로 변환시켜 주는 변압기로 전압을 낮게 조절한다(예; 교류 25 kV → 교류 1.8 kV). 변압된 전기를 다시 전동기 형식에 알맞은 전원으로 변환시켜주는 전력변환 장치로 전기적 특성을 변환시켜(예, 교류 ↔ 직류) 전동기에 전력을 공급하면,

전동기는 차륜을 회전시킬 수 있는 힘(기계적 에너지)을 발생시켜 차량이 주행하게 된다.

전기차량은 동력 집중 방식의 전기기관차(electric locomotive)와 동력 분산 방식의 전차(electric car)로 나눠지며, 또한 전기 방식에 따라 직류 차량·교류 차량·양 방식을 직통 운전할 수 있는 직교류 차량 등이 있다. 최근의 전기기관차는 주전동기 회전수의 영역 확대와 출력의 강화로 상당한 견인력을 구비하면서 고속운전이 가능하기 때문에 여객·화물 겸용이 원칙으로 되어 있다. 또한, 동력 장치의 유무, 운전대의 유무에 따라 제어 전동차(약호 Mc, motor-car with controller)·중간 전동차(약호 M, intermediate motor-car), 제어차(약호 Tc, control car), 부수차(약호 T, trailer)의 종류가 있다.

6.2.2 동력 집중과 분산 열차의 득실

동력 집중과 분산 열차의 득실을 비교하면 **표 6.2.1**과 같다. 대도시 교외구간에는 일반적으로 동력 분산의 전차가 주로 채용되고 있지만, 본선 여객 열차(passenger train)는 유럽 등지에서는 주로 전기기관차(electric locomotive) 견인 열차이고, 일본에서는 주로 전차(electric car)가 보급되었다. 즉, 유럽의 본선 열차는 거주성(livability)이 중시되어 차량 비용이 경감될 수 있는 동력집중 열차(concentrative power train)가 많음에 비하여 일본의 경우는 분산 열차의 우수한 고속 성능과 기동성을 살리고 있다. 후자의 경우는 이상의 비교나 속도가 높아 운용 효율이 뛰어난 실적 등에서 여객 열차는 분산 방식의 주력이 답습되고 있다.

표 6.2.1 동력 집중과 분산 열차의 득실

구분	동력집중 방식(기관차 견인)	동력분산 방식(전차, 기동차)
가속성 운전성	· 그다지 좋지 않다. · 터미널에서 기관차의 바꿔 달기, 입환이 필요하다. 기관차의 고장은 운전 불능으로 된다.	· 좋다. · 터미널에서의 반복 운전이 용이. 편성의 분할, 합병이 용이하다. 동력차의 일부가 고장나도 운전 가능(발전 제동의 효율이 크다).
선로에의 영향	· 기관차가 무겁게 되므로 부담 하중이 크다.	· 기기가 분산되어 있으므로 부담 하중이 평균화되어 경량이다.
쾌적성	· 소음·진동이 객차에는 적다.	· 각 객차에 동력기구가 있으므로 소음·진동이 있지만 개선되고 있다.
경제성	· 동력차가 적으므로 싸다. 기관차를 여객·화물 양용에 사용할 수 있기 때문에 운전 효율이 좋다.	· 동력차가 많으므로 비싸다.

전차열차(electric rail-car train)의 장점은 ① 동륜(driving wheel) 수가 많기 때문에 가속성능이 좋고, ② 윤하중(wheel load)이 가벼우므로 선로에 주는 영향이 적으며, ③ 반복하여 분할 병합이 용이하므로 기동성이 높고, ④ 기관차가 없는 분만큼 열차길이가 짧으며, ⑤ 일부가 고장이 나도 운행이 가능한 점 등이 열거된다. 전차열차의 불리한 점은 ① 바닥아래(床下) 동력장치로 인한 진동·소음 때문에 승차감이 약간 떨어지고, ② 동력장치가 늘어나 차량비용이 높게 되며, ③ 화물열차(freight train)와 겸용의 기관차를 운용할 때에 효율이 저하되는 점 등이 있다.

양 열차의 반복 기동성이 같게 되는 편성을 상정하여 각종 비율의 MT 편성의 전차 열차와 양단 기관차의 집중

표 6.2.2 동력분산 열차와 동력집중 열차의 비교의 예

항목 \ 편성	동력분산 열차			동력집중 열차
	12M	6M 6T	4M 8T	L+12T+L
열차 중량(%)	100	96	94	110
차량 신제 비용(%)	100	88	84	88
가속 성능(km/h/s)	3.2	2.0	1.5	1.4

열차를 열차 중량 t당 출력을 거의 동일하게 하여 주행 성능(running quality)을 되도록 가깝게 하여 비교한 예가 **표 6.2.2**이다. 이것에 의거하면 6M 6T 편성 전차의 차량 비용은 L + 12T + L 편성의 집중 열차와 차이가 아주 적으며, 동축 수가 많은 전차의 가속 성능은 40 % 뛰어나고, 열차 중량은 약 13 % 가벼우며, 에너지절약성도 우위이다.

6.2.3 주요 기기

(1) 주전동기(main motor)

종래에 직류 직권 전동기가 교류 · 교직류 차량을 포함한 전기차량의 구동용으로 채용되어 왔던 것은 기동 시에 강한 회전력을 내고 속도 제어가 용이한 점 등이 이유이다. 직류 전동기(direct current motor)의 특성은 회전 수가 전류에 반비례하고 회전력이 전류의 제곱에 비례하기 때문에 속도가 내려가면 전류가 증가되고 구동력은 전류의 제곱에 비례하여 급격히 증가된다. 최근에는 산업용으로 널리 사용되고 있는, 정류자가 없는 3상(three phase) 교류 유도 전동기(induction motor)[*]의 채용이 늘고 있다. 즉, 전압 · 회전수 · 슬립(slip, 주파수와 회전수의 차이)을 제어할 수 있는 인버터(inverter) 제어장치의 개발에 따른 것이다. 교류유도 전동기는 인버터 장치의 비용이 높지만 직류 전동기의 정류자 · 브러시가 없어 보수의 수고가 들지 않는다. 소형 경량화 · 고출력화가 가능하고, 점착 성능이 우수하며, 전력 회생이 용이한 점 등 많은 이점도 갖고 있다. TGV(train a grande vitesse)는 3상 교류 동기 전동기(synchronous motor), ICE (intercity express)와 신칸센은 3상 교류 유도 전동기를 사용한다.

(2) 동력전달 장치

주전동기의 회전력을 차륜으로 전하는 것이 톱니바퀴식의 동력 전달장치이다. 주전동기를 스프링상의 대차에 탑재 고정한 경우에 구동되는 차륜은 스프링이 처지는 분만큼 대차에 대하여 상대적으로 상하로 이동하기 때문에 주전동기의 전기자축(電機子軸)에 설치된 구동 소치차(小齒車)의 중심과 차축에 설치된 피구동 대치차(大齒車)의 중심과의 거리는 다소의 변동을 면할 수가 없어 톱니의 맞물림이 지장을 받는 것으로 된다. 따라서, 톱니바퀴 전달장치는 그 변동을 없게 하든지, 변동이 있어도 지장이 없는 구조가 요구된다.

장년 사용되어 온 조괘식(nose suspended drive)에서는 주전동기의 한 끝을 베어링을 끼워 구동 차축에 얹고

---

[*] 최근의 철도차량에서는 정류자가 아닌 링과 브러시의 접촉으로 회전자에 전기를 공급하는 동기(同期)전동기나 아예 회전자에는 전기를 공급하지 않고 고정자의 회전자장을 회전자가 따라 도는 유도(誘導)전동기를 많이 사용한다. 즉, 유도전동기는 고정자가 만드는 회전자계에 의하여 전기전도체의 회전자에 유도전류가 발생하여 미끄러짐에 대응한 회전토크가 발생되며, 동기전동기는 회전수가 전원의 주파수에 일치하여 전압이나 부하(負荷)와 관계없이 일정한 빠르기로 회전한다.

다른 끝은 대차 틀로 지지하여 톱니바퀴간의 거리를 일정하게 하고 있다. 그 때문에 주전동기의 반분의 중량은 차축에 직접 부담시켜 스프링하 중량(unsprung load)으로 되며, 선로와의 사이에 생기는 상호의 충격이 크게 되는 것이 결점이다. 그러나, 구조가 간단하기 때문에 고속이 아닌 전기기관차 등에 널리 채용되고 있다.

최근의 전차에 보급되어 있는 카르단(Cardan)식 구동장치는 소치차를 전기자축(電機子軸)에 직접 설치하지 않는 방식이다. 즉, 주전동기를 스프링상의 대차축에 고정 설치하여 전기자축과 소치차와의 사이에 휘어질 수 있는 방식의 이음부를 두어 주전동기와 구동 차륜의 상대 변위를 허용하고 있다. 카르단식은 고속 전동기를 채용하여 근대화 전차의 성능 향상과 승차감의 개선에 크게 공헌하고 있다.

(3) 집전 장치(power collector)

전차선로에서 전력을 받아들이는 장치이며, 가공선(aerial line)에 대하여는 팬터그래프, 지하철의 제3 레일(third rail)에 대하여는 집전화(靴)(power collector shoe)를 사용한다. **그림 6.2.1**에 신칸센 0계에서 사용하는 팬터그래프(pantograph)의 예(TGV와 ICE는 **그림 9.2.2** 참조)를 나타내며, 내부식 경합금제 골조의 상부에 접판(摺板, slider)을 설치하고, 링 기구와 스프링 작용으로 접판을 상하로 움직여 가공선과 접촉시킨다. 팬터그래프는 고속으로 주행하면서 가선(overhead line) 높이의 다소의 변화나 차량의 동요에 대하여 가공선에 가벼운 일정 압력으로 추수하는 성능이 요구된다. 이 추수성을 좋게 하기 위하여 승강 가동부의 질량을 되도록 가볍게 하여 각부의 마찰이 적고 접판이 가선을 밀어 올리는 압력은 예를 들어 재래선의 교류 구간에서 4.5 kgf, 직류 구간에서 5.5 kgf 정도로 하고 있다. 최근의 접판은 마찰이 적고 가선에의 영향이 적은 소결 합금(sintered alloy, 동 또는 철을 주성분으로 하여 윤활 성분을 배합하여 소결한다)이 많이 사용되고 있다. 고속 운전에 대한 팬터그래프의 이선 대책의 하나로서 편성이 복수인 팬터그래프로 전편성의 전동차가 수전할 수 있는 인통선(引通線)을 설치한 예가 있다.

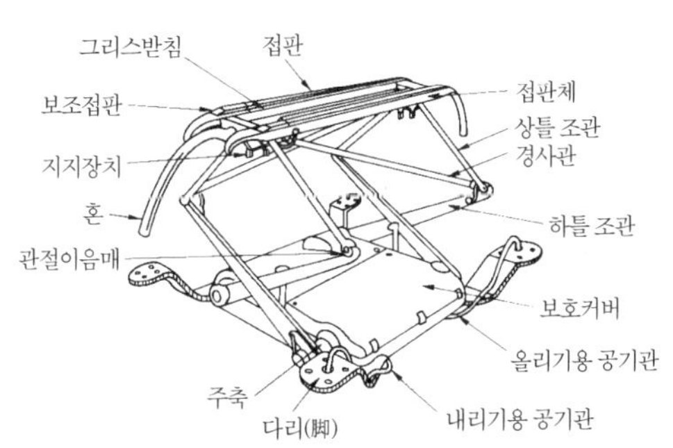

그림 6.2.1 팬터그래프의 예(크로버 암형)

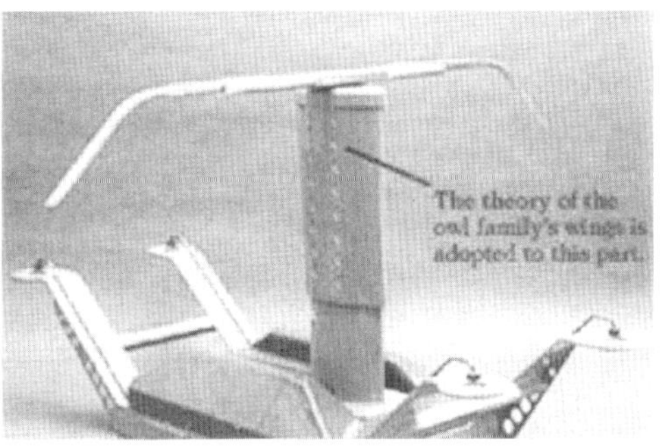

그림 6.2.2 잠망경 타입의 팬터그래프

팬터그래프는 경량화, 고기능화, 심플화되는 방향으로 고속에 적합한 모델로 바뀌는 추세이다[273]. 일본에서도 다이아몬드 타입이 싱글 암(single arm)으로 바뀌고 있으며, 저속에서도 싱글 암 타입이 주류로 되는 추세이다. 새로운 신칸센 열차에서는 공기역학적 양력의 영향을 최소화하기 위한 잠망경 타입의 팬터그래프(**그림 6.2.2**)가 선보였으며, 일본, 독일, 스웨덴 등에서 새로운 고속용으로 채택되고 있다. 이제까지 대부분의 팬터그래프는 듀얼카본 스트랩을 갖는 타입이었으나 2007년 4월 프랑스의 574.8 km/h 시험에는 싱글카본 스트랩(single carbon strap)의 팬터그래프를 사용하였다. 이것은 경량화를 추구하고 듀얼 카본 스트랩으로 인한 동역학적 단점을 제거하였다. 팬터그래프는 열차 속도의 제곱에 비례하는 풍압을 받으므로 팬터그래프에 작용하는 공기력은 팬터그래프를 가선에 압착시키는 압상력을 변화시켜 접촉성능에 큰 영향을 주거나 팬터그래프에 의해 난기류로 되어 공력음의 음원으로 된다. 일본에서는 팬터그래프에 감압도료를 칠하여 압력을 계측하는 기술을 개발하고 있다. 한편, 전차선과 팬터그래프 간의 접촉력을 실시간으로 제어하여 집전성능 특성을 향상시키는 능동제어(active control) 팬터그래프도 연구하고 있다.

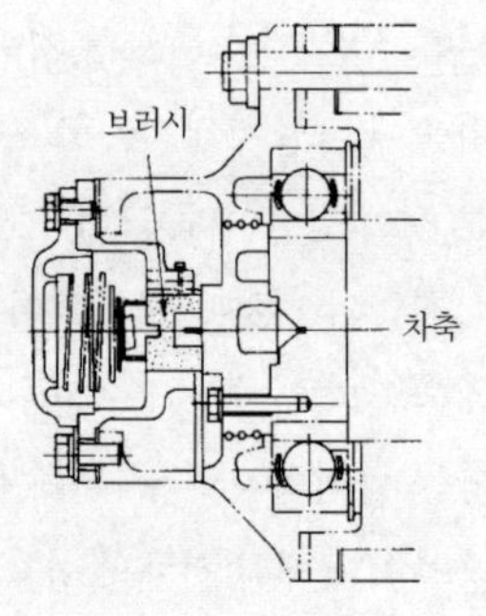

그림 6.2.3 접지 장치의 예

지하철의 제3 레일 집전화는 스프링의 힘으로 접촉하며, 접촉 압력은 10 ~ 20 kgf이고, 접판은 주철 등이 사용된다. 게다가, 귀전류로 인한 롤러 베어링 등의 전식을 방지하기 위하여 **그림 6.2.3**에 나타낸 것과 같은 접지 장치(전기기관차의 예)를 설치한다.

6.2.4 구조와 작용

(1) 전기기관차(electric locomotive)

그림 6.2.4는 예로서 TGV-R 열차의 동력차(powered rolling stock)에 대한 개요도이다. 이 기관차는 단상(single phase)교류 25 kV, 직류 3 kV 및 1.5 kV의 재래선에서도 운행할 수 있다. 차체(car body)는 두 대의 동력 대차 위에 설치되었으며, 차체내부는 운전실과 동력실로 구성되어 각각 필요한 기기를 설치하고 있다.

이하에서는 일반적인 직류 전기기관차에 대하여 설명한다. 지붕 위에는 가선에서 전기를 받는 팬터그래프가 설치되어 있다. 차체 외측에는 냉각용의 공기를 받아들이는 창을 설치하고, 먼지 등의 침입 방지를 위한 필터가 설치되어 있다. 기계실에는 주회로 기기의 고속도 차단기 · 주저항기 · 캠축 스위치 · 주전동기에 냉각 풍을 보

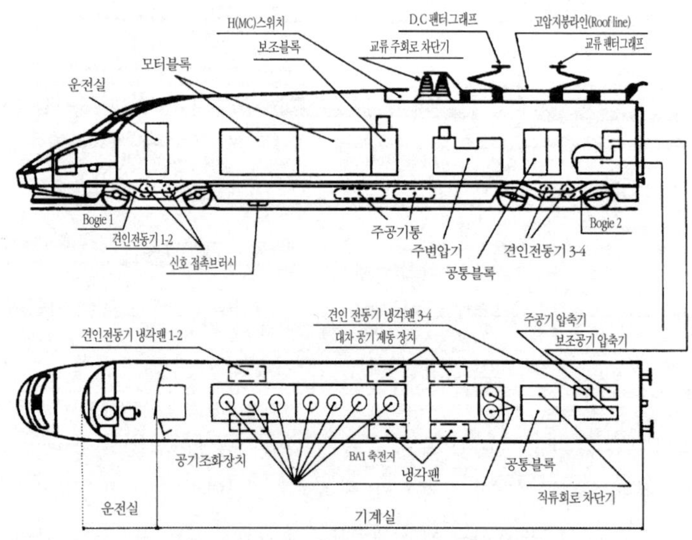

그림 6.2.4 TGV-R 전기기관차의 개요

내는 전동 송풍기·공기 브레이크용의 압축 공기를 만드는 전동 공기압축기·제어 장치의 전원으로 되는 전동 발전기(motor generator) 등이 탑재되어 있다. 주행 장치(running gear)의 축 배치는 곡선에서의 레일에 대한 차륜 횡압을 적게 하는 대차(truck) 방식으로 하며, 대차에 각 차축 구동의 주전동기(main motor)를 탑재하고 있다.

팬터그래프에서 받아들인 전력은 주전동기로 보내져 회전력으로 전환되며, 주전동기를 흐른 전기는 차륜에서 레일을 경유하여 변전소로 되돌아간다. 속도의 상승단계 제어에서는 저항제어·직병렬제어·계자제어[*]가 행하여진다. 제어 노치 진행 시의 견인력(tractive force)의 단차를 적게 하여 동륜의 공전(slip)을 방지하도록 버니어 저항기를 추가하고 있다. 또한, 재점착 성능을 좋게 하기 위하여 공전을 일으키면 동시에 자동적으로 제어 노치를 되돌리고 레일에 모래를 뿌려 공전을 방지한다.

(2) 전차(electric car)

전차에 대한 동력 장치의 구조와 작용의 기본은 전기기관차와 다르지 않으며, 동력 장치는 바닥 아래에 설치한다. 근대화 전차에서는 제동 시에 주전동기로 발전시켜 저항기를 부하시키고 있지만, 최근에는 전력 에너지를 회수할 수 있는 회생 브레이크의 채용이 늘고 있다.

6.3 디젤차량

6.3.1 특질과 종류

디젤기관차는 디젤엔진, 엔진의 회전력을 전기로 바꾸는 발전기, 발전기의 전기를 받아 바퀴를 돌려주는 전동기를 기관차에 갖추고 거기다 대형 디젤엔진용 대형 연료탱크까지 싣고 다녀야 하는 복잡한 구조로 되어 있다. 가격이 비쌀 뿐만 아니라 정비에도 많은 비용이 드는 차량이지만, 변전소 전차선로와 같은 지상설비가 필요 없다. 전력변환설비만 탑재한 전기차량과 비교해 볼 때, 엔진, 동력전달장치에다 연료까지 싣고 다녀야 하므로 차량 중량당 출력이 나쁘고 동력 효율도 낮다.

디젤차량의 종류는 크게 나누어 동력집중열차의 디젤기관차(diesel locomotive)와 동력분산열차의 디젤동차(diesel car)가 있다. 동력장치를 바닥 아래, 또는 차내의 일부에 탑재하는 디젤동차는 지선의 소단위 열차가 대부분이지만, 유선형 푸시 풀(push-pull) 전후 동력차와 같은 장편성의 간선열차에도 채용되고 있다. 새마을호 열차에 사용되는 푸시풀형 디젤동차의 명칭은 동차이지만 8량 편성의 양쪽 끝에 기관차가 붙어 있어 동력집중식으로 볼 수 있다.

---

[*] 저항제어는 주전동기에 직렬 또는 병렬로 접속된 주저항기의 저항치를 변화시켜 이행하는 전압제어이다. 직병렬제어는 주전동기를 직렬접속에서 병렬접속으로 또는 그 반대로 바꾸어 실시하는 전압제어이다. 계자(界磁)제어는 주전동기의 계자전류를 변화시켜서 주전동기의 전류, 전압 회전수 및 토크를 제어한다. 버니어 제어는 스텝사이를 더욱 세분 또는 무단으로 하여 스텝진단 시의 토크 변화를 적게 하는 제어이다. 계자는 정류자기나 동기기를 전동기 또는 발전기로서 사용할 경우에 자계를 발생시키는 것이다.

6.3.2 주요 기기

(1) 디젤기관(diesel engine)

디젤기관은 실린더 내에 경유를 연소(폭발)시켜 이 연소 가스의 팽창력을 피스톤 면에 작용시키고, 피스톤에 연속해 있는 연결봉으로 크램프 축에 회전력을 주어 동력을 발생시키는 기계이다. 가솔린을 사용하는 가솔린기관에 비하여 동력 효율이 높고(약 33 %), 경유는 가솔린에 비하여 단가가 싸며, 인화점

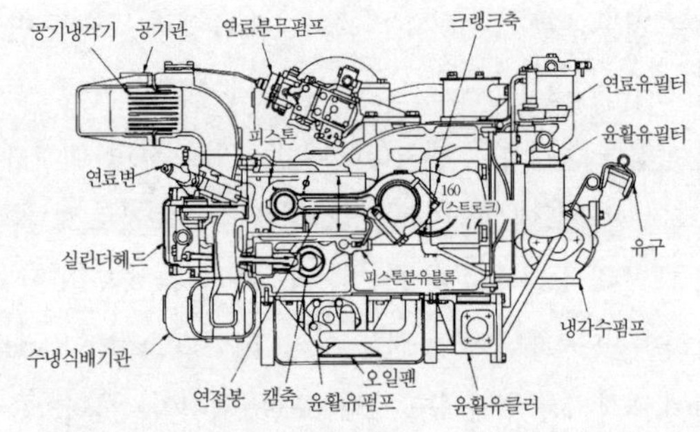

그림 6.3.1 디젤기관의 단면 구조의 예(DMF13HZ)

이 높아 안전성이 우수하다. 실린더에 경유를 분사하는 고압(약 200 kgf/mm²)의 분사 펌프를 필요로 하고, 연소 압력이 높은 등으로 제작에는 고도의 기술을 요한다. 기관의 출력률을 강화하기 위하여 연소 압력을 한층 높여 회전수를 늘리는 방책을 채용한다. 즉, 실린더로 보내는 공기에 미리 압력을 주는 과급식(super charge system)이나 공기의 밀도를 늘리는 중간 냉각식(inter-cooler system)을 채용하며, 최근의 기관은 연소 제어의 개선, 재료의 진보에 맞춘 출력 강화가 눈부시다(**그림 6.3.1** 참조).

(2) 동력전달 장치

액체식 동력전달 장치(hydraulic driving device)는 펌프 날개 바퀴와 터빈 날개 바퀴의 조합에 기름을 넣은 변속기의 기구를 채용하고 있다. 경량의 점에서 우수하지만, 동력전달 효율이 약 75 %로써 전기식의 약 80 %에 비하여 약간 떨어진다. 세계적으로 본선용 기관차의 약 90 %를 점하는 전기식(electric driving device)은 디젤기관으로 발전기를 돌려 그 전원을 이용한 주전동기로 차륜을 구동하는 방식이며, 약간 복잡한 제어 장치를 필요로 한다. 차량 중량이 무겁고 차량 비용도 높게 되기 쉽지만 양산으로 보급되고 있다.

6.3.3 구조와 작용

그림 6.3.2에 디젤기관차의 기기 배치의 예를 나타낸다. 전후 두 대차 위에 기관실과 운전실이 포함된 차체가 결합되어 있다. 기관실에는 디젤기관, 발전기 및 보조 장치 등이 설치되어 있고. 운전실에는 제어대, 제어 분

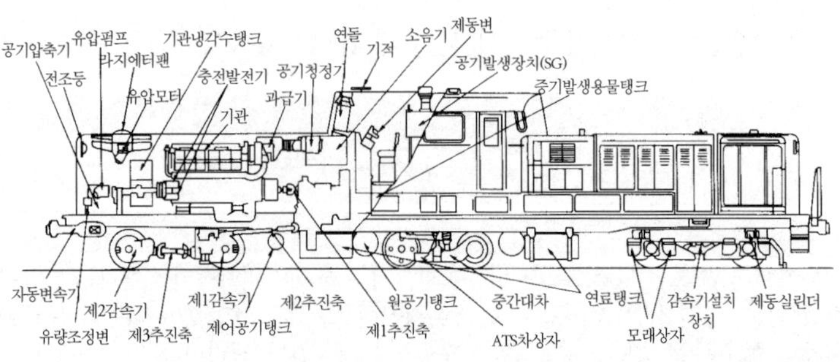

그림 6.3.2 디젤기관차의 기기 배치의 예

전반, 속도 기록계 등 운전에 필요한 기기가 설치되어 있다. 대차는 기관차의 크기에 따라 2축 대차 또는 3축 대차를 사용하며, 차축(axle)마다 1개의 견인 전동기가 대차와 차축에 지지된다. 디젤동차는 동력 장치를 모두 바닥 아래에 탑재하고, 기본 구조는 기관차와 같으며, 기관의 형태는 높이가 낮은 횡형으로 하고 있다. 운전대에 설치된 '노치(notch)'는 엔진의 속도를 제어할 수 있도록 단(段)으로 만들어진 조종 핸들(handle)로서 '가감간'이라 한다. 노치에는 1~8 노치가 있으며, 8 노치에서 엔진 최대회전수를 발휘하여 주행한다.

6.4 객차(여객차)와 화차

6.4.1 객차(여객차)

(1) 특질과 종류

견인 동력이 없는 차량이며 주행 장치 · 브레이크 장치 · 연결 장치 · 서비스 시설 등으로 구성되어 있다. 일반적으로 객차(coach) · 화차(goods waggon)의 분류는 윤축 배열(4륜 보기차, 6륜 보기차), 차체 구조 및 용도별, 소유권별 등으로 분류하며, 객차의 용도별로 분류하면, 일반 영업용(새마을호 객차, 무궁화호 객차, 통근용 객차, 침대차, 식당차, 객실 부수 화물 및 우편차, 수화물차, 우편차) · 업무용(시험차, 비상차) · 특수차(특별차, 병원차, 방호차)로 구분할 수 있다.

(2) 구조 전반

1) **경량화(weight reduction of car)의 채산** : 차량 중량의 경감은 선로의 부담을 줄이고 주행 성능(running quality)의 향상이나 에너지절약을 위하여 바람직하다. 그러나, 차체 구성 재료에 경합금강 등을 사용하는 경우는 경합금이 고가(강의 약 6배)이기 때문에 채산상의 한계가 있다. 차량 중량을 1 t 경감함에 따른 전기운전(electric traction)의 연간 절감 전력은 외국의 실적에서 약 8,800 kWh이며, 디젤운전의 경우에도 절감되는 경유비가 앞의 전력 절감비와 거의 같다. 따라서, 앞으로의 에너지 비용의 상승에 맞추어 차량 비용은 경량화 1t당의 절감비 이내의 증가라면 채산 가능하다고 산정된다. 이 채산 결과를 전제로 최근에는 경합금이나 스텐레스강의 채용을 공작법의 개선에 맞추어 추진되고 있다.

2) **차체 구조(structure of body)** : 차체가 길게 되면 곡선 통과 시에 편의(偏倚)가 늘어나기 때문에 차량한계 내로 들도록 하기 위하여 차체의 길이와 폭에는 상대적인 관계가 있다. 차체(car body)에 걸리는 하중은 정원을 넘는 만원의 승차가 있을 수 있는 점, 연결 시나 편성 운전에서 전후의 인장력 · 압축력(예 : 약 100 tf의 정하중)을 받는 점 등이 전제로 된다. 차체의 구조(structure of body)는 건물의 뼈대와 같이 일정한 틀을 이루는 골조가 있으며, 이 골조 부분을 차체의 프레임(frame)이라고 하고, 밑면은 언더 프레임(under frame), 전후의 프레임은 엔드 프레임(end frame), 좌우의 측면은 사이드 프레임(side frame), 상면의 지붕은 루프 프레임(roof frame)이라 하며, 이들을 일체로 하여 이들의 하중을 받는 응력 외피 구조로 하여 경량화의 효과를 올리고 있다.

3) **실내 구조와 설비** : 뛰어난 쾌적성을 위하여 구체적으로 여유가 있는 공간의 확보, 승차감이 좋은 좌석, 적

당히 조정할 수 있는 공조, 적당한 조명(lightening), 보기 쉬운 전망, 소음·진동의 방지, 적당한 음의 방송 설비 등의 개선이 도모되고 있다.

4) 대차(truck) : 최근에는 경량화의 추세에 맞추어 주행 성능이 우수한 2축 대차가 원칙으로 되어 있다. 상하의 충격을 완화하기 위하여 축 스프링과 받침 스프링의 2단식이 원칙이며, 받침 스프링에는 공기 스프링이 보급되고 있다. 대차의 주행 성능으로 바람직한 것은 직선 주행에서의 직진성과 곡선 주행에서의 방향 조종성이며, 양자를 조화시켜 축거 등을 선정한다. 최신의 형식에서는 차체를 지지하는 센터 플레이트(center plate)·사이드 블록{side block(bearer)} 등을 폐지하고, 공기 스프링으로 차체에 직접 지지하는 볼스터리스 경량 대차(bolsterless truck)가 보급되고 있다(제6.1.2(6)항 참조).

6.4.2 화차(freight car)

(1) 특질과 종류

용도에 따라 영업용 화차와 보선용·건설용 등의 사업용 화차로 나누며, 구조에 따라 유개 화차·무개 화차·홉퍼차·탱크 화차 및 컨테이너 화차(container wagon) 등이 있다. 유개 화차(box car)에는 범용의 유개차와 냉장차가 있다. 무개 화차(uncovered freight car)에는 범용의 무개차, 컨테이너를 적재하는 컨테이너 화차, 장척의 화물을 운반하는 장물차(flat car) 등이 있다. 홉퍼 화차(hopper wagon)에는 시멘트·곡물 등을 운반하는 홉퍼차와 석탄차가 있다. 선로의 도상자갈도 홉퍼차로 운반한다. 탱크 화차는 탱크 용기를 갖추고 액상 화물을 운반하는 탱크차(tank wagon)가 대부분이며, 전용 운용의 사유 화차(private wagon, 표준 사양으로 제작하여 국철에 차적을 편입하여 운용한다)에 속하는 것이 많다. 주행 구조에 의한 분류는 2축차(four-wheeled car), 2축 보기(two-axle bogie) 차, 복식 보기 차 등이 있다.

(2) 구조 전반

1) 2축 보기(two-axle bogie) 화차 : 우리나라는 2축 보기 화차가 주력으로 되어 있다. 2축 화차보다 2축 보기 화차가 주행 성능이 우수하다.

2) 설계의 기본과 경량화 방안 : 화차 설계의 기본은 차량한계(car clearance), 축중(axle load)의 한도, 차량 길이당 중량의 한도(이상은 제6.1.2절 참조), 무게 중심의 최고 높이 등을 지키고 있다. 또한, 자중을 가볍게 하여 하중을 늘리는 것이 바람직하고, 프레스 강판이나 고무 완충기 등의 채용에 따라 경량화가 도모되고 있다. 그러나, 차체 구성에 경합금 등을 사용하여 가볍게 하여도 적은 하중 증가 비율에 따른 차량 비용의 증가가 커서 이러한 재료를 이용한 경량화는 화차에 대하여 채산이 맞지 않는다. 그 때문에 특수한 예를 제외하고 화차는 고장력강을 포함한 강제 구조가 원칙이다.

3) 주행 장치(running gear) : 보기 화차에는 구조가 간단하면서 주행 성능이 우수한 대차를 채용하며, 최근에는 적재 시와 공차 시의 높이 차이를 없게 하여 열차의 속도 향상에 대응할 수 있는 공기 스프링 대차도 채용하고 있다.

(3) ECP브레이크

미국의 노폭 서던(NS)과 버링턴 노턴 산타페(BNSF) 철도는 열차의 정지시간을 획기적으로 줄일 수 있는 전기적 공기압브레이크(ECP, electronically controlled pneumatic brake)를 개발하여 시험하고 있다. ECP브레이크는 일반적인 공기압브레이크 시스템에 비해 50~70 % 뛰어난 효과가 있다고 한다. 현재 사용되는 철도차량 브레이크시스템은 각 차량마다 따로따로 브레이크가 걸리는 방식에 반해, ECP브레이크는 전기신호를 통해 차량 전체에 일제히 브레이크가 걸린다. 또한, ECP브레이크 시스템은 연료절감 등에 효과가 있을 것으로 기대된다.

6.5 해외 고속철도차량의 기술동향

6.5.1 기술동향의 개론

신칸센의 개발 초기에는 300 km/h가 열차 속도의 한계로 생각되었으나 TGV와 ICE의 시험결과 그 한계는 더 위에 있다고 판명되었으며, 최근에는 약 480 km/h 정도를 차량한계로 생각하고 있다. 이와 같은 차량의 고속화에서 일본과 유럽은 사용되는 조건 등이 다르고 환경에 맞게 별도로 기술개발을 추진해온 관계로 철도차량의 구성이 특징을 갖고 개발되어 왔다. 이와 같은 기술동향은 과거에는 차량을 고속화하기 위한 연구가 주류를 이루었으나 1990년대를 정점으로 궤도 및 터널 등과 조화를 이룬 속도향상을 위한 차량의 경량화 연구, 공력해석을 통한 차량형상의 최적화와 틸팅대차의 개발 등이 주류를 이루고 있다. 또한, 승객의 안락성과 편의성에 대한 요구가 증가됨에 따라 차량의 성능뿐만 아니라 인간공학적인 측면과 환경 친화적인 측면의 연구개발이 이루어지고 있다. 고속전철기술의 선진국에서 추진하고 있는 기술개발의 방향은 다음과 같다[239]. ① 틸팅시스템 등을 통한 승차감 향상 등으로 승객서비스의 향상, ② 공기 역학적 차체 외형설계 등을 통한 환경/실내소음의 감소, ③ 핵심 전장/기계부품의 고효율화를 통한 차량의 경량화, ④ 고효율의 전력소자 활용 등을 통한 고효율의 추진시스템 개발, ⑤ 대차 성능향상 등을 통한 주행안정성과 충돌안전도의 향상, ⑥ 소재개발과 열용량 증대 등을 통한 고성능 제동시스템 개발.

6.5.2 차량의 구성

동력분산식은 점착성능이 높아 가속성과 제동성능이 좋아지고, 축중이 가벼워지며, 한 개의 차량이 고장 나더라도 그 영향이 전체적으로 적지만, 주행 저항과 에너지 소모가 크고, 총 중량과 제작비가 증가하며 유비보수의 면에서 불리하고 소음원이 광범위하게 확산되는 단점이 있다. 또한, 열차길이당 좌석수를 증가시키고, 많은 전동기를 제동시에도 사용할 수가 있어 기계제동으로 인한 소모를 감소시킬 수 있다. 이에 반해, 추진부분이 집중된 동력집중식은 분산식에 비하여 가속도를 크게 얻을 수가 없고 역이 많은 곳에서 기계제동의 마모가 크지만 동력기기의 집중으로 보수작업과 여객차 내의 쾌적성이 유리하므로 지반에 문제가 없는 유럽에서는 근거리열차에서 고속열차까지 광범위하게 채용하고 있다. TGV-PSE, TGV-A, ICE 등에서 채용되고 있다. 그러나, 차량의 고속화가 레일에 미치는 영향 등에 따라 유럽에서도 ICE-T(1998년), ICE3(2000년)와 AGV(프랑스) 등과 같이 동력분산식을 개발하여 운용하고 있다.

6.5.3 차량 메커니즘

(1) 전동기와 제어장치의 동향

고속전철 구동용 전동기는 처음에 동력분산식과 집중식 모두 직류전동기를 사용하였다. 일본의 0 ~ 200계, 400계, 프랑스의 TGV-PSE, 이탈리아의 ETR450이 직류전동기 구동이다. 이 전동기를 제어하기 위해서는 전류회로(轉流回路)를 설치하여야 하며, 정류의 문제점, 전동기의 크기, 특히 전기자의 직경에 대한 고출력의 정류가 어려우며 정류자와 브러시의 빈번한 유지보수, 출력강화 곤란 등의 단점을 갖고 있어 무정류자 전동기의 개발이 진행되었는데, 독일에서는 유도전동기 구동시스템의 개발을 먼저 시작했고 프랑스는 동기전동기를 개발하였다. 이에 따라 유도전동기를 사용하는 시스템을 적용하는 시제차가 유럽에서는 1971년에, 일본에서는 1982년에 등장한 이래, ICE와 이탈리아의 ETR500, 그리고 300계 이후 신칸센에서 유도전동기 구동기술을 사용하기 시작하여 1990년대에는 광범위하게 사용하였으며, 프랑스는 동기전동기 구동기술을 사용하여 전류형 인버터와 결합하여 TGV-A, TGV-R, AVE에 적용하고 있다. 소음, 진동 등의 환경 대책과 고속에서의 안정된 성능 및 소형화와 경량화 그리고 시스템의 대용량화를 위해서는 유도전동기 구동방식이 유리하고 차량의 경량화로 인해 더 작은 크기로 고출력을 낼 수 있는 제품이 계속 연구되고 있으므로 동기전동기를 사용하는 나라에서도 유도전동기를 사용하는 인버터 제어가 주류를 이루게 될 것이며 소형 대출력 견인전동기의 개발을 위한 노력이 계속될 것이다. 전동기와 제어장치의 출력이 크다고 무조건 속도가 빨라지는 것은 아니다. 점착한계 내에서 견인력과 제동력을 제어해야 하기 때문이다.

VVVF 제어와 유도전동기 구동기술 및 점착제어기술의 증대에 따라 전동기의 소형화와 대출력화가 진행되어 일본에서는 전동차의 비율을 낮게 하는 경향이 나타나고 있다(300계 : 300kW-10M/6T, E1계 : 410kW-6M/6T). 이탈리아에서도 ETR 450에서는 310 kW 직류전동기 2개를 차체에 탑재한 전동차 6량/부수차 1량의 구성이었으나 1996년 등장한 ETR 460에서는 490 kW 유도전동기를 채용하여 6M3T로 변경하여 적용하고 있다. 제어기술이 발달하여 인버터를 구성하는 데에도 사용되는 반도체 소자가 받쳐주지 않는다면 어느 정도의 한계에 도달하게 된다. 초기에는 반도체 소자로 사이리스터를 사용하였으나 점진적으로 스위칭 속도가 빠른 소자를 개발하여 오고 있으며 이는 차량의 점착성제어, 고조파문제 등을 줄이는데 도움을 준다.

독일과 스위스에서는 무정류자 전동기의 개발에 정진하여 1970년대에는 정지형 인버터를 이용한 유도전동기 구동시스템을 시험 제작하여 GTO(Gate Turn Off thyristor) 등 전력용 반도체소자를 개발하고 1980년대에는 대용량 인버터 기관차를 실용화하여 ICE에 GTO를 사용하였고, 최근에는 스위칭 속도가 빨라 소음, 점착력 개선제어, 고조파 발생량 등에서 유리한 IGBT(Insulated Gate Bipolar Transistor)를 대용량으로 개발하여 동력분산식(E4계-일본, ICE3-독일)에서 사용하고 있으며 동력집중식에도 적용이 가능한 대용량 소자도 시험 중에 있다. 국내에서 개발한 G7 고속전철(KTV-II)에서는 동력집중식인 관계로 GTO보다 효율이 좋고 고속스위칭이 가능한 IGCT(Integrated Gate Commutation Thyristor)를 사용하고 있다. 축당 토크가 크거나 정밀하게 토크제어가 필요한 경우는 1개 인버터 1개 전동기를 사용하나 비용감소를 위하여(분산식) 1대의 인버터로 2대 이상의 전동기를 제어하고 있으며 스웨덴의 X2000에서는 1 인버터 2 전동기를 적용하고 있다.

(2) 집전 장치의 동향

집전 장치는 고속주행중의 차량진동, 트롤리선의 고저차와 진동을 흡수하여 전차선에 안정적인 집전을 수행하므로 차량의 고속화에서 집전성능이 큰 비중을 차지한다. 따라서, 공기와의 마찰로 인한 소음을 저감하기 위한 개발을 진행하고 있다. 이를 위하여 다양한 집전 장치가 개발되어 왔다. 팬터그래프에는 능형(菱形)(ETR450, 460)과 다이아몬드형(능형의 변형으로 0계 사용)이 처음으로 사용되어 고속으로 주행하면서 양력으로 인한 압상력의 변화를 보전하여 일정 압상력을 유지하고, 안정된 집전을 하기 위하여 집전주와 위쪽 프레임 사이에 스프링을 삽입하거나 팬터 헤드의 형상을 고안하는 일을 진행하기도 하였으며, 다이아몬드형의 경우에 소음특성이 좋지 않은 것으로 판명되었다. 가선 높이의 변화와 고속주행시에도 가선에 재빠르게 추종하기 위하여 등가질량을 작게 한 싱글암형을 프랑스에서 개발하여 ICE, ETR500, X2000에서 채용하고 있다.

또한 추종성을 좋게 하기 위하여 스프링 상 등가 질량을 작게 한 2단식 싱글암형을 개발하여 TGV-PSE(1981년)에 사용하고 있다. 이 외에도 E3계는 저소음형의 싱글암 팬터그래프를 채용하고 있으며, TGV-A는 안정판에 해당되는 기구를 소형화하여 경량화를 이룬 제품을 사용하고 있다. 또한 일본에서는 공기실린더의 내압을 제어하여 압상력을 일정하게 유지하는 T자형 팬터그래프를 개발했는데, 이 장치는 복잡하지만 공력특성이 개선되고 소음이 작아지는 특징을 갖고 있으나 고속에서의 특성이 만족스럽지 않아 500계에서만 채용하고 있으며, 고속에서도 안정적인 집전이 이루어지도록 하는 연구를 진행하고 있다. 이 팬터그래프는 최근까지 수동형 제어방식으로 사용하여 고속으로 주행할 수 있는 가선계가 제한되며, 고속으로 주행할 경우에는 접촉력이 크게 변하여 전차선의 파상마모, 집전판의 마모 등이 있을 수 있다. 이 때문에 능동형 제어장치의 팬터그래프가 필요하다.

이 팬터그래프는 열차주행 중에 팬터그래프와 전차선 사이의 접촉력을 거의 일정하게 유지시켜주므로 마모 발생량이 줄어들고 다양한 가선계에서도 고속주행시 양호한 집전성능을 얻을 수 있다. 외국에서는 이미 90년대에 연구를 시작하여 프랑스는 CX를 개발하여 2층 열차를 PBKA에 활용하고 있으며, 이탈리아도 개발하였고, 독일은 250km/h 이상의 고속용 팬터그래프의 개발을 적극 추진 중이다. 그런데, 가선과 집전 장치의 관련 측정 데이터를 전송하는 전송시스템이 필요한데 현재 가격이 고가인 관계로 개발 단가를 맞추는데 어려움이 있다. 팬터그래프의 수량도 고속주행에 중요하다. 신칸센 0계에서는 2량당 1개의 집전 장치를 사용했으나 고속주행시 전방 팬터그래프의 가진으로 트롤리선이 후방 팬터그래프에 영향을 주어 아크의 지속, 트롤리선과 집전주의 접동판 마모, 소음 증가가 발생하였다. 1편성에 2 대의 집전 장치를 50 m 이상 멀어져서 실치하는 것이 소음저감과

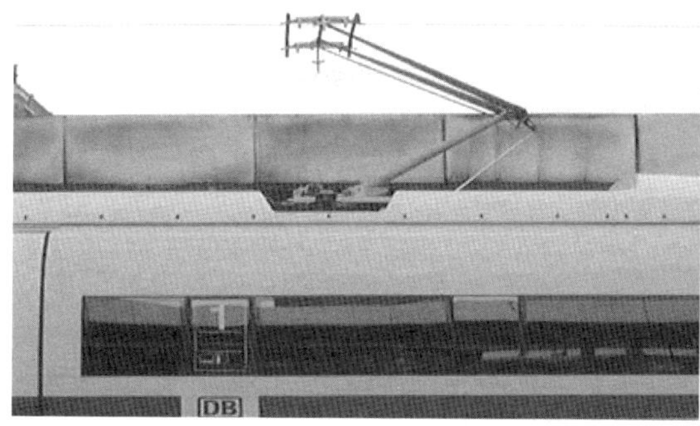

그림 6.5.1 ICE3의 팬터그래프(싱글암형)

그림 6.5.2 ICT의 대차(틸팅)

집전성능 확보에 가장 효과적이라는 연구 결과에 따라 TGV는 뒤쪽의 1개만 사용하고 있으며 ICE는 각 기관차가 집전 장치를 사용하고 있다. 일본에서는 팬터그래프의 수를 200계에서는 편성 당 6개 → 3개 → 2개로, 300계에서는 3개 → 2개로 줄였으며, 현재 신칸센에서는 편성에 관계없이 2개만 사용하고 있다. 이 외에도 ETR450은 2대, ETR460은 1대만 사용하며. 프랑스에서는 대 전류로 인한 가선의 단선에 대한 우려로 저속에서는 2대를 사용하나 고속에서는 1대만 사용하여 이선을 적게 하는 운용방법을 사용하고 있다.

(3) 대차의 동향

(가) 틸팅의 동향

차량이 고속으로 곡선을 주행할 때에 차에 탑승하고 있는 승객은 원심력으로 불쾌감을 느끼게 된다. 이를 극복하기 위한 방안으로 고속운전 전용선을 건설하거나 곡선반경을 크게 하도록 선형을 정비하는 데는 막대한 비용이 소요되고 모든 열차에 적용되는 캔트를 만드는 것도 불가능하므로 상당한 수송 수요가 예상되지 않는 선구에서는 틸팅 기술을 적용하고 있다. 프랑스의 경우에는 1956년에 강제틸팅 방식의 대차를 성공적으로 시험하여 1970년 차량에 적용하여 시험하였으나 차량구조가 복잡해지고 보수가 빈번해지는 관계로 개발을 보류했고, 최근에 TGV 틸팅차의 개발을 시작하기로 결정하여 진행 중인 프랑스를 제외하고, 스페인, 스웨덴, 일본 등에서는 자연 틸팅을 시도하였다. 그러나, 일본은 자연 진자의 속도가 느려 승차감에 문제가 발생하여 유럽에서 1988년 이탈리아의 펜돌리노가 나올 때까지 적용하지 않았고, 스페인은 자연틸팅을 개발하여 사용 중에 있으며, 스웨덴은 1981년에는 자연틸팅이 가능한 TALGO Pendulum을 영업 운전했으나 X2000에서는 진동가속도 센서를 사용하고 유압실린더로 경사를 조정하는 방식을 사용하고 있으며 대부분의 틸팅시스템은 강제틸팅 방식을 사용하고 있다.

또한, 초기에는 동력차에도 이 시스템을 적용하고자 하여 이탈리아의 펜돌리노와 ETR450에서는 동력차에 있는 집전 장치가 틸팅의 영향을 받으므로 팬터그래프의 위치를 보정하도록 하는 방식을 취하기도 했으나 현재 스페인의 탈고나 스웨덴의 X2000은 객차만 틸팅시스템을 도입하고 있다. 독일(ICT : 전철구간, ICT-VT : 디젤동력차), 이탈리아(ETR450) 및 미국 등지에서도 이 기술을 연구, 개발하고 있다. 또한 유럽에서는 자이로스크프(이탈리아에서 병용)나 가속도센서를 설치하여 가속도의 변화에 따라 곡선진입을 감지하여 유압실린더 등으로 차체를 기울이는 강제진자 방식이 주류를 이루고 있으며, 차체의 진동을 혼돈할 수 있으므로 필터를 설치하여 감도조정이 필요한 방법을 적용하고 있다. 유럽에서 신선을 건설하는 경우에 기존선에서 틸팅차를 이용하는 것보다 약 20 배의 비용이 증가한다고 한다. 그래서 틸팅차를 개발하여 기존선에서 고속으로 열차를 운행하고 있다. 한국과 같이 기존선에 곡선이 많고 차량의 고속화가 필요한 나라에서는 틸팅차를 개발하여 운용하는 것이 적은 투자로 큰 효과를 낼 수 있는 좋은 방안이라고 생각된다.

(나) 일반대차와 관절대차의 동향

일반대차는 차체와의 결합이 간단하고 하중의 불균형을 제어하기가 용이하고 차량 연결기가 전후의 충동을 흡수하므로 큰 충격을 가할 때 대책을 얻기 쉽고 편성량 수의 증감이 용이하다는 장점이 있지만, 전체 중량 저감에는 불리하고 객실이 대차 위에 있는 관계로 차내 소음 면에서는 바닥을 차음구조로 해야 하는 단점이 있다. 관절대차의 경우에 2층차를 만들면 면적 증가의 효과가 있다. 객실부분이 대차 위에서 떨어져 있으므로 차내 환경 측면에서는 유리하지만 대차와 차체의 결합이 복잡하고 연결부에 완충기를 설치하는 것이 불가능하므로 충격

흡수구조를 별도로 설치해야 하는 단점이 있으나, 통계상으로 사고시 탈선과 관련하여 인명피해가 적다는 장점이 있으므로 사용자의 필요에 따라 별도 개발, 발전되어 왔다. 고속용 차량에는 일반대차(독일, 일본 등)와 관절대차(프랑스)가 사용되고 있다. 일본에서는 STAR 21로 관절대차와 일반대차를 시험했으나 주행성능과 승차감에서 현저한 차이는 없었다고 한다. 일본에서는 1950년대 3000계에서 우수한 승차감은 물론 가능한 한 고속주행을 목표로 경량화, 저중심화를 주안점으로 설계하여 일본 최초로 관절대차를 적용하기도 했으나 최근의 신칸센에는 일반대차를 주로 적용하고 있다.

(다) 볼스터와 볼스터리스대차의 동향

볼스터가 좌우 움직임과 상하 움직임을 흡수하도록 한 스윙행거식이 독일에서 200 km/h로 주행하는 객차에 활용되었고, 볼스터와 볼스터 스프링의 위치를 변화시키고 볼스터 위에 볼스터 스프링을 배치하여 차체를 직접 지지한 직접 마운트식이 일본의 0계, 100계, 200계 신칸센차량에서 사용되고 있다. 그러나, 최근에는 차량 경량화의 일환으로 진행되고 있는 대차의 경량화로 인하여 좌우 사이드 빔을 연결하는 볼스터를 없애고 대차 프레임 위에 볼스터 스프링을 설치하여 대차의 회전방향 변위도 흡수하는 볼스터리스방식을 적용하는 경향이다. 유럽의 경우에 이탈리아에서는 처음부터, 프랑스에서는 1972년 코일 스프링식 볼스터를 개발하여 200 km/h로 운전하는 객차대차에 널리 사용하고 있으며 1978년부터 유럽의 표준 객차용 대차로 채용되어 주류를 이루고 있는데, 처음에는 금속 코일스프링(ICE 기관차, TGV, HST, ETR500)을 이용했으나 승차감 향상을 위하여 공기스프링으로 대체하여 TGV-A 이후로는 전부 공기스프링방식을 사용하고 있다. 일본은 최고속도 300 km/h 정도를 목표로 고속주행 안정성, 곡선주행 성능, 승차감, 진동을 동시에 개선하고 경량화한 대차를 개발하기 위하여 1980년경부터 신칸센 전차용으로 연구개발하기 시작하여 1988년에 공기스프링식을 개발하고, 100계에 적용되는 대차 대비 2,160 kg의 중량을 감소(7,700 kg 달성)하였으며 300계와 400계 이후로 전부 볼스터리스 대차를 적용하고 있다.

(4) 제동의 동향

제동관의 압력을 감소시켜 보조 공기탱크의 공기가 제동실린더로 보내져 제동력을 발휘하는 자동 공기제동 방식이 사용되었으나 제동지령의 전달속도기 공기의 입력전파속노에 의손하여 편성이 길어지면 제동효과가 개시되기까지 시간이 길어지는 단점 때문에 전기지령으로 전자밸브를 작동하여 제동관의 급배기를 수행하는 전자자동 공기제동을 개발하여 TGV와 ICE에 사용하고 있다. 초기에는 아날로그 전압을 사용했으나 제동력을 단계적으로 조정하는 것이 가능한 디지털식이 개발되어 일본의 200계와 100계 이후의 신칸센 차량은 모두 전기지령식을 사용하고 있다. 그런데, 전자자동 공기제동은 보조 공기탱크의 공기를 동력원으로 하는 관계로 보조 공기탱크에 공기를 넣는 시간이 필요하고 제동을 반복하여 사용하는 경우에 제약이 있다. 또한, 전기제동과 공기제동을 혼합하는 경우에는 잘 부합되지 않으므로 응답성, 동기성, 제동성이 우수하고 반복제동의 제약이 적은 전자직통 공기제동을 개발하여 사용하고 있다. 기계제동의 기초적인 제동으로 답면제동(TGV 동력차)이 있는데 1950년대부터 각 대차에 제동실린더를 설치하여 이용하여 왔으며, 제동슈를 차량 답면에 붙여 제동을 하는 방법으로 큰 제동력이 필요한 경우에는 슈의 온도가 상승하고 답면의 마모도 증가하여 유지보수 측면에서 문제가 발생한다. 이를 해결하기 위하여 차륜과는 별도로 디스크를 설치하여 제동실린더와 레버로 제동라이닝을 눌러 붙여 제동력을 얻는 디스크제동을 개발하여 신칸센 0계에서 사용하고 있다. TGV-PSE, TGV-A에서는 답면제동과 병용하고 있으며, TGV-Duplex에서는 부수대차뿐만 아니라 동력대차도 포함하여 전부 디스크 제동을 사용한다.

현재는 고열에 견딜 수 있는 재료를 개발 중에 있다. 과거에는 직류전동기의 위상제어시 회생되는 전력의 파형이 정현파가 되지 않고 역률도 나빠져 일반 전력송전망으로 되돌려 보내지 못하였다. 이런 문제를 극복하고 안정적 제동력을 얻기 위하여 제동에너지를 저항기에서 열로 방산하는 발전제동을 사용하여 신칸센 0계, 100계, 200계, 400계와 TGV-PSE, ETR450, 유로스타에서 사용하였으나 최근에는 잔류 에너지를 전원 측으로 돌려주는 회생제동을 개발하여 신칸센의 E1계 이후와 ICE 및 KTX에서 사용하고 있다. 또한, 속도가 증가됨에 따라 350 km/h 이상에서는 기존의 제동만으로는 제동력 확보에 어려움이 발생되므로 대차프레임에 설치된 전자석과 디스크 또는 레일의 전자유도로 제동력이 발생되는 비접촉방식의 와전류 제동을 개발하여 신칸센의 100계, 300계, 500계 부수차에 사용하고 있으며, ICE 1, 2와 일본의 8000계에서는 전자석의 흡착력을 이용하여 대차에 부착된 슈를 레일에 밀어붙이는 전자흡착식 레일제동을 비상제동시에 사용하는 방식도 개발되어 사용하고 있다. 이 외에도 와전류방식의 레일제동을 ICE3에서 사용하며, 전기제동과 기계제동의 브렌딩(blending) 제어를 확대하여 전동차와 부수차의 제동력을 한꺼번에 제어하는 고속영역에서는 전기제동을 풀(full)로 사용하고 저속영역에서 전기제동력이 부족할 때에 부수차의 제동을 동작시키는 공기보충 제동제어를 ICE4와 신칸센 200계에서 사용하고 있다. 전기제동을 우선으로 사용하고 있다.

(5) 차체경량화의 동향

초기에는 강(鋼)차체를 신칸센의 0계, 100계 그리고 TGV-A 등에서 사용하였으나 알루미늄이나 스테인리스강을 사용한 차체를 개발하여 사용 중에 있다. 스테인리스강은 부식에 강해 판의 두께를 연강에 비해 얇게 하는 것이 가능하나 재료의 특성 때문에 연속용접이 아닌 스폿용접을 하므로 기밀구조가 어려워 1990년에 영업운전을 시작한 X2000의 경우에는 기밀구조를 채용하지 못하고 있다. ICE, ETR 및 신칸센 E2계 이후에는 가볍고 기밀구조가 가능한 알루미늄차체를 사용하고는 있지만, 경량화에는 유리하나 가격이 비싼 단점이 있다. 따라서 TGV-Duplex는 일체로 성형한 대형 알루미늄 압출형제를 사용하여 제작비를 내리고 있다. 일본에서는 1953~1955년에 차량의 경량화를 위한 연구가 중점 연구과제로 선정된 후로 보통강의 쉘구조이던 것을 1965년부터 알루미늄 경합금제 차체의 연구개발을 착수하여 1973년 제작된 381계 전차와 신칸센 시험차에 채용하였고 1985년 10월 출현한 100계는 알루미늄차체로 제작하였다. 그리고 STAR21에는 항공기용 고장력 알루미늄합금제 리벳 결합구조를 사용하였다. 또한, 차체의 프레임에는 내화성, 내부식성, 고강도, 저보수성의 스테인레스강을 사용하고 상부에는 경량성, 기밀성, 저보수성의 알루미늄 합금을 이용한 하이브리드형 차체를 개발하였으며, 비강도(比強度), 비강성(比剛性)이 우수한 탄소섬유 강화수지를 시험 제작하였지만, 너무 고가인 관계로 실용화되지는 않고 있으나 장래의 차체용 소재로 기대되고 있다. 이 외에도 고출력 견인전동기의 개발, GTO(Gate Turn Off thyristor) 인버터의 사용, 볼스터리스 대차의 사용 및 각종 기기의 경량화로 300계의 경우에 최대 축중을 11.3 톤으로 할 수 있었다.

(6) 신호의 동향

200 km/h 이상의 속도로 주행하는 열차의 승무원이 육안으로 신호를 확인하여 제동동작을 실행하는 것은 불가능하므로 차내 신호시스템과 열차제어시스템을 활용하고 있다. 신칸센이나 TGV 430의 경우는 신호에 따라

신호장치 또는 사람이 제동을 하는 방식을 사용하고 있다. ICE의 LZB의 경우에는 조금 더 복잡하게 지상컴퓨터에 열차의 위치정보가 송신되어 지상으로부터 열차에 전방열차의 위치, 선로구배 및 허용속도가 송신되고 차내에는 목표속도, 정지거리 및 허용속도가 표시되도록 하는 시스템을 사용하고 있다.

일본의 경우에 최근에는 지진이 일어나는 빈도가 잦고 이로 인하여 궤도에 이상을 주는 경우에 고속으로 운행하는 열차가 탈선을 하여 막대한 인명과 재산적인 피해를 보게 되므로 UrEDAS(Urgent Earthquake Detection and Alarm System)라는 시스템을 개발하여 초기의 미진을 감지하여 진원의 위치와 규모를 예측하고 주행 중인 열차가 큰 지진이 도달하기 전에 정지하거나 저속운전을 하도록 하는 시스템을 개발하고 있으며, 무선기술과 컴퓨터기술을 구사하여 열차의 본체에 조립된 제어기능으로 앞뒤 차량의 위치, 속도 등을 통신으로 전송받아 자신의 속도를 제어함으로써 지상설비를 경감하는 CARAT(Computer And Radio Aided control system)을 개발하였다. 이 시스템은 이동폐색(Moving Block)이 가능하고 열차의 운전간격을 단축시키는 장점이 있다. 1990년대 초반부터 개발된 이 신호체계는 3세대 신호체계라고 할 수 있으며, 일부 국가에서는 도시철도에서 사용 중에 있다. 이 시스템에는 일본의 CARAT, 북미의 ATCS, 유럽의 ETCS(레벨 3)가 있다.

(7) 차량 형상

고속화를 위해서는 차량의 전두부 형상이 중요하다. 전두부 형상은 주행 중의 공기저항 감소와 터널통과 시의 미기압파를 줄이기 위하여 유선형을 많이 사용하여 왔으며, 형상을 더욱 날렵하게 하는 연구를 진행하여 왔다. 그러나, 이 형태로는 개선의 여지가 적으므로 차량의 모양을 돌고래형, 카스프형(오리주둥이), 쐐기형 등으로 하는 연구를 진행하여 왔으며, 후자의 효과가 더 크므로 최근의 차량은 이에 근거하여 설계하고 있다. 또한, 차량 측면의 돌출부를 없애고 차체 단면적을 줄이는 등의 개선 노력이 계속되고 있다. 독일이 가장 앞선 것으로 판단된다.

(8) 운행상태 차상감시 및 자기진단기술

외국에서는 정기점검 등과 같은 고전적인 유지보수 시스템에서 탈피하여 상태기반의 신뢰성이 있는 정밀감시기술과 예측기반의 온라인 자기진단기술을 이용한 유시보수시스템을 연구하고 있다[276]. 온라인 자기진단기술이란 대상기기를 분해하지 않고도 운전 상태에서 고장을 검지하고 이를 지시해 주는 기술이다. 상태감시에 의한 고장분석기술이란 대상기기를 분해하지 않고도 운전 상태에서 연속적 주기적으로 상태를 감시하여 대상기기의 심각한 상태변화를 지적하는 기술이며, 전동차의 고장예방을 위한 진단수단으로 개선된 유지보수의 가능성을 제시한다.

6.5.4 최근의 개발사례

(1) AGV(Automotrice a Grande Vitesse)

Alstom사와 SNCF가 공동으로 개발하여 2001년 시험을 시작한 차세대 고속전철로서 개발과 조달비용의 절감을 실현하고자 하는 열차이다. 이 열차는 동력분산형시스템과 IGBT(Insulated Gate Bipolar Transistor), VVVF 인버터를 사용하여 경량화시켜 축중 17 ton을 유지하고 있으면서도 기존의 분산형 추진시스템을 채용했던 일본의 신칸센, 이탈리아의 펜돌리노, 독일의 ICE3와는 다르게 안전성과 승차감이 우수한 관절대차를 채용하고, 평균속도 350 km/h를 목표로 운전할 계획이다. 차량의 종류는 크게 나누어 운전실을 가지고 있는 차량과 중간차량으로 구분되며, 자체 냉각장치(팬)를 전동기에 직접 부착하고, 진동이 차체에 직접 전달되지 못하도록 방진 블록 등을 설치하여 차체에 직접 설치된 전동기가 있는 2대의 동력대차와 1대의 부수대차를 가지는 차량 3량을 기본편성으로 한다. 편성 끝단의 차량들은 변압기와 같은 중량물이 취부되며, 차량의 안정성과 고속주행성을

그림   6.5.3 AGV 열차

향상시키기 위해 중량물의 무게 중심을 낮게 위치시켰다. 이렇게 하여 AGV의 1편성은 동력집중식인 TGV-R의 1편성과 비교할 때에 승객 수송량은 411명 대 377명으로 AGV가 더 많은 반면에 주행소음과 좌석당 소요비용은 AGV가 더 적은 것으로 나타났다.

또한, 제동성능은 350 km/h의 고속영역에서의 효과적인 제동을 위하여 개발되었던 와전류 제동장치를 선두와 후부에 위치하는 2대의 동력대차에 장착할 예정으로 비상제동시에 200 km/h까지 대차당 20 kN의 제동력을 발생시킬 수 있고, 상용제동시에는 10 kN으로 동작된다. 3분 시격일 때에 레일의 온도상승과 수직방향으로 작용하는 자력으로 인한 흡인력 모두 수용이 가능한 수준으로 1998년에 개발하였다. 승객의 승차감 향상을 목적으로 전기적으로 작동되는 현가장치를 장착하여 기존의 TGV가 300 km/h로 주행 때와 동일한 승차감을 유지할 수 있도록 승차감 향상을 도모하였다. 차량을 경량화하기 위하여 TGV Duplex에 사용하였던 알루미늄 차체구조를 적용하였으며 강재 차량에 비해 2 ton의 경량화를 이루었다. Prototype 2대를 제작하여 시험 중에 있다.

(2) HSE(High Speed Train Europe)

DB와 SNCF가 주축이 되어 관절형 대차, 2층 객차 등, 현재 열차의 고속화를 위하여 개발된 많은 기술들을 전반적으로 검토하여 이를 실용화하는 개발과 관련된 검토가 이루어지고 있다.

(3) 기타 경향

이 외에도 대량운송이 가능한 다양한 시스템을 개발하고 있다. 시설비가 저렴하고 고효율이면서 환경 친화적이고 안정성 등을 만족하는, 지면을 낮게 나는 날개에 작용하는 위그 효과를 이용하여 동체를 부상시키고 전기선로에서 공급받는 전기로 작동되는 공기부상 운행체(일본에서는 공기부상열차)가 연구되고 있고, 일본(초전도), 독일(상전도) 및 중국 등에서는 자기부상열차의 개발이 추진되고 있다.

(4) 결론

일본과 프랑스는 서로 다른 철도를 건설해왔다. 서로 다른 특징을 갖고 있으며 어느 면에서는 서로 뒤지지 않는 기술을 갖고 있다. 그러나, 최근에는 승객의 안전과 편의성을 증대하는 가운데 많은 인원을 운송할 수 있도록 하기 위하여 특정한 기술에 집착하여 계속 발전시키기 보다는 다른 시스템일지라도 검토하고 적용하려는 형태

를 보이고 있다.

6.6 틸팅 열차

6.6.1 필요성

"틸팅 열차"는 기존 선로에서 운행할 수 있으며 곡선을 통과할 때에 열차의 차체를 기울어지게 하는, 따라서 차체에 추가의 캔트를 주는 기계 장치를 이용하여 (기존 열차에 비교하여) 더 높은 속도에 도달할 수 있으므로 이 점에 관하여 낮은 비용의 해법을 제공할 수 있다[제6.1.2(6)항 참조]. 틸팅 열차의 기술은 적절한 상황 하에서 고비용의 선형 개량에 적합한 대안을 제공한다. 그럼에도 불구하고, 틸팅 열차의 해법은 각각의 경우에 항상 신중히 검토하여야 하며, 다음의 여부에 대하여 검토하여야 한다. ① 여행 시간의 감소가 충분하다(비행기, 자가용 차 및 버스와 같은 다른 수송수단이 제공할 수 있는 것을 고려하여). ② 궤도, 신호 및 동력 공급 시스템에 대한 어떠한 개량이 무엇이든 필요로 할 것이다. ③ 투자에 대한 수익이 충분할 것이다. ④ 운전의 비용이 다른 수송 방법과 비교하여 경쟁적일 것이다.

6.6.2 틸팅 기술

틸팅 열차는 곡선에서 축거와 관련하여 차체를 기울어지게 하여 캔트 부족을 줄이게 한다(그리고, 흔히 충분히 성과를 거두었다) (**그림 6.6.1**). 차량의 틸팅 기술에는 두 가지 다른 기술이 있다.

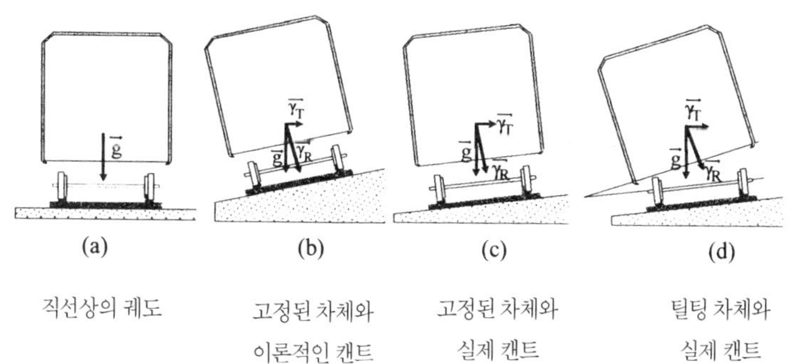

그림 6.6.1 틸팅 열차가 마련한 추가의 캔트

1) 수동(受動)적인 방법 : 차량의 회전 점이 차량 질량의 중심보다 위에 남아있도록 곡선을 통과할 때에 수동 적인 방법으로 차량의 현가장치를 올린다. 스페인의 Talgo에 적용된 이 방법은 차체와 차축 사이에서 3°~ 5°의 틸팅 각을 허용한다.

2) 주동(主動)적인 방법 : 8°에 이르기까지 더 큰 틸팅 각을 달성하며, 그것은 비-보정 원심 가속도의 함수로서

설정된다. 열차가 완화곡선에 들어갈 때는 보기에서 발달된 횡 가속도를 가속도계로 탐지한다. 차체 축을 도는 차체 회전의 시작에 대한 지시는 열차의 전방에 위치한 전자 장치가 전달한다. 이 기술은 예를 들어 이탈리아 Pendolino와 ETR, 스웨덴 X2000 및 독일 VT610에 적용하고 있다.

주행하여야 하는 곡선을 탐지하는 방법은 두 가지가 개발되어 왔다.

1) 차상의 곡선 탐지 / 데이터 전달 시스템 : 보기에 설치한 가속도계는 보기의 횡 가속도를 탐지한다. 열차의 전방에 위치한 자이로스코프라 부르는 곡선 탐지 시스템은 열차가 완화곡선에 들어가는 때를 탐지한다. 그 후에 전자적으로 신호를 전송하고 이에 따라 (탐지된 가속도와 관련하여) 차체의 틸팅을 시작한다. 이 기술은 유럽의 틸팅 시스템에서 사용하고 있다.

2) 전자석 곡선 탐지 시스템 : 차체의 틸팅이 정확한 시간에 시작되도록 궤도 내의 장치가 궤도 선형의 특성에 관련된 데이터를 열차의 차상 컴퓨터로 전송한다. 일본에서 적용하기 이전에 영국의 APT 열차에도 적용한 이 기술은 상기의 것보다 더 유효한 것으로 고려할 수 있지만 궤도 내의 탐지 장치를 필요로 하는 단점을 가지고 있다.

우리나라에서는 최고속도 200 km/h 급 한국형 복합소재 틸팅열차(일명 TTX , 한빛**200**)를 1단계(2001~2007) 사업을 통해 우리기술로 개발에 성공함에 따라 기존선로에서 신뢰성을 확보하기 위한 2단계(2007~2012) "한국형 틸팅열차 신뢰성 평가 및 운용기술개발" 사업을 본격적으로 추진하고 있다. 이 열차는 6량 편성으로 동력분산식이며 250 kW급 3상 유도전동기를 이용한다[274]. 전기기계식 액튜에이터로 틸팅을 구동하며, 대차는 자기 조향식 틸팅 대차이다. 팬터그래프의 하부는 역틸팅을 위해 모터와 벨트로 구동되는 스레지(sledge) 구조이다. 또한, GPS를 활용한 사전 틸팅 제어방식을 센서기반 틸팅 방식과 겸용으로 사용하며, 사전에 입력된 선로와 곡선정보 및 GPS를 활용한 위치정보를 비교하면서 곡선진입 전에 차체를 틸팅시킨다.

제 7장 정거장 및 차량기지 · 차량공장

7.1 정거장의 종류와 배선

7.1.1 정거장의 목적

정거장(railway station, depot)은 철도의 운영에 중요한 시설로서 여객 · 화물 수송의 거점이다. 정거장의 정의로서 "열차를 정거시켜 여객의 승하차, 화물의 싣고 내리기 등 철도의 영업상 필요한 취급과 열차의 교행(cross), 열차의 추월, 열차의 해결(uncoupling and coupling), 차량의 입환(shunting) 등의 운전상 필요한 취급을 하는 곳"으로 하고 있다. 광의에는 차량의 검사(car inspection) · 정비나 정류하는 차량기지(depot)도 포함된다.

정거장은 그 업무에 따라 역, 조차장, 신호장의 3 종류로 대별된다. 즉, 열차를 발착시키고 정거하여 여객 · 화물을 취급하는 철도 영업을 위한 역(station), 여객 · 화물은 취급하지 않고 열차를 정거하여 열차의 교행(cross)이나 추월을 하는 신호장(signal station), 열차의 조성 · 분해 또는 차량의 입환을 하는 조차장(shunting yard)으로 대별되며, 목적 · 선로상의 위치에 따라 세분된다. 신호장은 단선 구간에서 역간 거리가 길어 선로 용량이 부족한 구간의 열차 운행상 필요한 위치에 설치된다. 신호장과 혼동하기 쉬운 신호소(signal box)가 있지만 이것은 정거장이 아니고 수동 또는 반자동의 신호기를 다루는 장소이다.

철도건설규칙에서는 다음과 같이 규정하고 있다. "제20조: 정거장은 지형조건, 교통수요, 경제성 및 인근 정거장과의 거리 등을 고려하여 적정위치에 설치한다. 제21조: 정거장과 신호소에는 그 기능에 따라 필요한 실비를 한다. 정거장 중에 간이역은 여객을 위한 설비만을 설치한다. 제22조: ① 정거장 안의 선로는 열차운행에 적합하게 배선한다. ② 정거장 안외 선로에는 열차운영에 직합하도록 유효상(인접 선로의 열차 및 차량 출입에 지장을 주지 아니하고 열차를 수용할 수 있는 해당 선로의 최대 길이)을 확보한다. ③ 단선구간의 정거장 내 및 2개 이상의 열차 차량이 동시에 출발하거나 진입하는 정거장 내에는 안전 측선을 설치한다. 다만, 운전보안 설비가 설치되어 있어 불필요한 경우에는 아니할 수 있다. ④ 정거장이나 신호소 외의 곳에서 선로를 분기하거나 평면 교차시켜서는 안 된다. 다만, 운전보안설비 등 안전설비를 한 경우에는 그러하지 아니하다."

7.1.2 정거장의 종류

(1) 목적에 따른 분류

1) 보통 역(ordinary station) : 여객과 화물을 취급하며, 열차의 조성 · 분해 등을 행한다. 왕년에는 이러한 역이 많았지만, 취급의 증가나 화물수송의 거점화 등에 따라 최근에는 여객 역 · 화물 역으로 전문역화되고 있다.

2) 여객 역(passenger station) : 여객을 전문으로 취급한다. 대도시 근교 노선 등 전차만의 역과 장거리 열차
가 발착하는 역은 성격이 다르고 설비도 다르다.

3) 화물 역(good station, freight station) : 화물을 전문으로 취급한다.

4) 화차 조차장(shunting yard) : 가지각색의 화차(freight car)를 모아 방향별·행선지별로 화차를 조성·분해
하기 위하여 화물 조차장(yard)이 배치되었다. 그러나, 이 방식의 수송에서는 조차장에서 대기하여 시발역
에서 도착역까지의 소요 시간이 길고, 또한 도착 시각이 불명확하여 기동성이 높은 트럭 수송에 대항할 수
없게 되었다. 그 때문에 거점간의 직행수송 방식으로 전환되었다. 조차장은 구조상으로 평면조차장과 험
프(hump) 조차장으로 나누며, 험프(hump) 조차장은 험프라는 높은 곳을 두어 입환 기관차로 화차를 이곳
으로 압상시킨 후에 연결을 풀어 화차를 분리선으로 전주(轉走)시키는 조차장을 말한다. 객차 열차의 조성
등을 하는 객차 조차장은 전차·디젤동차의 증가에 따라 최근에는 차량기지(depot)로서 다루고 있다.

(2) 선구상의 위치에 따른 분류

1) 종단 정거장(terminal station) : 선구(railway division)의 종단에 있는 것.

2) 중간 정거장(intermediate station) : 선구의 중간에 있는 것.

3) 연락 정거장(junction station, connecting station) : 한 선구의 중간 정거장에서 다른 선구가 시작되는 것.

4) 분기 정거장(branch-off station) : 한 선구에서 다른 선구가 갈라지는 곳에 있는 것.

5) 교차 정거장(interchange (or cross) station) : 두 선구가 교차하는 곳에 있는 것.

6) 접촉 정거장(touch station, contact station) : 두 선구가 접촉하는 곳에 있는 것.

(3) 열차의 운행에 의한 분류

1) 두단식 정거장(stub station railhead) : 선구의 종단에 있는 정거장이며, 플랫폼이 빗살 모양으로 선로의 종
단에 있다.

2) 관통식 정거장(through-type station): 선구가 정거장을 관통한 것.

3) 스위치백 정거장(switch-back station) : 급구배의 도중에 정거장을 설치하는 경우에 열차를 착발하기 쉽도
록 하기 위하여 수평의 반환식 선로를 설치한 것.

4) 반환식(반복식) 정거장(reverse station) : 시가지 등 때문에 반환의 배선으로 된 것.

7.1.3 정거장 계획 및 정거장의 위치 선정

(1) 도시계획 용도지역과의 관계

철도 연선이라 하는 환경 조건(진동, 소음, 일조 등)을 고려하면, 선로용지 내와 연선(wayside)은 주거전용 지
역 이외의 철도 연선의 개발 목적에 합치한 용도지역의 지정을 받고, 또한 환경 보전(environmental preserva-
tion)의 관점에서는 공공시설(공원, 도로, 주차장 등)을 유기적이고 적정하게 배치, 정비하는 것이 요망된다. 용
도 지역이 다를 경우에 철도용지(right of way) 경계선과 용도지역 구분 경계선은 동일하게 한다.

(2) 정거장 계획

정거장의 시설계획은 다음에 의한다[221]. ① 정거장 계획은 기본계획, 기본 설계에서 검토한 열차운영계획과 정거장 계획을 기준하여 시설을 계획한다. ② 정거장 시설계획은 철도건설규칙 및 철도의 건설기준에 관한 규정 제3장(정거장 및 기지)에서 정하는 기준에 따라 계획한다. ③ 정거장 시설계획은 열차운전 취급시설, 선로배선시설, 여객 설비, 화물설비, 차량기지, 역사건물 등의 시설을 계획한다. 다만, 열차운전 취급시설과 역사건물 시설, 전기와 신호 및 통신시설 등에 관련된 부대시설은 해당전문분야 기준에 따라 계획한다. 한편, "역세권개발사업"이란 역 시설을 중심으로 그 주변 지역을 역 시설과 연계하여 체계적으로 개발함으로써 철도 이용 증진과 역 시설 주변 지역의 발전을 도모하는 개발 사업을 말한다(철도건설법 제2조 제8호). "역세권개발구역"이란 역세권개발 사업을 하기 위하여 국토해양부장관, 특별시장·광역시장 또는 도지사가 지정한 구역을 말한다.

역세권개발에 따른 정거장 계획은 다음에 의한다. ① 신도시 개발계획에 따라 신도시 내 정거장을 신설하거나 도시계획 구역 내 기존철도의 정거장에 대해 철도이용객의 편의제공과 서비스의 질 향상, 그리고 철도수입증대를 위해 정거장을 중심으로 역세권 개발을 계획할 수 있다. ② 역세권을 개발하는 정거장은 지하, 지상, 고가 등 입체적인 공간을 활용하여 지하철, 버스, 승용차 등 타교통과 쉽고 편리하게 환승할 수 있는 교통종합터미널 시설을 계획한다. ③ 역세권을 개발하는 정거장은 정거장 입지조건에 적합한 역세권을 효율적으로 개발하기 위해 관련전문가들이 연구한 역세권 개발 구상 자료를 토대로 계획한다. ④ 역세권을 개발하는 정거장은 지방자치단체와 관계 행정기관과 협의하여 역세권개발 구상자료를 토대로 가능한 고밀도 상가지역으로 도시계획에 반영해야 한다. ⑤ 역세권을 개발하는 정거장은 역세권개발 구상자료를 토대로 정거장을 종합 계획한다.

(3) 정거장 위치의 선정

철도의 건설기준에 관한 규정에서는 정거장의 위치를 ① 지형, 전후의 선로상황, 운전 등 기술적인 사항과 당해지역의 경제 교통상황과의 적합여부, ② 시가지 또는 교통 경제의 중심지에 가깝도록 하고, 정거장 내의 기울기 제한 등을 고려하여야 한다고 규정하고, 정거장간의 거리는 열차의 운전조건을 고려하여 정하여야 한다고 규정하고 있다.

정거장의 간외 간격이 짧으면 운전 시간(running time)의 연장, 선로 용량의 압박, 운전 경비의 증가 등이 생긴다. 정거장의 간격은 예를 들어 고속선로 역 간격 : 20~30 km(선로의 속도에 따라 차이가 있다), 일반간선선로 역 간격 : 4~8 km, 일반지선선로 역 간격 : 2~3 km, 대도시내 전차 역 간격 : 1 km 전후 등이다. 이상은 이상적인 조건이며, 현실은 용지 매수 취득의 곤란 등으로 절충된 것으로 밖에 할 수 없는 예가 많다.

차량기지(depot)는 장거리 열차의 경우에 터미널 역에 되도록 가까운 곳에 설치하여 열차의 입출고를 위한 회송 거리를 작게 한다. 또한 통근 수송에 대하여는 아침의 러시아워에 여객이 발생되는 근교 지구에 차량기지를 설치하는 것이 원칙이지만, 최근에는 용지 취득이 곤란한 경우가 많기 때문에 기지의 확장이 차츰 원격지로 이동하는 경향이 있다.

(4) 도시와의 접점으로서의 역할

도시 측으로부터의 철도는 지역의 교통을 처리하는 교통기관이며, 역은 도시, 읍면의 현관으로서 다른 도시와의 접점으로 되어 있고, 또한 인접 시읍면 및 시내 교통 기관과의 중계점으로 되어 있다. 즉, 역은 역전 광장

(station front)을 통하여 다른 교통 기관(means of transport)이나 도시와 연결되는 교통의 결절 점의 위치에 있다. 따라서, 역의 기능이나 역할에 대하여는 도시 혹은 지역과의 관계 충분히 감안하여야 한다. 또한, 철도 측으로서도 역을 단순한 여객·화물을 다루는 장소라고만 보아서는 아니 되고, 여객·화물 취급의 면에서 여유 있는 거점으로 탈피하여 사회 정세나 지역의 변화 혹은 이용자 요구의 다양화에 대응할 수 있는 역으로 변혁하는 것이 중요하다. 진행하여야 할 방향은 다음과 같은 것이라고 예상된다.

1) 여유 있는 수송 거점으로서의 역
2) 역 기능의 고도화, 다양화(제7.2절 참조) : ① 지역 서비스 거점으로서의 역(역 빌딩), ② 커뮤니티 시설, 지역 서비스 거점으로서의 역, ③개성화와 쾌적한 환경(amenity)의 부가
3) 복합 시설, 정보 거점으로서의 화물 역

(5) 정거장 구내와 정거장 중심

정거장 구내는 일반적으로 장내 신호기가 경계이며, 장내 신호기의 바깥에 분기기가 있는 경우에는 거기까지를 포함한다. 영업 킬로미터(operating kilometer)의 산정에 사용되는 정거장 위치는 역사의 중심(center of station)으로 하고 킬로미터정은 km(소수점 이하 1자리까지)로 나타낸다.

(6) 여객 역의 고려사항과 공항역사

여객 역은 도시 계획상 중핵상의 역할이 있으므로 도시의 중심부에 있어야 한다. 여객 역은 철도에서 도로로 또는 그 역 방향의 상호 접속을 원활하게 하는 역할을 가지고 있다. 이들 일련의 유동이 유기적으로 연락되어 그 기능이 충분히 발휘되도록 함과 동시에 여객의 편리와 운전 보안상의 문제, 용지 취득의 난이도 등 공사상의 여러 요소를 아울러 고려하여 선정한다. 더욱이, 여객 역에서 여객의 유동은 역사와 역전 광장을 통하여 공공시설과 상업 시설로의 교류가 많고 시민의 활동에 주는 역의 영향이 크다.

한편, 프랑스의 고속 철도에서는 공항과는 새로운 파트너로 드골 공항 역, 새토라스 공항 역과 같이 공항 역사로 통합되고 있다. 공항에 있는 고속철도 역들은 효과적으로 열차/항공 수송의 임무를 수행한다. 그것은 고속 철도와 항공 운송의 수준에 관련된 서비스를 제공할 수 있기를 바라는 현대 건물로서 요구되는 사항이다. 항공 수송하면 높은 서비스 수준과 합리적인 공항 설비들을 의미하는 것처럼 고속 철도의 경우도 참여하고 있는 고객들과 기타 사회적, 경제적 단체들이 가장 현대적인 터미널 시설과 수준 높은 관련 서비스를 기대하고 있다는 것을 의미한다.

7.1.4 선로의 유효장 및 선로 용량

(1) 선로의 유효장(effective length of track)

정거장 구내의 선로에서 인접 선로(adjacent track)의 열차와 차량 출입에 지장을 주지 않고 열차를 수용할 수 있는 당해선로의 최대 길이를 선로의 유효장이라 하며, 일반적으로 인접 선로와의 차량접촉 한계표간의 거리를 말한다. 본선로(main track)의 소요 유효장은 그 구간의 최장 열차에 따라 결정되며, 일반적으로 화물 열차(freight train)가 여객 열차(passenger train)보다 길기 때문에 여객전용 역 이외의 정거장에서는 화물 열차의 길

이에 따라 유효장이 결정된다.

정거장 안의 선로는 열차운영에 적합한 유효장을 확보하도록 철도건설규칙에서 규정하고 있다. 철도의 건설 기준에 관한 규정에서는 본선의 유효장을 ① 선로양단에 차량접촉한계표가 있을 때는 양 차량접촉한계표의 사이, ② 출발신호기가 있는 경우는 그 선로의 차량접촉한계 표에서 출발신호기의 위치까지, ③ 차막이가 있는 경우는 차량접촉한계표 또는 출발신호기에서 차막이의 연결기받이 전면까지로 규정하고, 측선의 유효장을 ① 양단에 분기기가 있는 경우는 전후의 차량접촉한계표 사이, ② 선로 끝에 차막이가 있는 경우는 차량접촉한계표에서 차막이의 연결기받이 전면까지, ③ 분기기 부근에서 유효장 시종단의 측정은 최내방 분기기가 열차에 대하여 대향인 경우에 보통분기기에서는 포인트 전단으로 규정하고 있다.

또한, 화물열차도 편성의 변경에 따라 열차길이가 변하는 것은 특정의 역 이나 거점 역이기 때문에, 견인정수(nominal tractive capacity)가 일정할 때는 선구(railway division) 내 착발선의 선로 유효장을 가지런할 필요가 있다. 견인정수는 선구의 최급 기울기로 결정되는 것이 일반적이다.

정거장의 배선은 착발선의 배치에 따라 그 골격이 결정되지만, 선로 수와 길이는 취급하는 열차 수와 정거하는 열차의 길이에 따라 정해진다[245]. 본선의 유효장은 착발하는 열차의 최대 연결량 수에 따라 결정되며 연결량 수는 기관차의 성능, 선로상태 특히 기울기에 따라 결정된다. 화물열차는 견인력의 한도까지 연결량 수를 많이 하여 대량수송을 하는 것이 유리하므로, 일반적으로 화물열차가 여객 열차보다 열차장이 길다. 따라서 여객, 화물 공용의 본선 유효장은 화물열차장을 기준으로 하여 다음 식으로 산정한다.

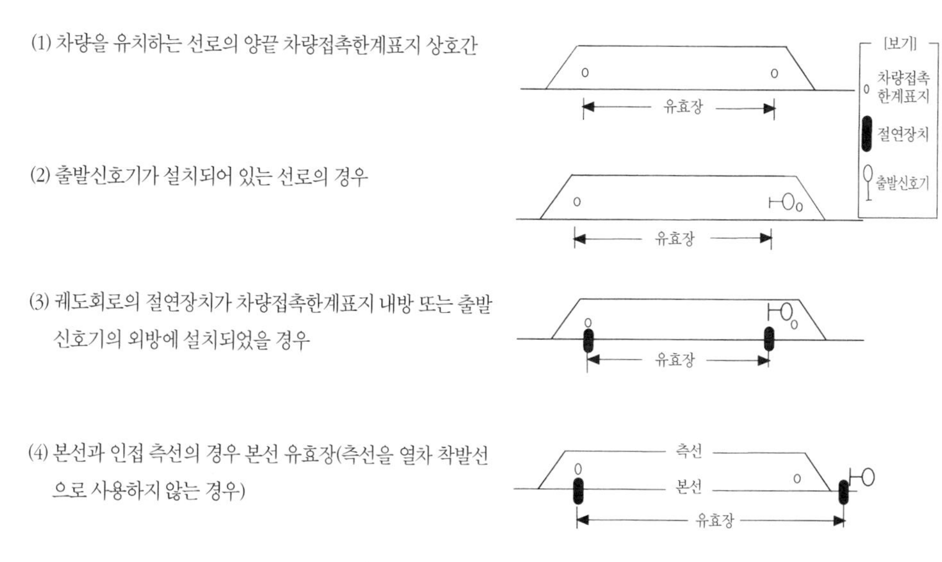

그림 7.1.1(a) 유효장 표시의 예

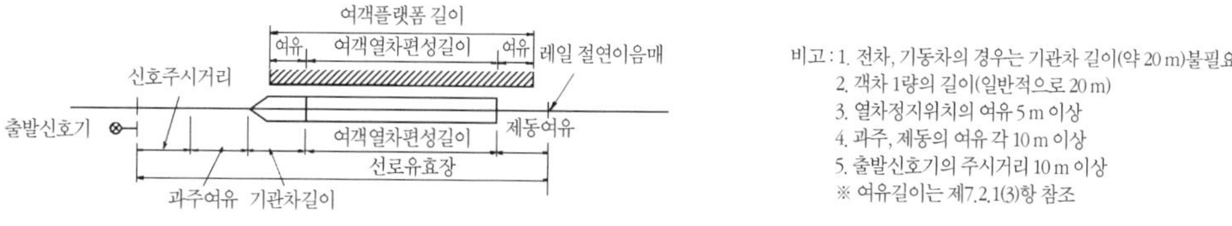

그림 7.1.1(b) 여객 플랫폼과 선로 유효장

1) 화물열차의 유효장 : $E = \dfrac{\ell N}{an + (1-a)n'} + L + C$

여기서, E : 유효장, ℓ : 화차의 평균 길이, a : 화차의 적차비율(積車比率), C : 열차 전후의 여유, n' : 공차의 평균 환산량 수, N : 기관차의 견인정수, n : 적차의 평균환산량 수, L : 기관차의 길이

2) 여객 열차의 유효장 : $E = \ell' N' + L + C$

여기서, ℓ' : 객차의 평균 길이,　　　　N' : 최장 열차의 객차 연결량 수

(2) 선로 용량(track capacity)

선구의 선로 용량(제2.1.4항 참조)은 네트워크로 되는 정거장간에서 결정된다. 단선(single line) 구간의 선로 용량을 증가시키기 위하여 터널 구간에 교행 설비를 신설(new construction) 또는 증설하는 예도 있다. 한편, 선구의 일부에 선로 용량의 부족이 있으면, 다이어그램의 조정을 위하여 열차 또는 차량이 그 전후의 정거장에 장시간 체류하고, 발착선 수량을 증가시켜 구내 배선(track layout)이 복잡한 것으로 된다.

7.1.5 정거장의 배선(track layout, arrangement of line)

(1) 정거장 배선의 종류

(가) 본선로(main track)

열차의 운전에 상용되는 선로이며, 열차가 도착 · 출발하는 착발선(departure and arrival track), 상본선 · 하본선 · 통과선(through track) · 대피선(relief track) 등으로 불린다. 이 가운데 주요한 것은 주본선, 기타를 부본선(passing(or auxiliary main) track)이라고도 한다.

(나) 측선(siding, sidetrack)

본선로 이외의 선로이며 사용 목적에 따라 다음의 각 종류가 있다.

① 분류선(sorting (or classification) track) : 열차를 조성 · 분해하기 위하여 사용하는 선로이다.

② 인상선(drill(or lead) track) : 분류선으로 입환(shunting)하기 위하여 사용하는 선로(**그림 7.1.2**(a)). 입환선을 사용하여 차량을 입환할 때에 이들 차량을 인상하기 위한 측선으로 인출선이라고도 한다[245]. 입환

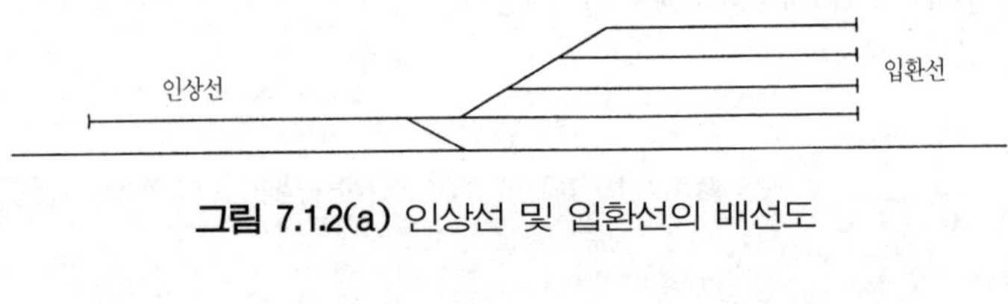

그림 7.1.2(a) 인상선 및 입환선의 배선도

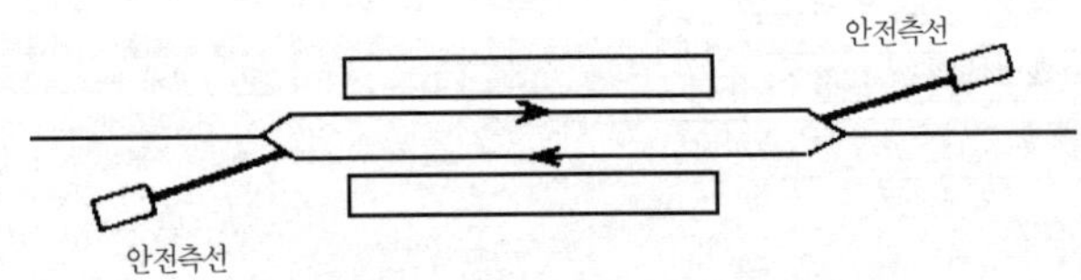

그림 7.1.2(b) 안전 측선

선의 한 끝을 분기기에 접속시켜 차량군을 임시로 이 선로에 수용한다.

③ 기대선(engine waiting track) : 기관차를 바꾸어 달거나 차량의 증·해결을 위하여 본선로에 가깝게 부설된 선로이다.

④ 화물선(freight track) : 화차에 화물을 싣고 내리기 위한 선로이다.

⑤ 안전 측선(safety siding) : 만일, 열차가 과주하는 경우에, 다른 열차와의 충돌 사고를 방지하기 위하여 부설된 선로(**그림 7.1.2**(b)와 (다)항 참조)이다. 열차가 같은 선로로 동시에 진입하는 것을 방지하기 위한 선로이다.

⑥ 세척선(car washing track) : 차량을 세척하기 위한 선로이다.

⑦ 검사선(inspecting track) : 차량을 검사하는 선로이다.

⑧ 수선선(repair track, car repairing track) : 차량을 수선하는 선로이다.

⑨ 입환선(shunting track) : 열차를 조성하거나 해방하기 위해 차량의 입환작업을 하는 측선(**그림 7.1.2**(a))으로 수 개의 선로를 병행하여 부설한다.

⑩ 대피선(refuge track) : 후속열차가 선행열차를 추월할 필요가 있을 때, 또는 영차밀도가 높아서 선행열차가 출발하기 전에 후속열차를 진입시킬 필요가 있을 때, 화물열차의 조성과 정리로 화물열차를 장시간 역에 정거시킬 필요가 있을 때 등에 대피선을 설치한다.

⑪ 유치선(수용선, storage track) : 운용 차, 즉 상시 사용하는 객차를 유치하여 두는 선로이며, 도착선의 작업을 종료하고 다음 작업으로 넘어가는 동안, 또는 전작업을 완료하여 출발선에 도착할 열차가 일시 대기하는데 사용한다. 따라서, 유치선은 도착선과 출발선에 인접한 개소에 설치한다.

⑫ 기주선(機走線) : 기관차의 입출고에 사용되는 선로를 말한다.

(다) 안전 측선과 탈선 포인트

1) 안전 측선과 피난선 : 안전 측선(安全側線, safety sliding, trap road)은 정거장 구내에서 2 이상의 열차 혹은 차량이 동시에 진입하거나 진출할 때에 과주하여 충돌 등의 사고 발생을 방지하기 위하여 설치하는 측선이며, ① 상·하행 열차를 동시에 진입시키는 정거장에서 상하 양 본선의 선단, ② 연락 정거장에서 지선이 본선에 접속하는 경우에 지선의 종단, ③ 정거장 가까이 하구배가 있어 열차가 징지 위치를 실기하게 될 우려가 있는 경우에 본선로의 선단에 설치한다. 피난선(避難線, relief track)은 긴 하구배의 종단에 정거장이 있는 경우에 정거장 전체를 방호하기 위하여 본선으로부터 분기시키는 경우에 설치한다.

2) 탈선 포인트 : 탈선 포인트는 다음에 의거하여 설치한다. ① 단선구간의 정거장에서 상하행 열차를 동시에 진입시킬 경우에 긴 하구배로부터 진입하는 본선로의 선단에 안전 측선의 설비가 없을 때, ② 정거장에서 본선로 또는 주요한 측선이 다른 본선로와 평면교차하고 열차 상호간 또는 열차와 차량에 대하여 방호할 필요가 있으나 안전 측선의 설비가 없을 때, ③ 기타 필요하다고 인정될 때

3) 정거장 외 본선상에 분기기의 설치와 취급방법 : 정거장 외 본선상에서 선로가 분기하는 도중 분기기의 선로전환기 설치와 취급은 다음에 의한다. ① 분기기의 전기선로전환기와 통표쇄정기는 전철 표지를 붙이고 텅레일 키볼트로서 쇄정하여야 한다. ② 키볼트의 쇄정은 담당 역장이 담당하고 분기기 표지 등의 점화 소등은 현업시설관리자(신호제어)가 담당한다. ③ 분기기는 되도록 직선부에 설치하되 부득이 곡선 중에 설치할 경우에는 본선에 적당한 캔트와 슬랙을 붙여야 한다.

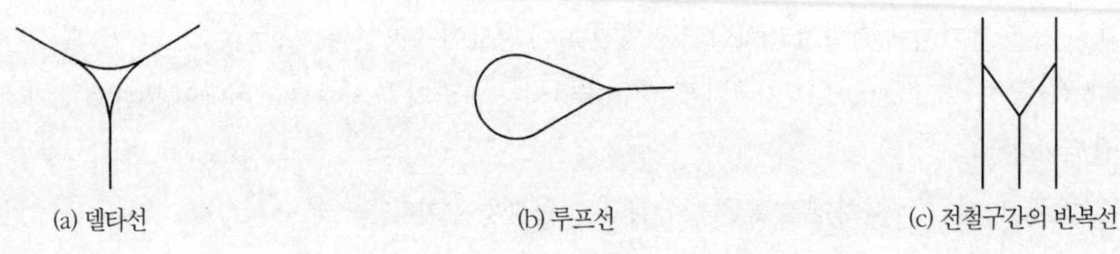

그림 7.1.3 델타선과 루프선

(라) 델타선과 루프선(Delta and Loop Track)

차량의 방향을 반대로 전환하기 위하여 전차대(제7.3.2(4)항 참조), 델타선(Y선이라고도 함) 또는 루프선을 이용한다(**그림 7.1.3**).

Y선(Y-Track)은 Y형의 배선으로 사용 목적에 따라서 두 가지 형식이 있다. 하나는 상기의 델타선이고, 또 하나는 복선전철구간에서 전차의 되돌림(반복선)으로 사용하는 선로(**그림 7.1.3**(c))로서, 후자는 차량의 방향을 반대로 전환하지 않는다.

(2) 선로의 간격 및 구배와 곡선

(가) 선로의 간격(station track spacing)

정거장내에서는 전호 · 차량의 연결 · 해방 등의 작업이 행하여지고 신호기 · 표지 등이 설치되어 있기 때문에 정거장내 본선구간에서 차량검수 및 구내원의 작업공간이 필요한 경우, 또는 3개 이상의 선로를 나란히 설치하는 경우와 직선으로 설치하는 부본선 및 측선의 선로 간격을 4.3 m 이상(6개 이상의 선로를 병설하는 경우에는 5개 선로마다 인접 선로와의 궤도중심간격이 6.0 m 이상인 선로 하나를 확보)으로 하고, 양 궤도간에 가공 전차선의 지지주, 신호기, 급수주 등을 설치하는 경우에 상기의 값을 필요에 따라 적당히 확대하고 있다.

고속철도에서 통과선과 부본선간의 궤도중심간격은 6.5 m로 하고 있다.

(나) 선로의 기울기(gradient)와 곡선(curve)

정거장내의 선로는 수평이 이상적이지만, 지형 등으로 곤란한 경우에 **표 2.5.1**에 나타낸 것처럼 일반철도의 본선로와 측선은 2‰ 이하로 하되, 차량의 해방과 연결을 하지 않는 선로 중에서 전차전용 본선로는 10‰ 이하, 그 이외의 본선로는 8‰ 이하, 차량을 유치하지 않는 측선은 35‰까지 할 수 있다.

정거장내의 선로는 전망이나 구내작업상에서 직선이 바람직하며, 정거장의 전후 구간 등 부득이한 경우에 일반철도 본선에 대한 곡선의 최소반경을 **표 2.5.1**과 같이 하며, 측선과 분기기에 연속되는 곡선반경은 상기의 표에 나타낸 크기 이상으로 한다.

플랫폼의 곡선은 전망을 저해하기 때문에 1인 운전(one-man operation)에 대하여 플랫폼의 전망을 좋게 하기 위하여 모두 직선으로 하고 있는 지하철의 예도 있다.

(3) 정거장 배선에 요구되는 원칙

철도의 건설기준에 관한 규정에서는 정거장을 배선할 때에 열차의 운행 계획, 운전의 효율성 및 안전 확보와 장래의 확장가능성 등을 고려하여 ① 구내전반에 걸쳐 투시를 좋게 하고 운전보안상 구내배선은 가급적 직선, ② 본선 상에 설치하는 분기기의 수는 가급적 적게 하고 분기기번수는 열차 속도를 고려, ③ 구내작업이 서로 경합됨이 없이 효율적으로 입환 작업, ④ 측선은 가급적 한쪽으로 배치하여 본선 횡단을 최소화, ⑤ 유지보수 상 필요한 정거장에는 장비유치선과 재료야적장을 설치 등을 반영하도록 정하고 있다.

(4) 배선 설계도의 작성 방법

전 항에서는 일반적인 주의 사항을 기술하였지만, 배선 설계를 할 때에 선형, 구조 등의 특수 사항이 2중으로 경합하는 것을 피하여야 한다. 절대 금지되고 있는 것, 적극 회피하여야 하는 것(일반적으로 경합 금지 사항이라 한다)은 다음과 같으며 좀더 상세한 내용은 '선로공학'을 참조하라.

1) **완화 곡선(transition curve)과의 경합** : ① 절대 금지 : 분기기, 신축 이음 장치, ② 적극 회피 : 종곡선, 무도 상 교량의 설치

2) **분기기(turnout)와의 경합** : ① 절대 금지 : 완화 곡선, 종곡선, 무도상 교량의 설치, ② 적극 회피 : 원곡선의 설치, 교대 뒤 등에서 1 차량 길이 이내에의 접근

3) **기타** : 적극 회피 : 반향 곡선(reverse curve)의 양 완화 곡선의 직접 접속, 분기기끼리의 직접 접속

종곡선은 직선 구간에 두어야 한다. 배선 설계도는 일반적으로 개략 배선도를 작성하고부터 정사하여 마무리 한다. 개략 배선도는 될 수 있는 한 간이한 방법으로 작성한다. 예를 들어, 분기기의 분기 측 방향은 포인트 정규를 사용하고, 곡선은 커브 정규를 직접 도상의 2 직선에 맞추어 삽입하며, 직선과 커브가 접하는 점을 추측하여 완화 곡선의 가운뎃점(완화 곡선의 BC · EC)으로 한다. 완화 곡선을 임시로 삽입하여 보아서 경합 금지 사항 등 을 체크하여 문제가 없게 될 때까지 시도를 반복한다.

개략 배선도의 완성 후에는 그 배선 순서에 따라 곡선 제원, 분기기의 벌림 등을 정산하면서 개략 배선도를 고쳐 그려 배선 설계도로 한다.

(5) 단선 중간 정거장의 배선

중간 역의 기본적인 배선은 플랫폼이 1면으로 선로의 수가 2 선인 1면 2선 섬식(island platform)과 2면 2선의

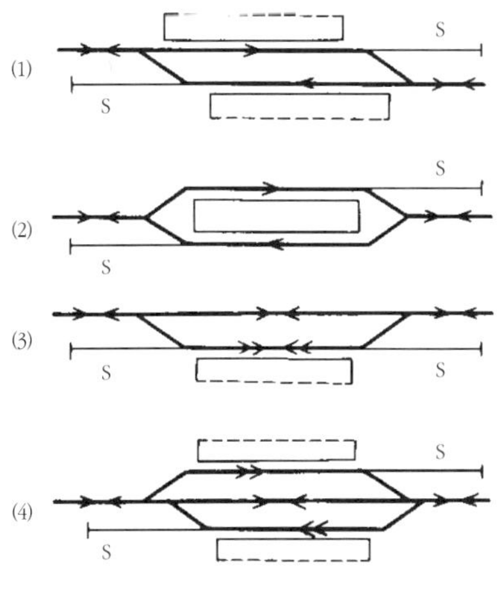

그림 7.1.4 단선 중간 역의 배선 예

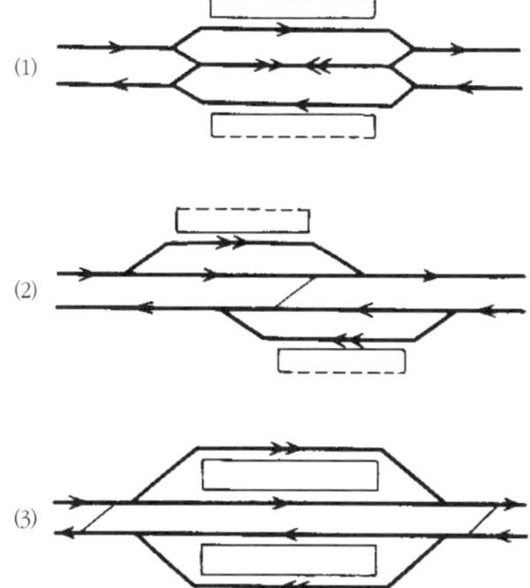

그림 7.1.5 복선 중간 역의 배선 예

상대식(대향식, separated platform)이 있다(**그림 7.1.4**). 섬식 플랫폼은 사용 효율이 높고 용지·건설비가 적게 되지만, 플랫폼의 전후가 곡선으로 되며, 여객 역에서는 승객용 계단을 필요로 하여 불편하고, 장래의 연신·확폭 등의 확장이 용이하지 않는 등의 불리한 점이 다르다. 재래는 **그림 7.1.4**의 (1) 또는 (2)가 채용되고 있지만, 빠른 속도의 열차 증가에 따라 (3)의 직선 또는 (2)의 한쪽을 완만한 곡선으로 하여 높은 속도대로 통과할 수 있는 1선 직통(through)의 채용이 늘고 있다.

(6) 복선 중간 정거장의 배선

대피선(relief track)이 없는 경우의 여객 플랫폼은 상대식 또는 섬식을 이용한다. 일반적으로 건설비를 경감할 수 있고 열차 취급의 사용성 등의 이유로 섬식이 많으며, 지하철에서는 플랫폼을 널찍하게 하고 계단·엘리베이터 등이 공용할 수 있으므로 섬식이 원칙이다. 고가선의 경우는 건설비의 이유로 거의 상대식을 채용한다. 대피선이 있는 배선은 **그림 7.1.5**와 같은 종류의 것이 채용된다. 대피선을 설치하는 경우는 고속선로의 중간 역의 예와 같이 통과 열차(passing train)가 플랫폼에 면하는 선을 통과하지 않는 **그림 7.1.6**과 같은 배선이 이상적이다. 게다가, 사고시의 운전 정리(operation adjustment) 등을 고려하여 대피선을 2선 설치하는 예가 많다.

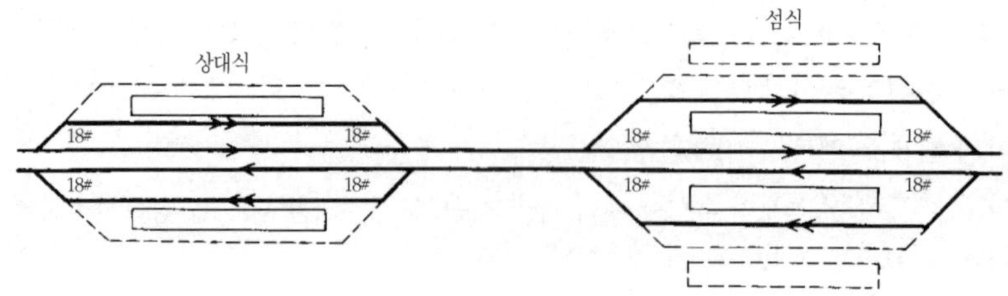

그림 7.1.6 고속선로 배선의 예

(7) 복복선 중간 정거장의 배선

방향별(direction working system)이든지 선로별(line working system)이든지에 따라 **그림 7.1.7**이 있지만, 노선이 각 역 정거와 급행 열차(express train)를 설정하는 경우는 이용객에게 플랫폼에서의 갈아타기가 용이한 방향별이 특히 바람직하다. 그러나, 복복선(quadruple line)의 건설 경과로 방향별로 하기에는 역으로의 진입을 입체 교차(vertical crossing)로 하여야 하기(**그림 7.1.8** 참조) 때문에 상당한 건설비의 증가를 필요로 한다.

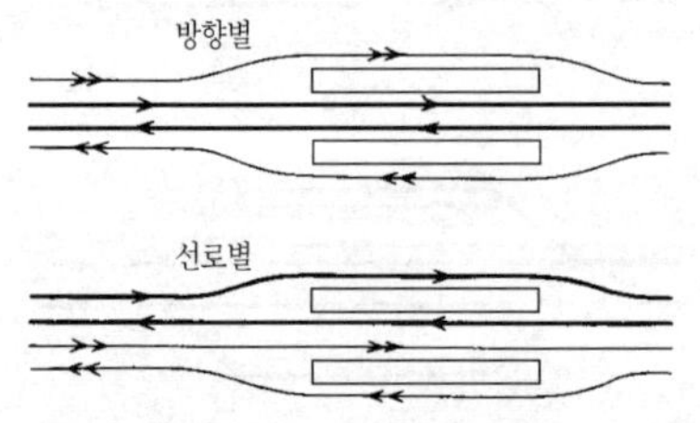

그림 7.1.7 복복선의 중간 역의 배선 예

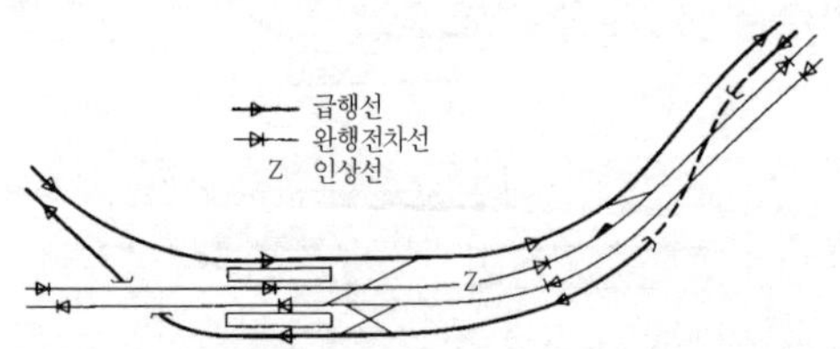

그림 7.1.8 복복선의 방향별 배선의 예

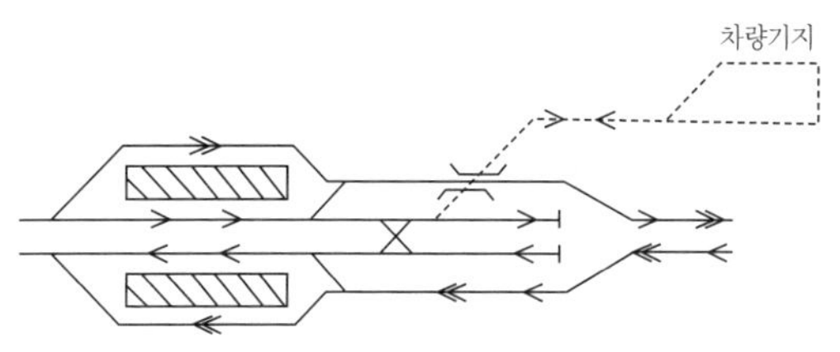
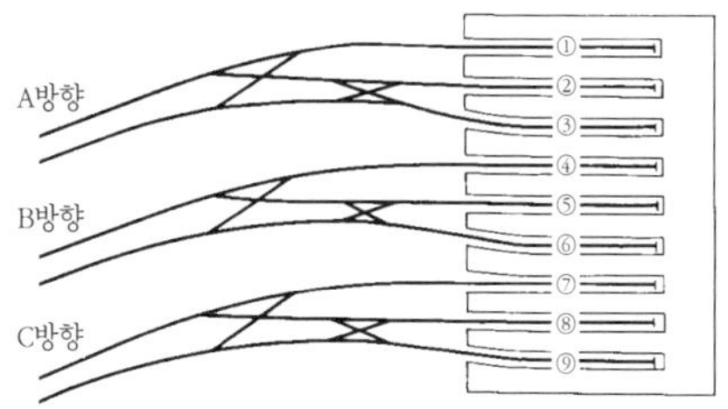

그림 7.1.9 관통식 정거장

그림 7.1.10 두단식 정거장 배선의 예(1)

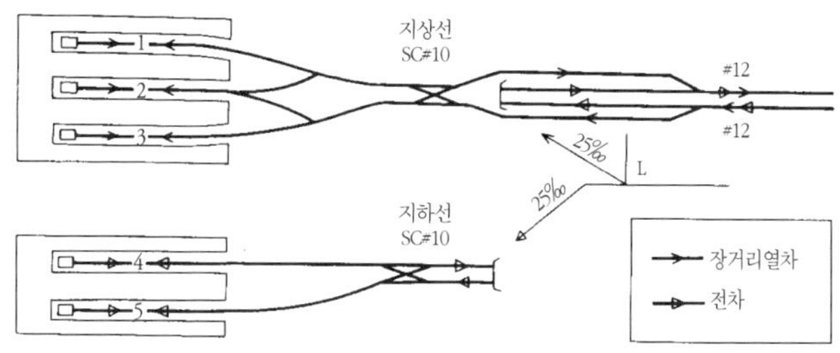

그림 7.1.11 두단식 정거장 배선의 예(2)

(8) 종단 정거장의 배선

1) 관통식 정거장(**그림 7.1.9**) : 도중 반환(반복)하여 열차를 취급하는 역으로 소규모 시는 반복선을 설치한
   다. 유치선만이고 대규모인 때는 차량기지로 한다.

2) 두단식 정거장 : 각 플랫폼으로부터의 유동이 좋고 대도시 도심부의 역에 좋다. 결점은 반복 운전(pendu-
   lum operation)을 요하므로 열차의 취급수가 관통식보다 적다. 기관차 견인의 경우는 기회선(engine run-
   round track) 등이 증가하여 배선이 복잡하게 되지만, 전차인 경우는 **그림 7.1.10**의 예와 같이 간단하게
   된다. **그림 7.1.11**의 예는 한정된 용지 내에서 지상과 지하를 입체적으로 배선하여 발착 용량을 늘리고,
   게다가 발착의 경합을 적극 피하고 있다.

(9) 기타의 복선 정거장의 배선

1) 분기 역 : 선로별 방식은 플랫폼의 취급이 선로별로 되어 있으므로 갈아타기가 불편하지만 알기가 쉽다(**그
   림 7.1.12**(1)) 방향별 방식은 플랫폼 취급이 상선, 하선 동일 방향이기 때문에 갈아타기가 편리하고, 선로

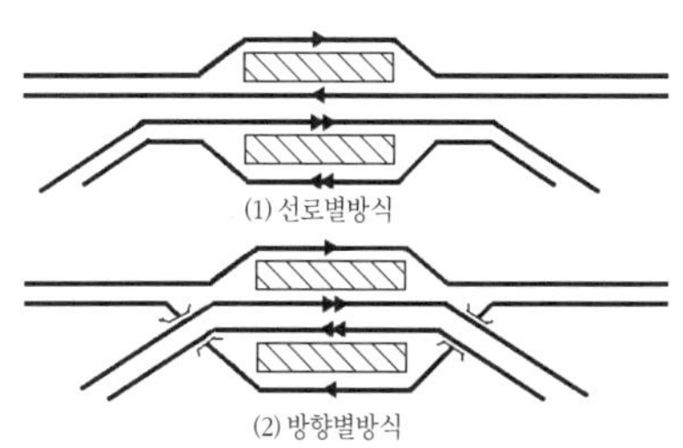
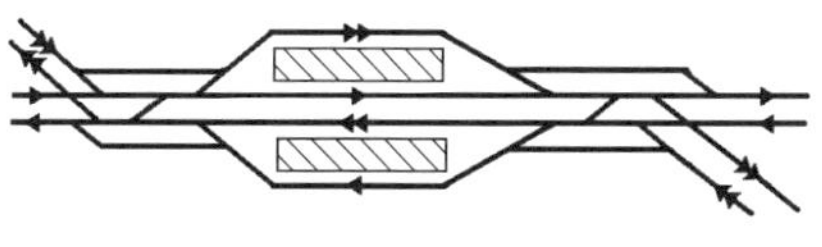

그림 7.1.12 분기 역의 배선 예

그림 7.1.13 교차 역 평면 교차의 배선 예

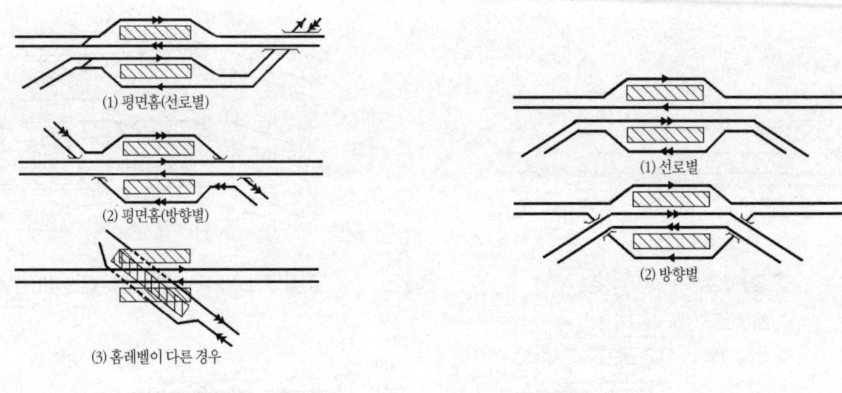

그림 7.1.14 교차 역 입체 교차의 배선 예 **그림 7.1.15** 접촉 역의 배선 예

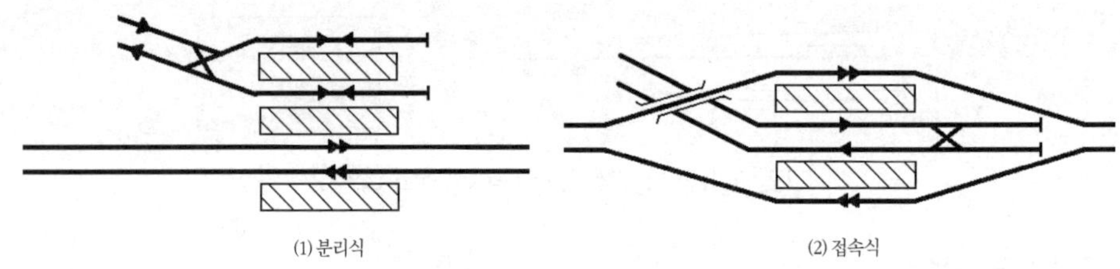

그림 7.1.16 연락 역의 배선 예

의 융통성이 크다{**그림 7.1.12**(2)}.

2) 교차 역 : 평면 교차는 동종의 선로이어야 한다. 플랫폼을 공용할 수 있지만, 열차의 운행에 서로 간섭이 생긴다. 또한, 사용 선로에 융통성이 있다(**그림 7.1.13**). 입체 교차의 평면 플랫폼의 경우에 선로별은 갈아타는 여객에 불편하지만, 잘못 타는 일이 적으며{**그림 7.1.14**(1)}, 방향별은 갈아타기에 편리하다. 입체 교차에서 플랫폼의 레벨이 다른 경우에는 여객의 동선이 길고 연결 통로가 복잡하게 되며{**그림 7.1.14**(2)}, 경영 주체가 다른 경우에 많다{**그림 7.1.14**(3)}.

3) 접촉 역 : 선로별은 갈아타는 여객에게 불편하지만, 잘못 타는 일이 적으며, 동일 경영이 아니어도 좋다{**그림 7.1.15** (1)}. 방향별은 갈아타기에 편리하지만, 입체 교차를 요하기 때문에 건설비가 크다{**그림 7.1.15**(2)}.

4) 연락 역 : 분리식(**그림 7.1.16**(1))은 일반적이지만 여객의 유동이 불편하며, 접속식(**그림 7.1.16**(2))은 여객의 유동이 편리하나, 입체 교차가 필요하다.

7.2 정거장의 설비

정거장의 주된 설비는 ① 여객, 화물을 취급하는 설비, ② 열차, 차량을 운전하기 위한 선로 관계 설비, ③ 영업, 운전, 보수 등 종업원의 업무를 위한 설비 등의 3가지로 분류할 수 있다.

7.2.1 여객 설비(passenger facilities)

(1) 역사의 조건

역은 철도와 도로 교통의 결절 점이고 동시에 상업 시설·버스 터미널·택시 승강장 등의 도시로서의 기능을 가지며, 주변의 사람들이 이합 집산하는 장으로서 하나의 소도시를 형성하고 있다. 이들의 중심인 역사는 철도 이용객과 함께 주변 사람들의 이용도 많아 이들의 요구에 따른 시설도 필요하다. 그러나 철도 이용객을 위한 역사의 배치와 최소한의 공간은 역전 광장·여객 통로·여객 플랫폼의 요점을 구성한다.

역사(main building of station)의 평면 계획 시에 배려하여야 할 기본적인 것으로서 다음의 점이 특히 고려되지만, 최근의 동향은 여객의 거동에 맞추어 대합실 대신에 통로 광장이라고도 하는 콩코스가 많이 이용된다. ① 역사 내나 여객 플랫폼까지 여객의 보행 거리가 짧도록 한다. 즉, 가장 지배적인 흐름으로 최단의 직선에 가까운 경로를 주도록 한다. 위집과 혼잡의 장인 과선교·지하도의 승강구에는 적당한 공간을 둔다. ② 승객의 흐름('동선'이라 한다)이 서로 교차 또는 지장을 주지 않도록 한다. ③ 승객의 질적 분리(승차·하차 여객, 통근·원거리 여객, 단체 여객, 송영 객 등)를 도모한다. ④ 출·개찰구 등의 배치를 알기 쉽고, 여객이 방향을 잃는 일이 없도록 한다. 즉, 설비 상호간의 관계, 위치를 단순하게 하여 여객이 알기 쉽게 한다. ⑤ 조명·통풍·공조·색채·디자인 등에 유의한다. ⑥ 2차 교통기관과의 연락이 역전 광장과 가로 등을 통하여 편리할 것. 즉, 다른 교통기관과의 접속을 배려한다. ⑦ 업무 동선과 여객 동선이 교차하지 않도록 한다. ⑧ 유동과 체류의 공간을 분리한다. ⑨ 관련 사업 병설의 역사에서는 여객과 일반 통행인의 교착을 피하도록 배려한다.

(2) 설치 레벨에 따른 역사의 종류

역사가 설치되어 있는 레벨에 따라 지평 역·교상 역·고가 역·지하 역의 4 종류로 대별할 수 있다.

1) 지평 역(ground station) : 일반적인 역의 태반은 지평 역이며, 도시의 현관으로서 여객의 흐름이 많은 도시의 중심축으로 역사와 주요 기능이 설치된다.

2) 교상 역(bridge (or over-track) station) : 선로를 넘어 과선 통로 또는 도로에 접하여 입체적으로 설치되며, 역사를 위한 용지가 필요하지 않고, 역의 표리 어느 쪽의 지역에도 대응할 수 있는 등의 이점이 있다. 역 업무가 1 개소에 집약되어 있으므로 최근에 이용이 격증하고 있는 도시 근교의 통근 역 등에 많이 채용되고 있다.

3) 고가 역(elevated station) : 도시 및 도시 주변부에서는 철도의 고가화에 맞추어 역도 고가식으로 되고, 따라서 역사도 고가 아래를 이용하여 수용되며, 역 업무의 일원화를 도모하고 있다. 고가 역의 대부분은 다층 고가로 하여 중간층을 역사 및 상점가로 하며, 최하부를 역전 광장의 일부로 하고 주차장 등을 설치하는 일도 있다. 고가교가 열차를 지지하는 구조물이므로 소음·진동 등의 문제가 있다.

4) 지하 역(under-ground station) : 지하 역은 지하에 설치된 역이며, 두 가지가 있다. 즉 선로가 지평이며 이것을 일반 지하도(underpass)와 플랫폼을 연결하는 구내 지하 통로를 조합하고 이 사이에 지하 역사를 설치하는 경우와 선로가 지하로 되어 있는 지하철의 역이 있다. 전자의 경우는 교상 역사와 같은 모양으로 도시 근교 통근 역의 소규모인 경우에 예가 많다. 지하철역의 경우에 선로와 지상 중간의 입체 층이 많다. 구조물(structure)을 불연화하고, 방재(disaster protection) 설비가 필요하게 된다.

(3) 승강장(여객 플랫폼)

철도의 건설기준에 관한 규정에서는 승강장을 직선 구간에 설치하여야 하며, 다만 지형 여건 등으로 인하여 부득이한 경우에는 반경 600 m 이상의 곡선 구간에 설치하도록 규정하고 있다. 또한, 승강장의 수는 수송 수요, 열차운행횟수 및 열차종류 등을 고려하여 산출한 규모로 설치하며, 승강장길이는 여객 열차 최대편성길이(기관차 포함) 전후 양쪽에다 지상구간 일반여객 열차는 20 m, 전기 동차는 10 m, 지하구간 전동차는 5 m의 여유길이를 더한 길이로 한다. 승강장의 폭은 수송 수요, 승강장 내에 세우는 구조물과 설비 등을 고려하여 설치한다.

(가) 여객 플랫폼의 종류

단선 선로의 한쪽에 설치되는 단식 플랫폼(side platform), 상하의 선로를 사이에 두어 설치하는 상대식 플랫폼(대향식, separate platform), 상하 선로의 안쪽에 설치하는 섬식 플랫폼(島式, island platform), 두단식 정거장의 빗형 플랫폼(comb shaped platform), 그리고 분기 역의 쐐기형 플랫폼(wedge platform) 등이 있다. 섬식 플랫폼과 상대식 플랫폼과는 득실이 상반된다. 섬 식은 용지 폭이 작아 건설비가 싸며 여객이 플랫폼을 착각하는 일이 없는 등의 이점이 있지만, 역 전후의 선로에 반향곡선이 생긴다. 열차가 동시에 발착하면 혼잡하고 지평 역에서는 여객이 반드시 한 선을 넘어야 하며, 확장이 곤란하다는 등의 불리한 점이 있다.

(나) 여객 플랫폼의 소요 면 수

여객이 열차에 승하차하도록 선로를 따라 설치된다. 플랫폼의 소요 면 수는 동시에 발착하는 열차 수로부터 구하여진다. 열차 수는 현행의 다이어그램을 기준으로 하고 장래의 수송 수요, 열차 횟수, 여객 서비스 등을 고려한다. 플랫폼 용량의 과부족에 관한 판단에는 일반적으로 플랫폼 지장률이 이용되며, 지장률이 50~60 %로 되면 열차 설정이 난처하게 된다. 지장률(%)은 지장시간 $1,440 \times 100$(%)로 구하며, 여기서, 지장 시간 = 설정 정거 시간 + 열차의 취급 시간이다.

열차의 취급 시간이란 장내 신호기를 청으로 하여 진로 구성을 하고 나서 열차가 정거하기까지의 시간과 열차출발 후에 다음 열차의 진로를 구성하기까지 시간의 합이다(정거 열차 : 3분 + 2분 = 약 5분, 통과 열차 : 약 3분).

(다) 여객 플랫폼의 크기

승강장의 길이는 발착하는 열차의 길이보다 10~20 m 길게 한다. 승강장의 높이는 고상식과 저상식이 있으며, 전동차 구간에서는 고상식이 채용되고 있다. 특히, 이 구간에서는 짧은 시간에 많은 승객이 승하차하게 되므로 차량의 바닥(상면)과 같은 높이로 한다. 승강장의 높이는 ① 일반여객 열차로 객차에 승강계단이 있는 경우는 레일 면에서 500 mm, ② 전기동차전용선 등 객차에 승강계단이 없는 경우는 레일 면에서 1,135 mm, ③ 곡선구간에 설치하는 고상승강장의 높이는 캔트에 따른 차량 경사량을 고려해야 한다. 승강장의 폭은 그 역에서 동시에 발착하는 열차의 종별(classification of train), 여객 열차(passenger train)의 수와 1개 열차당 승차 인원수에 따라 승하차 여객의 집합 면적과 하차 여객의 유동 폭을 고려하여 결정한다. 열차 횟수는 현행 다이어그램 또는 상정 다이어그램에서 산정된다. 승강장에 세우는 조명전주 · 전차선전주 등 각종 기둥은 선로 쪽 승강장 끝으로부터 1.5 m 이상, 승강장에 있는 역사 · 지하도 · 출입구 · 통신 기기실 등 벽으로 된 구조물은 선로 쪽 승강장 끝으로부터 2.0 m 이상(다만, 여객이 이용하지 않는 개소 내 구조물은 1.0 m 이상의 유효 폭을 확보하여 설치가능)의 거리를 두도록 철도의 건설기준에 관한 규정에서 정하고 있다.

(라) 승강장과 궤도간의 간격

직선부에서 승강장과 적하장의 연단으로부터 궤도의 중심까지의 거리는 1,675 mm로 한다. 곡선 구간에서는

W = 50,000 / R(전동차 전용선은 24,000/R)의 확대 치수 {여기서 R는 곡선반경(m)} 와 캔트량에 따른 차량경시량 및 슬랙량을 더한 만큼 확대하여야 한다. 전동차가 운행되는 구간에서 직결도상의 경우는 선로 중심으로부터 승강장 또는 적하장 끝까지의 거리를 1,610 mm로 하되, 차량 끝단으로부터 승강장 연단까지의 거리는 50 mm를 초과할 수 없으며, 직결 도상이 아닌 경우는 1,700 mm로 하여야 한다.

한편, 선로정비지침에서는 선로보수에 관련된 고승강장 건축한계 축소에 관하여 다음과 같이 규정하고 있다. 고승강장의 연단과 차량한계간의 최단거리를 건축한계와 관계없이 자갈도상일 경우에는 100 ㎜ 이상, 직결도상일 경우에는 50 ㎜ 이상 유지하여 선로를 보수할 수 있다. 곡선 승강장 건축한계를 축소하여 보수할 경우에는 다음의 산식으로 계산한 궤도중심에서 고승강장 연단까지의 거리를 유지한다.

• 곡선외측 고승강장 $S = \dfrac{2}{B} + \dfrac{L^2 - I^2}{8R} + S'$ • 곡선내측 고승강장 : $S = \dfrac{2}{B} + \dfrac{I^2}{8R} + S'$

여기서, S : 궤도중심에서 고승강장 연단까지의 거리, S' : 고승강장 연단과 차량한계간의 최단거리, B : 차량한계(전동차 전용선인 경우에 전동차 폭), L : 최대 확폭량을 갖는 통과차량길이(연결기 제외), I : 최대 확폭량을 갖는 통과차량의 전후 대차간 중심거리, R : 곡선반경

(마) 여객 플랫폼 지붕(platform shed)

비나 눈으로부터 여객을 보호하기 위하여 플랫폼에 지붕을 설치하며, 대부분이 철골 구조로 하고 있다. 지붕의 형식에는 Y형 · V형 · W형 · 우산형 · 산형 · F형이나 수 면의 플랫폼을 덮는 돔형이 있다(**그림 7.2.1**). 돔형은 터미널 역에서 채용되며, 유럽의 큰 역에 많다. 플랫폼 지붕의 기둥은 승강장 연단에서 1 m 이상, 역사 · 구름다리 · 지하도 · 출입구 · 대합실 · 변소 등은 1. 5 m 이상의 상당한 거리를 두어 안전을 도모한다. 도시 철도 등의 고가 역, 고속철도 통과선에는 차풍벽을 설치하는 예가 많다.

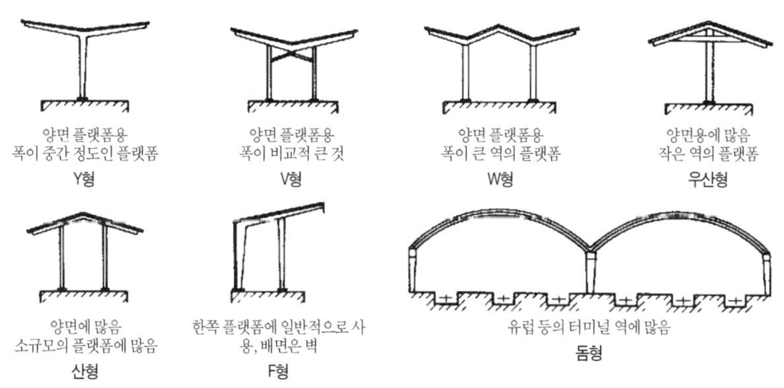

그림 7.2.1 승강장 지붕의 형식

(바) 플랫폼 등의 안전설비

플랫폼에서 사람의 전락(fall)을 방지하기 위한 안전책을 필요에 따라 설치하며, 안전책은 통과 열차에 대하여 설치하는 경우가 많다. 열차 승하차의 안전을 확인하기 위한 감시 카메라를 필요에 따라서 역원용 또는 열차 승무원용으로 설치한다. 지하철 승강장에서의 추락 사고를 방지하지 위하여 첨단 적외선 감지기는 높이 1 m 가량의 철제 기둥 모양으로 이 정거장의 승강장 안전선 옆 55 cm 간격의 위치에 설치되며, 승객이 안전선 밖으로 나오면 역무실로 신호를 보낸다. 역무실에서는 폐쇄회로(CCTV)로 승강장 주변을 살펴 승객이 선로에 떨어졌을 경

우에 즉시 구조에 나서게 된다. 또한, 역사 진입 전 150 m와 250 m 지점에 있는 붉은색 경고등도 자동적으로 켜져 역으로 접근하는 열차 운전사가 열차를 서행시키거나 정지시킬 수가 있다. 비상안전장치에는 승강장내 전동차 비상정지버튼, 화장실내 비상호출장치, 전동차 내 비상통화 장치 등이 있다. '전동차 비상정지버튼'은 전철역 승강장 내에 약 50 m 간격으로 설치하며, 선로에 진입하는 전동차를 자동으로 급제동시킬 수 있다. 전철역내 화장실에는 '비상호출장치'를 설치한다. 전동열차 운행 중에 긴급 환자 등이 발생된 경우에는 각 객실마다 설치된 '비상통화 장치'를 활용하며, 전동차 승무원과 직접 통화할 수 있다.

"철도시설 안전기준에 관한 규칙"에서는 전동차가 운행되는 승강장에 ① 안전보호대, ② 전동차 출입문과 연동되어 개폐되는 승하차용 출입문 설비(스크린도어) 중 어느 하나에 해당되는 안전시설을 설치하고, 전동차와 승강장 가장자리의 간격이 10 cm를 넘는 부분에는 안전발판 등 승객의 실족을 방지하는 설비를 설치하도록 규정하고 있다.

(4) 승강장의 편의 안전설비

철도의 건설기준에 관한 규정에서는 승강장의 통로 및 계단은 여객의 안전을 위하여 ① 여객용 통로와 여객용 계단의 폭은 3 m 이상, ② 여객용 계단에는 높이 3 m마다 계단참 설치, ③ 여객용 계단에는 손잡이 설치, ④ 화재에 대비하여 통로에 방향 유도등을 설치하며, 승강장 지붕의 폭 및 길이는 승강장의 규모, 열차의 길이 및 열차의 종류 등을 고려하도록 정하고 있다.

(5) 출찰 · 개찰 · 집찰의 자동화(automatic selling ticket · automatic ticket gate) 및 보안 SMS 티켓

좌석(座席) 예약용의 컴퓨터 · 온라인 시스템(magnetic electronic automatic seat - reservation system)은 각 역마다 단말기를 설치한다. 또한, 철도 근대화의 일환으로 출찰 · 개찰 · 집찰의 전자 기술을 이용한 자동화가 진행되며, 역사내의 배치(layout)도 이들의 자동화에 대응하고 있다.

1) AFC : 역에서 승차권의 발매, 개표, 집표 및 승차권 발매의 수입을 처리하는 업무를 자동화 기기로 처리하는 것을 역무자동화(AFC, Automatic Fare Collection System)라 한다.

2) RF카드 : 비접촉식 무선(RF, Radio Frequency) 인식 카드를 출입구에 설치된 플랩도어(Flap Door)형 자동 개집표기 상부의 안테나 박스 주위 10 cm 이내로 스치면 단말기가 RF 승차권 내의 정보(개인 ID 등)를 판독하여 승객의 출입을 통제하고, 그 이용대금을 일반신용카드 이용방법과 동일하게 후불 정산시키는 설비로서, 기존 자석(Magnetic)식 승차권(MS카드) 설비에 비해 ① 승객의 이용편리, ② 설비도입비 절감, ③ 유지보수비 절감, ④ 유지보수인원 절감, ⑤ 고장 발생률 저하 등과 같은 장점이 있다[245].

3) 보안 SMS 티켓 및 와이브로 : "보안(Uniform Resource Locator, URL) SMS 티켓"은 휴대전화문자승차권(SMS티켓)의 문자전송방식을 멀티메일(Multimedia Messaging Service, MMS) 방식으로 바꾸어 위 · 변조가 불가능하도록 교체한 것이다. 여기서, 'SMS(Short Message Service)티켓'은 인터넷으로 예약 · 결제한 철도승차권을 휴대폰 문자메시지로 내려 받아 철도승차권 대용으로 사용하는 것으로, 역창구나 자동발매기(ATM)에서 철도승차권을 구입하지 않아도 된다. 한편, 와이브로(WiBro)는 이동 중에도 초고속 수준의 데이터 및 동영상 서비스가 가능한 무선 인터넷 시스템이다. 이 설비가 구축되면 MMS서비스, 단문메시지 서비스, 채팅, 엔터테인먼트, 금융, 증권, 개인방송, 개인맞춤서비스 등이 가능해진다.

4) 전국호환교통카드 : 지역에 상관없이 교통카드 하나로 지하철, 철도, 버스는 물론 고속도로 통행료까지 지불할 수 있는 전국호환 교통카드와 호환 칩(SAM)을 위한 'One Card All Pass 표준기술'이 개발되어 운영을 추진 중이다.

(6) 안내 표시 및 방송설비

역명 · 통로 안내 · 플랫폼 안내 · 열차 안내 등 표시의 컬러화, 디자인 등 최근에 개량 · 근대화가 추진되고 있다. 열차 안내 · 발차 안내에는 자막식 · 반전식 등을 거쳐 최근에는 보기 쉬운 LED(발광 diode)가 보급되고 있다. 자동안내게시기(Display Board)는 각 역의 플랫폼에 설치하여 시각적으로 여객에게 열차운행에 관한 정보를 안내하는 장치이며[245], 서울지하철은 기존의 플랫형(flap type) 표시기를 발광 다이오드(diode) 표시기(LED 소자)로 변경하였다. 방송 설비는 종래는 확산성이 강하고 음향이 높은 것이 채용되었지만, 최근에는 음 환경을 고려하여 스피커의 간격을 짧게 하는 등으로 개선하고 있다.

(7) 스크린도어

스크린도어(platform screen door, 또는 screen door나 platform door라고 약칭)는 승강장 연단에 고정 벽과 자동문을 설치하여 승강장과 선로부를 차단함으로써 승객의 안전과 승강장 환경의 개선 및 에너지 절감을 위한 시설이다. 스크린도어의 종류는 설치형태에 따라서 밀폐형, 반밀폐형, 난간형의 세 가지로 분류한다. 밀폐형은 선로부와 승강장을 완전히 격리하는 방식이며, 반밀폐형은 스크린도어 상부에 개구부나 갤러리를 설치하는 방식이다[252].   스크린도어 장치의 구성은 승강장의 스크린도어설비와 고장 및 감시장치, 승강장제어반, 개별제어반, 승무원제어반 등으로 구성되며, 역무실에는 신호설비와 인터페이스가 가능하고 비상 또는 수동 필요시 스크린도어를 개폐할 수 있는 역무실 제어반이 설치된다. 신호설비는 스크린도어의 자동개폐 명령, 상태 표시 등의 신호를 처리할 수 있는 인터페이스 장치를 자동열차운행시스템(ATO)에 부가해 구성하며 종합사령실에는 역사의 스크린도어 개폐에 대한 상태와 고장 등이 표시되도록 구성된다.

"철도시설 안전기준에 관한 규칙"에서는 스크린도어 설치기준을 다음과 같이 규정하고 있다. 승강장 가장자리에서 스크린도어 출입문까지의 거리는 10 cm 이내로 하며, ① 승강장이 곡선인 경우(바깥쪽 레일의 캔트에 따라 조정), ② 스크린도어 제어설비와 감시용 모니터가 설치되는 승강장의 양끝 지역인 경우, ③ 객화차량을 함께 운용하는 구간의 승강장인 경우는 10 cm 이상으로 할 수 있다. 승객이 전동차와 스크린도어 사이에 끼었을 경우를 감지하여 승무원과 역무원에게 인지시키는 경보장치를 설치한다. 스크린도어의 재질은 "도시철도차량 안전기준에 관한 규칙"에 의거한 불연재료 등을 사용한다. 화재발생 등 비상상황이 발생되는 경우에 수동으로 출입문을 열 수 있도록 한다. 승강장 구조와 승강장 바닥구조물의 강도를 고려하여 설치한다.

(8) 역 시설의 다양화와 민중 역

여객 역은 도시의 얼굴로서 중심적인 존재이며 도시 활동과 유기적인 일체성을 유지하고, 도시 기능의 향상에 중요한 위치를 점하고 있다. 따라서, 앞으로의 여객 역은 대량의 사람 유동을 원활하게 처리한다고 하는 교통 터미널로서의 기능에 그치지 아니하고 근대적인 상업 · 업무의 중심적인 기능을 정비하고 또한 다양한 정보 제공의 중심으로 하는 것이 필요하다. 한편, 시민 휴식의 장으로서 정취가 있는 광장을 만드는 외에 필요에 따라 공공

시설을 부대시켜 역 이용객의 시민생활 편의를 도모하는 것도 고려된다. 이와 같은 구상에서 역 빌딩을 도시 재개발의 일환으로 건설하는 경우가 있으며, 철도 이외의 부외자(部外者) 자금을 활용하여 역사 등 건설비의 일부를 부외자가 부담하고 그 조건으로 하여 건물의 일부를 부외자가 사용하는 민중 역(民衆 驛, general public station)의 방식이 도입되어 채용되고 있다.

우리나라의 민자 역사 사업은 철도경영의 개선과 여객의 편익 증진, 지역사회의 개발을 촉진하는 다목적 사업으로 기존 단순 대합실의 기능을 한 차원 높인 복합적 기능을 가진 사업이다. 이 사업은 경제 발전과 도시의 질적·양적 팽창에 따라 늘어나는 여객의 수요와 서비스 향상의 요구를 충족시키기 위하여 1984년 관계법을 제정하여 1986년부터 본격적으로 추진되었으며, 한국화약이 1989년에 완공된 서울 민자 역사가 최초이다.

(9) 신체장애자, 노약자 등의 대응 설비

바닥표시블록은 유도 예고를 위한 유도블록과 주의위험을 지각시키는 경고블록 등이 있다. 유도블록은 신체장애자가 역을 이용하는데 필요한 시설(출찰, 개찰, 계단, 플랫폼, 변소 등)로 유도하는 것이며, 경고블록은 플랫폼 가장자리나 계단의 시작, 통로의 분기 등을 알려주기 위하여 설치한다. 장애인의 안전한 이동권 확보를 위해 엘리베이터 등 승강설비와 스크린도어 등을 설치하고, 휠체어리프트 하단에 안전스토퍼를 설치한다. 철도차량도 휠체어 탑승이 가능하도록 개량하며, 장애인 객차는 전동휠체어용 탑승설비와 휠체어고정 장치를 갖춘다.

동일 층에 있는 역의 콩코스에 고저차가 있는 것은 바람직하지 않지만 부득이하게 이 차이가 생기는 경우에는 슬로프를 설치한다. 이 기울기는 옥내 1/12, 옥외 1/20 이하로 한다. 또한, 근년에 고가역이나 지하 역이 증가함에 따라 이용자에게는 다른 층으로의 이동이 신체적이나 심리적으로 부담이 되고 있으므로 이들을 경감시키기 위하여 많은 철도역에서 에스컬레이터를 도입하고 있다(상기의 (4)항 참조).

(10) 콘텍스트를 의식한 디자인 요소로서 역사의 미의식(美意識)

역 경관은 명확하고 어프로치하기 쉬우며 알기 쉽고 여유가 있는 환경을 제공할 필요가 있다. 역 디자인의 경관요소는 공간(안전과 상쾌한 기분을 제공), 밝기(일광과 천창이 바람직하고 안전한 환경을 만들어 건축 상의 특징을 강조), 규모(휴먼스케일이 배려된 넓은 공간이 바람직), 및 세부(細部)이다. 디자인배경에 관련되는 이미지베이스의 요소는 지역의 랜드 마크, 철도라든가 지하철의 이미지(예로서, 파리 지하철의 아르데코 양식의 입구로 대표되며 역 입구를 강조), 철도회사의 이미지(사인, 색, 역사, public art 등) 등이다. 현재, 경관을 이용한 방법은 쾌적한 환경(amenity)개선의 프로그램, corporate 디자인의 새로운 개념, 유명한 건축가가 참여하는 근대적 건축디자인 등에서처럼 철도회사에서 실천되고 있다. 미국에서는 1990 년대 후반에 수송 계획 설계의 새로운 트렌드인 "콘텍스트를 의식한 디자인(context sensitive design, CSD)"이 새로 생겼다. CSD란 안전성이라든지 편리성과 함께 미관이라든지 환경이 배려된 운수시설디자인을 실현해가기 위하여 기술관련 전문가의 환경이나 경관, 주민참가 등의 감성적인 인식이라든지 협동의식을 향상시켜가는 것을 포함한 시설프로젝트에 관련된 모든 시스템을 위한 디자인어프로치이다. CSD는 그와 같은 의미에서 철도를 포함한 모든 종류의 공공교통기관을 위한 보편적인 툴이라고 생각된다. 지역특성을 강화하여 역에 관련되는 CSD는 장래적이고 보다 좋은 역으로 향한 "콘텍스트를 의식한 철도디자인(context sensitive design for railway, CSDR)"으로서 응용할 수 있을 것이다.

7.2.2 역전 광장

(1) 역전 광장의 기본 계획

　여객 역은 도시의 앞 현관, 또는 지역의 교통, 도시 생활의 중핵이며, 많은 시민들은 이 역을 통하여 통근, 통학 및 업무, 가사, 레저 등의 일상생활을 활동하고 있다. 또한, 이들의 많은 여객이 집산하는 지점은 상업지로서도 매력이 있어 역전을 중심으로 상점가가 형성되어 도시의 중심적인 지역으로 된다. 따라서, 역은 철도와 도로 교통의 중계점으로 보행자(자전거의 주·정거도 포함한다)의 편에 더하여 터미널·자가용·버스·기타 교통기관 등과의 연락이 유기적으로 원활하게 행하여지도록 역전 광장이 정비된다. 또한, 역전 광장은 도시의 현관으로서 도시 경관 상이나 방재(disaster protection) 대책에서도 중요시되고 있다.

　역전 광장(station front)은 역사의 위치·평면 배치와의 관계가 깊고, 접속하는 가로와도 밀접한 관련이 있다. 특히, 최근에는 도로 교통의 발달에 따라 노면 교통의 구제도 겸하여 버스 터미널, 택시·자가용차 등의 주차장으로서의 성격이 강하며, 도시 교통을 위한 공공 광장적인 색채가 짙게 되어 있다. 그 때문에 역전 광장의 조성·정비는 도시 계획의 일환으로서 추진되며, 외국에서는 철도와 국가·지방자체가 협의하여 각각 정비 부담을 분담하고 있다. 즉, 역전 광장의 공공적 시설의 성격에서 철도 측의 비용 부담이 경감되어 있다.

　역전 광장의 기능과 정비 효과는 ① 교통 터미널로서의 기능 강화, ② 역세권 지역 교통 편리의 향상, ③ 역전 상가, 상업지의 입지 조건 향상, ④ 경관이나 방재 등 도시 환경의 개선 등의 네 가지로 대별된다.

(2) 역전 광장의 각론
(가) 입체 이용

　광장은 원칙적으로는 평면적으로 필요한 면적을 확보하여야 한다. 그러나 지하 역, 고가 역, 교상 역을 만들거나 역 주변의 토지 이용방법을 개선하여 보행자 도로와 버스, 택시, 일반 자동차 등의 교통광장을 입체적으로 겹치게 하여 토지 이용효율을 높이는 경우도 있다. 외국에서는 토지의 유효 이용 및 사람과 자동차의 분리를 위하여 보행자 덱(pedestrian deck)을 이용한 입체 광장도 출현하고 있다.

(나) 기본적 시설

　역전 광장(station front) 내의 주된 시설은 여객의 보도(폭은 5 m 이상이 바람직하다), 차도(2차선이 원칙), 버스 승강장(폭은 1 m 이상)·자동차 주차장(택시 등에 필요)·교통통제 시설(로터리 등)·녹지·조명 시설 등이다. 그 면적 규모는 예를 들어 승하차 5만 인/일의 전차 역에 대하여 6,000 m², 열차 역에 대하여 10,000 m² 정도, 승하차 10만 인/일의 전차 역에 대하여 10,000 m², 열차 역에 대하여 16,000 m² 정도를 표준으로 하고 있다. 역전 광장의 주된 구성 시설에는 ① 보도, ② 차도, ③ 버스 승강장, ④ 택시의 승강장, ⑤ 주차장, ⑥ 단체 광장, ⑦ 공공시설, ⑧ 교통관제 시설, ⑨ 녹지, ⑩ 조명 시설, ⑪ 배수 시설이 있다.

(다) 미관과 조경

　광장 설계에서 ① 공간적 확장, ② 광장 내 시설의 배치와 디자인, ③ 주변 건물의 디자인(형상·색조·높이) 등과 같은 미관·조경적 요소가 필요하며, 도시의 얼굴로서의 광장 구성이 중요한 사항으로 된다. 따라서, 이들의 요소를 고려하면, 역전 재개발 사업이나 철도의 연속 입체화 사업 등과 동시에 역전 광장을 정비하는 것은 종합적인 계획을 기초로 조화가 있는 디자인으로서 평가가 높은 것이다.

7.2.3 화물 설비(freight facilities)

(1) 화물 수송 업무와 화물역의 종류
(가) 화물의 수송

최근의 철도 수송이 다루는 화물은 탱크 차(tank wagon)·홉퍼 차(hopper wagon) 등과 같은 물자별 전용 화차(material wagon)를 사용하지만, 컨테이너로 적재하는 것이 태반을 점하고 컨테이너의 비율이 해마다 늘고 있다. 일손의 노력을 요하는 바꿔 싣기는 비용과 시간을 요하기 때문에 역두 하역은 기계화를 원칙으로 하고 있다. 적재 효율(load efficiency)이 좋은 컨테이너 수송을 계속하여 왔지만, 외국에서는 차체 상부를 둥글게 한 전용의 4톤 트럭 2대를 전용 차운반차(car-carrier)에 적재한 피기 백(piggyback) 수송의 이용이 늘고 있다(제(6)항, **그림 1.3.5** 참조).

(나) 화물 역의 종류

거점간의 직행 수송에 대응한 화물 역은 주로 컨테이너를 다루는 역, 물자별 화물을 다루는 역, 기타의 화물을 다루는 역, 각종의 화물을 다루는 복합 역, 전용선(private siding, industry track)을 가진 역 등으로 분류되며, 구내 배선, 화물 취급 설비 등이 상응하여 설치되어 있다. 또한, 새로운 화물 역[245]으로서 ① 컨테이너 열차(freight liner) 전용터미널, ② 거점화물터미널(복합거점, 화물별 거점, 전용선 거점, 항만거점 등), ③ off-rail 화물역(컨테이너급 화물이 증가하면, 영업거점 선로와 떨어진 시내나 유통단지 등에 화물역을 두고 트럭과 협동으로 일괄수송체계 도모, ④ 복합터미널(트럭수송, 선박 등과 일괄수송체계 수립) 등으로 구분하기도 한다.

(다) 컨테이너

컨테이너(container)는 화물을 철제상자에 넣어 단위화물(unit load)로서 취급하여 무개화차로 수송하는 소정 크기의 운송용 철제상자이며, 하조비와 소운반비를 절약할 수 있다. 우리나라는 1972년 9월에 컨테이너 화물수송을 개시하였다. 화차에 적재할 때는 호크 리프트 또는 크레인을 사용한다. 컨테이너의 길이는 일반적으로 20 피트(ISO기준 20.32 톤), 40 피트(30.48 톤)이다(폭과 높이는 보통 $8' \times 8'6''$, $8' \times 8'$ 의 2 종류). RSR 운송(제1.2.1(4)항)과 같이 12 피트를 이용하는 경우도 있다. 한편, TEU(Twenty feet Equivalent Unit)는 컨테이너 단위로서 1 TEU는 20 피트 컨테이너 1대분을 말한다(40 피트 컨테이너는 FEU).

(2) 화물 수송 방식의 변화
(가) 화차의 수송 방식 및 컨테이너 취급 역의 개량

석유·시멘트 등의 물자별 화물의 수송은 전용 화차로 착발 역간을 직행 수송한다. 일반 차량 취급·컨테이너 화차는 일반적으로는 계주계(繼走系) 수송으로 한다. 특히, 컨테이너 화물에 대하여는 포장비의 절감과 문전에서 문전까지의 속달화에 따라 앞으로의 발전을 기대할 수 있다. 그 때문에 화물을 컨테이너화하여 열차 편성(train consist)의 화차에 직접 실어 컨테이너만을 계주하고 열차는 편성인 채로 거점 역간을 직행하여 화물의 속달을 유의하는 것이 필요하다. 컨테이너 취급에서 화주 주도형에 대응할 수 있어야 하며, 화물 역에서는 하역 설비, 적치장 등이 충분하도록 하는 것이 필요하다.

(나) 앞으로의 철도 화물수송(제1.2.2(5)항 참조)

현재의 유통계는 생에너지, 노동력 부족, 공해 대책, 도로 혼잡 등 제반의 문제를 안고 있으며, 철도 수송의 특성을 재인식하여 이들을 해소하도록 하여야 한다. 이것에 대응하기 위하여 화주가 시간, 장소에 관계없이 컨테이너를 이용할 수 있도록 화차를 포함하여 컨테이너를 대량으로 보유하여 보관할 필요가 있지만, 도회지의 화물역은 좁고 하역장도 부족한 경우가 많다. 앞으로의 진전을 고려하여 컨테이너의 구조·하역·집배·적치 방법에 대하여 기술 혁신을 계속하는 것이 필요하다. 동시에, 화주의 요망이 강한 열차의 고속화, 장대화도 중요하며, 대출력 기관차의 도입도 필요하다. 그러나, 현재 유통업계의 저스트 타임(무재고화)은 필요 이상으로 높은 빈도의 수송을 필요로 하고 유통계의 여러 문제를 더욱 심각한 것으로 하고 있으며, 사회 전체의 이익과 합치되지 않는다. 앞으로 철도 수송이 그들의 뒷받침으로서 활약하기 위해서는 이들의 검토가 필요하다.

(다) 선진물류센터관리기법

선진물류센터관리기법에는 입고한 상품을 바로 출하시키는 크로스도킹시스템(Cross Docking System)과 물류창고의 전 과정을 데이터 처리하는 창고관리시스템(WMS, Warehouse Management System) 등이 있으며, 산업별·기능별 창고구조, 자동화 장비 등 표준모델을 개발하고 관련업계에 보급을 지원하여 물류시스템을 선진화할 필요가 있다.

(3) 화물 취급 설비

(가) 화물 취급 설비

주된 취급 업무는 접수와 연락 사무, 화물의 바꿔 싣기, 화물의 분류(통운 업자가 동일 방향의 화물을 하나의 화차나 컨테이너로 모으기 위하여), 화물의 보관 등이다. 필요한 설비는 역사, 화물 바꿔 싣기 설비, 화물 분류 설비, 화물 보관 설비, 화차나 컨테이너의 일시 체류 설비 등이다. 또한, 최근에는 화차나 컨테이너의 동태를 즉시 파악하여 대응할 수 있는 신정보 시스템이 정비되어 있다. 화물 역에서 주역의 하역기계(loading and unloading machine)는 디젤 구동의 포크리프트(fork-lift truck)가 컨테이너를 포함한 화물의 싣고 내리기에 사용되고 있다. 예전에는 화차의 바닥 면에 높이를 맞춘 화물 플랫폼(높이 960~1,060 mm)이 설비되었지만, 최근에는 포크리프트의 사용에 따라 궤도면과 같은 높이의 플랫폼이 원칙으로 되어 있다. 포크리프트를 대형화한 톱 리프터도 사용되고 있다.

(나) 컨테이너의 취급

컨테이너를 취급하는 역의 주된 구성은 컨테이너를 싣고 내리기 위한 하역 플랫폼과 화물선, 컨테이너의 임시 적치를 위한 컨테이너 적치장, 편성된 열차의 출발이나 도착용의 착발선, 본선에서 이용한 기관차를 분리하여 우회하기 위한 기회선, 화차의 유치선 등으로 된다. 또한, 컨테이너를 화차에 싣고 내리며 트럭에 싣고 내리기(이들의 일련의 작업을 하역작업이라 부른다) 위한 포크리프트와 이것을 정비하기 위한 포크리프트용 차고 등이 있다. 하역 플랫폼에서는 종래의 조차장에서 행하여왔던 분류작업을 개개의 컨테이너로 행하기 때문에 트럭으로도 싣고 들어가는 컨테이너는 행선방면별의 하역 플랫폼에 일시 적치하고 해당 열차가 도착하고부터 포크리프트를 이용하여 하역작업을 한다. 한편, 컨테이너 장치장(CFS, Container Freight Station)은 컨테이너 1개를 채울 수 없는 소량의 화물을 인수·인도·보관하거나 컨테이너에 화물을 싣고 내리는 작업을 하는 장소이다. 예를 들어, 철도수송과 창고보관을 결합한 토털 서비스를 제공하고 소량화물의 철도수송전환을 위한 거점을 확보하기 위해 부산진역에 수출입 컨테이너취급용 장치장(CFS)을 조성하였다.

(다) 하역 플랫폼

하역 플랫폼의 연장은 그 역에 발착하는 화차의 차량길이에 전후의 여유길이를 더한 길이에서 결정된다. 통상은 화차를 20.4 m/1 량으로 하여 편성량 수로 곱하고 여유길이를 10 m 정도로 한다. 폭은 컨테이너 작업대(예를 들어, 12 ft용 포크리프트에 대하여 10 m 전후)와 트럭의 하역대(3.5 m), 트럭통로(3.5 m), 컨테이너 적치장(3.0 m)으로 결정된다. 컨테이너 플랫폼의 포장은 아스팔트 포장과 콘크리트 포장이 있다. 또한, 대형의 포크리프트의 윤하중이 통상의 도로포장에서의 교통하중보다 무거운 점에서 다층 탄성이론 설계법에 의거하여 포장구성을 결정한다.

(라) 화물 수송과 설비

물자별 화물 취급 역은 석유 · 시멘트 · 석회석 · 사료 · 종이 · 펄프 등에 대응한 하역기계(loading and unloading machine) · 저장(stock) 설비가 설치되어 있다. 피기 백 수송에 대응하는 역에는 트럭의 싣고 내리기 선로의 끝에 자주(自走) 슬로프대를 설치하고 있다. 철도수송에 적합한 대량화물에 대해 품종별로 특수한 축적(蓄積)설비를 설치하고 그곳을 기지로 하여 소비지에 트럭으로 수송하는 수송시스템이 있다. 축적 품목에는 시멘트, 석유 등이 있으며 그러한 기지를 물자별 적합(適合) 수송기지라고 한다.

(마) 화물 취급 작업과 기능

1) 화물의 옮겨 싣기 : 화물 플랫폼은 화차와 자동차간의 화물의 옮겨 싣기 작업을 하는 장소이며, 그들의 효율화를 위하여 하역기계(포크리프트, 벨트 컨베이어, 크레인 등)를 배치한다. 또한, 화물의 형태도 개선되어 일괄 작업이 가능한 컨테이너, 판(板) 팔레트(pallette), 박스 팔레트 등을 이용한다. 한편, 다른 수송기관과의 효율적인 연계 수송이 요구된다. **그림 9.5.2**와 같은 슬라이드 밴(slide van) 시스템도 있다. 또한, 트레일러의 차체만이 화물을 적재한 채로 화차 또는 선박에 이적될 수 있는 후렉시반(flexi-van)은 자동차 1대분의 대형 컨테이너로 생각할 수 있으며, 수송단위가 큰 역에서 도로와 철도의 협동수송체계로서 미국이나 유럽에서 사용한다.

2) 화물의 분류 : 통운 사업자가 동일 방면의 목적지로 가는 소량 발송 화물을 하나의 화차 또는 컨테이너로 모으기도 하고 소량 도착 화물을 동일 방면의 목적지로 분류하는 작업은 인력 작업 외에 벨트 컨베이어, 스키드(skid), 팔레트 등을 이용한다.

3) 보관 : 화차에서 내려진 화물은 자동차나 화주의 형편 등으로 일시적으로 보관할 필요가 생기는 경우가 많다. 특히, 철도 이용의 촉진을 위해서는 화물 역에 직결한 창고가 필요하다. 최근에는 도시 부근에서 컨테이너 보관 장소에 이용되는 예도 많다.

4) 화차 · 트럭의 일시 체류 : 화물 수송을 원활하게 운영하기 위해서는 하화 후의 빈 화차, 빈 컨테이너의 일시 체류 · 유치, 트럭의 야간 체류 등이 필요하다.

7.2.4 운전 업무상의 설비

(1) 여객 열차의 운행과 주된 작업

차량기지에서 조성된 여객차(passenger car)는 시발역(starting station)으로 회송되어 열차로 되며, 여객을 취급하고 출발하여 중간 각 역에서 여객을 승하차시키면서 종착역(terminal station)까지 운행한다. 종착역에 도착한 열차는 곧바로 반복하는 경우와 일단 차량기지(또는 여객 차 유치선)로 들어가 시발역과 같은 모양으로 검사 · 청소 · 조성 등의 작업을 거쳐 시발 열차로 되는 경우가 있다. 그리하여 여객 차는 최종적으로는 소속된 차량기지로 돌아가 검사 · 수선 등의 점검 · 정비 작업을 받는다. 열차가 기관차 견인인 경우는 기관차의 바꿔 달기 · 입출고용의 설비, 혹은 기관차 사무소가 필요하다. 도중의 역에서 여객 차를 증차, 해결 작업하는 경우는 그를 위한 설비가 필요하게 된다.

(2) 화물 열차의 운행과 주된 작업

화차를 시발역(starting station)에서 도착역(destination station)까지 수송하는 방법에는 발착역간을 직결하는 "직행계 수송"과 화차를 가장 가까운 거점 역으로 보내어 동일 행선지의 화차를 모아 열차로 조성하여 도착역 부근의 거점 역까지 수송하여 각 도착역으로 탁송하는 "계주계(繼走系) 수송"으로 대별된다. 화물 열차가 화물역의 착발선에 도착하면, 견인 기관차가 도착 화차를 해결선으로 해방하고 발송 화차를 연결하여 출발한다. 화물 플랫폼으로 화차의 넣기 · 빼기 등의 입환(shunting) 작업은 입환 기관차로 행하지만, 그것이 배치되어 있지 않을 때는 견인 기관차로 행한다. 컨테이너 화차, 급행 화물 열차 등의 화차는 착발선에서 직접 화물 플랫폼으로 넣기 · 빼기를 행하든지, 또는 착발선에서 화물의 싣고 내리기를 한다.

(3) 운전 업무상의 설비

역에는 열차가 착발하기 위한 본선(main line)이 필요하지만, 그 외에 열차가 시 · 종착하게 되는 역에는 열차 조성, 차량 입환, 유치, 혹은 정비, 검사 · 수리 등의 철도 업무를 수행하기 위한 설비를 병설하면, 차량의 운용 짬을 이용할 수 있고, 2중 작업, 회송 로스가 적어 효율적이다. 이 경우에 각 작업 용도에 합치한 여러 명칭의 측선 (side track)이 필요하게 된다. 그러나, 프런트(front)로서의 역은 인가 밀집 지대, 공업 지대로 노선을 연장함에 따라 각 역에 이들의 설비가 필요한 경우에 각 역마다 이것을 설치하면, 2중 작업이 많게 되므로 비능률적으로 된다. 또한, 광대한 역 용지를 필요로 하는 경우도 많으므로 프런트로서의 역만을 노선 연장에 포함하고, 화물역, 조차장, 차량기지 설비를 분리하는 경우도 많다.

7.2.5 정기장의 개량

정거장의 개량 계획을 세울 때에 배려하여야 할 점은 다음과 같다. ① 역무 전반에 걸쳐 근대적 · 합리적인 업무 운영 시스템을 도입하여 근대적인 설비로 개선한다. ② 과밀, 다양화가 진행되는 이용자의 편리를 향상하여 여유와 헤아림이 있는 수송 거점으로서의 역으로 개량한다. ③ 다른 수송기관, 관련 사업과의 연계를 견고하게 하는 설비로 개량한다. ④ 운반의 철도에서 서비스의 철도로 변환하며, 정보를 파악하여 광역 · 중점적인 영업 체제에 조화된 서비스를 제공하고, 판매하는 설비로 개량한다. ⑤ 경영 기반의 강화, 고용 대책 및 지역의 밀착을 위한 관련 사업 외에 커뮤니티 시설 등을 역에 병설한다.

정거장의 개량에는 ① 경영 기반의 확립을 위한 개량, ② 양질의 서비스를 제공하기 위한 개량, ③ 보안 대책, 도시 계획에 의거한 개량, ④ 노후 · 협소한 설비의 개량 · 교체, 다른 공사의 지장 이전 : 역사, 차량기지(depot), 화물 역의 신설 · 이전 등이 있다.

7.3 차량기지와 차량공장

7.3.1 차량기지의 사명과 업무

차량기지가 정거장과 전혀 다른 작업을 하는 것으로는 차량의 검사 · 수선 작업이 있다. 차량의 검사(car inspection)란 차량의 성능을 유지하기 위하여 차량과 부품의 열화 상태를 조사 · 조정하고 각부의 기능을 보충하여 사용에 지장이 없는 상태로 유지하고 동시에 차량 · 부품의 사용에 대하여 미리 기능을 확인하는 것이다.

범용 화차를 제외한 차량은 각각의 차량기지에 배속되며, 미리 결정된 예정 계획에 따라서 차량기지를 출발하여 운용되고 나서 차량기지로 되돌아가는 것을 원칙으로 하고 있다. 차량기지(해외에서는 "depot"라고 한다)에서는 임시 수선도 포함하여 소정의 정비 · 청소 · 검사 등의 작업이 행하여지며, 해체나 대수선 또는 전반적인 검사는 회송되어 철도에 부대하는 차량공장(workshop이라 한다)에서 행하여진다. 일반철도에서는 원칙으로서 차량기지와 차량공장을 따로따로 하고 있지만, 지하철에서는 양자를 병설하고 있는 예가 많다.

차량기지(depot)는 기관차 · 전차 · 디젤동차 · 객차 · 범용 이외의 화차 등 각종 차량의 유치, 열차의 재편성, 정비 · 청소 · 검사 · 수선 등을 하는 장소이며, 동시에 열차를 운전하는 승무원의 거점으로도 되어 있다. 더욱이, 일부 철도에서는 차장을 포함한 승무원을 다른 조직으로 하고 있다. 따라서, 일반적인 차량기지에서는 ① 차량 운용(car operation)에 관한 업무로서 구내 작업 · 재편성 작업 · 차량 운용의 관리 · 기술 관리 등, ② 차량 보전에 관한 업무로서 청소 작업, 정비 작업, 검사 작업, 수선 작업, 기술 관리 등, ③ 승무원에 관한 업무로서 운전 관리, 운전 당직, 지도 훈련, 휴양 관리 등, ④ 현업 기관의 운영 업무로서 사무, 물품 업무, 기획관리 업무 등의 업무가 행하여진다. 여기서 다루는 차량의 종류에 따라서 기관차 기지, 전차 기지, 기동차 기지, 객차 기지, 화차 기지(freight car depot) 등, 복수의 차종을 다루는 차량기지에 따라서 복합기지 등이 설치되어 있다.

규모를 어느 정도 크게 하여 시설을 보다 활용하고 작업을 기계화 · 단순화하여 효율을 향상하는 (1차량당 적은 요원으로 처리한다) 것이 바람직하다. 그러나, 너무 크게 되면 관리가 곤란하게 되기 쉬우므로, 예를 들어 관리가 2단계 조직인 기지의 요원 수는 최대 약 500명, 관리가 3단계인 복합 기지인 경우에는 최대 약 1,000명이다.

7.3.2 차량기지의 레이아웃

(1) 차량기지의 배치

철도의 건설기준에 관한 규정에서는 차량기지의 위치를 선정할 때에는 ① 회송시간 및 회송거리, ② 차량기지 시설배치에 필요한 충분한 면적 확보가 가능성과 장래 확장성, ③ 상하수도, 전력, 연료공급 등 기반시설과의 연계성 등을 고려하여야 한다고 규정하고 있다.

(2) 차량기지의 시설배치

철도의 건설기준에 관한 규정에서는 다음과 같이 정하고 있다. 차량기지에는 검수전후 차량이 대기할 수 있도록 단량 검수시설 유치선(유치차량 수에 따라 길이를 산정), 편성검수시설 유치선(유치차량 편성 수에 따라 유치선수를 산정) 등의 유치선을 확보한다. 차량기지의 궤도배선은 차량의 입출고 동선을 최소화하여 원활히 이동할 수 있도록 배선하며, 유치선의 기울기는 수평을 원칙으로 한다. 다만, 불가피한 경우에 2‰이내로 하되 중력에 의해 유치차량이 위치를 벗어나거나 구르지 않아야 한다. 차량기지선로에는 유치선, 검수선, 청소선, 차륜전삭선, 세척선, 입출고선 및 착발선 등을 계획하고, 특히 차륜전삭선은 전후로 차량 1 편성 길이의 유효장을 확보한다. 차량기지에는 대상차량과 검수정도에 따라 검수시설, 청소시설, 환경시설, 복지사설, 운전시설 및 검수보조시설, 기타 시설 등을 배치한다. 차량기지의 유치 량은 현재 또는 향후 운행대상 차량의 소요량과 열차운행계획에 의거하여 판단하고, 향후의 열차운행계획은 검토시점 후의 30 년을 기준으로 한다. 차량기지 검수고 내 각 선로의 전차선에는 급전여부 확인과 차단을 위한 안전설비를 설치한다. 다만, 작업자의 안전을 위해 설치하는 작업대는 **그림 2.5.6**의 건축한계를 적용하지 않을 수 있다.

(3) 고속철도 차량기지 일반

1) **고속철도 전차 검사수리의 특색** : ① 고속 운전으로 인한 사고의 중대성, 차량 고장(car trouble)으로 인한 다이어그램에 대한 영향의 크기 등으로부터 기지에서 완전한 검사수리를 필요로 한다, ② 1일당의 차량 주행 킬로미터가 예를 들어 1,400~2,000 km/일로 재래선에 비하여 길고, 차량 고장 발생의 빈도가 증가할 가능성이 강하다. 한편, 차량 비는 재래선 차량의 10배 가까이 높기 때문에 차량 예비율을 5~10 %로 저하시킬 필요가 있다, ③ 종착·시발간(24시경에서 6시경까지)의 야간 일정 시간에 검사수리, 정비를 집중하여 행하고 차량의 운용 효율을 올릴 필요가 있다.

2) **기지 설비와 차량 검수의 기본적인 고려 방법** : ① 기지 내는 착발 겸 수용선, 일상 검사 겸 정비선의 2 선군으로 하고, 입환 등 구내 작업의 로스를 적극 적게 한다, ② 기상 조건, 야간 등의 환경에 지배되지 않는 일상 검사 정비선을 차고 내에 부설하고, 조명·정비대·통로 등을 정비한다, ③ 일상 검사에서 발견한 불량품은 예비품으로 교환하고, 차량을 곧 운용에 충당한다. 교환이 많은 부품은 차량 설계 시, 블록으로 분해할 수 있도록 배려한다, ④ 대차 검사는 예비 대차와의 교환 방식으로 하고 교환한 차량은 그 날 중으로 운용한다.

3) **기본 배선** : 기지의 배선은 착발 수용선과 일상 검사 정비선과는 직렬형으로 연결하는 것이 좋다. 그러나, 야간 체류 편성 수 4~10 성노인 때는 병렬형으로 하는 일도 있다. 더욱이, 예를 들어 기지 내의 착발 수용선의 선로 유효장(effective length of track)은 열차 편성(train consist) 길이 + 30 m 외에 절대 정지제어 구역 50 m를 도착 측, 출발 측의 양쪽에 설치한다. 즉, 차량 접촉한계 표지간은 "편성 길이 + 130 m"로 한다.

(4) 전향설비(Engine Turing facilities)

전향설비는 기관차와 기타 차량의 방향을 전환하거나 한 선에서 다른 선으로 전환하는 설비를 말하며, 전차대와 천차대 외에 델타선과 루프선이 있다(제7.1.4.(10)항 참조).

1) **전차대(turn table, 그림 7.3.1)** : 원형 피트 내에 강판형(steel plate girder)을 설치하고 그 중심에 회전축을 설치하여 주(主) 레일 상을 전주시켜 강판형 위에 적재된 차량을 180°로 방향을 전환시킬 수 있도록 되어 있다. 근래에는 증기기관차가 사용되지 않고 있어 전차대의 필요성이 줄어들었다. 철도의 건설기준에 관한 규정에서는 전차대의 길이는 27 m 이상으로 하고, 전차대는 철도차량의 전차대 진출입이 원활하여야 하며, 전차대를 선로 끝단에 설치 시에는 대항선과 차막이 설비를 할 수 있다, 전차대 구조물에 배수계획

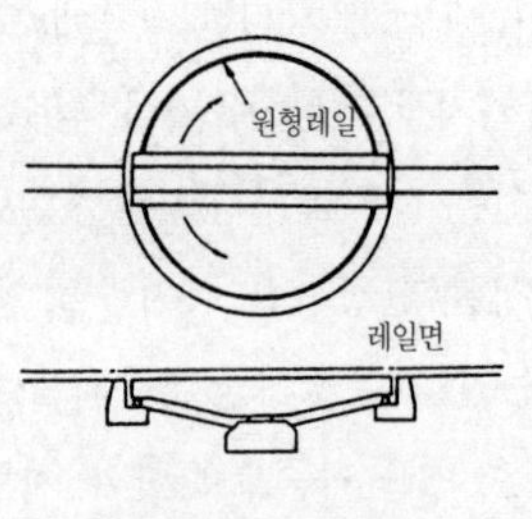

그림 7.3.1 전차대

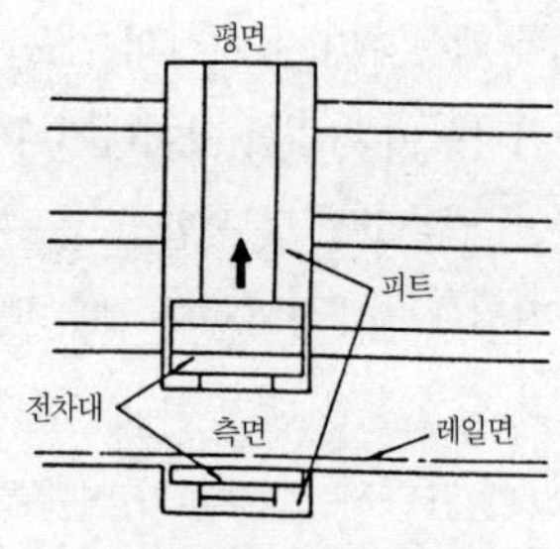

그림 7.3.2 천차대

이 포함되어야 한다고 규정하고 있다.

2) 천차대(traverser, **그림 7.3.2**) : 병행되어 있는 선군의 중간에 대차를 설치하여 차량을 적재하고 한 선에서 타선으로 전선하는 것이며, 평행방향의 전환이다. 협소한 구내 또는 공장 내에 많이 시설된다.

7.3.3 차량 공장의 레이아웃

공장의 설비 규모·레이아웃은 담당하는 차량의 입고(shop-in)량 수에서 결정된다. 입고의 파동, 특별 수선, 임시 수선, 개조 공사, 장래의 설비 증설 등을 종합하여 어느 정도의 여유를 둔다. 주된 설비로서 차체를 수용하는 주건물 규모의 기초 수치는 $A \times B \times C \times \alpha \div n$ 으로 산정된다. 여기서, A는 담당량 수, B는 입고율, C는 건물 내 체류 일 수, α는 여유율, n은 연간의 작업 일수이다. 차량의 정기 입장률 B는 운용 킬로미터와 검사 회귀 킬로미터로 결정되며, 건물 내 체류 일수 C의 단축에 따라 주건물의 규모도 변한다. 여유율은 입장 파동도 포함하여 실적 등을 참고로 사정한다.

공장의 주건물과 그 외 건물의 배치·레이아웃은 작업의 효율을 높이기 위하여 ① 수선 공정의 흐름에 순응할 것, ② 각 건물이 작업의 내용에 합치할 것, ③ 수선 부품·재료의 관리, 운반이 편리할 것, ④ 건물의 방향이 작업 리듬 등에 좋을 것, ⑤ 장래의 확장에 대비하여 여유를 남길 것 등의 조건이 고려된다.

공장 작업은 자동화·기계화가 진행되고 비해체 검사·비파괴 검사의 개발, 품질 정밀도의 향상 등이 도모되고 있다. 특수한 차체운반 장치를 채용하여 차체 유치 장소의 스페이스를 압축하고 기기의 수선장을 입체화함으로써 공장 용지를 종래의 반으로 줄일 수 있다. 또한, 공장의 설비를 차체·대차·기기류의 3가지로 대별하여 차체 검사 수리장, 대차 검사 수리장, 해체 의장과 기기 검사 수리장 등의 직장에 대응하여 건물의 레이아웃도 공정의 흐름에 따르게 하는 예도 있다.

제8장 운전·안전 및 유지관리

8.1 운전관리

수송 계획(traffic plan)에 기초하여 구체적인 열차 종별의 책정, 운전 성능의 사정, 열차횟수(train frequency)의 책정, 열차 다이어그램(train diagram)의 작성, 차량 및 승무원 운용계획의 작성 등 운전계획 업무, 열차운행의 사령관리 등 운전취급 업무 등의 일련의 업무를 운전관리(management of operation)라 칭하며, 열차운전 업무의 일체를 관리한다. 여기서, 열차란 정거장 외 본선을 운전할 목적으로 조성한 차량을 말하며, 본선이란 열차의 운전에 상용하는 선로를 말한다.

8.1.1 열차 운전관리의 안전지표

열차를 운전관리(management of operation)할 때에는 열차운전의 안전이 최우선으로 되므로 그 안전을 유지하기 위하여 다음의 원칙을 엄수한다. 열차 운전(train operation)의 관리 지표는 하기의 안전 원칙을 전제로 하면서 정확·신속·확실·편리(빈도, 유효 시간대(effective time) 등)·저렴한 값 등의 품질과 비용이 예시된다.

  1) **폐색의 채용** : 열차 상호의 충돌·추돌 등의 사고를 피하기 위하여 하나의 구역에는 1열차밖에 운전하지 않는 철도 기본의 폐색방식을 지킨다. 따라서, 열차 다이어그램의 설정, 열차 운행의 관리(train operation control system)도 어디까지나 이 기본이 지켜진다.

  2) **신호에 의거한 열차의 제어** : 열차의 운전은 원칙으로서 신호의 현시에 의거한다. 신호기(signal)는 폐색 구간의 입구에 설치될 뿐만 아니라 역 구내 신로 등 진입의 가부를 나타내는 개소에도 설치된다.

  3) **속도의 제한(speed restriction)** : 신호에 의거한 속도 제한의 지시 외에 선로의 규격·곡선·기울기·분기기 등 여러 조건의 제한 속도(res-tricted speed)나 차량 성능에 따라 열차 속도를 제어한다.

  4) **선로·가선(overhead line)의 지장이나 건널목 지장의 경우** : 지진(earthquake) 등의 경우는 긴급 정보를 받아 즉각 열차에 알려 정지시킨다.

8.1.2 **열차의 종별**(classification of train)

철도의 수송은 모두 열차로 행하여진다. 열차로서 운전하기 위하여 필요한 조건은 ① 동력 장치를 가지고 있을 것, ② 속도와 정지를 제어할 수 있는 제동 기능이 완전할 것, ③ 열차표지(전조등과 미등)를 갖추고 있을 것, ④ 승무원이 타고 있을 것, ⑤ 운전 시각이 원칙적으로 미리 정하여져 있을 것 등이다.

(1) 목적에 따른 구분

열차의 종별은 사명 · 편성 차량의 종류에 따라 여러 가지이지만, 먼저 여객 열차 · 화물 열차 · 단행 기관차(light engine) 열차 · 특수 열차로 대별된다.

1) 여객 열차(passenger train) : 객차 열차 · 전차 열차(electric rail-car train) · 기동차(diesel rail car) 열차(디젤 동차 열차)로 중분류되며, 고속열차(KTX), 새마을 · 무궁화 · 통근 · 회송 · 임시 등의 각 열차로 소분류된다. 회송 열차(dead-head train)는 차량 운용 등의 이유로 차량기지와 발착역간 등에서 공차인 채로 운전된다. 열차를 고급화하는 경향이 크다.

2) 화물 열차(freight train) : 취급에 따라 컨테이너 열차와 차급(車扱) 열차(carload service train)로 나뉘며, 차급 열차에는 물자별 전용 열차 · 피기 백 열차(piggy back train) · 전용 열차 · 차급 임시 열차 등이 있다.

3) 특수 열차 : 단체 열차(party passenger train) · 시운전 열차(test run train) · 구원 열차(relief train) · 공사 열차(construction train) · 시험 열차(test train) 등이 있으며, 어느 것도 임시적이다.

(2) 운전 기간에 따른 구분

정기 열차(regular train)는 매일 운전하는 것이다. 간선(trunk line), 대도시 근교 구간의 열차와 같이 주일과 휴일의 다이어그램을 바꾸어 수송의 요구에 따라 운전하는 것이 많게 되어 있다. 계절 열차(seasonal train)는 여름의 피서철 등에 설정하는 것으로 파동 대책이라고도 한다. 임시 열차는 필요에 따라 운전하는 것으로 단체 열차, 연말연시 등의 여객이 많을 때의 열차나 시험 열차 · 구원 열차 · 공사 열차 등의 예가 있다. 기타, 각양의 캠페인에 맞추어 이벤트적 열차나 새로운 여객 수요를 개척하기 위한 마케트 리서치적 열차 등도 있다.

8.1.3 열차 속도의 사정

(1) 열차 속도

열차의 운전 속도(operating speed)는 선로 조건에 따른 제한, 차량 성능에 따른 제한, 각종의 여유를 종합한 열차 종별 등으로 결정된다. 열차의 속도를 나타내는 방법에는 다음과 같은 것이 있다.

1) 평균 속도(average speed) : 정거 시간(stopping time)을 제외한 실 운전 시간으로 운전 거리를 나눈 속도 (**그림 8.1.1**의 V_{Ex}, V_{Lo}).

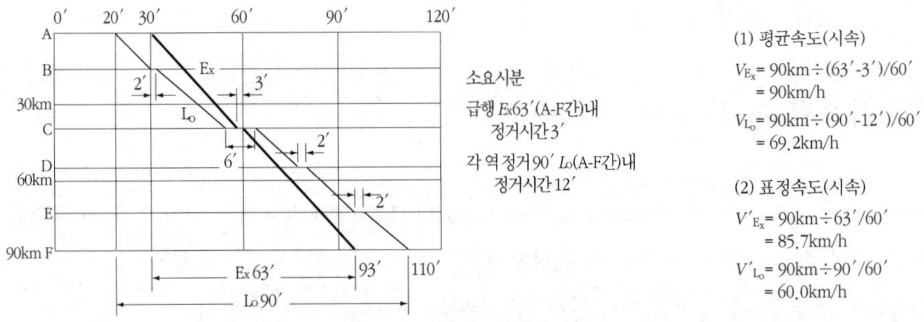

그림 8.1.1 운행 다이어그램으로 본 열차 속도의 종별

2) 표정속도(schedule speed) : 정거 시간을 포함하여 전(全)운전 시간으로 운전 거리를 나눈 속도(**그림 8.1.1**의 V$'_{Ex}$, V$'_{Lo}$).

3) 최고 속도(maximum speed) : 선로와 차량과의 조건에서 허용되는 범위의 최고 속도를 말한다.

4) 균형 속도(equilibrium speed) : 동력차의 견인력(tractive force)과 열차 저항이 같게 되어 등속 운전을 하게 되는 속도이며, 일정의 견인 중량에 대하여 주로 그 선구의 기울기로 결정된다(**그림 8.1.2** 참조).

(2) 선로 조건에 따른 속도

최고속도는 평탄한 직선 구간에서 허용되는 최고의 운전속도이며, 그 선구(railway division)의 선로 규격, 전차선(trolley wire)의 구조 규격에 따라 열차 종별로 결정된다(제9.1절 참조).

곡선이 많은 일반철도는 곡선에 대한 제한 속도의 영향이 크다. 차량 중심이 높은 기관차 열차의 곡선 제한속도에 비하여 중심이 낮은 경량의 동력분산 열차(decentralize power train)의 곡선 제한속도는 5~10 km/h 높고, 진자(tilting)형 동력분산 열차의 경우는 20~25 km/h 높다. 분기기(turnout)에 대한 곡선 측의 제한 속도는 분기기 번호별로 정하여져 있다. 즉, 8번 분기기(R = 145 m)는 25 km/h, 10번 분기기(R = 245 m)는 35 km/h, 12번 분기기(R = 350 m)는 45 km/h, 15번 분기기(R = 565 m)는 55 km/h이다(제9.1.2(4)항 참조). **표 8.1.1**은 일반철도에서 적용하는 하향 기울기의 속도 제한을 나타낸다.

표 8.1.1 일반철도 하향 기울기의 속도제한

구분	하향 기울기(‰)	5~9 미만	9~13 미만	13~16 미만	16~19 미만	19~23 미만	23~28 미만	28~33 미만	33~36 미만
속도 (km/h)	여객열차	110	105	90	85	80	75	70	65
	수도권전기동차	110	110	110	105	100	95	90	80
	기타열차	70	70	65	60	60	55	50	45

<table>
<tr><td rowspan="10">특인</td><td colspan="3">경부선 및 호남선(강경~임성리)</td></tr>
<tr><td>종별</td><td>하향 기울기(‰)</td><td>제한속도(km/h)</td></tr>
<tr><td rowspan="2">새마을호
(무궁화호디젤동차 포함)</td><td>5~9 미만</td><td>125</td></tr>
<tr><td>9~13 미만</td><td>120</td></tr>
<tr><td rowspan="2">기타 여객열차</td><td>5~9 미만</td><td>115</td></tr>
<tr><td>9~13 미만</td><td>110</td></tr>
<tr><td colspan="3">① 고속열차(KTX)의 하향 기울기 제한속도는 고속선의 경우에 시스템에서 지정하는 속도로 제한하며, 기타 선에서는 하향 기울기 제한속도를 받지 않는다.
② 경부선, 호남선(강경~임성리) 및 전라선(신리~동순천)과 수도권 전기동차열차는 하향 기울기 연장거리 1,000m 미만인 경우는 하향 기울기 속도제한을 받지 않는다.
③ 소화물전용열차 및 소화물전용차를 여객열차에 연결하고 운전하는 경우 속도제한은 여객열차에 준한다(다만, 제②항의 특인사항은 적용하지 아니 한다).</td></tr>
</table>

(3) 차량 성능에 따른 속도

기관차 열차의 경우는 기관차 성능과 견인 단위에 따라, 또한 동력분산 열차의 경우는 차량 성능과 편성 내용(MT 비율 등)에 따라 각각 가속 성능, 상향 기울기 속도가 다르다. 그 때문에 열차의 종별(classification of train)·단위(train unit)에 따라 운전 성능이 사정된다.

(4) 열차 속도의 종별

선로 조건과 차량 성능에 따라 열차 속도가 변하지만, 그 고저를 세분하여 나타낸 것을 속도종별이라 칭하며, 속도 명칭과 속도 기호로 구성되어 있다.

8.1.4 열차 계획(train working program, 운전 계획)의 책정

열차설정의 조건[239]은 ① 수송량과 수송력, ② 수송의 파동, ③ 열차의 사명과 계통, ④ 열차의 배열 시격과 유효시간대, ⑤ 견인정수와 표준 운전 시분, ⑥ 정거역 정거 시분과 접속 시분, ⑦ 운전설비, ⑧ 여유 시분과 운전취급 시분, ⑨ 차량운용, 열차조성과 화차집결방법, ⑩ 구내작업, ⑪ 선로와 전차선 보수, ⑫ 기타 운전에 관계되는 사항, 등의 요인에 따라 설정된다.

구체적으로 열차의 운전을 계획할 때는 수송 계획(traffic plan)에 기초하여 다음의 조건을 고려하여 책정한다.

(1) 수송력의 사정

수송량(volume of transportation)의 상정에 기초하고 수송 파동에도 맞추어 각종 열차의 수송력(transportation capacity)을 결정한다. 여객 수송(passenger transport)의 경우는 상정 수송량에 대한 평균 승차율을 고속 열차에 대하여 70 % 정도, 조석의 통근 열차(commuter train)에 대하여 150 % 정도로 하고 있는 예가 많다. 이 승차율이 낮을수록 앉을 확률이 높아져 서비스상 바람직하고 고속열차에 대하여는 원칙적으로 언제라도 앉을 수 있도록 60 % 정도가 좋다. 최근에는 다른 교통기관과의 경쟁이 심하기 때문에 파동 수송 시에도 좌석이 확보될 수 있도록 세심한 수송력의 설정이 요구된다. 그러나, 승차율이 낮을수록 소요량 수가 늘어나 비용이 증가되기 때문에 다른 교통기관과의 경쟁 등도 종합하여 판단한다. 게다가, 수도권 전차구간의 대부분의 경우는 수도권으로의 이상 인구집중으로 인한 통근 증가에 대하여 선로 시설(railway facilities) 증강의 대응이 늦어지기도 하고, 또한 대응이 지난한 상황으로 되어 있다. 국철 · 지하철의 많은 아침 러시아워의 수송은 최대한의 열차 편성과 횟수(평행 다이어그램, parallel train diagram)로 대처할 수밖에 없는 상황이 계속되고 있다. 또한, 통근 전차의 다이어그램이 흐트러지지 않는 승차 효율은 약 250 %가 한도로 되어 있다.

(2) 열차의 설정 구간

이용의 상황에 맞추어 열차의 운전설정 구간이 결정되지만, 차량의 운용(car operation)과도 종합하여 구간이 결정되는 예가 많다. 구간마다의 이용에 따라 편성량 수를 증감하든지 열차횟수(train frequency)를 조정한다. 열차 횟수가 많은 쪽이 이용자의 선택 범위가 늘어나서 좋고, 서비스상은 많은 열차 횟수가 바람직하지만, 선로용량(track capacity)의 여유나 분할 병합의 구내작업, 유치선(car storage track)의 유무, 차량운용 등을 종합하여 결정한다. 또한, 여객의 유동에 따라 갈아타지 않고 가는 직통열차(through train)를 설정한다. 갈아타지 않는 직통의 요망은 크며, 수요가 있는 경우는 될 수 있는 한 직통이 좋다. 직통운전으로 직통 이전보다 이용이 약 40 % 증가한 예도 있다.

(3) 열차의 배열

열차의 사명에 따라 시간대에 어떻게 열차를 배열하는지 이다. 여객 열차의 경우는 6~23시(선구나 열차 사명에 따라 5~24시)의 이른바 유효 시간대(effective time, available time)에 발착하는 등, 이용자의 편의를 우선하지만, 차량 운용이나 선로 용량(track capacity), 역의 발착선 용량, 역의 대피선(relief track) 등의 제약도 종합하여 결정한다. 이들의 다이어그램은 이용 실적에 기초하여 수정을 가하여 개선하는 예가 많다. 화물 수송의 경우는 저녁때에 화물을 집결 적재하고 야간에 운행하여 익일 아침에 도착 배송하는 것을 이상적으로 하고 있다.

(4) 견인정수와 기준 운전시간

(가) 견인력(tractive force)과 견인정수(nominal tractive capacity)

동력차의 출력은 그 원동기에서 차륜으로 전하여져 레일과의 점착력을 이용하여 주행한다. 따라서, 출력은 점착력에 따라 제한을 받는다. 동력차의 견인력에서 동력차 자신의 주행 저항을 차인한 것을 인장봉 견인력(draw-bar pull)이라 하며 객화차를 견인하는 힘을 말한다. **그림 8.1.2**는 열차 속도와 견인력·열차 저항의 관계를 나타낸 것이며, 운전 속도가 높을수록 인장력이 줄고 저항력이 크게 되지만 인장력과 열차 저항이 평형인 상태의 열차 속도를 "균형 속도"(equilibrium speed)라고 한다. 동력차에서는 어떤 일정 속도를 확보할 수 있는 견인중량의 값을 "견인 정수"(nominal tractive capacity, locomotive rating, hauling capacity of engine)라고 하고, 견인중량을 1 차량의 가상 중량(하기 참조)으로 나눈 값으로 정의한다. 이 값은 각 선구(railway division)의 기울기, 곡선 등의 선로 조건을 고려하여 정하며, 열차 운전계획을 세우는 기초 자료로 된다.

일반철도에서는 객차의 경우에 40 tf, 화차의 경우에 43.5 tf를 1량으로 하며, 예를 들어 최대 견인중량 400 tf인 경우에는 객차의 견인정수 10으로 나타내고 있다. 하향 기울기에 대하여는 속도의 감소가 없지만, 제동력에 따른 운전의 안전상에서 견인정수가 결정된다. 기관차에는 각 구간마다 견인정수가 정해져 있으므로 실제로 견인되고 있는 객화차의 중량을 견인정수로 환산하여야 하며, 그를 위해서는 실제 차량의 하중 상태에 따라 그 차량이 환산 몇 량 분에 상당하는가를 환산하여야 한다. 일반철도에서는 공차(空車), 영차(盈車)마다 상기와 같이 화차의 경우에 43.5 tf, 객차의 경우에 40 tf로 나눈 환산량 수(number of converted car)를 각 차량의 외측에 표기하고 있다. 객차의 경우는 전정원(全定員) 인수(人數)가 승차하고 있는 경우를 영차로 하고, 20 인을 1 tf로 환산한다.

(나) 운선 성능 곡선

이상과 같은 각 차량의 성능에 따른 견인력, 각종의 열차 저항 및 열차 속도 등에 따라 여러 가지 선로 조건 아래에서 각종 열차의 단위 중량당 견인력, 가속·감속에 요하는 거리·운전 시간(running time)·전력량 등을 계산하여 열차의 성능을 도표화한 것을 운전 성능 곡선이라 총칭하며, 하중 곡선·가속력 곡선·기울기별 속도 거리 곡선·제동 곡선 등이 있다. 이들의 곡선으로 일정 선구의 각종 열차의 기본 운전상황을 나타내는 운전 곡선도를 작성하여 역간(구간), 운전 시간, 최고 속도, 사용 전력량 등을 구하여 열차 다이어그램을 작성한다. 현재는 이들의 곡선도를 컴퓨터로 계산, 작도하고 있다.

(다) 운전 곡선도(운전선도)

열차의 운전상태, 운전속도, 운전 시분, 주행거리, 전력소비량 등의 상호 관계를 열차운행에 수반하여 변화되는 상태를 역학적으로 도시한 것을 운전선도라 한다. 운전선도는 주로 열차운전 계획에 사용하며, 신선 건설, 전철화, 동력차 변경, 선로의 보수 및 계획 시에 역간 운전 시분을 설정하여 열차운전에 무리가 없도록 하는 외에 동력차의 성능비교, 견인정수의 비교, 운전 시격의 검토, 신호기의 위치 결정, 사고조사, 선로 계획 등의 자료가

된다.

　운전선도에는 기준채택 방법에 따라 시간기준과 거리기준 운전선도가 있으며, 시간기준 운전선도는 시간을 횡축으로 하고 종축에 속도, 거리, 기울기, 전력량을 표시하여 작도한다. 거리기준 운전선도(**그림 8.1.3**)는 거리를 횡축으로 하고 종축에 속도, 시간, 전력량 등을 표시하여 작도한 것으로 열차의 위치가 명료하고, 임의 지점의 위치에 운전 속도와 소요 시간을 구하는데 편리하며, 운전선도라 함은 보통 이 거리기준 운전선도를 말한다.

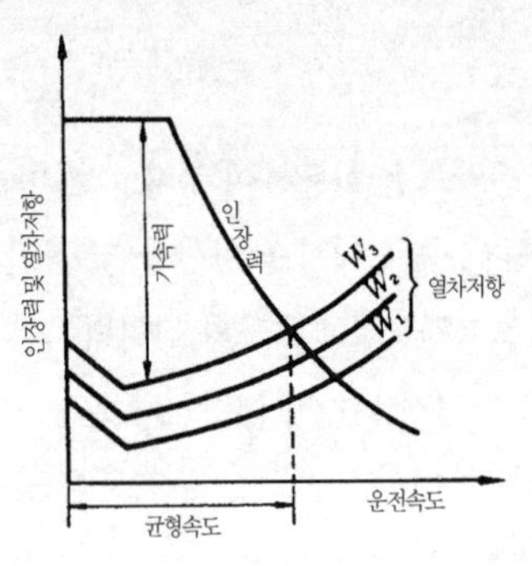

그림 8.1.2 인장력 및 열차 저항과 운전속도의 관계

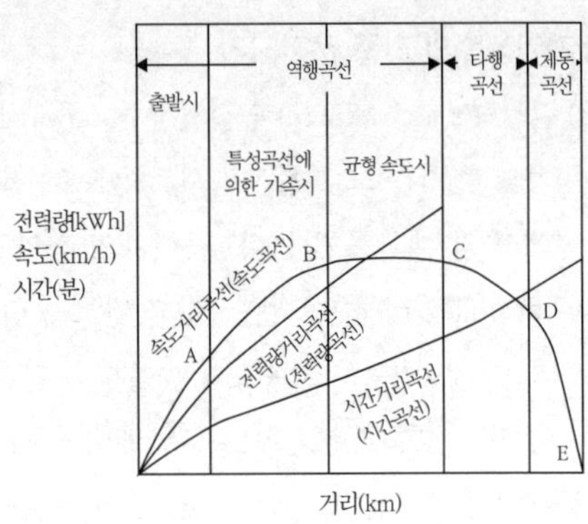

그림 8.1.3 거리기준 운전선도

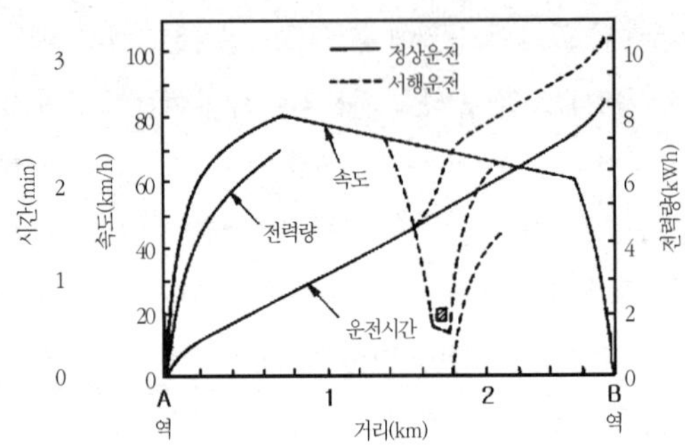

그림 8.1.4 서행 및 도중 정차 시의 소비 전력량 영향의 예

　그림 8.1.4의 실선은 정상 시의 운전곡선(train operation curve)이며, 이 경우의 열차는 출발부터 750 m까지 역행(power running)하고 그 후는 타행(coasting)으로 2.6 km까지 운전하여 2.6 km 지점에서 제동을 걸어 2.8 km의 B역에서 정지한다. 이 경우의 전력량은 7 kWh로 된다. 지금, 15 km/h의 서행을 요하는 개소가 1.7 km 부근에 발생하였다고 하면, 열차는 A역을 출발하여 0.75 km 부근까지 역행하고 타행에 들어가지만 1.4 km 부근에서 제동을 걸어 1.65 km 부근까지에서 15 km/h로 감속하여야 한다. 서행 지점을 통과 후 다시 역행에 들어가서 2.1 km 부근까지 정상 운전시의 속도 65 km/h에 달하고 타행에 들어가 2.6 km 부근에서 제동을 걸어 B역에서 정지한다. 따라서, 역행이 2회로 되어 최초의 7 kWh와 나중의 4.5 kWh를 합산한 11.5 kWh를 요한다. 또한, 운전시간은 정상시의 2분 50초가 3분 30초로 된다.

(라) 기준 운전시간

　선로조건(최고속도·곡선 속도·분기기 속도 등의 제한)을 전제로 기관차 열차의 경우는 기관차의 성능과 견

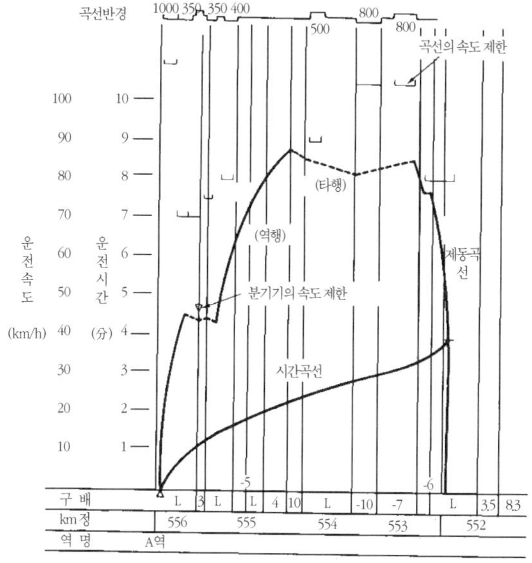

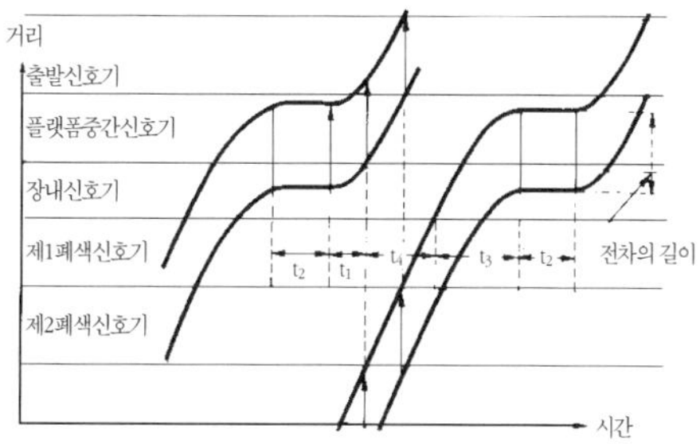

그림 8.1.5 운전 곡선의 예(전차 6M 6T) **그림 8.1.6** 역 부근에서의 정거와 신호기와의 관계

인정수(견인 톤수, 상기의 (가)항 참조)의 다소에 따라 변한다. 동력분산 열차는 차량 성능과 편성 내용(전차의 MT 비율)·승차율(러시아워 등)에 따라 운전 시간이 변한다. 따라서, 역 구간마다 상기의 운전곡선(running curve, 거리와 속도·시간의 관계도)을 작성하여 계획상의 최소 소용의 "기준 운전시간"(regular running time)을 사정한다(**그림 8.1.5** 참조). 이 시간은 15초 단위로 하여 사정 시간이 4분 9초와 같이 15초 미만인 경우는 절상하여 기준 시간을 4분 15초로 한다. 여객 열차의 승차율은 새마을호 열차 등의 정원 열차에서는 정원 승차로, 기타의 열차는 승객이 많을 때의 상당 비율(예 150 %)의 승차를 조건으로 한다. 최고 속도나 곡선 등의 제한 속도 (restricted speed)에 대하여는 약 3 km/h 내린 속도로 "기준 운전시간"을 산정한다.

더욱이, 이 사정 시간은 어디까지나 주요한 부분의 운전 가능한 시간이다. 실제의 다이어그램 설정은 선로 공사 등의 서행이나 지연의 회복 등을 고려하여 다소의 여유 시간을 더한다. 그 여유율은 열차 종별에 따라 다소 다르며, 단선의 경우에 3~5 %, 복선의 경우에 2~3 % 정도로 하고 있다. 이들의 여유 시간은 전구간에 대하여 일률적이 아니고, 이용객이 많은 역 근처에 붙이는 등을 감안한다. 여유 시간이 너무 작으면, 날마다의 다이어그램에 대하여 만성적인 지연이 생기는 요인으로도 되며, 또한 너무 많은 것은 소요 시간의 연장을 초래하여 서비스·효율의 점에서도 좋지 않다. 최근의 속도향상(speed up) 요청에 대하여 이들의 여유도 적극적으로 감축되는 경향으로 되어 있지만, 실제 운전의 지연 실적을 자세히 조사 해석하여 사정한다.

(5) 정거 역과 정거 시간

고속 여객 열차(passenger train)의 속도 향상에는 되도록 정거 역을 적게 하고, 정거 시간(stopping time)을 짧게 하는 것이 바람직하다. 그러나, 정거를 요구하는 연선 주민의 요구도 치열한 경우가 많다. 정거 역을 결정하는 요소로서 승하차 인원수, 지역의 사정, 타 선구와의 분기 역, 다른 교통기관과의 관계, 승무원의 교체 등이 고려된다. 정거 시간도 승하차 인원수의 다소, 편성의 분할 병합, 편성의 증감, 승무원의 교체, 기관차 바꿔 달기 등에 따라 적정하게 최소 20초로 사정된다.

(6) 열차 최소 시격(minimum train headway)

열차 시격의 기본은 후속 열차(following train)가 항상 속도조절의 브레이크를 필요로 하지 않는 진행의 신호 현시에 따라 원활하게 운전할 수 있는 것이다. 따라서, 자동 폐색 구간에서는 전후 열차의 간격이 2 이상의 폐색 구간을 사이에 두도록 설정되기 때문에 최소의 열차 시격은 2~3 폐색 구간 + 열차 길이를 주행하는 시간으로 된다. 여기서, 신호기의 간격을 줄이어 열차의 속도 성능을 높이면 열차 시격을 단축할 수 있어 증발이 가능하게 되지만, 열차 시격은 그 선구를 통하여 가장 큰 시격으로 제약된다. 대도시 근교 통근 전차열차의 역간 운전에서의 최소 시격은 1분 정도로 단축할 수 있다. 그러나, 실제의 운전에서 주로 시격이 제한되는 것은 역간에 대하여가 아니고 정거 역 부근이나 터미널 반복 등의 열차 시격이다. 따라서, 승하차가 많은 역의 정거 시간, 반복 시간, 다이어그램 회복 여유 등 때문에 다이어그램 설정상의 최소 열차 시격은 가감속이 빠른 10량 편성 통근 전차에 대하여 2분으로 하고 있다. 기타의 여객 열차에 대하여 3분, 고속선로에 대하여 4분, 화물 열차(freight train) 등의 장편성 열차에 대하여 6분 정도로 하고 있다.

대도시 근교 구간에서는 역에서의 승하차 시간의 연신을 억제하여 열차 시격을 단축하거나 확보하기 위하여 승하차가 많은 역에서 플랫폼의 양 측선으로 교호 발착, 양면 플랫폼을 이용한 승하차별 사용, 긴 플랫폼에서의 속행 2열차의 발착 등으로 하는 예가 있다. 또한, 신규제작 차량에 대한 승하차 도어의 증설(예 : 한쪽 4 → 5 · 6), 도어 폭의 확대(예 : 1.3 → 1.8 m) 등을 고려할 수 있다. 특히 혼잡이 심하여 열차 증발의 개선이 요망되는 대도시 근교 전차 구간에서의 최소 시격(초)을 검토하여 보자. 여기서는 최소 시격이 제약되는 일반적인 역의 1선 착발인 경우의 전후 열차의 간격을 산정하면(**그림 8.1.6** 참조), 최소 시격 T(sec)는 다음 식으로 산정된다.

$$T = t_1 + t_2 + t_3 + t_4 + t_5$$
$$= \sqrt{20 \times 7.2/\alpha} + t_2 + \sqrt{(L+50) \times 7.2/\beta} + t_4 + 4$$

여기서, t_1 : 선행 열차가 발차 후, 출발 신호기(50 m)를 통과하든지, 플랫폼 중간 신호기를 전차(電車)의 후부가 통과하기까지의 시간, t_2 : 정거 시간, t_3 : 속행 열차의 선두부가 장내 신호기(플랫폼 앞의 50 m)에 진입 후, 정거하기까지의 시간, t_4 : 속행 열차가 후방 제2 폐색 신호기와 장내 신호기와의 사이를 주행하는 시간(2 폐색 구간), t_5 : 신호 변환 시간(1초) + 제동 공주시간(3초), α : 평균 가속도(km/h/s), β : 평균 감속도(km/h/s), L : 열차 편성 길이(m),

플랫폼 중간 신호기가 설치되어 있는 경우에 전차의 최후부와 플랫폼 중간 신호기까지의 거리(20 m)가 짧기 때문에 가속도 α의 차이로 인한 영향의 쪽이 크다. 열차 편성을 10량 200 m로 하면 진출 시간 t_1이 약 9초(평균 가속도 2 km/h/s) 또는 약 7초(3 km/h/s), 정거 시간 t_2가 30초, 진입 시간 t_3가 약 25초(평균 감속도 3 km/h/s), t_4는 신호기의 간격 거리와 열차 속도에 따라 다르지만, 신호기 거리를 600 m, 속도를 60 km/h로 하면, 약 36초로 산정되고, 합계의 T는 약 104~102초로 되며, 정거 시간의 비율이 높다.

가감 속도를 높이고 폐색 신호기(block signal) 간격을 한층 줄이면 이론적인 최소 시격은 10량 편성에 대하여도 약 90초 정도로 되지만, 실제는 정거 시의 정지 위치 맞추기의 운전 조작, 정거 시간의 연장이나 다이어그램의 회복 등을 위하여 120초 정도를 채용할 수밖에 없다. 해외에서 최소 시격을 약 90초로 하고 있는 예도 있지만, 어느 것도 전차의 편성이 6량 정도이고 승차율이 낮아 혼잡이 적으므로 역의 정거 시간이 약 20초로 지켜지고 있다. 더욱이, 시격 단축의 발본책으로서 폐색 신호기를 이용하지 않고 선행 열차(previous train)와의 거리를 자동적으로 제어하는 이동 폐색식도 채용되고 있다(제5.4.3(2)(나)2)항 참조).

8.1.5 열차 다이어그램 책정

(1) 열차 다이어그램

열차의 운전계획·운전관리(management of operation)에 사용되는 열차 다이어그램(diagram, 우리나라에서는 일반적으로 '다이아' 라고 한다)은 열차 계획(train working program)에 기초하여 구체적으로 열차를 설정하는 것이며, 열차가 주행하는 상황을 일목요연하게 도표로 나타내고 있다. 열차 다이어그램은 열차 운행의 시간적 추이를 나타내기 위하여 종축에 거리·역을, 횡축에 시각으로 한 좌표가 일반적이며, 열차가 주행하는 궤적을 사선으로 기입하고 있다. 여기서, 역간의 속도가 구배 등으로 변하는 경우는 열차의 궤적이 꺾은 선으로 되지만, 역간의 간격을 속도에 따라 조정하여 열차의 궤적이 직선으로 되도록 하고 있다. 열차의 시각표에서는 표시할 수 없는 역간의 시간적 궤적이 명확하게 표시되므로 열차 운행 시각을 제작하는 수단일 뿐만 아니라 사고, 재해(disaster), 열차 지연(train delay) 등의 때에 전후의 열차 관계나 대향 열차(opposing train)의 상태를 아는 수단으로도 빠뜨릴 수 없는 것이다. 열차 다이어그램을 결정하기 위하여 ① 수송량과 수송력, ② 열차 계통의 운용, ③ 기준 운전 시간, ④ 운전 시격(headway), ⑤ 정거장에서의 정거 시간과 접속 시간, ⑥ 운전 설비, ⑦ 탄력성이 있는 운전 시간의 여유, ⑧ 차량 운용의 효율화와 경제성 등의 여러 조건을 고려하여야 한다.

다이어그램의 설정은 신선 등 개업시의 신규는 별개로 하고, 필요에 따라 개정하는 예가 대부분이다. 다이어그램의 개정은 신선 개업, 증설·전철화(electrification) 등 시설의 개량, 신형 차량의 투입·차량 증비 등의 기회나 수송의 변화에 대응하여 모아서 실시하는 경우가 많다. 열차 밀도(traffic density)가 높은 대도시 근교 구간은 최종 열차에서 최초 열차까지의 심야가 선로나 전차선 보수의 작업 시간으로 되지만 야행 열차가 설정되는 간선 등에서는 보수 작업을 위하여 열차가 주행하지 않는 시간대를 설정할 필요가 있다. 운전에 앞서 예상되는 임시 열차 등도 될 수 있는 한 예정 다이어그램을 설정하여 둔다.

(2) 열차 다이어그램의 종류

열차 다이어그램에는 용도에 따라 시간 눈금의 조밀에 의하여 다음의 종류가 사용된다.

1) 1시간 단위 열차 다이어그램(one-hour unit train diagram) : 시각의 눈금을 1시간으로 한 열차 다이어그램이며, 일례로서 1시간의 폭은 20 mm로 취하고 시각 개정 시에 구상을 검토하는 초안의 다이어그램으로 사용하기도 하며 또는 차량의 운용 계획, 장기 열차 계획(train working program) 등의 계획작업에도 사용한다.

2) 10분 단위 열차 다이어그램(ten-minute unit train diagram) : 시각의 눈금을 10분으로 한 열차 다이어그램이며, 열차횟수가 많은 선구(busy line)에 대하여 1시간 다이어그램 대신에 사용한다.

3) 2분 단위 열차 다이어그램(two-minute unit train diagram) : 시각의 눈금을 2분으로 한 열차 다이어그램이며, 일례로서 1시간의 폭은 60 mm로 취하고 있다. 역의 발착 시간을 15초 단위로 표현할 수 있도록 특별한 기호도 정해지며, 시각 개정 시에 열차 시각의 설정에 사용하는 외에 임시 열차의 계획, 시각 변경 등의 작업에 사용한다.

4) 1분 단위 열차 다이어그램(one-minute unit train diagram) : 시각의 눈금을 1분으로 한 열차 다이어그램이며, 일례로서 1시간의 폭은 120 mm로 취하고 있다. 10초 단위로 나타내며 2분 다이어그램과 같은 목적에 사용하지만, 주로 열차 밀도가 높은 전차전용 구간에 사용한다.

또한, 특별한 호칭의 다이어그램 예로서 "네트워크 다이어그램" (network train diagram), "평행 다이어그램" (parallel train diagram) 등이 있다. "네트워크 다이어그램"은 단선(single line) 구간에서 최대한의 열차를 설정하기 위하여 상하의 열차를 교호로 설정하여 망의 눈과 같이 짜 맞춘 다이어그램을 말한다. "평행 다이어그램"은 복선(double line) 구간에서 최대한의 열차를 설정하기 위하여 각 열차의 속도를 같게 하여 운전하도록 열차선(線)이 평행하게 되는 다이어그램을 말한다. 간선의 야행 여객 열차와 컨테이너 화물열차가 설정되는 야간대나 대도시 근교구간 전차운전의 러시아워대 등에 채용하고 있다.

(3) 열차 다이어그램의 기재 사항

열차 다이어그램에는 ① 열차선(線)과 열차 번호(train number), ② 하행 열차에 대한 표준 상향 기울기와 표준 하향 기울기(‰), ③ 정거장간의 거리와 기점부터의 거리(영업 킬로미터), ④ 정거장 이름과 정거장의 종류, ⑤ 폐색방식(block system)의 종류와 선수별(단선, 복선), ⑥ 전철화 구간(electrified section)과 변전소(transforming station), ⑦ 선로 명칭 및 본선의 유효장, ⑧ 대피 또는 교행가능 여부, ⑨ 작성 개소와 정리 번호, ⑩ 실시 연월일 · 개정 번호 등도 기재한다.

(4) 열차선의 기재

열차선은 열차 종별 · 운전 기간에 따라 ① 열차의 기호, ② 운전 기간의 기호로 한다.

(5) 열차번호의 부여방법

철도의 선로를 운행하는 열차는 고유의 열차번호를 부여한다. 그 부여 규칙은 아래와 같다[239].

  1) 열차번호는 시발역에서 종착역까지 동일한 번호를 부여한다.

  2) 열차번호는 속도기호와 4단계 이하의 숫자로 표시하고 하행열차는 홀수번호를, 상행 열차는 짝수번호로 하는 것을 원칙으로 한다. ① 2개 선로 이상에 걸쳐 운전하는 경우에는 중요 선로를 기준으로 한다. ② 중요 선로와 중요 선로의 경우에는 운행거리가 길고 운행 정거장 수가 많은 쪽을 기준으로 한다.

  3) 열차번호 배당은 상위등급 열차부터 순차적으로 부여하되 다음에 따른다. ① 열차번호는 열차 종별로 구분하고 그 범위 내에서 선로 및 직통 등 우선순위로 배당한다. ② 수도권 전동열차는 열차번호 앞에 알파벳 두 문자로 소속 및 구간을 구분한다(철도공사 : K, 서울시 : S). ③ 열차번호 배당은 운전취급용 열차운전시각표의 열차별 배당번호표에 의한다.

(6) 다이어그램 책정작업의 기계화

이상의 다이어그램의 작성에서 종래는 수작업으로 많은 노력과 시간을 요하여 왔지만, 최근에는 컴퓨터로 신속화와 효율화가 도모되고 있다. 즉, 수요의 동향에 즉응하여 기동적인 수송 서비스를 제공할 수 있도록 하기 위하여 될 수 있는 한, 단시일 · 능률적으로 행할 수 있는 개선이 진행되고 있다. 다시 말하여, 일정한 룰로 행하여지는 열차 다이어그램이나 다음 항의 차량·승무원 운용 다이어그램의 책정은 최근에 컴퓨터를 이용한 기계화가 도모되고 있다.

8.1.6 차량과 승무원의 운용

운전관리에서 열차 다이어그램(train diagram)과 차량·승무원 운용은 표리일체이다. 기관차나 일반 여객차량은 열차 다이어그램에 대응하여 효율적으로 사용하기 때문에 같은 차량이 매일 같은 열차에 충당되지 않고, 다른 열차에 순환 충당되는 것이 원칙이다. 이와 같은 순서에 따라 사용하는 것을 차량 운용이라고 한다. 높은 효율과 적정한 여유를 감안하여 운용될 수 있도록 책정한다. 이 차량 운용예정에 따라서 차량이 운용되며, 소요의 량 수가 결정된다. 동력차 승무원·차장 등의 승무원에 대하여도 실무 제약시간을 지키면서 효율적이고 무리가 없도록 배려하며, 차량 운용(car operation)과 같은 승무원 운용을 책정한다. 승무원은 운용에 따라 기관차나 열차에 승무하며, 소요의 인수가 산정된다.

8.1.7 열차의 지령 관리(관제)

열차의 운전은 언제나 다이어그램대로 운행될 수가 없고, 건널목 지장, 다수 승강의 정거 시간(stopping time) 연신 등, 무엇인가의 이유로 인하여 열차의 지연이 생기기도 한다. 따라서, 매일의 열차 운전에는 열차의 운전 상황을 감시하여 지연 등의 이상 시에 열차 운전(train operation)의 흐트러짐을 최소한으로 막고, 신속하게 정상 상태로 복귀시키기 위하여 적당한 선구·구간을 집중하여 원격 관리하는 중앙 운전 사령실을 설치하여 열차의 지령 관리를 한다. 그 업무 내용은 열차 지령·기관차 지령·전차 지령·객화차 지령 등이며, 열차 다이어그램의 변경, 열차의 운행 순서의 정리, 기관차 등의 운용 변경 등을 행하는 것이 열차 지령관리(train dispatching control, 철도공사에서는 '열차관제(管制)'라고 한다)이다. 한국철도에서는 5개 지역에 분산되어 있는 CTC사령실을 통합하여 구로에 CTC 통합사령실을 구축하였다(제5.6.2항 참조).

예전에는 중앙 사령실과 각 역과의 전화로 각 역·열차에 지시 연락을 하여 왔지만, 최근에는 많은 선구에 CTC(central traffic control device, 열차집중제어장치)가 보급되고 열차 무선(train radio system)의 정비에 따라 열차와의 연락도 신속하게 행할 수가 있도록 되어 있다. 열차 무선은 CTC에 아울러 정비되며 널리 보급되고 있다. 열차 무선은 열차 지령을 민속 확실하게 함과 동시에 열차 안정성의 확보(선로 지장 등의 긴급 연락), 여객 서비스의 개선(이상 시의 회복예상 정보의 제공), 화물 열차(freight train)의 1인 운전(one-man operation)화 (재래는 차장차를 연결하여 차장이 승무) 등에 공헌하고 있다. 열차 무선의 방식에는 유도무선(inductive radio)과 공간파 무선(space-wave radio)의 2 방식이 있다. 유도무선은 유도선을 선로에 평행하게 가설하고 여기에 고주파 전류를 통하여 차량의 안테나 사이와의 유도 작용을 이용하는 것으로 지형상의 영향이 적어 지하철에서 채용되고 있다. 공간파 무선은 VHF(초단파)를 사용하는 것으로 각종 잡음의 영향이 적어 지상선에 채용되며, 터널 내는 LCX(누설 동축케이블)로 하고 있다.

8.2 안전의 확보와 운전사고 방지 대책

8.2.1 개요

철도 운영(railway operation)의 중요 조건으로 "안전, 민속, 확실, 쾌적, 저렴"이 열거된다. 그 중에서도 "안전"은 절대의 지상(至上)으로 되며, 안전을 확보하기 위하여 끊임없이 노력하여 왔다. 그러나, 사람이 만든 기계·시설 등에는 절대의 안전이 있을 수 없어 때때로 고장을 일으키기도 하고, 또한 사람의 조작에서 미스도 피할 수 없다. 철의 레일과 철의 차륜을 사용하여 생긴 철도는 고속의 대량 수송(mass transport)을 가능하게 하였지만, 이상의 기계·시설의 특성에 더하여 제동 성능이 좋지 않은 점(정지까지의 제동거리가 자동차에 비하여 수 배 길다) 등 때문에 영국에서의 철도창업 시부터 비참한 인신사고가 발생되고 있다. 그 때문에 신호(signalling) 등의 보안 설비를 채용하며, 폐색방식이나 자동 연결기·직통 공기 브레이크의 채용도 중대 사고(major accident)의 교훈에 따른 것이었다. 그 후도 시설·차량의 개선이 끊임없이 도모되고 운전사고(operating accident)의 방지는 철도 경영의 제1의 과제로 되어 왔다. 사고를 귀중한 교훈으로 하여 채택한 사고방지 대책이 공을 세워 운전사고가 해마다 감소되고 있다. 그러나, 앞으로도 사고 방지를 소홀히 할 수 없다.

8.2.2 중대 사고의 분석 예

운전사고(operation accident)에는 큰 것에서 작은 것까지 여러 가지가 있지만, 철도에서 특히 문제로 되는 것은 중대 사고(major accident)이다. 이 절에서 말하는 중대 사고는 예를 들어 여객의 사망이 발생된 것, 탈선 차량이 30량 이상인 것, 그 외 특기하여야 할 것으로 되어 있다. 중대 사고를 분석한 자료에 의거하여 직접 원인별로 집계한 예[31]에 따르면, ① 신호 오인이나 브레이크 취급의 지연 등 동력차 승무원의 취급 관련사고(41 %), ② 신호 취급이나 폐색 취급 미스 등의 역 취급으로 인한 사고(12 %), ③ 차량 고장에 의한 사고(10 %). (최근에는 급격히 감소), ④ 낙석·강풍 등의 천재에 의한 사고(13 %), ⑤ 건널목 사고(11 %), ⑥ 열차 방해·화재 등의 사고(7 %), ⑦ 화차와 레일과의 경합탈선 사고(4 %), ⑧ 시설에 관련된 사고(2 %) 등으로 되어 있다. 최근에는 보안 대책이나 근대화의 추진, 시설·차량의 개선 정비 등에 따라 최근의 사고는 건널목 사고와 전례가 없는 사고가 늘어나고 있다.

철도의 보안도를 측정하는 하나의 척도로서 열차 킬로미터(train kilometers)당의 열차사고(train accident ; 열차충돌(train collision)사고·열차탈선(train derailment)사고·열차화재(train fire)사고 등)의 사고율이 있다.

8.2.3 건널목 대책 및 첨단 교통체계

(1) 건널목 대책

건널목대책에는 ① 건널목의 격상, ② 건널목 보안설비의 개량, ③ 건널목구조의 개량, ④ 사고방지의 홍보활동 등이 있으며, 발본적인 대책은 건널목을 입체교차화하여 건널목을 없애는 것이다.

(2) 건널목의 격상 및 입체화

건널목의 통폐합 등을 계속 진행하여 전국의 건널목이 1994년도의 약 2천 개소에서 2005년 초의 약 1,600개소로 감소되고 있으며 건널목의 종별을 격상하는 건널목 개량이 꾸준히 진행되어 왔다. 발존적인 대책은 입체교차로 하여 건널목을 없애는 것이다.

(3) 건널목 보안설비 및 건널목 구조의 개량

통행의 실태에 따라 추진되는 주된 개선은 다음과 같이 고려할 수 있다. ① 시각 인식 · 전망이 좋지 않은 건널목에는 오버 행형의 경보기를 설치한다. ② 건널목을 멀리에서 시각으로 인식하기 쉽도록 차단간에 늘어뜨린 막, 늘어뜨린 벨트를 설치한다. ③ 도로 폭이 넓은 건널목에 대하여는 2단 차단으로 하여 진입 측을 먼저 차단하고 진출 측을 나중에 차단한다. ④ 절손이 많은 차단간은 자동차 등이 건널목 내로 들어박힌 경우에도 용이하게 탈출할 수 있도록 자재(自在) 굴절이 가능한 FRP제로 개선한다. ⑤ 한쪽만 설치되어 있는 건널목 지장 통지장치(비상 버튼)는 양측에 설치한다. ⑥ 건널목 장해물검지 장치는 복선 구간의 자동차 통행이 많은 개소에 대하여 적극적으로 정비한다. 비용이 저렴한 것도 개발되어 있다. ⑦ 경보 시간의 적정화를 도모한다. ⑧ 열차진행 방향 표시기를 열차 밀도가 많은 복선 구간에 증설한다.

건널목 구조의 개량은 다음과 같이 고려할 수 있다. ① 통행량의 증대에 따라 폭을 넓힌다. ② 낙륜 방지벽이나 복륜공도 설치한다. ③ 엔진 정지, 낙륜 방지를 위하여 포장을 개량한다. ④ 건널목으로의 도로 접근이 좋지 않은(교각 · 급곡선 · 급구배 등) 것은 개량한다.

(4) 사고 방지(prevention of accident)의 홍보 활동

TV · 라디오를 이용한 홍보, 역 · 차내에서의 홍보, 포스터의 배포, 자동차 운전학원에서의 지도 등에 힘쓴다.

(5) 건널목 첨단교통체계의 도입

한국철도에서는 철도건널목 및 인접교차로에 지능형 교통체계(ITS)를 적용하여 건널목 주변 교통 혼잡을 최소화하기 위한 실시간 제어제계를 도입하고 있다. 국도해양부는 '건널목관련 첨단교통관리체계(IGCS) 구축운영지침을 2006. 1. 6에 제정, 공포하였다. 지금까지는 철도건널목 차단기와 인접교차로의 신호가 별개로 운영되었으나, 첨단교통체계는 철도건널목 차단기와 인접교차로 시스템을 상호 연동하는 시스템이다. 이 시스템은 검지기로 수집된 열차 위치, 속도, 차단시간 정보를 인접교차로 시스템에 제공하여 신호현시를 조정하는 등 건널목 차단에 따른 자동차 대기행렬을 조정함으로써 교통 혼잡을 최소화하고, 보다 안전한 도로체계를 구현한다.

8.2.4 방재 대책 및 선로의 안전시설

방재(disaster protection)란 일상의 검사 · 관측 등의 축적을 통하여 자연의 외력으로 인한 철도 구조물(자연사면 · 절토 · 성토 · 교량 · 고가교 · 터널 등)이나 차량 통행에 대한 영향을 예지 · 예측하는 일과 불행하게 생긴 자연 재해의 복구와 항구적인 방지 대책을 시행하는 일이다. 지금까지는 재해 발생에 의한 사후 복구가 주이었지만, 장년에 걸친 실적 등에서 최근에는 강풍 · 호우 · 홍수 · 지진 등의 이상 상태에 관한 정보수집 시스템의 정비나 구조물(structure)의 강화 · 방호 등의 사전 방재에 주력을 쏟음으로써 자연재해 사고발생이 감소되고 있다.

(1) 방재대책

1) 사면 재해(slope disaster) : 기존선의 노반(road bed)은 선로 연장의 대부분이 흙 구조물이기 때문에 흙 사면에서의 자연 재해가 많다. 사면의 대부분은 비에 약한 흙 사면이기 때문에 문제 개소의 건전도나 안전성을 정확하게 평가하여 사전 대책의 방재 공사를 행하고 있다. 또한, 1시간당의 강우량(rainfall)과 내리기 시작하고부터의 총 우량에 따라 경험적인 데이터에서 운전을 규제(정지 또는 속도 제한)하고 있다. 강우에 따른 운전규제의 고려방법은 예를 들어 다음과 같다. 1) 전선의 방재강도에 대한 강도에서 구간을 설정하여 각각의 구간에 대하여 ① 강우량(1 시간에 대한 총 우량), ② 연속 우량(비가 내리기 시작한 때부터의 총 우량이며 비가 중단하여 12 시간 이내에 다시 시작한 때는 연속 우량으로서 카운트한다)의 각 규제치를 정한다. 2) 상기 1)의 규제치 ①과 ②의 조합에 따라 운전규제를 마련한다. 그 단계로서는 ① 경비에 들어간다, ② 열차를 서행시킨다, ③ 열차를 정지시킨다고 하는 3 단계로 하고 있다.

2) 토석류 재해(mud and stone flow disaster) : 호우로 인하여 산허리가 붕괴되어 토석 자체의 무게로 유동화되는 것이다. 이러한 재해는 연선(wayside) 근방만의 조사로는 예측이 곤란하며, 선로를 횡단하는 시냇물의 원류 지역까지를 공중 사진 등을 활용하여 조사 · 파악할 필요가 있다.

3) 낙석(falling-rock) : 산허리에서의 낙석으로 인한 사고(falling-rock accident)의 예가 많지만 낙석의 발생 개소나 시기를 예지하는 것은 용이하지 않다. 떨어질 듯한 돌을 발견하여 조처 · 처리하든지 선로로 들어가지 않도록 옹벽(falling-rock protection wall) · 방책 등을 설치한다. 또한, 전기망(網)식 등으로 낙석이 검지 경보될 수 있는 장치(falling-rock detector)를 정비하며, 그 경우는 자동적으로 열차에 경보하여 열차를 정지시키는 방책이 채용된다.

4) 지진(earthquake) : 신설의 철도 구조물은 내진 설계로 개선되고 있지만, 기설 구조물의 강화도 포함하여 추진이 요망된다(제4.2.3항, 제9.3.5(1)(아) 참조). 대규모 지진이 발생되면 철도연선에서 토목구조물의 파괴나 변상이 발생되고 지진동으로 인하여 열차가 탈선될 우려가 있다. 이와 같은 지진에는 구조물 등의 재해와 피해발생 구간으로 열차가 진입함에 따른 2차적 피해 등의 발생이 예상된다. 그래서 연선에 설치된 지진계로 검지한 값에 따라 제9.2.5 항과 같이 운전규제를 하게 된다. 조기검지경보시스템의 예로서 1개소의 지진계를 이용하여 진앙 방위, 지진규모, 진원거리를 거의 리얼타임으로 추정하는 시스템은 최초에 도달하는 지진파(P파)가 진동방향과 파동의 전파방향과 일치하는 사실로부터 진앙의 방위를 추정하고 P파의 탁월 주파수에서 지진규모(예를 들어, 기상청 매그니튜드)를 추정한다. 또한, P파를 이용하여 진원을 추정하고(제1차 추정), 다음에 도달하는 지진파(S파)에서 더욱 진원지와 규모에 관하여 정밀도가 높게 추정(제2차 추정)한다. 그 결과, P파 도착부터 지진경보를 발하는 것이 가능하게 되며, 대(大)진동이 도달하기까지의 여유시간에 열차를 정지시키거나 감속시킬 수가 있다.

5) 설해(snow disaster) : 설해는 적설 · 눈보라 · 눈사태로 대별된다. 선로에 적설하는 경우는 제설한다. 눈보라 · 눈사태 대책으로 방설림이 있으며, 방설 효과가 크다. 고속철도의 분기기는 전열 장치를 설치하여 융설한다. 고속 주행시의 설빙피해 방지 대책은 제9.3.5(8)항에서 설명한다.

6) 풍해(wind damage) : 최근의 차량 경량화(weight reduction of car)나 고속화에 따라 풍해에 주의할 필요가

있다. 지형 등으로 강풍이 발생하기 쉬운 개소에 풍속계를 설치하여 강풍의 강도에 따라 운전 정지, 속도 규제 등 소정의 조치를 취하는 대책을 강구한다(제9.3.5(2)(가)항 참조).

(2) 철도시설 재난 대책

1) 개요 : 철도시설 재난대책은 철도시설과 건설현장 등의 분야별로 재난대책 조직, 사고보고체계, 긴급구조·구급체계와 사고수습복구체계, 사고유형별 대응매뉴얼 등과 같은 재난의 예방·대비·대응·복구체계를 마련함으로써 재난대비 대응에 쉽게 활용할 수 있도록 하여 인적·물적 피해를 최소화 하는데 목적이 있다.

2) 재난과 안전관리의 정의(재난 및 안전관리 기본법 제3조) : '재난'은 국민의 생명·신체 및 재산과 국가에 피해를 주거나 줄 수 있는 것으로서 ① 태풍·홍수·호우(豪雨)·강풍·풍랑·해일(海溢)·대설·가뭄·지진·황사(黃砂)·적조 그 밖에 이에 준하는 자연현상으로 인하여 발생되는 재해, ② 화재·붕괴·폭발·교통사고·화생방사고·환경오염사고, 이와 유사한 사고로 대통령령이 정하는 규모 이상의 피해, ③ 에너지·통신·교통·금융·의료·수도 등 국가기반체계의 마비와 전염병 확산 등으로 인한 피해를 말한다. '안전관리'란 시설과 물질 등으로부터 사람의 생명·신체 및 재산의 안전을 확보하기 위하여 행하는 모든 활동을 말하며 '재난관리'란 재난의 예방·대비·대응 및 복구를 위하여 행하는 모든 활동을 말한다. 동법시행령에서는 안전점검의 날을 매월 4일, 방재의 날을 매년 5월 25일로 정하고 있다.

3) 국토해양 재난 영상정보 시스템 : 재난 발생시 휴대폰 등 매체를 이용하여 동영상, 사진, 문자 등을 전송·활용함으로써 신속하고 효율적으로 재난에 대응하기 위한 시스템이다(현장 근무자 → 국토해양부 국토해양재난 사이버정보센터).

4) 홍수위감시시스템과 강우자동경보시스템 : '홍수위감시시스템'은 교량에 수위감시용 센서와 CCTV, 전원공급용 변압기, 제어장치를 설치하고 수위변화를 실시간으로 감시·분석하는 시스템이다. 홍수에 대해 주의·경계·위험 등의 단계로 구분·관리하여 홍수피해를 예방할 수 있다. '철도강우자동경보시스템'은 전(全)선로에 8~15 km 간격으로 자동강우측정용 우량계를 설치하고, 철도공사본사와 지역본부에 전광판을 설치하여 실시간으로 경계와 경보를 발령하고 운행규제기준에 따라 열차운행을 제한할 수 있는 시스템이다. 한편, 3D GIS와 '가상건설기술'을 활용하여 홍수로 인한 대상지역의 피해예측과 침수지역 산정이나 피해현황 등의 입체적인 공간분석을 수행하는 3D공간정보모델링과 가시화를 통한 3D홍수재해관리시스템[293]의 구축이 필요하다.

(3) 선로의 안전시설

"철도시설 안전기준에 관한 규칙"에서는 안전성분석 결과에 따라 ① 차축온도검지장치, ② 지장물 검지장치, ③ 끌림 검지장치, ④ 지진감시시스템, ⑤ 기상설비, ⑥ 융설(融雪)장치, ⑦ 열차접근확인 장치, ⑧ 본선터널경보장치, ⑨ 레일온도검지장치 등의 안전설비를 선로에 설치하도록 규정하고 있다. 한편, 본선터널의 출입구부분, 철도교량의 양끝부분 또는 외부인의 무단침입으로 철도사고의 발생가능성이 있는 선로 등의 철도시설에는 방호울타리를 설치하고, 필요한 경우에 안전성분석 결과에 따라 영상감시 장치를 설치한다. 국토해양부장관은 상기의 규칙에서 정하는 기준의 시행에 필요한 세부기준을 정하여 고시할 수 있다.

8.2.5 열차 방호(train protection)

(1) 사고시의 열차 방호

(가) 개요

열차의 고장이나 선로의 지장 등 때문에 운전하여 오는 열차를 급거 정지시킬 필요가 있을 때에 지상 작업자 또는 열차 승무원은 진행하여 오는 열차를 정지시키는 열차 방호를 한다. 일반의 열차 방호는 청각과 시각에 의한 2중계(dual system)의 완전을 기하며, 신호 뇌관(detonator, torpedo)과 화염 신호(신호 염관, fusee, warning flare)를 사용하고 있다.

(나) 열차 방호장치

현실에 맞는 열차 방호 수행으로 안전 확보가 가능하고 모든 화물열차의 차장승무 생략과 기관사 단독승무 (기관조사 생략)의 실행을 통한 생산성의 향상(경영개선)이 가능한 설비로서 '무선방호장치'의 설치 운용이 필요하다[239]. '열차무선방호장치'는 중대 사고의 발생 등 위급사태의 발생시에 기관사가 동력차에 설치된 열차 무선방호장치의 버튼을 누르면 즉시 자동으로 전파를 발사하여 사태발생 장소로부터 2~4 km 범위 내를 운행하는 모든 열차에 위급상황을 전파로 전달하면 이를 수신한 기관사는 즉시 안전조치를 취할 수 있도록 하며, 만약 정보를 수신한 기관사가 아무런 조치를 취하지 않을 시는 자동으로 비상제동이 체결되어 열차를 정거시킴으로써 안전이 확보되는 설비이다.

(다) 열차 방호의 종류, 필요시기 및 방호방법

정거장 외에서 열차사고(탈선, 전복 등), 기타 위급상황 발생시에 운행 중인 열차를 방호함으로써 2차 사고를 방지토록 규정에 정하여 시행하고 있으며, 그 방호수행은 기관사와 차장이 시행하도록 되어 있다. 운전취급지침에서는 다음과 같이 정하고 있다.

1) 제1종 방호 : 제1종 방호를 하여야 하는 경우는 ① 열차가 탈선, 전복 등으로 인접선로를 지장하였을 경우, ② 열차운행중 기관사가 인접선로에 대한 열차운행상의 위험사항을 발견하였을 경우, ③ 통표폐색식 시행구간에서 기관사가 정당한 운전허가증(통표)을 휴대하지 않고 운행하고 있음을 알았을 때이다. 열차 방호를 하여야 하는 곳은 열차의 앞뒤 양방향이며, 방호방법은 **그림 8.2.1**과 같이 사고 또는 지장지점에 화염신호를 현시하고 200 m 지점에 정지수신호, 800 m 지점에 폭음신호를 설치한다. 이것은 열차의

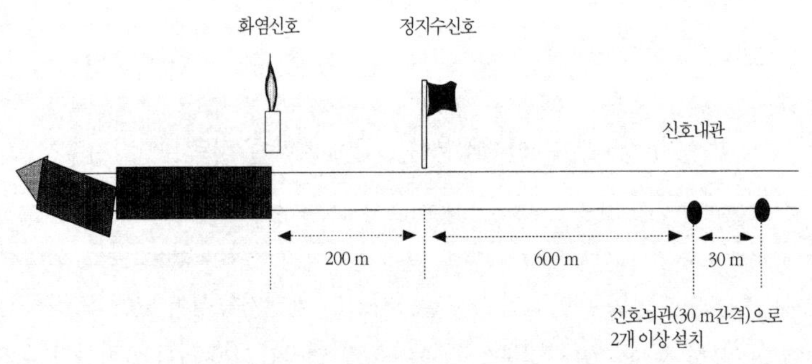

그림 8.2.1 일반철도에서 열차 방호의 방법

비상제동거리인 최장 600 m와 과주여유 200 m를 고려한 것이다. 한쪽 방향의 방호를 위한 이동거리는 1,660 m(왕복거리)가 된다. 방호의 수행은 기관사와 차장이 분담하여 수행하며, 열차의 전방은 기관사, 후방은 차장이 수행한다.

2) 제2종 방호 : 제2종 방호를 필요로 하는 경우는 ① 정거장 외에서 열차가 사고 등으로 차량을 남겨놓고 운행할 경우, ② 구원열차 요구 후 부득이한 사유로 열차를 이동시킬 경우, ③ 격시법 또는 지도격시법 시행 구간에서 열차가 사고 등으로 정거하였을 경우 및 퇴행할 경우(지도표 휴대열차 제외)이다. 제2종 방호 방법은 200 m 지점에 정지 수신호를 현시하고 800 m 지점에 폭음신호를 현시한다. 이 경우에 한쪽 방향의 방호를 위한 이동거리는 1,600 m(왕복거리)이다.

3) 제3종 방호 : 제3종 방호를 필요로 하는 경우는 ① 자동폐색구간에서 열차가 사고 등으로 정거하였을 경우, ② 통신식으로 운전하는 열차가 정거장 외에서 정거하였을 경우이다. 방호방법은 지장 지점에 화염신호를 현시하고 200 m 지점에 정지 수신호를 현시하며, 이 경우에 방호를 위한 이동거리는 400 m(왕복거리)이다.

4) 제4종 방호 : 제4종 방호를 필요로 하는 경우는 '정거장 외에서 구원열차를 요구하였을 경우 또는 구원열차가 운행하고 있음을 통보 받았을 경우' 이다. 방호방법은 지장지점으로부터 200 m 지점에 정지 수신호 현시를 현시하며, 이 경우에 방호를 위한 이동거리는 400 m(왕복거리)이다.

(2) 긴급의 열차 방호

전항에서 설명한 것처럼 열차 방호는 600 m 이상만큼이나 주행하여야 하기 때문에 열차가 접근하고 있을 때는 방호의 시기를 잃을 우려가 있다. 그 때문에 열차 방호에 앞서 긴급 방호를 하여 열차를 정지시키는 수배를 취한다. 즉, 신호 염관 또는 방호 무선을 이용하여 정지 신호를 현시하든지, 자동신호 구간에서는 방호 스위치 등을 사용하여 궤도회로(track circuit)를 단락(short circuit)시켜 정지 신호를 현시하고, 긴급히 정지 수배를 한다. 이와 같은 긴급 방호를 취한 후에 전항의 열차 방호를 하는 것이 가장 바람직하다.

(3) 지장 동지 · 경보 장치

이상의 진로 지장은 모두 우발적으로 발생하는 것이기 때문에 발생 개소·시기의 예측은 어렵다. 그러나, 과거의 교훈 등에서 발생의 위험이 예상되는 개소에는 장해물검지 장치·한계지장 통지장치를 설치한다.

8.2.6 직원 실수의 대책

운전사고(operation accident)의 원인은 일반적으로 복잡한 요인으로 형성되어 있는 경우가 대부분이지만, 사람의 판단 미스나 표준 조작의 불이행 등 휴먼 에러(human error)에 기인한 것이 많은 점은 중대 사고의 예나 해석에서 나타나고 있다. 이 휴먼 에러는 사람의 대뇌의 활동 상태에 좌우되는 내적 요인과 작업을 둘러싼 여러 가지 환경 등의 외적 요인이 복합되어 사고를 야기하는 경우가 많다. 또한, 이 휴먼 에러는 인간 특유의 약점, 특히 특성이 시간적으로 동요하기 쉬운 성질에 유래하는 것으로 피하기 어려운 현상이라고도 한다.

대뇌의 활동 상태가 정상으로 작용하고 있을 때에 인간 행동의 신뢰도는 0.99~0.99999 이상이지만, 긴급 사태가 발생한 때는 주의가 1점에 집중하고 긴급 방호반응이 작용하여 판단 능력이 정지 또는 현저하게 저하하여 그 신뢰도는 0.9 이하로 된다고 하는 연구 데이터도 있다. 또한, 인간의 심리는 의식한다고 하지 않음에도 불구하고 "틈이 있으면 게으름을 피우려고 하는 특성을 갖고 있다"고 하는 연구도 있어 휴먼 에러의 사고를 근절하는 것은 용이하지 않다. 인간의 특성이나 심리를 구명하는 이러한 연구는 인간공학(human engineering) 등에서 채택되며 그 성과는 사고방지 대책에 채용되고 있다. 일반적으로 보급되어 있는 "신호의 지적 환호"에서도 그 효과가 실증되고 있다. 또한, 자동화·기계화 등의 시스템은 생력화와 함께 가일층의 보안도 개선을 전제로 하여 추진되고 있다.

8.2.7 무사고 목표

(1) 직원 모럴의 유지와 고양

많은 사고의 인적 요인으로서 부주의·오인·착오·억측·태만 등의 휴먼 에러가 열거되며, 사고 내용을 상세하게 조사하여 보면 실무의 지식이 결여되어 있거나, 미숙·경험 부족 등 때문에 사고가 일어나는 예는 의외로 적다고 한다([302], [303]). 당사자 자신도 사고의 염려를 이해하고 있으면서도 인간의 행동이 자칫하면 안이한 쪽으로 흐르기 쉬운 본질이 화가 되어 사고를 일으키고 있는 예가 많다. 사회에서 엄하게 규탄된 큰 사고도 시간의 경과와 함께 잊어버려 사라지는 것이 보통이며 현장 제1선의 직원이 끊임없이 긍지와 긴장감을 갖고 직책을 완수하기 위하여 직원의 모럴(moral, 사기, 하려는 기(氣))의 유지·고양에 노력할 수 있는 환경을 만드는 것도 휴먼 에러 방지의 중요한 열쇠이다.

(2) 사고 교훈의 확실한 계승

사고는 좋은 것이 아니기 때문에 철도사 등에서도 기록으로 남아 있지 않은 것이 많으며, 사고의 교훈도 세월과 함께 사라지는 예가 적지 않다. 많은 사고의 교훈이 철도에서 현재 높은 보안도의 기초로 되어 있는 점에서도 중대 사고 등의 기록이나 경과 등은 확실히 계승되어야 할 것이다.

(3) 하인리히 법칙(1 : 29 : 300)의 활용

왕년의 사고는 전례가 있는 반복의 내용이 대부분이었지만, 시설의 개선·자동화 등의 개선이 진행된 최근에는 전례가 없는 예가 많게 되어 있다. 대사고의 배후에는 중사고가 29건 일어나 있고, 그 이면에는 사소한 소사고가 300건 발생하고 있다고 하는 것이 하인리히 법칙(Heinrich law)이며, 운전사고도 비율이 다소 달라도 경향으로서는 같을 것이다. 전례가 없는 대사고의 배후에는 나타나지 않은 중사고·소사고가 반드시 발생하여 있다고 하는 의미이며, 중·소 사고의 실태 해석 등으로부터 대사고의 방지 대책에 활용되어야 할 것이다.

(4) 적정한 보안대책 투자의 추진

비참한 사고의 발생은 철도의 신용을 크게 저하시키므로 보안도는 철도 경영의 기본과도 밀접하게 연결된다. 따라서, 보안 대책은 그 기본도 종합적으로 감안하면서 진행하여야 한다. 여기서, 보안대책의 투자가 과제로 되고 있다. 보안대책의 투자는 지금까지 이런 저런 사고의 실적으로부터의 추후적인 "수비" 형의 것이 많았지만,

이러한 투자도 어느 정도 끝맺음에 가까워지고 있는 금후는 중·소사고 등의 통계에서 대사고 방지의 선행적인 "공격"형의 보안대책 투자를 추진하여야 할 것이다.

(5) 장치 산업으로의 가일층 추진

사람에 의한 판단 작업은 생력화(man-power saving)와 아울러 휴먼 에러를 없애기 위하여도 될 수 있는 한 적게 하도록 철도의 장치 산업화를 한층 추진하여야 할 것이다. 철도는 앞으로도 철저한 근대화와 고속 운전을 위하여 모든 사고방지 대책을 강구하여야 한다.

(6) 보수의 개선

장치 산업화가 진행된 경우에 부대하는 것은 시설·차량의 합리적이고 적정한 보수이며, 이것이 중요한 과제로 된다. 터널·교량 등 구조물의 경년에 따른 노후 대책도 금후 과제의 하나일 것이다. 인간이 만드는 어떠한 고도의 시설·차량도 절대로 안전하고 영구 불멸의 것은 있을 수 없다.

(7) 교육의 철저

기계화·자동화 등 설비의 근대화가 진행되고 있는 최근에 하나의 과제는 상당히 격감하고 있는 고장, 기타의 이상 시에 대한 대책이다. 통상 시는 대부분 행하는 일이 없는 취급을 이상 시에 실수가 없이 수행할 수 있도록 가상의 훈련 등을 효율적으로 행하는 것이 중요하다.

8.2.8 철도안전 종합계획

(1) 안전관리규정 등

철도안전을 확보하기 위하여 필요사항을 규정하고 철도안전관리체계를 확립함으로써 공공복리증진에 기여함을 목적으로 제정된 철도안전법은 철도안전관리체계, 철도종사자의 안전관리, 철도시설과 철도차량의 안전관리, 철노자량운행안선과 철노보호, 철노사고소사·저리, 철도안전기반 구축 등에 관하여 규정하고 있다. 국가와 지방자치단체는 철도안전시책을 마련하여 성실히 추진하며, 철도운영자와 철도시설관리자(이하에서는 "철도운영자 등"으로 약칭)는 철도를 운영하거나 철도시설을 관리함에 있어 법령에 따라 철도안전에 필요한 조치를 하고, 국가나 지방자치단체의 철도안전시책에 적극 협조한다. 철도운영자 등은 국토해양부령에 의거하여 철도안전관리규정을 정하여 국토해양부장관의 승인을 얻는다. 철도운영자 등은 철도에서 화재·폭발·열차 탈선 등 비상사태의 발생을 대비하기 위거하여 국토해양부령에 의하여 비상대응을 위한 표준운영절차와 비상대응훈련 등이 포함된 비상대응계획을 수립하여 국토해양부의 승인을 얻는다. 국토해양부는 철도운영자 등이 철도안전법에 따라 철도안전업무를 성실하게 수행하고 있는지에 대하여 종합적으로 심사·평가한다.

(2) 철도안전 종합계획

1) 계획의 성격 : ① 철도안전법에 근거한 '법정계획' : 제5조에 의거하여 5년마다 수립하며, 철도산업위원회
   (위원장 : 국토해양부장관)의 심의를 거쳐 법정계획으로 확정. ② 지방자치단체, 철도사업자 등 의견을 수

표 8.2.1 철도안전 종합계획의 적용 대상

유형	개념	건설 주체
고속철도	○ 열차가 주요 구간을 시속 200 km 이상으로 주행하는 철도로서 국토해양부장관이 그 노선을 지정 · 고시한 철도(철도건설법 제2조제2호)	- 국가, 지자체, 한국철도시설공단 - 민간투자사업 시행자
일반철도	○ 고속철도와 도시철도를 제외한 철도(철도건설법 제2조제4호, 교통시설특별회계법 제2조제3호)	- 국가, 지자체, 한국철도시설공단 - 민간투자사업 시행자
도시철도	○ 도시교통의 원활한 소통을 위하여 도시교통권역에서 건설 · 운영하는 철도 · 모노레일 등 궤도에 의한 교통시설과 교통수단(도시철도법 제3조제1호), ※교통권역 : 도시교통정비촉진법 제4조제1항의 규정에 의한 둘 이상의 인접한 도시교통정비지역간에 연계된 교통관련계획 수립	- 국가 - 도시철도사업의 면허를 받은 지자체, 특별법인, 지방공기업(도시철도공사), 기타 법인
전용철도	○ 다른 사람의 수요에 따른 영업을 목적으로 하지 아니하고 자신의 수요에 따라 특수목적을 수행하기 위해 설치 · 운영(철도사업법 제2조제5호)	- 민간투자사업 시행자

*일반철도 · 도시철도에는 2개 이상 시 · 도에 걸쳐 운행되는 광역철도를 포함

럼한 '철도안전종합계획' : ⓐ 철도안전업무와 관련된 국가의 장기적이고 종합적인 계획이면서 철도 운영자, 시설관리자 등 철도사업자의 안전수행에 대한 기본 방향 제시, ⓑ 고속철도, 일반철도, 도시철도 등 철도산업의 안전에 대한 제도, 시설 및 차량, 인적관리, 운영상의 안전성 등을 종합하여 수립하는 계획

2) **계획의 주요 내용** : ① 철도안전 종합계획의 추진목표와 방향, ② 철도안전시설의 확충 · 개량 및 점검 등에 관한 사항, ③ 철도차량의 정비와 점검 등에 관한 사항, ④ 철도안전관련 법령의 정비 등 제도개선에 관한 사항, ⑤ 철도안전관련 전문 인력의 양성과 수급관리에 관한 사항, ⑥ 철도안전관련 교육훈련에 관한 사항, ⑦ 철도안전관련 연구와 기술개발에 관한 사항, ⑧ 철도안전에 관한 사항으로 국토해양부장관이 필요하다고 인정하는 사항

3) **계획의 범위** : ① 공간적 범위 : 전국, ② 계획기간 : 5년 단위, ③ 대상철도 : 본 계획의 적용대상은 계획기간 중(5년 단위) 국내에서 운영 중이거나 건설 중인 고속철도, 일반철도, 도시철도(경량전철 포함) 등 해당 (**표 8.2.1**)

8.3 철도의 유지관리

8.3.1 기본적인 고려방법

(1) 유지관리의 필요성

철도에서 유지관리의 범위는 철도시스템이 거대하기 때문에 실로 광범위하며 차량, 토목 · 건축설비, 전기 · 통신 설비 등, 그야말로 다기에 걸쳐 있다. 철도사업의 건전한 운영을 전제로 한 각 분야에서의 유지관리는 지금까지 필요에 따라서 행하여 왔다. 그러나 유지관리에 드는 비용은 철도경비의 1/3을 점하고 있을 정도로 막대한 것이며 금후의 철도운영경비 절감에서 큰 과제로 되어 있다. 여기에서의 유지관리에는 설비의 보수 관계 외에 철도사업에서 생기는 환경대책(제2.4.1항 참조)도 포함되는 것으로 한다.

(2) 유지관리의 방법

설비가 노후되면 기능이 저하되며 기능을 회복하기 위해서는 유지관리가 필요하게 된다. 유지관리가 필요한지 아닌지는 예를 들어 교형(橋桁)의 일부가 부식되어 내하력(耐荷力)이 저하되어 있지만 누가 보아도 분명한 경우는 별도로 하고 통상은 무엇인가의 검사·진단이 따르게 된다. 진단 결과, 요구 기능의 저하가 크고 소정의 기능이 만족되어 있지 않은 경우는 기능을 회복하기 위한 수선, 교체 등이 필요하게 된다. 그리고 기능회복 후에는 기능을 저하시킨 원인을 제거할 수 없는 한, 다시 기능이 저하되어 기능회복의 유지관리가 필요하게 된다(**그림** 8.3.1 참조). 즉, 유지관리를 적게 하기 위해서는 다음에 나타낸 항목이 주요한 포인트로 된다. ① 설비의 참된 수명을 파악한다. ② 언제의 시점에서 어디를 어떻게 검사하는가를 적확하게 한다. ③ 유효한 기능회복 수선이나 교체를 어느 시점에서 어디를 어떻게 행하는가를 진단한다.

이상의 포인트 중에서 설비의 참된 수명에 대하여는 오랫동안 알 수 없었던 것이 사실이다. 따라서 유지관리는 항상 안전 측으로 빠르게 자주 행할 필요가 있다. 즉, 설비의 중대한 기능열화가 돌연 생기는 열화패턴의 경우에는 예방보전적인 유지관리로 된다. 어느 정도 수명을 알 수 있는 경우 또는 열화가 서서히 진행되는 패턴은 설비의 상태를 감시함으로써 기능열하를 예지하여 적정한 시기에 유지관리를 행할 수가 있다. 또한, 설비의 중요도에 따라서 사후에 행하는 유지관리도 나타난다. 요컨대 설비의 참된 수명을 아는가 모르는가에 따라서 유지관리의 방법도 변하게 된다. 그에 따라서 경비나 요원도 다르게 된다. 이상과 같이 유지관리를 적게 하기 위해서는 먼저 수명을 아는 것이 기본적으로 가장 중요하다. 수명이란 요구되는 기능의 저하가 허용될 수 없게 된 경우를 말하지만 부재의 수명은 파악할 수 있어도 부재가 모인 설비로서의 수명은 파악이 곤란하다. 그러나 지금까지의

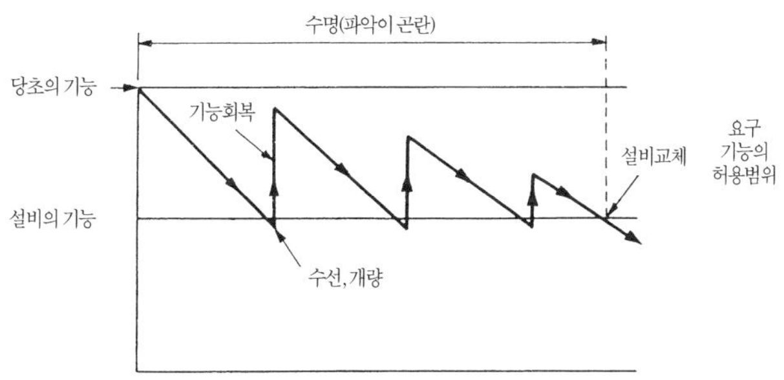

그림 8.3.1 설비의 수명과 유지관리

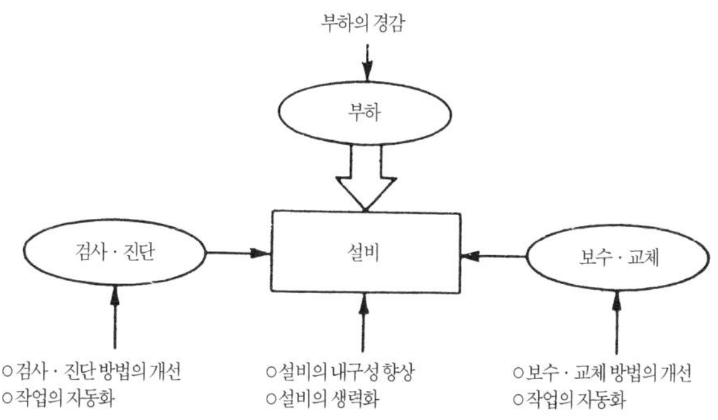

그림 8.3.2 유지관리 생력화의 구도

유지관리 실적이나 상태감시를 행함에 따라 추정은 가능하다고 생각된다. 이와 같이 수명을 아는 것은 그 후의 유지관리 방법, 규모, 주기 등에 중요한 정보를 가져오게 된다. 또한, 철도시스템의 각 분야에 대하여 차이는 있다고 생각되지만 유지관리를 적게 하는 기본적인 구도는 **그림 8.3.2**에 나타낸 것처럼 된다고 생각된다.

8.3.2 보수의 생력화

철도사업이 활발해짐에 따라 궤도, 가선(架線)으로 대표되는 선형 구조물의 연장이 늘어나고, 또한 교량, 터널의 노후화가 진행되고 있다. 차량의 경우도 주행에 따른 유지관리가 필요하게 된다. 이들의 유지관리, 즉 보수에 대하여 생력화를 도모하는 것이 극히 중요하다. 그 때문에 **그림 8.3.2**에 나타낸 설비의 보수에 관계하는 요인에 대하여 기술개발을 행하는 것이 중요하게 된다. 특히, 검사 · 진단에 대하여는 보수 · 교체를 유효하게 행하기 위해서도 중요하다. 예를 들어, 차량에서는 매일의 시업(始業) 점검으로부터 연 단위의 주기로 행하는 각종의 점검, 즉 검사 · 진단에 상당한 노력과 경비가 투입되고 있다. 이것은 사고방지를 위하여 불가결한 행위이지만 사고방지를 위한 과잉의 예방조치로 되고 있는 부분도 있다. 여분인 부분을 삭제하여 정말로 필요한 부분의 점검으로 함과 동시에 효율적이고 효과적인 검사 · 진단방법을 확립할 필요가 있다. 일례로서는 주기적으로 행하는 부분을 최소화하여 차량에 각종 모니터를 탑재하여 상태감시를 수행하고 필요한 때에 상세한 점검을 행하거나 보수 · 교체를 시행하도록 하는 것도 고려된다. 또한, 궤도의 레일 면과 같이 mm 단위의 정밀도로 유지되고 있지만, 현재 생력화가 진행되고 있고 아직 상당한 부분에 많은 노력이 투입되고 있다. 레일, 침목, 도상자갈 등의 교환에서 기계화 시공이 아직 충분하지 않은 부분이 많이 있어 향후 생력화의 과제이다.

8.3.3. 철도시설과 차량의 유지관리

"철도시설 안전기준에 관한 규칙"에서는 다음과 같이 규정하고 있다. 열차가 규정 속도로 안전하게 운행되고 상기의 규칙에 의한 안전기준에 적합한 상태를 지속적으로 유지할 수 있도록 철도시설을 유지 관리한다. 점검 · 보수는 각 시설별 관리기준, 시설등급, 점검항목, 점검주기 및 방법 등의 세부사항을 정하여 시행한다. 유지관리는 유지관리계획을 수립하여 시행하며, 유지관리계획을 국토해양부에 제출한다. 유지관리업무는 적정교육을 이수하여 해당 시설의 유지관리에 적합한 자만이 수행한다. 점검 · 보수업무는 '철도안전법'에 의한 철도안전전문기관 또는 단체 중에 국토해양부가 정하는 설비와 인력기준 등을 갖춘 전문기관이나 단체에 의뢰하여 실시할 수 있다. 철도시설을 유지 관리하는 경우는 당해 유지관리에 관한 기록을 작성하여 보존한다.

"철도차량 안전기준에 관한 규칙"에서는 다음과 같이 규정하고 있다. 차량이 운영되는 기간 동안 차량을 유지관리한다. 유지관리계획을 수립하여 국토해양부에 제출한다. 차량이 사고 등으로 차체 및 하부틀 등에 중대한 영향을 받은 경우에 해당 차량을 유지 보수하여 다시 운영할 때에는 '철도안전법'에 따른 정밀진단기관에서 안전운행의 적합여부를 확인받는다. 일시사용중지 중인 차량을 유지 보수한 경우, 철도사고 등으로 특수한 유지보수를 한 경우, 시험운전을 요하는 유지보수를 한 경우에는 시험 운전하여 차량의 이상 유무를 확인한다. 국토해양부의 기준에 따라 차량의 유지보수 기록을 보존한다.

제9장 속도 향상 · 고속철도 및 자기부상철도

9.1 열차의 속도 향상

9.1.1 속도 향상의 기본적인 고려방법

(1) 속도 향상의 기본적인 고려방법

최고 속도(maximum speed)는 그 교통기관의 이미지를 위하여 중요하지만, 보다 바람직한 것은 실질 도달 시간(schedule time)의 단축에 직결되는 표정속도의 향상이다. 속도 향상을 달성하기 위해서는 육상을 주행하는 교통기관으로서 "달리다", "돌다", "멈추다"가 밸런스 되어야 한다. 또한, 이 외에 환경에 대한 배려도 중요하다. 특히, 최근의 속도 향상은 환경문제를 극복할 수 있는가 어떤가에 달려있을 만큼 환경이 중요한 사항으로 되어 있다. 속도를 향상시킬 때에 발생하는 문제와 현재의 대처법을 표 9.1.1에 나타낸다(제9.1.2항 참조).

표 9.1.1 속도 향상 시의 문제점과 대처방법

문제점	대처방법	
◎ 주행저항의 증대	· 동력 강화 · 차체 표면의 평활화	· 차체 단면적의 축소
◎ 차륜과 레일간의 점착력 감소	· 동력 분산	· 레일 면에 점착 증가재료 살포
◎ 브레이크 정지거리의 증대	· 새로운 브레이크방식의 채용(레일 브레이크 등) · 개별 차량마다의 브레이크 제어(중간차량 브레이크의 증대) · 건널목의 철폐(입체교차화)	
◎ 곡선통과 시의 원심력	· 차체경사장치(진자 대차)	· 자기 조타 대차
◎ 궤도 횡압의 증대	· 궤도 캔트 량의 증대	· 침목 횡 저항력의 증대
◎ 궤도에의 충격력 증대	· 레일장대화에 따른 레일 이음매의 제거	· 분기기 구조의 강화(고속 분기기)
◎ 승차감의 악화 · 동요가속도의 증대 · 귀가 아프고 멍한 현상	· 레일 면의 평탄성 확보(장파장 틀림의 관리) · 차륜의 완전한 원형(圓形)화 · 차체의 기밀화	· 서스펜션의 개량(액티브 서스펜션) · 차내 기압의 제어
◎ 차체, 집전기기(팬터그래프), 가선, 레일 등의 마모·열화의 진행	· 신 재료, 신 구조의 채용	· 메인테넌스 방법의 개선
◎ 신호현시에 의한 속도제어가 곤란	· 고속 신호현시의 추가	· 고속 대응의 자동열차정지장치
◎ 환경에 대한 악영향 · 소음의 증대 · 지반진동의 증대 · 터널 미기압파	· 차체와 차체 주위의 저소음화 · 팬터그래프의 저소음화(공력, 갯수(個數)삭감) · 방음벽 · 방진 대책 공 · 터널 완충 공	· 차체의 경량화 · 방진궤도 · 터널단면 확대 · 선두차체의 첨예화와 평활화
◎ 비석(飛石)(차체에서 떨어진 빙괴가 고속으로 자갈에 충돌하여 자갈이 비산되는 현상)	· 궤간 내의 자갈 높이 낮춤 · 수지 살포에 의한 자갈 고결	· 밸러스트 네트

(2) 속도 향상과 시간 단축의 효과

표정속도가 향상되면 도달 시간은 단축되지만, 이론적으로는 속도가 높아지게 됨에 따라 시간단축의 시간이 작게 된다. 여기서, 시간을 T, 거리를 S, 속도를 V, 단축 시간을 ΔT, 속도 향상을 ΔV로 하면,

$$T = S/V \qquad \Delta T / \Delta V = -S/V^2 \tag{9.1.1}$$

로 된다.

따라서, 같은 속도의 향상에 대하여 단축 시간은 속도의 2제곱에 반비례한다. 예를 들어 50 km/h의 속도를 10 km/h 향상하는 것에 비하여 100 km/h를 10 km/h 향상한 경우의 단축시간은 전자의 1/4로 된다. 즉, 앞으로의 속도 향상은 기술적으로 곤란이 증가되는 반면, 시간단축의 효과는 왕년의 속도 향상보다 대폭으로 줄기 때문에 경영적으로 신중한 취급이 요구된다.

(3) 고속화의 과제

이러한 고속화를 달성하기 위해서는 몇 가지 기본적인 과제가 있다. 첫째로, 고속화를 달성하기 위해서 '안전성' 을 손상시키는 일이 없어야 한다. 이 때, 고속화에 따른 안전성의 검증은 처음부터 외부 원인에 대한 안전성의 확보도 아울러 고려하여 두어야 한다. 예를 들어, 지진이나 강우 등의 천재에 대하여도 고속화로 인하여 철도 시스템의 안전도를 손상시키는 일이 없도록 하는 것이 중요하다. 둘째로, 향후의 새로운 시책을 강구할 때는 소음·진동 등의 '환경 문제' 를 빼놓고는 논할 수가 없다. 고속화의 경우는 특히 환경보전이 장애물(hurdle)로 되는 일도 많으므로 충분한 배려가 필요하게 된다. 셋째로, 고속화를 달성하기 위해서는 최고속도를 올리든지 곡선 통과속도를 올리든지 여하를 불문하고 그 수단이 일반적으로 막대한 "비용"을 필요로 하는 일이 많다. 따라서, 실제로 그 시책을 실행에 옮길 때는 충분히 그 효과를 검증하여 수요에 대응하는 시책으로 할 필요가 있다.

(4) 고속화에 대한 도전

철도기술의 역사는 '안전과 속도(speed)에 대한 도전' 이었다. 안전은 철도라고 하는 대량 교통기관이 존재하는 원점이고 속도는 철도의 시장 경쟁력과 기술의 심벌이라고 할 수 있으며, 고속 철도는 이 두 개의 명제(thesis)에 정면으로 도전한 새로운 철도의 모델을 나타낸다고 할 수 있다. 속도는 앞으로도 '철도기술' 의 중요한 연구 테마임에 틀림없다. 특히, 유럽에서는 고속철도가 국경을 넘는 교통의 네트워크를 이룩하고 공항, 도로의 혼잡 문제나 환경 문제의 개선을 위한 수단으로서 중요한 정책 과제로 되어 있다. 또한, 고속운전을 실현하기 위해서는 차량, 선로, 구조물, 전기설비, 제어 시스템 등 모든 철도기술 분야의 진보가 필요하며 속도에 도전하는 것은 철도기술 전반의 진보에 연결된다. 여기서, '사업 전략으로서의 속도 향상(speed up)의 의미' 를 살펴보자.

첫째는 속도 향상이 갖는 '사업 전략' 으로서의 의의이다. 세계최초의 고속철도를 건설할 당시에는 도래하여야 할 교통혁명을 선도하는 고속화가 철도의 생존(survival)을 걸은 전략이었다고 한다. 그러나, 고속철도망이 어느 정도 구축된 후의 기존선 고속화는 여러 가지 기술적 전략의 하나에 지나지 않는다.

둘째는 '비용(cost)' 과의 관계이다. (3)항에서 언급한 것처럼 속도 향상을 사업으로서 추진하기 위해서는 당연한 것이지만 비용에 걸맞은 효과, 혹은 효과의 성과보다 적은 비용으로 실현하지 않으면 곤란하다. 고속화를 위한 비용, 환경문제의 비용 등을 고려하면 고속화의 비용 문제는 앞으로 엄한 과제로 될 것으로 생각된다.

셋째로, 고속운전을 실현하기 위해서는 '오랜 시간과 기술의 축적' 이 필요하다. 세계 최초로 200 km/h의 시

운전을 실현한 것은 1903년 독일 베를린의 교외이었다. 200 km/h의 영업운전이 시작된 것은 그 때부터 61년 후이다. 프랑스 국철은 1955년의 시운전에서 331 km/h에 달하였지만 그 속도는 아직 영업상의 실용 속도로는 되어 있지 않다. 기존 시스템의 속도 향상에서도 시운전의 성공과 실용화의 사이에는 반세기의 시간이 필요한 것이다.

넷째로, '에너지의 문제'이다. 현재도 에너지 문제가 대두되고 있지만 멀지 않은 장래에 이 문제가 아주 심각하게 될 가능성은 크다. 또한, 현재 큰 과제로 되어 있는 지구환경 문제도 에너지에 관계하는 부분이 크다. 이와 같은 관점에서 보면 철도 사업도 단지 다른 교통기관과의 상대적인 에너지 효율의 우위를 강조하는 것만이 아니고 에너지 절약형의 시스템을 지향하여가야 한다.

고속화에의 도전은 앞으로도 철도의 기술진에게 중요한 과제이다. 그러나, 그것은 철도 사업의 근대화, 생산원가 절감(cost down), 정보 시스템의 개선 등과 병행하는 일반의 테마일 것이다. 그것도 비용, 환경, 에너지 등과의 조화가 요구되는 어려운 과제이다. 고속철도의 성공이라고 하는 큰 체험을 어떻게 살려 어떤 교훈으로 살려 가는가가 지금까지의 고속화에 대한 철도기술자의 과제일 것이다.

(5) 기존선 고속화 방안의 사례

속도를 결정하는 요인을 물리적 능력과 소프트(Soft)적 능력으로 구분하면 **그림 9.1.1**과 같다[220]. 물리적 능력은 차량 및 궤도, 전기, 신호 등 지상설비의 성능과 보수수준을 감안한 최고속도, 곡선통과속도, 가감속도, 분기기 통과속도로 결정된다. 소프트(Soft)적 능력은 차량 및 궤도, 전기, 신호 등의 지상설비의 성능화 보수열차 다이어그램 구성으로 결정되는데, 열차다이어그램을 구성함에 있어 정거역의 설정, 접속, 열차간 속도차이, 대피, 열차교환을 고려하여 결정한다.

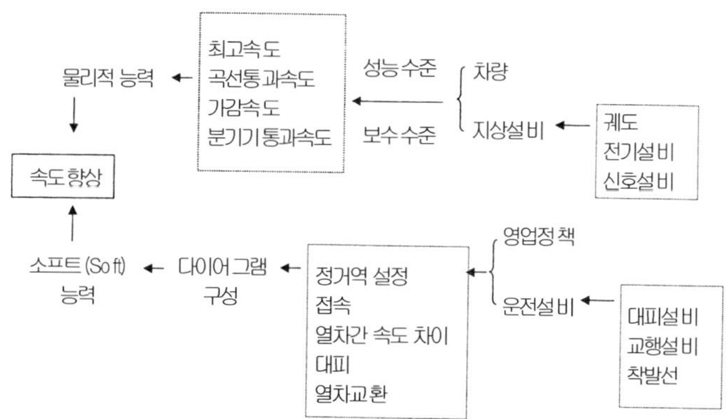

그림 9.1.1 기존선 고속화 방안

9.1.2 제약 요인과 대책

(1) 제약요인과 검토과제

철도는 여객 수송(passenger transport)의 분야에서 자동차·항공기 등과 경쟁 중에 있으며, 총 수송량과 총수입에 미치는 각종 항목 중에서 경제 성장률, 고속도로망 및 에너지 비용은 외부 환경 조건이며, 속도, 운임 및 선

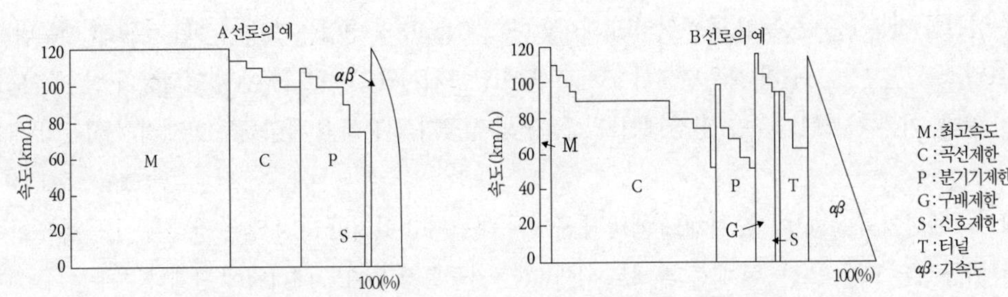

그림 9.1.2 운전 곡선(train operation curve) 분석의 예

로망은 내부 조건이다.

철도의 속도 향상에 관하여 최고 속도(maximum speed)는 대상 선구의 운전 상황의 상징으로서 중요하지만, 요는 도달 시간이 문제이며, 여기에는 최고 속도 외에 곡선 통과속도(curve running speed), 분기기 통과속도 (turnout passing speed) 및 가감속도(acceleration and deceleration)가 관계된다. 따라서, **그림 9.1.2**의 예에서 보는 것처럼 이들이 점하고 있는 비율을 확인하고 투자 효율을 감안하여 실제의 시책을 고안하는 것이 필요하다. **그림 9.1.2**에서 급곡선이 적은 그림 왼쪽의 선로(A)가 고속 운전에 비교적 좋은 것에 비하여 그림 오른쪽의 선로(B)는 최고 속도로 주행하는 비율이 대단히 낮고, 곡선·분기기 등으로 인한 제한비율이 크다.

이들에 관계되는 항목의 예를 **그림 9.1.3**에 나타낸다. 여기에서 보는 것처럼 속도 향상에는 차량, 선로, 신호, 전력 등의 모든 철도 시스템(railway system)이 관계되지만, 궤도는 "최고 속도(maximum speed) 향상"에서 주행 안전·안정성에서의 탈선 방지(derailment prevention), 승차감에서의 궤도틀림으로 인한 차량동요의 억

최고속도 향상 (하구배 통과속도 향상 포함)	궤도 안전성, 안정성	탈선의 방지
	대차강도	강도 향상과 경량화
	역행기능	구동(점착)력의 확보
	브레이크 성능	브레이크 거리의 확보, 열 강도의 향상
	승차감	궤도틀림으로 인한 차량동요의 억제
	집전성능	팬터그래프 추수성능 향상, 내마모
	궤도강도	궤도틀림진행, 부재응력의 억제
	신호시스템	고속주행시의 보안도 확보
	환경대책	소음, 진동, 미기압파 등의 억제
곡선통과속도 향상	주행 안정성	전도, 탈선의 방지
	승차감	좌우동요의 정상 진동성분의 억제 캔트 올리기, 완화곡선 길이연장
	궤도강도	횡압에 의한 궤간확대, 편향틀림의 방지
분기기 통과속도 향상 (직선측, 곡선측)	승차감	리드반경, 슬랙, 곡선의 적정
	분기기 부재의 강도	가드레일, 텅레일 등의 강도 향상

그림 9.1.3 속도 향상을 실현하기 위한 기술적 검토 과제

제, 궤도 강도에서의 궤도 파괴량·부재 응력의 억제, "곡선 통과속도 향상"과 "분기기 통과속도 향상"의 전 항목을 통하여 차량과 궤도의 상호작용(interaction between car and track)에 관계되며, 속도 향상에서 중요한 역할을 수행한다. 이와 관련하여 궤도에 관한 각종의 측정이 필요하게 된다.

속도 향상의 실현에는 차량 성능의 향상과 지상 설비가 차량 속도의 제약 조건으로 되지 않도록 배려하는 것이 필요하다. 상기의 관점에서 차량 측에 대하여는 기본적으로 동력분산형의 전차 방식을 이용하여 동력 향상을 도모함과 동시에 브레이크 장치를 개량하는 외에 진자형 차량을 채용한다. 지상 측에서는 상기와 같이 주로 궤도 강화로 실현하여 왔지만, 발본적으로는 신선 건설, 선로 증설(track addition) 시에 반경이 큰(大)곡선, 완만한 기울기(slight gradient) 등의 선형 개량, 건널목의 제거 등도 실시되고 있다. 표정속도를 향상시키기 위하여 최고 속도만이 아니고 비율이 높은 곡선 부분이나 분기기 속도(turnout speed), 가감속 등의 개선도 아울러 행하는 것이 바람직하다. 하향 기울기의 속도제한은 제8장의 **표 8.1.1**에 나타내었다. 이하에서는 표정속도의 향상을 제약하고 있는 최고 속도(maximum speed)·곡선 속도(curve speed)·분기 속도·가감속도에 대한 요인과 대책의 요점을 기술한다.

(2) 최고 속도의 제약조건

1) **제동 성능** : 건널목이 많은 철도에서는 보안상 시각인식 가능의 한계 거리로 보여지는 600 m를 최대 제동거리로 하고 있다. 건널목이 적은 서구 선진국의 경우에 독일에서는 최대 허용 제동거리가 간선에 대하여 1,000 m, 기타의 선에 대하여 700 m, 구소련에서는 표준치로서 800 m, 영국·프랑스에서는 제한의 규정이 없는 등 국가 사정에 따라 상당히 다르다.

2) **차량 성능** : 고속 철도의 경우는 높은 규격의 선로로서 건널목이 없고, ATS와 차내 신호 등 고도의 보안 설비 때문에 제동거리로 인한 제약이 없으며, 최고 속도에 관련하는 것은 차량 성능·점착 성능·주행의 안정성·소음 등이다.

3) **궤도틀림 진행**(destruction of track, track (geometry) deterioration) : 궤도가 평탄하지 않은 경우에는 차륜과의 사이에서 보다 큰 충격력이 발생되고 속도증가와 함께 충격력이 증대되므로 레일이음매의 제거나 레일용접부의 평활화가 중요하다. 또한, 열차 하중(train load)이 궤도 부담력의 한계 내에 있더라도, 미소의 궤도 틀림이 진행되어 소요의 보수 작업을 수반한다. 궤도틀림진행은 궤도의 강화에 따라 경감되며, 궤도 틀림을 진행시키는 열차 하중은 통과 톤수(tonnage), 열차 속도, 차량계수(축중·스프링하 축중 등에 따라 변한다)등에 따라 변동된다. 열차 속도의 향상은 거의 비례하여 궤도 틀림을 초래하는 경향이 있지만, 축중이나 스프링하 축중의 저감 등에 따라 차량계수가 삭감되어 궤도 틀림의 진행이 억제된다. 최근에는 차량의 개선·근대화와 궤도 강화의 추진과 더불어 궤도틀림 진행의 면에서 속도가 제한되는 케이스는 적어지고 있다.

4) **집전**(current collection) : 가선(overhead line)과 팬터그래프(pantograph)는 모두 유연한 구조로 하나의 진동계를 구성하고 있다. 속도가 높게 되면, 가선의 지지점과 중간과의 고저차나 가선의 경점(硬點, hard spot), 진동이나 바람의 영향 등으로 인하여 가선과 팬터그래프의 사이에 이선이 생기고, 이선이 크게 되면 가선이나 팬터그래프 접판(slider)의 마모가 크게 되며, 더욱 이선이 크게 되면 전류 중단이나 용해손상에 이를 우려가 있다. 집전 속도의 한계는 가선의 파동전파 속도의 60~70 % 정도로 되며 시험에 의거하면 일

반적으로 사용되고 있는 가선·팬터그래프에 대하여 지장이 없는 것이 확인되고 있다. 금후 가일층의 속도 향상에서는 교류 구간(A.C. electrified section)의 강성이 높은 데드 섹션 대책 등의 집전에 대하여도 중요하 게 되며, 가선과 팬터그래프가 하나의 진동계로서 연구되고 있다.

5) 소음 대책 : 고속 선로의 "전동음" 대책으로서 차륜 답면·레일의 평활화, 차륜 플랫의 방지, "집전계 음" 대책으로서 팬터그래프 커버의 설치, 팬터그래프 수의 삭감, 가선의 장력 올림, "차체 공력음" 대책으로서 차체 표면 평활화 등의 차량 대책과 병행하여 레일패드(rail pad)의 삽입, 선로 가장자리의 방음벽(sound-proof wall) 설치 등의 지상 대책으로 소음 대책 전의 76~83 폰이 이상의 제반 대책을 실시한다.

6) 각부의 마모와 열화 : 고속화는 궤도, 차량, 토목이나 가선을 포함한 각종 구조물에게 마모, 또는 열화를 진행시킨다. 이 때문에 조기의 교체가 필요하게 되는 경우가 있다. 특히, 궤도나 차량은 안전성에 직결되는 부분이 많기 때문에 정성들인 정비나 관리가 필요하게 된다.

7) 열차 제어 : 열차제어에서는 열차를 보다 확실하게 제어하기 위하여 신호기 설치위치의 변경, 또는 신호기를 증설하거나 고속대응용 ATS(자동열차정지장치)로 할 필요가 있다. 보다 고속화되면, 신호기를 육안으로 확인하여 열차를 제어하는 것이 곤란하게 된다. 이 경우에는 ATC(열차자동제어장치) 등이 유효하게 된다.

(3) 곡선통과 속도

곡선통과 속도를 제약하는 이유는 통과시의 원심력이나 강풍으로 인한 전복의 위험, 승차감(riding quality)의 악화 등이다. 따라서 곡선을 고속으로 통과하기 위해서는 증대하는 원심력에 대처하기 위하여 궤도에 캔트를 설정하여 차체를 보다 곡선중심 쪽으로 경사시키기도 하고 슬랙(slack)을 설정하게 된다. 그러나 궤도 측의 대처에는 한계가 있으므로 차체자신이 기울지는 차체경사장치(진자대차)가 필요하게 된다.

(가) 곡선 제한속도

재래선의 곡선 제한속도는 중심이 가장 높은(높이 H) 차량(예 : 기관차, 화차 등)에 대하여 캔트를 0으로 하여 곡선의 바깥쪽으로 작용하는 원심력과 중력의 합이 선로 중심에서 벌어지는 정도($2D$)의 내·외궤 레일의 중심간 거리(G)와의 안전율(a) (**그림 9.1.4**의 $G/2D$)에서 다음의 식으로 산정된다.

곡선 제한속도를 V(km/h), 곡선반경을 R(m)로 하면, 원심 가속도 $\alpha = V^2 / 127R = D / H = G / (2a \cdot H)$에서

$$V \leq \sqrt{127G \cdot R/(2a \cdot H)} \tag{9.1.2}$$

국철에서는 곡선에서의 열차 최고속도를 선로 조건에 따라 $V = 2.8 \sim 4.5\sqrt{R}$로 하고 있으며, 해외 표준궤의 경우는 $V \leq 4.2 \sim 4.5\sqrt{R}$이고, 일본 고속선로의 경우는 동일한 속도 종별의 열차가 운전하기 때문에 $V = 4.8\sqrt{R}$로 하고 있다. **표 9.1.2**는 국철의 곡선부에 대한 속도 제한(speed restriction)의 일부를 나타낸다.

(나) 캔트의 설정

곡선에는 일반적으로 외측의 레일을 높게 하는 캔트를 붙여 초과 원심가속도를 제거하도록 하고 있다. 즉, 원심력과 중력의 합력이 선로 중심을 향하도록 캔트를 붙이면 초과 원심가속도가 없게 된다. 열차가 곡선 중을 통과하는 경우에 중력과 원심력의 합력이 궤간 중심을 통과할 때는 차체 바닥면 방향의 원심력 성분은 0으로 된다. 이때의 속도와 캔트를 균형속도(equilibrium speed)와 균형캔트(equilibrium cant)라고 하며, 균형캔트보다 실제 캔트가 적을 경우에 그 차이를 캔트 부족량(cant deficiency)이라 한다.

곡선을 통과하는 여객 열차나 화물 열차 등 열차의 속도에 폭이 있는 선구에서는 2제곱 평균 속도를 구하여 그

표 9.1.2 국철의 곡선속도 제한(열차운전시행세칙)

(단위 : km/h)

급선	선(구간)별	구간	200~249	250~299	300~349	350~499	450~549	550~649	650~749	750~849	850~949	1,000	1,200 이상
2급선	경부 제1본선					90	100	110	115	125	130	135	140
	호남선(익산~목포), 전라선(신리~동순천)					90	100	110	115	125	130	140	150
	분당선					75	85	90	100				
	경부 제2본선	가리봉~수원				75	85	95	105	110			
	경부 제2본선	수원~천안				90	100	110	115	120			
	호남선	서대전~강경				85	95	100	110	120		125	140
	호남선	강경~익산				85	95	100	110	125		130	140
	대전선(대전~서대전)									120			
3급선	전라선(익산~신리, 동순천~여수), 중앙선, 대구선			65	70	80	90	95	105	110			
	경부 제2본선(서울~구로), 경부 제3본선(영등포~구로), 호남선(대전조차장~서대전), 경인선, 경의선, 영동선, 태백선, 경전선, 경북선(김천~점촌), 안산선, 진해선, 미전선, 광주선		55	60	65	75	85	90	100			
	충북선			65	70	85	95	100	110	120			
	장항선, 경춘선, 동해남부선(부산진~경주)		50	60	70	80	90	100				
	경부 제3본선(서울~용산), 광양제철선, 경원선, 천안직결선		55	60	65	70	75	80				
	과천선, 일산선, 분당기지선		50	55	65	75	85	90	100			
	경부 제2본선(구로~가리봉, 구로고가선로)				60	70	80					
	경부 제3본선(구로~가리봉, 구로고가선로), 대불선				60			90				
	기타 선		50	55		65	70	75				
4급선	군산선, 범일선, 묵호항선, 광양항선, 옥구선, 병점차량기지선		45	50	55	60						

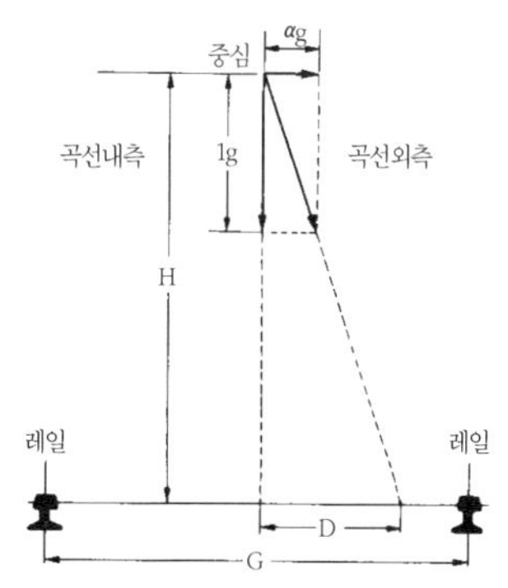

그림 9.1.4 원심력과 중력의 관계

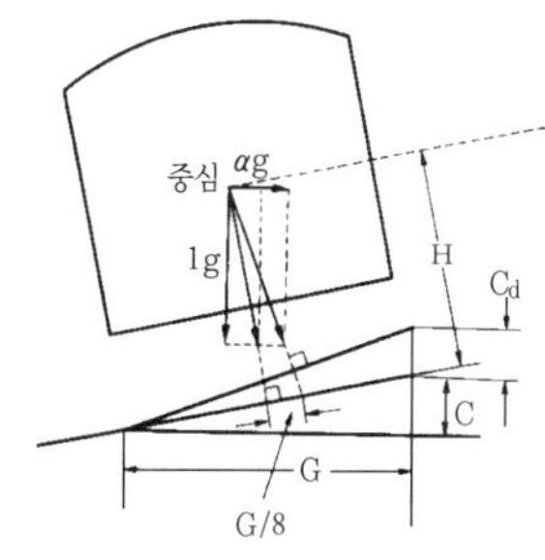

그림 9.1.5 속도와 캔트의 관계

것에 대응하는 캔트를 설정하고 있다. 이 경우에 이 평균 속도를 상회하는 고속 열차는 캔트 부족(cant deficiency)으로 되고, 하회하는 저속 열차는 캔트 초과로 된다. 곡선통과 속도와 설정 캔트량·캔트 부족량과의 관계는 다음의 식으로 된다(**그림 9.1.5** 참조).

$$\alpha = V^2 / 127R = (C + C_d) / G \text{ 에서}$$

$$C + C_d = 11.8 \times V^2 / R \qquad\qquad (9.1.3)$$

여기서, C: 설정 캔트량(mm), C_d: 캔트 부족량(mm), V: 곡선통과 속도(km/h), R: 곡선반경(m)

최대 캔트량은 차량이 곡선에서 정지 또는 저속으로 주행하는 경우에 곡선의 외측에서 부는 바람으로 인하여 전도되지 않고, 안전상과 차체의 경사로 승객이 불쾌감을 느끼지 않는 승차감의 면에서 자갈궤도에서는 160 mm(경사각 6.1°) 이하로 하고, 콘크리트궤도에서는 180 mm(6.8°) 이하로 한다고 규정하고 있다. 한편, 외국의 재래선에서는 완화곡선(transition curve) 등 때문에 균형 캔트량에 대하여 30~60 % 정도가 대부분이었지만, 최근에는 열차의 고속화에 대응하여 캔트량의 수정이 적극적으로 진행되고 있다.

(다) 캔트 부족량의 한계

곡선 속도(curve speed)가 캔트(cant)에 대응하는 속도를 넘어 상승하여 가면, 캔트 부족량(cant deficiency)으로 인한 초과 원심력이 생기므로 안전성·승차감의 영향 등에서 한계가 있다. 곡선의 원심력과 중력의 합력 작용점을 궤간의 1/8 이내(안전 비율 4)로 하고, 내외궤 레일의 중심간 거리를 G (mm), 차량 중심 높이(hight of gravity center)를 H (mm)로 하면, 허용 캔트 부족량 C_d(mm)는

$C_d : G = G / 8 : H$에서

$$C_d \leqq G^2 / 8H \qquad\qquad (9.1.4)$$

으로 된다(제3.2.1항 참조).

승차감(riding quality)의 좌우가속도 한계는 많은 시험과 여러 외국의 예에서 0.08 g (2.8 km/h/s에 상당)를 목표로 하고 있다. 또한, 최근의 연구에서는 정상의 초과 원심가속도뿐이라면 0.08 g를 넘어도 문제가 없고, 경우에 따라서는 0.15 g 정도까지 허용할 수 있다고 한다. 다만, 초과 원심가속도에 더욱 진동가속도가 가해지면 승차감을 해치는 점이 판명되어 이에 대한 대책이 과제로 된다. 더욱이, 표준 궤간의 유럽에서는 0.12 g까지 허용하고 있다. 철도의 건설기준에 관한 규정에서는 **표 2.5.1**과 같이 정하고 있다.

(라) 바람에 대한 전도 한계

곡선 통과 시에 캔트 부족(cant deficiency)의 경우는 안쪽으로부터 바람이 가해지면 안전율(safety factor)이 저하되고 캔트 초과의 경우는 외측에서 부는 바람으로 인하여 안전율이 저하되며, 후자의 경우인 쪽이 위험하게 되는 예가 많다. 후자인의 경우에 정지 또는 저속 시에 전복(overturning)의 위험이 높아지는 풍속을 산정한다. 이 경우에 전복시키려고 하는 힘은 초과 원심력과 중력 분력 차이의 항, 진동 관성력의 항, 풍압력의 항으로 합성된다. 전복에 대한 위험의 한계치는 정적으로는 안전 비율로 1.5, 동적으로는 1.2 정도로 하게 한다. 외국의 사례로서 예를 들어 고속선로 R = 2,500 m의 곡선, 최대 캔트량 180 mm, 80 km/h 주행 시에 대한 안쪽 전복 한계 풍속의 가장 낮은 것은 약 35 m/s, 재래선로 최대 캔트 105 mm, 20 km/h 주행 시에 대한 안쪽 전복 한계 풍속의 가장 낮은 것은 약 40 m/s로 산정된다. 이들은 재래의 차량을 전제로 한 것으로 앞으로 가일층 경량화 등을 전제로 하면, 강풍시의 열차 억제의 기준 수치로 하고 있는 30 m/s에 대한 여유는 적다.

(마) 차체 진자차에 의한 속도 향상

진자차량(tilting car, pendulum car)은 곡선통과 시에 원심력에 따라 차체(car body)가 경사지어 원심력과 중력의 합력이 차체의 바닥 면에 대하여 수직에 가까워지도록 하고 있기 때문에 승객에는 초과 원심가속도가 그다지 느껴지지 않는 구조로 하고 있다(제6.6절 참조). 예를 들어, 진자 최대 각도 5°인 전차나 디젤동차(diesel car) 등의 경우에 캔트 부족량은 일반 차량의 60 mm를 크게 상회하여 110 mm로 하고 있다. 따라서, 작은 곡선반경에

서의 비진자차의 곡선 속도가 본칙 + 15 km/h임에 비하여 진자차량의 속도는 + 20∼30 km/h가 가능하게 된다. 차체경사장치는 최근에 컴퓨터로 곡선의 크기나 열차 속도 등을 고려하여 경사각과 경사개시의 시기나 경사복원을 제어하는 것이 주류로 되어 있어 원심력 증대에 따른 불쾌한 승차감을 저감시키는데 효과를 발휘하고 있다. 또한, 대차에 조타 기능을 갖게 하여 곡선을 보다 원활하게 통과하는 차량도 등장하고 있다. 즉, 곡선의 차륜 횡압을 발본적으로 줄이어 원활하게 주행시키는 방책으로서 차축이 자동적으로 곡선 중심으로 향하는 래디얼 대차(radial truck, 자기 조타 대차)가 연구되어(제6.1.2(6)(다))항 참조) 스웨덴의 고속 열차 X2000에 채용되고, 일본에서도 실용화가 도모되고 있다.

(바) 캔트와 완화 곡선간의 관계

재래선의 경우에 캔트량은 일반적으로 규정의 제한 속도(restricted speed)에 대응한 캔트량보다 약간 낮은 경우가 많다. 이것은 직선(straight)에서 곡선에 이르는 완화곡선으로부터 억제되어 선형상에서 캔트량을 크게 하기 어렵기 때문이다. 완화 곡선의 길이는 윤하중 감소를 피하거나, 승차감 저하 방지를 위하여 정하고 있다 .

(4) 분기기 통과 속도(turnout speed)

재래선의 분기기는 제3.5.2(2)항과 같은 약점이 있기 때문에 직선 측(straight side)에 대하여도 오랜 세월 동안 속도가 제한되어 직선의 최고속도를 올려도 고속열차는 분기기가 있는 통과 역에서는 부득이 하게 감속하여 왔다. 즉, 분기기 크로싱의 강도, 텅 레일(tongue rail)의 벌어짐, 가드레일과 윙 레일 배면 횡압이 한도 이상으로 될

표 9.1.3 일반철도 분기기의 기준선 측 통과속도

통과속도(km/h)	경부선 정거장	기타 선로의 정거장
45	서울	
80	부산진북부	영동선, 태백선, 경북선, 미전선, 진해선
90	용산북부, 노량진, 영등포, 부산진남부	대전선, 호남선(대전 조차장-서대전), 전라선(익산-신리, 동순천-여수), 동해남부선, 경전선, 장항선, 경춘선
100	김천남부, 삼성 상선	호남선 서대전-익산, 대전선 중앙선, 충북선, 대구선
110	삼랑진 북부, 기타 정거장	
125	삼성 북부, 전동	
130	용산남부, 시흥, 안양, 군포, 부곡북부, 수원, 세류, 병점북부, 오산, 서정리북부, 평택, 성환, 직산, 두정, 소정리남부, 서창남부, 조치원북부 외 21정거장	호남선 익산-목포간 전라선 신리-동순천간

표 9.1.4 일반철도 분기기의 분기선 측 통과속도

구간별	분기기별	구분	분기기 번수별			
			8	10	12	15
지상 구간	편개분기기	곡선반경(m)	145	245	350	565
		속도(km/h)	25	35	45	55
	양개분기기	곡선반경(m)	295	490	720	1,140
		속도(km/h)	40	50	60	70
지하 구간	편개분기기	속도(km/h)	25	30	40	-
	양개분기기	속도(km/h)	35	45	45	-

우려나 보수량 증가 등의 이유이었다. 그 후 침목의 강화 · 힐 볼트의 강화 → 탄성 포인트(flexible point)화 · 상판의 강화와 차륜 및 레일에 대한 보수 한도의 개선으로 종래의 제한속도(restricted speed)를 올리고 있다.

표 9.1.3은 일반철도의 분기기 직선 측의 통과 속도를 나타낸다. 한편, 여러 선진 외국의 표준궤 이상의 철도에서는 차륜 · 레일의 정밀도 확보를 전제로 분기기 직선 측의 제한이 대부분 없으며, 경부 고속철도의 고속 분기기도 제한이 없다. 일반철도 분기기측(turnout side)의 제한 속도는 분기기의 강도, 승차감, 보수 등을 종합하여 안전 비율을 일반 곡선보다 작게 하여 **표 9.1.4**와 같이 하고 있다. 고속철도에서는 **표 3.5.4**에 나타낸 것처럼 분기선에 대하여 46번 분기기는 170 km/h, 26번 분기기는 130 km/h, 18.5번 분기기는 90 km/h로 하고 있다.

(5) 가감속 성능의 향상

곡선 등의 속도 제한은 부득이하기 때문에 그 전후에 대하여 되도록 신속하게 가감속하는 것이 시간 단축에 효과적이므로 가감속 성능의 개선이 요망된다. 동력분산 열차(decentralize power train)는 가감속 성능의 점에서 유리하게 작용한다. 그러나, 가속력을 높이기 위해서는 출력의 강화나 변전소(transforming station)의 증강 등을 필요로 하고, 비용 증가로도 이어지기 쉬우므로 그 득실을 확인하여 대처하는 것이 바람직하다. 또한, 직류 전동기(direct current motor)를 사용하고 있는 전기차량의 경우는 고속 영역에서의 가감 성능이 내려가는 경향이 있는 것에 비하여 그 경향이 적은 유도 전동기(induction motor)를 채용하는 전기차량(electric rolling stock)에서는 보다 가속 성능 개선의 여지가 남아 있다.

9.1.3 속도의 기술적 한계와 최고속도의 결정요인

전 항에서는 속도를 제약하는 요인과 대책에 대하여 기술하였지만, 여기서는 특히 직선(straight) 최고속도에 대한 기술적 한계를 언급한다.

(1) 표준궤 철도의 한계 최고속도(limited maximum speed)

1) 점착(adhesion) 성능 : TGV(train a grande vitesse)의 574.8 km/h 기록은 종래의 점착 성능에 관한 상식을 크게 상회하는 것이었다. 그러나, 점착계수가 낮게 되는 우천 시 등을 고려하면, 점착 성능의 개선을 전제로 하여도 실용의 영업 운전에는 기록 속도를 상당히 하회하는 것으로 될 것이다. 또한, 초(超)고출력을 요하는 비용 증가나 선로 보수의 정밀도 유지 등을 합치면 300 km/h대가 실용의 최고 속도라고 하는 견해가 일반적이었다.

2) 주행 안정성(running stability) : 종래는 사행동(hunting movement) 등의 주행 안정성에 한계가 있을 것이라고 하여 왔지만 TGV나 일본의 시험 결과에서 상응의 대책을 강구하면 300~500 km/h에도 특히 문제가 없는 것이 확인되고 있다.

3) 집전(current collection) 성능 : 열차 속도가 가선의 파동전파 속도에 접근하면, 가선이 크게 굽이치고 이선이 많게 되어 가선이나 팬터그래프의 파손 우려가 있다. 따라서, 가선의 파동전파 속도를 될 수 있는 한 올리는 것이 필요하며, 여기에는 가선 장력을 올리는 것과 가선 밀도를 내리는 것이 유효하게 된다.

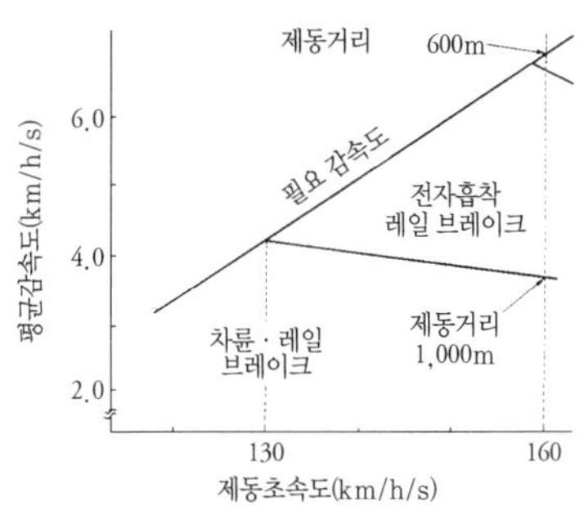

그림 9.1.6 제동 초속도와 필요 감속도

(2) 제동 성능

제(1)항은 건널목이 없는 고규격의 신선을 전제로 한 최고 속도이지만, 건널목이 있는 재래선의 최고 속도가 제약되는 요인은 제동거리(600 m 이내)이다. 최고 속도를 점착 브레이크에 대하여 최고 130 km/h 이상으로 올리기 위해서는 차륜과 레일과의 점착(adhesion)에 의존하지 않는 레일 브레이크의 개발이 열쇠를 쥐고 있다. 당면한 목표로서의 최고 속도 160 km/h의 경우에 600 m 이내에서 정거하기 위한 필요 감속도는 **그림 9.1.6**에 나타낸 것처럼 7 km/h/s의 높은 수치(제트기가 이륙할 때의 가속도에 필적)이며, 승차감과의 관련도 문제로 될 것이다. 이 경우에 레일 브레이크의 부담률은 대단히 크며, 그 때문에 브레이크로 인한 궤도에의 전후 하중은 차량 중량당 약 20 %에 달하므로 궤도 측 등의 대책도 필요하게 된다.

(3) 고속화의 연구 개발상 기술적인 과제

1) **차량의 경량화** : 건설당시의 설계치를 훨씬 넘어 속도를 향상시키기 위한 차량의 경량화는 궤도에 미치는 영향을 적게 한다. 또한, 에너지절약화를 도모하고, 소음·진동을 저감한다. 외국에서는 축중을 11 t대로 계량화하여 개발하고 있다.

2) **이선이 적고 안정된 고속 집전** : 역행 성능, 전기 브레이크 성능의 향상, 소음의 감소, 마찰판의 마모 저감 등이 필수이다.

3) **승차감(riding quality)의 향상** : 여러 가지의 궤도틀림이 있으면 속도의 증가와 함께 승차감이 보다 악화된다. 특히, 저속에서는 문제가 아니었던 장파장의 궤도틀림도 속도의 증가와 함께 문제로 되므로 속도증가에 대응하는 궤도관리가 필요하다. 또한, 차량에서는 궤도틀림에 따른 차체동요를 저감시키는 액티브 서스펜션이 등장하고 있으며 금후의 발전에 기대를 걸 수 있다. 또한, 보다 강성이 크고 기밀성이 높은 차량이 필요하게 된다.

4) **공기 저항과 공력 소음의 저감** : 전자는 동력 장치를 소형·경량화하고, 차륜·레일간 점착력과의 관계에서 정해진 한계 속도를 향상시킨다. 또한, 생에너지화가 도모된다. 후자는 공력 소음이 속도의 6승에 비례하여 증가하기 때문에 기계 소음보다 탁월하고 있으므로 이것의 해결을 요한다. 이것이 고속화의 포인트로 된다.

5) **고속 영역에 있어서 보안 시스템** : 경제적 신호설비와 높은 감속도를 확보하기 위한 제동 시스템이 요구된다.

6) **터널 미기압파의 저감** : 제4.2.4(2)항 참조

(4) 최고속도의 결정요인

철도의 속도 향상에는 최고속도 외에도 여러 가지의 제약요인이 있으며, 당해 노선이 처한 상황에 따라 고속화 전략이 달라진다고 할 수 있다. 열차 '최고속도' 의 결정요인에는 ① 차량의 가·감속 성능, ② 차량 각부의 진동, ③ 궤도의 진동 전파, ④ 집전 시스템(팬터그래프, 가선)의 진동 전파, ⑤ 구조물의 공진, ⑥ 공기 진동(소음, 미기압파 등), ⑦ 인간공학 상의 문제(승차감, 신호 확인거리 등) 등이 있다. 즉, ①과 ⑦(신호 확인거리 등)을 제외하고는 (준정적인 것도 포함) 진동 현상이다. 신호의 확인거리는 일반선로와 같이 지상 신호의 경우에는 문제로 되지만, 고속선로와 같이 차내 신호의 경우는 공학적인 제약 요인으로 되지 않는다. 한편, 궤도구조는 최고속도를 결정할 때에 검토요인의 하나이지만, 일정 이상의 강도가 확보되어 있으면 직접적인 제약조건으로 되는 일은 없다. 다만, 궤도틀림 진행을 고려한 궤도정비 레벨의 유지 가능성을 검토할 필요성은 있다.

9.1.4 기타의 요인 및 비석(飛石)

(1) 기타의 요인

이상에서는 최고 속도(maximum speed)나 각종 제한 속도의 제약되는 요인이나 개선책에 대하여 기술하였지만, 도달 시간(schedule time)의 단축에는 그 외의 여러 가지 요인이 있으므로 주된 것을 기술한다.

1) 다이어그램 여유 시간의 개선 : 실제의 열차 다이어그램(train operation diagram) 설정에는 운전 시간(running time)의 우수리 절상, 여객이 많은 때를 전제로 한 승차율의 시간, 선로공사 등의 서행여유, 지연을 예상한 회복여유 등의 시간이 가해진다. 이것에 대하여 실적 등을 해석하여 필요 이상의 여유는 제외함으로써 의외의 시간단축이 실현될 수 있다.

2) 통과 역 배선과 주의신호 감속속도의 개선 : 종래 단선(single line)의 재래 역은 정거열차를 전제로 하여 속도가 빠른 열차의 통과 등을 고려한 배선(track layout)이 적었다. 따라서, 속도가 빠른 열차의 증발에 대응하여 교행(cross)·대피 역에 대하여는 양개 분기기(double turnout)를 편개 분기기(simple turnout)로 변경하여 1 선을 감속하지 않고 통과할 수 있도록 1선의 통과 방식(one line through system)을 채용하는 예가 있다. 한편, 국철에서 일반열차의 5현시의 경우에 주의신호의 서행속도는 65 km/h이다.

3) 기타의 개선 : 기타의 개선 사항으로 ① 단선 구간에서의 대향 열차 대기시간의 단축, ② 대피시간의 단축, ③ 접속시간의 단축, ④ 정거시간의 개선, 등이 있다.

(2) 비석(飛石) 및 열차풍

비석은 속도가 200 km/h 이상인 속도에서 생긴다고 고려된다. 이와 같이 비석에는 열차의 통과에 수반되는 열차바람으로 인하여 생기는 경우가 있지만 아직도 메커니즘이 해명되지 않고 있다. 한편, 열차가 눈이 쌓인 선로를 주행할 때에는 차체하부에 눈이 부착되어 고속주행에 따라 냉각된 눈이 빙괴(氷塊, 이른바 雪氷)로 된다. 빙괴가 기온상승에 따라 차체에서 떨어져서 궤도의 도상자갈에 충돌하여 자갈을 공중으로 비산시키는 현상을 비석(자갈비산)이라고 한다. 해외에서는 프랑스의 TGV나 독일의 ICE와 같은 고속철도에서도 일부는 열차바람으로 인하여 생긴다고 고려되고 있지만 기본적으로 비석은 빙괴와의 충돌로 생긴다고 고려되고 있다. 어느 것으로 하여도 비산하기 쉬운 도상자갈은 편평한 것이라고 고려되고 있다. 일본의 신칸센에서는 스프링클러로 물을 뿌려 눈을 융해하거나 달라붙기 어렵게 하여 차체에 대한 눈의 부착 방지를 도모하고 있다. 그러나 눈의 부착은 완전히 방지할 수 없으므로 빙괴가 자갈을 비산시킬 수 없도록 자갈에 고화(固化)재를 살포하여 자갈입자를 고착시키는 방법도 이용한다. 또한, 자갈에 네트를 씌우는 방법이나 침목 사이의 자갈 높이를 내려서 비산되기 어렵게 하는 방법도 이용되고 있다. 경부고속철도 1단계구간(광명~대구)의 자갈궤도는 후자의 방법으로서 궤간 내의 도상을 침목 상면에서 5 cm 낮추는 방법을 적용하였다(제9.2.5(8)항 참조).

또한, 평소에 열차의 고속주행에 따른 열차바람으로 인하여 생기는 비석(비산먼지)에 대하여는 예방수단으로서 상기의 궤간내도상면 내리기 방법 외에 도상자갈을 수지로 고결시키는 방법을 일본에서 적용하고 있다.

한편, 열차바람(열차풍)은 열차가 고속주행시에 일반적인 주로 문제가 되며 주된 문제점은 ① 열차 내·외 소음의 발생, ② 비산먼지의 발생과 인접건물에 대한 영향, ③ 터널 내 고속 주행시 미기압파 발생(가장 큰 문제), 등과 같다(③항은 터널에 관련)[245].

9.2 고속철도

9.2.1 개요

철도의 역사는 속도 향상 노력의 역사라고도 한다. 1938년경 구미에서는 최고 130 km/h 정도의 급행열차(express train)를 영업 운행하였으며, 시운전으로서는 1936년에 독일에서 3량 편성의 디젤동차가 205 km/h, 1955년 3월에 프랑스에서 전기기관차(electric locomotive) 2량이 객차 6량을 견인하여 331 km/h의 기록을 수립하였다. 그러나, 1964년에 일본에서 최고속도 210 km/h의 東海道 신칸센이 개업하기까지 보통 철도의 최고 영업 속도는 160 km/h 정도이었다. 시험에서는 상기와 같은 속도 기록이 있지만, 궤도·가선의 보수 등 때문에 실용의 최고 속도로서는 160 km/h 정도가 한계라고 보고 있었다. 따라서, 신칸센의 개업은 중·장거리 수송에서 철도의 고속 수송성을 재평가시키고 또한 철도의 기술 발달사에서도 획기적인 사건이었다. 그 후 구미에서도 200 km/h를 넘는 고속열차가 잇달아 생기기 시작하고 있다. 지금까지 세계 최고속도의 시험 주행(test run)은 2007.4.3 에 TGV-V150이 파리-스트라스부르 간에서 기록한 574.8 km/h {종전의 기록은 1990.5에 기록한 TGV(traingrande vitesse)-A의 515.3 km/h} 이다.

(1) 고속철도의 효과

(가)직접 효과

1) 여객에 대한 효과 : ① 속도의 향상으로 목적지까지의 소요 시간이 단축되며, 여객의 서비스가 향상된다. ② 수송력이 현저하게 향상되고 좌석의 확보가 용이하게 된다.

2) 철도 사업자에 대한 효과 : ① 상기의 질적 서비스의 향상으로 교통기관 상호간 시장 점유율의 변화가 일어난다. 또한, 잠재 수요를 현재(顯在)화시켜 이른바 유발 수요를 생기게 함과 동시에 사람 이동의 원거리화를 촉진한다. ② 속도 향상으로 차량·승무원의 운용효율이 향상되며, 역수·역원수가 적으므로 수송비가 저감된다. ③ 위의 제①항으로 수요, 따라서 수입이 늘어나며, 제②항으로 수송비가 절감되므로 경영개선

에 이바지한다.

(나) 간접 효과

교통 시설은 종래 수송 수요가 있는 경우에 그 요청을 만족시키는 것을 목적으로 하여 추수적으로 건설되고 개량되어 왔다. 그러나, 고속철도와 같이 대규모 교통 시설의 효과는 그것만으로 그치지 않고 시간 거리의 단축 효과가 자극되어 다른 지역과의 교역 패턴의 변화나 그 연선(wayside)의 산업·인구의 새로운 정착 등이 연선 지역의 시민 소득의 향상에 공헌한다. 게다가, 그것이 새로운 수송 수요를 생기게 한다.

(다) 고속철도의 유발 효과

고속철도가 개통되면 그 때까지의 재래선 이용객의 일부가 고속철도로 옮겨지며(전이), 자동차나 항공기 이용객의 일부가 고속철도로 옮겨진다(전환). 그 외에 여행이 편리하게 됨에 따라 업무·사용·관광을 위한 여행 빈도가 늘어난다고 하는 수요 증가(유발)가 있다. 또한, 고속선로의 개통에 따라 재래선의 선로 용량에 여유가 생기기 때문에 재래선도 유발 효과가 있다.

(2) 고속철도망의 필요와 적합성

(가) 고속철도망의 필요성에 관한 유럽의 사례

프랑스·독일 등을 비롯한 서유럽 선진국에서는 국토의 간선 교통기관으로서 철도를 재인식하고 200 km/h 를 넘는 고속화를 적극적으로 진행하고 있다. 우리나라에 비하여 도시권 인구로 보면 공항의 수나 규모로 볼 때 공항이 각별히 정비되고 공로망이 발달한 구미 여러 나라에서조차 이와 같은 철도의 필요성이 재인식되고 있는 것은 다음과 같은 이유 때문이다. ① 유럽의 대륙은 반경 약 500 km의 범위로 그 중심부가 대부분 커버되며 조밀한 인구와 고도의 경제·문화가 집적되어 있다. ② 여행 거리가 수백 km의 범위에서는 철도가 도시의 중앙 역에서 중앙 역까지 직통할 수 있는 이점도 고려하면, 200~300 km/h의 고속화로 철도가 항공기에 충분히 대항할 수 있다. ③ 서유럽 여러 나라의 철도는 대부분 표준 궤간이며, 또한 지형이 평탄하여 처음부터 곡선·구배가 적기 때문에 고속 운전을 위한 개량 공사가 그다지 어렵지 않다. ④ 항공 여객의 증가에 맞추어 새로운 공항을 건설하는 경우에 도시에서 멀리 떨어질 수밖에 없고 또한 공사비가 거액으로 된다.

(나) 우리나라에서 철도의 적합성

우리나라의 교통 장래상은 국토의 지리적·사회적 조건을 감안하여야 한다. 우리나라 국토의 대부분은 산악 지대이며, 적은 평지에 고밀도의 인구와 도시가 집중되어 있다. 또한, 간선(trunk line)에서 사람과 물건의 유동이 많다. 이 점에서 간선 교통수단에 대하여 특히 다음과 같은 특징이 요구된다. ① 대량 수송능력 : 대량의 여객 수송 수요를 처리하기 위하여 고속철도와 같은 수송 용량이 있는 철도가 필요하다. ② 토지 이용률 : 고밀도로 집적된 국토에서는 철도·도로·공항 등에 이용할 수 있는 교통 용지가 한정되어 있다. 교통 수요를 처리하기 위하여 필요한 토지 면적이 작은, 즉 토지 이용효율이 높은 교통수단은 앞으로 점점 중시되어 갈 것이다. ③ 고도의 질적 서비스 : 고밀도 사회일수록 교통수단에 대하여 고도의 질적 서비스를 요구한다. 장래의 국민생활 수준의 향상에서 보아도 보다 고속·쾌적·안전하고 공해가 적은 교통수단으로의 요구가 강하게 된다. ④ 교통기관의 노동 생산성 : 일반적으로 차량·선박·항공기의 대형화로 단위 수송당의 수송비를 싸게 할 수가 있다. 그러나, 자동차나 항공기의 대형화에는 한계가 있기 때문에 장래의 노동력 부족을 고려하면 대단위 수송이 가능한 교통 기관의 우위성에 충분히 유의할 필요가 있다.

(3) 유럽의 고속철도 연합체

1) 레일팀(Railteam) : 독일철도공사, 프랑스국철, 영국유로스타, 네덜란드국철, 스위스국철, 오스트리아국철, 벨기에국철 등의 철도회사가 공동으로 설립한 회사로서 항공업계의 '스타 얼라이언스' 처럼 공동발권, 예약, 환불 등의 대고객서비스를 맡고 있다. 레일팀 서비스의 특징은 환승의 편리이며, TGV 등의 고속열차를 이용한 유럽국가 간의 여행이 한결 편리해졌다.

2) 탈리스(Thalys) : 독일철도공사와 프랑스국철, 벨기에국철이 1996년 브뤼셀에 공동으로 설립한 회사로서 쾰른과 브뤼셀, 암스테르담, 파리구간을 연결하는 고속전철을 운영한다. TGV가 운행되고 있으며, 2007년 부터는 파리와 뮌헨구간에서도 매일 TGV와 ICE가 번갈아 운행되고 있다. 곧 유럽철도교통 경영시스템(ERTMS)을 도입해 운영시스템을 개선할 예정이다. 2010년에 예정된 국경경유 철도교통자유화 계획이 실현되면, 장거리요금이 저가항공사와 경쟁될 정도로 내려갈 것으로 예상된다.

3) 유로스타(Eurostar) : 프랑스, 벨기에, 영국국철이 공동으로 설립한 자회사로서 런던과 파리, 브뤼셀구간을 300 km/h로 운행하고 있다. 1994년 완공된 도버해협터널을 통해 영국과 연결되어 있으며, TGV가 주축이다.

(4) 고속철도의 향후 전망

인류의 수천 년 역사는 늘 스피드를 추구하여 교통수단의 진보를 실현하여 왔으며 앞으로도 "보다 빨리"라고 하는 욕구는 변하지 않을 것이다. 교통의 목적은 공간적 거리의 극복에 있다. 그 목적을 위한 손실 시간이 짧으면 짧을수록 바람직한 것은 당연하며, 보다 고속의 교통수단을 얻으려는 노력은 인류가 계속 살아있는 한 계속될 것이다. 철도 · 선박, 여기에 자동차 · 항공기 등의 각종 교통기관(means of transport)은 갖가지의 기술 진보를 통하여 인류의 경제 · 사회 발전에 큰 역할을 수행하여 왔다. 쾌적성 · 기동성 · 안전성 · 저렴성 등과 함께 각종 교통수단이 각각 가능한 한의 기술 혁신을 통하여 고속화를 추구하는 것은 바로 국민 생활의 향상에 공헌하는 길이었고 이것은 앞으로도 변하지 않을 것이다. 21 세기의 사회는 지식 집약형의 고도 정보산업이 번영하고, 국민소득의 상승, 가치관의 다양화와 함께 모빌리티(mobility)가 향상되어 교통수단의 고속화로의 지향은 보다 한층 높아질 것이라고 생각된다. 결국, 21세기 고도의 기술 · 경제 사회에서는 철도가 독자의 기술 혁신으로 400～500 km/h의 초고속 열차를 실현하면 도심의 중앙 역에서 다른 도시의 중앙 역까시 직통할 수 있는 이점도 있기 때문에 500～800 km 떨어진 도시간에서 가장 우위인 교통기관으로서 중요한 역할을 할 것이다.

9.2.2 시설과 차량

(1) 선로

고속 운전의 경우에 선로의 파괴가 속도의 2제곱에 비례한다고 예상되며, 선로보수(maintenance of track)를 완수하여 대응할 수 있지만 안전하고 양호한 승차감을 위하여 어느 정도의 궤도 틀림으로 억제하여야 하는가 등이 과제이었다. 선로의 기본 구조로서는 60 kg/m 장대레일, PC 침목, 두꺼운 깬 자갈의 도상, 고속 분기기(노스 가동 크로싱)의 채용이 일반적이다. 장대 터널 등에서는 슬래브 궤도 등 콘크리트 궤도로 하고 있다. 경부고속철도 2단계구간(대구-경주-부산)은 전구간을 콘크리트 궤도로 하였다(제3.1.1.항 참조). 또한, 선로의 보수 정비에 높은 정밀도를 요한다. 장대 교량과 고가교는 미학적인 특성과 미래의 환경 문제들을 고려하여 최적으로 설계한

표 9.2.1 각국별 주요 건설 기준

구분	경부고속철도	호남고속철도	기존 경부선	일본 신칸센		프랑스TGV	독일 ICE
궤간(mm)	1,435						
레일	60kg/m, 장대		50kg/m, 일부 장대	60kg/m, 장대			
침목	P.C침목, 모노블록	2블록 콘크리트	P.C침목, 목침목	P.C 침목	슬래브	2블록 콘크리트	P.C 침목
도상	자갈, 일부 콘크리트	콘크리트	자갈	자갈		자갈	자갈, 콘크리트
궤도중심 간격(m)	5.0	4.8	4.0	4.3		4.5	4.7
노반 폭(mm)	14,000	13,500	10,000	11,600		13,600	13,700
최고 속도(km/h)	300		150	275		320	250
최소 곡선반경(m)	7,000	5,000	400	4,000		6,000	7,000
최급 구배(%)	25		12.5	15		25	12.5
설계 표준하중	HL - 25		LS - 22	NP - 하중		UIC - 하중	
터널단면적(㎡)	107	96.7	62.2	60		100	82
신호	ATC		CTC	ATC			
전기	AC - 25 kV						AC-15 kV

표 9.2.2 각국의 고속철도별 노반 구성

구분	호남고속철도	경부고속철도	프랑스TGV	독일 ICE	일본東海道 신칸센	스페인 AVE
구간	오송~목포	광명~부산	파리~리용	하노버~뷔르쯔브르그	도쿄~오사카	마드리드~세비야
총연장(km)	185	412	426	327	515	471
터널	43(23 %)	182.3(44 %)	-	118(36 %)	72(14 %)	16(3 %)
교량	85(46 %)	109.3(27 %)	2(1 %)	33(10 %)	170(33 %)	10(2 %)
토공	56(31 %)	120.5(29 %)	424(99 %)	176(54 %)	273(53 %)	445(95 %)

다. 각 교량은 건축 양식이 각자의 개성을 가지고 있다 할지라도 노선을 구성하는 일관성의 조정이 필요하며, 기본적으로 교량부에서의 고속 특성으로 결정된다. 여행자들에 대한 최적의 서비스를 제공하고 교량의 수명을 연장하기 위하여 계속적인 유지 보수를 필요로 한다. 터널은 디자인과 특성을 이용하여 입구·출구의 특성과 외양의 디자인과 함께 조용하고 진동이 없이 운행되도록 한다. 또한, 건설 기간에는 지역 주민에게 피해를 주지 않아야 한다.

　표 9.2.1에는 각국의 고속철도별 주요 건설 기준, **표 9.2.2**에는 각국의 고속철도별 노반 구성의 내역을 나타낸다. 한편, 일본의 경우에 山陽 신칸센 이후, 슬래브 궤도의 구성비를 보면 山陽 신칸센 중 新大阪~岡山간(165 km)이 5 %, 岡山~博多간(398 km)이 69 %, 東北 신칸센(470 km)이 90 %, 上越 신칸센(270 km)이 94 %이다.

(2) 가선(overhead line) 방식

　가선 방식은 일반적으로 변Y 심플 커티너리(strange Y simple catenary)식을 이용하며, 300 km/h의 TGV-A선에서는 컴파운드 커티너리(compound catenary)식을 채용하고 있다[31]. 경부 고속철도에서는 헤비 심플 커티너리(heavy simple catenary)식을 이용하고 있다.

일본은 근래에 CS(동복 강성) 전차선 대신에 PHC(Precipitation Hardening Copper alloy) 전차선을 사용한 심플 커티너리를 개발하였다. PHC 전차선은 110 mm²(19.8 kN), PH 조가선은 150 mm²(19.8 kN)이며, 댐퍼행거(스프링정수 1,500 N/m, 댐핑정수 50 Ns/m)는 경간당 4 개를 사용한다. PHC는 고강도와 고전도율을 얻기 위해 개발된 동합금이다. 프랑스는 2007 년에 개통된 파리동선부터 심플 커티너리 전차선의 장력으로 26 kN, 조가선 장력으로 20 kN을 사용한다. 장력이 큰 것은 청동을 섞은 동합금을 사용하였기 때문이며 대신에 전도율이 떨어지므로 조가선의 단면을 크게 하여 통전전류에 대해 보완하는 구조로 하였다.

(3) 차량

여기서는 고속 운전에서 특히 고려하여야 할 일반적인 사항을 기술한다(경부고속철도의 차량은 제 9.2.4(1)항 참조). 공기 저항이 상당히 크기 때문에 선두 형상은 풍동 시험에 의거하여 유선형으로 하고, 차체 측면 등의 평활에도 고려한다. 고속철도에서는 열차 중량당 약 2배의 소요 출력이 요구되기 때문에 경량화에 노력한다. 가일층의 경량화와 공기 저항을 줄이기 위하여 차체 단면적을 작게 하고 있는 설계가 많다. 터널에 들어 갈 때의 차내 기압 변동이 현저하여 불쾌감을 주기 때문에 차체와 문을 기밀 구조로 하고 터널 통과 시에 자동적으로 외기와 차단하는 환기 장치로 설계한다.

스프링하 중량(unspring load)의 저감이 특히 중요하며, 대차(truck)는 주행 안정성이 우수하고, 차륜 횡압이 적은 것을 선정한다. 차축 베어링은 차량용의 표준 유형의 원통 롤러 베어링이지만, 고속 회전을 위하여 기름 윤활로 하고 있다. 차륜과 레일간의 점착계수를 안정시키기 위하여 답면 청소 장치를 설치하고 있다. 차륜의 타이어 윤곽(tire contour)은 탈선 방지(derailment prevention)성이 보다 높은 것을 선택한다. 팬터그래프는 강도가 높은 틀, 고속에 대하여 밀어 올리는 힘의 변화가 적은 형상, 접판(slider)의 재질 등을 특히 고려한다. 화장실의 오물 처리는 당초는 저류식으로 하였지만, 나중에 항공기에 사용되고 있는 순환식으로 하고 있다. 만일, 선로상에 장애물이 있는 경우를 고려하여 선두부의 스커트를 견고하게 하고 그 내부에 상당 강도의 배장 장치를 설치하며, 더욱이 레일 면에 닿을락말락한 고무의 보조 배장기(obstruction guard)를 설치하고 있는 예도 있다. 눈이 많은 지역의 신칸센 차량은 차체를 바닥 아래까지 길게 한 보디 마운트 구조(body mount structure)로 하여 상하 기기를 그 안에 탑재하고 있나. 300 km/h내에서는 주행풍 내책으로서 상하 기기에 내하여도 같은 구조를 취한다. 프랑스의 고속철도 차량은 상세한 마케팅 조사의 결과, 차내 안락함의 새로운 기준과 새로운 색깔을 선택하고 새로운 내부 시설과 외부 치장을 하였다.

고속 차량은 속도의 향상에 따라 열차 중량당 출력이 크게 되어 있다. 또한, 프랑스의 TGV와 스페인의 AVE, 유로스타(Eurostar)는 객차(coach)를 연접식(articulated truck) 편성으로 하여 보다 높은 주행 안정성과 실내의 소음 저감을 도모하고 있다.

(4) 한국형 고속전철

HSR 350-X로 명명된 한국형 고속전철차량은 G7 열차 또는 KTX - II라고도 불리며 최고속도 350 km/h 로서 국내 기술진의 역량으로 개발하였다. 1 MW 급 유도전동기를 사용하며 주변압기의 용량은 20%가량 증가시켰지만 무게는 15%감소시켰다. 특히, 주전력 변환장치는 IGCT(Integrated Gate Commutated Thyristor) 소자를 이용하여 고조파를 기존철도에 비해 49%까지 감소시켰다. 그 외에도 전자석을 이용한 와전류 제동시스템, 객실

표 9.2.3 한국형고속전철과 KTX와의 차이점

주요 항목	KTX 차량	HSR 350 - X차량(KTX- II)
최고운행속도	300 km/h	350 km/h
열차편성	20량 1편성	20량/11량 가변편성 및 중련기술 확보
추진장치	동기전동기 방식	유도전동기 방식(추진제어장치 독자개발)
객차	차체 Mild Steel	알루미늄 압출재 개발 적용
전두부	프랑스 설계	한국형 고유 모델
제동 시스템	마찰 + 전기 제동	와전류 제동 추가개발
여압 장치	없음	독자개발 적용

압력조절시스템, 감속구동장치, 열차제어장치 등 60여 종의 핵심기술이 개발되었다. 한국형 고속전철 차량과 KTX차량의 차이점은 **표 9.2.3**과 같으며 현재 건설을 추진 중인 호남고속철도에 투입될 예정이다. 한편, 현재 개발 중인 최고시험속도 400 ㎞의 차세대고속 열차는 '세계의 주요 고속철도와 기술[299]' 을 참조하라.

9.2.3 운전관리 시스템 및 보안과 환경 대책

(1) 보안 대책

(가) 선로방호 설비(track protective device)

고속 운전에서는 이물 등과의 충돌을 절대로 피하여야 하며, 선로 내의 출입 방지용 울타리를 설치하고 있다. 또한, 선로를 넘는 과선교(over bridge), 도로나 땅 깎기(cutting) 구간의 병행 도로로부터의 자동차 등의 전락 (fall) 사고 방지를 위하여 자동차의 충격에 견딜 수 있는 견고한 전락 방지책 등이 설치되어 있다. 경부고속철도의 안전대책 등은 제9.3.5항을 참조하라.

(나) 열차 방호(train protection)

선로의 지장 등으로 긴급하게 열차를 정지시키는 경우의 방호 방법을 보다 고도의 것으로 하고 있다. 열차 방호는 지상에서 행하는 경우와 차상에서 행하는 경우가 있다. 다음은 일반적인 예이다.

1) 열차 방호 스위치(train protective switch) : 연선 250 m마다 상하선 근방에 각각 설치되어 있다. 지상계원이 이것을 다루면 궤도회로가 단락(short circuit)하여 정지 신호로 된다.

2) 방호 무선 : 지상 계원이 이 방호무선 발신기를 다루면 경보 신호에 따른 정거 신호를 약 1 km 범위내의 열차에 현시하여 기관사는 즉시 비상 브레이크로 열차를 정지시킨다.

3) 차량의 보호접지 스위치(protective earthing switch of car) : 선로·전차선의 이상 등으로 지장개소 부근을 운전 중인 열차를 긴급 정거시킬 필요가 있는 경우에는 차상의 기관사 또는 차장이 소정의 스위치를 다룬다. 보호접지 스위치는 운전대에 설치되며, 이것을 다루면, 지장개소를 중심으로 상하선의 전차선이 정전되도록 되어 있다.

(다) 선로 내 출입 금지

고속 운전 중의 선로보수 등, 선로 내의 출입은 위험하기 때문에 금지되고 있다. 선로·가선 등의 보수 작업은 열차가 운전되지 않는 야간 시간대의 작업으로 하고 있다. 더욱이, 해외의 경우는 열차 횟수가 적기 때문에 약

25 km마다 건넘선을 설치하여 단선 운전(single track operation)으로 하고, 보수 작업에서는 열차를 서행시키지 않는 예도 있다.

(2) 환경 대책

열차 소음은 차륜의 전동음(rolling noise)·차체의 공력음(aerodynamic noise)·집전계 음(current collecting noise)·구조물 음(structure-borne sound) 등이 합성되며, 예를 들어 다음과 같은 상응의 대책이 강구된다(제 2.4.1절 참조).

고가교·교량·궤도 등에 대하여는 환경 대책을 배려하고, 연선 주택이 많은 구간에서는 선로 옆에 역 L형 등의 방음벽(sound-proof wall)을 설치하고 있다. 역 L형 방음벽은 일반의 직립 방음벽에 비하여 수 폰 정도 경감된다. 집전계 음의 대책으로서 가장 기여가 높은 이선 아크 음의 저감에 가선 행거 간격의 축소(예 : 5 m → 3.5 m)가 효과적이기 때문에 필요한 대책 구간에서 채용하는 예가 있다. 300 km/h 이상을 목표로 하는 차량은 선두 형상의 개량, 측면 창의 단차 축소, 팬터그래프 커버, 팬터그래프의 개량, 방음 스커트 등을 이용하여 될 수 있는 한 소음의 저하에 노력하고 있다. TGV는 기존의 기차보다 바퀴 수를 감소시키고 공기역학적 유선형으로 하였으며, 바퀴에 직접 제동을 가하는 것을 점차적으로 지양하여 부드러운 운행을 보장하고 있다. 또한, 계획의 준비 단계부터 환경에 대한 다양한 요구를 사업 계획에 반영하는 것이 필요하다.

9.2.4 경부고속철도의 기술 특성

(1) 차량

(가) 개요

경부고속철도 차량(**표 9.2.4**)은 프랑스의 TGV 설계를 바탕으로 1 열차당 약 1,000 명의 대량 수송 능력을 갖

표 9.2.4 차량의 일반 재원

		내용	항목	내용
	외부 형상	유선형 구조	제동 방식	회생+발전+공기제동
	설계 특징	공기역학적 설계, 관절방식 객차 연결	공기 제동 형식	구동대차 : 단편 제동, 관절 대차 : 디스크 제동
열차 동력	사용전압	25kV, 60Hz AC	열차 편성	동력차 2량+동력객차 2량+중간객차 16량 (특실 4량, 일반실 14량)
	견인동력	13,560 kW	열차길이	388 m
	전기 제동력	300 kN	좌석수	935 석(특실 127, 일반실 808)
대차	궤간	1,435 mm	공차 중량(W_0)	637.1 ton
	대차 수량	23/20량(구동 대차6, 관절 대차 17)	운전 정비 중량(W_1)	701.1 ton
	차륜 직경	920 mm / 850 mm (신품/마모한도)	영차 중량(W_2)	771.2 ton
열차 성능	안전한도속도	330 km/h	만차 중량(W_3)	841.3 ton
	최대 운용 속도	300 km/h	동력차 (PC)	22,517(길이)×2,814(폭)×4,100(높이)mm
	가속 성능	0→300 km/h 도달시간 6분5초	동력 객차(MT)	21,854(길이)×2,904(폭)×3,484(높이)mm
	주행 시간	서울→부산118분	객차(IT)	18,700(길이)×2,904(폭)×3,484(높이)mm

추고, 프랑스보다 추운 한국의 기후조건에 맞도록 내한 성능을 강화(영하 25 ℃ 에서도 정상적으로 운영할 수 있도록 내한 성능을 강화)하였다. 또한, 터널이 많은 지형조건을 감안하여 터널 통과 시 외부의 높은 공기압력이 실내로 유입되지 않도록 차량 기밀(氣密) 설계를 채택하였으며, 열차가 터널로 진출입할 때 발생되는 외부의 압력파가 객실 내로 유입되지 않도록 환기구가 자동적으로 개폐된다. 그리고, 마찰·발전·회생 제동의 3중 제동장치를 설치하는 등 국내의 환경에 적합하도록 하였다. 1 열차당의 수송능력을 증대시키기 위하여 18,000 마력의 추진 시스템(엔진)과 12 대의 견인 전동기를 장착하였다.

실내 디자인은 한국 고유의 색상인 고려청자색(翡色)을 바탕으로 하여 배색하였고, 열차 선두부 형상을 비롯한 외부 디자인은 공기 저항력을 줄이고 300 km/h의 고속 성능이 잘 표현될 수 있도록 디자인하였다. 안전 시스템에는 열차제어 시스템, 통신 시스템, 방화 시스템, 자연재해 감지시스템, 선로 내 장애물 검지장치, 차축 발열

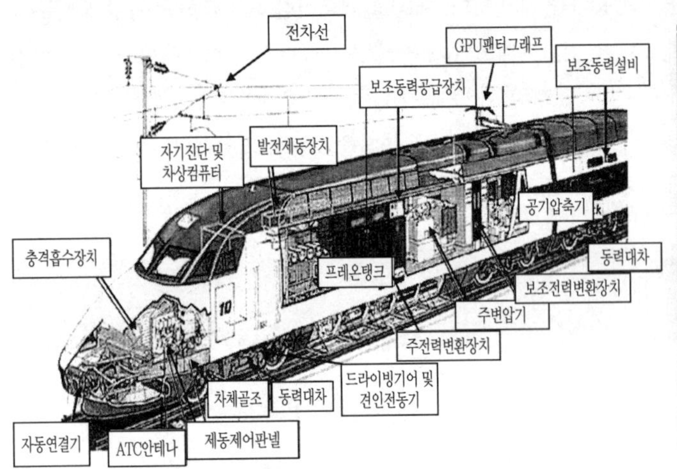

그림 9.2.1 KTX열차의 추진 시스템

그림 9.2.3 주회로 차단기

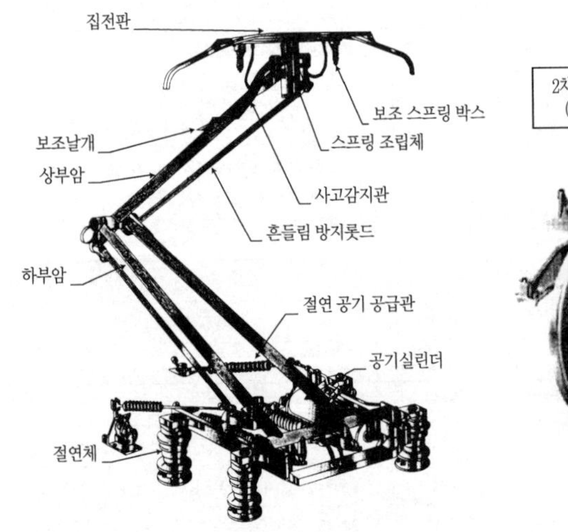

그림 9.2.2 팬터그래프의 구조(싱글 암형)

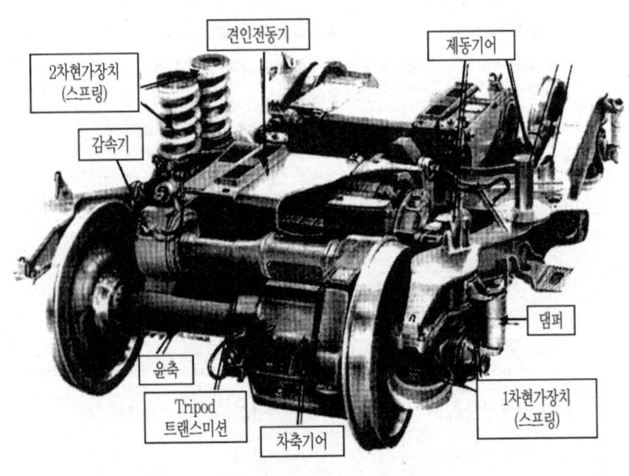

그림 9.2.4 KTX 차량의 동력전달장치

감지장치, 자기진단 시스템, 전차선 동결방지 시스템 등이 있다(제9.2.5항 참조).

(나) 견인 시스템

견인 시스템은 GPU(large central spring box) 팬터그래프, 고압회로 차단기, 주변압기, 모터블록, 견인 전동기, 기계적 동력전달장치, 보조 전력장치 등으로 되어 있다(**그림 9.2.1**). GPU 팬터그래프는 전차선에서 전기를 받아 차량으로 전달하는 역할을 하며, 고속 운행 중 전차선과 원만한 접촉을 유지시켜 열차가 운행 중에 튀는 현상(離線 현상)을 적게 하여 아크 발생을 적게 하고 차량에 연속적으로 전기가 공급되도록 한다. 접촉력(contact wire pressure)은 약 70 N(17 lbs)이다. 고속에서의 공기 저항과 소음을 줄이기 위하여 팬터그래프(**그림 9.2.2**)의 크기를 최소화하고 차량 1편성당 양쪽 끝의 동력 차량에 1개씩 2개가 설치되어 있으며, 실제 운행 시는 진행 방향으로 보아 뒤쪽의 1 개만 올려서 이용한다. 고압회로 차단기(main circuit breaker)는 팬터그래프에서 주변압기에 이르는 전류를 감지하여 과전류 발생 시 주회로를 차단함으로써 주변압기, 모터 블록 등 주요 기기에 대한 보호 작용을 한다(**그림 9.2.3**). 주변압기(main transformer)에서는 25 kV 60 Hz의 단상 전력을 1,800 V(견인용)와 1,100 V(보조 전력용)로 변환한다.

모터블록(motor block)은 주변압기에 공급되는 교류 전원을 견인 특성에 맞도록 전원을 변환하는 장치로 1개의 모터 블록당 2대의 견인 전동기에 동력을 공급하며 주정류기 장치(main rectifier)와 견인 인버터(traction inverter)로 구성된다. 주정류기 장치는 주변압기의 2차 견인 권선의 1,800 V의 교류 전압을 직류 전원으로 정류한 후에 평활 리엑터(smoothing reactor)를 거쳐 평활한 전류를 얻는 장치이고, 견인 인버터는 견인 전동기를 제어하기 위하여 직류 전원을 다양한 주파수의 교류 파형으로 변환하여 견인 전동기에 3상 전원을 공급하는 장치이다.

견인 전동기(synchronous traction motor)는 3상 교류 동기전동기로서 모터 블록에서 제어되는 전류량과 주파수에 따라 견인 전동기의 회전력과 회전 속도가 결정된다. 직류 전동기와 같은 정류자 면이 없어 유지 보수비가 적고 경량화할 수 있으며, 대차 질량을 가볍게 하기 위하여 차체에 설치되어 있어 궤도 등 하부 구조물의 손상을 적게 한다. 견인 전동기의 출력은 1,130 kW(최대 회전 속도 4,000 rpm)이며, 열차당 12 대의 전동기가 설치되어 총 13,560 kW(약 18,000 Hp)의 출력을 낼 수 있다. 기계적 동력 전달 장치(mechanical transmission)에서, 전동기의 축은 Sliding Cardan(유니버설 조인트)을 사용한 삼각 트랜스미션(tripod transmission)으로 기어 박스(axle gear box)에 연결되어 있다. 기어박스는 축에 연결되어 차륜에 동력을 전달하여 준다(**그림 9.2.4**). 보조 전력장치(auxiliary power supply unit)에서는 주변압기에서 공급된 단상 교류 1,100 V의 전력을 보조 정류기를 통하여 직류 570 V를 생성하고, 동력차 충전기, 객차의 440 V용 인버터, 객차 충전기, 동력차 보조 인버터(모터 블록 냉각 송풍기, 견인 전동기 냉각 송풍기, 주변압기 냉각 송풍기, 공기 압축기에 3상 380 V를 공급) 등에 전원을 공급한다.

(다) 제동 시스템

제동 시스템은 전기제동장치(회생 제동장치, 발전 제동장치), 마찰 제동장치, 차륜활주 방지장치 등으로 구성되어 있다. 전기제동장치는 열차가 속도를 낮출 때에 견인 전동기를 발전기로 바꾸어 열차의 운동 에너지를 전기 에너지로 변환하는 제동장치로서 주로 고속시 속도 조절용으로 사용하며, 최고 속도에서 열차를 정지시키기까지 제동 에너지의 절반 정도를 담당한다. 회생 제동 장치는 전기 에너지를 전차선으로 역송시켜 다른 열차의 전원으로 사용할 수 있도록 하는 장치로 서울~부산간 운행 시 사용되는 총전력의 약 10 %의 전력을 회생시킬 수 있다. 발전 제동장치는 전기제동장치 고장 시 전기 에너지를 모터 블록 상부에 설치된 저항기에 연결시켜 열 에너지로 바꾸고 송풍기로 냉각시키는 제동장치로서 기계적 마찰 부위가 없어 소음이 없고 유지 보수비가 적게 든다. 마찰 제동장치는 열차 속도를 낮추기 위하여 제동 블록을 강력한 힘으로 접촉시켜 열차의 운동 에너지를 마찰열로 소산시키는 제동장치로 주로 비상시 또는 저속도에서 열차를 정지시키기 위하여 사용하며, 동력차는 차륜답면에 제륜자를 접촉시키고, 객차는 축당 2조씩 설치된 패드를 디스크에 접촉시킨다. 제동력은 동력차에 설치된 공기 압축기에서 만들어지는 압축 공기(9 bar)를 전기/전자적으로 제어하여 이용한다. 차륜활주 방지장 치는 차륜에 속도감지 센서를 설치하여 미끄러지거나 공전될 경우에 차륜과 레일 사이의 마찰력을 높이기 위하 여 자동으로 모래를 분사시키고 제동력을 낮추어 차륜이 미끄러지는 현상을 방지하는 장치이다.

(라) 차량간 연결 장치와 관절 대차

차량간의 연결 장치는 관절(articulation)형 연결 장치(인접한 2량의 객차가 1개의 대차 위에서 연결되는 반영 구적인 방법), UIC형 연결기(동력차와 동력 객차 사이의 연결)와 자동 연결기(automatic coupler, 차량 피견인을 위하여 열차 선두부를 연결할 수 있도록 하는 연결기)를 이용한다. 자동 연결기는 사용하지 않을 때에 두 개의 파이버 글라스(fiber glass)로 된 문을 닫으면 동력차의 선두부 형상으로 된다. 이것을 열면 연결기가 노출된다.

관절형 연결 장치의 장점으로는 대차 수를 줄이어 열차 중량과 공기 역학적인 면을 개선하였고, 객차 사이에 대차를 위치시켜 실내 소음과 진동을 줄이고 객실 면적을 증대시켰다. 관절 구조는 댐퍼를 사용하여 인접한 객 차를 동역학적으로 연결시킬 수 있고 객차간 연결 통로를 깨끗하게 처리할 수 있으며, 사고 발생 시 차량간의 견 고한 연결로 차량의 전복을 방지할 수 있다. 즉, 관절대차(Articulated Bogie, **그림 9.2.5**)를 사용하면[284], 대차 와 차륜의 수량이 거의 반으로 줄어들어 차량이 가벼워져 에너지소모가 줄어들고 차량의 무게중심도 낮출 수 있 어서 고속에서 안전하게 주행할 수 있다.

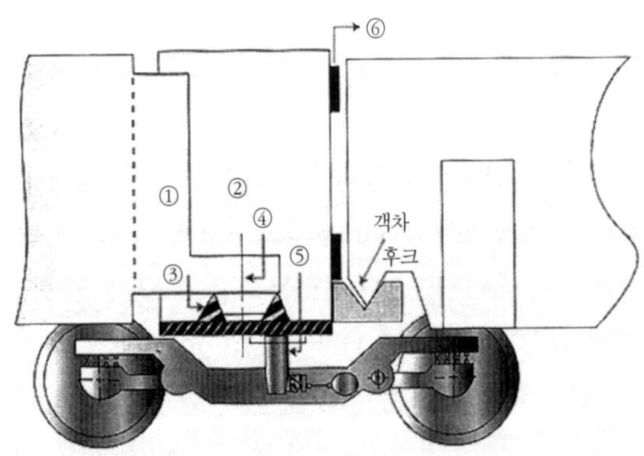

Gangway Ring(관절 링)은 고정 링 ①과 이동 링 ②로 구성. ①은 차체와 일 체로 용접. ①과 ②를 조립 시는 ①을 약 20 cm 들어 올려 대치에 조립된 ②를 밀어 넣어 조립. ①과 ② 사이에는 샌드위치 블록 ③이란 쿠션(고무와 강철판 의 겹침)으로 충격 완화. ②와 뒤 차량은 후크로 조립되고 두 차량사이는 샌 드위치블록 ⑥으로 주행 중의 충격 완화. 관절대차와 관절 링 사이의 공기스 프링으로 승차감 악화를 방지

전동기로 회전되는 차륜이 동력대차와 동력차(또는 동력객차) 사이를 연 결하는 센터피봇(구멍 안의 원통형 봉이 암수를 이문 구조로 회전이 자유롭 고 차체를 올리면 대차와 분리되는 구조)으로 동력차를 끌고 이 동력차는 객 차를 끌며 객차는 뒤쪽대차의 ② 하부에 있는 피봇 ⑤(이동 링 센터 핀과 대차 에 있는 구멍으로 연결)에 의해 객차대차를 끄는 식으로 전동기의 회전력을 열차전체에 전달

그림 9.2.5 관절대차

(마) 바퀴구조와 차체구조

몸체가 하나인 일체형 바퀴구조로 되어 있으며, 300 km/h로 주행 시의 어떠한 충격에도 바퀴의 파손이 없이 안전한 운행이 가능하다. 독일 ICE의 경우에는 분리형 바퀴의 파손으로 인한 탈선 사고 이후에 모든 차륜을 일체 형으로 교체하여 운행 중이다. 차체 구조도 공기 저항을 최소화시키도록 비행기의 앞모양과 같이 공기 흐름에

적합한 유선형 구조로 제작하였다.

(2) 전력 · 통신 · 신호

첨단의 기술을 이용한 설비는 다음과 같다(제5.2.4 참조).

1) 전기설비의 2중 안전 설계 : 안정적인 전기 공급을 위하여 전선, 변압기 등 모든 전기설비를 2중으로 설치하여 정전 시에도 원활한 전기 공급이 가능하다. 일반적으로 전기 공급은 하나의 단선으로 공급하나, 경부 고속철도는 2중의 복선으로 전원을 공급한다.

2) 전차선 해빙 시스템 : 제9.2.5(1)항 참조).

3) 자동 열차제어 시스템(ATC) : 열차 내의 차상 컴퓨터에서 자동으로 속도를 조절하는 장치이다. 선로상의 신호장치와 지상의 신호기계실 장치 및 차상의 컴퓨터간 긴밀한 삼각 구도로 허용 속도와 운영 속도를 비교하여 자동으로 열차 속도를 조절함으로써 고도로 열차 운행의 안전을 확보한다. 또한, 장치 고장 시에도 기능을 정상 수행토록 장비를 이중화하여 안전에 지장을 주지 않는 방향으로 동작하는 2중안전장치(fail safe) 개념의 장치이다.

4) 연동장치(IXL) : 열차의 안전운행을 확보하기 위하여 기존의 계전기 대신에 높은 신뢰성을 가진 컴퓨터 칩을 채용한 전자 연동장치이다. 고도의 열차운행 안전을 확보하기 위하여 3개의 처리 장치가 동시에 동일한 정보를 입력, 처리한 후 상호 비교하여 2개 장치 이상의 처리 결과가 일치할 때만 출력하는 2 out of 3 방식이고, 장치 고장 시에도 안전에 지장을 주지 않는 방향으로 동작하는 fail safe 개념의 장치이다.

5) 열차 집중제어 장치(CTC) : 열차의 안전운행 확보와 효율적인 운행을 위하여 중앙 사령실에 설치하며, 중단이 없는 운용을 하는 고장 허용(fault tolerant) 개념의 장치이다.

6) 열차 무선 설비(TRS) : 국내 최초로 도입된 완전 디지털 방식의 주파수공용 통신시스템(Trunked Radio System)으로 800 MHz대의 한정된 주파수를 다수의 이용자가 이용하는 시스템이다. 통화 품질이 우수하고 데이터 통신이 가능하다. 또한, 운행 중인 차량의 상태를 스스로 진단 · 감시하여 중앙 센터로 전송함으로써 신속한 조치가 가능하다.

7) 전송망 설비 : 부호, 문자, 음향, 영상 등의 전기신호를 광신호로 변환하여 전송하는 설비이며, 고도의 신뢰성을 확보하고, 고장 시 자동 절체토록 예비계로 구성하였다. 또한, 회선장애 시 우회회선으로 자동 변경할 수 있도록 링형 망으로 구성하였다.

8) 전력 원격제어 설비(SCADA) : 모든 전력공급 장치를 본부의 전력 사령실에서 한눈으로 감시하여 자동으로 제어하는 설비로서, 서울~부산간 모든 전력 설비의 이상 유무 확인 등 신속한 조치가 가능하다.

(3) 시설

경부고속철도 건설 분야의 주요 기술 특성은 다음과 같다.

1) 고속철도 건설 분야의 주요 기술특성 : ① 열차성능 모의시험(train performance simulation, TPS)을 이용한 노선 선정, ② 전산화 시스템에 따른 설계 및 도면 제작, ③ 내진설계, 상판간에 수평력 분산 장치 설치 등 교량의 안전성 확보, ④ 교량의 동적 해석 및 설계, ⑤ 고속 주행을 위한 선로의 직선화 및 수평유지, ⑥ 터널 내 풍압 제한, ⑦ 터널 내 미기압파문제 해소, ⑧ 토공의 침하방지와 강화노반, ⑨ 고속철도용 분기기,

⑩ 장대레일 용접(플래시 버트 용접), ⑪ 최첨단 장비를 이용한 궤도부설

2) **교량상부의 시공** : 경부고속철도 교량의 주요형식인 P.C Box 교량(상자형 교량)의 시공 공법으로는 M.S.S 공법(Movable Scaffolding System, 이동식 비계공법), P.S.M 공법(Precast Span Method, 프리캐스트 경간 공법), F.C.M 공법(Free Cantilever Method, 연속 캔틸레버공법), F.S.M 공법(Full Staging Method) 등으로 대별되나 경부고속철도에서는 주로 M.S.S, F.S.M 공법을 사용하였고, 공기가 촉박한 일부 공구에 대해서는 안정성과 품질이 입증된 P.S.M 공법을 사용했다. F.S.M 공법은 교량의 높이가 높지 않고, 지반이 양호한 곳, M.S.S 공법은 교량이 높고 하부에 하천이나 연약 지반 등이 통과하는 구간에 적용하였다. 특히 M.S.S 공법 적용 시에는 부분 공장철근 조립공법(Partial Caging Method)을 개발하여 시공함으로써 공기단축, 정밀시공, 품질확보 등의 효과를 거두었다. 또한, T.F.S 공법(Travelling Formwork System, 이동식 거푸집 공법)도 적용하였으며, 경부고속도로를 가로지르는 모암1교는 강(鋼)아치 회전거치 공법을 적용하였다.

3) **터널의 시공** : ① 3차원(NET2B) 광파 측정, ② T.S.P 탐사 시스템

4) **사업관리와 품질관리** : 사업관리와 품질관리 기법을 도입하여 정착시키고, 건설기술 수준의 향상에 크게 기여하였다.

9.2.5 경부고속철도의 안전성 확보

고속철도시스템이 타 수송수단에 비하여 비교 우위에 있는 점은 속시성(速時性), 정시성(定時性), 안전성(安全性) 및 대량 수송성(大量 輸送性)이다. 경부고속철도 시스템에서는 열차의 안전성을 확보하기 위해 다음과 같이 여러 가지 첨단의 감시·제어시스템을 채택하고 있다.

(1) 안전설비

철도의 생명은 안전이라고도 한다. 열차의 속도가 빠른 고속 철도의 경우에 사고가 엄청난 인적·물적 손실을 초래할 수 있기 때문에 완벽한 안전장치를 필요로 한다. 경부 고속철도에서 채택하고 있는 여러 가지 안전설비는 **표 9.2.5**에 나타낸 것과 같다. 안전설비는 ATC장치, 연동장치 및 CTC장치와 정확히 인터페이스되어야 하고, 어떤 경우라도 CTC센터에서 감시되어야하며, 센서의 접속 상태 또는 계산비율의 변화에 따른 기본적인 경보음과 표시가 전달되어야하고 영향을 받은 선로 구간에서는 필요한 속도제한을 부과하고 리세트(reset)할 수 있어야 한다.

1) **자연재해 감지시스템** : 갑작스런 기상 이변으로 인한 재해를 방지하기 위하여 약 20 km 간격으로 기상 설비를 설치하고, 강우/강풍 검지기를 20 개소 설치하였다. 또한, 폭설이 예상되는 대구 이북 3 개소에 강설 감지기를 설치하였으며, 차량에는 피뢰기를 설치하여 낙뢰 시에 대비하고 있다.

2) **선로 내 장애물 대책** : 1차로 선로를 횡단하는 고가도로 및 비탈 개소로 낙석 또는 토사 붕괴가 우려되는 곳에 그물망형의 검지장치를 설치하여 열차를 비상 정지시키는 장치이다. 1차 검지장치로 발견되지 않은 장애물이 선로에 방치되어 있으면, 동력차 전부에 설치된 배장기(레일 상면보다 235 mm 이상의 장애물)와 대차 전부에 설치된 제석기로 장애물(60~235 mm의 작은 장애물)을 제거한다. 만일, 1, 2차 안전설비에도 불구하고 이를 통과한 장애물이 열차와 부딪치게 되면, 먼저 선두부 연결기와 부딪치면서 약 50 톤의 에너

지를 흡수하고, 다음으로 동력차 전부에 설치된 충격흡수 장치 {제(6)항 참조} 에서 2 MJ(약 60 kg의 콘크리트와 시속 300 km/h의 속도로 충돌할 때 발생하는 에너지량)의 충격 에너지를 흡수하고, 최종적으로 동력차 자체에서 약 200 톤의 압력 하중을 받게 된다.

3) **방화 시스템** : 차량 내 화재 발생 또는 각종 기기에서 이상 고온이 감지되면 기기의 전원을 차단함과 동시에 경보를 발하는 화재탐지 설비를 갖추고 있으며 총 29 개의 소화기를 적재하여 화재 발생 시 신속한 진화가 가능하다. 객실 내 카펫, 의자 포지, 내장재 등 객실 내부의 자재는 불연성의 재질이다.

4) **차축발열 감지장치** : 약 30 km마다 차축발열 감지장치를 설치하고 CTC사령실에는 감시장치를 설치하여 운행 중인 열차의 축상 온도를 검지하여 베어링 온도가 70 ℃ 이상이면 경고, 90 ℃ 이상이면 열차를 정지시켜 운행 중 차축 절손 등의 사고를 미연에 방지한다.

5) **열차제어 시스템 및 통신 시스템** : 고속 운전에서는 컴퓨터를 이용한 계기 운전에 의존하게 되며, ATC와 CTC를 설치하고 있다. 무선통신 시스템의 설치로 기관사와 중앙 통제실간의 직접 음성 통신과 데이터 통신을 할 수 있다.

6) **자기 진단 시스템 및 2중 보완 설계** : 차량에는 자기 스스로 각 기능을 진단하여 고장 발생 시 이를 기관사

표 9.2.5 고속 철도의 안전설비(safety installation)

설비 명칭	설치 목적 및 활용	설치 장소
축소 검지 장치	· 차축 과열로 인한 탈선사고 방지 · 이상 과열 시 양쪽 루프 케이블(loop cable)에 검지 정보를 전송하여 차량에서 알 수 있도록 함	· 상 · 하선 평균 30 km 간격 · 상구배, 곡선 및 상시 제동 구간은 설치하지 않음
지장물 검지 장치	· 선로 위를 지나는 고가 차도나 낙석 · 토사 분기 우려 지역에서 자동차, 낙석, 토사의 침입을 검지하여 사고 예방 · 1선 단선 시 무선으로 기관사에게 주의 운전 유도 · 2선 단선시 해당 궤도회로에 정지 신호 전송하여 진입 열차를 정지 시키며, 기관사 확인 후 지장을 주지 않으면 복귀 스위치 조작, 운행 재개	· 검지선을 2개 선으로 설치
끌림 물체 검지 장치	· 자체 하부의 부속품이 이완되어 궤도 시설이 파괴되는 것을 방지 · 기관사는 열차 정지 후 차량 상태 확인 및 끌림 물체 제거	· 약 60 km 간격마다 선로 중앙에 설치
강우검지장치	· 집중 호우로 인한 지반 침하, 노반붕괴 우려 시 열차 정지 또는 서행	· 20 km 간격으로 설치
풍속검지장치	· 강풍 시의 열차 운행 속도 제한	· 20개소
적설검지장치	· 폭설 시의 열차 운행 속도 제한	· 3개소
레일 온도 감지 장치	· 레일 온도의 급격한 상승으로 인한 장출 방지 · 한계 온도 이상으로 상승 시 경보 조치, 운전 규제하여 탈선 예방	
터널 경보 장치	· 터널 내 작업자와 순회자의 안전 확보 · 열차가 접근하면 터널 내 작업자 등이 대피하도록 경보	· 모든 터널에 설치
안전 스위치	· 선로 순회자나 작업자가 위험요소 발생 시 스위치를 눌러 진입 열차를 정지 시킴	· 선로변 약 250~300 m 간격
연선 전화	· 선로 순회자나 작업자가 이상 발견 시 관련자와 직통으로 통화	
순회 직원의 무전기	· 선로 순회자나 작업자가 무전기를 휴대하여 이상 발생 시 부근의 기관사와 통화	

에게 통보하고, 2중으로 설계된 예비기기를 가동시켜 목적지까지 정상 운행토록 되어 있다.

7) **전차선 동결방지 시스템** : 열차가 운행 중일 때에는 전차선에 전기가 흐르고 이로 인하여 열이 발생하여 전차선에 성애가 발생되지 않으나, 열차가 운행되지 않는 심야에는 전류가 흐르지 않아 추운 날씨에는 전차선에 성애가 발생되어 열차가 운행할 수 없게 된다. 이를 방지하기 위하여 50 km 간격으로 설치된 변전소에 열차가 없어도 전차선에 전기가 흐를 수 있도록 해주는 회로를 설치하여 열차 운행 전 20~30 분간 전기를 공급하면 약 80 ℃의 열이 발생하여 성애 또는 눈과 얼음이 자동으로 녹게 하는 해빙 시스템이 설치되어 있다. 이 외에도 우리나라의 기후 조건을 감안하여 -35 ℃, 얼음 두께 40 mm, 초속 45 m의 강풍 속에서도 전차선이 절단되지 않도록 설계되었다.

8) **지진감지 시스템** : 고속철도 인근에 지진응답 계측기를 약 11 km 간격으로 설치(1단계 개통구간은 21개소에 37개의 지진감지센서 설치)하고 지진감지 시스템을 구축하여 고속철도 종합사령실의 중앙통제 방식으로 운용한다. 지진감지센서에서 감지한 지진관련 정보를 고속철도 관제실에서 3~5초 이내 실시간으로 전송하여 열차운행을 통제한다. 선로변에서 계측된 지진 값이 40 gal(진도 4) 이상이 되면 관제실에서는 황색경보가 울리고, 관제사는 운행 중인 열차를 170 km/h로 서행운전을 지시하며, 65 gal(진도5) 이상이 되면 관제실에는 적색경보가 울려 운행 중인 열차가 즉시 정거하도록 지시한다(제8.2.4(4)항 참조).

(2) 열차운행 기준

강우량, 적설량 및 풍속을 검지하여 열차종합사령실에서 열차감속, 정지 및 주의운행을 지시하도록 되어 있다.

1) **강우와 바람** : ① 시간당 강우량 60 mm 이상시 : 열차 운행중지, ② 일일 연속 강우량 250 mm 이상시 : 열차 운행중지, ③ 풍속 20 m/s 이상시 : 열차 감속운행, ④ 풍속 35 m/s 이상시 : 열차 운행중지

2) **강설, 또는 적설시** : 제(8)항 참조

3) **레일 온도** : ① 64 ℃ 이상일 때 : 운행 중지 또는 운행 보류, ② 60 이상 64 ℃ 미만일 때 : 70 km/h 이하, ③ 55 이상 60 ℃ 미만일 때 : 230 km/h, ④ 50 이상 55 ℃ 미만일 때 : 레일온도 검지장치를 계속 감시, ⑤ 기온상승으로 열차 속도 제한시는 관제사가 필요한 조치를 취함

4) **지진** : 제(1) 7)항 참조

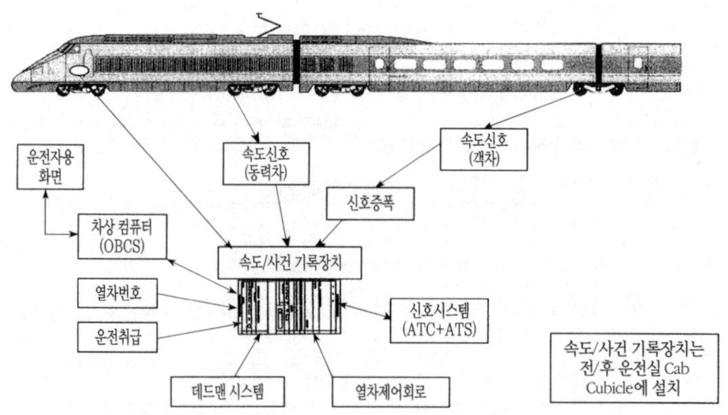

그림 9.2.6 속도/사건 기록관련 인터페이스

(3) 속도 및 사건 기록 시스템

경부고속열차에는 비행기의 블랙박스와 같은 역할을 하는 속도 및 사건기록장치(**그림 9.2.6**)가 앞/뒤 운전실에 설치되어 있어 평상시에는 운행기록 유지관리에 활용하며, 만일 사고의 경우에는 원인을 규명할 수 있는 단서를 제공하여 사고원인의 규명과 수습에 도움이 되도록 하고 있다.

(4) 열차 화재 감시시스템

경부고속열차에는 열차 내 화재를 감시하여 화재발생시 관련된 전기회로를 차단함으로써 화재 확산을 방지하고 신속히 대처하기 위한 화재 감시시스템이 채택되어 있으며 화재감지 센서는 ① 동력차의 경우에 주 변압기, 모타 블록, 보조 블록, ② 객차의 경우에 보조전원 인버터, 축전지 충전기, 비디오/오디오 케비닛, 배전반 등과 같은 주요 전기장치에 설치되어 있다.

(5) 운전자 운전감시 시스템(Deadman System)

운전 중 운전자의 갑작스런 발작이나 졸음운전으로 정상적인 운전을 수행할 수 없는 경우를 감지하여 열차의 안전을 위해 비상 정지시키는 시스템으로서 운전자에게 일정한 동작을 반복시킴으로써 항상 운전 경계태세를 유지시키는 장치이다. 이를 위해 운전자가 운전석에 앉은 위치에서 발을 이용해 페달스위치를 주기적으로 취급하거나 주간 제어기 좌우 측면에 붙어 있는 터치센서를 반복 접촉함으로써 정상운전 상태임을 확인시킨다. 만일 정해진 반복동작을 행하지 않는 경우에는 1차 경고음이 울리고 이에 반응하지 않을 경우에는 자동으로 비상제동이 체결되어 열차가 정지하게 되며 또한 열차무선시스템을 통하여 자동으로 열차종합사령실로 통보된다.

(6) 충돌안전 시스템

주행 중인 열차의 운동에너지는 충돌시에 차체와 충격흡수장치로 흡수되며, 그 나머지가 승객에게 전달된다. 따라서, 충돌시 승객의 안전을 위해서는 차체와 충격흡수장치의 에너지 흡수를 최대화하여 승객에 전달되는 에너지를 최소화시켜야 한다. 경부고속열차는 충돌시 에너지가 동력차의 선두부에서 최대한 흡수될 수 있도록 선두부에 허니콤(Honeycomb)이라는 특수한 충격 흡수 장치를 설치(제(1)항 참조)하였을 뿐만 아니라, 차체 구조를 에너지 흡수에 적합하도록 설계하였다. 한편 운전자와 승객을 보호하기 위해 운전실과 객실의 차체는 강한 충격에 견딜 수 있도록 하였다.

(7) 열차의 사행동 및 탈선방지 시스템

철도 차량은 자동차와 달리 레일을 따라 정해진 궤도를 주행한다. 이때 차륜의 답면구배 및 레일과 차륜간의 상호 작용으로 레일 중심을 기준으로 좌우 진동이 발생하며, 이러한 운동은 차량의 진행과 합쳐져 뱀이 기어가는 형태와 비슷한 모양으로 나타나므로 사행동(Snake Motion)이라 한다(제3.1.4항 참조). 이러한 진동은 차량의 속도가 커짐에 따라 점차 증가하여 한계 값에 이르면 차량이 궤도를 벗어나 탈선에 이르기도 한다. 이때 차량이 안전하게 달릴 수 있는 이론적 한계속도를 임계속도라 하며, 임계속도가 높을수록 차량이 탈선에 대해 안전하다고 할 수 있다. 경부고속열차의 경우에 운행 최고속도는 300 km/h이나, 이론상 임계속도는 400 km/h 이상을 요구하고 있어 상당한 안전 여유를 갖도록 설계되었을 뿐만 아니라, 주행시 일정한 기준(0.8 g)을 넘는 횡방향 진동이 3.5초 이상 지속할 경우에 이를 감지하여 운전자에게 알리고 운전자는 즉시 열차를 감속하여 탈선을 방지할 수 있도록 되어 있다.

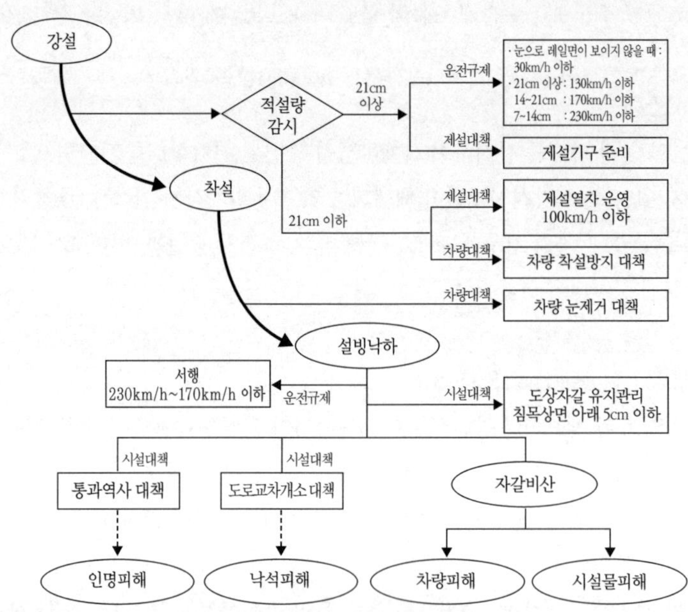

그림 9.2.7 고속선로의 설빙현상과 대책

표 9.2.6 고속선로 설빙피해방지 대책

대책		내용	비고
운전규제	적설량에 따른 감속	·눈이 덮여 레일이 보이지 않을 때 : 30 km/h 이하 ·궤간 내 적설량 기준 ·7 cm~14 m : 230 km/h ·14 cm~21 cm : 170 km/h ·21 cm~ : 130 km/h	적설량에 따른 감속
	설빙피해 우려 시 감속	·230~170 km/h로 감속	※KTX 기장/승무원이 이상 진동·소음 여부로 판단
	제설열차 (영업열차 중지시간)	·폭풍설 또는 대설경보 발령시 야간 제설열차 운행(2시간 간격, 170 km/h)	※제설열차 운영조건 (7 cm 이상 강설 예상시)
제설대책	제설기구(운행중 지시)	·이상 기후 대비 제설기구 준비(용산, 대전, 대구 차량기지)	※ATC개량 디젤기관차 부착
차량대책	차체하부 설빙제거	·대차융설 설비 설치 및 운용(차량기지/반복역) ·반복역 간이 설빙 제거작업 실시	※대차융설 설비 처리 용량 : 분당 1편성
	차량 착설방지 설계	·신규차량 착설방지 설계	※기존 운행차량은 적용대상에서 제외
시설대책	통과역사 대책	·통과역사 자갈비산 방지대책 적용	※자갈궤도 전구간의 자갈 면을 침목 상면 아래 5 cm 이하 유지
	도로 교차개소 대책	·도로교차개소 자갈비산 및 낙석 방지대책 적용	※자갈펜스 설치, 합성수지 살포

(8) 설빙 대책

고속선로의 강설·적설에 따른 재해는 기존 선로와 달리 고속주행에 따른 열차풍으로 인하여 선로 위의 눈이 날려 차량의 대차나 바닥 등에 부착되어 얼음덩어리로 형성되어 있다가 열차의 주행 중에 얼음덩어리가 낙하하여 선로의 자갈을 비산시켜 차량손상을 발생시키는 현상이 발생하게 된다. 즉, 열차가 강설 중이거나 적설된 자갈궤도구간을 고속주행시에 차체 하부의 눈이 얼음의 결정으로 되어 쌓이는 수빙(樹氷) 또는 설빙(雪氷) 현상이 일어나고 이것이 성장한 얼음 덩어리가 주행 중에 떨어져 궤도의 자갈을 퉁겨내어 차체에 부딪혀서 차량을 파손시키거나 선로 인접구조물에 손상을 입히는 경우가 발생되므로 이에 대한 대책이 필요하다. **그림 9.2.7**은 이의 현상과 대책을 도해하며, **표 9.2.6**은 설빙피해방지 대책을 나타낸다.

9.3 자기부상철도

9.3.1 레일과 차륜을 이용하지 않는 부상 철도의 의의

현재의 철도는 차륜과 레일 면과의 점착력(마찰력)으로 구동되지만, 속도가 높게 됨에 따라 점착력은 **그림 9.3.1**의 예와 같이 급격히 저하되며, 한편 주행 저항은 속도가 높게 되면 급속히 크게 된다. 이와 같이 약 330 km/h로 되면 이 저항이 점착력을 넘기 때문에 차륜이 공전(slip)하여 이 이상의 속도를 낼 수 없다고 한다. 다만, 이 값은 문헌마다 다소의 차이가 있으며, 좋은 조건에서는 2007년 TGV-V150의 574.8 km/h의 시험 운전의 예도 있다. 또한, 그 밖에 현재와 같이 플랜지가 붙은 차륜과 레일 답면(tread surface)의 방식에서는 차체의 횡진동이 심하게 되는 점이나 팬터그래프 마모 등의 기술적 문제도 부수되므로 현재의 점착식 철도에서는 상기의 약 330 km/h가 한계라고 하는 견해도 있다.

따라서, 그 이상의 고속으로 주행하기 위해서는 완전히 다른 구동 방식이 필요하게 되며, 리니어모터(linear-motor), 가스터빈 엔진 등으로 추진력을 취하여 차륜과 레일의 조합을 없게 할 필요가 있다. 자기부상(magnetic levitation)의 리니어모터(linear-motor) 방식은 소음·진동이라고 하는 교통 공해가 일체 없으므로 인구밀집 지

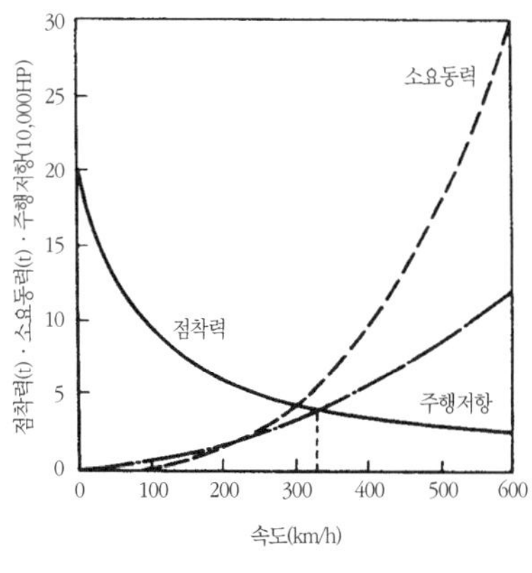

그림 9.3.1 주행 저항과 점착력의 관계

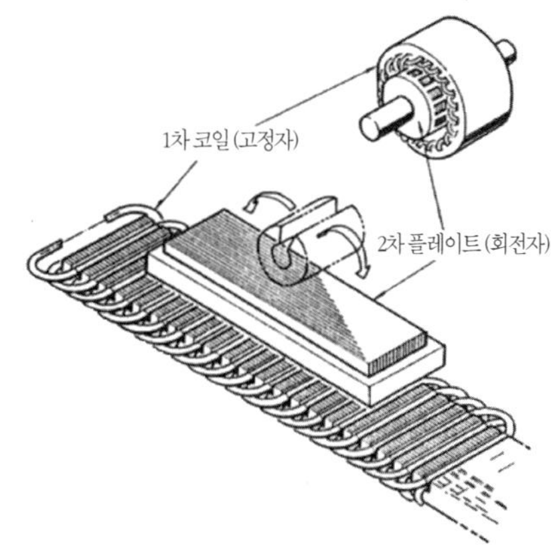

그림 9.3.2 리니어모터의 원리

역에서는 고속도로나 공항과 비교하여 큰 이점도 기대할 수 있다. 이 절의 제목은 "자기부상 철도"이지만 리니어모터 중에서 저속용의 철륜지지 방식도 약간 포함하여 설명한다.

9.3.2 방식과 원리 및 장래

(1) 차체 부상과 추진력의 방식

현재의 철도는 레일과 차륜의 조합으로 ① 차체 중량을 지지하고, ② 열차 진로를 유도하며, ③ 구동력을 얻는 세 가지의 기능을 수행하고 있다. 레일과 차륜을 사용하지 않는 부상(浮上)철도는 이 3개의 기능을 무엇인가의 다른 방법으로 치환할 필요가 있다. 상기 ②의 열차 진로의 유도는 차체(차륜이 없기 때문에 정확하게는 "부상체"라고 하여야 하지만 알기 쉽도록 이하에서는 "차체"라고 한다)의 중량을 지지하는 힘을 그대로 수평 방향으로도 작용시키는 경우가 많으므로 이 양자를 하나로 정리하여 기존의 레일과 차륜을 사용하지 않는 부상 열차의 시험제작 차량(prototype car)을 분류하면 **표 9.3.1**과 같다. 공기 부상방식은 소음이 심하기 때문에 지상 교통기관으로서의 실용화가 불가능하므로 이하에서는 리니어모터(linear-motor)와 자기부상(magnetic levitation) 방식에 대하여 기술한다.

표 9.3.1 차체 부상과 추진력에 의한 부상 철도 방식의 분류

동력 방식 / 부상방식		가스터빈 엔진	터보 제트 엔진	리니어모터	
				리니어 인덕션 모터 (LIM)	리니어 싱크로나이즈 모터 (LSM)
공기부상 방식		아에로트랑(프랑스)* (Ae' ro - train)	-	-	-
자기 부상 방식	흡인식	-	-	HSST (상전도 · 차상1차)	-
	반발식	-	-	ICTS(캐나다) (상전도 · 차상1차)	-
	유도 반발식	-	-	ML - 100 (초전도 · 지상1차)	ML-500(초전도 · 지상1차) MLU-001(초전도 · 지상1차)

* 프로펠러 추진식 공기부상열차

(2) 리니어모터

리니어모터는 **그림 9.3.2**와 같이 통상의 회전모터를 축 방향으로 절개하여 판 모양으로 전개한 것으로 회전운동 대신에 직선운동을 발생시킨다. 판 모양으로 전개한 것 중에서 어느 쪽인가 한쪽, 예를 들어 고정자 측을 지상에 설치하고 다른 쪽, 즉 회전자 측을 차량에 취부하면 리니어모터에서 얻어지는 직선운동으로 차량이 지상자에 평행하게 움직이게 된다. 통상의 모터에 유도(誘導)형과 동기(同期)형이 있는 것과 마찬가지로 리니어모터에도 유도형과 동기형이 있다. 전자는 리니어 인덕션 모터(linear induction motor, LIM, 선형유도전동기), 후자를 리니어 싱크로나이즈 모터(linear synchronize motor, LSM, 선형동기전동기)라고 한다. 이상과 같이 리니어모터는 차상설비와 지상설비가 쌍을 이루어 하나의 모터를 형성하지만 차상과 지상, 어느 쪽에 전력을 공급하는가에

따라서 차상 1차, 또는 지상 1차라고 부른다. 차상 1차로 하면, 고속으로 이동하는 차량으로 집전하여야 하므로 고속집전의 문제가 일어난다. 500 km/h 정도의 집전을 위해서는 강체 전차선으로 될 가능성이 높다. 지상 1차로 하면 고속집전의 문제는 없지만 지상설비의 전(全)구간에 항상 급전하지 않고 차량의 이동에 따라 그 전에 급전하고 열차통과 후는 급전을 정지하여야 한다. LIM은 보통의 회전형유도전동기를 축 방향으로 절개하여 판 모양으로 한 것으로 회전자에 상당하는 평판모양의 금속판과 전류가 흐르는 코일의 고정자에 상당하는 부분으로 이루어진다. 어느 것을 차상에 싣고 다른 것을 지상에 둘 수 있지만, 고정자의 쪽에 우선 전류를 흐르게 하므로 고정자를 차상에 두면 차상1차, 지상에 두면 지상1차로 된다. 회전자로 된 금속판은 2차 측으로 하여 힘을 받는 측으로 되므로 리액션 플레이트라고도 부른다. **표 9.3.1**의 ML-100은 지상1차의 LIM이다. 이에 반하여 지상에 리액션 플레이트를 두고 차상을 1차로 한 실험예도 있다. LIM은 일찍부터 연구되어 구조와 속도제어가 다른 리니어모터에 비하여 간단하지만 고정자와 회전자의 갭을 작게 하여야만 하는 것이 큰 결점이다.

LSM은 동기전동기를 리니어화한 것이며, 차상에 취부한 자석의 이동속도에 동기(同期)하여 지상코일이 만드는 자계를 차차로 이동시킴에 따라서 계속하여 추진력이 생긴다. 차상코일과 지상코일의 위치관계에서 지상코일에 전류가 흐르면 차상코일이 진행방향으로 밀려지고, 차상코일이 어느 정도 진행한 때에 지상코일의 전류방향을 역으로 하면 차상코일이 계속하여 같은 방향으로 이동하는 힘을 받는다. 지상코일의 전류방향을 역으로 하는 것은 교류를 흐르게 하는 것이며, 역전의 타이밍은 차상코일과 지상코일간 상대위치의 변화, 환언하면 차량의 이동속도에 관련된다. 따라서 지상코일에 보내는 전류의 주파수를 변화시킴으로써 차량속도를 변화시킬 수가 있다. 이와 같이 LSM은 종래와는 상당히 다른 전력공급방법을 취하여야 하지만 차상코일에 SC코일을 이용하면 큰 전류를 흐르게 할 수가 있으므로 차상코일과 지상코일의 갭이 상당히 크더라도 대단히 큰 추진력을 얻을 수 있는 특장이 있다.

(3) 자기부상(magnetic levitation)의 원리

자력을 이용하여 차체를 부상시키고 또한 차체를 소정의 진로로 안내하는 방식에는 **표 9.3.1**과 같이 흡인형·반발형·유도 반발형의 세 가지가 있다.

영구 자석은 흡인력·반발력의 그기에 비교하여 중량이 무기우므로 부상 철도에는 사용하지 않고 모두 진자석을 이용한다. 상온에서 좋은 통상의 전자석(상전도·常電導 방식) 외에 초전도(超電導) 현상을 이용하여 높은 전력효율로 강한 부상력을 얻도록 하는 초전도 방식이 있다.

초전도 현상이란 니오브(Niob)·티탄(Titan)·지르코늄(Zirkonium)의 합금 등, 어떤 금속의 전기 저항이 절대 0도(-273 ℃)에서 0으로 되는 현상이다. 이 금속제의 코일을 초전도 상태로 유지하여 두면, 이론적으로 한 번 흐른 대전류는 영구히 코일을 흐르므로 강력한 자력이 얻어진다. 이와 같이 하여 100 mm 이상의 부상 높이가 가능하게 되며, 초고속 운전을 위하여 필요한 궤도 정비의 정밀도에도 여유가 취하여진다. 초전도 방식에서는 이론적으로 차상 코일에의 급전이 필요 없지만, 저온 단열 용기나 액체 헬륨(Helium) 등에 의한 냉각법, 보다 초전도 효율이 좋은 합금의 발견, 냉각을 위한 비용 저하 등, 앞으로 더욱 기술 개발의 여지가 있다.

(4) 자기부상 철도의 종류

이와 같이 "자기부상 철도"는 플레밍의 법칙으로 나타나는 전자유도 현상과 자기의 반발·흡인(N극, S극)을

표 9.3.2 각종 자기부상식 철도의 비교

	초전도 자기부상식 철도	상전도 자기부상식 철도	
		HSST	트랜스 래피드
개발 주체	일본의 (재)철도총합기술연구소	일본의 HSST개발(주)	독일의 트랜스 래피드 컨소시엄
개발 목적	고속 도시간 수송	도시내·도시근교 수송 (공항 접근 포함)	유럽 대도시간 수송
특색	전기저항을 없게 한 초전도 전자석을 이용하여 차량을 부상시켜 주행시킨다.	통상의 전자석을 이용하여 차량을 흡인 부상시켜 주행시킨다.	
부상 방법	초전도 전자유도 흡인·반발 (약 10 cm 부상)	상전도 흡인 (약 1 cm 부상)	
최고속도	552 km/h(유인 1999년) 550 km/h(무인 1997년)	110 km/h(유인) 307 km/h(무인 1978년)	435 km/h(유인 1989년)
개발 개소	山梨 실험선	名古屋 실험선	엠스 랜드 실험선

이용하여 부상과 추진을 하는 철도를 말한다. 자기부상 철도는 차량에 탑재하는 자석에 따라 크게 2 가지로 분류된다. 초전도 자석을 이용한 반발 방식으로 10 cm 부상하여 주행하는 JR형 "마그레브(MAGREV)", 보통의 상전도 자석을 이용하여 1 cm 부상하여 주행하는 것이 일본 항공의 HSST 방식과 독일이 실용화를 추진하고 있는 "트랜스래피드(TR)"가 있다. **표 9.3.2**는 대량수송용으로서 개발 중인 자기부상식 철도의 종류와 내용을 나타낸다.

"초전도(超電導) 자기부상 철도"에서의 회전자는 초전도 전자석을 탑재한 차체로 간주하고 고정자는 전력을 공급하여 코일 자계를 발생시키는 가이드 웨이로 간주할 수 있다. 이 방식의 특징은 부상, 주행 및 안내에 모두 자계에 의한 현상을 이용하고 차상에 탑재된 전자석에 전기저항을 없게 한 초전도 전자석을 이용하는 점에 있다 (**그림 9.3.3**).

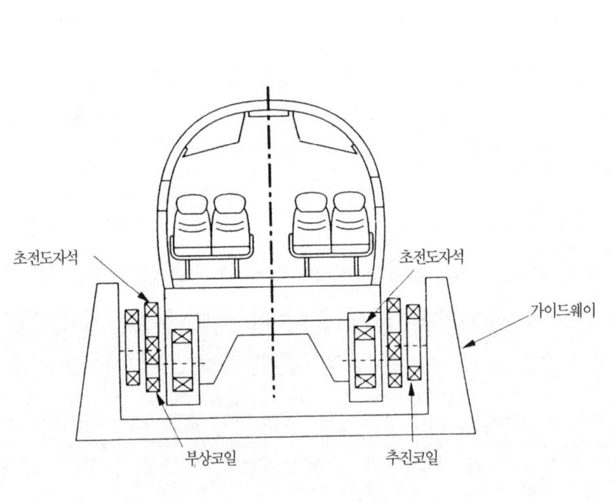

그림 9.3.3 초전도 자기부상 철도의 단면

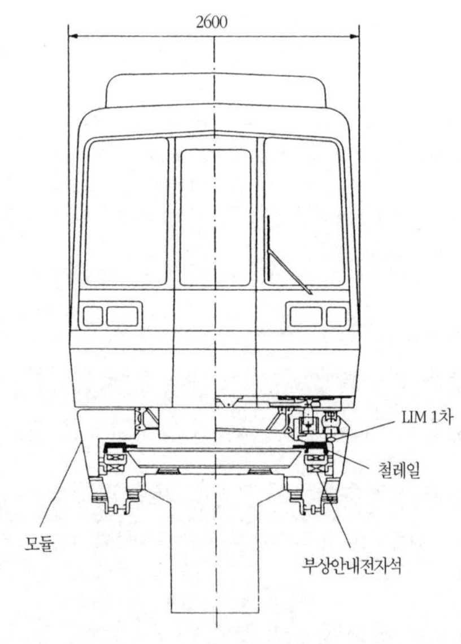

그림 9.3.4 상전도 자기부상 철도의 구조

독일(trans-rapid)에서 개발한 "상전도(常電導) 흡인식(吸引式) 자기부상 철도"는 차상에 탑재한 전자석의 흡인력을 이용하여 차체를 부상시키는 것으로 이것과 추진용 리니어모터를 조합하여 부상 주행하도록 하는 구조의 것이며, 일본의 초전도(超電導) 방식과 같이 500 km/h 대를 노려 차세대 초고속철도를 목표로 하고 있다.

HSST의 경우에 목표 속도가 100~300 km/h로 비교적 낮은 점이나 기술적으로도 초전도 기술과 같은 선단 기술을 필요로 하지 않는다. 단거리형으로 지금까지도 여러 박람회장에서 손님을 태우고 주행하고 있다. 철도 시스템으로서의 실현까지는 일부의 기술 개발이나 실증 시험 등도 남아 있으므로 도시 내 교통을 목표로 한 최고 속도 100 km/h 정도의 철도 시스템으로 1991년부터 名古屋의 실험선(연장 1530 m)에서 실용화의 각종 시험을 행하고 있다.

상전도 자석은 초전도 자석에 비하여 힘이 약하기 때문에 부상높이가 15 mm 정도로 극히 작아 구조물의 시공에 상당한 정밀도가 요구되지만, 초전도라고 하는 새로운 기술을 개발하지 않고 용이하게 실용화할 수 있다고 하는 이점이 있다. **그림 9.3.4**는 상전도 자기부상식 철도의 예를 나타낸 것이다.

(5) 초전도 자기부상식 철도의 원리

(가) 부상의 원리

당초 이용되었던 부상방법은 가이드 웨이의 주행로에 부설된 코일에 전류를 흘려 차량의 초전도 자석과의 반발에 따라 차량을 부상시키는 대향(對向) 부상방식이었다. 그러나 그 후에 보다 적은 유도전류로 큰 부상력을 발생시킬 수 있는 측벽 부상방식으로 변경되었다. 측벽 부상방식은 **그림 9.3.5**에 나타낸 것처럼 가이드 웨이에 설치된 8자형의 코일(하나의 코일을 비틀어 8의 글자 모양으로 한 것이라고 고려한다)에 차상의 초전도 자석이 통과하면 전자유도 현상에 따라 전류가 흐른다. 전류는 8자로 흐르므로 상하의 코일에서는 전류의 방향이 역으로 되고 그 결과, 자계가 역으로 된다. 따라서 **그림 9.3.5**에 나타낸 것처럼 아래의 코일과 초전도 자석은 반발하고 위의 코일과 초전도 자석은 서로 끌어당기게 되어 초전도 자석이 부상하게 된다.

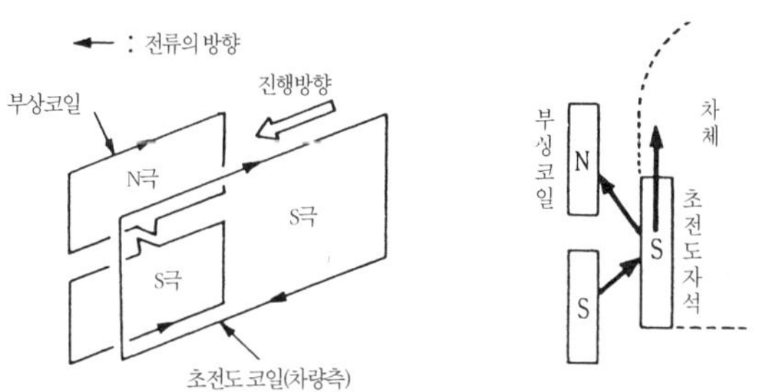

그림 9.3.5 측벽 부상방식의 원리

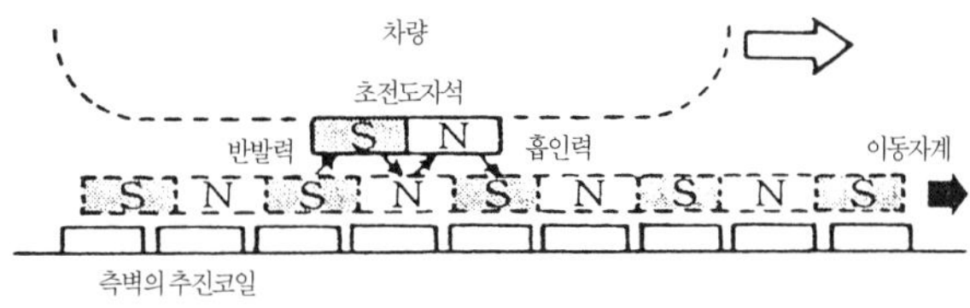

그림 9.3.6 추진의 원리

(나) 주행의 원리

그림 9.3.6에 나타낸 것처럼 차량에 탑재한 초전도 자석은 가이드 웨이 측벽의 추진 코일에서 발생한 자계에 따른 흡인·반발로 추진된다. 이와 같이 초전도 자석, 즉 차량의 위치 이동에 따라서 추진 코일에 흐르는 전류를 바꾸어 자계의 극을 순차로 바꾸면 차량이 주행하게 된다. 차량의 속도는 코일에 흐르는 전류의 교체속도에 따라 결정되며 차량을 움직이는 구동력은 전류의 크기에 따라 결정된다.

(다) 안내의 원리

그림 9.3.7에 나타낸 것처럼 좌우 측벽의 부상용 코일을 눌 플럭스(null flux)선으로 이으면 차량이 가이드 웨이 중앙으로 주행하고 있을 때는 좌우의 코일에는 전자유도에 의하여 발생하는 전압이 같기 때문에 전류가 흐르지 않는다. 차량이 좌우 어느 쪽인가에 치우친 경우는 코일에 발생하는 유도전압에 차이가 생겨 전류가 흐른다. 그 결과, 코일에 자계가 발생하여 차량을 중앙으로 되돌리는 힘이 생긴다. 이와 같이 부상 코일은 눌 플럭스 선에 의하여 안내 코일로서 기능을 한다. 다만, 차량주행이 저속인 경우는 안내하기에 충분한 자계가 발생하지 않기 때문에 차체의 좌우에 지름이 작은 고무타이어를 이용한 안내륜으로 안내된다.

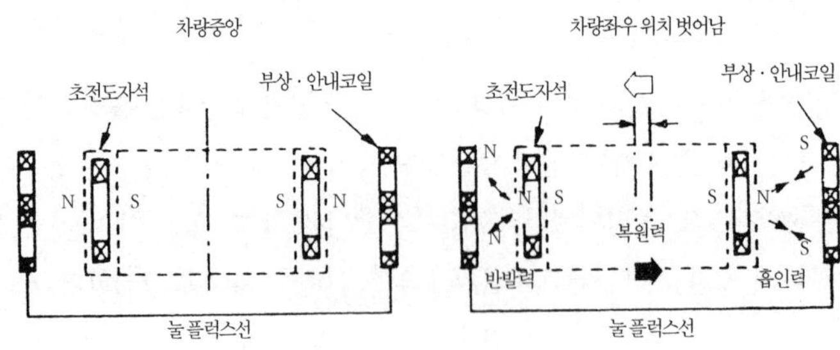

그림 9.3.7 안내의 원리

(6) 리니어모터 철도의 장래

리니어모터(linear-motor) 철도의 장래를 고려할 경우에는 그 용도와 리니어모터의 방식에 따라 이것을 도시 간과 도시 내 철도 수송으로 구분하여 고려할 필요가 있다. 리니어철도모터를 분류하면 **표 9.3.3**에 나타낸 것처럼 된다.

(가) 도시간 수송에서 초전도 자기부상 철도의 채용과 금후

세계의 상황을 보면 각국에서 고속열차의 실용화나 개발을 진행하고 있다. 개발 목표를 500 km/h에 둔 경우에 재래의 철도 방식으로는 ① 점착 구동, ② 차륜·레일을 이용한 지지, ③ 접촉 집전의 면에서 한계가 있다. 이

표 9.3.3 리니어모터 철도의 분류

실험 경제 속도	용도	방식	실예
저속도 : 최고속도 70km/h	도시 교통	리니어모터 구동 철륜지지	동경도 교통국 12호선
중속도 : 최고속도 300km/h(무인)	공항 접근 근교 교통	상전도 자기 부상	일본항공 HSST 독일 트랜스래피드
고속도 : 최고속도 500km(무인)	도시간 철도	초전도 자기 부상	JR 宮崎시험

것에 대하여 ①에서는 리니어모터, ②에서는 자기부상, ③에서는 구동용 전력을 지상 측의 전자석에 공급하는 지상 1차 방식을 취하는 것으로 해결한다.

문제는 아직 개발 도상에 있는 점이며, 초전도 방식에서는 차량에 설치한 초전도 자석을 극저온으로 계속 냉각하여야 한다. 종래는 초전도 선재(線材)에 절대 온도 0도에 가까운 소재밖에 없고 액체 헬륨의 냉각 이용 때문에 고가로 제작되어 왔다. 그런데 최근에 높은 임계 온도를 가진 세라믹스계의 초전도 선재가 발견되었다. 이와 같은 초전도 선재가 실용화되면 한제(寒劑)는 액체 질소로 끝나고 초전도 자석이나 냉동 시스템이 대폭으로 간소화되며 대폭적인 코스트 다운으로 되므로 실현도 멀지 않다고 생각된다. 그렇지만, ① 초전도 자석이 아직 안정되지 않고 있다(quench 현상), ② 많은 전력량을 요한다(피크 시 고속 철도의 약 6.7 배), ③ 500 km/h의 공력음으로 인한 소음이 크다, ④ 변동 자계(磁界)가 크고, 인체에 대한 영향이 미지수다, ⑤ 분기기의 구조가 대규모이며 터미널이 대규모로 된다 등 금후의 실험으로 해결하여야 할 과제를 안고 있다.

이에 비하여 상전도 자기부상식은 차량 측에 전자석을 설치할 뿐으로 기지의 기술 수준으로 실현이 가능하고 문제가 적지만, 차량과 가이드 웨이와의 간극이 1 cm 정도밖에 생기지 않고 안정된 주행을 하기 위해서는 가이드 웨이에 극히 높은 시공 정밀도가 요구된다. 또한, 차량은 외부에서 구동용 전력을 받으므로 집전 장치가 필요하며, 속도가 제한된다. 그러나, 초전도 방식과 같이 자기가 인체에 영향을 주는 일도 없고, 궤도의 건설비도 싸다.

(나) 도시 내 수송에서 리니어모터의 채용과 금후

상기에 대하여 자기로 부상시키지 않고, 추력만을 주는 값이 싼 리니어모터 철도는 차량을 철 레일, 작은 철 차륜으로 지지하지만 점착력을 필요로 하지 않고 차체 중력을 지지할 뿐이므로, ① 리니어모터는 회전 모터에 비하여 편평하므로 바닥 아래의 높이를 낮게 할 수가 있고(110 cm → 75 cm), 따라서 건축 한계의 축소가 가능하게 된다. ② 우천 시에도 슬립이 발생되지 않고, 구배에 강하다(60 ‰ 이상도 가능), ③ 대차프레임 내에 모터를 설치할 필요가 없고 스티어링(steering) 구조가 가능하므로 급곡선(R = 300 m 가능)을 통과한다. 삐걱거림 음도 발생되지 않는다, ④ 종래의 철도 차량 혹은 타이어식의 신교통 시스템에 비하여 소음이 훨씬 적다, ⑤ 건설비, 보수비도 싸다고 하는 특성을 거의 만족하고 있기 때문에 장래에는 미니 지하철(제10.1.8항 참조) 등에 많이 이용될 것으로 생각된다. 또한, 이 경우에도 상전도 자기부상식에 비하여 저속의 리니어모터 구동이라도 좋다는 뜻이며 최종 개발난계에 있다(HSST). 차량비는 높게 되지만, 전술한 철륜 지지의 특성을 만족시키고 게다가 저소음ㆍ저진동으로 된다. 가로(街路) 상공 이용의 고가 철도로서 유망하다.

9.3.3 초전도 방식의 각종 설비

(1) 차체

철 차륜과 레일간의 점착력으로 주행하는 일반철도와 마찬가지로 초전도 자기부상식 철도에서도 차체에는 안전성, 쾌적성, 경제성이 요구되지만 특히 부상식 철도로서 차체전체에 요구되는 주요한 요건은 다음과 같다. ① 가볍고 강성(터널 내의 압력변동 등에 충분히 견디는 강성)이 크다, ② 기밀성이 높다, ③ 객실의 거주성을 확보하며 더욱이 단면치수가 작다(공기저항을 적게 한다), ④ 불연성, 난연성의 재료를 사용한다.

(2) 대차

대차는 부상, 주행, 정지 등의 기능을 발휘하기 위한 각종 기기류가 장비되어 있어 차량 중에서도 중요한 부분이다. 대차는 각종 하중에 견디도록 강도와 강성이 큰 대차 프레임이 기본으로 된다. 대차 프레임에 설치되는 주된 장치는 ① 초전도 자석, ② 초전도 상태를 유지하기 위한 자석 냉각장치인 헬륨 냉동기와 압축기, ③ 부상하지 않고 있는 저속주행 시의 주행 타이어를 포함한 지지다리(支持 脚)와 안내 타이어를 포함한 안내다리(案內 脚), ④ 다리와 브레이크를 작동시키는 유압장치, ⑤ 이상시 대응용 각종 긴급 정지장치 등이다.

(3) 초전도 자석

전기저항이 0으로 되는 초전도 상태는 이론적으로는 절대0도(-273 ℃)에서 가능하게 된다. 초전도 자기부상식 철도에서는 자석의 코일 전도선 재료로서 니오브(N)와 티탄(Ti)의 합금인 니오브티탄 합금을 이용하여 액체 헬륨으로 -269 ℃까지 냉각시킴으로써 초전도 상태를 가능하게 하고 있다. **그림 9.3.8**에 나타낸 것처럼 초전도 자석은 N극과 S극이 교호로 된 합계 4개의 초전도 자석으로 구성된다. 이들의 자석은 액체 헬륨이 들어있는 내조(內槽)라고 부르는 스테인리스제의 용기에 고정되어 있다. 또한, 내조는 외부로부터의 열 침입을 막기 위한 액체 질소로 냉각된 복사열 실드 판으로 덮여 있다. 실드 판의 외측은 내부를 진공으로 하여 열의 침입을 막고 지상 코일의 변동 자계에 의한 영향을 방지하기 위하여 알루미늄제의 외조(外槽)로 덮는다. 한편, 자석의 상방에는 액체 헬륨을 정기적으로 보급하지 않아도 되도록 기화(氣化)된 헬륨을 회수하여 재사용하기 위한 차재(車載) 냉동기가 장비되어 있다.

(4) 지지다리 장치

지지다리(支持 脚) 장치는 부상주행 이외의 저속 시, 즉 정지와 부상주행까지의 사이에서 사용된다. 대차의 하면에 장비된 지지다리 장치는 저속주행 시에는 차량의 전(全)중량을 지지하는 것으로 된다. 이 때문에 자동차나 항공기의 주행륜과 마찬가지로 하중완충 장치와 스틸 레이디얼(steel radial)의 고무타이어를 장비하고 있다. 타이어 휠은 경량이고 견고한 알루미늄 합금을 이용하고 있다. 한편, 대차의 측면에 장비하고 있는 지지다리 장치는 저속 시의 안내로서 이용하게 되어 있지만 차륜은 지름이 작은 스틸 레이디얼의 고무타이어가 이용되고 있다.

(5) 브레이크

브레이크는 상용 브레이크와 비상시에 이용하는 비상 브레이크가 있어 어떠한 상태 하에서도 확실하게 정지할 수 있도록 페일 세이프로 되어 있다. 상용 브레이크는 전기 브레이크인 전력회생 브레이크라고 부른다. 전력회생 브레이크는 추진용의 코일에 흐르는 전류의 위상을 역으로 하여 차량의 추진을 막는 자계를 발생시키고 동시에 차량의 주행에너지로 발전한 전력을 전원으로 되돌리는 것이다. 비상 브레이크에는 전기 브레이크, 기계 브레이크, 공력(空力) 브레이크가 있다. 비상용 전기 브레이크에는 발전 브레이크와 코일 단락 브레이크가 있다. 전기 브레이크는 정전 등의 경우에 발전한 전력을 변전소에 설치한 저항기로 열로서 에너지를 소비하는 것이다. 또한, 코일 단락 브레이크는 다수의 지상 코일을 연결하여 그 저항으로 에너지를 소비하는 것이다. 기계 브레이크는 지지다리 장치의 디스크 브레이크의 것이며 속도가 500 km/h인 때에 가이드 웨이 구배 중에 4 %의 급구배에서도 확실하게 정지할 수 있는 것이다. 공력 브레이크는 제트기가 항공모함 등에 착함(着艦) 할 때에 감속하는데 이용되는 것과 기본적으로는 같으며, 차체에서 공기저항을 증대하기 위한 브레이크 판(板)을 꺼냄으로서 고

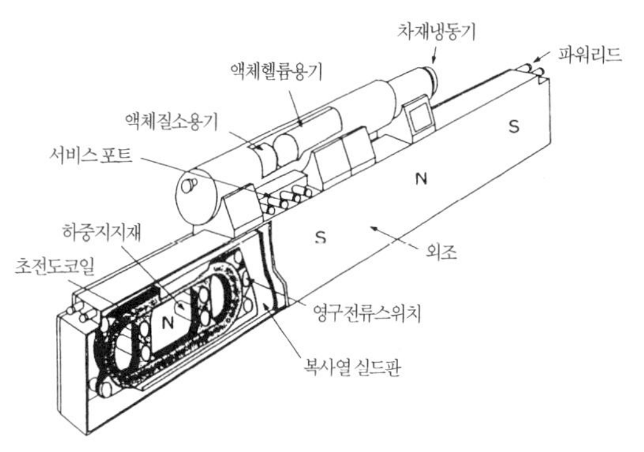

그림 9.3.8 초전도 자석의 구성

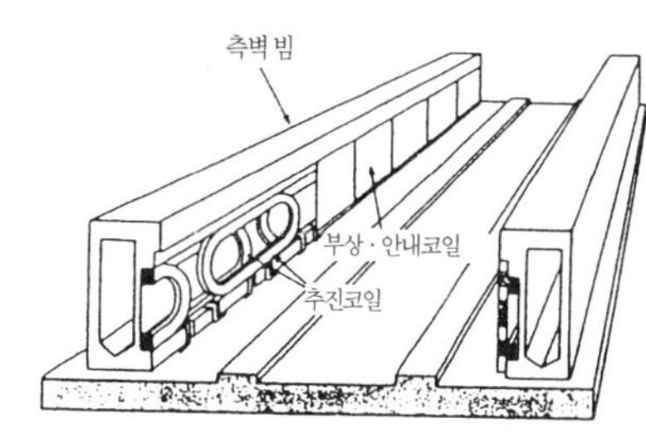

그림 9.3.9 빔 방식 가이드 웨이의 개요

속에서 큰 브레이크 힘을 얻는 것이다. 브레이크 판은 유압으로 작동하고 상시에는 차체에 격납되어 있다. 이상 시에는 비상용 브레이크의 모든 브레이크가 작동하지 않게 되는 것도 고려된다. 이와 같은 최악의 이상 시를 상정하여 차체하면에서 긴급적인 브레이크로서 썰매(sledge)를 꺼내어 가이드 웨이의 차륜 주행 면과의 마찰로 브레이크를 확보하는 주행로 마찰 브레이크가 고려되었다. 속도 500 km/h로부터 착지에서 브레이크 성능의 확인이 필요하다.

(6) 가이드 웨이

가이드 웨이는 차량을 지지하는 지상설비 중에서 지상 코일이 설치되어 있는 부분으로 차량의 안내로를 말하지만 그 방식은 빔 방식, 패널 방식, 직부(直付) 방식의 3종이 고려되고 있다. 승차감을 확보하기 위하여 가이드 웨이에 설치된 자석과 차량의 초전도 자석과의 거리가 항상 일정하게 되도록 가이드 웨이는 토목구조물로서는 높은 정밀도가 요구된다. 이 때문에 장래의 침하 등이 생긴 경우에 대비하여 보수할 수 있는 것이 바람직하다. **표 9.3.4**에 3종의 가이드 웨이의 특징을 나타내고 **그림 9.3.9**는 가이드 웨이 구조의 예로서 빔 방식을 나타낸다.

표 9.3.4 가이드 웨이의 종류와 특징

방식	특징
빔	지상 코일(추진 및 안내 코일)을 설치한 빔 모양의 박스 거더(box 桁)를 현지로 반입하여 지지차륜 주행로로 되는 가이드 웨이의 하부에 설치하는 방식 · 코일 설치작업의 생력화 · 지상코일의 관리를 빔 길이(12.6 m)의 유니트마다로 할 수 있다 · 가이드 웨이의 침하에 대하여 빔 양단을 오르내림뿐으로 간단히 수정할 수 있다
패널	코일을 설치한 콘크리트의 패널을 미리 구축한 현지의 가이드 웨이의 측벽에 설치하는 방식 · 코일 설치작업의 생력화 · 지상코일의 관리를 빔 길이(12.6 m)의 유니트마다로 할 수 있다 · 가이드 웨이의 침하에 대하여 패널의 코일 위치를 수정할 수 있다
직부(直付)	현지에서 제작한 가이드 웨이의 측벽에 지상 코일을 현지에서 설치하여 가는 방식 · 정밀도가 높은 코일 취부작업이 필요 · 가이드 웨이의 침하에 대하여 코일 위치의 약간의 수정 가능 · 빔 방식과 패널 방식보다도 경제성에서 우수하다

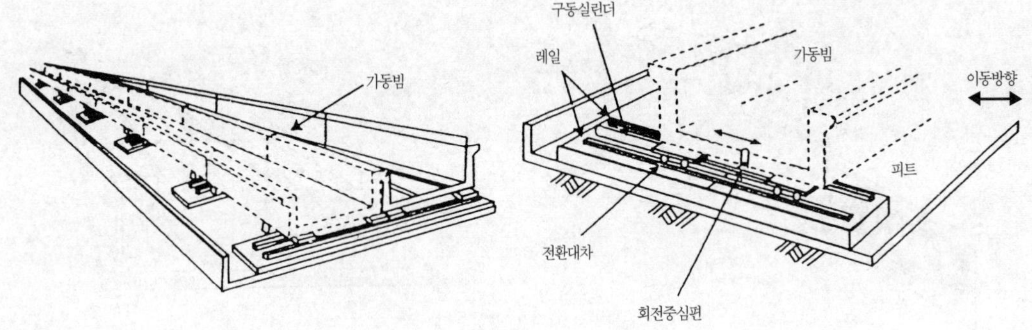

그림 9.3.10 트래버스 방식의 분기장치

(7) 분기방식

가이드 웨이를 2 이상의 가이드 웨이로 나누는 분기방식에는 현재 2가지 방법이 고려되고 있다. 고속용 분기로서의 트래버스(traverse) 방식, 저속용 분기로서의 측벽분리 방식이다. 전자는 분기가 없는 일반 구간과 같이 고속으로 주행할 수 있는 것으로 주로 중간 역에서 저속열차를 추월하는 경우에 이용되며 작동은 유압, 또는 전동으로 행한다. 이 방법은 **그림 9.3.10**에 나타낸 것처럼 가이드 웨이를 6 내지 7 련의 거더(桁)로 분할하여 횡방향으로 작동시키는 것으로 대규모의 이동장치를 필요로 하고 비용도 소요되지만 신뢰성은 높다. 후자는 고속으로 부상주행하지 않고 차륜으로 주행하는 시·종단 역 등에서 사용하는 것이며 트래버스 방식에 비하여 경제적으로는 유리하게 되지만 측벽의 강도 부족으로 고속 부상주행은 할 수 없다.

(8) 환경 대책

흙 쌓기나 땅깎기와 같은 흙 구조물이 채용된 경우에 부상식 철도에서는 철 레일과 철 차륜 방식의 철도와 마찬가지로 틈새가 없는 주행로로 인하여 주위의 생태계를 분단하게 된다. 동물의 왕래가 차단되면 동물의 생식범위가 변화되고 식물 연쇄에서 식물, 곤충 등의 모든 생태계에 영향을 주게 된다. 특히, 가이드 웨이 측벽은 작은 동물도 지나갈 수 없는 연속한 벽이므로 고속도로나 고속철도 이상으로 동물의 횡단에 대한 배려가 필요하다. 횡단로는 설치 위치, 형상, 크기를 고려할 뿐만 아니라 횡단로 주변의 지형 형상, 식생도 고려하여 동물에 경계감을 주지 않도록 하여야 한다. 한편, 500 km/h에서의 주행은 터널 돌입에 수반하여 터널 내 기압의 급격한 증대를 초래하여 미기압파가 터널 내를 전파한다. 그 결과, 미기압파는 터널 출구에서 충격음이 생기게 한다. 미기압파가 생기지 않도록 하기 위해서는 차량단면에 비하여 터널단면을 크게 하면 좋지만, 터널단면의 증대는 건설비의 증대를 초래하게 된다. 예를 들어 일본에서의 단면적 비율(1 차량의 단면적/터널 단면적)은 부상식 철도의 경우는 약 0.12, 신칸센 철도의 경우는 약 0.21로 되어 있다. 그러나 이 정도의 터널단면적 증대만으로는 미기압파 현상을 완전히 방지하기가 어렵고, 차량 선두형상의 검토(차량의 노스를 길게 하는 등)나 터널입구에서 기압의 급격한 증대를 방지하기 위한 터널 완충공을 입구에 설치하고 있다. 터널 완충공은 터널입구에 작은 창이 있는 후드를 설치한 것으로 차량이 터널로 돌입하기 전에 미기압파를 작은 창으로 방사하여 터널 내에서의 급격한 기압의 증대를 방지하는 것이다.

제10장 도시철도 · 경량전철 및 특수 철도

10.1 도시철도

10.1.1 개요 및 역사

지하철의 정의는 "도시 교통을 사명으로 하여 독립된 교통체계의 지하 공간을 가지는 철도", 또는 "노선 (route)의 대부분이 지하에 건설되어 있는 대량 교통기관으로서의 도시철도"로 정의된다. 광의의 지하철에는 보통 철도의 도시지하 진입 구간, 노면철도(tramway)의 지하 구간도 포함되지만, 이 책에서는 전자의 정의에 따른다. 한편, 도시철도의 정의는 제1.1.2(8)항과 같다.

세계 최초의 도시 철도는 1863년에 개업한 런던 동서의 철도 종착역을 지하 터널선으로 연결한 파링돈 (Farringdon)~파딩톤(Paddington)간(**그림 10.1.1**) 6 km로서, 증기기관차(steam locomotive) 견인으로 운행되고 연료에 연기가 적은 코크스를 사용하였으며 역에는 배연구(排煙口)를 설치하였다. 이 지하철은 메트로폴리탄 철도(Metropolitan railway) 회사가 운영하였기 때문에 후년에 지하철이 메트로(metro)라고 불리는 연원(淵源)으로 되었다. 1890년에 전철화되어 전기기관차(electric locomotive)로 바뀌었고 뒤이어 1896년에 부다페스트, 1900년에 파리에서 전차 (electric car) 운전의 지하철을 개업하였다. 당초의 전차는 노면 전차의 성능이었다. 그 후에 런던에서도 전차 운전이 채용되고 이용의 증가와 기술의 진보에 따라 전차를 고성능화 · 장편성 화하여 고속 전차의 지하철 방식을 확립하였다.

그림 10.1.1 세계 최초의 지하철(런던)

10.1.2 도시철도 일반

(1) 도시철도의 종류

도시철도는 대 · 중 도시에서 업무, 통근, 일상의 시민 생활에 이용되며, 시민 생활에 밀착된 필수의 교통수단 이라고 할 수 있다. 도시철도는 예를 들어 시설 · 차량 구조에 따라 중량(重量)전철(일반의 철도)과 경량(輕量)전철(AGT, 모노레일(monorail), 미니 지하철(mini subway), 라이트 레일(light rail), 노면전차(재래형)]로 분류할 수 있고, 경영 주체에 따라 국철, 공영 철도(지자체 운영의 지하철, 노면 전차 등), 사철(私鐵), 제3 섹터(제1.1.2(9)항 참조)로 분류할 수 있다. 한편, 도시철도건설규칙에서는 제10.5.1(1)항과 같이 '중량(重量)전철'과 '경량(輕量)전철'로 구분하도록 개정이 추진되고 있다.

⑵ 통근 수송의 특징과 구비조건

도시 철도(urban railway)의 문제는 도시 내 지역 상호간의 용무 여객보다도 도시 주변으로부터의 통근 수송의 문제로 귀착된다. 도시의 통근 유동에는 일반적으로 ① 대량 수송(mass transport)이다, ② 여객 수송(passenger transport)에서 점하는 철도의 비중이 크다, ③ 짧은 시간에 수송 수요가 집중된다. 대도시의 경우에는 1일 교통량에 대한 1시간 집중률이 3할에 달하는 예도 있다, ④ 도심을 향한 근거리 수송이다. 통근의 시간은 1시간 반 ~2시간이 한도이다 등의 4 가지 특성이 있다.

도시 교통기관으로서 갖추어야 할 조건은 ① 대량 수송이 가능할 것, ② 운임이 저렴할 것, ③ 시간이 정확할 것, ④ 교통기관 상호의 연락이 좋을 것, ⑤ 도달 속도가 빠를 것, ⑥ 수송량에 대하여 탄력성을 가질 것 등이다.

⑶ 중량(重量)전철의 필요성

(가) 통근 수송에 대한 도시 철도에 의한 대응

도시 내의 노면 교통이 한계에 가깝게 되면, 수송량(volume of transportation)이 큰 철도로 치환된다. 이 경우에는 ① 기존의 철도를 도시철도의 일부로서 이용, ② 전용의 도시철도를 신설, ③ 다른 철도사업자의 선구를 연결하여 상호 진입, 등과 같은 방책을 행한다.

(나) 중량(重量)전철의 필요성

대도시 도심의 업무 · 상업 지구로 유동 인구(정기 여객)는 대도시의 행정, 경제의 영향력 증가와 함께 현저하게 증가되고 있다. 이와 같은 대량의 통근자를 수송하기 위하여 국철 · 지하철과 같은 대량형 수송기관(중량전철)이 필요하다. 또한, 정기 여객만이 아니고, 일반 여객도 많아 도시의 대동맥으로서 없어서는 아니 되는 중요한 역할을 하고 있다. **그림 10.1.2**는 각종 교통수단에 적합한 1 시간당 수송의 영역을 나타낸다. 즉, 국철 · 지하철과 같은 철도는 1 시간에 2~6만 명이라고 하는 대량의 수송력을 가지고 있다. 도시에서는 이미 교통 공간의 여유가 한정되어 있는 점에서 앞으로도 중량전철의 중요성은 변하지 않는다고 생각된다.

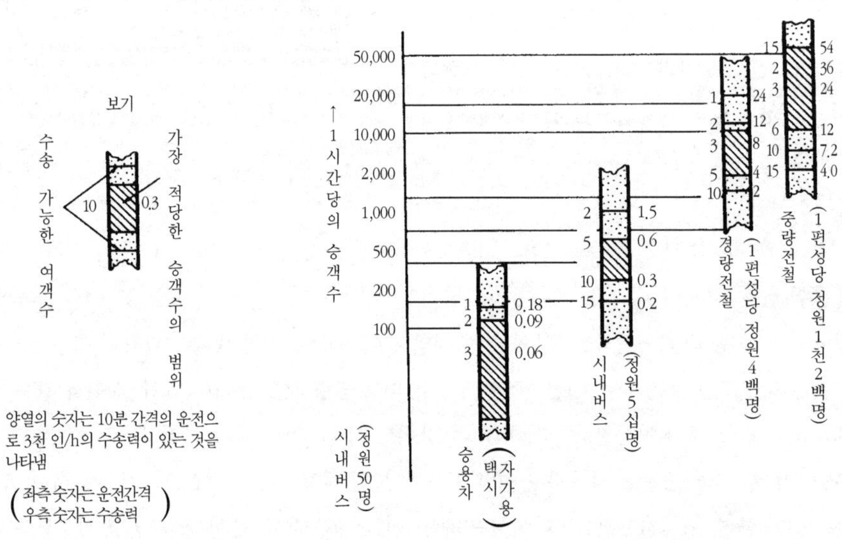

그림 10.1.2 여객 수에서 본 각종 교통기관의 적정 분야

(다) 경량(輕量)전철의 필요성

모노레일, 신교통 시스템(제10.4절 참조)은 도로 상공의 점용이 가능하며 소음도 작고 비교적 적은 투자액으로 대응할 수 있다. 중량형 철궤도(경량전철)는 1시간당 2천~2만 명 정도의 수송력을 가진 궤도형 교통 시스템의 총칭이다. 지하철(수송량 2~6만 명/h)과 버스(수송량 500~2천 명/h)의 중간을 보충하는 중동맥(中動脈)으로서의 역할도 경량전철의 중요한 역할이다. 앞으로 대도시의 보조간선, 중도시의 중심적 교통 동맥이나 대규모 단지, 공항 접근 등에 이용될 것이다. 각종 도시교통 수단에 대하여 각각에 적합한 수송 인원 및 그 이동 거리의 영역을 **그림 10.1.3**에 나타낸다. 경량전철은 거의 2 km 이상, 15 km 정도까지가 적합한 영역이라고 생각된다.

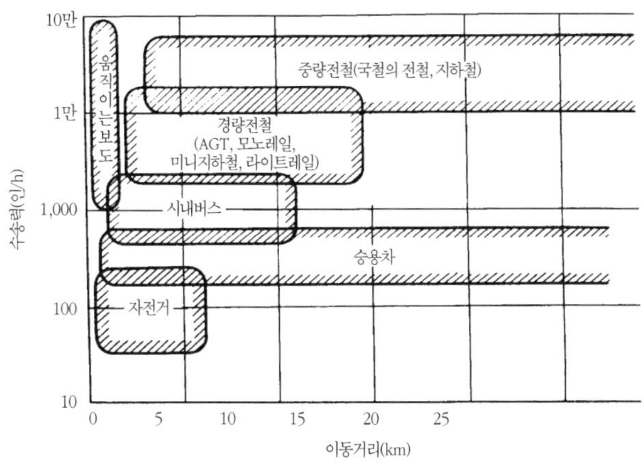

그림 10.1.3 수송력과 이동 거리에서 본 도시교통 수단의 영역

(4) 도시 계획과 도시철도의 관계
(가) 도시 계획과 도시철도의 관계

도시교통 계획의 기본은 역사적으로 보아 간선(trunk line)의 동맥을 철도로 하고, 모세관적인 단거리나 적은 수송량에 대하여는 버스, 승용차로 보충하는 형으로 되어 왔다. 종래의 철도는 도시간 수송과 화물 운반의 목적으로 건설되어 모터라이제이션(motorization)이 진행되기까지는 그 역할을 충분히 수행하여 왔다. 그 사이 여객이 집중되는 여객 역 근방에는 비즈니스 센터, 상점가를 육성하고 연선(wayside)에 주택을 유치하여 여객, 특히 통근 여객을 유발시켜 왔다. 그 결과, 역을 중심으로 시가를 발전시켜 왔지만, 팽대한 철도 시설은 도시의 발전을 저해하여 왔다. 그 때문에 도시 철도의 입체화가 행하여지고 차량기지의 이전, 일반 역에서 여객 화물 취급의 분리도 행하여져 왔다. 더욱이, 통근 여객의 증가는 통근선(commuter line)의 선로 증설(track addition)을 필요로 하기에 이른다. 이들의 건설에는 지장을 가져오는 도로, 상하수도의 교체, 주변 도로의 신설 등 도시 시설의 변경 등이 시행되는 등, 용지 취득, 환경 대책 등에 따른 도시 계획과 밀접한 관계를 갖고 있다. 또한, 시가지의 재개발에 관련되어 그 핵으로 되는 역의 복합화가 요구되고 있다. 앞으로는 철도로서의 입장뿐만 아니라 재개발의 면에서 도시 계획과 동 사업의 협력을 전제로 할 수밖에 없다.

(나) 신도시, 부도심과 신선

도시 내에서는 지가가 앙등하고, 이 때문에 원격의 장소에 대규모 주택 단지가 조성되고 있다. 택지의 개발과 철도 신선정비의 정합성을 취하여 일체적으로 추진하여야 한다. 이 단지의 통근 여객이 가장 가까운 기설 역으로 나오기까지에 시간이 걸리며, 기존선 자체의 수요로 인하여 포화 상태로 되어 있는 경우가 많다. 이 때문에 단지 내로 철도의 진입과 이 철도의 전차가 도심 내로 진입 가능하도록 하는 것이 바람직하다. 신선열차는 도중의 부도심에 정거하여 상호로 유기적인 관련을 지어 통근·통학뿐만 아니라 업무용으로도 이용하도록 하여야 한다.

(다) 타사업과 일체화한 철도정비

대도시의 주변, 지방중핵도시에서 모노레일, 신교통 시스템을 건설할 경우에 가로의 일부에 설치하기도 하고 교량을 도로와 철도에서 2층으로 사용하기도 하여 가로사업과의 일체화에 따라, 또는 항만 정비사업으로서 철도가 정비되고 있다. 이것은 노선의 전부가 이들의 사업에 따르는 것은 아니지만 용지비, 건설비의 절감으로 건설이 쉽게 진행된다.

(5) 도시의 공공 교통망

(가) 철도망의 패턴

중량(重量)전철은 수송 서비스의 안전성, 정시성, 더욱이 경제 효율에서 본 대량성, 생력성, 에너지절약성 등이 "자동차"에 비하여 큰 것이 특징이다. 따라서, 이 이점을 살리면서 도시의 발전 형태별로 유도하여 장래의 바람직한 도시 형태를 고려하여 중량전철 노선망을 계획할 필요가 있다. 중량전철망은 도시의 지리적 조건이나 역사적 발전 형태에 좌우되며, 1점 집중형, 중심 집중형, 도심 환상선형 등 여러 가지의 철도망 패턴이 있다.

(나) 공공 교통의 네트워크

대도시 철도 정비의 기본적인 고려 방법은 점점 다양화되는 교통 서비스의 요청에 대응하기 위하여 중량전철의 골격을 경량(輕量)전철과 버스 등으로 보완하고 갈아타기의 불편을 가능한 한 적게 하여 쾌적하고 편리한 공공 교통기관망을 정비하는 것이다. 이에 따라 격증하는 자동차 교통에서 공공 교통기관으로의 전환을 촉진시키는 것이 기대된다. 이와 같은 고려 방법은 각 교통기관의 기능 특성에 맞춘 것이며, 철도는 선적인 간선 교통에 적합함에 비하여 버스는 철도와 달리 극히 세세한 면적인 수송 서비스에 적합하므로 이들 양 교통기관의 특성을 살린 유기적인 연계 수송이 가능하도록 정비하는 것이다. 공공교통 네트워크의 구체적인 방책은 다음과 같다.

1) 존 버스 시스템(zone bus system, **그림 10.1.4** 참조) : 도시 내에서는 버스 노선이 장대화됨에 따라 도로 혼잡의 영향을 받아 정시성의 확보가 곤란하게 됨과 함께 적정한 조차(操車)가 행하여지지 않는 등의 폐해

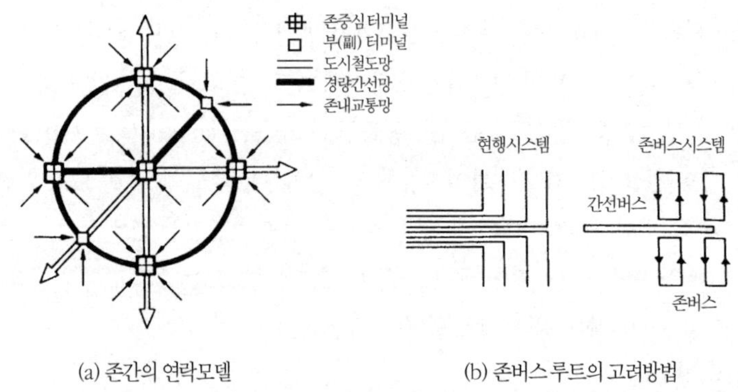

그림 10.1.4 존 버스 시스템

가 생긴다. 이 때문에 버스의 운행 범위를 작은 지역으로 한정하는 주택 지역, 업무 지역 등의 존(zone)으로 종합하고, 지역 내를 주행하여 면(面)적인 서비스를 제공하는 존 버스(소형 버스)와 터미널이나 철도역을 연결하여 선(線)적인 서비스를 제공하는 간선 버스(대형 버스)로 버스의 기능을 분리한다. 또한, 이 간선 버스 또는 지하철 등과 존 버스와의 공동 승차권으로 운임의 부담을 늘리는 일이 없이 이들을 조합하는 방법이 존 버스 시스템이다. 이에 따라 버스의 계통을 짧게 함과 동시에 중복을 피하고 복잡한 계통을 단순화하여 이용자가 알기 쉽도록 할 수 있다.

2) 라이드 앤드 라이드 시스템(ride and ride system, 공공 교통기관 승계제도) : 공공 교통기관을 이용하기 쉽게 하기 위하여 교통기관 상호간의 승계 터미널을 설치하고, 공통 승차권 제도(지하철과 버스연계 차표의 할인 발매 등)를 도입하여 지하철과 버스, 간선 버스와 존 버스의 승계가 용이하고 편리하도록 고려된 시스템이다. 존 버스 시스템에서 기술한 것처럼 대도시에서는 시내 각 존의 중심에 버스 터미널을 만들고 존 버스를 운행하여 터미널로 여객을 모은 후에 간선 대형 버스 또는 철도로 유기적으로 수송하는 것이다.

3) 파크 앤드 라이드(park and ride) : 도시 근교에서 가장 가까운 역, 터미널까지 자동차를 이용하고, 여기에 주차하여 철도 또는 간선 버스를 이용하여 통근하는 방법이다. 한편으로, 우리나라에서는 가족이 자가용차로 역까지 태워다 주는 이른바 키스 앤드 라이드(kiss and ride)도 늘어나고 있다.

10.1.3 도시철도(중량전철)의 건설 계획

(1) 도시철도의 일반계획

(가) 수송 수요의 예측

1) 노선계획, 역의 규모를 정하고 열차운용과 지하철 건설의 종합적인 계획을 수립[244]

2) 발생교통량 추정 - 분포교통량 추정 - 교통수단별 배분 - 교통량 배분

(나) 운송계획

1) 수송력과 승객량의 추정

가) 수송력의 추정은 차량의 편성차량 수와 열차시격에 좌우 되며, 1시간별 승객발생량에 따라 수송 계획

나) 승객량의 수송력 : ① 역세권 내 발착여객(1차 여객), ② 노면교통기관 경유여객(2차 여객), ③ 고속 교통기관 경유 발차여객(3차 여객)

2) **차량 수송력** : ① 1량당 승차인원 160명, 운전실이 있는 경우 148명, ② 4량 편성 616인/열차, 6량 : 936명, 8량 1,256명, 10량 : 1,552명

3) 열차시격 : 최소시격 1~2분, 10분 이내

4) 열차편성 : 제(5)항 참조

5) 열차의 속도 : 100 km/h, 30초간 정차

6) 표정속도 : 선로와 운전조건에 따라 여객수요와 안정성을 고려

7) 운행횟수 : 오전, 오후 러시아워에 중점적으로 대량 수송체계를 위한 열차 계획

(2) 지하식인지 고가식인지의 선택

선로용지 취득의 난이 등에서 도심은 지하철(subway) 방식, 교외에서는 고가철도 방식으로 하고 있는 예가 많다. 양 방식을 비교하면 **표 10.1.1**과 같다.

표 10.1.1 고가식과 지하식의 비교

구분	고가식	지하식
가로에 대한 장해	가로에 대한 점유 폭이 크고 가로로서의 기능을 현저하게 저하시킨다.	출입구, 환기공 정도이며, 원칙적으로 지장이 없다.
건설비	건설비가 싸다. 지질이 나쁜 개소에서는 기초 공사비가 높다.	건설비가 크다.
방재면	차량화재의 경우에 차 바깥으로 나오면 비교적 안전하다.	터널 내에서의 화재 사고의 경우에 큰 사고로 되기 쉽다.
지진 시	구조물에 대한 피해는 어느 정도 발생할 위험성이 있다.	비교적 안전하다.
소음	차내 소음이 적지만, 연도로의 소음 공해로 되기 쉽다.	차내 소음은 크지만 지상으로의 소음 공해는 없다.
차 바깥 전망	전망이 좋아 쾌적하다.	터널 내는 암흑으로 불쾌하다.
도시 경관	좋지않다.	영향이 없다.
노선의 집중화	높은 고가 또는 그 이상으로 불리하다.	복수 이상의 노선이 집중하는 경우에도 고가식보다 훨씬 유리하다.

(3) 노선망의 계획

(가) 노선망의 형성 계획

노선망의 형성에는 도시 교통에 관한 장래의 수요를 예측하여 지하철이 분담하는 지역간 OD표[origin(출발지) destination(도착지) table]를 구하여 희망 선도를 작성한다. 노선망은 당연히 이 희망 선을 만족하여야 한다. 노선망의 기본 형태는 도심을 중심으로 하는 방사형과 격자형이 고려된다. 격자형은 용도 지역이 확정될 수 없는 직장·주거 일치형의 도시에 적당하고 1회의 갈아타기로 어디라도 가는 이점이 있다. 방사형은 중심부의 노선 밀도가 높고 이용자의 편이성은 높지만, 주변 지역에서는 역세권 외의 부분이 늘어간다. 이것에 대하여 주변 지역에서는 그 보완으로서 버스, 중량 궤도 시스템을 이용한 피더 서비스(feeder service) 혹은 광역적으로는 환상선(loop line)의 신설(new construction)이 필요하게 된다. 기존 철도의 이용에 대하여도 이 계획 내에서 고려하여 간다. 직장 거주 분리형에서는 도심으로 통근 수요가 집중되므로 방사형에 가깝게 된다. 다음에 노선망 계획에 기초하여 착공 순위에 따라 사업화하여야 할 노선을 선정한다.

(나) 노선 계획

도시철도(urban railway)는 도시의 중요한 교통기관이며, 또한 고가의 건설비를 필요로 하기 때문에 그 건설 계획에서는 도시권의 장래도 포함한 교통 수요와 유동의 파악, 기존의 다른 철도 노선과의 관련 등을 종합하여 가장 합리적인 노선의 선정이 바람직하다. 특히 유의하여야 할 점은 다음과 같다. ① 교통 수요와 유동(현상 및 장래의 예측)에 대응시키고 장래의 도시권 확대와 도시 발전에 대응할 수 있도록 도시계획의 방침과 합치시킨다. ② 도심과 주변 지역을 될 수 있는 한 일직선으로 연결하여 관통시키고, 즉 부도심·위성 도시·주택 지역과 도심을 최단 경로로 연결하고 지하철의 간선(trunk line)은 될 수 있는 한 도시 중심부를 관통시킨다. ③ 노선망으로서의 기능을 살리고, 적은 횟수의 갈아타기로 목적지에 도달될 수 있도록 한다. ④ 양단, 터미널 및 다른 철도와의 입체교차 개소는 연락(連絡) 역으로 하고 각 단면 교통량의 균등화를 도모한다. 될 수 있으면, 지상의 보통 철도와 상호 진입(through service)을 고려하고, 갈아타기를 배제하여 편리를 도모한다. 즉, 국철 등 다른 철도와 상호 직통할 수 있도록 고려한다. ⑤ 도심으로의 진입에서 주변 지역에 대하여는 시간·거리의 단축을 위하여 쾌속화가 가능한 설비로 하고, 긴 역간 거리를 취한다. 도심 내에서는 현재의 도로 사정에 따라 유일한 발로서의 기능을 수행하도록 짧은 거리에 배치한다. ⑥ 지하철의 용지 취득에 대하여는 도로 아래가 유리하지만, 노선 선정(location of route)·선형과도 종합한다. 평면 선형(horizontal alignment)의 선정에서는 선형에 무리가 없고, 연선의 토지이용 계획과도 조화를 도모한다. ⑦ 종단 선형(vertical alignment)의 선정에서는 매설물의 실태를 충분히 조사하고, 지하 구조물에 대한 필요 최소한의 토피를 결정한다. 교외에 대하여는 고가식과의 조합을 고려하여 건설비의 저감에 힘쓴다. ⑧ 다른 교통기관과의 접속을 고려하여 역의 위치·배치를 결정한다(다음의 (다)항 참조). ⑨ 간선 가로를 통하여 노면교통 수요를 흡수시키고, 도로를 유효하게 이용한다. 또한, 사유지의 아래를 통과할 경우에는 민가에 대한 영향(공사 중의 침하, 열차 통과시의 진동)을 최소한으로 그치도록 한다.

(다) 지하 역의 선정

지하 역의 선정은 다음에 의한다. ① 배치 간격은 여객의 보행 이동거리를 고려하여 도심부에 대하여 700~1,200 m 정도로 한다. ② 열차 간격이 작으므로 대량 수송의 승하차와 유도가 원활하도록 설비를 한다. ③ 도심 역의 출입구는 여객의 이용에 편리한 위치에 다수 설치하여 인접하는 빌딩과의 연락을 고려한다. ④ 역전 광장의 정비로 버스, 터미널과의 연락도 원활하게 행하여지는 위치로 한다.

(4) 철도 제원의 선정

도시 철도{urban (or city, metropolitan) railway}는 고성능 열차를 이용한 빈발 고속운전이 원칙이지만, 노선망과 함께 궤간·차량한계와 건축한계·차륜 방식·구동 방식·차량 사이즈·수송력·역간 거리·정거장의 형태·곡선반경·기울기율·터널단면·급전 방식(**표 10.1.2**) 등의 철도 제원을 결정하여야 한다.

표 10.1.2 제3레일 방식과 가공선 방식의 비교

구분		제3레일 방식	가공선 방식
터널 내 단면	상자형	높이가 낮으므로 건설비가 저감된다	내공 높이가 높게 된다
	실드	큰 차이가 없다	큰 차이가 없다
차량바닥 아래 기기의 정비		전압이 600~750V이므로 기기가 많다	기기가 적다
변전소 수량		많다	적다
고속 운전		불리	유리
상호 직통 운전		교외 국철이 진입하는 경우는 불리	유리

(5) 도시철도의 열차편성

도시철도의 열차편성은 제어차, 동력차, 부수차 등을 조합하여 구성한다[245]. ① 제어차(Trailer Car with Driver' s Cab : Tc)는 운전장치와 ATC/ATO 장치가 있는 차량으로 Tc차라고 하며, 자체 추진력이 없다. ② 동력차(Motor Car : M)는 모터가 장치되어 추진력(견인력)이 있는 차량으로 집전설비(팬터그래프)가 없는 M_2차와 집전설비가 있는 M_1차가 있다. ③ 부수차(Trailer Car : T)는 모터, 제어장치가 없이 다만 끌려가는 차량으로 트레일러(Trailer)라고 하며 제동장치, 기타 장치는 설치되어 있다.

⑹ 도시철도의 편이성과 서비스의 향상

승용차에 비교한 철도 · 버스 등의 결점은 목적지까지 갈아타기를 수반하는 점이다. 이것을 경감하기 위하여 다음과 같은 방책이 있다.

1) 철도의 상호 진입(trackage right operation)의 촉진 : 국철 · 지하철 각각의 열차를 다른 철도의 선로로 직통 시킴으로써 갈아타는 일이 없게 하므로 대도시에서 실시하고 있다.

2) 플랫폼 투(to) 플랫폼 갈아타기 : 철도의 승환 역에 대하여는 연결 통로를 되도록 짧게 하고 움직이는 보도 나 에스컬레이터의 완비 등 여러 가지 갈아타기의 편리를 고려하여 시설을 배치하지만, 이상적으로는 동 일 플랫폼의 양쪽에서 갈아탈 수 있도록 하는 것이다.

3) 버스 터미널의 정비 : 철도역에 직결되도록 버스 터미널을 정비하여 철도와 버스 운행의 연계성을 높여 승 객의 편리를 향상시키는 것이다. 같은 관점에서 철도와 버스의 결절 점으로서 역전 광장(station front)의 정비가 필요하다.

4) 공통운임 제도 : 국철 · 지하철 등의 갈아타기를 용이하게 하기 위하여 중요한 것은 승계 요금이 높게 되지 않을 것과 알기 쉽고 구입이 번거롭지 않아야 한다. 정기적으로 전(全)철도망과 버스 전노선망의 공동운임 제도를 목표로 하며, 2사 상호간 또는 공영 지하철과 공영 버스라고 하는 동일 경영체에서의 공동 운임화 를 먼저 추진하는 것이 바람직하다.

5) 승객 · 시민의 안내 유도 : 갈아타기 경로나 출입구가 승객에게 알기 쉽도록 표지나 안내도를 자세히 설치 하는 외에 통로의 광고류를 제한하여 안내 표지를 보기 쉽게 한다. 또한, 주요 역 등에 대하여는 여행 목적 지로의 갈아타기 계통 · 승환역 등을 나타내는 안내표시기를 설치함과 함께 시민이 철도와 버스를 갈아 탈 경우에도 같은 모양으로 이용 계통, 승환역 등을 한 눈으로 알 수 있는 표시판의 설치 등의 서비스가 필요 하다. 또한, 고저차가 큰 역에서는 에스컬레이터를 설치한다.

⑺ 도시철도의 쾌적성 향상

예전에는 "안전하게 빨리 목적지까지 도달할 수 있다"고 하는 기능면만으로 도시 교통이 논의되어 왔지만, 이 제부터는 탈것을 이용하고 있는 시간의 쾌적, 편안함이 요구되는 시대로 될 것이다. 철도 차내의 쾌적을 위하여 승차감 외에 차량의 냉난방화, 지하철역의 냉방화, 차량의 좌석 · 내장 · 조명 등의 디자인이나 차내 광고의 선 택 등이 필요하며, 역 구내나 플랫폼, 콩코스(concourse), 통로, 벤치 등의 비품, 안내판, 표지판, 조명 기기에 이 르기까지 그 색조, 형상, 조도 등을 종합적으로 고려한 토털 디자인의 사상을 도입하여야 한다.

10.1.4 보통 지하철

⑴ 지하철의 시설

지하철 시설의 특징을 요약하면 다음과 같은 점이 열거된다. ① 도심부에서는 역간 거리가 짧다(500~1,000 m).② 정거장 내의 노선 배선(track layout)은 비교적 단순하다. ③ 도로 하부라고 하는 제약 때문에 급곡선, 급구 배가 많다. ④ 플랫폼 형식으로는 예전에는 역 스페이스를 절약하기 위하여 섬식이 많았지만 근년에 플랫폼 확 폭이나 연신이 용이한 상대식 플랫폼이 늘고 있다. ⑤ 터널 내의 오염된 공기를 배출하고 차량이나 조명 등으로 인한 온도 상승을 제어하기 위하여 (7)항의 환기(ventilation) 설비가 필요하다. ⑥ 승객에의 서비스와 터널의 열 축적 방지를 위하여 역 구간 전체의 냉방이 일부 행하여지고 있다. 그러나, 냉방 효율이 나쁘기 때문에 비용이 대단히 높다. ⑦ 터널 내의 누수(water leak)가 있기 때문에 배수(drainage) 설비가 필요하다. ⑧ 집전 방식을 비교하면 **표 10.1.2**와 같다. ⑨ 변전소는 통상적으로 지상에 설치하지만 지하철에서는 용지난 등으로 역에 인접한 터널 상부에 지하 변전소로 하여 설치하는 일이 많다. 간격은 1,500 V에 대하여 약 4 km 정도(전압 600~750 V에 대하여 약 2 km)로 하는 일이 많다. ⑩ 화재, 침수 등의 재해(disaster)를 고려하여 불연화 차량은 물론 비상계단, 비상 문, 각종 경보장치 등의 방재(disaster prevention) 설비가 필요하다(제(9)항 참조).

(2) 터널의 종류

터널(tunnel)의 구축 공법은 대부분 지표에서 수 m 낮은 형과 수 10 m의 깊은 형이 있다. 낮은 형은 일반적으로 도로에서 시공하는 개착 공법으로 하고, 단면은 직사각형을 선정한다. 깊은 형은 실드공법(shield method)을 이용하든지, 보통 철도의 산악터널 공법으로 구축하며, 단면은 원형이든지 말굽형을 채용한다. **그림 10.1.5**에 각종 터널의 단면을 직선 구간과 역 구간으로 나누어 나타낸다. 건설비의 단가는 개착 공법·실드공법이 산악터널 공법에 비하여 약 2.5배이며, 산악터널 공법은 단단한 지질이나 암반의 지역에서 채용한다. 스웨덴의 스톡홀름 지하철에는 암반을 굴착한 대로인 산악터널의 예도 있다.

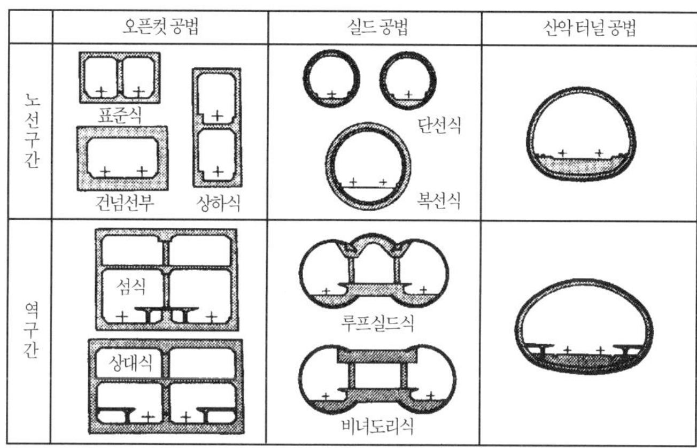

그림 10.1.5 지하 터널의 단면

(3) 방수(waterproof)와 배수(drainage)

지하철은 지표면 아래에 있기 때문에 지하수나 우수 등으로 인한 침수의 위험을 수반하며, 소요의 대책이 필요하다. 구축의 주위에는 아스팔트 방수, 고분자 재료 방수 등으로 방수층을 설치한다. 누수(water leak)는 콘크리트의 균열을 따라 이동하는 경우가 많기 때문에 균열이 일어나지 않도록 미리 신축 이음부를 두고 그 개소의 물막이를 확실하게 한다. 이상의 구축에 대한 방수를 될 수 있는 한 시행하여도 완성 후에 구축 내로 약간의 물의 침입은 피할 수 없다. 그것을 배수하기 위하여 궤도 직하에 배수구를 설치하고 노선 단면의 최저로 되어 있는 개소에 배수펌프를 설치하여 지상으로 유출시킨다.

(4) 궤도구조(track structure)

환경이 좋지 않은 터널 내이기 때문에 궤도틀림이 적고 보수가 거의 불필요한 콘크리트 도상을 원칙으로 하고 있다. 당초의 콘크리트 도상은 탄성(elasticity)이 부족하고 소음이 크며 레일에 파상 마모 등이 발생되는 등의 문제도 있었지만, 레일의 장대화, 고무 패드의 채용 등으로 개량되어 있다.

(5) 전차(electric car)의 구조 · 성능

지상을 주행하는 전차와 약간 다른 설계로 되며, 그 다른 주된 점은 다음과 같다. ① 불연 구조로 하여 열차 화재(train fire)를 방지한다. ② ATS · ATC · ATO 등을 장치하여 열차충돌(train collision) 사고를 방지한다. 또한, 승무원과의 연락을 위하여 유도 무선설비도 설치되어 있다. ③ 만일의 경우에 승객의 긴급 피난용으로 열차 최전후의 정면에 비상문을 설치한다. ④ 창 측의 개폐 치수를 제한하여 여객이 창에서 차 바깥으로 상체를 내밀지 않도록 한다. ⑤ 정전 시를 대비하여 축전지를 이용한 예비의 등을 설치한다. ⑥ 좁은 장소에서의 분할합병 작업을 위하여 전기 연결기가 붙은 밀착 연결기(tight lock coupler)를 채용한다. ⑦ 차량 고장(car trouble)으로 움직이지 않는 경우에는 별도 편성과 연결하여 운전할 수 있다. ⑧ 차량 중량이나 차체 보수비를 경감하기 위하여 스테인리스나 알루미늄 무도장의 것이 많이 이용되고 있다. ⑨ 에너지를 절약하고, 발열량을 저감하기 위하여 사이리스터 초퍼(thyristor chopper) 제어 방식*을 이용한 차량이 많아지고 있다(제6.1.3(11)항 참조).

이상의 특수 설계에 더하여 고가의 지하철 건설비를 적극 살려 도시교통의 보다 높은 효능화를 도모하기 위해서도 고성능의 전차를 채용하고 있다. 즉, 높은 가속 · 높은 감속으로 하며, 최근에는 에너지를 절약하고 발열을 적게 하기 위하여 상기의 초퍼(chopper) 제어나 인버터 제어와 전력 회생 브레이크를 채용하고 있다. 외국 지하철의 조사에 의거하면, 재래 지하철에 대한 열 발생원의 구성비는 전차 70 %, 조명 16 %, 사람 14 %이었기 때문에 회생 브레이크 전차에 따른 효과(초퍼 제어 전차의 회생 예 : 61 %)가 크다. 높은 가속을 위하여 출력 강화와 아울러 경합금이나 스테인리스강을 이용한 경량화 차체를 채용하고, 편성 중량당 출력이 10~15 kW/t, 가속 성능은 3 km/h/s를 상회하는 것이 많다. 외국에서 초기의 지하철은 올(all) 전동차 편성이 원칙이었지만, 동력 장치의 강화, 차체의 경량화(weight reduction of car body) 등에 따른 차량 비용의 저감을 위하여 최근에는 MT 편성이 주류로 되어 있다.

한국철도에서 수도권전철 1호선에 2005년 말부터 투입한 이른바 "웰빙형 전동차"는 객차간 연결부위가 기존의 비닐에서 이중 막 고무로 대체되어 소음차단이 10 dB 이상 향상되었다. 차량마다 화재탐지장치와 비상통화장치도 설치하였고 출입문 개폐장치는 기존의 공기 압축식이 아닌 전기식을 적용하였다.

(6) 역 설비

생활수준의 향상과 더불어 역의 벽면 처리에 대하여도 개선이 도모되어 지하에서의 저항감을 불식할 수 있는 디자인을 채용하며, 이용하기 쉽도록 계단을 피한 에스컬레이터(escalator)를 적극적으로 설치하고 있다(제7.2절 참조).

---

*) 사이리스터 초퍼 제어란 반도체를 이용하여 전류를 고속으로 개폐함으로써 운전 속도를 제어하는 방식이며, 주행에 필요한 전력만을 모터에 공급하기 때문에 종래 저항기로 열로 변환하여 왔던 전력의 손실을 절약할 수가 있다.

(7) 환기와 공조

지하철은 일반적으로 정거장의 출입 통로로만 지상과 연결되어 있기 때문에 이용의 증가에 따라 공기의 오염이 심하게 되어 무엇인가의 환기(ventilation)가 필요하다. 환기의 방법으로서 터널의 곳곳에 환기구(air-passage)를 설치하고 열차의 주행에 따른 피스톤 작용으로 행하여지는 자연 환기 및 환기구와 송풍기(fan)를 설치한 기계 환기가 있다. 이용객이 많은 노선에서는 자연 환기만으로는 불가하며, 최근에는 기계 환기가 원칙으로 되어 있다. 기계 환기의 경우에 환기를 각 역의 중간으로 하는 방식이나 급기를 역의 중심과 각 역의 중간으로 하고 배출을 역의 양단으로 하는 방식 등이 있지만, 환기탑이 설치 가능한 지상 조건 등도 종합하여 결정한다(**그림 10.1.6** 참조).

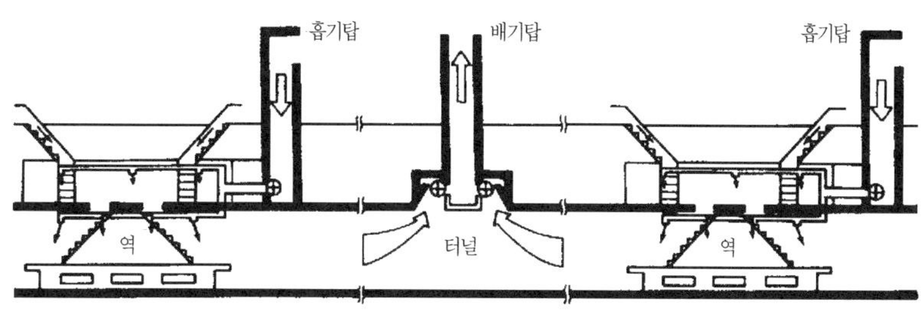

그림 10.1.6 환기 방식

열차 빈도의 증가와 이용의 격증 때문에 여름철의 온도 상승이 현저하여, 그 대책으로서 역의 공조(주로 냉방)와 터널 내의 냉방이 채용되어 최근에는 역의 공조가 표준 설비로 되어 있다. 이것은 전차의 냉방 장치에서 더운 공기가 배출되기 때문이었다. 지상 차량의 냉방화의 보급에 따라 상호진입 구간의 확대에 맞추어 지하철 전차(subway car)에도 냉방을 채용하고 인버터 제어와 회생 브레이크로 전차의 발생 열을 줄이고 터널의 환기(ventilation)를 강화하고 있다. 역에서의 대용량 공조 설비인 경우에 공조기를 집중 또는 분산하는 방식을 채용하지만, 어느 것도 회수 열을 지상의 공중으로 배출하기 위한 냉각탑의 설치 개소가 문제로 된다.

(8) 환경 대책

철도는 본래 저공해형의 교통 기관이지만, 더욱 다음에 대하여 주의를 요한다. ① 소음 대책상 지하화함과 동시에 노선 연선(route wayside)의 민가에 대한 열차진동 대책을 고려할 필요가 있다. 콘크리트 발생원에 대하여 경감시키고, 교통 시설의 주변에 오픈 스페이스를 취한다. ② 터널은 사용개시 이후 차체에서 나는 열이 축적되므로 냉방대책을 시스템 전체로서 고려할 필요가 있다. ③ 지하 역에서는 화재, 수해 등 재해 발생의 방지와 이들의 감시장치 및 피난유도 설비를 완비할 필요가 있다. ④ 공사 중은 소음·진동의 발생, 지반의 부등 침하(uneven subsidence), 교통사고(traffic accident)도 일으키기 쉬운 환경으로 되며, 가설물과 작업 방법에 주의를 요한다. 특히, 연선 주민에 미혹이 생기지 않는 시책을 강구할 필요가 있다.

또한, 승차감을 위해서도 소음을 줄이는 것이 중요하며, 선로 측의 고무패드채용, 레일의 장대화 등에 맞추어 차량 측도 동력 장치·대차의 저소음화, 창·도어의 밀폐화 등을 도모하고 있다. 스톡홀름 지하철의 경우는 차량의 소음을 경감하기 위하여 차량한계(rolling stock gauge)와 건축한계와의 공간을 크게 하여 정거장 플랫폼의 상부나 하부에 흡음재를 붙이고 있다.

한편, 지하철 역내 공기질 개선을 위해 역사와 전동차 청소의 강화, 스크린도어의 설치, 고압살수차의 운영 등이 필요하며, 자갈도상을 콘크리트 도상으로 개량할 필요가 있다. '다중이용시설 등의 실내 공기질 관리법 시행규칙(환경부령)'에 따르면, 지하역사, 철도역사대합실 등의 실내공기질 유지기준은 미세먼지(PM10)는 $150\mu g/m^3$ 이하, 이산화탄소(CO_2)는 1,000 ppm 이하(CO_2는 공기오염의 지표로 불린다), 포름알데히드(HCHO)는 $100\mu g/m^3$ 이하, 일산화탄소(CO)는 10 ppm 이하이다.

(9) 방재 대책

지하철의 주된 방재(disaster protection) 대책은 화재 대책 · 지진 대책 · 풍수해 대책 · 정전 대책 등이 있으며 상응의 대책을 강구한다. 지하 역의 방재에 대한 상세는 제10.1.5항을 참조하기 바란다.

(10) 지하철의 시공

지하철의 공사가 일반의 도시 토목공사와 다른 점은 다음과 같다. ① 시가지에서의 토목공사로는 가장 규모가 크다. ② 장기간(3~6년)에 걸친 프로젝트 공사이다. ③ 장래 교통 수요의 변화에 응하도록 역 시설 등에 개량의 여유가 있게 한다. ④ 연도(沿道)로의 지반 침하, 소음, 진동 등의 건설 공해에 대하여 충분한 배려가 필요하다. ⑤ 지하 매설물에 지장이 없도록 신중한 시공이 요구된다. ⑥ 자동차를 통행시키면서 공사를 하기 때문에 노면 복공이 필요하다. ⑦ 자동차 교통에의 대처나 연도 환경에의 배려 때문에 작업 시간이 대폭으로 제약을 받는다.

대부분의 대도시의 경우에 하천의 충적평야에 발달하여 왔기 때문에 지반(ground)은 실트, 모래, 점토, 호박돌에다 지하수의 영향이 가해져 복잡하고 연약한 개소가 많다. 이 때문에 각종의 공법이 이용되고 있다. 지하철 시공법의 종류는 다음과 같다(여기에서 언급하지 않은 사항은 제4장 및 《철도공학》 참조).

1) 지하 터널 : ① 개착(opencut) 공법, ② 잠함(caisson) 공법 : 압기(pneumatic) 잠함, 오픈(open) 잠함, ③ 침매(沈埋) 공법(submerging method), ④ 동결(freezing) 공법, ⑤ 실드공법(shield method) : 단선 병렬형, 복선형, ⑥ 산악터널(mountain tunnel) 공법(NATM 등)

2) 고가교(viaduct)

3) 보조 공법 : ① 언더피닝(underpinning) 공법, ② 트렌치(trench) 공법, ③ 생석회(quick lime) 말뚝 공법, ④ 웰 포인트 공법(well point method) 및 디프 웰 공법(deep well method), ⑤ 약액 주입 공법(chemical grouting method)

10.1.5 지하 역의 방재

(1) 방재(disaster protection)의 특이성

"지하 역"이란 승강장이 지하에 있는 정거장(산악 지대에 설치된 것을 제외한다)을 말하며, 불특정 다수의 여객이 이용하기 때문에 방재상 다음과 같은 특이한 문제를 안고 있다. ① 외부로의 피난이 계단으로 한정되며, 지상과 같이 창으로 탈출할 수 없다. ② 구조대 등이 외부에서 접근, 진입하기가 극히 곤란하다. ③ 자연 배연이 곤란하다. ④ 정전(current off) 시는 외부 빛을 얻을 수 없으므로 완전히 암흑으로 된다.

(2) 상정되는 재해(disaster)와 방재 수단

(가) 화재(fire)

지하에 있는 건조물·비품은 원칙적으로 불연화하고 화재자동 경보장치·소화기를 설치한다. 만일의 경우에 대비하여 피난 통로·비상용 조명설비·유도등·유도 표지 등을 설치한다. ① 차량 화재(train fire) : 차량에 불연성 재료를 사용한다. ② 전기·기계 설비, 역무실, 여객 부주의 등의 방화 : 지하 역의 건조물은 구조상 중요한 부분인지의 여부에 관계없이 기초를 포함하여 내장까지 불연 재료를 사용한다. 주된 개소는 방화·방연 설비로 다른 개소와 구획한다. 또한, 지하의 변전소, 전기실, 기계실에 대하여는 구조의 파괴, 연소를 방지하기 위하여 기기기류의 불연화와 함께 내화 구조의 바닥, 벽 또는 방화 문으로 다른 부분과 구획하며, 소화 설비, 배연 설비를 설치한다.

(나) 수해(flood damage)

지진계에 연동하는 경보 장치를 열차 지령소에 설치하여 진도 등의 상황에 따라 열차의 정지 수배, 또는 서행 등의 운전 규제를 한다. ① 도로면이 물에 잠김(집중 호우, 수도 본관 파열 등)에 따른 출입구로부터의 침수 : 계단 출입구를 도로 면보다 올림, 지수판의 설치, ② 터널 출입구로부터의 침수(집중 호우 등) : 터널 출입구에 침수 방지 설비, 입갱(shaft)을 이용한 배수(drainage) 설비

(다) 정전(current off)

터널 내의 침수에는 역 등의 지상으로의 출입구 바닥 면을 도로 면보다 높게 하는 등 각각의 개소에 대하여 유입 방지의 구조로 하고, 또한 필요에 따라 터널 입구에 방수문을 설치한다. ① 고압전원 계통 고장으로 인한 전체 정전, 부분 정전 : 다계통 수전의 1차 변전소에서 2회선 수전, ② 변전소, 지하 배전소의 고장으로 인한 부분 정전 : 비상용 발전기 설비, ③ 말단 기기의 고장으로 인한 국부 정전 : 비상 조명(lightening)용 전원으로 축전지 설비 설치

(라) 지진(earthquake) (구조물을 내진 구조화)

수전은 복수의 계통으로 하고 만일의 정전에 대비하여 역 구내에 축전지나 디젤 발전기 등의 비상용 전원을 설치한다. 만일의 경우에 전차가 서행으로 주행할 수 있도록 비상용 가스 터빈 발전기를 설치하고 있는 예도 있다.

(3) 방재 관리실의 정비

재해가 일어난 경우는 비상용 조명 등으로 여객의 불안을 없앰과 동시에 재해의 조기 발견과 대책의 수배, 여객에 대한 정확한 정보의 조기 전달을 위하여 "방재 관리실"을 설치하여 방송 등으로 정보를 여객에게 적확하게 전달하고 역원의 피난 유도에 따라 안전한 장소에 있는 피난 계단을 이용하여 지상으로 탈출시킨다. 또한, 소방대의 활동용으로서 소방차, 구급차 등이 접근할 수 있는 스페이스와 계단을 역과 환기탑 주변에 설치한다. 방재 관리실에는 정보의 수집, 연락 및 명령의 전달, 여객에 대한 안내 방송 및 방수 셔터 등의 감시와 제어를 하는 직원을 상시 근무시키며, ① 역에 설치한 자동 화재 경보 장치의 수신기, ② 소방, 경찰, 관계 인접 건축물(지하상가 등), 철도의 여러 시설과 연락할 수 있는 통신 설비, ③ 방재 관리실에서 통괄할 수 있는 통신 설비, ④ 방수 셔터의 원격 조작 설비 및 작동을 확인할 수 있는 설비, ⑤ 비상 전원을 가진 조명 설비(lightening equipment) 등과 같은 설비를 갖춘다.

(4) 피난 유도 설비의 정비

(가) 피난 유도 설비

1) 승강장에서 지상까지 독립된 다른 2 개 이상의 피난 통로를 설치한다. 예를 들어, ① 통로는 승강장 양 단부에서 각각 50 m 이내에 하나씩 입구를 설치한다. 지하 역의 각 부분에서 피난 통로의 입구까지의 거리는 100 m 이하로 한다. ② 피난 통로 최소 폭은 1.5 m로 한다. ③ 피난 통로는 지상까지의 길이를 될 수 있는 한 짧게 하고, 헤매지 않고 올라가는 것만으로 지상에 도달할 수 있게 한다. 돌아서 가는 계단(나선 계단)은 피난하기 어려우므로 설치하지 않는다. 에스컬레이터는 피난 통로의 일부로 간주하지 않는다.

2) 상용하는 전원이 정전된 경우에 비상 전원으로 즉시 자동적으로 점등하여 바닥면에 대하여 1 럭스 이상의 조도를 확보할 수 있는 조명 설비를 설치한다.

3) 피난구 유도등 및 통로용 유도등을 설치한다.

(나) 배연 설비

1) 역 및 역간에는 유효하게 배연하는 설비를 설치한다. 예를 들어, ① 배연 설비는 기계 환기(ventilation) 설비와 겸용하여도 좋다(기계 환기에 의한 풍속은 상시 1 m/s, 비상시 2 m/s로 하고 있다). ② 배연 설비는 충분히 검토하여 재해 시에 유효하게 가동하는 것을 설비한다.

2) 역에는 승강장과 선로의 사이, 계단, 에스컬레이터 등 외에 피난 통로, 콩코스 등의 부분에 대하여 필요에 따라 늘어뜨린 벽 등 연기 유동 방지 커튼을 설치한다. "연기 유동 방지 커튼"이란 천장 면에서 50 cm 이상, 하방으로 돌출한 늘어뜨린 벽 등으로 승강장의 천장과 선로상의 천장과의 차이가 50 cm 이상인 경우는 그것으로 간주하여도 좋다.

(다) 방화 문

역과 다른 선로의 역(동일한 승강장을 사용하는 것을 제외한다), 지하 가로 등과의 지하 연락 개소에는 방화 문을 설치한다.

(5) 소화 설비의 정비

역에는 ① 소화기, ② 옥내 소화전 설비, ③ 연결 살수 설비 또는 송수구를 부설한 스프링클러 설비, ④ 연결 송수관 등의 소화 설비를 설치한다. 역에는 공기 호흡기를 상비한다. 또한, 지하의 변전소에는 원칙으로서 화학약품 소화 설비와 전용의 환기(ventilation) 설비를 설치한다.

(6) 소화 관리체제의 정비

지하 역에는 방재에 관한 여러 규정을 정비하여 소방 등 방재 관계 기관과의 연락 등 긴급 처리 체제를 정비한다.

10.1.6 심층(대심도) 지하철(deep subway)

대도시의 도심 지역에는 이미 고밀도로 고층 빌딩이 건설되어 있어, 고가 선로는 물론이고 지하 선로에서조차 통상의 지하철과 같이 직접 도로 밑으로 진입할 수 있는 공간적 여유가 없는 예가 있다. 따라서, 기존의 지하철이나 철도 고가교(viaduct), 고층 빌딩 직하까지도 신선의 선로를 선정할 수밖에 없는 경우가 많다. 이와 같이, 대도시에서 지하철의 선로망을 확충하는 경우에 새로운 선로는 재래 선로와 입체 교차(vertical crossing)하기 위하여 노선을 지하의 심층(대심도)부에 둘 수밖에 없다. 따라서 심층(예를 들어, 지표에서 50 m 이상), 장대 역간(4~6 km)의 지하철로 된다. 이 경우의 주된 조건은 다음과 같은 것이 열거된다. ① 안전성 확보에 효율적이고 충분한 방재 시스템을 확립한다. ② 편이성이 감소하지 않도록 역과 지상간을 단시간에 원활하게 승하차 이동할 수 있도록 한다. ③ 건설비가 비싸게 되지 않도록 우수하고 합리적인 시공법 등을 개발한다. 현재의 에스컬레이터 속도는 30 m/분 이하로 정하여져 있지만, 대심도 역의 에스컬레이터 길이가 100 m를 넘는 것도 있을 경우에는 시승 시험의 결과나 해외의 실상 등에서 45 m/분 정도의 속도가 요망된다.

심층(대심도) 지하철에서는 기설 구조물의 기초를 대신 지지하는 언더피닝 공법 등 특수한 시공이 요구되는 예가 많다. 게다가, 다수의 여객이 승하차하는 대규모 터미널의 증강, 신설의 필요성이 생겨 지하 공간에 대단면의 역 설비나 선로 구조물을 건설하여야 하는 경우가 있다. 심층 지하철의 건설 조건으로서 산악 터널(mountain tunnel)에 비하여 큰 수압이 작용하고 지질이 비교적 견고하지 않는 점 등이 열거된다. 외국 재래의 지하철에서도 지하 40 m 정도의 예가 있지만, 심층 지하철을 위한 합리적·고효율·경제적인 것을 목표로 한 개선·개발의 연구가 설계·토목 시공·실드공법·방재 설비·승하차 시스템·공조의 각 부문에서 진행되고 있다. 특수 실드공법에는 에스컬레이터 터널시공용으로서 급기울기(각도 30°) 사갱(inclined shaft) 굴착 실드의 개발, 역 구간의 시공용으로서 다련(多連)형 실드의 개발, 장거리 굴착 내(耐)고수압 실드의 개발 등을 채택하고 있다. 터널 복공의 두께는 터널 지름이 10 m인 경우에 통상의 재료로 두께가 50 cm 정도라면 지장이 없다. 앞으로 도심화의 진전과 철도 서비스의 향상을 위하여 이와 같은 새로운 도시 공간을 지하에서 구하는 공사의 필요성은 앞으로 더욱 크게 될 것이다.

한편, 서울도심과 수도권의 주요 거점지역을 신속하게 연결하는 수도권광역급행철도(GTX)망 구축을 위해 암반상태가 양호한 대심도(지하 40~50 m 이상)에 터널을 뚫어 주요 거점지역을 연결하는 방안이 검토되고 있다[269]. 도시철도 건설을 위한 지하부분 토지의 사용에 따른 보상 기준에 관한 서울시의 조례에서는 고층, 중층, 저층 시가지, 주택지 및 농지, 임지로 구분된 보상지역에 따른 한계심도(40~20 m)를 초과한 정도에 따라 보상비율(0.2~1.0 %)을 정하고 있다. 대심도 철도망 건설을 위해서는 토지소유자가 이용하기 어려운 40 m 이상의 지하공간의 공적활용에 대한 법제화가 필요하다[300].

10.1.7 고무 타이어 지하철(rubber-tired subway)

고무 타이어식 지하철은 철차륜 대신에 고무 타이어를 이용하여 소음의 저감과 점착성능의 향상, 궤도보수 량의 경감을 도모한 것이다(**표 10.1.3**). 파리 지하철의 차량은 고무 타이어 외에 포인트 통과 시에 이용하는 철차륜도 내궤 측에 병용하고 있지만, 삿포로시 교통국의 차량에는 고무 타이어만의 주행방식이 채용되고 있다.

(1) 파리 방식

파리 지하철의 일부 노선에서 1957년에 최초로 고무 타이어 방식이 채용되어 현재 15 노선 중 5 노선에 보급되어 있다. 파리의 고무 타이어식 지하철의 특징은 안내 수평 고무 타이어 차량 외에 공기 타이어의 안쪽에 재래식

표 10.1.3 고무 타이어 지하철의 제원

국명	일본		프랑스	캐나다	멕시코	칠레
도시·선명	삿포로·남북	삿포로·동서	파리	몬트리올	멕시코시티	샌디에고
궤간(mm)	2300	2300	1978	1990	1990	1995
최급구배율(‰)	43	35	40	65	68	48
전기방식(V)	750	1500	750	750	750	750
집전 방식	제3레일	가공선	제3레일	제3레일	제3레일	제3레일
전차 편성(형식)	연절식8M	3M 3T	4M 2T	2M 1T	6M 3T	3M 2T
차량길이(m)	13.8×2	18.0	M15.0	M17.2	M17.2	16.0
	(2000계)	(6000계)	T14.4	T16.2	T16.2	
전동차출력(kW)	360	560	440	480	480	480
편성중량당출력(kW/t)	10.3	11.5	-	-	-	-
최고속도(km/h)	70	70	71.5	71.5	80	80
개업년	1971	1956	1956	1966	1969	1975

의 플랜지가 붙은 강제 차륜을 설치하고 있다. 즉, 분기기의 주행은 강제 차륜을 이용하며(**그림 10.1.7** 참조), 게다가 고무 타이어 펑크 시에도 대응하고 있다.

(2) 삿포로 방식

삿포로 방식은 **그림 10.1.8**에 나타낸 것처럼 궤간의 안쪽에 안내레일이 있어 안내차륜을 양쪽으로 끼워 주행하는 것이며, 일본에서는 법규상 안내 레일식 철도의 일종으로서 다루고 있다. 차량의 비용이 높게 되는 점이나 주행 장치의 라이닝 비용(고무 타이어의 수명이 철차륜의 1/3 정도)이 드는 등 때문에 삿포로 이외에 채용된 예가 없으며, 그 외의 국가에서 채용하고 있는 것도 후술의 (3)항에서처럼 많지 않다.

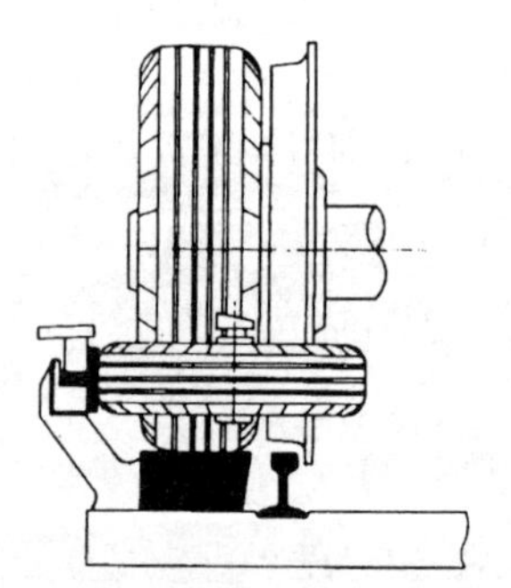

그림 10.1.7 파리 지하철의 고무 타이어 방식 주행 궤도

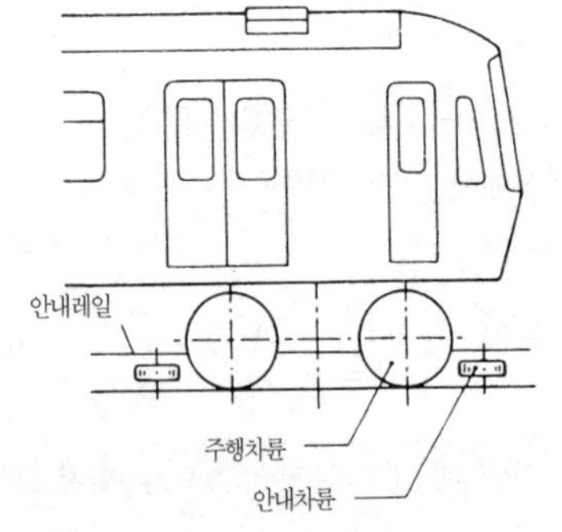

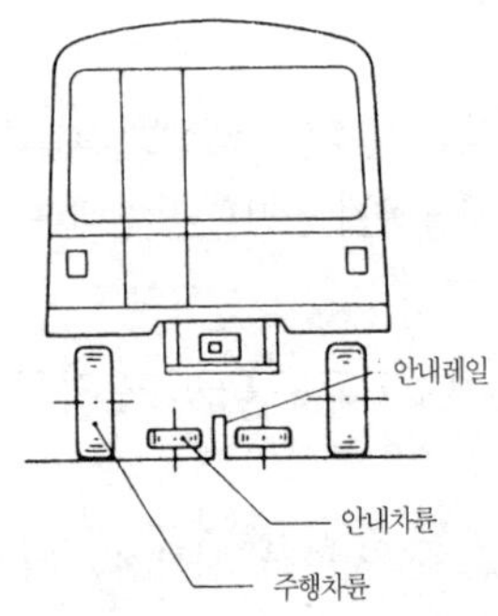

그림 10.1.8 고무 타이어 지하철의 구조

(3) 그 후의 동향

프랑스에서 개발된 고무 타이어 지하철은 프랑스 내의 도시와 몬트리올·멕시코시티·샌디에고 등에도 채용되었고, 기복이 많은 지형의 몬트리올과 멕시코시티에서는 고점착 성능이 살려지고 있다. 그러나, 그 후는 보급

되지 않고 있으며, 고무 타이어식은 모노레일이나 신교통 시스템의 설계에 채용되고 있다. 고무 타이어 지하철은 저소음과 고점착은 우위로 되지만, 재래 철도와는 철도 시스템이 다르기 때문에 직통할 수 없고 구조가 복잡하므로 차량비가 비싸며, 복잡한 분기기, 고무 타이어 차륜의 마모 수명이 철 차륜의 약 1/3, 주행 동력비가 높은 점 등 불리한 점도 많다.

10.1.8 리니어 모터 지하철(linear-motor subway)

(1) 미니 지하철과 리니어 모터 카

지하철(subway)의 초기에는 이용의 예상에 따라서 영국의 Glasgow(차체 폭 2,340 mm, 차체 길이 12.6m), 부다페스트 등의 도시에서 소단면 지하철(미니 지하철)을 채용하였지만, 거주성(livability)이 좋지 않기 때문에 그 후 그다지 보급되지 않았다. 최근에 도시 지하철 건설의 최대 고민은 공사비의 증대이다. 이 건설비의 경감 대책으로서 외국에서 수송력(transportation capacity)이 재래 지하철(예를 들어, 정원 수송력 약 3만 명/h, 최대 수송력 약 8만 명/h)만큼 필요하지 않은 노선(예를 들어, 정원 수송력 약 1.5만 명/h, 최대 수송력 약 3만 명/h)에 채용된 것이 차륜 주행 · 리니어 모터 추진을 이용한 리니어모터 방식의 미니 지하철(mini subway)이다. 즉, 리니어 지하철은 지하철에서 건설비의 삭감을 도모하기 위하여 터널의 단면적을 작게 하고 리니어 모터 구동으로 바닥면(床面)높이를 적극 낮춘 소단면의 차량을 이용하는 지하철이다. 리니어 모터는 **그림 10.1.9**에 나타낸 것처럼

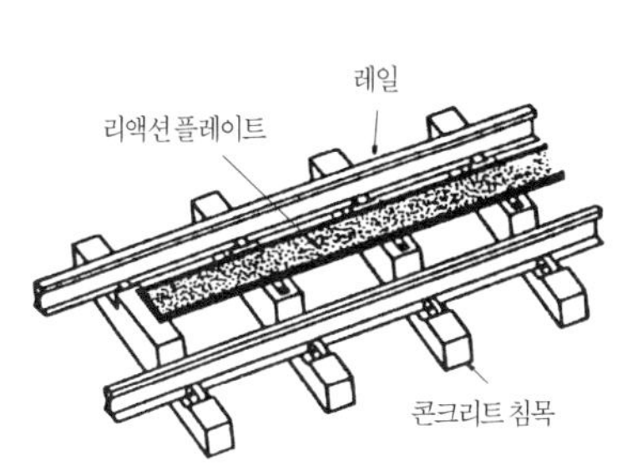

그림 10.1.9 리니어 모터 카의 주행 궤도

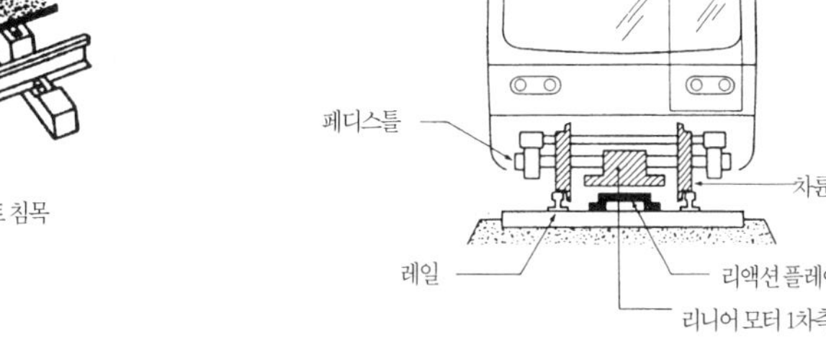

그림 10.1.10 리니어 지하철의 구조

표 10.1.4 리니어 모터의 특징과 이점

특징	이점	수송시스템에의 응용
편평한 형상	• 저상형의 차량	• 터널의 소단면화
감속 장치가 불필요	• 저소음의 대차	• 저소음의 전차
비점착 구동방식	• 구동 차륜이 불필요한 대차(독립 차륜의 대차) • 급구배의 등반이 가능	• 곡선부에서 삐걱거림 음이 발생되지 않는 전차 • 하천, 도로 및 다른 지하철의 급구배 횡단이 가능한 전차(터널 노선이 단축된다)
직류 모터 특성화	• 인버터 제어와의 조합으로 직류 모터 특성이 얻어진다(급구배의 기동이 가능하다) • 인버터 제어와의 조합으로 회생 전력이 얻어진다.	• 지금까지의 전차 특성과 동일 • 생에너지 전차

전동기의 1차 측 코일을 선(linear) 모양으로 전개하여 2차 측 플레이트의 회전력을 전진력으로 변환하는 것이다. 즉, 리니어 지하철(**그림 10.1.10**)의 원리는 대차 측의 리니어 모터로 자계(磁界)를 발생시켜 선로 사이에 부설된 리액션(reaction) 플레이트를 여자(勵磁)하여 그 흡인력과 반발력으로 추진 주행하는 것이며, 주행성능상은 종래의 지하철과 거의 다르지 않다. 수송 시스템에서 리니어 모터의 적용은 고속철도나 도시 교통시스템 등의 분야이며, 개발이 진행되고 있다. 즉, 차량의 단면은 종래의 지하철 차량보다도 훨씬 작지만 지금까지와 같은 수송량을 기대할 수 없는 지하철 노선에 대하여는 저비용으로 건설할 수 있는 리니어 방식이 유리하다고 생각된다.

도시교통 시스템에 리니어 모터를 적용한 경우에 기어 등의 동력전달 장치가 불필요하기 때문에 저소음, 보수 간편화 등의 이점이 있으며, 또한 인버터 제어와 조합함으로써 에너지 효율을 높이는 것도 가능하다. 또한, 미니 지하철, 신교통 시스템 등에 적용되는 전차(최고 속도 60~80 km/h)에 리니어 모터 구동 방식을 채용하는 것이 기대된다. 리니어 모터의 특징과 이점을 **표 10.1.4**에 나타낸다. 이 방식은 기술적인 면에서는 거의 해결되어 있지만, 현 단계에서는 경제적인 면에서의 검토가 남아 있다. 뱅쿠버(캐나다)에서는 이미 "ICTS*"라 불리는 리니어 모터가 실용화 단계에 있다. 또한, 리니어 모터와 자기부상의 비점착 구동방식을 이용한 도시교통 중량(中量) 수송 시스템(경량전철)의 개발도 진행되고 있다

(2) 시설의 양식

리니어 모터 지하철은 가능한 한 터널(tunnel)의 단면을 축소하고 있다. 전차의 실내 높이 2,100 mm를 확보하면서 바닥 아래의 높이를 낮추고, 예를 들어 재래 지하철에 비하여 터널의 내경에서 69 %, 단면적에서 48 %로 하고 있다. 또한, 건설비의 가일층 삭감을 도모하고 지형 등에 즉응하여 최소 곡선반경 100 m, 최급 구배율 45 ‰로 하고 있다. 일본 동경도 교통국의 예를 보면, 일반지하철(도영 신주쿠선)의 내공단면적 36.2 m²(내경 6.2 m)에 비해 리니어지하철 도영(12호선)은 14.5 m²(내경 4.3 m)로서 약 반분 정도로 되어 있다.

리니어 모터카, 리니어-메트로(LIM)는 **표 10.1.5**[241]와 같은 특징이 있다.

표 10.1.5 리니어 모터 지하철의 특성과 계획노선에 대한 적용

특성	계획노선에 대한 적용
터널단면 감소에 따른 공사비 절감	일반지하철 차량은 견인전동기로부터 동력을 전달받기 위하여 직경이 약 800 mm 이상인 차륜을 사용하나 리니어 모터 차량은 차륜직경을 약 460 mm까지 축소가 가능하여 터널의 단면을 축소할 수 있기 때문에 본선, 정거장 구간 모두를 소단면화하여 건설비의 절감이 가능하다.
급곡선 적용으로 사유지 보상면적의 최소화	토지가 비싼 도시에서는 사유지에 영향이 없도록 노선을 계획할 수 있다.
급기울기 채택가능으로 건설비 절감	정거장, 개착부 구간의 굴착심도를 최소화할 수 있고 고가구간에서도 교량 상부에 설치되는 높이를 최소화할 수 있어 경제적인 건설이 가능하다.
운영비 절감	리니어 모터 차량은 일반전동차에 비하여 전력비가 30 % 많이 소요되지만, 고무차륜에 비하여는 전력비의 절감이 가능하다. 리니어 모터는 원형모터보다 간단하여 검수와 정비 비용이 적게 소요된다.
저소음	리니어 모터 차량은 자기조타대차(Self Steering Bogie)의 사용으로 일반전동차에 비하여 급곡선부에서 발생하는 스퀼 소음이 없어 인근주민들에 대한 소음피해를 최소화할 수 있다.

---

*) Intermediate Capacity Transit System의 약자로 트론트의 UTDC(온타리오주 도시개발공사)가 개발한 리니어 모터 구동의 레일 시스템

(3) 리니어 모터의 추진 방식

미니 지하철은 리니어 모터식 전차를 채용하고 있다. 예를 들어, 대차(truck)에 설치되는 리니어 모터(철심의 코일로 구성)는 회전형 모터의 고정자에 상당하는 1차 측으로 하고, 선로간에 설치되는 리액션 플레이트(reaction plate)는 회전형 모터의 회전자에 상당하는 2차 측으로 되며, 양자의 공극은 약 12 mm로 하고 있다. 이 방식의 최대 이점은 편평한 리니어 모터의 채용으로 전차의 바닥 아래를 낮게 할 수 있고, 비점착 운전이기 때문에 급기울기율을 채용할 수 있는 점이다. 주행은 대차의 1차 측 코일에 3상(three phase) 교류로부터의 VVVF(전압가변 주파수가변) 제어로 전류를 흐르게 하여 자계를 발생시키고 이것으로 선로 측의 2차 측 리액션 플레이트를 여자하여 상호간의 흡인력과 반발력을 추진력으로 하는 것이며, 주행 전력 소비량의 실적은 재래 방식과 차이가 적다. 전노선의 선로간에 리액션 플레이트의 설치가 필요하게 되므로 재래 지하철의 구동 방식에 비하여 건설비가 약간 늘어나지만, 전체의 건설비에서 점하는 비율은 낮다.

(4) 리니어 모터 전차의 양식

전차는 예를 들어 6M 편성으로 하고, 경합금 차체의 치수는 길이 16.5 × 폭 2.5 × 높이 3.05 m, 바닥 면 높이 0.8 m, 차륜 지름 660 mm, 전동기 출력 240 kW, 중량 25.5 t(중량당 출력 9.4 kW/t), 3개의 문, 장대 좌석, 중간 차의 정원을 96명으로 하고 있으며, 재래 지하철의 전차에 비하여 스케일이 작다. 급곡선에서 원활하게 주행하도록 하기 위하여 자연적으로 차륜의 방향을 바꾸는 자기 조타 대차를 채용하며, 주행 성능(running quality)은 가속도 3 km/h/s, 최고 속도 70 km/h의 성능으로 하여 재래 지하철 전차에 비하여 손색이 없다. 구배율을 크게 취하고 있으므로 정전 시를 고려한 급구배용 브레이크를 채용하고 있다.

10.1.9 고가철도

(1) 고가철도의 구조 형식

주로 용지의 취득이 가능한 도시 근교 구간에 채용되며, 환경 등으로 여러 가지의 구조 형식이 선정된다.

1) 흙 쌓기 : 지상에 흙 쌓기(banking)하여 축제(bank)를 만들고 그 위에 신로를 부실한다. 공사비는 저렴하시만, 노반 폭이 넓게 되기 때문에 용지비가 늘어나고 선로 아래를 활용할 수 없다. 용지비가 쌌던 시대에 채용되었지만, 용지비가 고가인 최근에는 거의 채용되지 않는다.

2) 흙 쌓기 옹벽식 : 지상에 흙 쌓기 하는 점은 상기의 흙 쌓기식과 같지만, 양측에 수직의 철근 콘크리트 옹벽(retailing)을 세워 폭을 줄인다. 선로가 지하에서 고가로 바뀌는 개소나 고가 아래를 이용할 수 없는 구간에 채용한다.

3) 철골 구조식 : 적당한 간격으로 강 교각에 강의 트러스를 가설한다. 자중이 가볍고, 장대한 지간(span)의 것이 가능하지만, 전차의 주행 소음이 심하기 때문에 최근에는 거의 채용하지 않는다.

4) 철근 콘크리트 구조(RC · PC식) : 건설비, 저소음, 고가 아래 활용 등의 이유로 널리 보급되어 있다. 방식에는 기둥 사이에 거더(girder)를 거는 단순 슬래브, 수 개의 기둥 사이에 거더를 거는 연속 슬래브, 기둥과 거더를 일체로 한 연속 라멘 등이 있지만, 지형 · 지반 등의 조건을 감안하여 선정한다. 외국에서는 최근에 비용이 유리한 라멘 구조를 널리 채용하고 있다.

5) 강거더식 : 상기의 철근 콘크리트 구조처럼 상부 구조(superstructure)는 강거더, 하부 구조(infrastructure)는 철근 콘크리트 구조로 하고 있다.

(2) 정거장의 배선(track layout)

섬식 플랫폼(island platform)은 S곡선으로 되어 공사비의 면에서 불리한 점 등의 이유로 상대식 플랫폼(separate platform)을 원칙으로 하고 있다.

10.2 노면철도

10.2.1 노면철도 일반

(1) 노면철도의 현황

도로에 궤도를 부설하여 일반의 교통에 제공하는 철도를 노면철도(tramway) 또는 시가전차 궤도라고 부르며, 또한 대부분이 전차 운전으로 하고 있기 때문에 노면전차(tram car) 또는 시가전차라고 부른다. 우리나라에서는 1899년 서울의 서대문-종로-동대문-청량리 노선 25.9 km를 최초로 운행한 것이 전기철도의 효시이며[239], 서울과 부산에 부설되어 시민의 발로서 많은 기여를 하여 왔으나, 자동차의 증가로 인한 도로의 체증, 운행 속도의 저하로 인한 이용객의 감소, 경영 수지의 악화 등으로 1968년에 철거하였다. 해외의 도시도 노면 철도의 폐지 추세에 있으나 서구와 미국의 일부 도시는 다르다. 즉, 지하철(subway) 등의 수송력을 필요로 하지 않는 노선(route)에서는 전차의 가감속 성능의 개선이나 저소음화, 자동차 통행과의 분리에 따른 운행 속도의 향상, 연절차(連節車) 편성의 채용에 따른 수송력의 강화 등이 도모되어 도로 교통이 폭주하기 쉬운 도심 구간에서 낮은 굴착의 지하철, 근교 구간에서 전용 궤도의 정비를 공적 보조로 적극적으로 진행하고 있다. 이와 같이 근대화 노면철도(light rail)로 다시 태어나 시민의 발로서 이용되고 있는 예가 적지 않다. 또한, 최근에는 플랫폼이 없이 도로에서 용이하게 승하차할 수 있는 초저상식(超低床式, lower floor) 전차가 개발되어 보급되기 시작하고 있다.

(2) 철제차륜형 경량전철

이 시스템[241]은 노면전차와 일반철제차륜형 경량전철 외에 제10.1.8항의 리니어 모터카, 리니어 메트로를 포함한다. 일반 철제차륜형으로 대표적인 형식으로는 영국의 도클랜드 경량전철(DLR)을 들 수 있다. 이 일반철제차륜 형식은 제3레일을 제외하고는 일반적인 철도차량과 유사하다. 이 시스템은 제10.2.2(1)의 "배타적인 시가전차 궤도"에 해당된다.

(3) 트램 트레인

영국 요크셔에서 2019년부터 운행될 새로운 형태의 교통수단인 '트램 트레인(Tram-train)'은 철도노선과 트램 노선 모두에서 운행할 수 있다. 교통수단을 경량화할수록 인프라스트럭처에 대한 부담감이 줄어들며, 이는 인프라스트럭처의 수명이 연장되고 이동시간도 줄어들며 시내까지 보다 쉽게 도착할 수 있는 것을 의미한다.

10.2.2 노면철도의 특성

(1) 노면철도의 특성

노면철도 또는 시가전차(트램웨이)는 일반 철도의 궤도와 상당히 다르다. 철도는 일반적으로 자갈 도상에 묻인 침목 위의 장대레일로 구성되는 "오픈 궤도(예를 들어, 건널목처럼 포장(Closed)하지 않은 궤도를 의미)"로 운영된다. 철도가 도로와 협력하여 다루어져야 하는 유일한 장소는 항구와 건널목이며, 이러한 상황에서는 수정된 유형의 궤도 구조를 사용한다. 대부분의 시가전차 선로망은 포장-내 구조물, 즉 시가 전차와 도로 교통이 동일 공간을 공유하는 구조로 구성된다. 이 상황에서는 시가전차의 차륜 플랜지가 도로 면에서 충분한 공간을 확보하도록 홈이 있는 레일을 사용한다. 시가전차의 궤도는 다음의 세 가지 유형으로 분류할 수 있다.

1) 배타적인(excusive) 시가전차 궤도(하기의 SLRT에 해당) : 포장-내 궤도 또는 "오픈" 궤도는 도상과 콘크리트 침목으로 구성되며, 또는 빈터의 궤도로서 운송한다. 이 궤도는 표준 철도의 궤도와 유사하다. 도로 교통은 이 궤도를 사용할 수 없다.

2) 개방(free) 시가전차 궤도 : 이 유형은 "포장한(closed)" 궤도로서 건설하며, 버스(공공 교통), 공공 서비스 및 때때로 택시와 같은 특정한 유형의 도로 교통만이 이 궤도를 사용할 수 있다.

3) 보통 시가전차 궤도 : 시가전차와 도로 교통이 같은 교통 면을 사용한다. 이 궤도는 항상 "포장한 궤도" 구조이다.

(2) 노면전차궤도의 특징

제(1)3)항의 보통시가전차 궤도는 원칙으로서 전용의 용지를 갖지 않고 일반의 도로에 궤도를 부설하기 때문에 노면철도를 법규상으로 "궤도"(제1.1.2(8)항 참조)라고 부르는 경우도 있다. 이 경우의 "궤도"는 궤도 구조의 궤도(제3.1절)와 문자는 같지만, 의미는 다르다. 또한, 궤도의 종류로서 제(1)항과 같이 도로상에 부설되는 병용궤도와 보통 철도와 같이 전용의 부지에 부설되는 전용 궤도로 구분하는 예가 있지만, 병용궤도가 대부분이다.

(3) 노면전차와 SLRT의 차이

노면전차(Tramway)와 SLRT(Street Light Rail Transit)간의 차이[241]를 보면 노면전차는 도시 내 일반 자동차와 경합하여 운행되는 형태이고 SLRT는 도로와 분리된 전용궤도를 주행하는 형태를 말한다(제(1)항 참조). 따라서, 노면전차는 최고속도가 40~60 km/h이고 표정속도가 약 15 km/h인 반면 SLRT는 최고속도가 80~100 km/h이고 표정속도가 약 25 km/h 내외이다. 또한 일반적으로, 교외는 완전하게 독립된 SLRT로 운행되고 시내구간은 노면전차로 운행되는 경우도 있다.

10.2.3 시설의 양식

(1) 보통 시가전차의 궤도

(가) 궤도의 제원

보통 시가전차용 궤도의 제원은 다음과 같다. ① 궤간은 주로 1,435 mm이며, 1,067 mm도 채용되고 있지만,

마차 철도의 궤간을 답습한 1,372 mm도 있다. ② 선로의 위치는 도로의 중앙을 원칙으로 하고 노면 궤도를 부설하는 도로의 폭은 복선 궤도 부설의 폭 5.5 m와 2차선의 차도 폭 5.5 m × 2 = 11 m, 좌우의 보도 폭을 더하여 약 20 m 이상이 바람직하다. 도로의 중앙으로 하고 있는 이유는 자동차 통행의 왕복이 구분되고 노면의 배수가 용이하며, 가로에서의 교통의 혼란을 피할 수 있는 점 등이지만 승하차 시의 차도 횡단에 위험을 수반하는 결점도 있다. ③ 도로와의 관계로 곡선반경이 적으며 전차의 대차 축거 2 m에서 최소 반경을 18 m 정도로 하고 곡선의 캔트는 도로의 기울기를 복잡하게 하기 때문에 붙이지 않는다. ④ 기울기는 도로에 따라 좌우되지만, 본선로 (main track)의 최급 기울기는 40 ‰, 정류장에서의 기울기는 기동 조건이나 안전을 위하여 10 ‰ 이하로 하고 있다. ⑤ 정류장의 간격은 이용의 형편 때문에 지하철의 약 반분인 500 m 전후로 짧다. ⑥ 정류장에는 이용자의 안전을 위하여 안전 방호 설비를 설치한다. 자동차의 원활한 통행을 위하여 정류장의 안전 방호지대 바깥의 차도 폭은 5.5 m 이상으로 하고 있다.

(나) 레일

도로의 포장에 대한 두께와 레일의 부담 하중에 대응할 수 있는 조건으로 **그림 10.2.1**에 나타낸 것 같은 HT 레일(high tee rail), 홈붙이 레일(grooved rail)의 특수 레일 등을 사용한다. 홈붙이 레일은 고가이지만, HT 레일은 **그림 10.2.2**에 나타낸 것 같이 차륜의 플랜지가 지나는 윤연로를 설치할 필요가 있다. 양자의 레일에는 일장일단이 있어 일반적으로 직선부에서는 HT 레일이, 곡선·분기기(turnout)에서는 홈붙이 레일을 사용한다. 또

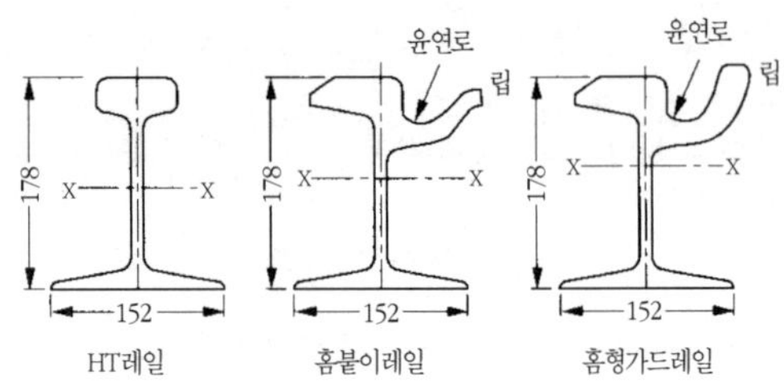

그림 10.2.1 레일의 종류

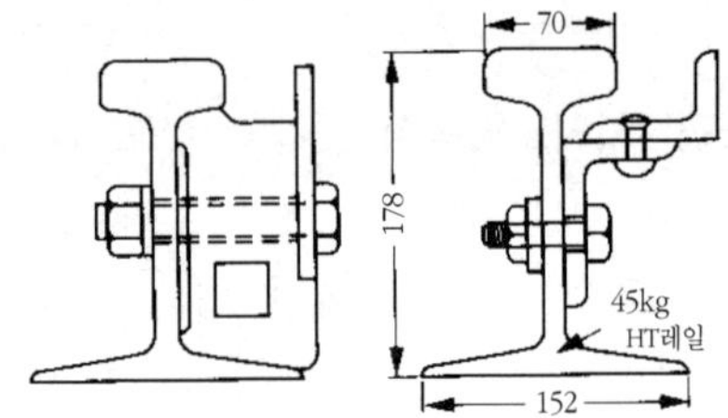

그림 10.2.2 HT 레일의 윤연로

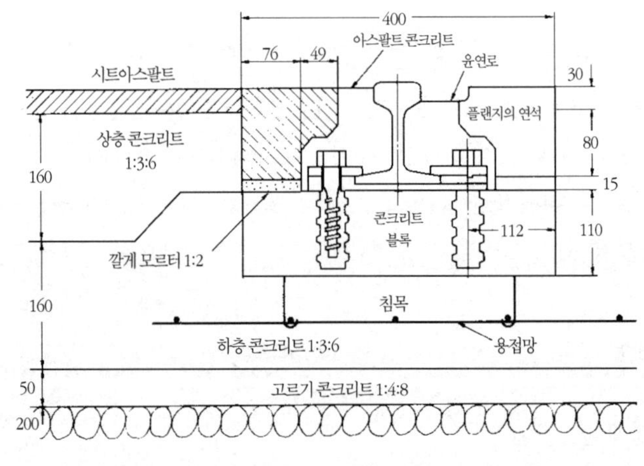

그림 10.2.3 궤도 구조의 예

한 제(2)항과 같이 매립레일 등을 이용하는 예도 있다.

(다) 침목

최근에는 보수의 합리화를 위하여 내구성이 있는 PC 침목을 채용하고 있다

(라) 특수 분기기 및 전철기 사용

노면전차용 선로는 노면 위로 궤도와 신호설비가 돌출되기 때문에 특수한 분기기를 사용한다. 분기기의 텅레일은 자동차 통과에 따른 변형을 막기 위하여 첨단부에 강성을 가져야 하며 전철기는 노면 아래에 위치하여야 한다.

(2) 궤도의 포장

레일과 도로의 노면은 동일 구조로서 고저 차이가 없도록 하고 있다. 재래는 휨 구조의 궤도 포장이 많았지만 최근에는 메인테난스프리를 목적으로 한 구조가 채용되며 **그림 10.2.3**에 그 일례를 나타낸다. 궤도 레일의 외측 부분에 대하여는 차도를 향하여 약 1/20의 구배를 붙이고 있으므로 배수는 문제가 없지만, 수평으로 되어 있는 레일 사이에는 우수가 윤연로에 따라 넘치기 쉽다. 그 때문에 궤도를 횡단하는 하수구를 일정 간격으로 설치하여 도로의 측구(side ditch)로 유도하도록 되어 있다.

그림 10.2.4는 노면철도(시가전차)에 많이 사용하는 구조를 나타낸다. 지지 구조는 30 cm 두께의 연속 슬래브 궤도로 구성한다. 홈이 있는 레일은 합성 플레이트에 체결하며, 레일과 플레이트 사이에는 탄성 레일 패드를 삽입한다. 여기에는 보슬로 레일 클립을 사용한다. 홈이 있는 레일은 비대칭 단면이기 때문에 레일의 압연 프로세스 동안에 상당한 변형이 일어날 수 있으므로, 쐐기형의 인서트로 정밀한 궤간을 달성하도록 레일의 횡 위치를 조정할 수 있다. 도로 포장은 자유로 선택할 수 있으며, 지지 구조물에 무관하다. 레일은 상층 콘크리트의 타설 전에 탄성 코팅으로 덮는다. 체결 장치는 100 cm의 간격을 두며 레일 교환시의 해체를 용이하게 하기 위하여 플라스틱 캡을 준비한다. 레일 두부와 인접 포장 간의 틈은 역청 제품으로 채운다.

기술적으로 우수하지만 고가인 해결법은 **그림 10.2.5**에 나타낸 매립 레일 원리이다. 여기서, 레일은 강 또는 콘크리트 홈 안에 탄성 혼합물을 따른 후에 그 안에서 정밀하게 고정한다. 이 방법은 레일과 포장간의 완전한 분리로 귀착된다. 이 구조의 부설 절차는 대단히 정밀하게 수행하여야 하며, 표면의 특별한 취급을 필요로 한다. 이 구조는 소음과 진동을 상당히 감소시킨다. 이 구조는 무-보수인 것으로 가정한다. 이 구조의 원리는 네덜란드

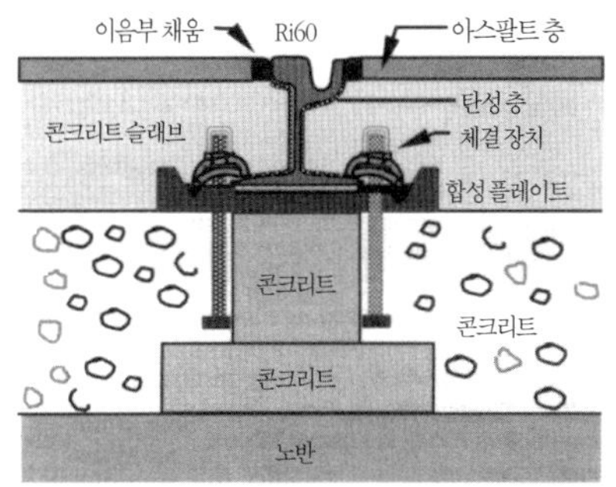

그림 10.2.4 포장-내 궤도 : 합성 플레이트 위의
홈이 있는 레일

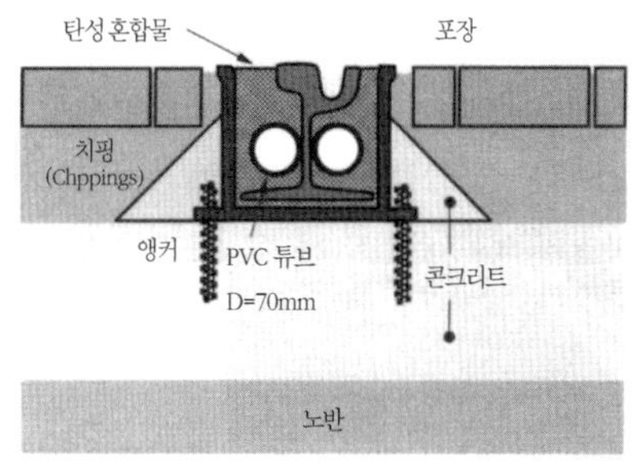

그림 10.2.5 포장-내 궤도 : 매립 레일

의 Harmelen 건널목에서도 사용한다. 더욱이, 매립 레일 원리는 고속궤도에서 강력한 후보로서 고려되고 있다.

마지막 예는 소위 Nikex-구조이다(**그림 10.2.6**). 이 구조는 특수 형상의 블록 레일을 콘크리트 슬래브의 홈에 삽입한다. 레일은 홈이 있는 고무 스트립으로 지지되고, 압력으로 위치에 끼워 넣는 고무 스트립으로 고정된다. 네덜란드에는 HTM (Hague)과 RET(Rotterdam)의 시가전차 망에 시험 궤도가 있

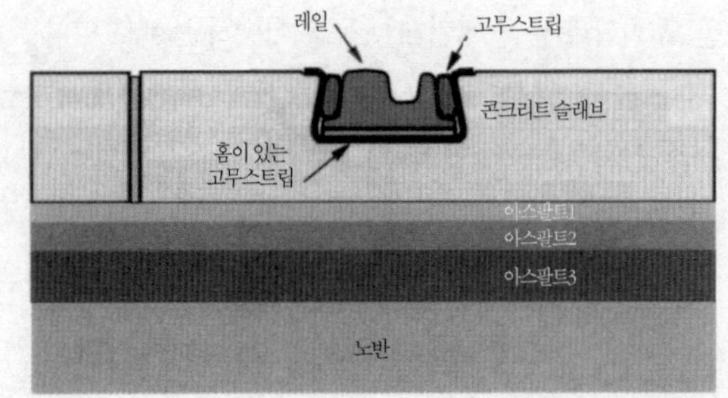

그림 10.2.6 포장-내 궤도 : 프리스트레스트 콘크리트 슬래브 안의 레일

다. 그들은 약간의 초기 문제가 해결된 이후에 대단히 잘 사용되고 있다. Nikex 궤도에서 표준 시가전차 궤도로의 천이 접속은 강성 차이로 인한 충격 하중을 피하도록 신중하게 설계하여야 한다.

(3) 전차선로와 신호

1) 전차선로(trolly lines) : 직류 600V를 기본으로 하고, 저속 운전이기 때문에 구조가 간단한 직접 조가선을 원칙으로 하고 있다. 최근에는 도시 경관과 구성의 간이화의 이유 때문에 가선의 지지주를 복선의 선로 사이에 설치하는 방식으로 되어 있다.

2) 운행상황 표시 시스템(running indicator system) : 최근에는 각 정류장 등에 설치되어 있는 차량 검지기로 전차의 통과 정보를 수집 파악하고 다음 정류장으로의 접근을 통지하거나 운행 간격을 조정하는 근대화 표시 시스템을 채용하고 있다.

3) 신호(signalling) : 저속 운전이기 때문에 반복 터미널 · 분기점 등 이외에는 신호기(signal)가 없다. 일부의 경우에 시내의 교차점에 전차의 접근을 감지하면 청신호를 연장하는 전차 우선 신호를 설치하여 전차의 원활한 운전에 도움이 되고 있는 예가 있다.

10.2.4 전차의 양식

(1) 재래 전차

전차(electric car)의 형태는 보기(bogie) 차가 원칙이며, 차량 길이는 일반적으로 약 12 m를 사용하고 있다. 또한, 수송력(transportation capacity)을 증가시키기 위하여 2 또는 3개의 차체에 3 또는 4개의 대차를 이용한 연접차(약 18 m 또는 27 m)도 일부에서 사용하고 있다. 노면전차는 최근에 탄성 차륜을 채택하는 경향이 있으며, 계속 저상화(低床化)하고 있다. 종래의 집전 장치(power collector)는 전차의 진행 방향이 변할 때에 차장의 조작이 필요한 트롤리폴을 사용하여 왔지만, 최근에는 조작이 필요 없는 뷰겔이나 Z 팬터그래프(Z type pantograph)를 채용하고 있다. 구동 방식은 장년에 걸쳐 구조가 간단한 조가식(釣架式)을 많이 사용하고 있으며, 가속도는 약 3 km/h/s로 되어 있다. 최근에는 냉방 장치를 탑재하고 있다.

(2) 근대화 전차

유선형 스타일의 경량화 구조, 직각 카르단(right-angled Cardan) 구동 방식, 전기 브레이크 등의 채용으로 소음이 적고 높은 가감속 성능(약 5 km/h/s)의 근대화 노면전차가 탄생하였다. 그러나, 이 근대화 노면전차도 그 후의 자동차 격증에 따라 급속히 진행된 노면전차 폐지의 추세를 저지할 수가 없었다. 즉, 자동차가 많은 도로와의 병용은 모처럼의 고성능 차를 살리는 것이 곤란한 실정이며, 최근까지 신제 차의 주력은 차량비용이 싼 재래의 조가식이 많다.

(3) 경쾌 전차(light rail vehicle, LRV)

외국의 일부 도시에 노면전차가 남아 근대화 전차를 한층 개선한 "경쾌(輕快) 전차"가 등장하고 있다. 즉, 1대 차 1모터 방식(one-truck one-motor system), 안쪽 대차(inside truck), 축 스프링에 적층 고무 스프링, 디스크 브레이크 장치, Z 팬터그래프(Z type pantograph), 히트 펌프식 냉방 장치 등의 신기술을 결집하여 고성능화, 한층의 소음 저하, 메인테난스프리(maintenancefree)화가 도모되고 있다. 1982년에 VVVF(전압가변 주파수가변) 제어의 교류 유도 전동기(AC induction motor)를 탑재한 경쾌 전차가 탄생하였다.

(4) 초저상식 경쾌 전차

초저상식(超低床式) 경쾌 전차(lower floor light rail vehicle)는 1984년에 스위스의 제네바 시가 전차에 채용한 것이 최초이며, 그 후 서구의 재래 노면철도(tramway)나 라이트 레일(light rail)에 적극적으로 채용하고 있다. 이 전차는 플랫폼이 없는 노상에서도 1단으로 용이하게 승하차할 수 있도록 바닥면의 높이를 200~400 mm로 낮게 하고 있다. 저상(低床) 면적의 비율에 따라 부분 저상형 · 반저상형 · 전저상형의 종류로 나눈다(**그림 10.2.7** 참조). 기본 구조는 교차점 등의 급곡선 통과를 위하여 차체가 짧은 연접형이 원칙이며, 필요에 따라서 연결 운전으로 하고 있다. 또한, 바닥 면 높이의 저감에 따라 플랫폼 면에서의 높이는 종래의 60 cm 전후에서 수 cm~10 cm 전후까지 줄여지고 휠체어도 용이하게 승강할 수 있게 되었다. 저상화를 가능하게 한 것은 인버터 제어에 의한 소형 유도 전동기(induction motor)의 채용과 기기의 하이테크 소형화이며 기기는 지붕 위에 설치되어 있다. 중량당 출력은 9~13 kW/t, 최고 속도는 70 km/h 정도로 하고 있다. 서구의 경우에 냉방 장치를 필요로 하지 않는 조건은 초저상식 전차 설계의 혜택을 받고 있다.

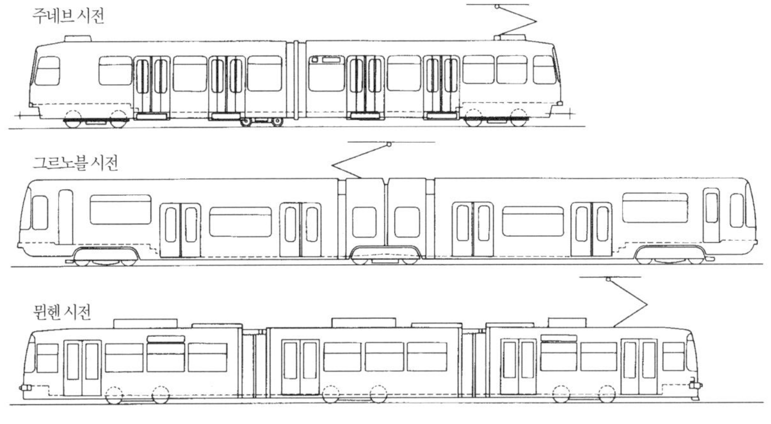

그림 10.2.7 초저상식 LRT 차량의 예

대차(truck)와 구동 방식의 해결책으로서 회전되지 않는 오목형의 빔 차축에 독립 차륜(independent wheel, 좌우의 차륜이 따로따로 회전), 또는 차축이 없는 독립 차륜으로 하여 걸상 아래의 스페이스에 설치하며, 주전동기(main motor)에 직각 카르단(right-angled Cardan) 구동 방식, 작은 지름 차륜의 중간 대차 등을 채용하고 있다. 특히, 참신한 것으로서 전동기 · 차륜 구동 장치 · 차륜을 일체로 한 유니트 독립 차륜(unit independent wheel)도 개발 · 시험 사용되고 있다. 이들의 차륜 지름은 600 mm 전후이며 이보다 작은 지름의 차륜은 중간 대차에 있지만, 부담 하중이나 제동 용량의 부족, 분기기 통과 시의 째고 들어감 등의 문제도 일으키기 쉽다. 외국에서는 현재 각 차량 제작사에서 경쟁적으로 제작하므로 비용저감의 표준화 양산이 요망되고 있다. 초저상식은 노면전차의 살아남을 수 있는 하나의 방향으로 보여지고 있다.

10.2.5 라이트 레일

(1) 정의와 개념

LRT(Light Rail Transit)는 노면전차의 일종으로 주행원리도 기본적으로 일반의 노면전차와 다른 것이 없다. LRT는 경량철도 수송기관, 경편(輕便)철도 노면전차, 경쾌(輕快)전차, 또는 라이트 레일 등으로 번역되고 있지만, 적역(適譯)이 아니라고 하여 일반적으로는 LRT라고 하는 약칭을 그대로 부르고 있다. LRT의 정의에 대하여는 아직 명확하지는 않지만 이른바 노면전차 중에서 가 · 감속 성능이나 고속주행 성능이 우수하고 보다 편리성이 높은 차체구조나 최신 기술을 이용한 동력기구가 채용된 차량을 LRV(Light Rail Vehicle, 상기의 제10.2.4항 참조)이라 부르며, 이 LRV의 도입에 맞추어 승강설비나 운행설비 등을 근대화시킨 노면전차의 전체 시스템을 총칭하여 LRT라고 부르고 있다(LRV 자체를 LRT라고 부르는 경우도 있다). 따라서 LRT는 단지 종래의 노면전차를 갱신(renewal)하였을 뿐만 아니라 환경문제의 심각화에 따라 공공 교통기관의 활성화, 보다 편리성이 우수한 경쾌한 교통기관의 추구, 고령자 · 신체장애자 등의 장벽제거(barrier-free)라고 하는 조류 중에 완전히 새로운 개념의 경~중량 교통기관으로서의 위치를 갖고 있으며 지금까지의 노면전차와는 하나의 선을 그은 존재로서 인식되고 있다.

LRT의 개념은 1970년대에 미국에서 탄생되어 당시의 미국 운수조사국이 ① 노선의 대부분을 전용의 궤도로 주행한다, ② 평면교차가 가능하다, ③ 전기구동으로 2개의 레일 위를 주행한다고 하는 정의를 하였지만, 그 후, 유럽에서 등장한 연접대차 방식을 이용한 비교적 장(長)편성의 노면전차나 프리 메트로(pre-metro)라고 부르는 지하철화된 노면전차의 등장에 따라 현재의 개념은 상기와 같이 수정된 것으로 되어 있다. 특히, 최근의 유럽에서는 일단 폐지하여버렸던 노선을 LRT로 하여 부활시키기도 하고 지금까지 노면전차가 없었던 도시에 새로운 LRT를 도입하는 등, LRT의 적극적인 도입이 전개되고 있으며 LRT를 핵으로 한 도시계획이 활발하게 진행되고 있다.

한편, LRT(Light Rail Transit)는 광의로서 다룰 경우에 도시철도 차량보다 규모가 작은 제10.5절의 경량전철을 의미하며, 이 경우에는 제10.1.5항처럼 모노레일, AGT, 리니어 모터 등의 각종 시스템을 포함한다.

(2) 이점과 특성

라이트 레일은 고속성능이며, 가감속 성능이 좋으므로 주행속도가 높고 저소음, 저진동이기 때문에 주변 환

표 10.2.1 노면전차(재래형)와 라이트 레일의 비교

구분	재래의 노면전차	라이트 레일
승차감	소음, 진동이 많다	저소음, 저진동, 넓은 창
수송력	원칙적으로 단독 운전	연결 운전 가능
주행 조건	"자동차"와 병용 궤도(교통 체증이 생기기 쉽다)	"자동차" 배제, 전용 부지, 일부 지하화, 전차 우선 신호
에너지절약	–	사이리스터 초퍼(thyristor chopper)제어 등에 의한 소비 전력의 절감
차량 속도	35mk/h정도 이하	40~60km/h고가속, 고감속
운전성	숙련을 요한다.	운전 취급이 용이
차내 거주성	무거워 보이고 약간 어두운 느낌	실내 디자인이 뛰어나고 밝은 느낌
보수	–	보수가 간단
차체 외관	중후	근대적, 선명한 색채
중량	비교적 무겁다	경량화
공조	없다	공조 장치가 있음

경에 미치는 영향도 거의 없다. 게다가, 차량의 개선에 따라 승차감도 좋다. 종래의 노면전차와 라이트 레일의 비교를 **표 10.2.1**에 나타낸다. LRT의 특징은 ① 높은 가 · 감속 성능(5 km/h/s)이나 고속 성능(60~80 km/h)이 우수한 차량인 점, ② 연접식 대차를 이용하여 짧은 차체를 연속시켜 정원의 증가를 도모하고 있는 점, ③ 초저상식(超低床式)이라 부르는 구조를 채용하여 거리(street) 감각으로 승강할 수 있는 점, ④ 차량에 따라서는 차체의 각부가 옵션(option)화(化)되어 수송조건에 따라 조합할 수 있는 점, ⑤ 종래의 노면전차 이미지를 그대로 활용할 수 있는 점 등이 열거된다(이들의 특징은 필수조건이 아니고 필요에 따라서 조합된다). 이 중에서 특히 주목되고 있는 것은 제10.2.4(4)항에서 설명한 초저상식 차량이다.

(3) 장래성

라이트 레일은 수송 수요에 대응한 지역에서의 교통수단으로서 경편의 탈것인 점, 교통 약자(노령자, 어린이, 장애자 등)도 비교적 타기 쉬운 점, 기존의 네트워크를 활용할 수 있는 점, 기존의 궤도를 사용하면 건설비가 들지 않는 점 등 경영면에서 보아도 충분히 채산성이 있는 것으로 재인식되고 있다. 독일을 중심으로 하는 북 · 동유럽의 많은 도시에서는 3량 연결의 라이트 레일이 도회지 교통수단의 주역을 담당하고 있으며, 도심 재개발을 기회로 일부 지하화 등 도심에서 라이트 레일을 잘 정합시킨 활용 방법이 도처에 보여진다. 이와 같이 라이트 레일은 장래에 도심부 교통 혼잡에 따른 혼잡 지구의 단계적인 고가화나 지하화가 가능하며, 대량 수송에 적합한 지하철까지는 불필요한 중도시의 간선 교통으로서 충분히 대응할 수 있는 가능성을 갖고 있는 도시교통 수단이라고 할 수 있다.

10.3 모노레일

10.3.1 모노레일의 정의

고가에 설치된 한 개의 궤도 거더(girder, PC빔 또는 강형) 위를 고무 타이어 또는 강제의 차륜으로 주행하는
철도를 모노레일(monorail)이라 부르며, 최근에 철도와 버스 중간 규모의 교통 기관이다. 모노레일은 "주로 도
로에 가설되는 하나의 궤도 거더에 걸터타거나(誇座), 매달려(懸垂) 주행하는 차량으로 사람 또는 화물을 운송
하는 시설로서 노선의 대부분이 도시 계획법의 규정에 따라 지정된 도시계획 구역 내에 있는 것"으로 정의되며,
건설비의 보조 제도가 실현되고 있는 예도 있다. 즉, 외국에서는 예를 들어 인프라(하부구조 부분)의 건설비(전
체의 약 60 %)를 공적 보조로 하여 도로정비 회계의 공공사업으로 국가가 2/3, 나머지 1/3을 지방 자치단체가 분
담하고 있다.

10.3.2 모노레일의 종류와 궤도의 양식

(1) 모노레일의 종류

차량이 모노레일 위를 타는 형태의 과좌식(誇座式, straddled type), 차량이 궤도 거더에 매달리는 형태의 현수
식(懸垂式, suspension type) 모두 주행 거더가 기둥으로 지지되는 고가 구조로 된다(**그림 10.3.1**). 다만, 과좌
식은 일부구간에 터널을 채택한 구간도 있으나 터널단면이 높아지게 된다. 모노레일의 수송력으로서 최대 1~3
만 인/h이며, 안내 레일식 신교통 시스템과 지하철과의 중간적 능력을 가진다. 또한 건설비도 양자의 중간적 위
치에 있다. 과좌식과 현수식은 1장 1단이 있어 현재 병행하여 채용되고 있다. 외국의 실적 등에서 양 방식을 비
교한다(**표 10.3.1** 참조). 과좌식 주행 거더 하부의 높이와 현수식 차량 하부의 지면으로부터의 높이가 거의 같
으므로 주행 거더의 두께와 차량 높이가 같다면, 지지주는 높은 주행 거더를 지지하는 현수식의 쪽이 높게 된다.
그러나, 지지주는 강제이기 때문에 단면적이 작아 점유 면적을 축소할 수 있다. 이러한 구조물의 압박감이나 도

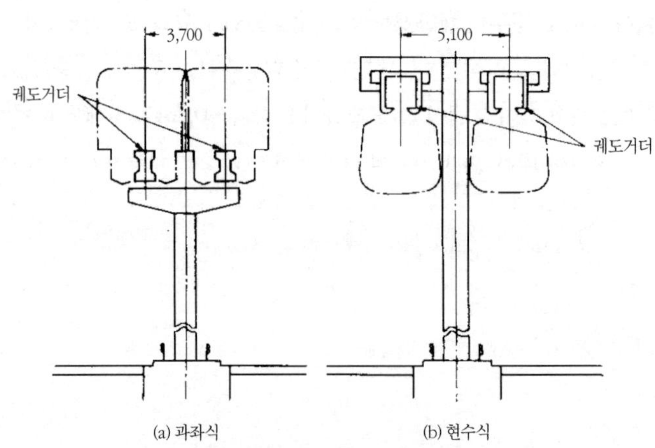

그림 10.3.1 모노레일의 종류

표 10.3.1 과좌식과 형수식의 비교

구분	과좌식	현수식
기둥의 높이	차량의 크기에 관계가 없다.	차량의 높이만큼 높게 되지만 전망은 높은 쪽이 좋다.
차체	기기를 바닥 아래에 배치한다.	바닥면이 평평하게 만들어진다.
곡선부	캔트가 붙여진다.	진자 작용이 강하게 작용한다.
풍설에 따른 영향	눈의 영향을 받는다.	강한 돌풍의 경우에는 영향이 있다.

시 미관 등에서는 과좌식이 우수하지만, 건설 공기는 현수식이 짧아 도로 등의 지장 기간을 단축할 수 있다. 곡선 반경은 현수식의 쪽이 작기 때문에 급곡선이 많은 좁은 도로 등에 현수식을 채용한다. 현수식은 차체를 현수하는 기구이기 때문에 안전 설계에 가일층의 신중이 요구된다. 최고 속도 등 주행 성능의 실적은 현수식이 약간 떨어지며, 수송력(transportation capacity)은 차량 크기의 차이에서 과좌식이 우세하다. 따라서, 외국의 실적에서는 부지에 여유가 있는 경우에 과좌식을, 여유가 없고 급곡선이 있는 경우에 현수식을 채용하고 있다.

도시 교통에서 모노레일의 역할은 다음 절의 **표 10.4.1**에 나타낸 신교통 시스템의 분류와 같이 대도시의 간선 교통으로 활용하는 경우나 보조적 교통기관으로 이용하는 방법이 있으며, 중도시에서는 간선 교통으로서의 기능을 갖고 있다. 모노레일은 긴 역사와 함께 도시 교통기관으로서 기대되었지만 현재 생각만큼 보급되지 않고, 수 개의 선로밖에 영업하고 있지 않다. 이것은 수송력의 면에서 보통 철도와 신교통 시스템의 중간에 위치하지만 어중간한 점, 보통 철도와 직통 운전이 불가능한 점, 생각만큼 건설비가 싸지 않았던 점 등에 기인한다. 그러나, 도심 지역에서는 다른 교통기관이나 도시 시설의 점유로 인하여 이용하지 않은 도시 공간이 얼마 남지 않았기 때문에 모노레일의 활용은 앞으로 늘어갈 것으로 생각된다.

(2) 궤도의 기본 구조

1) 알웨그(Alweg) 과좌식 : 궤도 거더는 속이 빈 굵은 I자 형의 PS 콘크리트제를 원칙으로 하고, 교차점 등의 긴 경간을 필요로 하는 개소에서는 강제 거더(girder)로 하고 있다. 이 궤도 거더 위로 주행 구동용 고무 타

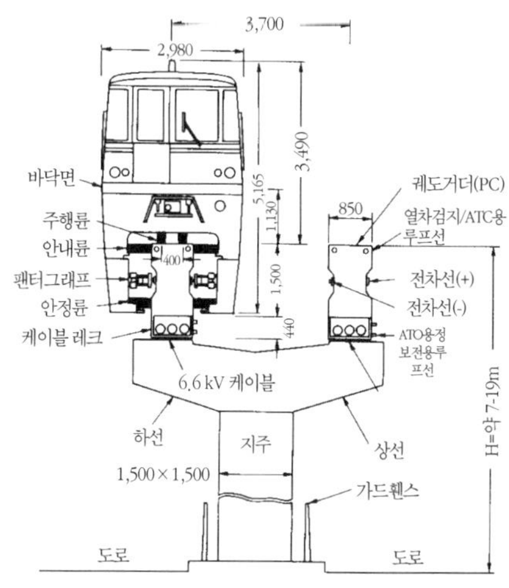

그림 10.3.2 과좌식의 단면 상세(예)

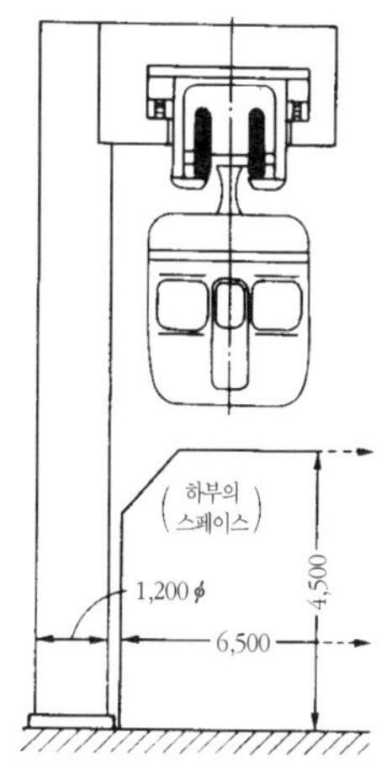

그림 10.3.3 현수식의 단면(예)

이어가 타서 과좌식 차량을 지지하며, 안내 차륜이 좌우, 상하, 전후로 궤도 거더를 좁히고 있다(**그림 10.3.2** 참조). 주행로는 에폭시 수지 혼합물로 바닥칠을 한 뒤에 다시 위에 더 칠한 것, 강판 바닥을 깔은 것 등이 있다. 지주는 RC제 T형이 표준이며, 지주 간격은 15~22 m로 하고 있다.

2) 록히드(Lockheed) **과좌식** : 콘크리트제 거더에 강 레일을 부설하여 그 위를 강제 차륜의 과좌식 차량이 주행한다. 안내 차륜도 강제이며, 거더에 닿는 부분은 강 레일이 설치되어 있다.

3) 사페지(Safage) **현수식** : 강판제의 박스형 내부에 대칭형의 주행로가 설치되며, 차량을 현수하기 위하여 하면 중앙부가 열려져 있다. 고무 타이어 차륜은 박스 개구부 양측의 주행로를 주행하며, 안내 차륜은 안쪽에서 박스 측면의 안내 레일을 누르고 있다(**그림 10.3.3** 참조). 주행로에는 승차감을 좋게 하기 위하여 에폭시 수지 등의 포장을 하는 예도 있다. 지주는 T형 강제가 대부분이고, 정류장(car stop) 등은 문형 구성으로 되며, 지주 간격은 30~40 m로 하고 있다.

(3) 집전 장치(power collector)와 차륜

전기 방식은 직류 1,500 V를 기본으로 하며, 전차선(trolley wire)으로는 궤도 거더의 옆에 정과 부의 복선 강체 전차선을 설치한다. 차륜은 상기의 (2)항을 참조하라.

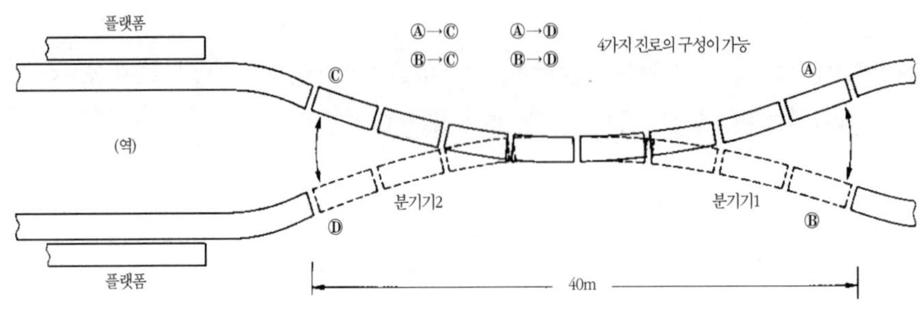

그림 10.3.4 과좌식의 분기 장치

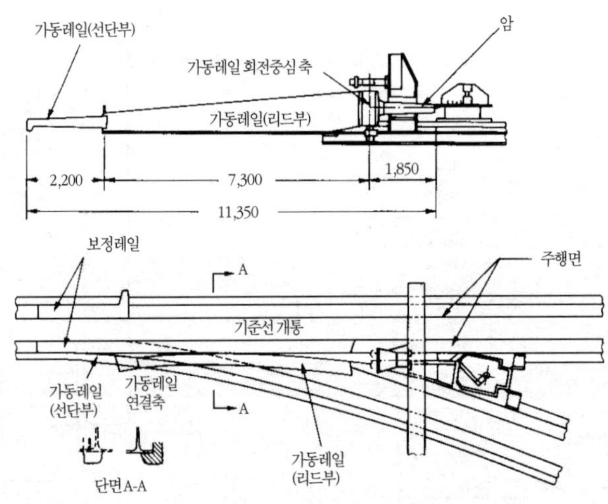

그림 10.3.5 현수식의 분기 장치

(4) 분기 장치(switchgear)

과좌식의 분기 장치는 보통 철도의 둔단 포인트(stub switch)와 거의 같은 구조이며, 몇 개인가의 짧은 거더(예 : 5 m)를 이동시켜 꺽은 선 모양으로 진로를 구성한다. 그 때문에 종단 역에는 한쪽 건넘 방식 또는 일단(一端) 단선(單線)에 의한 방식의 채용이 많다. **그림 10.3.4**에 8개의 짧은 거더로 구성되어 있는 예를 나타낸다. 거더의 이동 동력은 전동식·유압식·공기식 등이 있다. 현수식의 분기 장치는 보통 철도의 텅레일(tongue rail)과 리드 레일에 상당하는 T형 단면의 가동 레일을 사용하며, **그림 10.3.5**에 나타낸 것처럼 상당히 복잡한 구조이다.

10.3.3 전자동 모노레일 시스템

전자동 모노레일 시스템은 다음과 같은 특색이 있다[241]. ① 일반 모노레일이 승객 대피유도문제 때문에 승무원이 탑승하는 것과는 달리 전자동 모노레일은 일반적으로 적은 규모로 완벽한 원격 제어체계를 갖추고 운영되므로 승무원이 없이 운영된다. ② 급곡선과 급구배의 주행성이 높아 토목구조물(노반)의 건설비가 작게 소요되는 장점이 있다. ③ 5 km 내외인 단거리에서 운영되며, 거점간 연결, 지하철의 보조수단으로 운영하는데 적당하다. ④ 규모가 작고 경량으로 지하철구조 상부 등 기존 구조물 위에 구조물을 설치하는 것이 큰 무리 없이 가능하다. ⑤ 차량기지는 일반적으로 시내중심부에 위치하여 부지확보가 곤란하고 규모가 작은 점을 감안하여 지하, 또는 건물 내 일부층을 할애하여 사용해야 하므로 부지의 면적을 최소화하기 위하여 천차대의 사용을 적극 검토하여야 한다. ⑥ 도심지 또는 짧은 거리를 운영하므로 일반적으로 최고속도가 약 50 km/h 내외로 제한된다. ⑦ 전구간 교량을 전제로 건설하며 구조물이 작아서 도로의 중앙보다는 보도, 건물 내 또는 건물에 인접하여 건설된다. ⑧ 수송 수요에 따라 시격을 조정할 수 있어 첨두시와 비첨두시에 효과적인 열차 운전시격 조정이 가능하다. 운행 예로는 Darling Harbour Monorail(오스트레일리아 시드니)과 Mark VI Monorail(미국 디즈니랜드)이 있다.

10.4 신교통 시스템

10.4.1 신교통 시스템의 정의와 중량 수송 시스템(경량전철)

(1) 신교통 시스템의 정의

급격한 도시 집중은 재래의 보통 철도·지하철·버스나 라이트 레일(light rail) 등만으로는 대응할 수 없게 되어 최신 기술을 응용한 교통시스템의 개발이 외국에서 진행되고 있다. 이 신교통 시스템(new traffic system)에 대한 광의의 정의는 "하드웨어의 개발에 따라 새로운 특성이나 기능을 가진 교통수단(예 : 움직이는 보도, 모노레일, 리니어 모터카) 및 기존의 교통수단을 소프트웨어의 대폭적인 개혁으로 발전시킨 새로운 교통시스템(예 : 라이트레일, 디맨드(demand) 버스, 파크 앤드 라이드(park and ride)}의 총칭", 또는 "종래의 교통 시스템을 기술적으로 개선하여 기존 운송 수단의 형에 적용되지 않는 여러 가지 교통수단의 총칭"으로 하고 있다. 즉, ① 연속 수송시스템의 움직이는 보도, ② 궤도 수송시스템으로서의 고무 타이어식 중량(中量) 궤도수송방식·자기 벨트 구동 방식, ③ 무궤도 수송시스템으로서의 호출 버스 시스템, ④ 복합 수송시스템으로서 2종류 이상의 시

표 10.4.1 신교통 시스템의 분류

구분		대량 수송	중량수송	개별 수송
연속 수송 시스템	정속식	움직이는 보도(belt식)	움직이는 보도(belt식, palette식)	-
	속도 가변식	움직이는 보도	움직이는 보도(speeder way), 캡슐(capsule)수송 시스템	-
궤도 수송 시스템	고무 타이어식	대형 모노레일(고무 타이어식 지하철)	AGT, 모노레일	캐비넷(cabinet) 택시
	철륜식	-	미니 지하철, 라이트 레일	-
	리니어모터식	리니어모터카	ALRT, HSST, ICTS	-
무궤도 수송 시스템		-	디맨드(demand)버스, 기간버스, 대형급행 버스	시티 카(city car)
복합 수송 시스템	하드면	-	듀얼 모드(dual mode)버스	
	소프트면	라이드 앤드 라이드 시스템	버스 우선 신호, 버스 로케이션	파크 앤드 라이드
			공동 운임제	키스 앤드 라이드

스템을 복합화한 것이며 일례로서 듀얼 모드(dual mode) 버스*] 등의 광범위한 교통수단을 포함한다.

　사람이 걷는 속도 정도의 ①은 별개의 종류로 하고, 자동차를 사용하는 ③ · ④는 철도의 범위 외로 하여, 이 절에서는 ② 중에서 "도시교통 등에 대처할 수 있도록 일렉트로닉스(electronics) 등의 신기술을 적극적으로 이용하고, 전용의 가이드 웨이(guide way)를 이용하여 차량을 자동 제어에 따라 주행시키는 고무 타이어식 중량(中量) 궤도 수송 방식의 신교통 시스템(new traffic system)"을 주(主)대상으로 한다. 이것이 협의의 신교통 시스템의 정의이며, 중량수송 시스템(경량전철) 중에서 이와 같은 시스템을 AGT(Automated Guide way Transit, 안내 레일식 철도)이라고도 한다. 즉, 레일이나 모노레일 거더(桁) 이외의 가이드 웨이를 따라 고무 타이어로 주행하는 교통기관을 총칭하여 안내 레일식 철도라고 부른다. 안내 레일식 철도에는 고무 타이어식 미니지하철도 포함되지만 현재에는 비교적 소형의 차량을 자동 운전으로 제어하는 교통기관으로서 포착되고 있으며, 일반적으로 신교통 시스템으로도 부르고 있다. 또 한편, 전자의 정의에서 이들 신교통 시스템을 분류하면 **표 10.4.1**에 나타낸 것처럼 되지만, 이중에서 철도공학의 대상으로 되는 것은 궤도 수송시스템 중에서 대량 수송(重量전철)과 중량 수송시스템(輕量전철)이다.

　"고무 타이어식 중량(中量) 궤도 수송방식의 신교통 시스템"도 모노레일(monorail)처럼 지하철과 버스 중간의 중량수송 교통기관이다. 신교통 시스템도 도로 위 등 고가의 궤도로서 용지비를 필요로 하지 않고 전기동력을 이용하는 고무 타이어의 소형 경량차량으로 궤도 구조물(track work)의 비용을 경감하고 자동 운전제어로 생력화를 도모하고 있다. 뉴 타운에서 철도역으로의 접근 수송 등을 목적으로 하여, 이용객수가 철도로는 채산이 맞지 않고 버스로는 러시아워에 대응이 곤란한 경우를 대상으로 하며, 외국의 실적에서 수송력이 미니 지하철, 모노레일을 하회한다. 외국에서는 기설 도로의 교통 혼잡 완화를 목적으로 하는 구간에 대하여는 인프라스트럭처*](기초의 고가 구조물)의 건설비에 공적 보조(국가 2/3, 나머지가 지방 자치단체이며, 건설 년도에 교부)를 받고 있는 예가 있다. 인프라스트럭처(infrastructure) 부분에 상당하는 공사비의 실적은 총사업비의 45 %이기 때문

---

*] 이중동력 버스(Dual Mode Trainsit)는 전동기와 디젤엔진 등 두 가지 동력장치를 부착한 대중교통수단이다. 즉, 궤도구간에서는 전동기를 사용하여 운행하고 일반 도로구간에서는 자동차와 같이 디젤엔진을 사용하여 운행한다.

에 분할 교부의 지하철 보조 비율과 큰 차이가 없는 예가 있다.

(2) 중량수송 시스템(경량전철)

대도시에서는 지하철과 버스의 중간적인 수송 용량을 갖고, 게다가 건설비가 비교적 싸며 생에너지가 가능한 중량(中量)수송 시스템의 필요성이 높아지고 있다. 중량 수송 시스템은 AGT(안내레일식철도)라 불리는 중량궤도 시스템(프랑스 릴리 시의 VAL, 일본의 뉴 트램, 포트 라이너 등), 모노레일, 경쾌 전차(light rail), 미니 지하철 등 1 시간당 2,000~20,000명 정도의 수송력(**그림 10.1.3** 참조)을 가진 교통수단의 총칭이다. 우리나라에서는 경량전철(경전철, 경량철도)라고 부른다. 경영채산 면에서 보면 고가 궤도나 지하철에 비하여 건설비가 싸고, 무인 운전도 가능하기 때문에 수송량(volume of transportation)으로 채산을 취하는 것이 가능하다. 또한, 소음 · 진동이 작고, 전기 구동이기 때문에 배기가스도 발생되지 않으므로 환경에의 영향도 적다. 도시교통의 과제를 해결하기 위하여 여러 가지의 대책이 고려되고 있지만, 중량교통 시스템은 상기와 같이 종래의 대량형 철도(중량전철)에 없는 이점이 있으며, 예를 들면 ① 대도시의 보조간선, ② 대규모 주택 단지와 철도역의 연결, ③ 신개발지와 도시간의 직결, ④ 중규모 도시의 간선 교통 등의 목적에 적합한 교통수단이라고 생각된다.

10.4.2 AGT의 특징

전술한 것처럼 신교통 시스템의 검토가 종종 있었지만 결과적으로는 채산성의 문제 등 제약이 많아 중량(中量)궤도 수송시스템을 실현하는 것에 그치고 있다. 신교통 시스템으로서 이용자 측에서 요구되는 서비스 수준에 대하여는 일반의 교통기관에도 공통이지만 ① 수의성(프리켄트 서비스), ② 정시성, ③ 고속성, ④ 쾌적성, ⑤ 저렴성, ⑥ 평등성(교통 약자 대책), ⑦ 저공해성 등이 요구된다.

광의의 AGT는 무인 자동운전이 가능한 고무차륜, 철제차륜(영국 DLR), LIM(캐나다 Sky Train) 등 전 시스템을 포함하는 경우도 있지만, 일반적으로는 가이드웨이로 고무차륜의 차량을 무인으로 운영하는 시스템을 말한다[241]. AGT(Automated Guide way Transit, 안내 레일식 철도)의 일반적인 특징으로서 ① 전기 동력을 이용한 주행, ② 고무 타이어 차륜이 있는 소형 경량 차량의 연결 운전, ③ 고가(高架) 가이드 웨이(guide way)의 설치, ④ 급곡선(약 25m) · 급구배(약 80 %)에 지장 없음, ⑤ 자동(무인) 운전 가능, ⑥ 열차의 운행관리는 컴퓨터를 이용한 집중 관리, ⑦ 최대 수송력은 5,000(또는 3,000)~15,000 명/h 정도, ⑧ 고가 구조물의 하중 제한을 위하여 정원(定員) 승차를 규정, 등이 열거된다.

이들의 특성에서 AGT는 고도의 자동제어시스템을 가진 새로운 철도라고 할 수 있다. 즉, 고무 타이어 차륜이 있는 등 시스템으로서는 모노레일에 가깝고, 따라서 득실도 모노레일과 거의 같다. 차량의 소형화 · 경량화를 도모하여 궤도 구조물의 건설비를 경감하고 있기 때문에 외국의 실적에서 km당의 건설비는 지하철의 약 20 %, 모노레일(monorail)의 약 50 %로 되어 있다.

AGT는 현재 프랑스, 일본 등에서 활발하게 운영되고 있으며 특히 일본의 경우에 새로 개발된 경량전철 시스

---

*) 신교통 시스템 중에서 도로라고 하는 개념에 상당하는 부분(교형, 교각 등)을 인프라스트럭쳐(infrastructure)라고 부르며, 외국에서는 이 부분의 건설에 대하여 도로 보조와 동률의 보조 방식을 취하고 있다.

템 중에서 모노레일과 함께 가장 많이 운영되고 있다. 고무차륜의 특징은 타이어에서 바람이 빠질 경우를 대비하여 고무 타이어 내부에 알루미늄으로 된 안전차륜이 내장되어 있으며, 차륜이 2개로 배치된 경우에는 차륜 사이에 강 차륜(Steel Wheel)을 배치하여 펑크시에도 일정치 이하로 내려가지 않도록 하는 시스템을 채택하고 있다. 고무차륜 방식은 철제차륜과 비교할 때 주행면과의 마찰력이 우수하여, 급가속, 급감속성이 뛰어나며, 정거장간 거리가 짧은 시내구간에 적당하나 그만큼 전력소모가 많으므로 노선연장이 길고 정거장간 거리가 길게 형성되는 지역에서는 심도 있게 검토하여야 할 것이다. 이하에서는 고무차륜형 AGT를 중심으로 설명한다.

10.4.3 AGT의 시설

(1) 표준화와 기본 양식

고무 타이어식 중량(中量) 궤도 수송 방식의 신교통 시스템에서 개발 회사마다 다른 각 시스템은 거의 같은 수송력(transportation capacity) · 성능이면서도 구조 · 사이즈 등이 다소 다르다. 이와 같은 많은 종류는 이 시스템의 보급에 좋지 않기 때문에 일본에서는 "신교통 시스템의 표준화와 기본 사양"을 작성하여 1983년부터 적용하고 있다. 예로서, 이 표준화의 기본 사양은 필요 · 최소한의 제원으로 하여 9 항목을 정하고 있다. 최소 곡선 반경은 25m로 적게 취하며(일반적으로는 본선로 100 m 이상), 고무 타이어의 높은 마찰계수를 적극 활용하여 기울기도 최급 60 ‰(부득이 한 경우는 90 ‰)로 크게 취하고 있다. 그러나, 강설 시 등을 고려하여 약간 완만하게 하는 예도 있다. 더욱이, 정류장(car stop)의 정거구간에서는 10 ‰ 이하, 차량의 정류 · 해결을 하는 구간에서는 15 ‰ 이하로 하고 있다. 궤도중심 간격은 양 선로의 건축 한계에 지장 없는 길이 이상으로 한다.

(2) 주행 궤도

일반적으로 직선부는 PC(prestressed concrete)제, 급곡선부는 강제 상자형 등이 채용되며, 주행면(running surface)에는 에폭시계 수지로 코팅하고 있다. 더욱이, 도로상에 건설하는 경우는 소방법의 규제나 왕복 2차선의 원활한 통행을 확보하기 위하여 보도를 포함한 도로폭은 약 22 m 이상으로 된다(**그림 10.4.1** 참조).

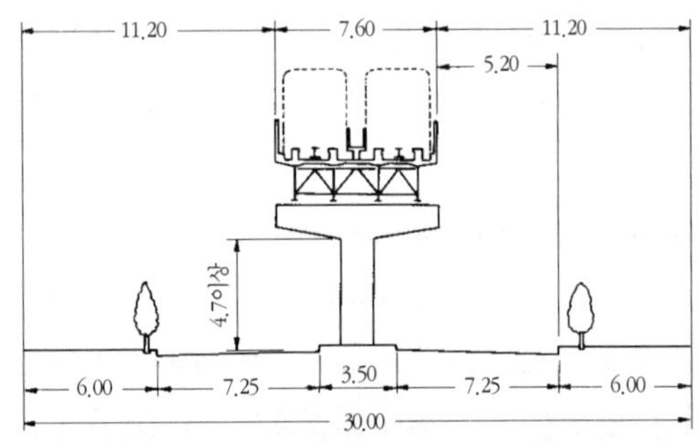

그림 **10.4.1** 일반 국도와의 단면의 예

(3) 주행 안내 방식

외국의 각 도시에서 채용하고 있는 AGT에는 여러 가지의 기종이 있지만, 특히 안내 방식과 분기 방식에 큰 특징이 있다. 고무 타이어의 주행에서는 전동(轉動) 방향을 규제하는 무엇인가의 안내 장치를 필요로 한다. 여기에는 차량에 수평으로 설치한 안내 차륜을 주행 궤도에 따라 설치된 안내 궤도(H · I형강)로 안내하는 방식을 채용하고 있다. 이 안내 방식에는 주행 궤도의 좌우 양측에 안내 궤도를 설치한 양측 안내 방식과 주행 궤도의 중앙에 한 개의 안내 궤도를 설치한 중앙 안내 방식이 있다(**그림 10.4.2** 참조). 중앙 안내 방식의 경우는 차량의 바닥 아래 기기의 탑재 공간이 필요하기 때문에 안내 궤도는 주행 궤도보다 아래의 위치에 설치하는 것이 보통이다. 그 외의 다른 방식으로서 궤도 옆의 좌우 어느 쪽이든지 한쪽을 선택하여 항상 여기에 안내 차륜의 접촉을 강제

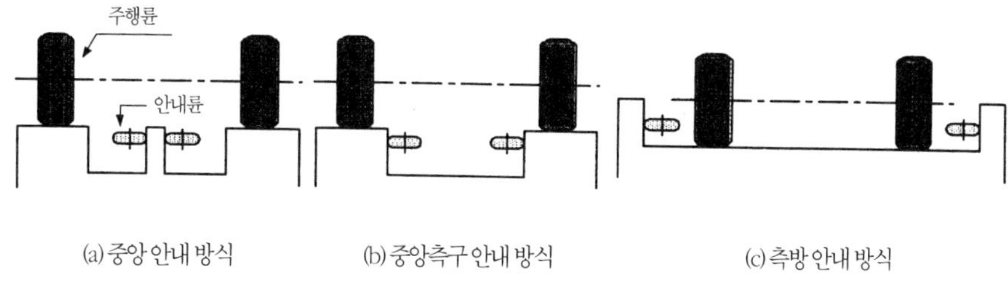

그림 10.4.2 AGT의 안내 방식

하는 한쪽 안내 방식도 있다. 이들의 방식에는 각각 득실이 있지만, 양측 안내 방식이 일반적이다.

(4) 분기 장치(switchgear)

고무 타이어 차륜 안내식의 경우에 성가신 것이 분기 장치이며, 지상 분기의 가동 안내 방식, 차상 분기 방식 등이 있다. **그림 10.4.3**에 가동 안내 방식(옆쪽 안내식)을 나타낸다. 이러한 분기 장치의 경우에 차량에는 주행용의 안내 차륜 외에 분기 주행에 사용하는 분기 차륜이 장치된다. 가동 안내 방식은 분기기의 궤도상에 연동하여 작동하는 가동 안내판, 고정 안내판을 설치하고, 차량의 안내 차륜 아래에 있는 분기 안내 차륜을 끼워서 분기하는 간단한 방식이며, 가동 안내판의 전환은 지하철 등에서 실적이 있는 쇄정 장치가 붙은 전기 전철기(electric switch machine)로 행한다. 이외에도 부침(浮沈)식, 안내 빔 수평회전 장치, 선단레일 분기식 등이 있다. 부침식은 직선 및 곡선의 가동 안내레일을 교호로 올리고 내림으로서 차량을 항상 양측 안내시키는 분기기이다. 복잡한 분기 장치를 줄이기 위하여 종단 역에는 1방향 운전의 루프(loop) 방식으로 하든지 일단(一端) 단선(單線)의 방식으로 하고 있다.

(5) 급전 장치

안내 궤도에 병행하며, 교류 3상의 경우는 강체 3선식, 직류의 경우는 강체 복선식의 전차선(trolley wire)을 설치하며, 차량 측에 집전 장치(power collector)를 설치한다(**그림 10.4.4** 참조). 상업용 전원을 그대로 사용할 수 있는 3상(three phase) 교류도 많이 사용하지만, 직류가 표준 사양이다.

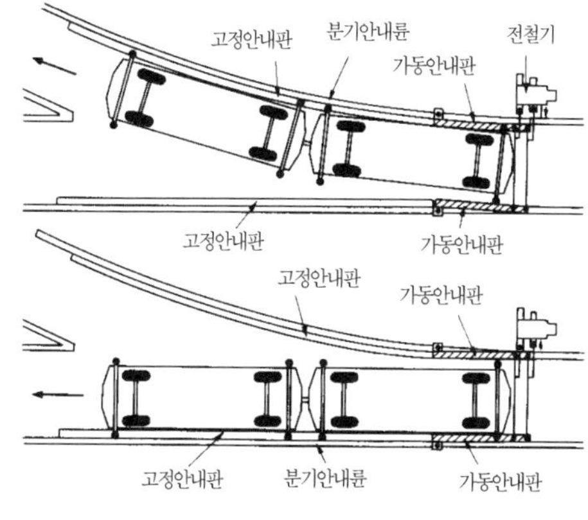

그림 10.4.3 분기 장치(가동안내 방식)

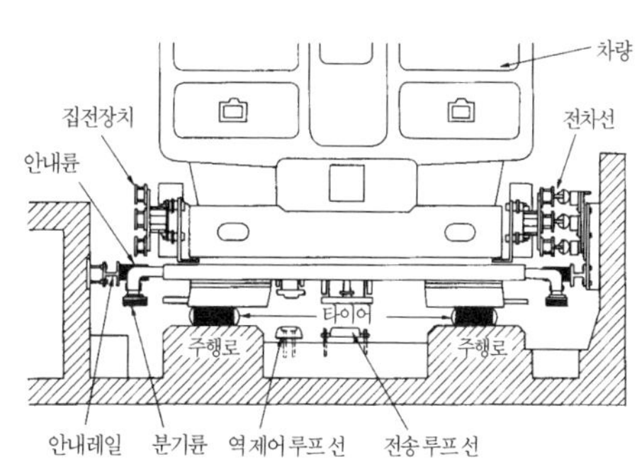

그림 10.4.4 궤도와 차체의 단면

(6) 신호

종래 철도의 궤도회로(track circuit)를 사용하지 않기 때문에 신호는 열차 검지법으로 하여 편성 전방의 차량에서 체크인(check-in)과 후방의 차량에서 체크아웃(check- out)의 신호를 내는 연속 체크인 · 체크아웃 방식과 차내 신호 폐색식(ATC · ATO)을 채용하고 있다(제5.3.2(6)항 참조).

(7) 정류장(car stop)

섬식 플랫폼(island platform)이 원칙이며 풍우를 방지함과 함께 역 요원의 무인화와 승하차의 안전 확보를 위하여 플랫폼 도어(platform door)의 채용이 보급되고 있다. 상시는 중앙 제어소에서 모니터 텔레비전으로 각 정류장 플랫폼을 감시한다.

(8) 시설물과 시스템간의 인터페이스

AGT의 경우에는 토목공사 후에 전차선용 제3레일 취부용 인서트, 점검통로 설치용 인서트, 콘크리트 구체와 주행로간을 연결시키는 철근 매립, 가이드레일 설치용 인서트 등을 정밀하게 설치해야 하므로 시공시 특별한 주의를 요한다[241]. 또한, 곡선용 가이드 레일을 공장에서 굴곡된 상태로 반입하여야 하므로 지하구간의 경우에는 철저한 투입계획을 수립해야 한다.

10.4.4 AGT의 차량

(1) 구조

일본의 고베(神戸)시 포트아이랜드에 사용되는 차량은 중앙 문식 경량화 2축 차(차체 폭 2,290, 높이 3,150, 길이 8,000~8,075, 자중 10.5 t)의 올 M 6량 편성으로 되어 있다. 불연 규격 구조로 하고 정원(75명) 승차의 규정에 대하여 정원을 초과하면 부자로 경보하여 문이 닫히지 않도록 되어 있다. 종단 역을 루프 방식, 중간 역을 섬식 역으로 하며, 차량의 문은 한쪽만으로 하는 예도 있다. 차량(new traffic car) 구성 기술의 근간은 철도의 전차에 의거하고 있지만, 고무 타이어 차륜을 사용하기 때문에 주행 장치(running gear)나 동력전달 장치 기구 등에 자동차의 기술을 채용하고 있다. 소형이기 때문에 한 개의 전동기(약 100 kW)로 전후의 차륜을 차동 톱니바퀴를 거쳐 구동하고 2량의 전동기를 1대의 제어 장치로 제어하는 2량 단위 방식이 많다. 고무 타이어의 일례로서 주행 차륜에 우레탄 충전 스틸 코드 래디얼(steel code radial) 타이어, 안내 차륜에 경질 우레탄제 타이어를 채용하고 있다. 곡선에서 안내 차륜의 전향에 결부되는 방법으로서 철도차량(rolling stock)의 보기 차량과 같이 대차

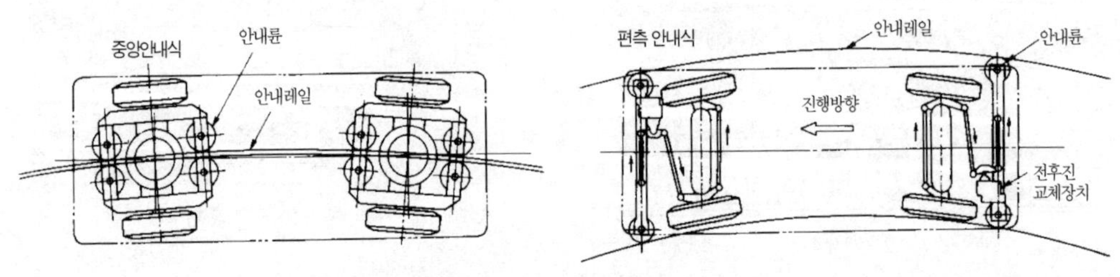

그림 10.4.5 주행 차륜 조향 방식

(truck)마다 그 중심을 축으로 하여 선회시키는 1축 보기의 방식(중앙 안내식)이든지 안내 차륜의 변위를 로드 등으로 전달하고 자동차와 같이 너클을 설치한 주행 차륜을 전향시키는 조향(操向) 방식(양측 안내식)을 채용하고 있다(**그림 10.4.5** 참조). 표준 사량이 양측 안내식이기 때문에 후자의 채용이 많다.

(2) 성능과 열차 운행

1) 성능 : 역간 거리가 짧기 때문에 최고 속도(maximum speed)는 60 km/h 정도로 철도나 모노레일에 비하여 낮지만, 가속 성능은 3.5 km/h/s로 약간 높다.

2) 열차 운행관리(train operation control) : 정상시의 열차 운행관리는 중앙 지령소에서 컴퓨터가 열차군의 움직임을 파악하여 열차 다이어그램(train diagram)에 의거하여 제어하지만, 이상 시에는 사령원이 수동으로 지시할 수 있다.

3) 무인 운전(unmaned operation) : 운전 제어의 ATO와 브레이크 장치 등은 2중계(dual system)로 하는 등 만전을 기하는 것이 조건으로 되며, 기타 시설의 고도화 때문에 비용 증가가 크게 된다. 모노레일은 이상 발생시에 승객의 피난유도 등을 위하여 승무원이 없는 완전무인 운전이 어렵지만, AGT는 일반적으로 피난 통로가 구조물 위에 설치되기 때문에 완전무인화 운영이 가능하다[241]. 따라서, 최근 개발되어 운영 중인 고무차륜형 경전철은 대부분 전자동 무인 운전방식으로 운영하고 있다.

10.5 경량전철 일반 및 특수 철도

10.5.1 경량전철 일반

(1) 경량전철(Light weight electric railway)의 정의와 종류

경량전철(또는 경전철, 경량 철도)은 일반적으로 수송용량이 pphpd(person per hour per direction) 5,000~pphpd 30,000으로 지하철 차량보다 작은 규모로써 일정한 궤도를 따라 주행하는 교통 수단을 말한다(제 10.1.2(3)항 및 제10.4.1(2항) 참조). 상기의 제10.1.8항, 제10.2절 ~ 제10.4절 및 제10.5.2항에서 설명하는 리니어 모터카, 노면철도, 모노레일, AGT시스템 및 특수철도(트롤리 버스, 가이드웨이 버스, PRT, 노-웨이트 등) 등이 포함되며 이 절에서는 공통적인 사항[241]만을 설명한다(각 시스템별 상세는 해당되는 항을 참조).

경량전철은 노면전차, 모노레일, 고무차륜형 AGT(측방 안내식 및 중앙 안내식), 철제차륜형 AGT, 리니어모터(LIM), HSST(저속용 자기부상열차), 트롤리 버스, 가이드웨이 버스, PRT, 노-웨이트(LSM), 산악용-(케이블 견인식) 등 다양한 시스템이 있으며, 해당지역의 기후, 도시환경 등에 따라 여러 형태로 운영되고 있다. 우리나라에서도 계속되는 경량전철 수요에 대비하여 고무차륜형 AGT, 철제차륜형 AGT, 리니어 모터(LIM) 등 3개 형식을 대표 시스템으로 선정하여 시스템 기술개발사업을 진행하고 있으며, 고무차륜형은 참여업체에서 시제차를 제작하고 있다.

한편, "도시철도법 제10조의 2 (건설 및 운전)"에 근거한 "도시철도건설규칙"은 중량(重量)전철 위주로 되어 있으므로 고무차륜형식 AGT(Automated Guideway Transit), 철제차륜형식 AGT, 모노레일형식, 노면전차형식,

선형유도전동기형식 등에 관한 "경량(輕量)전철(電鐵)편"을 추가하기 위한 개정이 추진되고 있으며, 무인운전을 기반으로 하는 선로의 경우를 대비하여 안전설비를 갖추도록 "자동도시철도교통(AUGT) 안전요구사항(표준번호 KS C IEC PAS 62267)"의 규정을 제시하고 따르도록 할 예정이다[30]. 도시철도건설규칙의 개정내용에서는 중량전철과 경량전철을 다음과 같이 정의하고 있다. "중량(重量)전철"이란 차량 축중이 16 ton 이하의 전기철도로서 중형 및 대형 전동차로 구분되며 승객운송을 목적으로 하는 열차를 말한다. "경량(輕量)전철"이라 함은 차량 축중이 13.5 ton 이하의 전기철도로서 승객운송을 목적으로 하는 열차를 말한다. 그리고 고무차륜 시스템의 궤간을 양쪽 안내레일 안쪽간의 최단거리로 정의하고, 2,900 mm를 표준으로 규정하고 있다.

(2) 경량전철의 기능과 특징

표 10.5.1 지하철과 경량전철의 특성 비교

항목	지하철	경량전철
구동형태	· 일반적으로 철제 차륜형태(프랑스에서는 고무차륜으로도 운행)	· 노면전차, 고무차륜, 철제차륜, 자기부상열차, 케이블 견인(Pulling) 형, LIM 등 다양한 형태
곡선 주행성	· 일반적으로 2개 차축인 고정 대차 · 본선 최소곡선반경이 약 200 m 내외	· 자기조타(Self steering) 대차 등을 채택하여 급곡선 주행성이 우수 · 최소곡선반경이 약 50 m 내외(LA 경량전철의 경우 $R=30$ m, 캐나다 Sky-Train의 경우 $R=70$ m)
급기울기 주행성	· 최급기울기 35 ‰ · 구동차축이 전체 차량의 약 50 % 수준 · M카의 2개 축에 구동 모터 장착	· 최급기울기 60 ‰ 내외 · 구동차축이 전체의 50 % 수준 · 매 차량마다 구동 모터 장착 · LIM의 경우에 레일과 차륜이 별도 마찰하지 않아 공전음이 발생되지 않음
가감속 성능	· 가감속 능력이 경량전철에 비하여 떨어지므로 역간 거리를 800 m 이상 유지하는 것이 바람직함	· 가감속 능력이 지하철에 비하여 높아 역간 거리를 단축시킬 수 있음
분기기	· 최소번호 8# (리드곡선반경 165 m)	· 철제차륜의 경우 최소번호 4.5#(리드곡선반경 57 m) · 차량기지 면적의 대폭적인 축소 가능
운전방식	· 일반적으로 유인운전 방식	· 노면전차, 모노레일을 제외하고 일반적으로 무인운전 방식
운전시격	· 통상적인 회차방식으로 운전시격 2분 이하 유지가 현실적으로 불가능	· 열차길이가 짧고 무인운전으로 열차 방향전환이 자유로워 운전 시격을 1분 이하로 유지 가능
수송량	· pphpd 30,000~100,000	· pphpd 5,000~30,000
건설형태	· 지하형태가 일반적	· 도심지에는 지하형태도 있으나 낮은 소음, 진동으로 고가화에 유리
건설비	· 정거장 길이가 약 150 m 이상으로 토목공사비는 고가이나 시스템 공사비가 저렴	· 정거장 길이가 약 50 m 내외로 시설물 공사비는 저렴한 반면 시스템 공사비가 고가임.
운영비	· 기관사, 검수요원 등 인력이 많이 소요되어 운영비가 높음	· 운행이 완전자동이므로 지하철에 비하여 운영비가 적게 소요
최고속도	· 80 km/h 이상	· 역간 거리가 지하철에 비하여 짧아 일반적으로 80 km/h 이하
차량기지	· 열차장이 길고 차량수가 많아 대규모로 지상에 건설 · 부지의 효용성을 높이기 위하여 인공대지를 설치하는 경우도 있으나 건폐율에는 한계가 있음	· 열차장이 짧고 차량수가 적어 전차대의 이용이 가능하며 소규모로 지하, 건물내 등 다층구조로 설치 가능
승강장 설비	· 유인운전이며 일반적으로 스크린도어(Screen Door)를 일부만 적용	· 무인운전으로 승객의 안전측면을 고려하여 일반적으로 스크린도어 적용.

경량전철은 일반적으로 소규모, 도시에서는 주간선 교통축으로, 대도시에서는 지하철과 연계하여 보조수단으로 사용되며 연장이 5~20 km 내외인 노선에서 주로 운영되고 있다[241]. 독일 스위스 등 유럽에서는 노면전차가 주축을 이루어 도시 내 교통수요를 처리하고 있으며, 일본에서는 적은 면적에 많은 인구가 거주하는 특성 때문에 모노레일, 고무차륜형 AGT, LIM 시스템 등이 해당 도시의 특성에 따라서 다양하게 지하철과 조화를 이루며 교통수요를 처리하고 있다. 또한, 경량전철은 놀이공원 및 공항 내 셔틀용으로 운영되는 사례도 많으며 위성도시와 대도시의 연계(지하철) 수단으로도 운영되고 있다. 경량전철의 특징을 지하철과 비교하면 **표 10.5.1**과 같다.

표 10.5.2는 각종 경량전철 시스템별 특성의 비교이다[24 1].

표 10.5.2 경량전철 시스템별의 특성 비교

구분		적용조건	시스템 특성
철제차륜형	노면전차	· 도로가 충분한 폭을 확보되고 도심지 외곽은 전용 선로공간을 확보할 수 있는 지역에 적당	· 표정속도를 높이기 위하여 교차로의 입체화가 요망됨 · 모든 궤도시설이 레일면 하부에 위치
	철제차륜	· 장거리이고 수요가 개략 pphpd 10,000~25,000의 수요에 적당 · 전구간의 장대레일이 전제되어야 함	· 에너지가 가장 적게 소요됨 · 소음, 진동을 최소화하기 위한 대책 필요
	LIM	· 비교적 장거리이고 급곡선, 급구배가 많고 pphpd 10,000~22,000 내외의 수요에 적당 · 전구간에 장대레일이 전제되어야 함	· 에너지가 철제차륜과 고무차륜의 중간 정도 소요
모노레일		· 10 km 내외로 정거장간 거리가 짧고 승객에게 외부 조경이 강조되는 지역에 적당 · 수요가 pphpd 약 4,000~20,000에 적당	· 고무타이어 시스템으로 급구배와 급곡선의 주행성 우수 · 전구간 고가화 전제 · 차광막, 방음벽설치 불가
전자동 모노레일		· 5 km 내외의 단거리이고 pphpd 약 5,000 내외의 수요에 적당 · 외부조경 강조 지역에 적당 · 차량기지 선정에 특히 유의해야 함	· 고무타이어 시스템으로 급구배와 급곡선의 주행성 우수 · 전구간 고가화 전제 · 차광막, 방음벽 설치 불가
측방안내식 A.G.T		· 10 km 내외인 중거리 · pphpd 약 15,000 내외의 수요에 적당 · 정거장간 거리가 짧은 경우에 적당	· 고무타이어 시스템으로 급구배와 급곡선의 주행성 우수 · 지하화 고가화 모두 적용 가능 · 에너지가 많이 소요
중앙안내식 A.G.T		· 5 km 내외 단거리이고 수요가 pphpd 약 5,000 ~7,500(2량) 내외에 적당 · 중앙안내식으로 안정 주행가능 · 소형으로 수요 유발처인 건물 내부로 직접 진입 또는 건물에 캔틸레버식으로 노반구조물 설치 가능 · 거점간 연결에 적당 · 지하철 보조수단으로 지하철 정거장과 대규모 교통집산지와의 연계에 적절	· 고무타이어 시스템으로 급구배와 급곡선의 주행성 우수 · 에너지가 많이 소요

(3) 경량전철의 노선형태와 노선선정

지하철은 일반적으로 복선으로 건설되어져 종점 역에서 회차하는 방식이나 경량전철 노선은 도입 대상지역의 규모, 수요의 크기와 분포, 지리적 특성 등을 고려하여 노선형태를 결정한다[241]. 경량전철은 신개발지역의 주간선 교통수단으로, 혹은 신도시와 지역간 철도역을 연결하는 지역 교통수단으로 계획, 운영되고 있으며 노선연장도 비교적 짧은 10 km 이내가 많아서, 지역특성에 따라 여러 가지의 노선형태로 계획하게 된다. 경량전철 시스템의 노선형태는 도입지역의 특성에 따른 교통서비스의 질을 경정하는 요인일 뿐만 아니라, 차량구조를 비

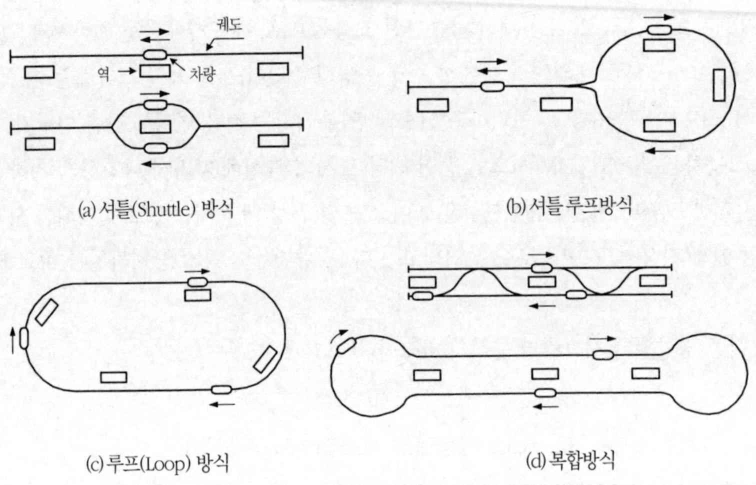

그림 10.5.1 경량전철의 노선형태

롯하여 신호제어방식이나 차량진행방식 등 시스템 전체와 같은 관계를 갖고 있다. **그림 10.5.1**은 현재 운영 중인 다양한 노선형태의 예를 나타내고 있다.

경량전철의 노선선정에서는 일반 지하철 등의 도시철도와는 상이하게 다음 항목에 특히 주의를 요한다[241]. ① 경량전철 노선과 지하철 등 지하구조물과의 상호지장 여부 점검, ② 고가화를 전제로 하는데 따른 아파트 등 주거지역 통과시 민원 고려, ③ 반드시 차량기지 설치를 전제로 접근해야 함, ④ 고가구조물 설치시에 교각 방호벽 등 약 1개 차선을 점하게 되는데 따른 기존도로의 차선확보 방안, ⑤ 장래 지하철 확장 계획, 지하개발 계획을 감안하여 상호저촉이 되지 않도록 계획, ⑥ 지상구간에서는 제3레일의 채택에 제한이 있음.

(4) 경량전철의 하중

경량전철 차량은 생산국, 지역에 따라서 다양하게 형성된다. **표 10.5.3**은 차륜형식별 차량하중과 축중의 예[241]를 나타낸다.

표 10.5.3 차륜형식별 차량하중과 축중의 예

(단위 : 톤)

요소 \ 차량	고무차륜형 AGT	철제차륜형 AGT	리니어 모터(LIM)
만차하중	31	19	36
공차하중	21	12	22
정원하중	26	15.5	29
축중	9.5 이하	10.8 이하	9.1 이하

10.5.2 특수 철도

철도는 일반적으로 2개의 레일을 가이드 웨이로 하여 그 위를 차량이 자력 주행하지만, 그 외에도 무엇인가의 형으로 주행로에 따라 이동의 제약을 받는 교통기관을 철도의 범주에 포함하고 있다. 이와 같은 개념에 해당되는 철도로서는 전술한 현수철도(현수식 모노레일, 제10.3절 참조), 과좌식 철도(과좌식 모노레일, 제10.3절 참

조), 안내 레일식 철도(신교통 시스템, 제10.4절 참조), 부상식 철도(리니어 모터카, 제10.1.8항 참조) 외에 삭도(로프웨이, 리프트), 무(無)레일 전차(트롤리 버스), 강색철도(케이블카), 스카이(sky)레일 시스템, 듀얼모드버스(가이드웨이버스) 등을 총칭하여 특수철도라고 하며, 협의로는 상기의 뒷부분에서 언급한 강색철도, 스카이 레일시스템, 듀얼모드 버스 등 세 가지의 시스템을 특수철도라고 한다. 상기 외에 재래형의 철도 중에도 리니어 지하철(linear-motor subway)이나 LRT 등 기본적으로는 지금까지의 철도의 연장선상에서 있으면서 새로운 개념의 철도로서 다루고 있는 철도도 존재한다(제10.1.8항, 제10.2.5항 참조). 이와 같은 특수한 철도는 종래 교통기관의 결점을 보충하기도 하고, 이들을 보완하는 존재로서 위치를 잡고 있다. 이 외에도 외국에서는 노면전차, 노면전차를 부분적으로 지하화한 프리 메트로(pre-metro), 버스와 안내 레일식 철도를 조합한 듀얼모드 버스(dual-mode bus) 등의 실용화가 진행되고 있다. 상기에 관해 좀 더 상세한 내용은《철도공학》을 참조하라.

국내에서는 자동안내주행차량(Automated Guideway Transit, AGT), 노면전차(tram), 모노레일(monorail), 간선급행버스(Bus Rapid Transit, BRT) 등과 같은 새로운 교통수단의 도입이 추진되고 있다. 이와 같은 교통수단은 이른바 교통사각지대의 불편해소 뿐만 아니라 지역개발에도 긍정적인 역할을 미칠 것으로 예상된다. 경전철의 일종인 자동안내주행차량(AGT)은 고가(高架)의 가이드 웨이를 주행하며 건설비가 지하철의 70 % 수준이다. 한편 노-웨이트(No-Wait) 시스템은 승강장의 대기시간이 없이 승객을 연속적으로 수송하도록 개발한 시스템이다[256]. 궤도승용차(PRT,(Personal Rapid Transit)란 3~5인이 승차할 수 있는 소형차량이 궤도(Guideway)를 통하여 목적지까지 정차하지 않고 운행하는 새로운 도시교통수단으로서 일종의 궤도승용차이다[256].

일본에서 개발 중인 유연지능형 교통시스템(FITS, Flexible Intelligent Transport System)의 차량은 전용궤도에서 기차와 유사하게 열을 지어 운행되지만, 하나의 차량으로서 다른 차량과 일정한 간격을 유지하면서 고속으로 운행된다. 일부의 차량은 역에서 전용궤도를 벗어나 지방노선 버스처럼 승객을 목적지까지 수송하기 위해 고속도로나 일반도로로 진입한다[275]. 승객들은 기존철도역에 해당되는 지점에서 환승하거나 목적지에 가까운 장소까지 이동한다. 수송능력은 시간당 편도 8,000 14,000 명 정도이며, 3 분마다 운행한다.

참고 문헌

[1] 서사범 : 철도공학의 이해, 도서출판 얼과알, 2000. 4.

[2] 서사범 : 철도공학 개론, 도서출판 BG북갤러리, 2000. 4.

[3] 서사범 : 선로공학 개정2판, 도서출판 BG북갤러리, 2005. 11.

[4] 서사범 : 최신철도선로, 도서출판 얼과알, 2003. 5.

[5] 尹益相 : 鐵道工學, 共和出版社, 1970. 11.

[6] 徐士範 외 : 高速鐵道핸드북, 韓國高速鐵道建設公團, 1993.2.

[7] 건설교통부령 제453호, 철도건설규칙, 2005. 7. 6.

[8] 철도청 : 국유철도건설규칙해설, 2000. 8. 22.

[9] 申鍾瑞, "國有鐵道 建設規則 解說 (Ⅰ)～(Ⅳ)", 鐵道施設 No.10～16, 1983. 12.～1985. 6.

[10] 鄭時溶, "線路整備規則 解說 (Ⅰ)～(Ⅴ)", 鐵道施設 No.2～6, 1981. 12.～1982. 12.

[11] Ernest F. Selig, John M. Waters : Track Geotechnology and Substructure Management, Thomas Telford Services LTD. 1994.

[12] William W. Hay : Railroad Engineering (2nd Edition), John Wiley & Sons, New York, 1983.

[13] C. J. Heeler : British Railway Track (Design, Construction and Maintenance), The Permanent Wary Institution, Nottingham, 1979.

[14] Fritzfasten Rath : Railway track(Theory and Practice),Frederick Unger Publishing Co, New York, 1981.

[15] Institution of Civil Engineers : Track Thechnology, Thomas Telford LTD, London, 1984.

[16] G. A. Scott : VEHICLE TRACK DYNAMICS COURSE,British Rail Research, 1995. 5.

[17] Jean Alias : LA VOLE FERREE(Techinques de construction et Dentetiom), Eyrolles, Paris, 1984.

[18] Jean Alias : Le Rail, Eyrolles, Paris, 1987.

[19] 羽取 昌 : 技術士を目指して-建設部門・鐵道, 山海堂, 東京, 1995. 7.

[20] 佐藤吉彦, 梅原 利之 : 線路工學, 日本鐵道施設協會, 東京, 1987.

[21] 宮本俊光, 渡階年 : 線路(軌道の設計, 管理), 山海堂, 東京, 1983.

[22] 高原淸介 : 新軌道材料, 鐵道現業社, 東京, 1985.

[23] 龜田 弘行 외 3인 : 改訂 新鐵道システム工學, 山海堂, 東京, 1993. 12.

[24] 深澤義朗, 小林茂樹 : 新幹線の保線, 日本鐵道施設協會, 東京, 1980.

[25] 須田征男, 長門 彰, 德岡 硏三, 三浦 重 : 新しい線路, 日本鐵道施設協會, 東京, 1997.

[26] 佐藤吉彦 : 新軌道力學, 鐵道現業社, 東京, 1997.

[27] 大月隆土 外 1人 : 新軌道の 設計, 山海堂, 東京, 1983. 3.

[28] 天野光三 外 2人 : 鐵道工學, 丸善株式會社, 東京, 1984.

[29] 沼田 實 : 鐵道工學, 朝倉書店, 東京, 1983.

[30] 宮原良夫, 雨宮廣二 : 鐵道工學, コロナ社, 東京, 1993. 8.

[31] 久保田 博 : 鐵道工學ハンドブック, グランプリ出版. 東京, 1998.

[32] 한국고속철도건설공단 : 高速鐵道 軌道構造 基準(案), 1994.12.

[33] 고속전철사업기획단 : 고속철도 건설규칙(안), 1991. 11.

[34] 한국고속철도건설공단 : 고속철도 궤도공사 표준시방서, 1994. 12.

[35] 교통부령 제552호 : 국유철도건설규칙, 1977. 2. 15.

[36] 철도청훈령 제6714호 : 선로정비규칙, 1993. 4. 14

[37] 철도청훈령 제6872호 : 철도궤도공사 표준시방서, 1994. 2. 16.

[38] 鐵道廳 : 1995年度 線路保守資料

[39] 건설교통부 철도시설과-1615, 선로정비지침, 2004. 12. 30.

[40] 건설교통부 철도시설과-1616, 고속철도선로정비지침, 2004. 12. 30.

[41] 건설교통부 철도시설과-1619, 선로측량지침, 2004. 12. 30.

[42] 건설교통부 철도시설과-1622, 철도궤도공사 표준시방서, 2004. 12. 30.

[43] Fahey, W. R. Track Technology, Thomas Telford Ltd, London, 1985.

[44] Railway Gazette 1997. 10월호 및 1998. 1월호 Yearbook

[45] 국토해양부령 제42호, 도시철도건설규칙, 2008. 3. 14.

[46] 加藤 八州夫 : レール, 日本鐵道施設協會, 東京, 1978.7

[47] J. J. Kalker : Rail Quality and Maintenance for Modern Railway Operation, Kluwer Academic Publishers, Delft, 1992. 6.

[48] 법률 제7304호, 철도건설법, 2004. 12. 31.

[49] H. L. Abbot, "Flash welding of continuous welding rail", Rail Technology, Technical PrintServices Ltd., Nottingham, 1983.

[50] Technical offer for a Rail Flash-but Welding Plant, L. Geismar.

[51] Flash-but Welding of Rails, Schlatter.

[52] 건설교통부 철도시설과-1621, 레일용접관련지침, 2004. 12. 30.

[53] 건설교통부 철도시설과-1623, PC침목 설계시방서, 2004. 12. 30.

[54] 한국고속철도건설공단 : 고속철도 레일용접공사 표준시방서, 1994. 12.

[55] 철도청훈령 제6245호 : 레일용접표준시방서. 1988. 8.

[56] JR 東海 : 軌道工事標準示方書 (營業線) 及び 同解說, 1992. 6.

[57] 한국고속철도건설공단 : 高速鐵道 PC枕木 設計, 1994. 12.

[58] Track Laying Procedure, Revised method and Descriptions of Activities & Practices

[59] Plasser & Theurer : Extracts from Track Geometry recording manual

[60] Joseph charles Loach, "Recent Development in Railway curve Design", Proceedings the Institution of Civil Engineers, 1952. 10.

[61] Henderson, "Alignment and Speed criteria", Dockland Light Railway, 1983. 8.

[62] Henderson, "Gauges and Clearances", Dockland Light Railway, 1983. 3.

[63] C. W. Clake, "Track Loading Fundamental", The Railway Gazette, 1957. 1.

[64] Davis : Surveying - Theory & Practice, Mcgrow-Hill Publishes

[65] Technical Description of Track Evaluation system CMA-R and Analysis Program ADA-III, Plasser & Theures, Wien, 1985. 11.

[66] 正田英介 외 3인 : 磁氣浮上鐵道の技術, オーム社, 1992. 9.

[67] 법률 제06955호, 건널목 개량촉진법, 2003. 7. 29.

[68] 대통령령 제18118호, 건널목 개량촉진법 시행령, 2003. 11. 4.

[69] 건설교통부고시 제2004-495호, 2004. 12. 30.

[70] 행정자치부령 제176호, 건설교통부령 제321호, 건널목 입체교차화 비용부담에 관한 규칙, 2002. 7. 16.

[71] 韓國高速鐵道建設公團 : 高速分岐器 및 伸縮이음매 設計報告書, 1995. 12.

[72] Modern Future-Oriented Turnout Technology, BWG, 1992. 11.

[73] High Speed Turnout, Gogifer, 1990

[74] Demands on the Modern Turnout Technology on High Performance Tracks, Voest-Alpine, 1992.

[75] R. Holzinger : The Advantages of the Voest-Alpine Turnout Design, Voest-Alpine Eisenbahn systeme, Wien

[76] R. Holzinger : Geometry System for High Speed Turnouts, Voest-Alpine Eisenbahnsysteme, Wien

[77] R. Holzinger : Modern Design of the Turnouts Used by theBB, Voest-Alpine Eisenbahn systeme, Wien

[78] R. Holzinger : Switch Geometry as Decisive factor for Turnout Efficiency, Voest-Alpine Eisenbahnsysteme, Wien

[79] P.E Klausr : Assenssing the Benifits of Tangential-Geometry Turnouts, Railway Track & Structure 1991. 1.

[80] Stacy J. Saucer : Swing-Nose Frogs,Tangential Geometry Extend Turnout Life, Progressive Railroading, 1990. 8

[81] R. Holzinger : The Advantages of Turnouts with-Tangential Switch Curve, Continuous TurnoutRadius, Voest-Alpine Eisenbahnsysteme, Wien

[82] W. CZUBA : Principles to be used for Turnout Design

[83] BERG/HENKER Research in Wear Behaviour of Switch Tongues, 1978.

[84] G. H COPE : Calculation of Radial Velocity and Horizontal Impact

[85] R. Holzinger : High-Technology used in Crossing Construction, Voest-Alpine Eisenbahn systeme, Wien

[86] KURT BACH : Weichen und Krenzungen, Rachbuchverlag Gmbh Leipzig, 1951.

[87] AAR Tests Advanced Turnout Design,IRJ, 1994. 9

[88] 康基東, "高速鐵道 運行을 위한 軌道構造의 信賴性과 品質要件", 第3回 鐵道保線技術發表會 資 料, (社)韓國保線技術協會, 서울, 1995. 4. 7

[89] 철도청 : 선로용품도집, 1993.

[90] 原田吉治 : わかりやすい線路の構造, 交友社, 東京, 1987. 3.

[91] 神谷 進 : 鐵道曲線, 交友社, 東京, 1961. 10.

[92] 申漢澈 譯 : MTT 構造와 取扱, 湖南保線事務所, 裡里, 1988.

[93] B. Ripke, "High Frequency Vehicle-Track interaction in Consideration of Nonlinear Contact Mechanics", Proc of S-TECH '93 Vol 2, JSME, Yokohama, 1993. 11.

[94] Sato, Y. "Optimum Track Elasticity for High Speed Running on Railway", Proc of S-TECH' 93 Vol 2, JSME, Yokohama, 1993. 11.

[95] Kl. Knotheg, St. L. Passie and J. A. Elkins : Interaction of Railway Vehicles with the Track and its Substructure, Swets & Zeitlinger B. V, 1994.

[96] 韓國高速鐵道建設公團 : 高速鐵道 軌道構造 設計報告書, 1992. 11.

[97] 金正玉, "軌道力學 (Ⅰ), (Ⅱ)", 鐵道施設 No. 5~6, 1982. 9. ~ 12.

[98] 韓國高速鐵道建設公團 : 슬래브 軌道構造 設計 報告書, 1994. 12.

[99] 康基東 : 高速鐵道 軌道의 動特性에 關한 研究, 建國 大學校 工學博士學位 論文, 1992. 8.

[100] D. J Round : A Comparison of Non-Ballasted Tracks for High Speed Rail System, British Rail Research,1993. 5.

[101] 康基東, "高速鐵道의 콘크리트 道床軌道", 鐵道施設 No.52, 1994. 6.

[102] 康基東, "高速鐵道의 軌道構造", 第1回 鐵道保線技術發表會 資料, 1993. 3.

[103] Bernhard Lichtherger, "The Homogenization and Stabilization of the ballast bed" 1993. 3.

[104] Plassen and Theurer, "The technology of dynamic Stabilization" , 1993. 4.

[105] Dynamic Track Stabilizer DGS-62 N Operational Manual, Plasser & Theurer.

[106] Klaus Ridbold, "Innovations in the field of track maintenance"

[107] Plasser & Theurer, "The dynamic track stabilizer"

[108] 鄭世泰, "캔트遞減에 관한 湖南保線의 質疑에 對한 答信", 1989. 4.

[109] 鐵道線路 Vol.25~34, 日本鐵道施設協會, 東京, 1977. 1 ~ 1986. 12.

[110] 協會誌, 日本鐵道施設協會, 東京, 1987~

[111] 新線路 Vol.47~, 鐵道現業社, 東京, 1992~

[112] 鐵道總合研究報告 Vol.3~, 鐵道總合技術研究所, 東京, 1989~

[113] 철도청훈령 제5477호 : 도상자갈규정, 1994. 12.

[114] 日野幹雄 : スペクトル解析, 朝倉書店, 東京, 1977.

[115] 강기동, 서사범, "경부고속철도 건설 분야의 기술 특성과 파급효과", 대한토목학회제, 제52권 제12호, 2004. 12.

[116] 權正玫 : 國費 海外訓練 結果 報告書, 鐵道廳, 1990.

[117] 鐵道技術總合研究所, RRR, Vol.45~, 研友社, 東京, 1989. ~

[118] JREA, Vo. l37~, 日本鐵道技術協會, 1994. ~

[119] 鐵道技術研究所 : 鐵道技術研究資料, 鐵道技術 Vol.26~43, 研友社, 東京, 1969~1986

[120] Railway Gazette International, 1990.

[121] Railway Track and Structures, Simons Boardman, Publishing Corp, New York, 1991~

[122] 伊地知堅一 : ロンクレール 作業, 鐵道現業社, 東京, 1967.

[123] Rail International, IRCA and UIC, 1981.

[124] Dr. Andrew Kish, "Dynamic Buckling of CWR Tracks : Tests & safety concepts" , National Transportation Systems Center, Cambridge, MA., 1990. 5.

[125] A. Jourdain, "Monitoring the level of track quality", French Railway Review, Vol. 1, No. 4, 1983.

[126] G. Janin, "Maintaining track geometry", French Railway Review, Vol. 1, No. 1, 1983.

[127] Heinz FUNKE : Rail Grinding transpress VEB verlag fu¨r Verkehrswesen, Berlin, 1990.

[128] Efficient Track Maintenance in the Age of High-Speed Traffic, Plasser & Theurer.

[129] EM 120 Track Recording Car, Plasser & Theurer

[130] Plasser & Theurer Today, Plasser & Theurer

[131] SYSTRA : Staff Training of the KNR TGV Managers Specific Manual "Track Maintenance"

[132] Jean-Pirrre PRNOST, "Track Maintenance on Paris-South-East High Speed Line", TRAV 86 / Maintenance.

[133] The Atlantic TGV-Track, Signalling, Catenary-Equipment, Telecommunications.

[134] Georges JANIN, "Maintaining track geometry ; Precision-making for levelling and lining, The 'Mauzin' synthesis method", French Railway Review Vol. 1, No 1, 1983.

[135] Jean-Pirrre PRNOST : Summary of talk on Track Maintenance on Paris- South-East High Speed Line.

[136] Fernand Henr Paniel CHAMPVILLARD, "Track Maintenance", French Railway Review Vol. 1, No 4, 1983.

[137] Maintainability of the Paris-South-East TGV Line.

[138] Arain JOURDAIN, "Monitoring the level of track quality", French Railway Review Vol. 1, No 4, 1983.

[139] Claude THOMAS, "A decade of progress infrastructure, track".

[140] Georges Berrin, "High Speed Track can be cheap to maintain", Railway Gazette International, 1992. 6.

[141] Fred Mau, "Detecting Residual Stress in Rails", 1996. 3.

[142] Alain Guidat, "The Fundamental Benefits of Preventive Rail Grinding", 1996. 3.

[143] John, C. Sinclaia, "Recent Development with Rail Profile Grinding in Europe", 1995. 3.

[144] Scheuchzer, "Laser control for leveling lining", International Conference 'European High Technology in Track Construction and Track Maintenance', 1990.

[145] P. J. HUNT, "Lining and Leveling Techniques", The Permanent Way Institution Journal, 1984.

[146] Matthias Manhart and Heinz Pfarrer, "Swiss develop. automated track measurement", 1996.3

[147] Erwin Klotzinger, "High Tech maintenance of switches and crossing - experience gained on Austrian Federal Railways", 1995. 9.

[148] Markus Schnetz, "The VM 150 JUMBO vacuum scraper-excavator technology", 1995. 3.

[149] P. L. Mcmichal, "Track Maintenance by Stone blower", 1992.

[150] AUSTROTHECH '90 (seminar 20), "Construction and Maintenance of High Speed Railway Lines with Modern Construction method and Equipment", 1990. 3.

[151] Progress Performance, Plasser and Theurer.

[152] One-Chord Lining System 3-Point Methods, Plasser & Theurer.

[153] Establishing the Versine Pattern for 3-Point Measuring system, Plasser & Theurer.

[154] Adjustment-Tables (0-point Displacement on lining trolley by digital setting in working cabin), Plasser & Theurer.

[155] Lifting-Leveling-Lining and Tamping Machine Duomatic 08-32 Operators Manual, Plasser & Theurer.

[156] C. Esveld, "The Performance of Lining and Tamping Machines", IRCA and UIC,1979.

[157] B. Lichtberger, "Mechanized Track Maintenance on High Speed Rail Networks", IRCA and UIC, 1992. 6.

[158] "The single-chord lining system", General Description, Plasser & Theurer.

[159] 서울특별시 도시철도공사 : 콘크리트도상 궤도유지관리 기술용역 종합보고서, 1997. 9.

[160] 철도청 : 선로보수체제 개선 최종보고서, 사단법인 한국철도선로기술협회, 1997. 7.

[161] 鐵道廳 : 콘크리트道床 軌道構造 比較分析 報告書, 鐵道廳設計事務所, 1991. 4.

[162] 金正玉 : 長大레일, 鐵道廳, 1966.

[163] 철도청 : 장대레일 보수관리, 1986.

[164] 철도청훈령 제7003호, 선로검사규칙, 1994. 12.

[165] SITAC Meeting for KHRC Track structures and Design Issues, seoul, 1994. 1.

[166] 건설교통부 철도시설과-1617, 선로점검지침, 2004. 12. 30.

[167] 교통공무원교육원 : 시설 (87 중견실무자 과정 교재)

[168] 權奇顔, "長大레일 試驗設 Report", 大韓土木學會誌, Vol15, No.1, 1967. 4.

[169] 철도청 : 프랑스철도선로유지보수(해외훈련 귀국보고), 1997. 12.

[170] 신광순, "철도보선 업무의 효율적인 관리 방안", 鐵道線路 No. 26, 1998. 8.

[171] Dr. Gopal Samavedam, "CWR Track Buckling Safety Assurance Through FieldMeasurements, etc", Foster-Miller, Inc., Waltham. MA., 1990. 5.

[172] 철도청훈령 제7012호 : 건널목설치 및 설비기준 규정, 1995. 1. 11.

[173] 건설교통부 일반철도과-1235, 건널목 설치 및 설비기준 지침, 2004. 12. 30.

[174] 법률 제7245호., 철도안전법, 2004. 10. 22.

[175] 한국고속철도건설공단 : 고속철도 차량 유지보수 개론, 1998. 6.

[176] William Thompson, "The Union Pacific's Approach to Preserving Lateral Track Stablity", UnionPacific Railroad, Omaha, Nebraska, 1990. 5.

[177] 渡邊勇作 : 鐵道保線施工法, 山海堂, 東京, 1978.

[178] 宮亮一 : 騷音工學, 朝倉書店, 東京, 1983.

[179] 騷音·振動計測技術委員會編 : 騷音·振動計測技術指導書, 社團法人 計量管理協會, 東京, 1978.

[180] 集文社 編譯 : 騷音·振動對策핸드북, 集文社, 서울, 1983.

[181] Basic Theory of Sound & Vibration(騷音·振動의 基礎 理論), Brel & Kjaer Korea Ltd,

[182] Andreas Stenczel, "Environmental protection in mechanized track maintenance", 1992.

[183] Klaus Riebold, "Innovations in tamping machines" 1991.

[184] G. Heimerl and E. Holzmann, "Assesment of traffic noise investigation on the annoyance efect on road and railway", 1982.

[185] H. j. Saurenman, J. T. NelsonG. P. Wilson : Handbook of Urban Rail Noise and Vibration control, 1982.

[186] J. Reybardy, "Facts about Railway Noise", 1984.

[187] David Wickersham, "An Assessment of the Effectiveness by Southern Pacific Lines in Controlling the Behavior of Continuous Welded Track" ,Southern Pacific Transportation Company, Tucson, Arizona, 1990. 5.

[188] 佐藤 裕：軌道力學, 鐵道現業社, 東京, 1964.

[189] (財)鐵道總合技術研究所：在來鐵道運轉速度向上のための技術方策, 東京, 1993. 5.

[190] (財)鐵道總合技術研究所：在來鐵道運轉速度向上試驗マニュアル・解說, 東京, 1993. 5.

[191] 鐵道技術研究所：高速鐵道の研究, (財)研友社, 東京, 1967. 3.

[192] 松原 健太郎：新幹線の軌道(改訂・追補板), 日本鐵道施設協會, 東京, 1969.

[193] V. A. Profillidis : Railway Engineering, Avebury Technical, 1995.

[194] S. L. Grassie : MECHANICS AND FATIGUE IN WHEEL/RAIL CONTACT, ELSEVIER, 1990.

[195] C. O. Fraderick & D. J. Round : RAIL TECHNOLOGY, 1881.

[196] Phillip Ogden, "Maintenance Procedures for Lateral Track Stability", Norfolk Southern Corportion, Atlanta, Georgia, 1990. 5.

[197] Technical Description of Analysis Programme ADA Ⅱ, Plasser & Theures, Wien, 1979. 11.

[198] 노건현, "線路保守", 施設 제1집 1권 (職場訓練 基本敎材), 鐵道廳, 1981. 3.

[199] 윤승림：保線工學 (線路保守 敎材), 交通公務員敎育院, 1978.

[200] Rainer Wenty, "Strategies to Assure High Track Availability", 1993. 5.

[201] 北方常治：分岐器と EJ, 日本鐵道施設協會, 東京, 1973. 8.

[202] ATLANTIC TGV,The New Line' s Railway Equipment, SNCF, 1989. 1.

[203] Seminar on Mechanization of Track and Works, Geismar, 1989. 9.

[204] TRA VAUX DU SUD-OUET, TSO, 1994.

[205] Proceedings of the International Conference on Speed up Technology for Railway andMaglev Vehicles, Yokohama, 1993. 11.

[206] 康基東, 徐士範, 金練國：高速鐵道 軌道技術 및 保守設備(公務 國外旅行 歸國 報告書), 韓國高速鐵道建設公團, 1992. 7.

[207] 서울特別市 地下鐵建設本部：外國 地下鐵 技術(軌道) 調査 出張報告, 1991. 4.

[208] 서사범, "궤도기술의 발달과 경험기술로부터의 탈피", 한국철도학회지, vol.9, No. 1, 2006. 3.

[209] G. Janin, "Maintaining track geometry", French Railway Review, Vol.1, No. 1, 1983.

[210] R. B. Lewis : The British Rail Research Track Recording system, British Rail Research, 1992. 11.

[211] Kirkuk - Baiji - Haditha Railway, Permanent way training course.

[212] Special Conditions of Tender.

[213] 서광석：21세기 국가 철도망 구축 방안, 교통개발연구원, 1999. 7.

[214] 建設交通部：第4次 國土綜合計劃 (2000～2020), 1999. 12

[215] 건설교통부 : 국가기간교통망계획(2000～2019), 1999. 12.

[216] 이길영, "한국철도의 과거, 현재와 미래", 한국철도학회지 Vol. 2 No. 2, 1999. 9.

[217] 김선호, "철도 100주년에 즈음한 보선업무 개선사항", 鐵道線路 No. 29, (財)韓國鐵道線路技術協會, 1999. 7.

[218] Helmt Hainitz, Walter Heindl and Gerard Presle : New Curve - Geometry to reduce Maintenance

[219] 한국고속철도건설공단 : 고속철도에 대한 이해, 1994. 6.

[220] 한국철도시설공단 : 21세기 국가철도망 구축 기본계획 수립연구, 2004. 12.

[221] 한국철도시설공단 : 2005년도 동절기 건설분야 직원교육교재, 2005. 2.

[222] 田中宏昌, 磯浦克敏 : 東海道新幹線の保線, 日本鐵道施設協會, 東京, 1999. 2.

[223] 한국고속철도건설공단 : 경부고속철도 제2공구 궤도공사 실시설계 보고서, 1997. 12.

[224] 高速電鐵事業企劃團 : 鐵道一般(高速電鐵敎養敎育敎材), 1991.

[225] 철도공무원교육원 : 고속철도 선로유지보수, 철도청, 1997. 12.

[226] 韓國高速鐵道建設公團 : 土木工事 監督 實務要領 (高速鐵道), 韓國高速鐵道建設公團, 1992.

[227] 이우현 감수 : 고속철도의 차량 운영 및 유지보수 관리 지침서, 한국고속철도건설공단, 1996. 12.

[228] 李在活, "京釜 高速鐵道 建設推進 現況", 鐵道施設 No. 46, 1992. 12.

[229] 金正玉, "京釜 高速電鐵의 推進 現況과 技術 特性", 鐵道施設 No. 42, 1991. 12.

[230] 김선호, 고속철도-시속 300km의 비밀, 도서출판 일양문화사, 1999. 3.

[231] 金大永, 新 鐵道工學, 도서출판 정문사, 1998. 3.

[232] 한국고속철도건설공단, 인터넷 홈페이지 http://www.ktx.or.kr

[233] 대한토목학회, "특집, 대도시의 도시철도 건설계획", 土木, 대한토목학회, VOL. 43, No. 11, 1995. 11.

[234] 대한민국 법령집, 법제처

[235] 安龍模, "제22차 국제 철도보선 세미나를 다녀와서", 鐵道線路 No. 30, 1999. 9.

[236] 철도국 : 철도물류개선 종합대책, 건설교통부, 2005. 6.

[237] (株)韓國鐵道技術公社(KRTC) : CM활용·활성화 연구, 2005. 9

[238] 한국철도시설공단 : 안전보건경영시스템(OHSAS 18001) 구축에 따른 통합경영시스템 사용자 교육교재, 2005. 4.

[239] 한국철도시설공단 : 지식정보통합관리시스템-지식관리, 2005.

[240] 한국철도공사 : 철도신호(제어)시스템(사원용 교재), 2005.

[241] (주)유신코퍼레이션 : 경량전철 실무, 2003. 9.

[242] 김영태 : 신호제어시스템, 테크미디어, 2004. 5.

[243] 허현무, 유원희, "고속철도 차륜답면의 마모특성에 관한 연구", 한국철도학회논문집, 제8권 315호, 2005. 10.

[244] 강연구, 노병국 : 철도기술사 과년도 문제해설, 도서출판 예문사, 2004. 1.

[245] 宋錫俊 : 鐵道技術士 實務總論, 蘆海出版社, 2002. 5.

[246] 이종득, 철도공학, 노해출판사, 1993. 9.

[247] 김정옥, 박덕상, "철도공학", 토목공학핸드북, 대한토목학회, 1983.

[248] 강기동 : 궤도역학, 철도전문대학, 1993.

[249] 철도설계기준, 한국철도시설공단, 2004.

[250] 건설교통부 : 국가철도망 구축계획(안)(2006~2015), 2005. 11.

[251] 한국철도공사 : 열차운전시행세칙, 2005. 1. 1.

[252] 철도신문 제791호~, 14면, 2005. 11. 7~.

[253] 서사범 : 고속선로의 관리, 도서출판 BG북갤러리, 2005. 4.

[254] 서사범 : 개정판 궤도시공학, 도서출판 (주)얼과 알, 2001. 3.

[255] 서사범 : 궤도장비와 선로관리, 도서출판 (주)얼과 알, 2000. 12.

[256] 佐藤芳彦 : 世界の高速鐵道, グランプリ出版, 1998. 4.

[257] 이덕영 외 2인 : 경량전철 개론, 노해출판사, 2006. 5.

[258] 上浦正樹 외 2人 : 鐵道工學, 森北出版株式會社, 2004. 3.

[259] Bernhard Lichtherger : Track compendium(Formation, Permanentway, Maintenance, Economics), Eurail press, 2005.

[260] 서사범, "21세기의 철도는 사이버레일", 한국철도학회지 Vol ,9 No. 4, 2006. 12.

[261] 학국철도기술연구원 , 인터넷홈페이지 http ://www.krri.re.kr

[262] 환경부고시 제195호, 건설교통부고시 제657호: 환경친화적 철도건설지침, 2007. 12. 31.

[263] 한국철도시설공단: 철도물류 활성화를 위한 DMT 수송시스템 개발, 2008. 6.

[264] 대통령령 제20724호; 공공기관의 갈등 예방과 해결에 관한 규정, 2008. 2. 29.

[265] 한국철도시설공단 경영진워크숍자료, "시스템엔지니어링", 2007. 6. 22.

[266] 건설교통부령 제455호 : 철도차량 안전기준에 관한 규칙, 2005. 7. 8.

[267] 추석연 : 터널 기계화 시공법의 설계 및 유의 사항, 단우기술단, 2008. 6. 9.

[268] 이지하, "선로구축물에 대한 유럽의 LCC 연구동향", 한국철도학회지 Vol. 11 No. 2, 2008. 6.

[269] 오세준, "수도권 광역 고속 급행철도 건설사업", 한국철도학회지 Vol. 11 No. 2, 2008. 6.

[270] 서사범, "이용자 요구를 중심으로 한 관점의 사이버 철도" 한국철도학회지, 제4권 2호, 2001. 6.

[271] 서사범, "철도교통 시스템에서 정보통신기술의 활용", 대한토목학회지 제55권 제2호, 2007. 2.

[272] 우정욱, "일본의 모달시프트 정책사례", 한국철도학회지 Vol. 11 No. 2, 2008. 6.

[273] 권삼영, "해외철도기술동향 : 전차선로 집전분야", 한국철도학회지 Vol. 11 No. 2, 2008. 6.

[274] 서승일, "기존선 속도향상을 위한 한국형 틸팅열차의 개발 및 성과", 한국철도학회지 Vol. 11 No. 2, 2008. 6.

[275] 이병송, "일본의 리니어 전철 및 FITS 시스템", 한국철도학회지 Vol. 11 No. 2, 2008. 6.

[276] 박현준, "해외철도기술동향(전기분야)", 한국철도학회지 Vol. 11 No. 1, 2008. 3.

[277] Alain Le Guellec : Technological Innovation and its Implementation in Europe, WCRR, 2008. 5. 19.

[278] Andrew McNaughton : Impact of Technology on the Future Railway, WCRR, 2008. 5. 20

[279] Francois Lacote : Impact of technology to improve capacity and performance, WCRR, 2008. 5. 20

[280] Arnold D. Kerr : Fundamentals of Railway Track Engineering, Simmons-Boardman Boooks, Inc. 2003. 11.

[281] 서사범 : 철도공학(Railway Engineering), 도서출판 BG북갤러리, 2006. 9.

[282] 건설교통부 : 선로정비지침, 철도산업팀-2654, 2007. 12. 12.

[283] 양병남 : 최신 전기철도공학(Electric Railway Engineering), 성안당, 2003. 8.

[284] 한국철도문화협력회, http://cafe.daum.net/psg8877.

[285] 서사범, "철도 시스템에서의 경계문제", 한국철도학회지 Vol. 11 No. 2, 2008. 6.

[286] 서사범, "철도선로 횡단·근접공사 시의 궤도틀림 계측관리", 대한토목학회지 제55권 제1호, 2007. 1.

[287] 한국철도차량공업협회, KORSIA 2003 철도차량 표준화 포럼, 2003. 5. 20.

[288] 전동차를 사랑하는 모임, "TGIS와 TCMS", http://cafe.daum.net/SJmetro.

[289] 국토해양부령 제4호 : 철도시설 안전기준에 관한 규칙, 2008. 3. 14.

[290] 국토해양부령 제143호 : 철도안전법 시행규칙, 2009. 6. 25

[291] 심창수, 이광명, "건설분야의 ICT 현황 및 가상건설기술을 활용한 혁신", 대한토목학회지 제56권 제7호, 2008. 7.

[292] 김용한, 김성훈, 추연우, 김한도, "구조물정보모델을 이용한 3차원 스마트설계", 대한토목학회지 제56권 제7호, 2008. 7.

[293] 김유진, 김남일, "홍수재해평가와 관리를 위한 3D GIS 및 가상건설기술 활용", 대한토목학회지 제56권 제7호, 2008. 7.

[294] 강인석, 지상복, 문진석, "가상건설기반 토목공사 시뮬레이션기법 구성 및 활용", 대한토목학회지 제56권 제7호, 2008. 7.

[295] 한경부령 제279호 : 다중이용시설 등의 실내 공기질 관리법 시행규칙, 2008. 2.27.

[296] 서사범, "콘텍스트를 의식한 디자인 요소로서 철도역의 美意識에 관한 동향", 대한토목학회지 제56권 제7호, 2008. 7.

[297] 국토해양부령 제163호 : 철도건설규칙, 2009. 9. 1.

[298] 국토해양부 고시 제2009-832호 : 철도의 건설기준에 관한 규정, 2009. 9. 1.

[299] 서사범 : 세계의 주요 고속철도와 기술, 삼표이앤씨(주) 기술연구소, 2009. 9. 18

[300] 서사범, "지하 공간 이용의 현상과 전개", 철도저널 VOL.12, NO. 5, 2009. 10

[301] 김혜미 외 3인, "경량전철시스템 적용을 위한 도시철도건설규칙 개정방향에 관한 연구", 2009 한국철도학회 추계 학술대회 논문집, 095, 2009. 11. 19~21.

[302] 서사범, "철도에서의 인간과학 연구동향과 인시던트 분석", 한국철도학회지 Vol. 10, No. 2, 2007. 6.

[303] 서사범, "철도시설분야 동종사고의 재발방지와 4M4E 분석", 대한토목학회지 제56권 제3호, 2008. 3.

[304] 국가법령정보센터, www.law.go.kr

찾아보기

○AAR : Association of American Railroads미국
미국철도협회

○AASHO : American Association of State Highway, USA
미국도로협회

○AREA : American Railroad Engineer' s Association
미국철도기술자협회

○BN : Burlington Northern R R.
버링턴 노던 철도

○BR : British Railways
구영국국철

○BRR : British Rail Research
영국철도연구소

○DB : Deutsche Bahn AG, Deutsche Bundesbahn
독일철도, 구독일연방철도(서독)

○DOT : Department of Transportation, USA
미합중국 교통부

○DR : Deutsche Reichsbahn
구독일국철(동독)

○ERRI : European Rail Research Institute
유럽철도연구소

○FAST : Facility for Accelerated Service Testing, Colorado, USA
가속사용시험설비, 콜로라도, 미국

○FRA : Federal Railroad Administration, USA
미합중국 철도청

○IRCA : International Railway Congress Association
국제철도협의회

○JNR : Japanese National Railways
구일본국유철도, 국철

○JR : Japanese Railways
일본철도

○ORE : Office des Recherches et des Essais, UIC
국제철도연합 구철도시험소

○RATP : Regie Autonome des Transports Parisiens
파리수송공사

○SNCF : Socit Nationale des Chemins de Fer
프랑스국철

○TTC : Transportation Test Center
수송시험센터, 미국

○UIC : Union International des Chains defer
국제철도연합 (본부 소재지 파리)

NO	남한	북한	NO	남한	북한
1	주행장치	달림장치	37	주행	달림
2	객실설비	봉사설비	38	발열현상	열나기현상
3	레일	레루	39	연료	동력에네르기
4	윤축	차바퀴쌍	40	횡진동	가로방향진동
5	축상	축함	41	스프링장치	용수철장치
6	견인력	끌힘	42	상호작용	호상작용
7	각량	개별적차량	43	유압저항	끈기저항
8	수용제동기	손제동기	44	발화온도	불붙기온도
9	물탱크	물탕크	45	질량	짐
10	식당차	봉사차	46	표준궤간	표준철길
11	우편차	손짐우편차	47	다이아후렘	차체이음장치
12	협궤차	좁은철길차	48	기계제동방식	쓸림식제동방식
13	주행속도	구조속도	49	답면제동장치	차바퀴디딤면쓸림식제동장치
14	고정축거	대차고정축사이거리	50	디스크제동장치	원판식제동장치
15	차량건축한계	륜곽치수	51	와전류제동장치	전자레루제동장치
16	보기축거	중심판사이거리	52	전기제동방식	반대돌림식제동방식
17	정원수	차타기밀도	53	발전제동	전기저항식제동
18	에너지절약	에네르기절약	54	회생제동	전력회생제동
19	궤도	철길	55	완해	풀기
20	상판	마루면	56	제동슈	제동구두
21	키스톤플레이트	차틀	57	최대압부력	최대누름힘
22	승차감	차타기기분	58	컷아웃콕크	끝마개변
23	떨림	요돌	59	첵크밸브	제동가지관마개변
24	신뢰성장치	믿음직한장치	60	충기시간	채우기시간
25	궤간	철길너비	61	공차	빈차
26	마모부속	닳는부속	62	영차	실은차
27	스프링하질량	용수철장치아래질량	63	입환작업	차갈이작업
28	디스크제동	원판식제동	64	난방기간	차안덥힘기간
29	최고속도	최대달림속도	65	환풍장치	공기갈이장치
30	윤축내면거리	차바퀴쌍안면사이거리	66	단식	홑구두식
31	윤중	수직짐	67	복식	쌍구두식
32	장점	우점	68	마찰계수	쓸림계수
33	단점	부족점	69	점착계수	점착곁수
34	탄성차륜	튐성차바퀴	70	이동하중	짐변동
35	차체하중	차체짐	71	답면	디딤면
36	스포크차륜	겉바퀴와속바퀴	72	경도	굳기